GAOZHI GAOZHUAN

YUANYI ZHUANYE XILIE GUIHUA JIAOCAI 高职高专园艺专业系列规划教材

果树生产技术（南方本）

GUOSHU SHENGCHAN JISHU（NANFANG BEN）

主　编　赵维峰
副主编　魏长宾　冯耀飞
　　　　吴　琼　张艳芳
主　审　周　海　郭顺云

重庆大学出版社

内 容 提 要

本书以国家高职高专教育改革及发展规划等相关文件指导思想为依据，遵循行动导向教学的理念，将果树栽培的基础知识、基本技能，以及南方常见果树（柑橘、荔枝、龙眼、芒果、菠萝、香蕉、澳洲坚果、枇杷、杨梅、杨桃等）的主导品种和主推技术、果树栽培涉及的最新相关标准分设在四个模块中。每一模块依据教学内容下设不同工作项目，每一工作项目又分设具体工作任务，将教学内容贯穿于工作任务中，让学生在"学中做"、在"做中学"，充分实现理论与实践的全面统一，使学生真正掌握果树高产、优质、高效、安全、生态的栽培技术。

本书适用于高职高专学校园艺类专业，也可用于其他种植类相关专业。

图书在版编目（CIP）数据

果树生产技术:南方本 / 赵维峰主编. —重庆:
重庆大学出版社,2014.1(2023.1 重印)
高职高专园艺专业系列规划教材
ISBN 978-7-5624-7955-0

Ⅰ.①果… Ⅱ.①赵… Ⅲ.①果树园艺—高等职业教
育—教材 Ⅳ.①S66

中国版本图书馆 CIP 数据核字(2014)第 001469 号

高职高专园艺专业系列规划教材
果树生产技术
（南方本）

主 编 赵维峰
副主编 魏长宾 冯耀飞
 吴 琼 张艳芳
主 审 周 海 郭顺云
策划编辑:屈腾龙

责任编辑:杨 敬 侯倩雯 版式设计:屈腾龙
责任校对:任卓惠 责任印制:赵 晟

*
重庆大学出版社出版发行
出版人:饶帮华
社址:重庆市沙坪坝区大学城西路 21 号
邮编:401331
电话:(023) 88617190 88617185(中小学)
传真:(023) 88617186 88617166
网址:http://www.cqup.com.cn
邮箱:fxk@ cqup.com.cn(营销中心)
全国新华书店经销
重庆紫石东南印务有限公司印刷
*
开本:787mm×1092mm 1/16 印张:29.75 字数:743千
2014 年 2 月第 1 版 2023 年 1 月第 4 次印刷
ISBN 978-7-5624-7955-0 定价:69.00 元

GAOZHIGAOZHUAN
YUANYI ZHUANYE XILIE GUIHUA JIAOCAI

高职高专园艺专业系列规划教材
编委会
（排名不分先后）

安徽林业职业技术学院　　　　湖北生态工程职业技术学院

安徽滁州职业技术学院　　　　湖北生物科技职业技术学院

安徽芜湖职业技术学院　　　　湖南生物机电职业技术学院

北京农业职业学院　　　　　　江西生物科技职业学院

重庆三峡职业学院　　　　　　江苏畜牧兽医职业技术学院

甘肃林业职业技术学院　　　　辽宁农业职业技术学院

甘肃农业职业技术学院　　　　山东菏泽学院

贵州毕节职业技术学院　　　　山东潍坊职业学院

贵州黔东南民族职业技术学院　山西省晋中职业技术学院

贵州遵义职业技术学院　　　　山西运城农业职业技术学院

河南农业大学　　　　　　　　陕西杨凌职业技术学院

河南农业职业学院　　　　　　新疆农业职业技术学院

河南濮阳职业技术学院　　　　云南临沧师范高等专科学校

河南商丘学院　　　　　　　　云南昆明学院

河南商丘职业技术学院　　　　云南农业职业技术学院

河南信阳农林学院　　　　　　云南热带作物职业学院

河南周口职业技术学院　　　　云南西双版纳职业技术学院

华中农业大学

据统计,2009 年我国高等职业教育院校已达 1 184 所,占据高等教育的半壁江山。因此,教高〔2006〕16 号《关于全面提高高等职业教育教学质量的若干意见》明确指出:第一,高等职业院校要积极与行业企业合作开发课程,根据技术领域和职业岗位(群)的任职要求,参照相关的职业资格标准,改革课程体系和教学内容。第二,建立突出职业能力培养的课程标准,规范课程教学的基本要求,提高课程教学质量。第三,改革教学方法和手段,融"教、学、做"为一体,强化学生能力的培养。第四,加强教材建设,与行业企业共同开发紧密结合生产实际的实训教材,并确保优质教材进课堂。2010 年 7 月 29 日,《国家中长期教育改革和发展规划纲要(2010—2020 年)》发布,很明显,以高等职业教育为代表的中国职业教育又面临新一轮的改革与突破性发展。

本书以上述国家高等职业教育相关文件为指导依据,遵循行动导向教学理念,以学生所面临职业岗位上的工作任务"栽培果树"为主导思想,将学生在工作中所要掌握的果树栽培技术即全书内容设为一个大型综合性职业任务。此综合性职业任务下设 4 个模块:第一模块要求学生了解果树栽培的基础知识,主要包括果树分类与种质资源;果树的植物学、生物学特性;环境条件对果树生长发育的影响。第二模块要求学生掌握果树栽培的基本技能,主要包括果树育苗技术;果园建立与改造;果树设施栽培;果树反季节栽培技术。第三模块要求学生了解南方常见果树树种的主导品种,熟练掌握其主推技术,主要包括柑橘生产;香蕉生产;荔枝生产;龙眼生产;芒果生产;菠萝生产;猕猴桃生产;澳洲坚果生产;其他果树生产(如杨梅、杨桃、枇杷、番石榴、毛叶枣、柿子、桃、番木瓜、板栗等)。第四模块要求学生了解当前国家颁布的最新果树园艺工国家职业标准。前 3 个模块的每一模块依据教学内容下设不同工作项目,每一工作项目又分设具体工作任务,将教学内容贯穿于工作任务中,让学生在"学中做"、在"做中学",充分实现理论与实践的全面统一,使学生真正掌握果树高产、优质、高效、安全、生态的栽培技术。

本书教学项目和任务的职业实用性、理论与实践的统一性、技能训练的可操作性,充分体现出教学为职业服务的特点。因此,高职高专学校园艺类专业或其他种植类相关专业学生均可以使用本教材。在使用过程中,可以使学生在学习知识与掌握技术的同时,提高自我分析和解决问题的能力,同时培养学生严谨认真、吃苦耐劳的精神及团队协作的理念,全面提高学生的职业及其他综合素质。

本书作者都是来自一线教学和生产的中高级教师和农艺师,具有丰富的果树生产实践经验和教学经验,编写出版了多部果树生产方面的地方特色教材,参加了当地果树及农作物生产技术推广应用研究。编写分工如下:

赵维峰(云南热带作物职业学院)编写模块 1 的项目 2 果树的植物学、生物学特性,模块 3 的项目 15 澳洲坚果生产,模块 4。冯耀飞(西双版纳职业技术学院)编写模块 1 的项目

3 环境条件对果树生长发育的影响,模块 3 的项目 10 香蕉生产。付艳(黔东南民族职业技术学院)编写模块 3 的项目 11 荔枝生产和项目 12 龙眼生产。魏长宾(中国热带农业科学院南亚热带作物研究所)编写模块 1 的项目 4 果品产量与品质,模块 3 的项目 13 芒果生产、项目 14 菠萝生产。吴琼(重庆三峡职业学院)编写模块 2 项目 5 果树育苗技术。杨文秀(云南热带作物职业学院)编写模块 2 的项目 6 果园建立与改造、项目 8 休闲观光园果树。张慧艳(西双版纳职业技术学院)编写模块 2 的项目 7 果园管理。张艳芳(福建省农业科学院果树研究所)编写模块 1 的项目 1 果树分类与种质资源,模块 3 的项目 9 柑橘生产、项目 16 其他果树生产。教材由周海(西双版纳农业局)、郭顺云(景洪市农业局)主审。本教材在编写过程中参考、借鉴了许多专家的研究成果与资料,得到各兄弟单位的支持,在此一并致谢。

由于编写时间仓促,编者学识、水平所限,难免有疏漏与不足,敬请各位专家、学者和读者朋友提出宝贵意见。

编　者

2013 年 6 月

课程内容模块设计

模块1　果树生产基础

模块2　果树生产基本技能

模块 3　果树生产技术

模块 4　参考资料

课程内容模块设计

专业领域	园艺技术	学习领域	果树栽培
课程内容	果树生产技术		
学习情景	×××果业集团在我国南方热带亚热带区域各省级行政单位均有果树生产基地,各果树生产基地需大量的生产与管理技术员工,×××果业集团即与×××学校园艺专业签订了人才培养协议。×××学校据果业集团要求,特批将园艺专业×××级×××班全体学生作为高技能型果树工进行强化培养训练,要求该班同学能够详细了解我国南方果业发展的现状、主推品种及发展趋势,并熟练掌握各种果树主推技术与相关技能		
课程 分设模块名称	模块1　果树生产基础 模块2　果树生产基本技能 模块3　果树生产技术 模块4　参考资料		
课程 学习要求	认真学习各种果树生长发育的理论知识,熟练掌握南方特色果树的基本生产技能及各地主推品种。能结合当地气候与市场需求,实事求是地大力优化果业结构、提升果业质量,促进果业优质、高产,高效、安全,达到生态发展		

模块 1　果树生产基础

 模块项目设计

专业领域	园艺技术	学习领域	果树生产
模块名称	果树生产基础		
项目名称	项目1　果树生产、分类与种质资源 项目2　果树的植物学、生物学特性 项目3　环境条件对果树生长发育的影响 项目4　果品产量与品质		
模块要求	认真学习果树生产的基础知识,了解果树生长特性及生长环境等		

项目1 果树生产、分类与种质资源

项目描述 果树生产是现代农业的重要内容,关系到国民经济和社会发展。果树分类是果树生产的前提,而果树种质资源则是果树生产的基础。本项目以果树生产的现状和意义、果树的分类原则、标准及果树种质资源分布和引种作为重点内容进行训练、学习。

学习目标 认识果树生产的现状和重要意义,掌握果树的主要分类原则及分类方法;熟悉果树的种质资源。

能力目标 能正确识别常见果树种类。

素质目标 提高学生的独立思考能力,培养学生团结协作、创新吃苦的意识及科学严谨的实践操作理念。

 项目任务设计

项目名称	项目1 果树生产、分类与种质资源
工作任务	任务1.1 果树生产 任务1.2 果树分类 任务1.3 果树种质资源分布
项目任务要求	掌握果树、果树生产的概念和果树生产的特点及意义,充分认识我国果树生产的现状、存在问题及发展趋势,掌握果树分类及种质资源的相关知识及技能

任务1.1 果树生产

活动情景 水果富含人体必需的各类营养素,是人们副食的首选种类。但"工欲善其事,必先利其器"。一个合格的果树栽培工必须了解当地果树生产的现状及存在的问题,从专业的角度认真思考并提出解决实际问题的方案。本任务要求选择优质果园及果品市场作为学习地点,充分认识果树生产的现状及重要意义。

工作任务单设计

工作任务名称	任务 1.1 果树生产		建议教学时数	
任务要求	1.掌握果树、果树生产的概念和果树生产的特点及意义 2.充分认识我国果树生产的现状、存在问题及发展趋势			
工作内容	1.在果园及果品市场了解果树的生产现状 2.通过查阅文献资料以及调查果品市场理解果树生产的重要意义			
工作方法	以老师课堂讲授的方式完成相关理论知识学习,使学生正确理解果树生产的重要意义			
工作条件	多媒体设备、资料室、互联网、果园、果品市场等			
工作步骤	资讯:教师由活动情景引入任务内容,进行相关知识点的讲解,并下达工作任务 计划:学生在熟悉相关知识点的基础上,查阅资料、收集信息,进行工作任务构思。师生针对工作任务的有关问题及解决方法进行答疑、交流,明确思路 决策:学生在教师讲解和收集信息的基础上,划分工作小组,制订任务实施计划,准备完成任务所需的工具与材料 实施:学生在教师指导下,按照计划分步实施,进行知识和技能训练 检查:为保证工作任务保质保量地完成,在任务的实施过程中要进行学生自查、学生互查、教师检查工作 评估:学生自评、互评,教师点评			
工作成果	完成工作任务、作业、报告			
考核要素	课堂表现			
	学习态度			
	知识	果树生产的现状、存在问题及发展趋势		
	能力	文献查阅及调查的技能		
	综合素质	独立思考,团结协作,创新吃苦		
工作评价环节	自我评价	本人签名:	年 月 日	
	小组评价	组长签名:	年 月 日	
	教师评价	教师签名:	年 月 日	

 任务相关知识点

1.1.1 果树及果树生产的概念

果树是指能够生产供人类食用的果实、种子及其他组织的植物及其砧木,大多数为木本植物,也包括一些多年生草本植物,如香蕉、草莓等。在我国,南方果树通常是指在长江

以南的地区能种植的果树,这些地区包括湖北、湖南、海南、江西、安徽、浙江、江苏、四川、重庆、广东、广西、福建、云南、台湾、贵州、上海等省、市、自治区,也包括西藏的部分地区。

果树生产是指包括果树栽培,果品贮藏、加工、运输等在内,涉及水果生产到消费的所有环节。其目标是在一定的经济原则下,遵从果树生长规律以及自然环境规律,最终生产出满足人们需要的果品及其他可食组织。

果树栽培的特点:果树作物种类丰富,生物学特性、生态学特性以及生产技术差异大;果树的生产周期长,一般要 3 ~ 5 年才能结果,5 ~ 7 年才达到盛果期,提早结果是大多数果树生产技术的重点内容;果树的生长发育具有生命和年生长两个周期,不同树龄以及物候期的果树生长规律不同;鲜食是果树产品的主要形式,贮藏、保鲜、加工是果树生产技术的重要内容。

1.1.2 果树生产的意义

1)食品、营养品

随着人们物质生活的日渐丰富,粮食已不能满足人们的饮食需要。果品因其具有特殊的营养素被许多人喜爱。果品中富含维生素、矿物质和纤维素,这是粮食和肉类所无法取代的。很多果品也具有医疗价值。比如膳食纤维作为第七大营养元素,在相关研究中表明,增加对其的摄入量可以明显降低心血管疾病、减少结肠癌的发生。

2)工业用途

果品以及其衍生品在工业方面具有重要用途。在食品工业中,水果可被加工为果酒、果汁等产品;果实中的单宁成分可作为化妆品的原料。发展果品的工业用途,也是解决水果销路的途径之一。

3)改善环境

果树可在山区、荒地或沙滩等非农业用地种植,不仅提高了土地利用率,而且有利于保持水土、防风固沙、调节小气候,从而保持种植地优良的生态环境。

1.1.3 我国南方果树生产的现状

1)种质资源丰富

我国南方果树种类众多,约有 35 科、50 余种用于栽培。柑橘是我国南方地区栽培最广、面积和产量最大的果树品种。其他主要南方果树包括龙眼、荔枝、香蕉、芒果和菠萝等。另外,一些小宗和新兴热带亚热带果树,包括番木瓜、杨梅、杨桃、枇杷、莲雾等也极具开发价值,也在不断发展中。南方地区气候温暖湿润,适宜许多果树栽培。

2)种植规模扩大

2011 年,我国水果栽培面积约 $1\,100 \times 10^4 \text{hm}^2$,占世界水果栽培总面积的 20.2%;全国水果年产量约 $9\,400 \times 10^4 \text{t}$,占世界水果总产量的 14.5%。目前柑橘已经是世界第一大种植果树品种。2011 年,全国柑橘栽培面积约 $228.8×10^4 hm^2$,总产量约 $2\,944.04×10^4 t$。我国柑橘栽培面积和总产量均居世界首位,栽培面积占全球的 30% 左右,产量占全球的 26% 左右。

3)现代农业产业体系建设效益显著

2007 年,我国原农业部和财政部共同启动了现代农业产业技术体系建设。现代农业产业技术体系对每个大宗农产品设立一个国家产业技术研发中心,依托全国各级科研资源,在主产区建立若干个国家产业技术综合试验站。目前,南方果树已经建立了包括柑橘、桃、葡萄、香蕉、荔枝、龙眼等在内的现代农业产业体系。在现代农业产业体系的带动下,果树生产在品种结构优化、区域布局、基地建设、栽培技术、无公害及绿色果品标准生产体系等方面都有了长足的进步。

1.1.4　我国南方果树生产存在的问题

1)树种及品种发展不均衡

目前,在我国种植的南方果树中,柑橘所占的比例过大,且在非完全适宜区缺乏规划,盲目发展。在南方果树中,主栽品种的成熟期过于集中,晚熟品种的比例较大,给销售及贮藏、保鲜带来很大压力。

2)采后商品化处理及贮运加工技术落后

目前,我国果品的后续处理薄弱,重采前轻采后、重直销轻加工的局面仍然广泛存在。在鲜果销售不佳时,表现尤为明显。已有的果品加工企业和加工企业少、规模小、实力不足,在鲜果采后无法带动农户处理。

3)生产社会化程度低

目前,我国的果树种植中农业合作组织仍然较少、农户分散经营,无法适应市场的需求。在劳动力以及生产资料成本日益增加的情况下,此矛盾更突出。合作组织松散、没有真正产供销一体化的利益联结,制约了安全果品生产技术体系以及质量标准化体系的建设。

1.1.5　我国南方果树生产的发展建议

1)产区调整、树种结构调整及品种结构调整

以市场为导向,调整果树产业布局和品种结构,减少非适宜区的果树种植面积,因地适宜、适地适栽。适当发展有前景的其他南方野生果树,如番荔枝、莲雾等。

2)开展果树优质生产技术体系建设

发挥现代农业产业体系的优势,在良种繁育、栽培技术、无公害绿色果品生产、采后处理、降低劳动成本、果品营销等方面探索出适应市场经济环境的果树优质生产技术体系。多数南方水果不耐贮运,属于季节性消费,可以进行采后处理并开发不同的果品衍生品,如

果干、果酒、果实中功能性成分的提取等。从而开拓不同的市场,促进果品采后处理及贮运加工技术的提升。加强果树优质安全标准化生产以及质量标准化体系建设,最终实现果业的良性发展。

1.1.6 世界果树生产的发展趋势

1)可持续生产

可持续生产的概念来源于经济可持续发展,不能超越环境和资源的承载能力。无公害果品、绿色果品和有机果品的生产在当前已经成为消费者关注的热点。在发达国家,一些以绿色果品为目标的生产制度,如有机农业生产制度、IPM 制度(病虫害综合防治制度)、IFP 水果生产制度(果实综合管理技术)等已经得到广泛实行。

2)区域化生产

果品生产将集中在土地、气候、资金、技术以及人力等优势区域中。在国际的柑橘业中,巴西主要是发展以加工橙汁为主的柑橘品种;西班牙则是利用当地的气候条件以及辐射欧洲的地区优势,发展以鲜食为主的柑橘品种。2002 年,我国原农业部根据气候、土壤、生产条件等因素,规划了柑橘优势生产区域,逐渐形成了以下 3 条柑橘优势区域带:长江上中游柑橘带、赣南—湘南—桂北柑橘带以及浙南—闽西—粤东柑橘带,除此之外,还有一批特色柑橘生产基地。

3)产业化生产

许多发达国家已经实现产业化生产。如美国新奇士公司(SUNKIST)不仅进行果品销售,而且还进行品牌销售,实现了公司效益最大化。目前,我国的产业化水平还较低,主要原因是果园规模小、果品质量低、现有土地政策的制约等。

4)省力化栽培

随着劳动力成本的增加,果树栽培正朝着省力、低成本的方向发展,如割草、免耕、简易修剪、简易施肥、管网灌溉或滴灌、水肥一体化措施等。

5)多元化生产

随着人们消费水平的提高,果树生产不仅仅是为了获得最优质的果品,其生产形式以及内容也在不断延伸,出现了观光果业、创意果业及低碳果业等新形式。观光果业是配合休闲观光进行的果树生产。创意果业的概念来源于创意农业,是指将文化、科技、创意等融入果树生产的各个环节,以创意文化为核心、以市场为导向,将果树生产、艺术、文化等有机结合,使得果树生产的附加值更高。低碳果业是低碳农业的重要内容,其特点是节约型生产,具有低能耗、低投入、低污染、低排放的特点,从而缓解能源紧张的矛盾,优化生态环境,促进果业的可持续发展。

任务 1.2　果树分类

活动情景　选择优质果园及果品市场作为学习地点。本任务要求学习果树的分类。

 工作任务单设计

工作任务名称	任务 1.2　果树分类		建议教学时数	
任务要求	1. 掌握果树分类的原则和标准 2. 学会果树分类的主要方法			
工作内容	1. 在果园及果品市场了解果树的果树分类原则和标准 2. 对常见的果树进行合理的分类			
工作方法	以老师课堂讲授和学生自学相结合的方式完成相关理论知识学习;通过文献查阅等方法,使学生正确掌握果树分类的原则和方法			
工作条件	多媒体设备、资料室、互联网、果园、果品市场等			
工作步骤	资讯:教师由活动情景引入任务内容,进行相关知识点的讲解,并下达工作任务 计划:学生在熟悉相关知识点的基础上,查阅资料、收集信息,进行工作任务构思,师生针对工作任务有关问题及解决方法进行答疑、交流,明确思路 决策:学生在教师讲解和收集信息的基础上,划分工作小组,制订任务实施计划,准备完成任务所需的工具与材料 实施:学生在教师指导下,按照计划分步实施,进行知识和技能训练 检查:为保证工作任务保质保量地完成,在任务的实施过程中要进行学生自查、学生互查、教师检查 评估:学生自评、互评,教师点评			
工作成果	完成工作任务、作业、报告			
考核要素	课堂表现			
	学习态度			
	知识	1. 果树分类的原则与标准 2. 果树分类的方法		
	能力	掌握果树分类的方法		
	综合素质	独立思考、团结协作、创新吃苦		
工作评价环节	自我评价	本人签名:	年　月　日	
	小组评价	组长签名:	年　月　日	
	教师评价	教师签名:	年　月　日	

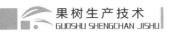

 任务相关知识点

1.2.1 果树分类原则与标准

1）植物学分类

植物学分类是果树分类的主要依据。植物分类系统的等级是界、门、纲、目、科、属、种。植物学分类的基本单位是"种"，即生殖上互相隔离的植物群体。因此，植物学分类对于了解果树的亲缘关系和系统发育，开展选种、育种和开发利用具有重要意义。目前常用的是按照林奈命名法命名植物，即"属名+种名+命名人的拉丁文"的缩写，从而可以区分果树的不同种类、同物异名及同名异物。

2）园艺学分类

园艺学分类是根据果树的特点以及果树生产的实际情况进行划分，便于果树的栽培和利用。园艺学的主要分类方法有根据冬季叶的特性分类、根据果树的生态适应性分类、根据果树植株的形态特征分类、根据果实的构造分类 4 种。

1.2.2 果树分类

1）根据冬季叶的特性分类

（1）落叶果树

这类果树的叶片在秋、冬季全部脱落，次年春季萌发新叶，具有明显的生长期和休眠期。如苹果、桃、柿等。

（2）常绿果树

这类果树的叶片常年保持绿色，春季长新叶老叶脱落，没有明显的生长期和休眠期。如柑橘、菠萝、芒果等。

2）根据果树的生态适应性分类

（1）寒带果树

寒带是指会出现−40 ℃的低温地区。能在此地区栽培的果树即为寒带果树，如山葡萄、榛等。

（2）温带果树

纬度30°—50°的地区为温带地区。这个地区的果树休眠需要一定的低温，如苹果、桃、柿等。

（3）亚热带果树

纬度在15°—30°的地区为亚热带地区。这个地区的果树在冬季需要短时间的冷凉气候（10 ℃），如柑橘、荔枝、龙眼等。

（4）热带果树

赤道与纬度15°之间为热带地区。这个地区的果树能耐高温高湿气候，如香蕉、菠萝、芒果等。

3）根据果树植株的形态特征分类

（1）乔木果树

这类果树具有较为明显的主干,树体高大,如苹果、桃、柿等。

（2）灌木果树

这类果树的主干矮小不明显,或者丛生,如刺梨、树莓等。

（3）藤本（蔓生）果树

这类果树具有细长的枝干,称之为"蔓"或"藤",缠绕在其他物体上攀缘生长,如葡萄、猕猴桃等。

（4）草本果树

这类果树无木质化茎,具有草本植物的形态特点,如香蕉、菠萝、草莓等。

4）根据果实的构造分类

（1）仁果类果树

根据植物学的概念,这类果树的果实是由花托和子房发育而成的假果,果心中有多粒种子,如苹果的果实即是肉质化的花托发育成的。

（2）核果类果树

根据植物学的概念,这类果树的果实是由子房发育而成的真果,具有明显的外果皮、中果皮和内果皮。外果皮薄;中果皮肉质,为可食部分;内果皮木质化形成坚硬的核,如桃、李、杏等。

（3）浆果类果树

这类果树的果实果粒小但富含汁液,如葡萄、草莓、猕猴桃等。

（4）坚果类果树

这类果树的果实由子房发育而成,可食部分为种子的子叶或胚乳,果实或种子外部具有硬壳,如核桃、银杏、榛子等。

（5）柿枣类果树

这类果树主要是柿科植物和鼠李科植物,如柿、君迁子、枣、黑枣等。

（6）柑果类果树

这类果树主要是芸香科植物,果实由子房发育而来,有外果皮、中果皮和内果皮。外果皮富含芳香性物质,可提取精油;中果皮为海绵状;内果皮为囊瓣,是可食部分。如柑橘类、黄皮等。

（7）聚复果类果树

这类果树的果实是由多个小果聚合或者心皮合成的,如菠萝、番荔枝等。

（8）荚果类果树

这类果树主要是豆科或梧桐科植物,如苹婆、角豆树等。

（9）荔果类果树

这类果树主要是无患子科植物,如荔枝、龙眼等。

任务1.3　果树种质资源分布

活动情景　选择果品市场作为学习地点。了解各种果树的主产地。本任务要求学习果树种质资源分布。

 工作任务单设计

工作任务名称	任务1.3　果树种质资源分布		建议教学时数	
任务要求	1.认识果树种质资源分布的意义 2.掌握世界及中国果树分布的现状 3.掌握引种的一般流程			
工作内容	1.果树分布的意义 2.世界及中国果树分布的现状 3.引种的一般流程			
工作方法	以老师课堂讲授和学生自学相结合的方式完成相关理论知识学习;通过文献查阅等方式,使学生正确掌握果树分布的现状			
工作条件	多媒体设备、资料室、互联网、果品市场等			
工作步骤	资讯:教师由活动情景引入任务内容,进行相关知识点的讲解,并下达工作任务 计划:学生在熟悉相关知识点的基础上,查阅资料、收集信息,进行工作任务构思,师生针对工作任务有关问题及解决方法进行答疑、交流,明确思路 决策:学生在教师讲解和收集信息的基础上,划分工作小组,制订任务实施计划,准备完成任务所需的工具与材料 实施:学生在教师指导下,按照计划分步实施,进行知识和技能训练 检查:为保证工作任务保质保量地完成,在任务的实施过程中要进行学生自查、学生互查、教师检查 评估:学生自评、互评,教师点评			
工作成果	完成工作任务、作业、报告			
考核要素	课堂表现			
	学习态度			
	知　识	1.学习果树分布的意义 2.学习世界及中国果树的分布 3.学习引种的一般流程		
	能　力	掌握引种的一般流程		
	综合素质	独立思考,团结协作,创新吃苦		

续表

工作任务名称	任务 1.3　果树种质资源分布		建议教学时数		
工作评价环节	自我评价	本人签名：	年	月	日
	小组评价	组长签名：	年	月	日
	教师评价	教师签名：	年	月	日

 任务相关知识点

1.3.1　果树分布

1）学习果树分布的意义

我国幅员辽阔,果树种质资源丰富,全国所有省级行政单位都有果树分布。果树在漫长的栽培过程中,经自然选择和人工驯化,在自然环境条件下具有特定的适应性。许多果树的自然分布具有规律性,在某气候区域内分布的果树对生态环境条件的要求相近。根据这一特点,可以将我国划分为多个果树分布带,简称"果树带"。

果树分布带体现了果树的自然分布与生态环境条件的关系,因此可以作为果树优势区域规划、优质果品基地建设、果树生产技术措施制订以及引种、选种、育种的理论基础。果树带的划分不是绝对的,可根据具体品种的适应性、栽培技术的改进、特有的小气候等打破原来果树的分布地域。

2）我国果树的分布

果树在漫长的自然选择和人工驯化过程中,适应了一定的生态环境条件,其分布具有一定的规律性,集中分布在特定的气候区内。根据自然生态环境和果树分布的规律性,可以将我国果树分布划分为 8 个自然分布带:①热带常绿果树带;②亚热带常绿果树带;③云贵高原常绿落叶果树混交带;④温带落叶果树带;⑤旱温落叶果树带;⑥干寒落叶果树带;⑦耐寒落叶果树带;⑧青藏高寒落叶果树带。

热带常绿果树带位于北回归线以南,其范围包括福建漳州,台湾台中以南,广东潮安、从化,广西百色、梧州,云南盈江、临沧、开远。气候特点:热量丰富,年均温在 21 ℃以上,绝对最低温在-1 ℃以上;降水量大,年降雨量 800 ~ 1 600 mm,气候湿热,终年无霜。此果树带主要栽培热带果树及部分亚热带果树。此外,本分布带还具有丰富的野生果树资源。

亚热带常绿果树带位于热带果树带以北,其范围包括广东北部地区,广西北部地区,福建大部分地区,江西,湖南溆浦以东地区,湖北南部的广济、崇阳地区,安徽南部的屯溪、宿松地区,浙江宁波、金华以南地区。气候特点:暖热湿润,年均温 16 ~ 21 ℃,绝对最低温-1 ~ 8 ℃,年降水量 1 280 ~ 1 820 mm,无霜期长,为 240 ~ 330 d。本分布带主要栽培亚热带常绿果树以及部分落叶果树,因此本带果树种类较多。

云贵高原常绿落叶果树混交带位于热带果树带以北、亚热带常绿果树带以西,其范围包括云南大部分地区,贵州,四川泸定、平武、西昌以东地区,湖南黔阳、慈利以西地区,湖北宜昌、郧阳以西地区,陕西西南部城固,甘肃南部文县、武都地区,西藏的察隅地区。地理特点:海拔落差大,为99～3000 m,地形复杂。气候特点:年均温12～20 ℃,绝对最低温−10～0 ℃,年降水量467～1422 mm,无霜期200～340 d。本分布带内海拔和气候差异较大,因此果树种类繁多,常绿果树与落叶果树混交并存,果树呈垂直分布。海拔在800 m以下的地区,气温较高、终年无霜、雨量较多,主要分布的是热带果树。海拔在800～1200 m的地区,主要是亚热带果树,还有一些落叶果树。海拔在1300～3000 m的地区,主要是落叶果树。海拔在3000 m以上的地区则果树分布较少。

温带落叶果树带位于亚热带常绿果树带以及云贵高原常绿落叶果树混交带以北,其范围包括浙江北部,江苏,安徽大部分地区,湖北宜昌以北地区,河南大部分地区,河北承德、怀来以南地区,辽宁鞍山、北票以南地区,山西武乡以南地区,陕西大荔、商县、佛坪地区。地理特点:海拔低,为400 m以下,地势平缓。气候特点:年均温8～16 ℃,绝对最低温−10～30 ℃,年降水量500～1200 mm,东部降水较多,西部降水少,无霜期160～250 d,通常在200 d以上。本分布带是我国落叶果树的主要分布带。

旱温落叶果树带分为两部分。一部分位于云贵高原常绿落叶果树混交带及温带落叶果树带以西,其范围包括西藏拉萨、林芝、昌都、日喀则地区,四川南坪、马尔康、甘孜地区,青海贵德、民和、循化地区,宁夏中卫以南地区,甘肃东南地区,陕西西北地区,山西北部地区。另一部分位于新疆伊犁、喀什、库尔勒、和田、哈密地区以及甘肃敦煌地区。气候特点:年均温7～12 ℃,绝对最低温−28～−12 ℃,年降水量32～619 mm,无霜期120～230 d。本分布带气候干燥,海拔较高,日照充足,昼夜温差大,果实品质优良。

干寒落叶果树带的范围包括河北张家口以北地区,黑龙江、吉林西部地区,新疆北部地区,宁夏、甘肃、辽宁西北部地区。气候特点:年均温5～8.5 ℃,绝对最低温−32～−22 ℃,无霜期130～180 d。本分布带气候干燥且寒冷,日照强,主要栽培的果树为耐干寒的落叶果树。

耐寒落叶果树带位于我国东北地区,包括黑龙江齐齐哈尔以东地区,吉林通辽以东地区,辽宁辽阳以北地区。本分布带纬度高、气候最为寒冷。年均温3～8 ℃,绝对最低温−40～−30 ℃,年降水量400～870 mm,无霜期130～150 d。本分布带的果树生长期短,休眠期气温和湿度较低,生产上首要考虑的是应对果树越冬。

青藏高寒落叶果树带位于我国西部,包括西藏和青海大部分地区,甘肃合作、碌曲地区,四川阿坝地区。本分布带海拔高,在3000 m以上,年均温−2～3 ℃,绝对最低温−42～−24 ℃,为高寒地区。降水量少,气候干燥,果树分布较少。

我国南方果树主要分布在热带常绿果树带、亚热带常绿果树带和云贵高原常绿落叶果树混交带。

1.3.2　果树引种

1）概念

果树引种通常是指为了满足当前以及未来果树生产的需要,从国外或者另外的地区引进种质资源的过程。

2）影响因素

果树生长需要一定的生态环境,而气候、地理纬度、地理经度是直接影响引种的关键因素。其中,气候的影响最为重要。不同地理纬度(南北向)的气候比不同经度(东西向)的气候差异要大。地理纬度的气候差异主要体现在日照时数、温度、降雨量三个方面。因此,引种时应首先考虑地理经度。

3）流程

引种的流程通常包括以下几个方面:引种目标的确立;目标种质资源的收集;对引种的种质资源进行必要的检疫;驯化及选择;引种试验。

引种目标的确立:首先需要充分了解当地果树生产和消费的需求,提出该地果树生产中的问题,从而有针对性地开展引种工作。

目标种质资源的收集:确立了引种目标后,要对符合引种目标的种质资源进行充分了解及实地考察,包括遗传背景、适宜生态环境及生产表现等方面,确定具体的引种资源。

检疫:引种资源进入本地前,首先要进行必要的检疫,若发现问题应在专门的检疫圃内隔离观察。

驯化和选择:通过检疫的引种资源引入本地后,其生态环境发生改变,在驯化种植后应进行目标性选择。选择的方法有提纯复壮和改进提高。提纯复壮是指在保持原种质资源特性的基础上去杂、去劣;改进提高是指通过单株选择,提高目标性状的表现。

引种试验:选择好材料后,要经过引种试验才能确定是否成功。引种试验要求生产条件一致、管理一致,包括3个步骤:观察试验;品种比较和区域试验。观察试验是以当地主栽品种为对照,对引进的种质资源进行小面积试种,判断其对当地生态环境的适应性以及直接用于生产的可行性。品种比较和区域试验是指进行较大面积的试验和多点试验,需要有重复品种,试验进行2年以上,从中筛选出最佳品种及适宜的种植地区。栽培种植是指在经过观察试验、品种比较试验以及区域试验后,在掌握品种特性的基础上,制定出适合当地生态环境和管理方法的配套栽培技术措施。如果涉及嫁接繁殖以及需要授粉树,还需要进行不同砧木和不同授粉品种的试验。

项目小结 》》》

了解我国果树生产的现状和重要意义,熟练掌握果树分类、分布及种质资源等相关知识与技能,为学好果树栽培技术打下坚实基础。

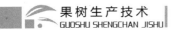

复习思考题 》》》

1. 为什么要发展果树生产？
2. 果树分类有哪几种？
3. 果树引种的注意事项有哪些？

项目2 果树的植物学、生物学特性

柑橘

项目描述 俗语说："知己知彼,百战百胜"。所以,进行优质果品生产的前提是必须了解所要种植的果树。本项目重点以了解各类果树的植物学、生物学特性等内容进行学习训练。

学习目标 了解果树的各部分器官生长情况,掌握果树的生长发育规律、树体结构、生命周期、年生长周期、物候期等。

能力目标 掌握果树生长发育规律。

素质目标 学会查阅资料文献,培养细心、耐心,认真学习与观察的习惯,学会团队协作。

 项目任务设计

项目名称	项目2　果树的植物学、生物学特性
工作任务	任务2.1　果树的生长发育规律 任务2.2　果树的生命周期与年生长周期
项目任务要求	充分了解果树的基本特性,掌握果树的生长发育规律

任务 2.1　果树的生长发育规律

活动情景 在果树生产过程中,必须了解果树各器官的生长发育规律,方能采取科学合理的管理技术。本任务以学习、了解果树各部分器官的生长发育规律为主要内容,初步理解并掌握依据其生长发育规律所应采取的管理措施。

 工作任务单设计

工作任务名称	任务2.1　果树的生长发育规律	建议教学时数	
任务要求	1. 了解果树各器官的生长发育规律 2. 理解掌握依据规律所应用的管理措施		
工作内容	1. 学习果树各器官生长发育规律 2. 探索并掌握相应的管理措施		
工作方法	以老师课堂讲授和学生自学相结合的方式完成相关理论知识学习;以田间项目教学法和任务驱动法,让学生思考、探索并掌握相应的管理措施		
工作条件	多媒体设备、资料室、互联网、试验地果树、相关工具等		
工作步骤	资讯:教师由活动情景引入任务内容,进行相关知识点的讲解,并下达工作任务 计划:学生在熟悉相关知识点的基础上,查阅资料、收集信息,进行工作任务构思,师生针对工作任务有关问题及解决方法进行答疑、交流,明确思路 决策:学生在教师讲解和收集信息的基础上,划分工作小组,制订任务实施计划,准备完成任务所需的工具与材料 实施:学生在教师指导下,按照计划分步实施,进行知识和技能训练 检查:为保证工作任务保质保量地完成,在任务的实施过程中要进行学生自查、学生互查、教师检查 评估:学生自评、互评,教师点评		
工作成果	完成工作任务、作业、报告		
考核要素	课堂表现		
	学习态度		
	知　识	果树各器官的生长发育规律	
	能　力	依据规律所应用的管理措施	
	综合素质	独立思考,团结协作,创新吃苦,严谨操作	
工作评价环节	自我评价	本人签名:	年　月　日
	小组评价	组长签名:	年　月　日
	教师评价	教师签名:	年　月　日

 任务相关知识点

2.1.1　果树的一般特性

1)立体性——体大根深

果树大多为木本植物,一般均较高大,较小的桃、李株高也达 3~4 m;苹果、梨、核桃、板栗、杨梅、荔枝更可高达 7 m 以上。其中,核桃、板栗可高达 20 m。另外,非木本植物也多蔓长根深,如葡萄的蔓可伸长到30 m。由于果树的枝条向四面开张,可充分利用空间面积,因此,池塘、河旁、道旁的间隙地均可种植。果树较大的树体,来源于根系的发达,虽其深入土层的深度不及树体高度,但其广度一般均超过树冠直径的1倍。从根系数量来看,也远远超过地上部分,故可足以固定和支持地上部分的正常生长。入土深度与土质、土层厚度、地下水位及果树种类有关。如桃根系较浅,多集中于60 cm 左右的土层;葡萄的根较深,则可达数米以上。因此,果树较其他作物耐旱。

2)长期性——寿长多稔

无论草本或木本果树,均系多年生植物,尤其是木本果树,其寿命均在数十年以上。如桃树的寿命为20~30 年,而苹果、梨、柿、核桃、柑橘树可达50~100 年,荔枝、银杏甚至可达数百年。果树一生中能结果多年,甚至几百年,称为多稔植物。在生产上如栽培管理精细,可延长结果寿命,如石硖龙眼等。

3)收益慢性——进入结果期较迟

各种果树由于生长发育需一定时期,故一般定植后,均在2 年以上才能开始结果。各种果树进入结果期的迟早,因种类和品种的不同而有所差异,如桃定植后第三年可结果,而柑橘则需4~5 年。另外,环境条件和栽培技术也对其有影响,如播种繁殖的树木比无性繁殖的同类果树进入结果期要迟得多。比如,银杏实生苗至结果期需20 年,而经过嫁接后,可提早10 年以上。根据上述情况,多数果树在栽植后1~2 年内或更多年内不能结果,而且达到盛果期更迟。因此,发展果树必须慎重选择园地、种类和品种,作出长远规划,不能临渴掘井。

4)营养性——营养繁殖

果树苗木是果树生产的基础,苗木的繁殖方法有有性繁殖和无性繁殖两种。有性繁殖即实生繁殖,无性繁殖包括嫁接繁殖、扦插繁殖、压条繁殖、分株繁殖、组培繁殖等。在生产实践上,营养繁殖使用得较多。

5)不耐贮性——不耐贮运

目前,我国水果商品化处理和保鲜加工较差,多数以鲜果形式进行销售。一般来讲,仁果类中的苹果、梨,浆果中的葡萄、猕猴桃以及坚果类核桃、板栗等具有非常好的贮藏性。核果中的桃、李、杏等水果由于原产于热带或亚热带,生理代谢比较旺盛,对低温比较敏感,在贮藏过程中易发生低温伤害。因此,耐贮性较差,一般只能贮藏5~30 d。热带或亚热带生长的柑橘类水果具有较好的耐贮性,但是香蕉、菠萝、荔枝、杨梅、枇杷、芒果、红毛丹等采后呼吸代谢特别旺盛,而且在贮藏温度比较低时就会出现低温伤害,即使8~10 ℃时也常常会发生低温伤害,不能长期贮存。

6)复杂性——栽培复杂

我国地域广阔、果树种类繁多,自然环境条件复杂。各个果树品种有其生长发育特性,且果树生产期较长、管理技术多样,因此栽培复杂。所以,要做到因地制宜和因树制宜,才能获得高产优质的果树。

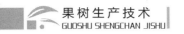
2.1.2　树体的组成

果树是由不同器官组成的统一整体。果树树体的基本结构可分为地上和地下两大部分,地上部分一般由根茎、主干、中心干、主枝、侧枝和枝组等组成;地下部分一般由主根、侧根和须根组成。

1)主根

主根在土壤中垂直向下生长的根。它能把树体固定在土壤中,并从深层土壤中吸收养分和水分。

2)侧根

侧根着生在主根上,其中土壤表层的侧根几乎与地面平行生长,又称"水平根"。这些根发生位置较浅,但分布范围广。水平根分支多,上面着生的细根也多,构成土壤中根系的主要部分。

3)须根

须根是着生在大根上的纤细根。它的寿命较短,是根系最活跃的部分,具有吸收和输导功能。

4)根颈

根颈指果树根部与地上部交界处。

5)主干

主干指地面至第一分枝之间的树干。

6)中心干

中心干指树冠中的主干向上垂直延长的部分。

7)主枝

主枝指中心干上着生的永久性大枝。

8)侧枝

侧枝指主枝上着生的永久性分枝。

9)枝组

枝组指直接着生在各级骨干枝上、有两次以上分枝的枝群,是果树生长、结果的基本单位。

2.1.3　根系及其生长发育

果树地下所有的根总称根系,它是果树的重要营养器官。根系可使果树固定在土壤并从中吸收水分和矿质养分,同时将水分、无机盐、储藏养分和其他生理活性物质输导至地上部。它具有储藏有机营养的功能,能将一些无机养分合成为有机物质,如将无机氮转化成酰胺、氨基酸、蛋白质,把磷转化为核蛋白和拟脂,合成内源激素如细胞激动素、赤霉素、生长素等。它还能分泌有机酸,以溶解土壤中部分难溶解的养分,利于根系吸收。不少果树通过根产生不定芽实现更新生长,或用于繁殖。此外,根系的生长对土壤微生物活动有促进作用,能起到改良土壤的作用。

1)根系类型

(1)实生根系

用种子繁殖和实生砧嫁接的果树,其根系为实生根系。实生根系由种子的胚根发育而成。一般主根发达、根系较深,年龄轻,适应力强,个体间差异大。实生繁殖的后代多为实生根系。

(2)茎源根系

用扦插、压条繁殖的果树,如葡萄、石榴,根系起源于茎上的不定根;无花果的扦插苗,香蕉、菠萝的吸芽苗,其根系来源于母体茎部的不定根。这种利用植物营养器官的再生能力,由茎段产生不定根而形成的根系称为"茎源根系"。其特点是主根不明显、分布较浅、适应力弱,但个体间比较一致。

(3)根蘖根系

利用植物营养器官的再生能力,在根段上形成不定芽而发育成完整植株,这种根系为根蘖根系。其特点与茎源根系类似。如樱桃、番石榴、枣等。

2)根系分布

水平生长与分布的根在10~40 cm的土层,主要是侧根部分,根系范围一般超过树冠扩展范围的1~3倍,最宽的可达8~10倍,滴水线附近的吸收根最集中,也最活跃。

垂直根的分布深度一般小于树高。它主要是主根或假主根,深度主要在0~100 cm,深的可达4~8 m。果树根系在土壤中的分布有明显的层次,一般分2~3层。

3)根系生长动态

果树根系的生命周期变化与地上部有相似的特点,也经历着发生、发展、衰老、更新与死亡的过程。对于经济果园来说,在盛果期以后,就要考虑整个果园的更新,而不应等到衰老阶段再作更新。果树根系在年周期中没有自然休眠期,只要条件适合,根系可以随时由停止状态迅速过渡到生长状态。在一年中,根系前期生长主要是加长生长,细胞不断分裂、延长,形成新的吸收区;到生长后期,大部分吸收根死亡,生长根从中柱上发生分支,形成更多的侧根,并且进行根的加粗生长。根系在年周期生长中,受外界土温、土壤水分、通气状况等因素的影响很大,也受到树种、树龄的影响。根的生长还受树体内部营养状况和各个器官的生长发育情况的制约,在一年中随着季节和地上部物候期的变化而表现出季节性的变化,呈现出2~3次生长高峰,且与地上部生长高峰相间出现。果树根系昼夜变化较大,这是因为夜间有机产物转移到根部较多,故其夜间生长较快。

4)影响根系生长的因素

根系的生长活动除了因树种、品质、树龄等因素而异外,还受树体营养状况及各器官间生长发育状况等内因影响,并受环境条件的制约。

（1）内因

内因首先是遗传因素。不同树种或同一树种不同砧木，根系生长分布不同。其次，根系生长、水分和养分的吸收、有机物质的合成，都依赖于地上部碳水化合物的供应。其中，贮藏的养分主要影响根系的前期生长，当年合成的养分则影响根系的中后期生长。最后，不同砧穗的组合可改变植株地面与根系的营养和激素的平衡，从而影响根系的生长及分布，如 IAA/CTK 含量的比值较低时利于根系分化。

（2）外因

①土壤质粒。不同的土壤质粒在土壤中的比例不同，从而形成不同性质和类型的土壤，不同果树根系生长发育所需的土壤固相率不同，一般要求为 40% ~50%。

②土壤温度。果树根系生长要求的温度因树种不同而异。温度过高或过低，都会影响根的活力和吸收功能，甚至使根系死亡。多数果树根系生长的最适宜温度为 20~25 ℃，原产热带亚热带的果树要求温度较高，北方果树要求温度较低。

③土壤水分。土壤含水量是影响土壤湿度、土壤通气性、微生物活动情况和土壤养分状况的重要因素。最适宜的土壤含水量为土壤最大田间持水量的 60% ~80%，如太低则根系出现干旱反应，表现为细胞生长降低，短期内根毛密度加大，然后停止生长、木栓化，直至死亡；如太高则出现涝害，根系出厌氧呼吸，生长变慢、停止，直至变成黑褐色，最后导致死亡。

④土壤通气性。土壤空气与大气进行交换以及在土体内气体扩散和通气的能力称为土壤通气性。土壤通气性与土壤有机质降解、土壤微生物活动、根系的呼吸作用密切相关。它还影响到土壤的氧化还原电位，从而影响各种矿物质在土壤的存在形态，进而影响到果树的吸收。通常，果园土壤含氧量要求达到 10% ~15% 以上，CO_2 的含量为 1%。

⑤土壤养分状况。根对肥料有趋肥性，尤其是有机肥，可以调节土壤温度、水分和通气状况，促使根系发生更多的吸收根，一般有机质含量在 0.6% ~0.8% 以上，根系发育良好。适当增施氮肥、磷肥，有利枝叶生长从而促进根系生长。硝态氮使果树生根细长，侧根分布广；铵态氮使果树生根粗而丛生。土壤盐度>0.12%，多数果树不能生长。

⑥土壤 pH 值。不同果树对土壤 pH 值的适应情况也不同，如菠萝适应范围为 4.5 ~6.0，番木瓜为 6.0 ~6.5。土壤 pH 值对根系的影响是间接的，它是通过影响矿物质营养的存在状态、微生物的活动、根系的吸收能力等而对根系产生影响的。

⑦土壤生物。土壤中的蚯蚓、蚂蚁、昆虫幼虫和土壤微生物的活动，都能影响到土壤中的物质转化、植物营养的供给和土壤肥力的提高，进而影响果树根系的生长。不同种类的根系也会发生抑制或协同的作用。几乎所有的果树都有菌根，菌根可分为内生菌根、外生菌根和内外生菌根。菌根能在土壤水分低于萎蔫系数时从土壤中吸取水分，改善树体水分供应状况，还能增加树体对矿质营养的吸收和供给树体生长素，增强了根系和树体的生理机能。

2.1.4 芽、枝、叶及其生长发育

1）芽

芽是枝、叶、花或花序的雏体，果树的生长、开花、结果都是从芽开始的。它也是果树度

过不良环境,形成枝、花过程的临时性器官。

（1）芽的类型

①按芽的性质分类,即分为叶芽、花芽、混合芽。

a.叶芽:萌发后仅能生长新梢、不能开花的芽称为叶芽。苹果、梨上的叶芽一般要比花芽瘦小。叶芽鳞片数少,包得不紧,茸毛较多,无光泽。

b.花芽:萌发后仅开花者,称为花芽,也称为纯花芽。例如桃、香蕉和番木瓜的芽等。

c.混合芽:萌发后先生叶片或具有一段明显的新梢,然后再开花、结果的,称为"混合芽"或"混合花芽"。如柑橘、龙眼、荔枝和板栗等的芽,在苹果、梨、核桃等果树上的芽也简称为"花芽"。

②按位置,可分为顶芽、侧芽。

③按芽在叶腋的位置,分为主芽、副芽。主芽受伤,副芽可以萌发抽枝。

④按数量分,同一节位上芽又分单芽、复芽。

⑤按芽的萌芽特性,按能否萌发又分出活动芽和潜伏芽。潜伏芽受到刺激可以萌发,是更新修剪所必须利用的。

⑥按芽的成熟性,分为夏芽和冬芽。夏芽指当年形成当年抽生出新梢的芽,如葡萄夏芽抽生出的副梢;冬芽指当年形成,于翌年抽生出新梢的芽。

⑦按芽的结构,分为鳞芽和裸芽。

（2）芽的特性

①芽的异质性。同一枝梢、不同部位的芽,由于形成时营养状况、内源激素及外界环境条件不同,使其质量存在差异的现象称为芽的异质性。通常基部多为发育不良的隐芽,而中上部多为发育饱满的叶芽和花芽。柑橘、板栗、柿、杏等新梢顶端有自枯或自剪现象,最后形成的顶芽实际上是腋芽(假顶芽),一般较为饱满。

②芽的早熟性和晚熟性。当年新梢上的芽当年就能大量萌发并连续发枝,这种特性叫芽的早熟性。如柑橘、葡萄的夏芽和多数常绿果树的芽。它们能在一年中连续抽发二次梢、三次梢;一般分枝多,进入结果期早。当年形成的芽不萌发,要到第二年春才萌发、抽梢,则属于晚熟性芽,如梨、苹果和银杏等的芽。这种芽萌发后,进入结果期较晚。

③萌发力和成枝力。枝条上的芽能萌发枝叶的能力,称为"萌发力"。萌发力通常以萌发的芽数占总芽数的百分率来表示。萌发的芽可生长为长度不等的枝条,而抽生长枝的能力则为"枝力",通常以长枝数占总萌芽数的百分率来表示。一般把大于15 cm的枝条作为长枝的标准,根据调查的目的和树种,可以提高或降低这一标准,但不应小于5 cm。柑橘、葡萄和核果类果树萌发力和成枝力均较强;而梨树萌发力强,但成枝条力弱。

④芽的潜伏力。潜伏芽又称"隐芽""休眠芽",是指芽发育不良时仍为原形隐伏而不萌发的芽。果树进入衰老后,能由潜伏芽萌发新梢的能力,称为芽的潜伏力。不同种类、品种的果树,其潜伏芽的寿命和萌发能力差别很大。芽潜伏力强的果树,容易进行树冠的更新复壮,如柑橘、龙眼、芒果、杨梅等果树的芽的潜伏力强,寿命较长;而桃、李等果树的芽的潜伏力弱,枝梢恢复能力弱,树冠易衰老,所以寿命较短。

（3）萌芽

芽的形成一般要经过芽原基出现期、鳞片分化期和雏梢分化期3个过程。在外界表现

为萌芽,它是落叶果树地上部由休眠转入生长的标志。此期从芽膨大开始,至花蕾伸出或幼叶分离为止。

不同树种萌芽物候期的标准不同。以叶芽为例,仁果类果树萌芽分为两个时期:芽膨大期,此时芽开始膨大,鳞片开始松开,颜色变淡;芽开绽期,鳞片松开,芽先端幼叶露出。核果类果树以延长枝上部的叶芽为标准,当鳞片开裂、叶苞出现时为萌芽期。

不同果树在不同的环境条件下,每年萌发的次数不同,有一次萌发和多次萌发之分。原产温带果树多为一次萌发,而原产热带和亚热带的果树则呈周期性的多次萌发。但都以由休眠期或相对休眠过渡到营养生长期的萌芽最为整齐。萌芽迟早还与温度有关,各种果树萌芽都要求一定的积温。此外,空气湿度大、树体贮藏养分充足、土壤条件良好也都有利于萌芽。

2)枝

(1)枝的类型

①根据枝条的性质可分为生长枝、结果枝和结果母枝 3 种。

a.生长枝:生长枝又称"营养枝",指新梢上只有叶芽而没有花芽或混合芽的枝条。生长枝又可分为徒长枝、发育枝和纤弱枝 3 种。生长特别旺盛、茎叶粗大、节间长、芽小、组织不充实的枝条,称为"徒长枝";芽体饱满、枝条充实健壮的称为"发育枝",它是构成树冠和抽生结果枝、结果母枝的主要枝条;生长特别纤弱而细小的,称为"纤细枝"。还有一种枝条特别短、枝上只有一个顶芽的,在梨和苹果树上被称为"中间枝",在桃等核果类果树上被称为"单芽枝";又因叶片簇生,也称为"叶丛枝"。

b.结果枝:结果枝是指着生花芽,直接开花、结果的枝梢。按照年龄可分为一年生结果枝、二年生结果枝和多年生结果枝 3 种;按照长短,又分为长果枝、中果枝、短果枝和花束状果枝 4 种。各种果树适宜的果枝类型也有所不同。对于常绿果树,有时也按叶片和花着生数量来分,如柑橘的结果枝可分为有叶顶果枝、无叶顶果枝、有叶花序果枝、无叶花序果枝 4 种。

c.结果母枝:枝条上着生混合芽,能在次年或下一个生长期抽生结果枝的枝条称为"结果母枝"。其中,枇杷、梨、苹果等果树的结果枝很短,类似从结果母枝上直接开花、结果,习惯上常将其结果母枝称为"结果枝"。

②根据抽生的季节按照抽生季节,可分为春梢、夏梢、秋梢和冬梢。

③根据一年中抽生的连续次数,分为一次梢、二次梢和三次梢。

④按照枝条的年龄可分为嫩梢、新梢、一年生枝和两年生枝等。

(2)枝条特性

①生长势。这是枝条生长强弱和植株枝类组成的性状表现。枝条生长势按营养枝的总生长量、节间长度、分枝次数及春、秋梢生长节奏状况来确定。抽生长枝数量越多、长度越长者,则其生长势越强。树势强弱是制定栽培管理措施的重要依据,而生长势则是衡量树势强弱的最重要的形态指标。

②生长量。指枝条的重量。由于重量与枝条粗度呈正相关,因此,也可泛指枝条的粗度。它对一年和多年生枝均适用,是衡量枝条营养多寡的指标。对于骨干枝和大、中枝组,

生长量大小与其长势密切相关。生长量大者,营养贮藏多,所发枝的生长势也往往偏强。若不加以控制,结果会强者更强、弱者越弱,致使树体平衡遭到破坏。因此,在果树整形修剪中,常利用控制生长量的办法来调节骨干枝和一些大、中枝组的长势,如对一些过强、过大的骨干枝和枝组采用重缩剪、剥翅膀(即疏除大分枝)的方法,减小其生长量,从而达到抑制生长、平衡枝势和树势的目的。

③顶端优势。顶端优势是活跃的顶部分生组织、生长点或枝条对下部的腋芽或侧枝生长的抑制现象。顶端优势现象从内源激素来说,生长素起主导作用,细胞分裂素起主要作用。

④干性与层性。指中心干的强弱和维持时间的长短。中干强,维持时间长者为干性强;反之为弱。干性强弱主要决定于树种、品种的生长习性,是确定树形结构的重要依据。如苹果、梨、柿、核桃的干性强,多选用有中心干的树形结构;而桃、李干性弱,则多采用各种开心形的树体结构。

树冠层性是顶端优势和芽的异质性共同作用的结果。一般顶端优势明显、成枝力弱的树种,层性明显,如银杏、柿和枇杷等。

⑤分枝角度。这是指枝条与母枝的夹角。分枝角度与树种品种、树龄树势、枝条着生位置有关。直立或先端的枝条分枝角度往往小。一般来说,分枝角度小的生长势强,分枝角度大的生长势弱。分枝角度越大,枝上各生长点 IAA、CTK 含量越平均,生长势分散、相对长势弱,有利于结果。短枝型品种的特点:萌芽力强、成枝力弱、短枝比率高,新梢生长量小、节间短,大骨干枝少、短枝多而粗,树冠矮小,容易成花、结果。紧凑型品种除了上述特点外,其分枝角度小,生长势弱,树冠呈现紧凑状。

(3)枝的生长

枝的生长包括加长生长和加粗生长两种。

①加长生长。枝条的加长生长主要通过顶端分生组织分裂和节间细胞的伸长实现,分3 个时期。开始生长期:萌芽至第一片真叶分离。此期间依赖贮藏养分进行。此期的长短主要取决于气温高低,高则短、低则长。苹果、梨持续约 9～14 d。旺盛生长期:第一幼叶展叶到新梢生长速率下降。此期间依靠贮藏养分和当年叶片合成的养分。新梢长度和持续时间取决于雏梢的节数。缓慢生长期:由于外界条件的变化和果实、花芽、根系发育的影响,枝梢长至一定时期后,细胞分裂和生长速度逐渐降低和停止,转入成熟阶段。

②加粗生长。这是形成层细胞分裂、分化和增大的结果。新梢加粗生长:加粗略晚于加长生长,比加长晚半个月。新梢加粗生长前期靠贮藏养分;当叶面积达 70% 以上时,即外运养分供加粗生长。多年生枝只加粗生长,无加长生长,加粗生长的程度取决于该枝上的长梢数量和健壮程度,开始期比新梢加长生长晚一个月,停止期比新梢加长生长晚 2～3 个月。矮化砧嫁接苗增粗较慢,是矮化砧上嫁接的枝条导管数量和面积较少造成的。

③新梢生长的日变化。新梢的加长生长在一天中不是匀速的,生长高峰发生在18:00—19:00 点,而 14:00 左右是一天中生长最慢的时候,这主要是土壤水分及养分供应不足引起的。树干直径日增长量有时因为干旱,也会出现负值。

（4）影响枝条生长的因素

①品种与砧木。不同品种新梢生长势不同，有的生长势强、枝梢生长强度大，为长枝型；有的生长缓慢，枝短而粗，为短枝型；还有介于二者之间的，为半短枝型。砧木对地上部分生长也有影响。通常砧木分为3类：乔化、半矮化、矮化。同一品种嫁接在不同类型的砧木上，生长有明显的差异，柑橘的枳砧对地上部分有明显的矮化作用。

②有机营养。果树体内贮藏养分对枝梢萌发、伸长有显著的影响。贮藏养分不足时，新梢短小而纤细。树体挂果多少对当年枝梢生长也有明显的影响。结果过多时，当年大部分同化物质被果实所消耗，枝条伸长便受到抑制，反之则可能出现旺长。柑橘等常绿果树除果实影响枝梢生长外，秋、冬季保叶情况与翌春春梢数量及生长势也密切相关。落叶多则春梢细而短，这主要是因为柑橘有40%左右的营养物质是贮藏在叶片之中的。

③内源激素。植物体内五大类激素都会影响枝条的生长。生长素、赤霉素（GA）、细胞分裂素等多表现为刺激生长；脱落酸（ABA）及乙烯多表现为抑制生长。

④环境条件。环境条件包括水分、温度、光照和矿质元素等。其中主要是水分供应，温度适宜与否也同样影响枝条的生长。光照方面，长日照明显增加枝条生长的速率和持续时间。矿质元素中，氮对枝梢的发芽和伸长具有特别显著的影响，钾、磷过多对新梢生长有抑制作用，但可促使枝梢充实。

⑤栽培管理措施。栽培技术的好坏也会影响枝条的生长，如栽培密度、结果量管理、修剪程度、水肥管理和外源生长调节剂的使用等。

3）叶

叶片是果树光合作用的主要器官。单叶由叶片、叶柄和托叶3部分组成。

（1）叶片的分类

从形态特征上有3类：单叶（仁果类、核果类、板栗、枇杷、香蕉、菠萝等）、复叶（核桃、荔枝、龙眼、草莓等）、单身复叶（柑橘类）。

叶片形态及固有的叶缘、叶脉特征是区别及鉴定树种和品种的主要标志。叶片形态、结构具有相对稳定性，质量大小、营养物质含量也有相对稳定的指标，这是叶分析诊断的依据。但不同枝类、不同部位的叶片生长发育差异明显，如新梢基部和上部叶片小，中部大；幼树的叶片大于成年树；健壮短梢的叶片大于长梢叶片；膛内叶片比外围叶片大。栽培措施、环境条件对叶片生长发育（特别是大小）也有影响。因此，对叶进行分析时要选择有代表性的叶样。

（2）叶片的功能期

新梢上不同部位、不同叶龄的叶片，光合能力不同。幼嫩的叶片，由于叶肉组织量少，叶绿素浓度低、光合总产量低。随着叶龄增加，叶面积增大、光合能力逐渐增强，直到老熟为止。初期净光合（Pn）为负值，此后逐渐增高，叶面积达最大时，Pn也达最大，并持续一段时间。

（3）叶片的衰老

叶片衰老受BA、IAA、GA调节，外施可延缓衰老。常绿果树叶的寿命要比落叶果树长得多，通常老叶脱落发生在新梢抽生、新叶展开之后。柑橘叶可在树上生长17～24个月，松树叶的生活期可长达 3～5 年。

（4）叶片的生长发育

果树单叶的叶面积开始增长得很慢，以后迅速加快，当到达一定值以后又逐渐变慢，呈现 Logistic 曲线。不同种类叶至停止生长所需的天数并不一样，如梨需 16～28 d，苹果需 20～30 d，猕猴桃为 20～35 d，葡萄则为 15～30 d。不同枝类叶、不同节位叶也不一样，上部叶片主要受环境（低温、干燥）影响，基部叶则受贮藏养分影响较大。

（5）果树叶幕

果树叶幕是指叶片在树冠内集中分布的、具有一定形状和体积的集合体。由于树形的不同，叶幕大小、形状都不同。在生命周期中，叶幕形状呈"圆锥—椭圆—圆头—扁圆形"变化规律；体积也由"小—大—小"。在年周期中，叶幕的形成与新梢生长动态相吻合，呈"慢—快—慢"的 S 形增长曲线，其变化有明显的季节性。一般幼年树，树势强、发生长枝为主的树种品种，叶幕形成时间长、高峰出现晚，但形成叶幕大；反之亦然。常绿果树年周期中叶幕的寿命在 1 年以上，且体积较稳定。落叶果树理想的叶幕前期形成快、中期适宜、后期持久。

叶幕大小、薄厚及形状是衡量果树叶面积数量和分布的一个主要指标。叶面积指数（LAI）指果树总叶面积与其所占土地面积之比。它反映单位土地面积上的叶密度。多数果树的叶面积指数以 3～5 较为合适。投影叶面积指数是指单株叶面积与树冠投影面积的比值。它更好、更准确地反映了树冠内的叶密度。叶片曝光率＝树冠表面积/叶片总面积×100%。它在一定程度上反映了树冠内的叶幕状态和叶片在树冠内的分布状况。

合适的叶幕，能使树冠内的叶量适中、分布均匀，从而充分利用光能，有利于优质高产。叶幕过厚，树冠内光照差；过薄，则光能利用率低，均不利于优质高产。凯瑞尔（Kiral）等研究指出，当叶片均匀分布于树冠时，投射光通过 LAI 为 3 的叶幕以后，相对光强降到 5%；当叶片在树冠呈相对集中的群叶分布、群叶保持适当的间距时，投射光通过 LAI 为 9 的叶幕以后，相对光强降到 5%。这说明群叶结构型叶幕既明显提高了 LAI，又有效地利用了光能，为提高光合产量奠定了基础。生产实践表明，主干疏层形树冠的第一、二层叶幕厚度为 50～60 cm、叶幕间距 80 cm、叶幕外缘呈波浪形，是较好的丰产的叶幕结构。

（6）落叶与休眠

①落叶。落叶是落叶果树进入休眠的标志。一般温带果树在日平均温度降到 15 ℃以下、日照短于 12 h 时开始落叶。日夜温差大，干旱和水涝都会促进落叶的产生。各种果树落叶对气温的敏感程度不同。幼树比成年树落叶迟；壮树比弱树落叶迟；在同一株树上，长枝比短枝落叶迟，树冠外围和上部比内膛和下部落叶迟。过早落叶和延迟落叶对越冬和第二年的生长、结果都不利。常绿果树无固定的集中落叶期，其叶片在秋冬季储存大量养分，春季新叶抽生、老叶脱落就是其新老交替的现象。

落叶前会在叶内发生一系列的生理生化变化。如由于叶绿素分解色素的出现而叶片变色；光合能力减弱，一部分氮钾等营养成分转移到枝干；叶柄基部形成离层而脱落等。果树的自然落叶是已经完成营养积累而进入休眠期的标志，而果树能否正常落叶是果树对当地自然条件适应与否的标志。

②休眠。休眠指果树落叶后至翌年萌芽前的一段时期。果树进入休眠期后，虽在外部

形态上看不出有生长现象,但生命活动并没有停止。如呼吸作用、蒸腾作用,芽的分化发育、根的吸收、合成养分及营养的转化等生理活动仍在缓慢进行,尽管十分微弱。因此,休眠只具有相对的意义。落叶果树的休眠期分为两个阶段,即自然休眠和被迫休眠。自然休眠是由器官的特性决定的,它要求一定的低温条件才能顺利通过,此时即使给予适宜的环境条件,仍不能正常生长。被迫休眠是指果树已经通过自然休眠期,即已完成了萌芽生长的准备工作,但由于环境条件(特别是低温),抑制了萌芽生长,而被迫休眠。常绿果树一般无自然休眠,只有被迫休眠。不同树龄的果树进入休眠期的早晚也不同。幼年树进入休眠期晚于成年树,而且解除休眠也迟。不同器官和组织进入休眠期的早晚也不一致。一般小枝、细弱枝、早形成的芽比主干、主枝休眠早;根茎进入休眠最晚,但解除休眠最早,故易受冻害。同一枝条皮层和木质部进入休眠期较早,形成层最迟。

2.1.5 花芽分化

当果树生长发育到一定阶段,在适宜光周期和温度的条件下,由营养生长转入生殖生长,茎尖分生组织不再产生叶原基和腋芽原基,而是分化成花原基和花序原基,进而形成花芽或混合芽。这一过程,称为"花芽分化"。果树花芽分化分两个阶段,即生理分化和形态分化。从花原基最初形成至各花器官发育完全叫"形态分化";在此之前,生长点内进行的由营养生长向生殖生长转变的一系列生理、生化过程叫"生理分化",即在出现花芽的形态分化之前,其生长点内部在生理上与叶芽已有质的区别。生理分化多在形态分化前 1 个月左右,处于花芽分化前不稳定转变状态。所以,生理分化期也叫作"花芽分化临界期"。此时加强田间管理,采取一定的促控措施可以影响花芽的质量和数量。

1)花芽分化的类型

不同的果树花芽分化期不同,分为以下几种类型。

(1)夏秋分化型

夏秋分化型果树在夏秋新梢生长减缓后开始花芽分化,冬季休眠、春季开花。仁果类、核果类及大部分温带果树属此类型,如桃、李、梅、梨等。此类型的花芽分化进行时间长。常绿果树枇杷、杨梅花芽分化也属这一类型,但花芽分化休眠阶段不明显,所以开花早,结果也早。

(2)冬春分化型

冬春分化型果树冬季开始分化,春季继续分化后开花,不需经过休眠。多数常绿果树属此类型,如柑橘、龙眼、荔枝、芒果等。其中柑橘等花芽开始分化至开花通常只经过 1.5 ~ 3 个月的时间,而一些亚热带果树如荔枝、龙眼、枇杷、芒果等因为是大型圆锥花序,花小量多,花芽分化持续时间较长,各花朵的发育期差异较大,花性别也可能不同。生产上要根据各种果树的特点调控好花芽分化时期,如荔枝,早期分化的往往多为雄性花,通过措施延迟花芽分化可提高雌性花的比例,减少早期的雄花量。枇杷在北缘地区种植,推迟花芽分化的时间可以防止果实冻害发生。

（3）多次分化型

此类型果树一年内能多次进行花芽分化,多次开花结果。如四季橘、柠檬、金柑、杨桃等。

（4）不定期分化型

此类型果树一年只分化花芽一次,时间不定,具体分化时期与气候、季节无关,主要取决于树体的营养积累。如香蕉、菠萝等热带果树,可以在一年中任何时候进行花芽分化。它们主要与植株大小及叶片数量有关,如通常香蕉叶片多于 25 片、菠萝叶片多于 30 片时才开始花芽分化。

2）花芽分化的过程和时期

（1）形态分化过程及标志

仁果类果树（混合花芽、花序）花芽开始分化集中在 6—9 月,分为以下 7 个时期。

①未分化期,其标志是生长点狭小、光滑;在生长点范围内均为体积小、等径、形状相似和排列整齐的原分生组织细胞。

②花芽分化初期,其标志是生长点肥大隆起,为一扁平的半球体。在此之前为生理分化期,是控制花芽分化的关键时期,也称为花芽分化临界期。

③花蕾形成期,其标志是肥大隆起的生长点变为不圆滑并出现突起的形状。

④萼片形成期,花原基顶部先变平坦,然后其中心部分相对凹入而四周产生突起体,即萼片原始体。

⑤花瓣形成期,萼片内侧基部发生突起体,即花瓣原始体。

⑥雄蕊形成期,花瓣原始体内侧基部发生的突起（多排列为上下两层）,即雄蕊原始体。

⑦雌蕊形成期,在花原始体中心低部所发生的突起（通常为五个）,即雌蕊。

核果类果树（纯花芽、单花）花芽开始分化集中在 5—9 月,分为 6 个时期:分化准备期、花瓣分化期、花蕾分化期、雄蕊分化期、花萼分化期和雌蕊分化期。

（2）花芽分化时期的长期性和集中稳定性

不同树种、不同品种的花芽分化时期不同,如进入休眠前,桃、杏、苹果和梨可完成雌蕊分化;山楂只分化至花瓣原基;葡萄可形成 1～3 个花序原基;枣当年分化;柑橘、荔枝在 12 月至次年 1 月分化。即使同一品种,甚至同植株,也会因树龄、枝条类型和外界环境条件不同而有所差异。但多数果树在萌发至开花之前才形成大、小孢子。在一定条件下,花芽分化时期表现出长期性和相对集中性、稳定性。

（3）花芽分化临界期

果树由叶芽向花芽形态转化之前,生长点处于极不稳定的状态,代谢方向易于改变。以苹果为例,此期条件如果适宜即可转化为花芽,否则即转入夏季被迫休眠期,成为叶芽。苹果短枝在花后 2～6 周是花芽分化临界期。各种果树花芽分化临界期是不同的,一般约在形态分化前 1～7 周完成。因此,花芽分化临界期是促进花芽分化的关键时期。

3）花芽分化的机理（内部因素）

（1）C/N 关系说

该学说认为,果树体内氮和碳水化合物充足且比例适当,是花芽分化的前提和基础,C

和 N 是结构物质和能量物质,也决定着生长点的代谢方向。糖和氮供应充足,花芽分化旺盛、开花、结果也多。如碳水化合物欠缺,花芽则不能形成;氮欠缺,碳水化合物相对过剩,虽能形成花芽,但结果不良。

(2)内激素平衡

包括 GA、CTK、ABA、IAA 和乙烯在内的激素对花芽的形成都有影响。GA 会抑制花芽的形成;花原基发生与分化必须有 CTK;ABA 由于与 GA 拮抗,引起枝条停长,有利于糖的积累,对成花有利;乙烯和生长激素都能促进花芽形成。其实,在果树组织和器官中常常是几种激素并存,所以激素对花芽分化的调节不取决于单一激素水平,而有赖于各种激素的动态平衡。

(3)养分分配方向假说

该假说认为成花基因的表达比叶芽发育需要更多同化物。在激素作用下,同化产物流向中心分生组织,流向最活跃的部位,以促进花芽分化。

(4)基因启动

成花激素到达茎尖,启动成花基因开关,合成花原基特异蛋白的基因开始作用。位于核内染色体上与 DNA 共存的碱性蛋白(组蛋白 histone)离开 DNA(解除阻遏),mRNA 开始合成。现已证明、RNA/DNA 的高比值对苹果、葡萄成花是最重要的。

(5)临界节位假说

该假说认为,花芽的诱导必须是叶芽处于一定的发育阶段。阿伯特(Abbot)认为无性繁殖的果树的芽只有到达一定节数(含鳞片等)时,才能诱导并进行分化,这个节数称为"临界节位"。金冠苹果的临界节位为 12,橘苹为 21,元帅为 16.26,国光为 13.14;大久保桃中果枝花芽分化临界节位为 12,肥城桃为 14;日本梨为 22 节。

(6)营养物质积累

花芽分化的直接因素是营养物质的积累水平。只有树体的营养物质积累到一定程度,花芽才能形成。

4)影响花芽分化的环境因素

(1)光照

强光有利于分化(苹果、桃、猕猴桃);紫外线可诱导乙烯生成、钝化或分解 IAA,抑制生长,促进花芽分化;"短日照+强光"可诱导柑橘等花芽分化;"长日照+强光"可诱导苹果等花芽分化。以上均为自然适应结果。

(2)温度

柑橘花芽分化适宜温度为 13 ℃ 以下(12—次年 1 月)。苹果花芽分化要求为 15 ~ 28 ℃,20 ℃ 以上适宜;临界期(花后 4 ~ 5 周)20 ~ 24 ℃ 最为有利。高温可使北方果树花芽分化提前;低土温、低气温同时存在可促进温州蜜橘花芽分化;白天温度适中,夜间气温较低,利于花芽分化。

(3)水分

花芽分化期适度控水有利于花芽分化。原理:干旱使生长受到抑制,碳水化合物积累容易,精氨酸增多,IAA、GA 下降,ABA、CTK 上升,花芽分化易发生。但也不能过度干旱,田间最大持水量的 60% 左右适宜。

（4）土壤养分

铵态氮充足,增加 P、K 肥,可促进花芽分化。

（5）重力作用

水平枝条削弱顶端优势,有利于花芽分化。

5）花芽分化的调控措施

（1）生长抑制剂

在花芽诱导期环剥和喷布生长抑制剂等。

（2）平衡生殖与营养生长

通过疏花疏果,合理修剪、长放、拉枝等措施,选择矮化、半矮化或乔化砧,也可以适时结果。

（3）控制环境条件

包括改善树膛内的光照条件,在花芽诱导期控制灌水、合理增施硝态 N 和 P、K 肥。

（4）生长调节剂的应用

在果树花芽生理分化前期喷布 B9 等生长调节剂。

（5）其他试剂

外用腐胺、精胺或精眯可促进苹果成花;使用脲嘧啶和黄嘌呤可促进葡萄柚和油橄榄开花。

2.1.6　开花坐果

1）花的构造与性别

花是果树的生殖器官。一朵花通常由花梗、花托、花萼、花冠、雄蕊和雌蕊组成。如一朵花雄蕊雌蕊均存在,则称为"完全花"或"两性花";如只有雄蕊或雌蕊,就称为"单性花"。雌花雄花在同一树体上称为"雌雄同株",如栗、核桃;雌花和雄花在不同的树体上称为"雌雄异株",两性花、雌花、雄花和无性花在同一树体上称为"杂性同株",如荔枝。

2）开花期

开花期指一株树从极少量的花开放到所有花完全凋谢为止,分为初花期、盛花期、终花期和谢花期。全树有 5% 的花开放为初花期;25% 的花开放为盛花始期,75% 的花开放为盛花末期;全部花开放并有部分花瓣开始脱落为终花期;全树 5% 花的花瓣脱落为谢花始期,95% 以上花的花瓣脱落为谢花终期。花期早晚与花期长短因树种、品种不同而异。同品种树花期早晚还与结果枝类别和花芽着生位置有关。树体营养状况、海拔高低与地理纬度影响着花期早与晚。花前及花期气候条件也影响花期早晚和花期长短:落叶果树一般为 10 ~ 20 ℃,亚热带和热带果树一般为 18 ~ 25 ℃;高温干旱花期缩短,冷凉湿润花期延长。日开花时间:大部分果树在 10:00—24:00 开放。果树开花次数也会受到环境,特别是温度的影响。

3）花粉、胚囊的形成及败育

（1）花粉、胚囊的形成

多数落叶果树在休眠前只分化到雌蕊原基,在萌发前4周开始花粉和雌配子的分化。不同树种在不同地区,其花粉、胚囊的发育速度不同。减数分裂时间很短,对内外条件反应敏感。花粉粒形状、大小及表面突起花纹因果树种类不同而异。果树的花粉在双核期即从花药内散出,又叫"双核花粉"。

（2）花粉、胚囊的败育及原因

果树的花粉或胚囊在发育过程中常常发生退化或停止发育。引起败育的原因：①遗传因素,如多倍体品种；②结构物质、能量物质、内源激素等内部条件；③恶劣环境,如花期低温等可导致败育。

4）授粉受精

花粉从花药传到柱头上称为"授粉"。果树同一品种（或无性系）内授粉属于自花授粉。栽培上具自花亲和性的品种,自花授粉后能得到满足生产要求的产量的称为"自花结实",如葡萄、柑橘、龙眼等。自花结实者,又能产生具有生活力的种子者,称为"自花能孕"。自花不实是自花授粉后不能达到经济栽培上丰产的结实率。果树不同品种间的授粉,称为异花授粉。异花授粉的树种和自花不实的果树栽培时必须配置授粉树。

精核与卵核的融合称为"受精"。被子植物授粉后24~48 h可以完成受精。影响授粉受精因素很多,如雌雄配子相互亲和性；花粉越密集萌发力越强；非亲和花粉对亲和花粉有抑制作用,即花粉群集效应；营养条件包括贮藏营养、N素营养；碳水化合物、微量元素（Ca、Mg、Zn、B、Co等）；环境因子里的温度影响花粉发芽和花粉管生长、花粉管通过花柱到达子房的时间、昆虫活动；低温阴雨不利于传粉,光照、风和污染物也会对之产生影响。

有些果树不经授粉,或虽经授粉而未完成受精过程而形成果实的现象叫"单性结实"。不经授粉,子房发育不受外来刺激,完全是自身生理活动造成的单性结实,称为"自发性单性结实",如柿、香蕉、菠萝、无花果等。刺激性单性结实是指经过授粉但未完成受精过程而形成果实。

有些树种或品种胚囊里的卵子不经受精作用（单倍体孤雌生殖）,助细胞、反足细胞,乃至珠心和珠被等直接发育成胚,产生正常的、有繁殖能力种子的现象叫"无融合生殖"。无融合生殖不发生两性染色体结合,因而在遗传上相对来说是个纯合体,能最大限度地保持其单源亲系的基本性状。所以无融合生殖的实生后代,也和无性繁殖系一样,其遗传性状是比较稳定的,这种特性在无性系砧木和无毒苗的生产中都具有重要意义。但对多数经济栽培果树来说,具有无融合生殖能力的品种很少,湖北海棠（平邑甜茶）、核桃（芹泉2号）、柑橘等有此现象。

5）坐果与落花落果

（1）坐果及其机理

经过授粉受精后,子房膨大而发育成果实,生产上称为"坐果"。坐果多少,以坐果率表示：坐果率＝坐果数/开花数×100%。生产中经常应用的有三种形式,即花朵坐果率、花序坐果率和花序平均坐果数。

（2）落花、落果

落花是指部分未经授粉受精的花（子房）脱落，而不是指谢花时的花瓣脱落。落果是指部分幼果（子房已经膨大）脱落的现象。落花、落果是果树在系统发育过程中，为适应不良环境而形成的一种自疏现象，也是一种自我调节的本能。果树落花落果的时期依果树种类和不同品种而异，通常一年有3～4次。第一次在盛花后1～2周，原因是花器发育不全或未授粉；第二次发生在盛花后3～4周，原因主要是未受精，或受精不良；第三次在盛花后6周，原因生理落果、营养不足（特别是N素）造成胚发育中止；第四次是采前落果，激素、重力、营养，遗传，水分、气候、伤害都是引发的原因。

（3）提高坐果率

①提高树体贮藏营养水平、缓和梢果养分竞争。如疏花疏果、合理负载，强化生长后期管理，健树保叶，控制后期枝叶徒长，花前合理施肥、灌水等。

②保证授粉受精。如合理配置授粉品种，果园放蜂（自养自繁壁蜂更佳）、人工辅助授粉等。

③控制树体营养流向，优先保证坐果需要。如葡萄的花期夏剪、枣树花期"开甲"等。

④合理应用生长调节剂和微肥。如花期喷硼，喷GA、PBO等。需注意的是树种、品种间对激素类物质的反应千差万别，敏感程度也大不相同，因此应用宜慎重。

6）果实

（1）果实发育期

果实生长发育所需时间依树种、品种而异。短的仅需几周，但长的需1年多。此外，成熟期早晚还受立地条件和栽培技术的影响。在高温而干燥的气候条件下，果实成熟提早；反之则推迟。而山地果园，地势高、排水良好，果实成熟也相对早些。

（2）果实的生长动态

果实发育一般都要经过细胞分裂、组织分化、种胚发育、细胞膨大和细胞内营养物质大量积累和转化的过程。但在果实发育过程中，其体积和重量的增长不是直线上升的，而是有快有慢，形成一定形式的曲线。因果树种类不同，主要可分为两种类型。

a. 单S形曲线：果实生长初期和末期增长缓慢，中期生长迅速，果实只有一个速长期。如枇杷、柑橘、草莓、荔枝、龙眼、菠萝、香蕉、油梨、核桃等。

b. 双S形曲线：果实生长有两个速长期，在两个速长期之间隔着一个缓慢生长期。果实开始生长慢，接着细胞迅速分裂，细胞数目增加，体积增长迅速，为初始迅速生长期。之后进入生长缓慢期，生长很慢，胚开始发育。其后进入成熟的迅速增大期，果肉细胞迅速膨大，增长快速。以后进入成熟期，生长又转缓。此类果实有核果类、猕猴桃、无花果、番荔枝等。

（3）影响果实增长的因素

①细胞数和细胞体积。果实体积的增大，决定于细胞数目、细胞体积和细胞间隙的增大，以前两个因素为主。

②有机营养。果实细胞分裂主要是原生质增长过程，称为"蛋白质营养时期"。需要有氮、磷和碳水化合物的供应。树体贮藏碳水化合物的多少及其分配情况，为果实蛋白质

营养期(细胞分裂期)的限制因子。在果实发育中、后期,即果肉细胞体积增大期,最初原生质稍有增长,随后主要是液泡增大,除水分绝对量大大增加外,碳水化合物的绝对量也直线上升,称为"碳水化合物营养期"。果实增重主要在此期,要有适宜的叶果比,必须保证叶片的光合作用。

③无机营养。矿质元素在果实中的含量很少,不到1%,除一部分构成果实躯体外,主要影响有机物质的运转和代谢。钾对果实的增大和果肉干重的增加有明显的促进作用。钾提高原生质活性,促进糖的运转流入,增加干重;钾多,果实鲜重中水分含量会明显增加。钙与果实细胞膜结构的稳定性和降低呼吸强度有关。

④水分。果实内80%～90%为水分。

⑤温度和光照。在适温条件下果实通常较大。在幼果期,温度为限制因子,主要利用湿度贮藏营养;后期光照为限制因子。因果实生长主要在夜间,故夜温影响较大。这是因为温度影响光合作用和呼吸作用,影响碳水化合物的积累。

⑥种子。果实内种子的数目和分布影响果实大小和形状。

7)种子发育

种子是由受精的胚珠发育而成的。受精卵发育成胚,受精的极核发育成胚乳。大部分果树种子中的胚乳在形成过程中被胚吸收而消失,养分储藏于子叶中;少部分果树的种子有胚乳,如椰子、柿等。果树种子通常只有一个胚,也有一些果树的种类、品种具有多胚性,如柑橘的种子有一个有性胚和多个珠心胚,播种后常由珠心胚长出幼苗。种子在发育过程中能产生生长素等物质,从而刺激细胞的分裂和子房的膨大。

2.1.7　果树各器官生长发育的相关性

果树生长、结果、更新、衰老不仅表现出有序性,在这一过程中各种器官相互作用也表现出节奏性。器官的消长规律主要是由遗传性决定的,同时又受各种环境因素的影响。研究这些规律,有助于认识果实产量和重量的形成过程,以便科学地拟定管理技术措施。

1)根系和地上部的关系

嫁接果树的根系会利用地上部送来的有机养分、GA 和生长素等,同时也向地上部提供无机营养、氨基酸和细胞分裂素等。所以嫁接后的新植株,会出现既不同于接穗,也不同于砧木的生长发育新规律。例如嫁接在不同生长类型砧木上的同一品种,树体大小、生长势、果实品质和抗逆性都有所差别。

砧木会影响接穗的寿命、树高和生长势,分枝角度和树形,生长过程(发芽、开花、落叶和休眠),果实成熟期和品质,抗性等。接穗对根系的影响包括根系生长势和分枝角度,根系分布的深度与广度,抗逆性。

在一年中,从萌芽至落叶,地上部和根系均呈增长趋势,主干增长较慢,当年生根、茎、叶、果都增长很快。在生产过程中,根的损伤会抑制地上部的生长。所以,在不同的时期对根系和地上部进行修剪及疏果等,可以达到栽培目的,起到增产的效果。

2）营养生长与生殖发育

果树的根、茎、叶的主要生理功能是吸收、合成和输导,称为"营养器官"。花、果实和种子的生理功能主要是繁衍后代,是生殖器官。果树的生长过程可分为营养生长期和生殖发育期,生产者的任务就是调节这两个时期的强度。

营养生长是生殖发育的基础,生殖器官的数量和强度又影响营养生长。

营养生长和生殖发育的相互依赖、竞争和抑制主要表现在营养物质分配上。生物首先要保证世代的延续,所以,生殖器官是影响物质分配最显著的器官。不同种类果树的生殖器官,由于发生早晚、发育质量和获得营养的范围差别,造成其花芽质量、坐果率和果实大小都不一样。

3）主要器官间的相关性

枝条生长、花芽分化和果实生长三者存在着密切关系,果树的花芽分化多在新梢生长缓慢期或停止生长后开始。枝条健壮、单叶面积大,为果实生长和花芽分化提供了物质基础,但生长过旺反而不利于果实生长和花芽分化。

生殖器官之间也存在着竞争,过多的开花或结果,常引起严重的落花、落果,从而降低产量。果实生长与花芽分化之间的关系因树种而异,仁果类果实生长与花芽分化重叠的时间长,果实对花芽分化影响大,易表现出大、小年现象;核果类果树的花芽分化与果实生长重叠时间短,对花芽分化影响不大,不易出现大、小年现象。

任务2.2　果树的生命周期与年生长周期

活动情景　所有生命都必须经历开始,直到结束,果树也不例外。但生命在始生与死亡这一整个生命周期内,又有着几个不同的生长发育阶段。本任务要求学习、了解在果树的生命周期内,分别经历的不同生长发育阶段,掌握调控果树各生长发育阶段的措施,为果树优产高产打下坚实的基础。

 工作任务单设计

工作任务名称	任务2.2　果树的生命周期与年生长周期	建议教学时数	
任务要求	1. 理解果树生命周期的概念 2. 熟练掌握果树生命周期内各生育阶段的调控措施 3. 物候期的观察		
工作内容	1. 学习果树生命周期的概念 2. 观察果树不同生育阶段的特性并熟练掌握相应的调控措施		
工作方法	以老师课堂讲授和学生自学相结合的方式完成相关理论知识学习;以田间项目教学法和任务驱动法,让学生认真观察果树不同生育阶段的特性,熟练掌握有利的调控措施		

续表

工作任务名称	任务 2.2　果树的生命周期与年生长周期		建议教学时数	
工作条件	多媒体设备、资料室、互联网、试验地果树、相关工具等			
工作步骤	资讯：教师由活动情景引入任务内容,进行相关知识点的讲解,并下达工作任务 计划：学生在熟悉相关知识点的基础上,查阅资料、收集信息,进行工作任务构思,师生针对工作任务有关问题及解决方法进行答疑、交流,明确思路 决策：学生在教师讲解和收集信息的基础上,划分工作小组,制订任务实施计划,准备完成任务所需的工具与材料 实施：学生在教师指导下,按照计划分步实施,进行知识和技能训练 检查：为保证工作任务保质保量地完成,在任务的实施过程中要进行学生自查、学生互查、教师检查 评估：学生自评、互评,教师点评			
工作成果	完成工作任务、作业、报告			
考核要素	课堂表现			
	学习态度			
	知　识	1.果树生命周期的概念 2.果树不同生育阶段和物候期的特性		
	能　力	掌握调控措施的熟练程度		
	综合素质	独立思考,团结协作,创新吃苦,严谨操作		
工作评价环节	自我评价	本人签名：	年　　月　　日	
	小组评价	组长签名：	年　　月　　日	
	教师评价	教师签名：	年　　月　　日	

 任务相关知识点

2.2.1　果树的生命周期概念

果树在其个体发育过程中,所经历的包含全部生命活动的生长、结实、衰老、死亡的整个过程,称果树的生命周期。不同的繁殖技术繁育出的苗木生命周期不同。

2.2.2　果树生命周期及调控

1)实生树的生命周期及调控

栽培上将实生树的生命周期划分为幼年、成年、衰老 3 个阶段。有的学者划分为胚胎(从胚胎形成到种子成熟)、幼年、成年、衰老四个阶段。

（1）幼年阶段。

①童期概念。童期是指从种子萌发起，经历一定的生长，到具备开花潜能（具有形成花芽的生理基础）之前的阶段。

②缩短童期的措施。

a. 嫁接在矮化砧或成年树高位枝上。

b. 在实生树不同阶段，使用生长调节剂，先促后控。

c. 童期将要结束的实生树，进行环剥、环割，增加营养积累。

d. 选用童期短的亲本。

e. 控制温度、延长光照。

f. 加强营养，增施 P、K 肥。

（2）成年阶段

①成年期概念。实生果树个体进入性成熟阶段（具有开花潜能）后，在适宜的外界条件下随时可以开花结果，这个阶段称为成年阶段。

②成年期的调控。实生果树成年期长短因树种、品种而异，主要由遗传物质控制。但树体营养状况、结果多少、生态环境条件和栽培管理水平也影响成年树的生长发育、持续时间。

在结果初期，轻修剪、多施肥，可迅速扩大树冠营养面积；然后控制肥水、使用生长调节物质，可增加花芽形成数量，有利于果树加速进入结果盛期。在结果盛期，充分供应肥水，细致修剪，合理配置结果枝和发育枝，适当疏花疏果、合理负担，保证生长、结果、花芽形成的稳定平衡，可延长结果盛期。在结果后期，增施肥水、更新根系，适当重剪回缩、更新树冠，加大疏花疏果力度、控制化芽形成数量、促进新梢生长，能够延缓树体衰老。

（3）衰老阶段

果树个体在成年阶段，由于开花结果会出现器官、组织的老化或衰弱现象，这一过程称"老化过程"或"衰老过程"。果树衰老期表现为树体的枝条生长量很小、细小纤弱，骨干枝、骨干根逐渐衰亡，结果枝或者结果母枝越来越少，结果量少，果实小且品质差，树体生理活性下降，树冠更新复壮能力和抗逆能力显著下降，易受病虫侵害，逐步走向生命终点。这是一个比较漫长的过程，有的树种会持续很多年，但在栽培上没有意义。

2）营养繁殖树的生命周期及调控

营养繁殖果树由于从母株上采集的繁殖材料已经具备开花结果能力，因此不需度过童期（没有童期），其生命周期分为营养生长期（幼树期）、结果期和衰老期三个阶段。

（1）结果期

①结果初期概念及调控。果树开始结果至大量结果之间的时间段称为"结果初期"。此期调控应继续轻剪、培养树体骨架，着重培养结果枝组，缓和树势，防止树冠旺长；生长过旺时，可控制肥水，多施磷钾肥。在保证树体健壮生长的基础上，迅速提高产量，争取早日进入盛果期。

②结果盛期概念及调控。果树进入大量结果的时期称为"结果盛期"。此期主要调节营养生长和生殖生长的关系，保持新梢生长、根系生长、结果和分化花芽之间的平衡。加强

肥水供应,细致地更新修剪,营养枝、结果枝和预备枝要平衡,维持较大的叶面积,严格疏花疏果、控制结果量,防治病虫害,防止大、小年。

③结果后期概念及调控。果树产量明显下降的时期称为"结果后期"。此期措施以调控大、小年为主,大年时要疏花疏果,深翻改土,增施有机肥水,更新根系,适当重剪回缩和利用更新枝。小年时要促进新梢生长,控制花芽形成。总之,要加强地上、地下部的综合管理,维持果树一定的生长和结果能力。

（2）衰老期

果树产量明显下降,无经济效益的时期为"衰老期"。此期部分骨干枝、骨干根衰亡,结果枝越来越少、结果少而品质差。由于骨干枝,特别是主干过于衰老,除少数果树(如某些柑橘类)外,更新复壮的可能性很小。此时应采取砍伐清园,另建新园等措施。

2.2.3　常绿果树年生长周期及调控

1)物候期

（1）概念

在年周期中,与季节性气候变化相适应的果树器官动态变化时期,称"生物学气候时期",即"物候期"。物候期可分为大物候期和小物候期两种,现举例说明。大物候期,如一年可分为萌芽期、开花期、新梢生长期、果实发育期、花芽分化期、果实成熟期、落叶期与休眠期等。小物候期,如开花期还可分为初花期、始花期、盛花期、盛花末期、落花期等。果树物候期的变化既反映果树在年周期中的进程,又体现气候在树体上一年中的作用和影响。

（2）果树物候期的特点

a.顺序性:每一物候期都是在前一物候期通过的基础上进行的,同时又是下一物候期的基础。

b.重演性:某些物候期在年周期中多次发生,如多次结果、新梢的多次生长。

c.重叠性:同一时期或同一树上可同时表现多个物候期,如春季枝条萌芽与根系活动同时进行。

2)常绿果树各类器官物候期及顺序

（1）地上部营养器官

地上部营养器官可分为春梢生长期、老叶脱落期、夏梢生长期、秋梢生长期、缓慢生长期、冬梢生长期、芽分化形成期。

（2）生殖器官

生殖器官可分为花芽或花序发育期、开花期、果实发育期(坐果期、生理落果期、果实生长期、果实成熟期)、花芽形成期(生理分化期、形态分化期、性细胞形成期)。

（3）地下根系

地下根系可分为开始活动期、生长高峰期(多次)、生长相对缓慢期。

3)常绿果树物候期的特点

常绿果树开花、新梢生长、花芽分化、果实发育等可同时进行,老叶的脱落又多发生在新叶展开之后,在一年内能多次萌发新梢,分化形成花芽,开花结果,其物候期错综复杂。

生长季常绿果树与落叶果树的物候期虽然有许多差异,但也有一些共同的特征。其一,同一器官的物候期出现的顺序基本稳定,每个物候期都是在前一个物候期通过后出现的,同时又为后一个物候期的到来做准备,如萌芽—开花—果实发育。其二,不同器官的几个物候期可能发生重叠,即一株树上同时会出现几个不同的物候期,如常绿果树的一些枝在开花,而另一些枝上的果实却在发育成熟。

4)常绿果树的休眠期

常绿果树一般在一年中没有明显的休眠期。但常绿果树的生长也可能因干旱或低温导致出现一段时间的停顿,这是一种被迫休眠,当逆境条件消失后,果树即可恢复生长。一般这种被迫休眠可能在每年的旱季出现一次,在冬季低温寒潮到来时发生一次或数次。果树在一年中随外界环境条件变化并呈现规律性的形态和生理的变化。果树这种每年随气候而变化的生长发育过程(指果树每年随着四季气候变化而表现出的有节奏地进行萌芽、抽梢、开花、结果、落叶等的形态变化过程),即为果树的年生长周期。

果树年生长和生命周期的各个时期虽有其明显的形态特征,但又往往是逐步过渡和交错进行的,并无截然的界限。而且,各个时期的长短,也因树种、品种及栽培管理条件而有所不同。正确认识这些规律,可以针对各个时期的主要矛盾,制定合理的管理技术,使果树提早结果,达到早期丰产、高产、稳产,延长结果年限和推迟衰老期的到来。

项目小结)))

在了解果树生长发育规律、生命周期和年生长周期各生育阶段特性的基础上,理解掌握相应的管理技术与措施,为果树优质高产打下坚实基础。

复习思考题)))

1. 简述影响果树根系生长的因子。
2. 影响花芽分化的因子是哪些,如何促进通过花芽分化?
3. 何为坐果,如何提高果树坐果率?
4. 试述营养繁殖果树各年龄时期的特点以及调控措施。
5. 试述果树物候期及其特点。

项目3 环境条件对果树生长发育的影响

项目描述 环境是指果树生长空间中一切因素的总和,包括气候条件、土壤条件、地势条件和生物因子。果树在其长期的生长发育过程中,形成了与环境相互联系、相互制约的统一体。任何一个果树栽培种类或品种,一方面要保持其最初生存时所要求的条件;同时,又要适应改变了的新的环境条件。在果树和环境条件的

相互作用中,环境条件起主导作用。果树栽培学的目的就是根据果树的特性,改变和创造适合的环境条件来满足果树的要求,达到令其优质、高产的目的。本项目以光照、温度、水分、土壤及其他因素对果树的影响等方面作为重点内容进行学习。

学习目标 了解果树生长发育所需要的环境条件及对果树生长发育的作用,并掌握其应用措施。

能力目标 学会观察、分析各环境因素对果树的影响,掌握生产上的调控措施。

素质目标 学会查阅资料文献,培养细心、耐心,认真学习与观察的习惯及吃苦耐劳的精神,学会团队协作。

 项目任务设计

项目名称	项目3　环境条件对果树生长发育的影响
工作任务	任务3.1　温度对果树的作用及影响 任务3.2　光照对果树的作用及影响 任务3.3　水分对果树的作用及影响 任务3.4　土壤对果树的作用及影响 任务3.5　其他因素对果树的作用及影响
项目任务要求	熟练掌握环境条件对果树生长发育产生影响的相关知识及技能

任务 3.1　温度对果树的作用及影响

活动情景　在各种生态因子中,温度是早期研究最多、最重要的因子。它影响着果树的地理分布,制约着果树的生长发育速度,果树体内的一切生理、生化活动和变化都必须在一定温度条件下进行。本任务要求学习温度与果树分布、生长发育、生理代谢、果实品质、生态区划的关系及高、低温对果树影响。

 工作任务单设计

工作任务名称	任务 3.1　温度对果树的作用及影响		建议教学时数	
任务要求	1. 正确理解温度对果树影响的各个方面 2. 学会为果树栽培选择适宜温度条件			
工作内容	1. 根据某地温度条件,选择适宜的果树种类或为某种果树选择适宜的栽培范围 2. 温度对果树生长发育、生理代谢、果实品质、生态区划等的影响			
工作方法	以老师课堂讲授和学生自学相结合的方式完成相关理论知识学习;以田间项目教学法和任务驱动法,使学生正确选择适宜果树种类或果树的适栽范围,了解温度对果树生长发育、生理代谢、果实品质、生态区划等的影响			
工作条件	多媒体设备、资料室、互联网、试验地、相关劳动工具等			
工作步骤	资讯:教师由活动情景引入任务内容,进行相关知识点的讲解,并下达工作任务 计划:学生在熟悉相关知识点的基础上,查阅资料、收集信息,进行工作任务构思,师生针对工作任务有关问题及解决方法进行答疑、交流,明确思路 决策:学生在教师讲解和收集信息的基础上,划分工作小组,制订任务实施计划,准备完成任务所需的工具与材料 实施:学生在教师指导下,按照计划分步实施,进行知识和技能训练 检查:为保证工作任务保质保量地完成,在任务的实施过程中要进行学生自查、学生互查、教师检查 评估:学生自评、互评,教师点评			
工作成果	完成工作任务、作业、报告			
考核要素	课堂表现			
	学习态度			
	知　识	1. 温度对果树影响的各个方面 2. 学会果树栽培要考虑的温度条件		
	能　力	熟练掌握温度与果树栽培的相互关系		
	综合素质	独立思考,团结协作,创新吃苦,严谨操作		

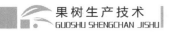
续表

工作任务名称		任务 3.1　温度对果树的作用及影响		建议教学时数	
工作评价 环节	自我评价	本人签名：		年　月　日	
	小组评价	组长签名：		年　月　日	
	教师评价	教师签名：		年　月　日	

 任务相关知识点

3.1.1　温度与果树分布

温度是影响果树分布的主要因素之一,各种果树的地理分布均受温度条件的限制,其中主要是年平均温度、生长期积温和冬季低温。

1)年平均温度

各种果树适宜栽培的年平均温度都有各自的适应范围,这与其生态类型和品种特性有关。(表 3.1)

表 3.1　主要果树适栽的年平均温度

树　种	年平均温度/℃	树　种	年平均温度/℃
柑橘类	16～23	苹　果	7～14
菠　萝	21～27	梨(砂梨)	15～20
香　蕉	24	梨(白梨)	7～15
荔枝、龙眼	20～23	梨(秋子梨)	5～7
枇　杷	16～17	葡　萄	5～18
桃(南方)	12～17	中国樱桃	15～16
桃(北方)	8～14	西洋樱桃	7～12
杏	6～14	李	13～22
柿(北方)	9～16	梅	16～20
柿(南方)	16～20	枣(北枣)	10～15
核桃	8～15	枣(南枣)	15～20

2)生长期积温

根据生物学意义不同,积温的计算方法可分为活动积温和有效积温两种,以应用前者较为普遍。

活动积温是果树生长期或某个发育期活动温度之和。用下式表示:

$$A = \sum_{i=1}^{n} (\bar{t}_i > B) \tag{3.1}$$

式(3.1)中:A 为活动积温;B 为生物学零度;($\bar{t}_i$>B)为高于 B 的日平均温度,即活动温度;$\sum_{i=1}^{n}$ 为生长期(或某发育期)始日至终日之和。

在综合外界条件下能使果树萌芽的日平均温度称为生物学零度,即生物学有效温度的起点。不同果树的生物学零度是不同的,一般落叶果树的生物学零度为 6 ~ 10 ℃,常绿果树为 10 ~ 15 ℃。在一年中能保证果树生物学有效温度的持续时期为生长期(或生长季),生长期中生物学有效温度的累积值(高于一定温度的日平均温度总量)为生物学有效积温,简称有效积温或积温。用下式表示:

$$K = (x - x_0)Y \tag{3.2}$$

式(3.2)中:K 为有效积温;x 为生长期(或某一生育期)的平均温度;x_0 为生物学零度;Y 为生长期(或某生育期)的始日至终日所经历的天数。

积温是影响果树生长的重要因素,积温不足,果树枝条生长发育成熟不好,同时影响果实的产量和品质。不同种的果树,对积温要求不同,这与果树的原产地温度条件有关。各种果树在生长期内,从萌芽开花到果实成熟都要求一定的积温,如柑橘需要 2 500 ℃以上,葡萄需要 3 000 ℃以上。生长期积温的高低影响到生长期的长短,如积温影响到果树果实的成熟期等。(表3.2)同一树种的不同品种对热量要求也不同,一般一年中营养生长时期开始早的品种,对夏季的热量要求较低,反之则高。

表3.2 积温与伏令夏橙果树生育期的关系

气候带	国家及地名	≥10 ℃的活动积温/℃	果实生育期/月
北热带	中国廉江	8 355.0	10.5 ~ 11.5
南亚热带	中国灵山	7 532.9	12 ~ 13
中亚热带	中国桂林	5 920.0	13 ~ 14
北亚热带	中国金堂	5 380.0	14 ~ 14.5

积温是果树经济栽培区的重要指标。在某些地区,由于生长期的有效积温不足,则果实不能正常成熟,即使年平均温度适宜,冬季能安全越冬,该地区也失去了该种果树的栽培价值。

3)冬季低温

(1)冬季绝对低温

果树多年在露地越冬,一种果树能否抵抗某地区冬季最低温度的寒冷或冻害,是决定该果树能否在该地生存或进行商品栽培的重要条件。因此,冬季的绝对低温是决定某种果树分布北限的重要条件。超越这个界限,将发生低温伤害。不同树种和品种,具有不同的抗寒力。(表3.3)

表 3.3　几种果树的越冬期的抗寒力

树　种	可耐低温/℃	树　种	可耐低温/℃
金　柑	−12	枇　杷	−5 ~ −6
甜　橙	−7 ~ −3	番石榴	−1 ~ −3
柚	−5	番木瓜	0 ~ −2
柠　檬	−6 ~ −4	芒　果	0 ~ −2
荔　枝	−2 ~ 0	龙　眼	−0.5 ~ −3
椰　子	3 ~ 5	腰　果	15 ~ 17

（2）冬季低温量

低温诱导休眠，而休眠的解除也有低温要求。当果树进入自然休眠期后，为了解除芽的自然休眠，必须经过一定时期的低温才能使芽发生质变——萌芽，这种一定时期的低温称为"冷温需求量"，又称"需冷量"。如果需冷量不能满足，常导致芽发育不良，春季萌芽、开花延迟且不整齐，花期延长，落花落蕾严重，甚至花芽大量枯落，引起减产。

不同果树、不同品种通过自然休眠的需冷量不同。（表 3.4）关于果树需冷量的计算，各国学者多以≤7.2 ℃的积累小时数为标准。瑞契尔森（Richardson）提出了计算红港桃休眠结束的所谓冷温单位模型——"犹他模型"。在该模型中，2.5 ~ 9.1 ℃打破休眠最有效，在该温度范围内 1 小时为 1 个冷温单位（1C.U）；1.5 ~ 2.4 ℃及 9.2 ~ 12.4 ℃，只有半效作用，在该温度范围内 1 小时相当于 0.5C.U；低于 1.4 ℃或 12.5 ~ 15.9 ℃则无效；16 ~ 18 ℃时低温效应被部分解除，在该温度范围内 1 小时相当于−0.5C.U；18 ℃以上低温效应被完全解除，在该温度范围内 1 小时相当于−1C.U。"犹他模型"在预测落叶果树自然休眠结束时期获得很大成功。各种果树要求低温量不同，一般在 0 ~ 7.2 ℃条件下，200 ~ 1 500 h 可以通过休眠。

在热带亚热带地区，没有低温的生态环境，落叶果树植株无需用休眠的方式来适应环境，仍能生长发育。现在世界上已有苹果、桃、葡萄、梨等多种温带落叶果树在热带亚热带地区经济栽培成功的案例。

表 3.4　几种果树通过自然休眠的需冷量

树　种	低于 7.2 ℃的小时数/h
苹　果	250 ~ 1 700
梨	200 ~ 1 500
葡　萄	100 ~ 1 500
桃	50 ~ 1 200
杏	300 ~ 900
扁　桃	100 ~ 400
无花果	0 ~ 300

续表

树 种	低于7.2℃的小时数/h
草 莓	200~300
柿	100~400
长山核桃	300~1 000

3.1.2 温度与果树生长发育的关系

1）果树的三基点温度

果树维持生命与生长发育都要求有一定的温度范围,不同温度的生物学效应有所不同,有其最低点、最适点与最高点,即"三基点温度"。最适温度下果树表现为生长发育正常、速率最快、效率最高。最低温度与最高温度常常成为生命活动与生长发育终止的下限与上限温度。在此温度范围内表现为生长、发育出现异常,受到抑制或完全停止。因此,过高或过低的温度对果树是不利的,甚至是有害的。果树的三基点温度受树种、品种、器官、发育时期、生理过程及其他环境因子的影响。(表3.5)

表3.5　几种代表性果树生长的三基点温度/℃

果树种类	最低温度	最适温度	最高温度
苹 果	5.0左右	13~25	40.0左右
葡 萄	10.0左右	20~28	10.0左右
桃	10.0左右	21~28	10.0左右
柑 橘	12.5左右	23~29	12.5左右
荔 枝	16.0~18.5	24~30	16.0~18.5

2）温度与果树生长发育

温度对果树的营养生长有明显的影响。库珀尔(Cooper)等发现,在美国佛罗里达州奥兰多地区的亚热带条件下,伏令夏橙主干横切面生长量在月平均温度为26.7~28.1℃的最热月6—9月为10.6~14.5 cm^2,而在月平均温度为16.2~19.3℃的最冷月12至次年3月,仅为0~1 cm^2。纳尤德(Naude)证明,用不同砧木的尤力克柠檬嫁接苗,液培在控制环境下4个半月的结果是,以粗柠檬、枳及葡萄柚为砧木的尤力克柠檬嫁接苗,24℃根处理的苗木生长量大于18℃或32℃处理的;而甜橙做砧木的苗木生长量则以32℃根温处理的为最高。

温度对开花坐果的影响。在温带和亚热带地区,果树春季萌芽和开花期的早晚,主要与早春气温高低有关。落叶果树通过自然休眠后,遇到适宜的温度就能萌芽开花。温度越高,萌芽开花越早。

花芽分化与温度也有关系。落叶果树花芽分化需要高温、干燥和日照充足。如苹果在

平均温度为 20～27 ℃时,有利于花芽分化。而柑橘、荔枝、龙眼的花芽分化则要求低温和干旱,多在冬春季节进行。

　　早春气温对果树萌芽、开花有很大的影响。温度上升快,开花提早,花期缩短。如早春气温回升慢,花期延迟,有些果树的畸形花会增多。花粉发芽适温为 20～25 ℃,过低,发芽受到抑制;高于 27 ℃时,花粉发芽率显著下降。(表3.6)

表 3.6　几种果树花粉发芽的适温

种类	花粉发芽适温/℃	研究者
苹果	25	河北农业大学,1982
梨	25	河北农业大学,1982
李	24	桑德施坦(Sandsten),1909
杏	18～21	川上、五十岚,1943
梅	18	佐佐木
桃	23～25	河北农业大学,1982
葡萄	30	沙托尔鲁斯(Sartorlus),1926
枣	25 以上	河北农业大学,1982
核桃	25～30	辽宁林科所,1963
龙眼	23～27	仲恺农业技术学院,2002

3)温度与果树生理代谢

　　温度对果树的生理代谢有多方面的影响,从而对果树生长结果等诸多方面发生作用。

　　果树同化和异化过程对温度的要求不同。二者要求的温度因品种、发育阶段和地理条件的不同而有所差异。一般植物光合作用的最适宜温度为 20～30 ℃,最低为 5～10 ℃,最高为 45～50 ℃。呼吸作用的最适宜温度为 30～40 ℃,最低为 0 ℃左右,最高为 45～50 ℃。由此看来,光合作用的最适温度低于呼吸作用的最适温度。当温度超过光合作用的最适温度时,则光合作用减弱,而呼吸作用增强,不利于有机营养的积累;当温度在 10 ℃以下、40 ℃以上时,同化的积累和异化的消耗均少,不能大量积累;而当温度在 20～30 ℃时,光合作用强,呼吸作用弱,同化积累大,有利于有机营养的积累。

　　温度影响果树矿质营养的吸收及代谢。井上宏等用枳砧温州蜜柑进行为期 7 个月的控制试验表明,不同的气温处理可导致矿质营养吸收的差异:20 ℃处理的叶片内氮和磷含量最高(分别为干重的 4.12% 与 0.276%);而 Ca 与 K 的含量随温度升高而增加。矿质元素的总量在 15～25 ℃范围内随温度提高而增加,30 ℃时略有减少。(Kato)等则证明,在平均温度为 2.5 ℃的最冷季节砾培 10 d 的伏令夏橙实生苗,对 $^{15}NO_3$-N 的吸收、还原及蛋白质的合成量仅为夏季的 10%,而运输到叶片中的量还不到夏季的 0.1%。

　　温度还影响果树的蒸腾作用等生理过程,也是人们所不应忽略的。

4)高温与低温对果树的影响

　　温度在果树年周期中呈现着正常的季节变化和日变化,这是有利于果树的生长与发育的。如春季温变,可促进解除休眠和萌芽;秋季温变,可促进组织成熟和落叶,为越冬作好准备。但温度的突然变化,对果树十分有害,常造成大量减产,甚至导致其整株死亡。

生长期温度高达 30～35 ℃时,一般落叶果树的生理过程受到抑制;升高到 50～55 ℃时,受到严重伤害。常绿果树较耐高温,但高达 50 ℃也会引起严重伤害。夏季热量过多,果实成熟推迟,果实小、着色差、耐贮性差;夏季高温,果实易发生日灼;秋冬季温度过高,落叶果树不能及时进入休眠或按时结束休眠。

低温和突然的低温对果树的危害比高温危害更严重。不同树种、品种对低温的抵抗能力不同。(表 3.7)果树一般以枝梢、花芽、根茎处易受冻害。同一种果树在不同生育期对低温的忍受力不同,如柑橘在不同生育期能忍耐的低温是,花蕾期 -1.1 ℃,开花期 -0.55 ℃,绿果期 -3.3 ℃,休眠期 -4 ℃。

表 3.7　各种果树受冻的温度

树种	枝梢受冻温度/℃	整株冻死温度/℃
香蕉、菠萝	0	-3～-5
荔枝、龙眼	-2～-3	-5～-7
甜橙、柚	-5～-6	-8～-9
枇杷	-9～-10	-14～-15
葡萄、石榴、核桃、枳	-15～-16	-18～-25
桃、中国李、砂梨	-18～-20	-23～-35
杏、苹果、秋子梨	-25～-30	-30～-45

3.1.3　温度与果实生长及品质

温度直接或间接地影响着果实细胞分裂和细胞膨大。小林等的试验表明,玫瑰露葡萄的果粒生长与 6 月上旬到 7 月上旬生长期的夜温关系密切。果粒重以 22 ℃处理为最高(平均 49.6 g),其次为 27 ℃(38.9 g)和 15 ℃(31.8 g),以 35 ℃处理的果粒最小(23.2 g)。

温度对果实品质、色泽和成熟期有较大的影响。一般温度较高,果实含糖量高,成熟较早,但色泽稍差。温度低则含糖量少,含酸量高,色泽艳丽,成熟期推迟。昼夜温差对品质的影响非常明显,温差大,糖分积累多,风味浓。石原调查日本全国长十郎梨的含糖量表明,寒冷地区仅 9%,温暖地区达 12%,含酸量则相反。继后远藤、小林等在苹果、葡萄、柿、菠萝、温州蜜柑、酸樱桃等多种果树上的研究表明,热量较高比热量较低的地区果实含糖量高,含酸量低。一般认为,多种果树果实成熟期气温以 20 ℃左右时含糖量最高,而菠萝的最适宜气温为 25 ℃。

中国农科院柑橘研究所等分析,我国甜橙在日均气温 ≥10 ℃的活动积温低于 8 000 ℃时,随着年积温的增加,含糖量和糖酸比升高,含酸和维生素 C 量逐渐降低,风味浓甜,品质得以提高。

温度还是影响果实色泽的重要因素。尤他(Uota W)试验表明,旭苹果成熟期在 4～27 ℃

范围内,以12~13℃着色良好,27℃难于着色。青木二郎认为,苹果着色的最适宜温度为10~20℃。艾瑞克森(Erickson L C)等指出,亚热带秋冬季夜间凉爽,多数柑橘品种的果汁和TSS增多,加速叶绿素分解和类胡萝卜素合成,15℃或更低的温度与此变化有关,而这种变化又与低温寒害产生乙烯有关。新居实验认为,20℃为类胡萝卜素产生的最适温度。格里森(Grieson W)等、横山(Yokoyama H)等相继用乙烯进行着色处理,改善了果品色泽,从而展示了生长调节物质的作用与应用前景。(表3.8)

表3.8 中国不同气候带甜橙品质与气温的关系

品种:新会橙

气候带	地点	糖/g	酸/g	糖酸比 Vc	Vc/mg	积温/℃	年均温/℃	1月均温/℃	极低平均气温/℃
南亚热带	广东汕头	11.67	0.72	16.21	45.79	7 649.2	21.5	13.4	2.8
中亚热带	贵州罗甸	10.43	0.82	12.72	45.98	6 488.6	19.6	10.0	−1.0
中亚热带	重庆	9.50	1.09	8.70	44.41	5 939.1	18.1	7.5	−1.8
中亚热带	福建建瓯	8.97	1.09	8.25	54.24	5 720.5	18.1	7.9	−4.5
中亚热带	湖南零陵	10.00	1.27	7.85	51.28	5 600.4	17.8	5.6	−3.3
北热带	云南河口	7.80	0.51	15.39	43.50	8 248.6	22.5	14.7	2.7

气温影响到果实的内在品质和风味,如含糖量、含酸量、Vc含量等。在一定范围内,随着气温的升高,果实品质会变佳。

3.1.4 温度与果树生态区划

果树生态区划是根据某种果树对生态条件的要求和不同地区的生态条件,评价划分不同地区对该果树的生态适宜程度,为因地制宜、合理利用自然资源,发展地区性支柱产业提供科学依据。果树生态区划的方法很多,评价和区划标准也不完全一致,但以温度为主导因素的气候条件作为果树生态区划的主要标准却是共同的。中国的果树区(带)可分为八个带。详见项目1。

任务3.2 光照对果树的作用及影响

活动情景 光照是果树的生存因素之一,是果树光合作用的能量来源,是继温度之后广泛受到重视的果树主要影响因素。果树生长发育与形成产量都需要来自光合作用形成的有机物质。提高果园的光能利用是实现果树丰产优产的主要途径。

工作任务单设计

工作任务名称	任务 3.2 光照对果树的作用及影响		建议教学时数		
任务要求	1. 了解一般果园的光照状况 2. 正确理解光照与果树生长发育关系及对果实品质的影响				
工作内容	1. 认识果园受光水平 2. 调整果树的光照条件				
工作方法	以老师课堂讲授和学生自学相结合的方式完成相关理论知识学习;以田间项目教学法和任务驱动法,使学生正确选择果园适宜的光照条件、调整果树光照水平				
工作条件	多媒体设备、资料室、互联网、试验地、相关劳动工具等				
工作步骤	资讯:教师由活动情景引入任务内容,进行相关知识点的讲解,并下达工作任务 计划:学生在熟悉相关知识点的基础上,查阅资料、收集信息,进行工作任务构思,师生针对工作任务有关问题及解决方法进行答疑、交流,明确思路 决策:学生在教师讲解和收集信息的基础上,划分工作小组,制订任务实施计划,准备完成任务所需的工具与材料 实施:学生在教师指导下,按照计划分步实施,进行知识和技能训练 检查:为保证工作任务保质保量地完成,在任务的实施过程中要进行学生自查、学生互查、教师检查 评估:学生自评、互评,教师点评				
工作成果	完成工作任务、作业、报告				
考核要素	课堂表现				
	学习态度				
	知 识	选择合理的光照条件			
	能 力	改善果园光照条件			
	综合素质	独立思考,团结协作,创新吃苦,严谨操作			
工作评价环节	自我评价	本人签名:		年 月 日	
	小组评价	组长签名:		年 月 日	
	教师评价	教师签名:		年 月 日	

 任务相关知识点

3.2.1 果园的光照状况

太阳光是太阳辐射以电磁波形式投射到地面上的辐射线。科奥蒙德(Kormond)提出,太阳辐射经过大气的吸收、反射和散射作用,平均只有47%到达地面。其中,直接辐射占24%,来自云层的散射辐射(即云光)占17%,来自天空的散射辐射(即天光)占6%。直接

辐射是指太阳辐射以平行光的光束直接投射到地面的太阳辐射,而散射辐射是指经过大气与微粒散射作用而达到地面的太阳辐射,散射辐射的强度只有直接辐射的1/4~1/3。在阴雨天,日出或日落时散射辐射量会相对增加。太阳辐射量及时间的长短受纬度、海拔、季节及云量等因素而变化。(图3.1)

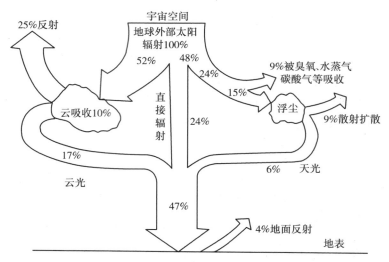

图3.1　太阳辐射能量到达地面的分配示意图

太阳辐射光谱组成的波长范围很大,主要波长范围为150~4 000 nm(纳米),约占太阳辐射总能量的99%。根据人能否感受到的光谱段,可分为可见光和不可见光。可见光谱段的波长为380~760 nm。>760 nm的光谱段称为红外光,有热效应;<380 nm的光谱段为紫外光,能抑制枝梢生长,促进花青素的生成。太阳辐射光谱中具有生理活性的波段,称为"光合有效辐射",大致与可见光的波段相对应。其中以600~700 nm的橙、红光具有最大的生理活性,次为蓝光,吸收绿光最少。

太阳辐射强度与光照强度是两个不同的概念。农业气象中将单位面积上的辐射能通量(单位是 W/m^2)称为"辐射能通量密度",又称为"辐射强度"。辐射能通量中对人眼产生光量感觉的能量,称为"光通量",单位面积内的光通量称为"光照强度",即光照度。光照度的单位为米烛光(Lx)。

果园受光的类型根据投射光的来向,可分为上光、前光、下光和后光。上光和前光是太阳照射到树冠上方和侧方的直射光和散射光,这是果树接受的主要光源。下光和后光是土壤、道路、水面、梯田壁或周围其他物体反射的光,可改善树冠下部的生长与果实品质。

光照良好,在一定程度上能抑制病菌活动。日照充足的山地果园,果树病害明显减少。但是光照过强,常引起枝干和果实日灼。

3.2.2　果树的需光度和对光照的反应

果树对光的需要程度,与各树种、品种原产地的地理位置和长期适应的自然条件有关。生长在我国南部低纬度、多雨地区的热带、亚热带树种,对光的要求低于原产于我国北部高纬度、干旱地区的落叶树种。原生在森林边缘和空旷山地的果树,绝大部分都是喜光树种。

果树需光度是相对而言的,一般果树比森林树种喜光;成年树比幼树喜光;同一植株,生殖器官的生长比营养器官的生长需光较多,如花芽分化、果实发育比萌芽、枝叶生长需光较多;休眠期需光最少。

在落叶果树中,以桃、杏、枣最喜光;苹果、梨、李、葡萄、柿、板栗次之;核桃、山楂、石榴、猕猴桃等较能耐阴。常绿果树中以椰子较喜光;荔枝、龙眼次之;杨梅、柑橘、枇杷、杨桃较耐阴。

3.2.3 光与果树生长发育的关系

1)果树的受光量

果树对光的利用率决定于树冠大小和叶面积的多少。稀植树空间大,受光量小,光能利用率低。在一定范围内,果树密植比稀植的叶面积指数大,光能利用率高,故能提高单位面积的产量。但并不是越密越好,当超过一定限度时,会引起严重荫蔽,有效叶面积反而减少,光能利用率也随之降低。

光照强度影响同化量,当光强减弱时,同化量下降。如阴雨天,葡萄叶的同化量约为晴天的 $1/9 \sim 1/2$。

合理的树体结构可使树冠受光量分布合理,能显著提高光能利用率,而合理的树体结构标准是树冠中有效光区大。据国外研究,直立面树形比水平面树形有效光区大,前者为 98.2%,后者仅 72%。一般圆形树冠,由外向内分为 4 层,光量由外向内递减,分别为 71% ~ 100%、51% ~ 70%、31% ~ 50% 和 30% 以下,最内层为非生产区,失去结果能力。(图 3.2)对果实品质来说,最好的受光量为 60% 以上,40% 是最低限。因此,进行合理的整形修剪和树体管理,提高树冠受光量,对提高产量和品质甚为重要。

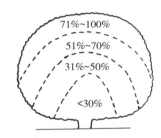

图 3.2 圆形树冠受光量的差异

2)光照与果树营养生长的关系

光促进叶片形成、叶位改变,还促进叶片内质体转化以及质体蛋白合成。叶片的形成主要与 300 ~ 700 nm 范围内生理辐射有关,其中最有效的为橙红光及蓝紫光。叶位主要决定于蓝紫光和紫外线。

可见,光中的蓝、紫、青光,能抑制植物生长,使其形态矮小。在高山地带栽培的果树,常表现出树体矮、侧枝增多、枝芽健壮、成花结果好。李胜等发现短波光不利于葡萄试管苗生根和生长,长波光不利于难生根的试管苗生根。在番茄上,红、蓝光对茎生长均有明显抑制作用,分别比对照缩短 21.6% 和 7.4%。

光照强度对果树地上部和根系的生长都有明显影响。光照强时,易形成密集短枝,削弱顶芽枝向上生长,而增强侧生生长点的生长,树姿呈现开张形态。喜光树种在光照不足时,枝梢细长,直立生长势强,呈现徒长,枝的干物重降低;同时,间接地抑制果树根系的生

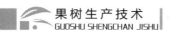

长,根的生长量减少,新根发生数量少,甚至停止生长。

3)光照与果树生殖生长的关系

光照与果树花芽分化、花器发育、生理落果、果实产量、色泽和品质等都有密切的关系。果树花芽分化需要一定的物质基础,光照充足,同化产物多,营养积累快,有利于花芽分化,且花器发育完全。光照不足会引起结果不良,坐果率低。

植物开花是从营养生长到生殖生长的转变,该过程由"红光—远红光受体"和"蓝光—近紫外光受体"调节。柳由香(Yanagi)报道,诱导草莓开花的有效波长是 735 nm;660 nm 的红光及其他 3 种远红光(700 nm、780 nm、830 nm)对开花诱导作用都不明显。这均与植物体内的光受体有关。

果实生长期间的日照时间长,则果实的糖分和维生素含量增加,果实品质提高。果实成熟期受光良好,则着色美观。日照对果实糖分的增高有直接的作用,通常果实阳面的含糖量较阴面高,套袋的果实糖分含量均较不套袋的低。直射光充足,果皮较紧密,有利于提高果实的耐贮运能力。

4)光照与果树生理代谢的关系

光照是光合作用的能源,对光合作用有很大影响。许多学者测定过果树光合强度与光照强度的相关性曲线,一致发现存在光合补偿点与光合饱和点,而且都因树种、品种、叶片生理特点及综合生态环境的不同有所变化。根据不同树种的光补偿点与饱和点高低不同,可以判断其喜光或耐阴的程度。一般光补偿点与光饱和点高的树种,较为喜光。

光照对叶片叶绿素含量也有重要作用。对多种植物的研究表明,红光能提高叶绿素含量,蓝光、紫外光则会降低叶绿素含量。另外,光质纯度也会影响叶绿素含量,如童哲证实,蓝光诱导叶片合成叶绿素的效能较弱,混合其他光时效应增加。杨志敏报道,日光加紫外光处理的叶绿素降解速率明显低于黑暗加紫外光处理。日光能明显延缓紫外线对小麦体内叶绿素的降解,说明 400 ~ 700 nm 白光对紫外线具有光修复作用。

光照可使各种生物激素的含量及比例发生改变。红光能降低植物体内赤霉素(GA)含量,减少节间长度和植株高度;而红外线的作用恰好与红光相反,能提高植物体内 GA 含量,从而增加节间长度和植株高度;蓝紫光能提高吲哚乙酸(IAA)氧化酶的活性,降低 IAA 水平,进而抑制植物伸长生长。UV-B 可改变多种激素水平,既可降低 GA 活性、降低小麦叶片 ABA 积累,还可调节 IAA 活性,IAA 吸收 UV-B 氧化形成光氧化产物(如 3-甲基-2-羟基吲哚),从而抑制胚轴生长。但罗斯(Ros)认为,UV-B 辐射对生长的影响可能是由于光解破坏了 IAA 或者降低了 IAA 活性,继而引起细胞壁扩张性降低。因此,UV-B 调节 IAA 对植物生长的作用机理还存在争议。

3.2.4　光对果实品质的影响

对柑橘、芒果、苹果等多种果树的研究发现,由于受到太阳高度角和树冠内叶幕、枝叶的阻挡、吸收,叶片的吸收、反射、折射的影响,树冠内各个部位的光照存在差异,尤其是光谱成分,影响果实品质各项指标。

1919—1923年考德威尔(Calad well J S)连续观测美国中、东部各州3—9月晴天数与康拜尔葡萄品质的关系,从中发现,晴天多比晴天少的年份果实含糖量高出2.78%,含酸量少0.083%。曼格尼斯(Mangness J R)研究发现,元帅苹果含糖量越高,着色度也越高,全糖由9.64%增至14.78%,着色度也相应地由23%增至58%。果实内碳水化合物的积累量也直接与光强和叶面积相关。

在低光照下,果实的钾、pH、苹果酸增加,着色度降低,风味差,并把果实内含物成分变化归因于光敏素对酶的影响,主张应进一步研究光敏色素对促进酶活性的调节作用。在着色上表明了光强通过光合作用而影响糖、苯丙酮酸等花青素合成的物质基础。

光质以对色泽的影响及其研究往往是研究的主要内容。大量研究表明,蓝紫光和紫外线对着色最有效,而远红光促进着色效果最差,甚至抑制着色。安什(Anther J M)用玻璃通过较短的紫外线照射旭苹果43 h即着色。紫、青光也促进着色,但以312~290 nm的紫外线最有效。

目前,对日照长度的作用研究较少。小林、杉浦等用不同日照长度处理葡萄,其果穗重、果粒重、可溶性固形物、游离酸和花青素的含量都以长日照比短日照处理的好。多数研究表明,长日照有利于果实大小、色泽的发育和内含物等品质的提高。

任务3.3 水分对果树的作用及影响

活动情景 水是果树生存的重要生态因素,是组成树体的重要成分,果树的枝叶含水量为50%~70%,果实的含水量则高达80%~90%。足够的含水量使细胞保持膨压状态,以维持果树形态及其生理活动。水是果树生命活动中不可缺少的重要介质,营养物质的吸收、转化、运输与分配,光合作用、呼吸作用等重要生理过程,都必须在有水的条件下才能正常进行。田间条件下的水,以其热容量高、汽化潜热高的特性,调节树体与环境间的温度变动,从而保护树体避免或减轻灾害。因此,果园的水分管理是实现果树优质高产的重要保证。

 工作任务单设计

工作任务名称	任务3.3 水分对果树的作用及影响	建议教学时数	
任务要求	1.正确理解果树需水量 2.熟练掌握常见果树耐旱、耐涝能力		
工作内容	1.根据气象条件判断果树需水量 2.合理设计果树排、灌水计划		
工作方法	以老师课堂讲授和学生自学相结合的方式完成相关理论知识学习;以田间项目教学法和任务驱动法,使学生正确理解果树需水量,熟练掌握常见果树耐旱、耐涝措施		

续表

工作任务名称	任务3.3　水分对果树的作用及影响	建议教学时数	
工作条件	多媒体设备、资料室、互联网、试验地、相关劳动工具等		
工作步骤	资讯:教师由活动情景引入任务内容,进行相关知识点的讲解,并下达工作任务 计划:学生在熟悉相关知识点的基础上,查阅资料、收集信息,进行工作任务构思,师生针对工作任务有关问题及解决方法进行答疑、交流,明确思路 决策:学生在教师讲解和收集信息的基础上,划分工作小组,制订任务实施计划,准备完成任务所需的工具与材料 实施:学生在教师指导下,按照计划分步实施,进行知识和技能训练 检查:为保证工作任务保质保量地完成,在任务的实施过程中要进行学生自查、学生互查、教师检查 评估:学生自评、互评,教师点评		
工作成果	完成工作任务、作业、报告		
考核要素	课堂表现		
	学习态度		
	知识	1.常见果树需水量 2.常见果树抗旱、耐涝性	
	能力	合理设计规划果树排灌计划	
	综合素质	独立思考,团结协作,创新吃苦,严谨操作	
工作评价环节	自我评价	本人签名:	年　月　日
	小组评价	组长签名:	年　月　日
	教师评价	教师签名:	年　月　日

 任务相关知识点

3.3.1　果树的需水量

需水量是指生产单位干物质所消耗的水分的单位数。即果树在生长期或某一物候期所蒸腾、消耗的水分总量与同一时期生产的干物质总量的比值。果园的需水量包括土壤的水分蒸发和树体表面的蒸腾耗水之和,二者总称为"蒸散耗水"或"腾发耗水"。果树一般需水量为125～500 g。不同树种、品种、砧木的果树需水量不同,如甜橙的需水量比温州蜜柑高,酸橙砧比枳砧高。按树种排列,需水量顺序为梨>李>桃>苹果>樱桃>酸樱桃>杏。植株 T/R 率(地上部与根系重量之比)高的比低的需水量高。

由于不同树种的需水量不同,且有一定变化范围,所以不同树种的适宜栽培地区的降水量也有较大的变动。根据我国果树区划所提出的适宜指标,苹果适栽地区的年降水量为20～1 200 mm,梨为190～1 400 mm。事实上,国内外有代表性的果树产地的年降水量差异很大。以苹果产区为例,我国南疆干旱地区年降水量为 20 ~ 50 mm,而日本青森则高达 1 300 mm。埃及的某些柑橘产区年降水量仅为 20 ~ 30 mm,但日本鹿儿岛、印度阿萨姆的某些柑橘产区,年降水量高达 3 000 ~ 4 000 mm。在降水量相差如此悬殊的地区,都能成功地进行商品栽培,除了选择适宜的品种与砧木之外,必须因地制宜、优化灌溉排水设施与技术。

果树在年周期中,不同生长发育时期的需水量也有所不同。通常落叶果树在休眠期耗水少,当树叶长成和坐果之后,耗水量明显增多。到生长末期,耗水量又减少。常绿果树虽无明显休眠期,但在冬季低温季节,其蒸腾耗水量也明显降低。无论何时,当供水低于树体蒸腾需要而造成亏缺时,都会影响果树的生长发育,甚至造成伤害。在春季萌芽前,树体需要一定的水分才能发芽,如此期水分不足,常延迟萌芽或萌芽不整齐,影响新梢生长。花期干旱或水分过多,常引起落花落果,坐果率低,这也与授粉受精不良有关。新梢生长期气温逐渐上升,枝叶生长迅速、旺盛,需水量最多,为需水临界期。如此期供水不足,则会削弱新梢生长,甚至提早停止生长。果实生长期需一定水分,如水分不足,会影响果实发育,严重时会引起落果。果实发育后期,多雨或久旱遇骤雨,容易引起裂果。花芽分化期需水相对较少,如果水分过多则将削弱、分化花芽。

3.3.2　空气湿度对果树生长结果的影响

空气相对湿度对果树的生长结果以及果实品质有多方面的影响。相对湿度降低,果树蒸腾强度增高,影响果树体内的水分平衡,从而影响果树的多种生理作用。克里德曼(Kriedemann)证明,相对湿度不同的空气使甜橙叶的光合率明显不同。在相对湿度 50% ~ 60% 的干燥空气条件下,甜橙叶温达 15 ℃ 即达到其最大光合率:8 $mgCO_2/(dm^2 \cdot h)$,35 ℃ 时降至 2 $mgCO_2/(dm^2 \cdot h)$。在相对湿度 ≥80% 的湿润空气条件下的甜橙叶温为 20 ℃ 时,光合率即已超过干空气下的光和率;在 25 ℃ 时,其光合率达到 10 $mgCO_2/(dm^2 \cdot h)$,到 35 ℃ 也保持高于干空气条件下的光合率。同干旱、半干旱的亚热带地区相比,潮湿热带地区的柑橘果大、汁多、皮薄而光滑,但可溶性固形物和酸量较低。

过强的蒸腾作用,易引起果树叶片凋萎,柱头干燥,抑制花粉发芽,影响受精,加重幼果脱落。哈尔埃文(Har-Even)等报道,以色列海岸平原的夏莫蒂甜橙/甜来檬植株的落果优势峰,是同 1959 年 5 月 29 日的 29% 低相对湿度相联系的,低相对湿度诱导落果比 37.8 ℃ 的高温更为有效。

不同的树种和品种对空气湿度的要求和反应不同。扁桃、苹果、欧洲葡萄等原产于干燥地区或夏干地带的树种,能适应较低空气湿度;猕猴桃、杨梅、香蕉、枇杷、柑橘等原产于湿润热带、亚热带的树种,能适应较高的空气湿度。优质苹果产区的相对湿度大多是较低的。如美国华盛顿州的斯坡坎(Spokan)地区是新红星苹果的著名产地,其年平均相对湿度为 57%,果实发育成熟期(6—9 月)的月平均相对湿度为 32% ~ 42%,加上温度、光照适宜,所产苹果果皮光量,全面浓红,外观内质均堪称佳果。我国的优质苹果产地如四川的小金、甘肃的天水,年相对湿度分别为 56% 和 63%,都是以年平均相对湿度低于 70% 为其特点。在相对湿度大于 80% 的地区,丰产性虽好,但果实着色差,果面多锈斑,影响果实品质,且早期落叶病严重,削弱树势,最终导致减产。张光伦研究中国多生态型区空气(r)相对湿

度对苹果、柑橘、芒果的综合效应表明,苹果果实生育期的 r 以 70% 以下为宜,过大则果面光洁度差,着色、香气和耐贮性差,病虫害较重。甜橙则以 r 在 80% 左右为宜,若在 70% 以下,常表现为粗皮大果、汁少、质地粗糙。芒果开花坐果期一般认为 r 以 70% 左右为宜。

甜橙作为一个树种,适宜于在空气湿度较高的地区栽培,而甜橙中的华盛顿脐橙则适应于夏干地带或相对湿度较低的地区。在重庆奉节等年平均相对湿度低于 70% 的地区表现丰产优质,成为我国华盛顿脐橙的商品栽培基地;而在湿度高于 80% 的地区,则因落花落果严重,产量低,难以进行商品性生产。这就表现出不同品种对湿度要求的差异性。

3.3.3　果树对水分的生态反应

1)果树抗旱性

果树在长期干旱条件下能忍受水分不足,并能维持正常生长发育的特性称为"耐旱性"。果树的抗旱力因树种不同而有所不同。起源于夏季多雨地区的果树需水量大,也较耐湿,如柑橘、枇杷、沙梨等;起源于夏季干旱地区的树种则耐旱怕湿,如欧洲葡萄、西洋梨等。抗旱力强的果树不仅在干旱条件下能存活下来,更重要的是能获得正常的经济产量。果树对干旱有多种适应能力,如本身具有某种旱生植物形态(叶片小、角质层厚、气孔小而下陷),需水量较少;或具有强大的根系,能吸收较多的水分。果树按抗旱力的强弱,可分为以下 3 类。

①抗旱力强的树种:桃、枣、石榴、板栗、菠萝、荔枝、龙眼、橄榄等。

②抗旱力中等的树种:苹果、梨、柿、梅、李、柑橘、枇杷等。

③抗旱力弱的树种:香蕉、草莓等。

2)果树耐涝性

果树能适应土壤水分过多的能力称为"耐涝性"。果树受涝害较轻时表现为叶片萎蔫、早期落叶、落果、细根死亡、大根腐烂,随着水涝时期延长,果树进一步出现枝干木质部变色、叶片失绿、枝枯、植株萎蔫,直到死亡的现象。各种果树对水涝的反应不同,按耐涝性强弱可分为以下 3 类。

①耐涝性强的树种:葡萄、柿、枣、椰子、山核桃、荔枝、龙眼等。

②耐涝性中等的树种:柑橘、香蕉、李、梅、杏、苹果等。

③耐涝性弱的树种:无花果、桃、菠萝、油梨等。

任务 3.4　土壤对果树的作用及影响

活动情景　土壤是仅次于气候,对果实品质起重要生态作用的自然生态因素。它是果树生存的场所,是果树生长发育的基础。良好的土壤条件能满足果树对水、肥、气、热的要求。

工作任务单设计

工作任务名称	任务3.4 土壤对果树的作用及影响		建议教学时数	
任务要求	1.正确理解土壤对果树的影响 2.学会判断土壤的相关特征			
工作内容	1.学习影响果树生长发育及果实品质的土壤因子 2.为果树栽培创造适宜的土壤条件			
工作方法	以老师课堂讲授和学生自学相结合的方式完成相关理论知识学习;以田间项目教学法和任务驱动法,使学生正确理解土壤对果树的影响,学会判断土壤相关特征			
工作条件	多媒体设备、资料室、互联网、试验地、相关劳动工具等			
工作步骤	资讯:教师由活动情景引入任务内容,进行相关知识点的讲解,并下达工作任务 计划:学生在熟悉相关知识点的基础上,查阅资料、收集信息,进行工作任务构思,师生针对工作任务有关问题及解决方法进行答疑、交流,明确思路 决策:学生在教师讲解和收集信息的基础上,划分工作小组,制订任务实施计划,准备完成任务所需的工具与材料 实施:学生在教师指导下,按照计划分步实施,进行知识和技能训练 检查:为保证工作任务保质保量地完成,在任务的实施过程中要进行学生自查、学生互查、教师检查 评估:学生自评、互评,教师点评			
工作成果	完成工作任务、作业、报告			
考核要素	课堂表现			
	学习态度			
	知　识	各土壤因子对果树的影响		
	能　力	学会判断土壤相关特征		
	综合素质	独立思考,团结协作,创新吃苦,严谨操作		
工作评价环节	自我评价	本人签名:	年　　月　　日	
	小组评价	组长签名:	年　　月　　日	
	教师评价	教师签名:	年　　月　　日	

 任务相关知识点

3.4.1 土层厚度

多年生木本果树大多属于深根性植物。果树根系具有重要而活跃的生理功能,其生长与分布对果树生长结果以及抵抗环境胁迫能力有重要影响。果树根系的生长与分布,主要与土层厚度及土壤的理化性质密切相关。土层厚度直接影响到根系的垂直分布深度。土层是指适宜根系生长的活跃土壤层次。土层深厚,根系分布深,吸收养分与水分的有效容积大,水分与养分的吸收量多,树体健壮,结果良好,寿命长,有利于抵抗环境胁迫(如水分胁迫、营养胁迫、高温或低温胁迫等),为优质、丰产提供了有利的条件。相反,土层浅则根系分布浅,土壤温度、水分变化剧烈,影响果树生长发育,树冠矮小,树势弱,寿命短,抵抗不良环境的能力弱。有调查表明,栽培在土层深厚条件下的树比在土层浅薄的树生长势强、产量高。(表3.9,表3.10)

表 3.9 不同土层厚度对苹果树体和产量的影响

品　种	土层厚度/cm	干周/cm	树高/m	新梢长度/cm	产量(kg/株)
国光	72	47	2.5	6.0	50
	330	146	5.5	33.3	300
元帅	99	65	4.0	12.3	100
	330	89	4.5	26.0	250

表 3.10 不同土层厚度对 11 年生锦橙(红橘砧)树体和产量的影响

土层厚/cm	树高/cm	冠幅/cm	干周/cm	产量/kg
>100	280	314/310	41	98
20～30	150	168/170	24	13.5

　　四川丘陵地区,不少果园的土层厚度仅为 20～40 cm。在同一面坡地,常常是由下而上土层逐渐变薄,果园的树势也由强变弱,产量由高变低。有些果园土壤较深厚,但浅层有沙砾层、坚硬的黏土层或板结层分布;或因土层坚硬,根系无法穿过(如黏土层);或因水分与矿质养分极易流失(如沙砾层),干旱与饥饿的环境使根系不能正常生长,果树都表现为弱势低产。在这类土壤上建园,必须通过爆破或深耕,使土层加厚到 80～100 cm,以改善根系生长的土壤条件。

　　由于矮化砧根系较浅,矮化树果园所要求的土壤也可较浅。但必须土壤结构良好,肥水管理条件优越。在不深的土层内,可控制垂直根的生长,促进水平根及须根发达,有利于早期丰产。在这种条件下,较浅的土层也可获得好的效果。

　　果树根系分布深度还受土壤类型的影响。沙质土栽培果树,根系分布深而广,植株生长快而高大,容易实现早期优质丰产。壤质土是栽培果树较为理想的土壤,适宜栽培多种果树。黏质土栽培果树根系分布较浅,易受环境胁迫的影响。

3.4.2　土壤质地和结构

　　土壤质地是组成土壤的矿质颗粒各粒级含量的百分率。土壤中的矿质颗粒根据粒级不同而分为沙粒、粉粒和黏粒三种粒级。由各类粒级所占不同百分率组成为质地不同的土壤,如沙质土、壤质土、黏质土、砾质土等,对果树的生长发育有不同的影响。

沙质土含沙粒超过50%，其特点是土壤颗粒组成较粗、黏结性小；土壤疏松，大孔隙多、毛管孔隙少；通气透水力强，宜耕范围宽，保水保肥力差；有机质分解快，热容量少，增温与降温快，昼夜温差大，属热性土。沙质土壤栽培果树，根系分布深而广，植株生长快而高大，容易实现早期优质丰产，土壤管理方便。栽培技术上应多施有机肥，强化肥水管理，肥水每次用量宜少，施用次数要多，并要注意防旱、防冻、防土壤过热。桃、枣、梨等果树适宜沙质土栽培。

壤质土是由大致等量的沙粒、粉粒及黏粒组成，或是黏粒稍低于30%。这类土壤质地较均匀，松黏适度，通透性好，保水保肥性比沙质土好，有机质分解快，土性温暖，是栽培果树较为理想的土壤。适宜栽培多种果树，特别适于苹果、香蕉、荔枝等水果的商品生产。

黏质土的沙粒含量较少，黏粒及粉粒较多，黏粒含量常超过30%。这类土壤质地黏重，结构致密；土壤孔隙细小，透气透水性差；易积水，湿时泥泞、干时硬，宜耕范围较窄。黏质土含矿质成分较多，有机质分解较慢，含有机质较多。土壤热容量较大，昼夜土壤温差较小，春季土温上升慢，俗称"冷性土"。生长在黏质土的果树根系入土不深，易受环境胁迫（如干旱、冻害）的影响。这种土比较适于栽培苹果、酸樱桃、李、柚等果树，而不宜种桃、扁桃等。生产实践中对黏质土的改良措施主要是深耕，增施有机质和掺沙土，促进团粒结构，改善其不良的水、气、热等物理特性。

砾质土含石砾较多，其特点与沙质土相似。在其他条件适宜时，栽培果树可获得成功。新疆吐鲁番葡萄沟是世界闻名的葡萄产区，其品质优异、产量很高的葡萄就是在石砾很多的土壤上栽培成功的。

土壤结构是指土壤颗粒排列的状况。如团粒状、柱状、片状、核状等。其中，以团粒结构最适于果树生长与结果。团粒结构能协调土壤中水分、空气、养分的矛盾，保持水、肥、气、热等土壤肥力诸因素的综合平衡，使其与果树生长发育的节奏相适应。因此，适当的土壤管理及耕作制度，如生草、种植覆盖作物及免耕等，有利于增加土壤腐殖质含量，促进团粒结构的形成，为果树创造优质、丰产的土壤条件。

3.4.3　土壤的理化性质

1) 土壤温度

土壤温度直接影响根系的生长、吸收及运输能力，影响矿质营养的溶解、流动与转化。土壤温度和有机质的分解、土壤微生物的活动有密切关系，从而影响果树的生长、发育。

果树根系的生长与土温有关。波尔瓦多（Poerwanto）等以兴津早生枳的一年生苗在控制条件下不同温度处理6～8个月的结果证明，15 ℃处理的根系生长受到明显抑制；30 ℃处理的根系生长最旺，根量最密、最长，与其他处理相比，吸收根发育好、根毛多。15 ℃处理的根毛多数为乳头状小突起，而其他处理的根毛多为圆柱形的。

根系吸收水分的能力与根际温度有关。穆罗姆采夫（Muromtsev）提出，根部温度由16 ℃上升到24 ℃时，苹果根部吸水增长3倍。草莓在4～5 ℃到30～32 ℃时随根际温度升高，吸水量上升。土壤温度或根温影响根的生长和水分吸收，因而也影响到根对矿质营

养的吸收。库尔(Cur)等试验表明,苹果 M 系列的 M9 和 MM106 单株吸 K 量在 6 ~ 24 ℃。随温度升高而增多,到 30 ℃吸 K 量下降。M9 对 Ca 的吸收以 12 ℃时最多,18 ~ 30 ℃逐渐下降,而 MM106 在 18 ℃时吸收 Ca 最多,高于或低于此温度时吸 Ca 量减少。

土壤温度受太阳辐射能的制约,也与土壤的质地结构及土壤含水量有关。

2)土壤水分

土壤水分是土壤肥力的重要组成因素。土壤中养分的转化、溶解都必须在有水的条件下才能被树体吸收、利用。土壤水分还可以调节土壤温度和土壤通气状况。

土壤水分可分为有效水与非有效水两大类。有效水是指根系能有效吸收、利用的田间持水量到永久凋萎点之间的土壤含水量。非有效水是指低于永久凋萎点以下的土壤含水量,主要是土壤胶体表面的吸着水与气态水。以水势单位表示,在 -0.03 ~ -15 bar 的土壤水分,即为有效水。土壤类型不同,土壤有效水含量也有差异。土壤含砂粒越多,土壤有效水含量越低,越易出现干旱。

果树根系大多适宜田间持水量 60% ~ 80% 的土壤水分环境。当土壤含水量低到高于萎蔫系数 2.2% 时,根系停止吸收,光合作用受到抑制。

土壤有效水含量降低时,首先是根细胞生长减弱,短期内根毛密度加大;如进一步缺水,根停止生长,新根木栓化,根毛死亡;随后,由于水分在植物体内的重新分配,根生长点死亡。土壤水分过多时,则土壤中空气减少,根系呼吸减弱,微生物活动受抑制,养分不易分解吸收,甚至根系发生缺氧呼吸,产生有毒物质,导致根系生长不良或死亡。曾骧观察发现,将一株葡萄的一部分根在生长一段时期后停止灌水,使之处于干旱条件下,而另一部分根处于灌水条件下;前者停灌后两周根系全部木栓化,不再生长。持续两年试验发现,前者根生长点为 62 个,后者为 688 个,初生根总长分别为 19.8 cm 和 853.1 cm。这种对根系供水不均匀的情况,在田间条件下常常发生,当土壤深层有水时,可以使浅层缺水土层内的根系存活,这与由其他根系供水有关。

土壤地下水位的高低是限制果树根系分布深度,影响果树生长结果的重要因素。浙江农业大学在 1980 年调查发现,栽培在海涂地 9 年生尾张温州蜜柑,地下水位深达 100 cm 以上的与 46 cm 的相比,前者须根量比后者多 264%,根系深度达 58.5 cm,后者根系深仅为 26 cm,地上部生长也明显不及前者。

3)土壤通气性

土壤通气性主要指土壤空气以及其中 O_2 与 CO_2 的含量。土壤空气中 O_2 的含量对根系的正常生长、呼吸和吸收具有重要作用。一般土壤空气的含 O_2 量不低于 15% 时,根系正常生长;不低于 12% 时才发生新根。如果土壤通气不足,土壤空气中的含氧量由于根系和土壤微生物的呼吸消耗而下降,CO_2 含量增高,根系生长受阻,吸收能力减弱;同时,微生物活动减弱,有机质分解缓慢,进而影响果树的生长结果。当土壤严重缺氧时,根系进行无氧呼吸,积累酒精,造成中毒,引起烂根。据测定,在温度为 20 ~ 30 ℃时,土壤不通气的条件下,土壤中的 O_2 将在 12 ~ 40 h 被耗尽。果树根系入土深,对深层土壤空气有更高要求。各项有利于改善土壤深层通气性的措施(如园地深耕熟化、利用沙质土或砾质土、山地建园时修筑梯田、草地穴灌等),都对果树生长结果有良好效果。

森田向盆栽果树导入含一定浓度 O_2 的空气,观察地上部与根的生长表现。结果表明,各种果树对 O_2 的浓度要求不同,对低氧空气的反应敏感性也不同。桃对低氧最敏感,缺氧时易枯死;温州蜜柑和枳的实生苗极耐缺氧,苹果、梨耐缺氧能力中等。

表 3.11　各种果树与土壤空气中 O_2 浓度的关系

树　种	地上部			地下部发生新根 /%	枯死 /%
	正常发育 /%	新梢生长受抑制/%	新梢生长停止/%		
苹果	6	5	3	3	1 左右
梨	5	4	2	2	1 左右
君子迁	4	3	2	2	0.5 以下
枳	4	3	1 以下	—	约 0.5
温州蜜柑	4	3	1 左右	1	0.5 以下
葡萄	7	4	2	2	约 0.5
桃	8	6	2	3	2.0 以下

土壤空气中的含氧量还影响果树的生殖生长。小林在控制条件下试验证明,在葡萄花前 20 d 供给土壤以不同含氧量的空气,当氧浓度为 20% 时,花粉的发芽率为 28.1%,花粉管长度为 1.39 mm;当氧气浓度下降到 5% 时,花粉发芽率与花粉管长度的相对值分别降低到氧浓度 20% 时的 53% 和 68%。在葡萄的果实发育期间,给以不同氧浓度的土壤空气试验表明,随着氧浓度下降,葡萄的果穗重、含糖量及着色度均下降,含酸量增高。果实品质因土壤空气中的含氧量降低而恶化。

4)土壤酸碱度

土壤酸碱度影响土壤中各种矿质营养成分的有效性,进而影响果树的吸收和利用。科卡克(R. F. Korcak)引述他人的试验结果指出,铁是以 Fe^{2+} 形态对植物有效,而 Fe^{3+} 则是无效的。铁的有效性对土壤 pH 值有明显的依赖性。当土壤 pH 值每升高 1,铁的有效性降低 1 000 倍;当土壤 pH 值超过 7.5 时, Fe^{3+} 的可溶性降到低于 10^{-20} M 的水平。酸性土中活性铁含量大约为 10^{-6} M。为了避免缺铁失绿,活性铁应该维持在 $10^{-7.7}$ M 的水平。因此高 pH 值土壤,极易发生缺铁失绿。华莱士(Wallace)用 ^{15}N 际记的 $^{15}NH_4$-N 与 $^{15}NO_3$-N 进行研究,发现 48 h 内,伏令复橙扦插苗吸收 NH_4^+-N 比 NO_3^--N 为多。但介质 pH 不同,吸收氮素的形态发生了明显变化,高 pH 介质中吸收 NH_4^+-N 较多,而低 pH 介质中吸收 NO_3^--N 较多。土壤酸碱度还影响根际微生物的活动,硝化细菌在 pH 为 6.5 时发育良好,而固氮菌在 pH 为 7.5 时发育最好。土壤中大多数有益微生物适于接近中性的酸碱度,即 pH 为 6.5 ~ 7.5,土壤过酸或过碱都会抑制微生物活动。

不同果树适应和最适的土壤 pH 值范围不同,因而对土壤酸碱性有不同的要求(表 3.12),这在宜园地的选择时应该注意。值得指出的是,在生产实践中,不同的砧木对土壤 pH 值有特异的敏感性。四川甜橙产区,以枳作为砧木的甜橙树,在 pH 为 7.5 的土壤上即表现缺铁黄化,而红橘砧则能正常生长;当 pH 值为 7.5 ~ 8 时,红橘砧也表现缺铁黄化;而

用香橙砧或构头橙砧,则生长结果正常。因此,选择适宜的砧木,可扩大土壤酸碱度的适应范围。

表 3.12　主要果树对酸碱度的适应范围

树　种	适应范围/pH	最适范围/pH
香蕉	4.5 ~ 7.5	6.0 ~ 7.0
枇杷	5.0 ~ 8.5	5.5 ~ 7.0
龙眼		5.2 ~ 6.7
菠萝		4.5 ~ 5.5
荔枝		5.6 ~ 6.5
杨梅	4.5 ~ 6.5	5.4 ~ 6.7
苹果	5.3 ~ 8.2	5.4 ~ 6.8
梨	5.4 ~ 8.5	5.6 ~ 7.2
桃	5.0 ~ 8.2	5.2 ~ 6.8
葡萄	7.5 ~ 8.3	5.8 ~ 7.5
板栗	7.5 ~ 8.3	5.8 ~ 7.5
枣	5.0 ~ 8.5	5.2 ~ 8.0
柑橘	5.5 ~ 8.5	5.5 ~ 6.5

5)土壤元素

早期对氮(N)的研究最为重视。土壤中充足的有效态氮和水分,有利于苹果果个增大,叶片中含氮水平与果实大小呈正相关。希尔(Hill H)、柯林斯(Collins W B)等相继研究认为,旭苹果叶片含氮量与果实硬度呈负相关。布瓦永(Boyton D)等进一步计算出旭苹果着色率与叶片含氮量的关系为,叶片含氮量每增加1%,果实着色率下降31%。

钾(K)是继氮之后广为研究的重要因素。钾可促进椰子果实成熟,增加干椰子肉的产量、提高番木瓜单果重。德拉克(Drakeetal)进一步确认钾和N/K(1.25)的高低与果实耐贮性、风味、硬度、色泽呈正相关。史密斯(Smith)、科恩(Cohen)等相继研究认为,钾可增大柑橘果个头,增加着色、改良果皮厚度和肉质粗糙度、增加酸和维生素C含量,但果汁总量、可溶性固形物和糖酸比降低。

熊代指出,缺磷(P)的果树,果实色泽不鲜艳,果肉发绿,含糖量降低。史密斯(Smith)报导柑橘磷酸过量,果实的含酸总量、可溶性固形物和维生素C含量均降低。

浮士德(Faust M)认为,果实中 Ca 含量不足会引起许多生理障碍,如苹果引起苦痘病、栓化斑点病、水心病、炭疽病、红玉斑点病、裂果病、日灼病等。Ca 适量指标因生境而异,如1940 年纽约州苹果含 Ca 量1%为适量,而1980 年美国苹果南移气候温暖区含 Ca 适量量为2%。

刘康怀指出,品质相对上乘的沙田柚的土壤中 CaO、MgO 具有较高的含量,K2O 的含量小于2 而大于1 时,沙田柚品质良好。

赵小敏等研究发现,引种地江西南丰蜜橘果实品质差于原产地的主要原因是土壤中硼、钼含量较低;其次是土壤中速效磷和速效钾较少、pH 值偏低等。为了提高引种地现有南丰蜜橘的品质,必须增施硼、钼肥和磷、钾肥,并施用石灰以提高土壤 pH 值。

6) 土壤含盐量

盐碱土中的盐分主要为 Na^+、Ca^{2+}、Mg^{2+} 3 种阳离子和 CO_3^{2-}、HCO_3^-、Cl^-、SO_4^{2-} 4 种阴离子组成的 12 种盐,个别地方还分布着少量的硝酸盐盐土。通常所说的盐碱土,是指上述盐类含量较高的土壤。在这些盐中,碱性盐(如 Na_2CO_3、$NaHCO_3$)水解后产生 NaOH,对植物根有腐蚀作用,盐土表层含盐量在0.2% ~0.5%,即对植株生长不利。在年雨量少、空气干燥、蒸发量大的地区,地下水中的盐分随蒸发液流上升到土表,水分蒸发后盐分即积聚在土壤浅表层,造成季节性的盐渍化;而在雨季或大量灌溉时可将浅表层的盐分淋洗到土壤深层而使盐渍现象得以缓解。果树受盐碱危害轻者,生长发育受阻,表现为枝叶焦枯,严重时全株死亡。不同果树种类、品种的耐盐能力不同。(表 3.13)

表 3.13　主要果树的耐盐情况

树　　种	土壤中总盐量/%	
	正常生长	受害极限
苹果	0.13 ~0.16	0.28 以上
梨	0.14 ~0.20	0.30
桃	0.08 ~0.10	0.40
杏	0.1 ~0.20	0.24
葡萄	0.14 ~0.29	0.32 ~0.40
枣	0.14 ~0.23	0.35 以上
板栗	0.12 ~0.14	0.20
柑橘	0.07 ~0.13	0.40

任务3.5　其他因素对果树的作用及影响

活动情景　在各种生态因子中,除以上介绍之外,地形地势及环境污染也对果树的生长发育及果实品质影响较大。本任务要求学习对果树产生影响的地形、地势因子与环境污染因子。

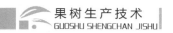

 工作任务单设计

工作任务名称	任务3.5　其他因素对果树的作用及影响	建议教学时数	
任务要求	1.正确理解地形地势和环境污染对果树的影响 2.学会选择合理地形,判断环境污染状况		
工作内容	1.学习影响果树生长发育及果实品质的地形地势因子及环境污染因子 2.为果树栽培选择适宜的地形地势及环境条件		
工作方法	以老师课堂讲授和学生自学相结合的方式完成相关理论知识学习;以田间项目教学法和任务驱动法,使学生正确判断适宜地形地势及环境污染情况		
工作条件	多媒体设备、资料室、互联网、试验地、相关劳动工具等		
工作步骤	资讯:教师由活动情景引入任务内容,进行相关知识点的讲解,并下达工作任务 计划:学生在熟悉相关知识点的基础上,查阅资料、收集信息,进行工作任务构思,师生针对工作任务有关问题及解决方法进行答疑、交流,明确思路 决策:学生在教师讲解和收集信息的基础上,划分工作小组,制订任务实施计划,准备完成任务所需的工具与材料 实施:学生在教师指导下,按照计划分步实施,进行知识和技能训练 检查:为保证工作任务保质保量地完成,在任务的实施过程中要进行学生自查、学生互查、教师检查 评估:学生自评、互评,教师点评		
工作成果	完成工作任务、作业、报告		
考核要素	课堂表现		
	学习态度		
	知识	地形地势和环境污染对果树的影响	
	能力	能够选择合理地形,判断环境污染状况	
	综合素质	独立思考,团结协作,创新吃苦,严谨操作	
工作评价环节	自我评价	本人签名:	年　　月　　日
	小组评价	组长签名:	年　　月　　日
	教师评价	教师签名:	年　　月　　日

 任务相关知识点

3.5.1　地形地势

地表形态或地面形状变化的总和称为地形。地势是指地面形状高低变化的程度。地势对果树的影响是通过海拔高度、坡度、坡向等因素来影响光、温、水、热在地面上的分配,进而影响果树的生长发育,其中以海拔高度对果树的影响最为明显。

1）各因子概况

（1）海拔

海拔高度对气温呈现有规律的影响。随海拔高度的升高,气温有规律地降低。相同纬度时,海拔高度每升高100 m,平均气温降低0.4~0.6 ℃。气温递减的速率因气候条件和季节而异,在气候干燥的山地变化更有规律。傅抱璞报道,在潮湿的四川山地,在1 200 m以下,由于云量的影响而变化不大,1月平均气温和最低气温递减率为0~0.2 ℃/100 m;1 200 m以上,则递减率分别增加为0.56 ℃/100 m和0.67 ℃/100 m。7月的递减率,一般为0.40~0.50 ℃/100 m。

受温度变化的影响。无霜期随海拔升高而缩短。山地果树的物候期随地势升高推迟,而生长结束期随海拔升高而提早。在四川,海拔上升200 m,物候期可延迟5~10 d。

海拔高度对光照有明显影响。海拔愈高,光照愈强。傅抱璞证明,在秦岭太白山,随海拔升高,太阳直达辐射和总辐射都增大,散射辐射则减少。（表3.14）太阳的实际日照时数由于云雾影响而实际变化较为复杂。在山下部、低的山谷或盆地中,由于云雾较多,实际日照时数较少;在山的上部,云雾较少的坡向,因云雾较少而实际日照时间较多。

表3.14　晴天辐射各分量随海拔高度的变化（秦岭,太白山）

海拔高度/m	400	1 450	2 200	3 100	3 760
直达辐射[4.186J/(cm²·d)]	469	547	591	634	670
散射辐射[4.186J/(cm²·d)]	116	103	75	64	55
总辐射[4.186J/(cm²·d)]	585	650	666	698	725

海拔高度的变化,影响降水量与相对湿度的变化。就降水量而论,如山东泰安在海拔160.5 m时年降水量为859.1 mm;而升高到1 541 m时,则为1 040.7 mm,可见降水量随海拔高度升高而增多。而在暖温带条件下,海拔降低降水量反而增多,当经过山脉的气团非常潮湿而又不稳定时,最大降水量常出现在山麓。

与海拔高度引起的气候因素垂直变化相适应,山地的果树也呈垂直分布。总的趋势是低海拔处生长需热量较高的果树;随海拔的逐渐升高,生长的果树逐渐被需热量较低的果树所代替。呈现出与纬度地带性随着由低纬度到高纬度的变化相对应,果树种类由热带果树—亚热带果树—温带果树—寒温带果树的逐渐演替现象。

海拔高度与果树生长结果表现关系较为复杂。某种果树在其垂直分布带中不同海拔高度的表现是不一样的。张光伦证明,在川滇横断山脉区,苹果多分布在海拔1 300~3 500 m处,而其生态最适带多集中在海拔2 000~2 600 m处。在生态最适带中的苹果树表现为树势健壮,丰产优质,寿命长。

（2）坡度

坡度影响太阳辐射的接受量、水分的再分配及土壤的水热状况,进而对果树的生长结

果有着明显影响。其影响的大小又与坡度的大小相关。实际上斜坡的坡度变化很大,学者们对斜坡的划分繁简不一。德拉加夫采夫将斜坡地简分为4级:<5°为缓坡,5°~20°为斜坡,20°~45°为陡坡,>45°为峻坡。并提出5°~20°的斜坡是发展果树的良好坡地,尤以3°~5°的缓坡地最好。

坡度影响土层的厚度。通常,表土层厚度与坡度是反相关。坡度愈大,土层愈薄,含石量愈多,土壤含水分与养分愈少。我国的黄土高原,坡度对黄土的厚薄影响不大,但对土壤水分的差异仍有明显的影响。曲泽洲等证明,在连续晴天时,坡度为3°,表土含水量为75.22%;坡度为5°,表土含水量为52.38%;坡度为20°,表土含水量为34.78%。同一面坡上,坡的上段比下段的土壤含水量低。坡度不同,土壤冻结的深度有差异。坡度为5°时,冻结深度在20 cm以上,15°则为5 cm。

（3）坡向

不同坡向接受的太阳辐射量不同,光、热、水条件有明显的差异。么枕生绘制的不同坡度各种方位的全年太阳辐射强度图表明,在同一坡度的不同坡向接受的太阳辐射强度有明显的差别。除平地外,在北半球总的趋势是南向坡接受的太阳辐射最大,北向坡接受的太阳辐射最小,东坡与西坡介于两者之间。坡向对日照与气温的影响,在同样的地理条件下,南坡日照充足、气温较高,土壤增温也快;而北坡则相反。西坡与东坡得到的太阳辐射相等,但实际上上午太阳照东坡时,大量的辐射热消耗于蒸发,或因云雾较多,太阳辐射被吸收或散射损失较多;当下午太阳照到西坡时,太阳辐射用于蒸发大大减少,或因云雾较少,地面得到的直接辐射较多,因而西坡的日照较强、温度较高,果树遭受日灼也较多。

由于不同坡向的生态条件的差异,果树的生长结果或灾害表现也有明显差异。同一种果树在南坡比在北坡生长季开始得早,结束较晚;物候进展较快。生长在南坡的果树树势健壮,产量较高,果实成熟较早,着色好,含糖量较高,含酸较少,但易受干旱;早开花的树种、品种还易受晚霜危害。生长在北坡的果树,由于温度低、日照少、枝梢成熟不良,降低了越冬力。

（4）坡形

坡形是指斜坡顺切面的形态,具有直、凹、凸及阶形坡等不同类型。不同坡形的坡面,由于耕作和水力搬运的结果,土壤的厚度和肥力不同,从而出现了不同的地形肥性。阶形坡的平坦或缓斜部分,其地形肥性较高;直坡的下部1/2处、凹坡偏下的2/3部分、宽顶凸坡偏上2/3部分的地形肥性也较高。

在长坡的中部如出现凹地或槽谷,则在冬春夜间冷空气下沉,往往形成冷气湖或霜眼,使早开花的果树易受晚霜危害,不耐寒的果树易受寒害。

2）地形对果实品质的影响

地形对果实品质的影响是通过对以上主要生态因子的影响而起到间接、综合的重要作用,以海拔高度、地形形态、坡度、坡向或沟（谷）向影响最显著。以苹果为例,在一定范围内随海拔高度的升高,其糖、酸、维生素C和可溶性固形物含量皆有所增加,色泽和形状发育良好,L/D增大,果皮蜡层增厚,果胶酶活性降低,果实硬度增加,耐贮性和抗逆性增强,在生态最适带高度范围内达到最佳。如我国横断山脉区中、北段多在1 900~2 800 m,西北黄土高原多在 1 000 ~ 1 500 m,成为山地果树区规划发展和使用栽培技术的基本依据。坡向或沟(谷)向的作用,则以南(阳)坡、背风坡或高山峡谷的东西沟(谷)向比北(阴)坡、迎风坡或南北沟(谷)向者,果实色泽艳丽,果面光洁,糖、酸和维生素 C 含量高,香甜味浓,品质优良。

3.5.2 污染

随着科学的发展,环境污染问题日趋严重。农业生产的发展伴随着化肥和农药的大量投入;同时,工矿、交通事业的发展也使"三废"排放量增加;再加上人为活动的破坏,使生态平衡失调,加剧了环境污染。环境污染包括空气污染、水体污染和土壤污染 3 方面。污染源主要有工业"三废"、农药、化肥、塑料制品等。

1)主要污染及其对果树影响

(1)空气污染及其对果树影响

影响果树生长的空气污染物主要包括总悬浮颗粒物、二氧化硫、氟化物、氮氧化物、氯气等。其中,二氧化硫和氟化物是最主要的大气污染物。空气中污染物含量过高,会影响果树的正常生长,诱发急性或慢性伤害。

总悬浮颗粒物俗称"粉尘",是指能悬浮在空气中、直径 ≤100 μm 的颗粒物,来源于工矿企业排放的烟尘。当其降落到植株上,会使嫩叶和果实产生污斑,影响光合作用、呼吸作用和水分蒸腾等生理活动,使果实品质和商品性降低。

二氧化硫是由燃烧含硫燃料的火力发电厂、石油加工厂、炼铁厂、有色金属冶炼厂等厂矿产生的有害气体。它可以通过气孔进入叶片,破坏叶绿素,影响光合作用,使组织脱水。叶片受伤害后,极易脱落。果树开花期对二氧化硫最为敏感,此时受污染会导致开花不整齐、花朵受损、提早脱落、影响坐果。大气中二氧化硫浓度高时,会进一步氧化并与雨、雾、霜等结合形成酸雨,造成大面积危害。

氟化物主要有氟化氢、氟化硅、氟化钙、氟气等,来自磷肥、冶金、玻璃、搪瓷、塑料、砖瓦等工厂以及燃煤排放的废气。其中,以氟化氢的毒性最大,比二氧化硫的毒性大 20 倍。氟化物通过气孔进入植物体内,并溶入汁液中,随植物体内的水分运输,流向各个部分。当积累到一定浓度时,会抑制生殖生长,降低花朵受精率,不易坐果。氟化物还能抑制多种酶的活性,使叶绿素难以形成,造成植物组织失绿。此外,还能引起钙营养失调。

氮氧化物包括氧化亚氮、二氧化氮和硝酸雾等,以二氧化氮的毒性较大,主要来自汽车尾气以及锅炉、药厂排放的废气。二氧化氮危害的症状与二氧化硫相似。

氯气主要来自食盐电解工业及农药、塑料、漂白粉和合成纤维等工厂排放的废气。危害极大,它能破坏细胞结构,阻碍水分和养分吸收,使植株分枝少、叶片退绿或焦枯、根系不发达。

(2)灌溉水污染及其对果树影响

工业"三废",尤其是工业废水,含有铬、汞、砷、铅、镉、锌、镍等重金属,是造成果园灌溉水污染的主要原因。随着我国工业尤其是乡镇企业的迅速发展,工业废水大量排放,对果园灌溉水源的污染日益加重。污水灌溉果园,引起土壤盐渍化,使果树生长受抑制,叶片

和植株矮小,以致枯死。同时,大部分重金属累积在耕作层,极难去除。因此,污水灌溉不仅污染果园土壤,影响果树生长,还会影响果实品质,造成有害物质和重金属残留、超标。

（3）土壤污染及其对果树影响

土壤污染因子包括重金属(铬、汞、砷、铅、镉、锌、镍等)、有毒物(石油、酚、苯并芘、六六六、滴滴涕、三氯乙醛、多氯联苯等)和其他污染因子(氟化物、硫化物、磷化物、酸、碱、盐类物质等)。土壤污染物主要来自3个方面,一是工业"三废"的排放;二是农药、化肥、农膜、垃圾杂肥的施用;三是污水灌溉。土壤被污染后,土质变坏,板结无结构,盐渍化,使植物不能生长。

2）污染防治措施

（1）加强污染源治理

发现污染源后,应及早向有关部门报告,对造成污染的企业进行整顿,对排放的污染物进行控制。因污染受损害的果农,可经专家鉴定、评估,通过协商或法律途径索赔。

（2）远离污染源

果园应处于生态条件良好,远离污染源,具可持续生产能力的农业生产区域。产地环境须符合无公害农产品或绿色食品产地环境质量标准。

（3）提高栽培管理水平

改善果树的生长发育条件,推广以果实套袋为中心的配套技术,实行果树病虫害的无害化防治,增强对污染的抵抗力;科学、合理、安全、规范地使用化肥、农药。

（4）利用植物保护环境

通过植物本身对污染物的吸收、积累和代谢,能达到分解有毒物质、减轻污染的目的。垂柳、拐枣、油茶有较大吸收氟化物的能力,即使体内含氟量很高,也能正常生长。地衣、垂柳、臭椿、山楂、板栗、夹竹桃、丁香植物等吸收二氧化硫能力较强,能积累较多硫化物。低浓度污染物用仪器测定有困难,可利用敏感植物进行监测。如对氟化氢敏感的植物有唐菖蒲、郁金香、萱草、美洲五针松、欧洲赤松、雪松、兰叶云杉等;对二氧化硫敏感的植物有紫花苜蓿、向日葵、胡萝卜、莴苣、南瓜、芝麻、蓼、雪松、美洲五针松、马尾松等;对氯气敏感的植物有萝卜、复叶槭、落叶松、油松等;对臭氧敏感的植物有烟草、矮牵牛、马唐、雀麦、花生、马铃薯、燕麦、丁香等;对二氧化氮敏感的植物有悬铃木、向日葵、番茄、秋海棠、烟草等。

项目小结)))

充分了解温度、光照、水分、土壤等因子对果树生长发育和果实品质的影响,为果树优质高产创造良好环境条件。

复习思考题)))

1.试述积温与果树生长的关系。

2.如何增加果树的受光量和提高光能利用率?

3.一年中果树对水分要求的变化如何?水分不足与过多对果树有何影响?

4.试述土层厚度与果树生长的关系。

项目4　果品产量与品质

项目描述　果品产量与品质是果树生产者获取经济效益与否的关键因素之一,关系到果树产业的稳定与可持续发展,关系到农民增收、农业和农村经济的发展。本项目以果品产量测定、品质分析与果品分级等技能作为重要内容进行训练学习。

学习目标　认识果品产品与品质的意义,学习果品产量测定方法,学习果品品质分析方法和果品分级方法等。

能力目标　熟练掌握果品品质分析方法与分级技术。

素质目标　提高学生独立思考能力,培养学生团结协作、创新吃苦的意识,及科学严谨的实践操作理念。

 项目任务设计

项目名称	项目4　果品产量与品质
工作任务	任务4.1　果品产量测定 任务4.2　果品品质与分级
项目任务要求	熟悉果品品质分析与分级技术

任务4.1　果品产量测定

活动情景　在果品产量含义与构成的理论指导下,测定果园里果品的产量,并根据相关知识了解果品品质内容,熟悉果品分级方法。

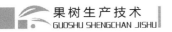
 工作任务单设计

工作任务名称	任务 4.1　果品产量测定	建议教学时数	
任务要求	1. 掌握果品产量含义及产量构成因素 2. 正确理解果品产量形成 3. 学会测定果品产量		
工作内容	测定果园中果品产量		
工作方法	以课堂讲授和学生自学的方式完成相关理论知识学习,以田间项目教学法和任务驱动法把果园里的各种果品作为实验材料进行产量测定		
工作条件	多媒体设备、资料室、互联网、果树、相关实验仪器		
工作步骤	资讯:教师由日常生活中常见果品引入任务内容,进行相关知识点的讲解,并下达工作任务 计划:学生在熟悉果品产量含义与构成的基础上,查阅资料、收集信息,进行工作任务构思,师生针对工作任务有关问题及解决方法进行答疑、交流,明确思路 决策:学生在教师讲解和收集信息的基础上,划分工作小组,制订任务实施计划,准备完成任务所需的材料,避免盲目性 实施:学生在教师辅导下,按照计划分步实施,进行知识和技能训练 检查:为保证工作任务保质保量地完成,在任务的实施过程中要进行学生自查、学生互查、教师检查 评估:学生自评、互评,教师点评		
工作成果	完成工作任务、作业、报告		
考核要素	课堂表现		
	学习态度		
	知　识	1. 果品产量的含义 2. 果品产量的形成因素	
	能　力	会测定果品产量	
	综合素质	独立思考,团结协作,创新吃苦,严谨操作	
工作评价环节	自我评价	本人签名:　　　　年　　月　　日	
	小组评价	组长签名:　　　　年　　月　　日	
	教师评价	教师签名:　　　　年　　月　　日	

 任务相关知识点

　　果树生产是农业的重要组成部分。果品是果树生产的产品,是人类生活的必需品之一,不仅风味适口、色泽悦目,更具有较高的营养功能。随着经济社会发展,人民生活水平逐步提高,膳食结构逐步发生变化,对果品产量和品质的要求也越来越高。

4.1.1　果品产量的含义

果品产量,从广义上讲即生物产量,从狭义上讲即经济产量。一棵果树一生中所积累的物质的总干重就是它的生物产量;人们要求获得的经济器官的干重,也就是具有经济价值部分的产量,称为"经济产量"。其中,经济产量与生物产量的比值称为经济系数,也即光合产物的分配利用。

经济产量＝生物产量×经济系数　　　　　　　　　　　　　　　　　　　　(4.1)

生物产量＝总光合产量－消耗　　　　　　　　　　　　　　　　　　　　(4.2)

光合产量＝光合面积×光合时间×光合强度　　　　　　　　　　　　　　(4.3)

因此,经济产量＝[(光合面积×光合时间×光合强度)－消耗]×经济系数　(4.4)

需指出的是,产量一般应该用干物重来表示,但在生产上计算产量的鲜物重量比较方便。就每一种果树来讲,它们的干物质含量通常有一定的范围,所以知道鲜物重以后,可以估算出干物产量。

构成果树产量的是果实的重量,由单位面积上花数、坐果数和果实大小3个因素构成,花芽形成的数量是产量形成的基础。其次是花芽的质量,取决于花芽分化及其发育期间的营养状态和外界条件。坐果数由花数和坐果率两个因素构成,有些树种、品种花量很大,但坐果率低,落果严重,是产量的限制因素。果实的大小,决定于负载量、营养分配,常以叶果比作为衡量的标准,而树势、营养生长也影响到营养的分配。

4.1.2　果品产量的形成

绿色植物可直接利用一部分太阳能用于物质的合成,把简单的无机物变为较为复杂的有机物,并把光能转化为化学能储存在其中,这就是光合作用。果树和绿色植物一样,也能进行光合作用,这就是果树产量形成的实质。它的产量取决于物质积累的多少,其中从土壤吸收的矿物质仅占5%～10%,有机物占90%～95%,它们都直接或间接来源于光合作用。

从上述公式中可以看出,经济产量主要取决于光合面积、光合时间、光合能力、光合产物的消耗和光合产物的分配利用5个方面,它们统称为"光合性能"。研究果树的光合性能,是果树增产的基础,因为果品产量的形成主要是这5个方面综合作用的结果。凡是光合面积合理增大、光合能力增强、光合时间延长、光合产物的消耗减少,而分配、利用比较合理,就应该获得较高的产量。因此,所有的增产措施,归根结底都是通过改善光合性能来起作用的。

提高果品产量的主要途径是通过促进光合作用,如控制环境条件、提高光合速率、延长光合时间;提高群体光能利用率;减少光合产物的消耗;调节光合产物的分配和利用等。其中,最关键的是提高群体光能利用率。光能利用率是指单位面积上,植物的光合作用积累的有机物中所贮藏的能量占照射在同一地面上的日光能量的百分比。太阳的总辐射能很高,但不能被植物所完全吸收和利用。在到达叶片表面的可见光中,一部分被反射或透过

叶片损失,一部分为热散失,部分用于其他代谢耗损,在实际大田条件下,最终转变为贮存在碳水化合物中的光能最多只有5%。理论上计算,在理想条件下可达10%,所以,还有相当大的提高光能利用率的潜力。

造成实际光能利用率远比理论光能利用率低的主要原因:一是漏光损失,作物生长初期植株小,叶面积不足,日光的大部分直射地面而损失;二是叶片的反射和透射损失;三是受植物本身的碳同化等途径的限制。事实上,被植物吸收的光能中还有许多光能是通过热能、荧光散耗等途径散发的。在逆境条件下,作物的光合生产率要比顺境条件下低得多,这会使光能利用率大为降低。因此,增加果品产量,最根本的因素是提高光能利用率。

提高群体光能利用率的主要途径有以下3种。

①增加光合作用面积,提高叶面积指数。所谓叶面积指数,是指单位面积上的叶面积。在一定范围内,叶面积指数越大,光合作用产物也越多,产量也随之升高。但超过某一阈值时,则会因相互遮阴等原因而导致光能利用率的下降。要增加叶面积指数,可通过合理密植或改变株型以及合理的间套作等方式进行。

②延长光合作用时间。延长光合时间是提高光合效率,增加产量的途径。它主要根据品种光合特征,从栽培上创造条件,增加前期叶量,组成良好的树冠透光结构,防止早期落叶等,可通过提高复种指数、延长生育期或补充光照等措施来适当延长光合时间。复种指数是指全年作物的收获面积与耕地面积之比。

③提高光合作用的效率。首先,必须了解影响光合作用的因素。影响光合作用的因素有内因和外因,内因有叶龄(寿命)、叶的受光角度、叶的生长方向、植株的吸水能力和物质转运的库源关系;而外部因素有光照的强弱、温度的高低、CO_2浓度、水分和养分的供应水平等。植物本身的生长状态与光能利用的关系十分密切,不同叶龄的光合强度及呼吸强度相差很大。而由"源"运转到"库"的途径、速度及数量与源和库的大小有关。在生产上,增加"源"的数量(如增加叶面积、改进叶的受光姿态等),往往是增加产量的主要因素。但库的大小也影响到源的强度,在一定范围内,库的增大会促进源即光合作用的提高。植物的光合作用同温度和光照等环境条件有着密切的关系。生产上可通过加温或降温、遮光等措施来控制环境条件,使其尽量同植物本身的需要相吻合,从而提高光合作用,适当抑制呼吸作用。浇水、施肥是作物栽培中最常用的措施,其主要目的是促进光合面积的迅速扩展,提高光合性能。大田中CO_2浓度虽目前难以人为控制,然而,通过增施有机肥、实行秸秆还田、促进微生物分解有机物释放CO_2以及深施碳酸氢铵等措施,也能提高冠层的CO_2浓度。在大棚和玻璃温室内,可通过CO_2发生器或石灰石加废酸的化学反应,或直接释放CO_2气体进行CO_2施肥,促进光合作用,抑制光呼吸。

影响果品产量形成的因素是多方面的,如树体状况、光合性能、环境因素等。但归根结底一个是内因,即树体本身的因素,包括品种、器官状态、组织结构和营养状况等,还包括光合产物的生产、积累和消耗分配等方面;另一个是外因,即气候,包括光、热、水、气;土壤,包括土壤中的肥、水、气、热等;生态因素,包括果园群体状况、温湿度、杂草和间套作等;果园的各项管理措施等。在果树产量的形成过程中,果树与外界环境条件有着不可分割的联系,既要坚持内因,这是获得产量的基础,选育优良植株种苗,改善光合性能,提高树体营养水平,保持树体壮旺;又要注意外因影响,搞好树体管理,排除不利因子影响,把有利的外因通过影响内因来促进果品产量的实现。总之,要以树体类型为依据,以人工调节为手段,以改良环境为条件,以改善光合作用为途径,以增加树体营养为手段,以提高经济器官的数量、质量为目的,围绕产量形成,弘扬种性(展现基因性状),巧夺天工(广采光、热、水、气),妙用地力(转化水、肥、气、热),协调天时、地利、物性,抓住内因根据,改善外因条件,方能夺取果树高产。

4.1.3 果品产量的测定方法

果树的产量是衡量果树经济效益的关键指标之一,对果树产量的调查应采取单采单收,称重,以单株产量或单位面积产量记载,如公斤/株,公斤/666.7 m²。

负载量是果树正常结果能力的表示,表示负载量的方法有如下两种。

①单位树干截面积或干周的结果量计算法。首先,调查不同生产水平的果园,连续记载其产量和干周,统计大小年幅度低的植株,计算单位树干截面积的结果量,作为最适果实负载量。

②干周与产量回归分析法。初果期至盛果期的果树,产量与干周呈高度的正相关,从众多的连年稳产树的干周、产量数据中,得出回归方程。

任务4.2 果品品质与分级

活动情景 人们在日常生活中购买水果时,往往会以水果的色泽、大小、适口性等对水果价格高低进行判断,从而合理出价。同样,水果种植者也会以水果的品质作为简易指标进行出售标价。因此,本任务要求学生根据果品分级标准对果品进行分级。

 工作任务单设计

工作任务名称	任务4.2 果品品质与分级		建议教学时数	
任务要求	1.掌握果品品质的含义、内容及评价 2.掌握果品分级标准及技术			
工作内容	1.学习果品分级方法和技术 2.根据果品分级标准对果品进行分级 3.学习果品安全品质的判断内容与标准			
工作方法	以课堂讲授和学生自学相结合的方式完成相关理论知识学习,以田间项目教学法和任务驱动法,把果园里的各种果品作为实验材料进行产量测定			
工作条件	多媒体设备、资料室、互联网、果树、相关实验仪器			

续表

工作任务名称	任务4.2　果品品质与分级		建议教学时数	
工作步骤	资讯:教师由日常生活中常见果品引入任务内容,进行相关知识点的讲解,并下达工作任务 计划:学生在熟悉果品品质的基础上,查阅资料、收集信息,进行工作任务构思,师生针对工作任务有关问题及解决方法进行答疑、交流,明确思路 决策:学生在教师讲解和收集信息的基础上,划分工作小组,制订任务实施计划,准备完成任务所需的材料,避免盲目性 实施:学生在教师辅导下,按照计划分步实施,进行知识和技能训练 检查:为保证工作任务保质保量地完成,在任务的实施过程中要进行学生自查、学生互查、教师检查 评估:学生自评、互评,教师点评			
工作成果	完成工作任务、作业、报告			
考核要素	课堂表现			
	学习态度			
	知识	1. 果品品质的内容 2. 果品分级技术		
	能力	掌握果品分级技术		
	综合素质	独立思考,团结协作,创新吃苦,严谨操作		
工作评价环节	自我评价	本人签名:	年　　月　　日	
	小组评价	组长签名:	年　　月　　日	
	教师评价	教师签名:	年　　月　　日	

 任务相关知识点

4.2.1　果品品质的概念

果品品质是指果品满足某种使用价值全部有利特征的总和,主要是指食用时果品外观、风味和营养价值的优越程度。根据不同用途,果品品质可分为鲜食品质、加工品质、内部品质、外部品质、营养品质、销售品质、运输品质等。对不同种类或品种的果品均有具体的品质要求或标准。因此,品质要求有其共同性,也有其差异性。

欧洲质量监督组织认为,"品质是满足人们需要的各种特征和特性的总和",这一标准包括了客观和主观两方面的因素。客观因素是指和消费者嗜好无关的,关于产品感官、营养卫生、工艺特征的中性描述;而主观因素则涉及产地、成本、价格、市场、流通、消费者等从生产到消费整个过程所产生的调节因素。

4.2.2　果实的外观品质

消费者对果品品质的感觉,首先是外观品质。外观品质是引起消费者购买欲望的直接因素,但不是唯一因素。外观品质主要包括果品的大小、形状、色泽、光泽和缺陷(指病害、虫害和机械伤害)等。

一般果品形状要具有该品种的典型特征,如果形端正、无畸形偏果等。果品大小因品种而异,可以用单果重表示,也可以用果实直径表示,应达到该品种应有的大小。

果实色泽是果实外观的重要表现,漂亮的色泽会在一定程度上提升产品在市场上的竞争力。优良的品种只有充分表现出其应有的色泽,在市场上才会有竞争力。

果面应光洁、滑润、无锈斑、污迹或粉尘,无病斑和机械伤害,有较好的蜡质层,果面晶莹亮洁。

4.2.3　果实的鲜食品质

果实的鲜食品质主要包括果实的质地、糖、酸、香味等。

果品质地与果肉硬度、软度、嫩度、脆度、汁液以及其他特性有关,这些特征参数密切关系到消费者对鲜食和加工产品的接受程度。果肉的硬度适宜,不仅有助于果品贮藏,也有助于适应消费者的消费习惯。

根据我国消费者的消费习惯,一般要求果实糖度较高,同时还要有一定的酸度,也就是有适宜的糖酸比,这样才能使果品口味浓郁、清爽可口,从而使口味达到最佳。

果实香气具有较高的感官价值和一定的生理价值,能刺激消费者的感官及心理,使果品呈现自身的特征,对人的食欲及消化系统具有很大的影响,因而在果品鲜食品质构成中起很重要的作用。果实香味主要包括醇类、醛类、酮类、酯类、萜类以及含硫化合物等。这些成分有的气味强烈,有的气味较弱,有的甚至无味,其各成分以不同浓度和结合态存在,只有把它们作为一个整体时,才具有某一果品的芳香特征。

4.2.4　果实的贮藏品质

果实的贮藏品质是指果实在采摘后耐贮藏的属性。果品采摘后,随着呼吸和衰老过程的进行,体内水分和维生素含量不断减少,蛋白质等不断降解,糖酸、风味质地均发生变化,产品质量不断下降。在贮藏运输过程中,不同种类、不同品种果品品质下降的速度差异极大。

不同品种的果品贮藏期不同,一般以贮藏时间较长、品质变化较小的为佳。在适宜的贮藏条件下,以贮藏时间长、品质变化缓慢的品种为佳。有些果品因品种或者栽培措施的原因,如缺素和病虫危害等,会引起果实在贮藏期间易发生病害,从而降低果品品质,甚至丧失商品性。因此,提高果实的贮藏性,既要考虑采前栽培措施,又要考虑采后贮藏条件和措施,只有采前和采后同时作用,才能提高果实的贮藏品质。

4.2.5　果实的安全品质

果实的安全品质又称"卫生品质",主要指化学污染(硝酸盐累积、重金属富集、农药残留等)和生物污染(病菌、寄生虫卵等)的程度。这些卫生品质各国均有相应的标准或指标。

果品的安全生产离不开空气、灌溉水和土壤等农业环境。不合格的空气、水和土壤环境质量必然会对果品生产造成不良影响。适宜的产地环境条件是果品安全生产的基础和前提。符合安全卫生质量标准的果品首先必须在良好的生态环境中进行生产。如果生态环境已经破坏,生产种植及加工者无论如何按照最严格的规范进行生产,对果品质量的提高也无济于事。

产地生态条件是果实安全品质的基础。果品生产过程应坚持适地适栽原则,应在生态最适宜区或适宜区进行果品生产,为果品安全生产提供适宜的气候、土壤和灌溉条件,保证果品的质量和产量,实现果品的可持续生产和优质高产高效。

产地空气环境质量是果品安全品质的保障。当空气中污染物含量过高时,会影响果树作物的正常生长。空气污染物主要来自工业废气,主要污染物包括二氧化硫、氰化物、臭氧、氮氧化物、氯气、碳氢化合物等气体及粉尘、烟尘、烟雾、雾气等,其中,二氧化硫和氯化物是两种最主要的大气污染物。

产地灌溉水质量严重影响果品安全品质。当前果品生产过程中,工业废水已成为灌溉水中铬、汞、砷、铅、镉、锌、镍等重金属元素的污染来源。许多工业废水还含有毒物质和重金属元素,当用于果园灌溉后,不仅会污染果园土壤、影响果树生长,还会影响果品品质,造成有害物质和重金属残留、超标。

产地土壤环境质量也是果实安全品质的重要基础。引起土壤环境质量发生改变的主要因素有工业"三废"的排放、农药、化肥、垃圾杂肥的施用和污水灌溉。引起土壤环境质量改变的常见污染物包括重金属(汞、镉、铅、铬、锰、铜、镍、砷等)、有毒物(石油、酚、六六六、滴滴涕、三氯乙醛、多氯联苯等)和其他污染因子(氮化物、硫化物、磷化物、酸、碱、盐类物质等)。

农药残留是影响果实安全品质的最重要和最敏感的因素。使用农药后,残存于生物体、农副产品和环境中的微量农药原体、有毒代谢物、降解物和杂质总称"农药残留"。农药残留是施药后的必然现象,但这种残留量超过最大限量,对人畜产生不良影响或通过食物链对生态系统中的生物造成毒害,从而导致农药残留污染。目前,国家明令禁止使用的农药主要有六六六、滴滴涕、毒杀芬、二溴氯丙烷、杀虫脒、二溴乙烷、除草醚、艾氏剂、狄氏剂、汞制剂、砷、铅类、敌枯双、氟乙酰胺、甘氟、毒鼠强、氟乙酸钠、毒鼠硅。果树上不得使用和限制使用的农药主要有甲胺磷、甲基对硫磷、对硫磷、久效磷、磷胺、甲拌磷、甲基异柳磷、特丁硫磷、甲基硫环磷、治螟磷、内吸磷、克百威、涕灭威、灭线磷、硫环磷、蝇毒磷、地虫硫磷、氯唑磷、苯线磷。

果品无论是鲜食还是加工,其卫生品质与安全性首先决定于原料本身的情况。如果原料本身已经受到污染,在后续加工过程中无论如何遵照严格的安全卫生标准,也生产不出安全的果品产品。因此,果品原料的卫生安全是保证果品安全品质的第一个环节。安全的果品原料必须是在良好的生态系统下生长的。如果生态系统受到污染或者破坏,其种植或开发的食品也就不能称之为安全、卫生。因此,良好的生产环境条件对于果品的安全品质是至关重要的。

4.2.6 果品质量评价方法

果品的质量评价包括外观品质、鲜食品质和贮藏品质等几个方面。依据不同目的,可采用不同的质量评价方法。在实际工作中,质量评价往往难以对所有评价指标一一进行检验,需要选取主要的和有代表性的性状进行鉴定,一般在各单项质量指标的基础上,对果品质量进行综合评价。一般评价方法有两种,一是在果实符合卫生标准的基础上,主要根据大小、色泽、缺陷等外观品质进行分级,然后统计各级果实的比例。该方法多用于生产和流通环节对果品质量的鉴定。二是将果品的主要外观和内在关键指标赋予一定权重,对各项指标进行评分,然后计算综合分数。

果实品质是一个复杂的概念,它包括很多的数量性状和质量性状,后者虽可以量化,但必须遵照一定的程序与原则。从理论高度讲,对这些性状进行合理科学的综合评价是非常重要的。目前应用于果实品质评价的数学评价方法,主要有模糊综合评价法和灰色综合评判法两种。

①模糊综合评价法。果实品质质量性状的组成因素很多,这些因素又往往是一个相对的概念,其界限不明显,具有多元性和不均衡性,更重要的是它具有模糊性。因而,采用模糊数学的方法,在筛选和确定果实品质评价指标的基础上,建立单指标评价分析和多指标综合评价模型,可对果实品质进行评价研究。

②灰色综合评判法。由于果品品质本身包括多种因素,因此对果品品质的正确评价比较复杂。如果品质评价中只以部分因素作为指标,会不可避免地损失一部分"信息",即造成"信息"亏缺现象;另外,在给予各种指标权重时,也可能出现重用部分"信息",即成"信息"冗余的现象,因此很难作出科学的定论。由于果品品质本身一部分信息是已知的,可直接通过测定获得,而另一部分信息是未知的,所以,可视品质本身为一种灰色系统。在实际工作中,常因不同研究目的或实际需要,制定不同的果品品质优劣的评价标准。另外,品质评价属于多目标、多因素的决策问题,而灰色关联度分析就是针对灰色系统来决定因素主次以及相关程度的一种新的方法。

4.2.7 果品的分级

1)果品分级

果品分级是果品进入流通的第一个环节,并直接关系到果品的包装、运输、贮藏和销售的效果和效益。果树果实有优劣之分,形状、大小、着色程度等也不完全一致,甚至还有病虫害。采后如果混在一起,既不方便贮藏、运输,也不便于以质论价销售。在市场经济高度发达的今天,异地销售、大宗农产品交易和农产品国际贸易等均离不开标准化,果品分级就是实现果品商品标准化的最基础的一步。

果品分级一般从果实的内在品质、外观品质及用途方面进行综合评价。如从果品的色泽、香味、成熟度、病虫害、果实的纵横径以及有无畸形、机械伤等角度来进行分级,有的果实还需要从甜酸角度来进行评定分级。

2)果品分级方法

目前果品分级主要用人工和机械两种方法进行。人工分级时,工人根据预先制定的分级标准进行选果,如进行大小分级时,将果品送入不同孔径的卡级板中进行,并同时对果实着色、病虫害、机械伤、畸形果等来进行分级。使用机械分级时,分级机对每个果实进行监测,使色泽、大小、重量等达不到级别的果实自动落入传送带带走,将不同级别的果实分别送往不同工作平台进行处理。

机械分级的机械主要包括重量分级机、大小分级机和光学分级机。重量分级机是靠重量这一物理量进行单指标判定,其精度一般是可靠的。它对各种形状、不规范的产品都能分级,另外它通常是将一个一个的产品装在料斗上计量,产品在分级时不滚动,不通过狭缝,因此较适合于易伤产品的分选。但由于向分级机的分散供给难以实现,所以效率方面稍稍差些;且结构复杂,使用调整不便,价格较高。

大小分级机被广泛地开发和运用于表皮较结实或用于加工用产品的分级。其中打孔带和带孔滚筒分级机用于圆形果蔬,依其大小进行分级。该机在单位时间内的处理量相当高,但不适合易发生机械伤害的产品。料斗孔径自动扩大分级机,是用于圆形果和长形果的通用型分级机械。这种设备的分级精度比较高,不易损伤产品。叉式分级机,既适合圆形果又适合长形果,但特别适合于长形果。对不易损伤的产品可由导果槽自动进入分级部位,对柔嫩果实要由人工把产品放在机械的分级部位。

光学分级机又叫作“光线式分级机”,不仅可对产品进行大小分级,还可对产品进行外观品质和内部品质分级。光线式大小分级,有根据光束遮断法制成的分级机和根据画像处理法制成的分级机。因为能进行非接触的测量,所以能防止碰伤。外观品质分级机,是一种进行自动等级分选的分级机,它可以取代人眼进行品质判定,使品质判定有客观性和准确性,使外观分选实现机械化,并可省力和提高效率。

3)果品的等级规格

果品等级规格主要是根据果实外观颜色、色泽、大小、机械损伤和病虫害情况进行分级。下面以荔枝等级规格为例,介绍一下等级规格。

①荔枝等级的基本要求。

a.果实新鲜,发育完整,果形正常,其成熟度达到鲜销、正常运输和装卸的要求。

b.果实完好,无腐烂或变质的果实,无严重缺陷果。

c.清洁,无外来物。

d.表面无异常水分,但冷藏后取出形成的凝结水除外。

e.无异常气味和味道。

②荔枝等级的划分。

在符合基本要求的前提下,荔枝分为特级、一级和二级,各等级的划分应符合表4.1的规定。

表4.1　荔枝等级划分

等　级	要　求
特级	具有该荔枝品种应有的颜色,且色泽均匀一致,无褐斑;果实大小均匀;无机械损伤、病虫害、未发育成熟的缺陷果
一级	具有该荔枝品种应有的颜色,且色泽较均匀一致,基本无褐斑;果实大小较均匀;基本无机械损伤、病虫害、未发育成熟的缺陷果
二级	基本具有该荔枝品种应有的颜色,且色泽均匀一致,少量褐斑,果实大小基本均匀,少量机械损伤、病虫害、未发育成熟的缺陷果

③荔枝规格划分

以果实千克数为指标,将荔枝分为大(L)、中(M)、小(S)3个规格,各规格的划分应符合表4.2的规定。

表4.2　荔枝规格　　　　　　　　　　　　　　　　　单位:粒/kg

规　格	大(L)	中(M)	小(S)
果实千克粒数	＜38	38～44	＞44
同一包装中的最多和最少数量的差异	≤6	≤8	≤12

4.2.8　果品安全质量的分级

1)无公害食品

无公害食品是指来自无公害生产基地(指果树生长的周围环境,如土壤、水和大气等无污染的地区)、按照无公害食(果)品生产技术规程生产(指在栽培管理中按照特定的技术操作规程生产,不施或少施化学农药和化学肥料)、符合无公害果品质量要求并经检测合格后,允许使用无公害农产品标志的安全、营养、优质的果品。它们是未经加工或者初加工的产品。(图4.1)

(1)无公害果品的标准

无公害果品的标准主要包括产品质量标准、环境标准和生产过程标准。

图4.1　无公害食品标志

①产品质量标准。对果品最主要的要求是安全,果实中汞、镉、铬、铅、砷等有害元素和亚硝酸盐等有害物质以及一些农药残留应在允许的范围之内。

②环境标准。主要指产地空气质量、灌溉水质量和土壤质量标准。

③生产过程标准。即无公害果品生产过程的技术标准,如施肥、灌水、花果管理、病虫防治等。

(2)无公害食品的申报指南

①申请人资格。

凡生产《实施无公害农产品认证的产品目录》内的产品,产品产地获得无公害农产品产地认定证书的单位(包括企业、事业、社团)或个人,均可对该产品申请产品认证。但各级行政部门不具备申请资格,不能作为申请人。

②申报材料。

a.申报材料目录(注明名称、页数和份数)。

b.《无公害农产品产地认定证书》(复印件)。

c.产地《环境检验报告》和《环境现状评价报告》(2年内的)。

d.产地区域范围和生产规模。

e.无公害农产品生产计划(3年内的生产计划、面积、种植开始日期、生长期、产品产出日期和产品数量)。

f.无公害农产品质量控制措施(申请人制定的质量控制技术文件)。

g.无公害农产品生产操作规程(本单位的生产操作规程)。

h.专业技术人员的资质证明(专业技术任职资格证书复印件)。

i.保证执行无公害农产品标准和规范的声明。

j.无公害农产品的有关培训情况和计划。

k.申请认证产品上个生产周期的生产过程记录档案样本(投入品的使用记录和病虫草鼠害防治记录)。

l."公司加农户"形式的申请人应当提供公司和农户签订的购销合同范本、农户名单以及管理措施。

m.营业执照、注册商标(复印件)。

n.外购原料需附购销合同复印件。

o.产地区域及周围环境示意图和说明。

p.初级产品加工厂卫生许可证复印件。

q.申请人向省农业厅相关单位申领《无公害农产品认证申请书》和相关资料,或者从中国农业信息网站直接下载。

③申报程序。

申请产品认证的申请人,可将申请材料上报省农业厅无公害农产品认定认证承办处室和单位,由省农业厅无公害农产品认证推荐承办单位——省绿色食品管理办公室进行初审。申请材料合格的,推荐上报农业部农产品质量安全中心相关分中心;申请材料不合格的,书面通知申请人。

农业部农产品质量安全中心相关分中心对申请材料进行审核,申请材料不规范的,书面通知申请人在15个工作日内完成补充材料;申请材料符合要求但需要进行现场检查的,相关分中心应在10个工作日内组织有资质的检查员进行现场检查;现场检查不符合要求的,由相关分中心书面通知申请人。

申请材料(有的包括现场检查)符合要求的,由相关分中心通知申请人委托具有资质的检测机构对其申请认证产品进行抽样检测。

检测机构按照相应的标准进行检验,并出具产品检验报告,分送分中心和申请人。产品检验不合格的,由相关分中心书面通知申请人。

对材料审查、现场检查(需要的)和产品检验符合要求的,由各分中心报农业部农产品质量安全中心。中心负责组织专家进行全面评审,并作出认证结论。符合颁证条件的,由中心主任签发《无公害农产品认证证书》;不符合颁证条件的,由中心书面通知申请人。

中心定期将获得无公害农产品认证的产品目录同时报农业部和国家认监委备案,由农业部和国家认监委公告。

《无公害农产品认证证书》有效期为3年,期限满后需要继续使用的,证书持有人应当在有效期满前90日内按照本程序重新办理。

2)绿色食品

绿色食品指食品中不含有一些国家规定不准含有的有害物质或把其控制在允许的范围内,即农药残留不超标,硝酸盐含量不超标,"三废"(工业废水、废气、废渣)中的有害物质不超标,病原微生物等有害微生物不超标。

绿色食品是遵循可持续发展原则,按照特定生产方式生产,经专门机构认证,许可使用绿色食品标志的无污染的安全、优质的营养类食品。因为与环境保护有关的事务在国际上通常都冠之以"绿色",为了更加突出这类食品出自良好的生态环境,因此定名为"绿色食品"。(图4.2)

A级绿色食品标志(左);
AA级绿色食品标志(右)

图4.2 绿色食品标志

(1)绿色食品分级

绿色食品分为两个技术等级,分别是AA级绿色食品和A级绿色食品。

AA级绿色食品指生产地的环境质量符合《绿色食品产地环境质量标准》,生产过程中不使用化学合成的农药、肥料、食品添加剂及有害于环境和人体健康的生产资料,而是通过使用有机肥、种植绿肥、作物轮作、生物或物理方法等技术,培肥土壤、控制病虫草害、保护和提高产品质量,从而保证产品质量符合绿色食品标准要求。

A级绿色食品是指要求生产地的环境质量符合《绿色食品产地环境质量标准》,生产过程中严格按绿色食品生产资料使用准则和生产操作规程要求,限量使用限定的化学合成生产资料,并积极采用生物技术和物理方法,保证产品质量符合绿色食品产品标准要求。

(2)绿色食品标志申请认证程序

①申请认证企业向市、县(市、区)绿色食品办公室(以下简称"绿办"),或向省绿色食品办公室索取并下载《绿色食品申请表》。

②市、县(市、区)绿办指导企业做好申请认证的前期准备工作,并对申请认证企业进行现场考察和指导,明确申请认证程序及材料编制要求,并写出考察报告报省绿办。省绿办酌情派员参加。

③企业按照要求准备申请材料,根据《绿色食品现场检查项目及评估报告》自查、草填、并整改、完善申请认证材料;市、县(市、区)绿办对材料进行审核,签署意见后报省绿办。

④省绿办收到市、县（市、区）的考察报告、审核表及企业申请材料后,审核定稿。企业完成5套申请认证材料（企业自留1套复印件,报市、县绿办各1套复印件,省绿办1套复印件,中国绿色食品发展中心1套原件）和文字材料软盘,报省绿办。

⑤省绿办收到申请材料后,登记、编号,在5个工作日内完成审核,下发《文审意见通知单》,同时抄传中心认证处,说明需补报的材料,明确现场检查和环境质量现状调查计划。企业在10个工作日内提交补充材料。

⑥现场检查计划经企业确认后,省绿办派2名或2名以上检查员在5个工作日内完成现场检查和环境质量现状调查,并在完成后5个工作日内向省绿办提交《绿色食品现场检查项目及评估报告》《绿色食品环境质量现状调查报告》。

⑦检查员在现场检查过程中同时进行产品抽检和环境监测安排,产品检测报告、环境质量监测和评价报告由产品检测和环境监测单位直接寄送中国绿色食品发展中心,同时抄送省绿办。对能提供由定点监测机构出具的一年内有效的产品检测报告的企业,免做产品认证检测;对能提供有效环境质量证明的申请单位,可免做或部分免做环境监测。

⑧省绿办将企业申请认证材料:《绿色食品标志使用申请书》、《企业及生产情况调查表》及有关材料、《绿色食品现场检查项目及评估报告》、《绿色食品环境质量现状调查报告》、《省绿办绿色食品认证情况表》报送中心认证处;申请认证企业将《申请绿色食品认证基本情况调查表》报送中心认证处。

⑨中心对申请认证材料做出"合格""材料不完整或需补充说明""有疑问,需现场检查""不合格"的审核结论,书面通知申请人,同时抄传省绿办。省绿办根据中心要求,指导企业对申请认证材料进行补充。

⑩对认证终审结论为"认证合格"的申请企业,中心书面通知申请认证企业在60个工作日内与中心签订《绿色食品标志商标使用许可合同》,同时抄传省绿办。

⑪申请认证企业领取绿色食品证书。

3）有机食品

有机食品是根据有机农业原则和有机农产品生产、加工标准生产出来的,经过有资质的有机食品认证机构颁发证书的农产品及其加工品。（图4.3）

国际有机农业运动联合会（IFOAM）给有机食品下的定义是:根据有机食品种植标准和生产加工技术规范而生产的、经过有机食品颁证组织认证并颁发证书的一切食品和农产品。国家环保局有机食品发展中心（OFDC）认证标准中对有机食品的定义是:来自有机农业生产体系,根据有机认证标准生产、加工并经独立的有机食品认证机构认证的农产品及其加工品等。包括粮食、蔬菜、水果、奶制品、禽畜产品、蜂蜜、水产品、调料等。

有机食品标志

图4.3　有机食品标志

（1）有机食品需要符合的条件

①原料。必须来自已建立的或正在建立的有机农业生产体系,或采用有机方式采集的野生天然产品。

②产品。在整个生产过程中严格遵循有机食品的加工、包装、贮藏、运输标准。

③生产者。在有机食品生产与流通过程中,有完善的质量控制和跟踪审查体系,有完整的生产和销售记录档案。

④认证。必须通过独立的有机食品认证机构的认证。

(2)有机食品的认证要求

有机食品是指来自于有机农业生产体系,根据国际有机农业生产要求和相应的标准生产加工的、通过独立的有机食品认证机构认证的一切农副产品,包括粮食、蔬菜、水果、奶制品、禽畜产品、水产品、调料等。

①有机食品生产的基本要求如下。

a. 生产基地在 3 年内未使用过农药、化肥等违禁物质。

b. 种子或种苗来自自然界,未经基因工程技术改造过。

c. 生产单位需建立长期的土地培肥、植保、作物轮作和畜禽养殖计划。

d. 生产基地无水土流失及其他环境问题。

e. 作物在收获、清洁、干燥、贮存和运输过程中未受化学物质的污染。

f. 从常规种植向有机种植转换需两年以上转换期,新垦荒地例外。

g. 生产全过程必须有完整的记录档案。

②有机食品加工的基本要求如下。

a. 原料必须是自己获得有机颁证的产品或野生无污染的天然产品。

b. 已获得有机认证的原料在终产品中所占的比例不得少于95%。

c. 只使用天然的调料、色素和香料等辅助原料,不用人工合成的添加剂。

d. 有机食品在生产、加工、贮存和运输过程中应避免化学物质的污染。

e. 加工过程必须有完整的档案记录,包括相应的票据。

③有机食品主要国内外颁证机构如下。

a. 中国的 OFDC。

b. 美国的 OCIA(全称"国际有机作物改良协会")。

c. 德国的 ECOCERT、BCS 和 GFRS。

d. 荷兰的 SKAL。

e. 瑞士的 IMO。

f. 日本的 JONA。

g. 法国的 IFOAM 等。

按照国际惯例,有机食品标志认证一次的有效许可期限为一年。一年期满后可申请"保持认证",通过检查、审核合格后方可继续使用有机食品标志。

项目小结 〉〉〉

果品的产量分生物学产量和经济学产量两种,它们之间的关系密切,果品产量的形成与多种因素有关。果品品质,与消费者的生活息息相关,对于提高市场竞争力具有重要意义。果品的安全分级主要包括无公害食品、绿色食品和有机食品 3 种。通过对本项目的学习,了解果品质量评价与分级的概念和主要内容,熟悉无公害食品、绿色食品和有机食品的申报程序。

复习思考题)))

    1. 如何提高果品的产量？

    2. 如何提高果品品质？

    3. 我国的果品安全分级都有哪些？

模块 2 果树生产基本技能

 模块项目设计

专业领域	园艺技术	学习领域	果树生产
模块名称	果树生产基本技能		
项目名称	项目 5 果树育苗技术 项目 6 果园建立与改造 项目 7 果园管理 项目 8 休闲观光园果树栽培		
模块要求	熟练掌握果树生产的基本知识与技能		

项目5　果树育苗技术

优质种苗是果树生产的基础,关系到果树定植成活率、果树生长整齐度、生产周期的长短、生产成本的高低、产量的大小、品质的优劣等。本项目以科学合理建造苗圃、应用多种技术育苗、出圃合格苗木等方面的技能作为重点内容,进行训练学习。

学习目标 认识果树育苗的意义,学习苗圃建立及规划技能,学习多种苗木繁育技术,学习苗木出圃标准及技术。

能力目标 熟练掌握苗圃建造技能及多种育苗技术,能够根据标准正确判断苗木是否达到出圃条件,并掌握苗木出圃的技术要点。

素质目标 提高学生独立思考能力,培养学生团结协作、创新吃苦的意识及科学严谨的实践操作理念。

砂糖橘

枇杷

 项目任务设计

项目名称	项目5　果树育苗技术
工作任务	任务5.1　苗圃的建立 任务5.2　各种育苗技术 任务5.3　苗木出圃
项目任务要求	熟练掌握果树育苗的相关知识及技能

任务5.1　苗圃的建立

活动情景 优质种苗是果树生产的根本条件,而种苗优质的根本条件是良好的生长环境。因此,选择交通条件便利、土层深厚、有机质丰富、灌排条件良好的土壤作为苗圃建立地点,是繁育优质苗木的首要条件,可以为果树生产打好坚实基础。本任务要求学习苗圃地选择的要素及苗圃地的科学合理规划。

 工作任务单设计

工作任务名称	任务 5.1 苗圃的建立		建议教学时数		
任务要求	1. 正确理解选择苗圃地的条件 2. 熟练掌握苗圃地设计规划技能				
工作内容	1. 根据条件选择适宜的苗圃地 2. 合理设计规划苗圃地				
工作方法	以老师课堂讲授和学生自学相结合的方式完成相关理论知识学习;以田间项目教学法和任务驱动法,使学生正确选择适宜苗圃地、熟练掌握苗圃地设计规划技能				
工作条件	多媒体设备、资料室、互联网、试验地、相关劳动工具等				
工作步骤	资讯:教师由活动情景引入任务内容,进行相关知识点的讲解,并下达工作任务 计划:学生在熟悉相关知识点的基础上,查阅资料、收集信息,进行工作任务构思,师生针对工作任务有关问题及解决方法进行答疑、交流,明确思路 决策:学生在教师讲解和收集信息的基础上,划分工作小组,制订任务实施计划,准备完成任务所需的工具与材料 实施:学生在教师指导下,按照计划分步实施,进行知识和技能训练 检查:为保证工作任务保质保量地完成,在任务的实施过程中要进行学生自查、学生互查、教师检查 评估:学生自评、互评,教师点评				
工作成果	完成工作任务、作业、报告				
考核要素	课堂表现				
	学习态度				
	知 识	1. 选择苗圃地的条件正确性 2. 苗圃地设计规划的科学合理性			
	能 力	熟练掌握苗圃地设计规划技能			
	综合素质	独立思考,团结协作,创新吃苦,严谨操作			
工作评价环节	自我评价	本人签名:	年	月	日
	小组评价	组长签名:	年	月	日
	教师评价	教师签名:	年	月	日

 任务相关知识点

果树的良种化、苗木的优劣,影响着果树的成活率、整齐度、投产年限、管理成本和果品的产量与品质。苗圃的任务是根据良种繁育制度,培育一定数量的,适应当地自然条件、无检疫对象、丰产、优质的果苗,满足果树生产对苗木的需求。

果树苗木因繁殖的方式不同,可分为实生苗和营养苗两类。用种子播种培育的苗木叫

"实生苗",其根系由胚根发育而成;用扦插、压条、分株、嫁接等方法培育的苗木统称为"营养苗",其中扦插、压条、分株繁殖的苗木又称为"自根苗",嫁接繁殖的苗则称为"嫁接苗"。

5.1.1　选地

选择适宜的苗圃地,为苗木生长提供良好的环境,可以加速苗木繁育,提高苗木质量和出苗率。选择苗圃地应尽可能考虑以下条件。

1)位置

应设在果树发展中心地区,交通便利,降低运输费用,减少损失,也有利于苗木销售和生产物资调运。苗木适应当地自然条件的,可以边起苗边栽植,栽后缓苗快,生长发育好。大风口、灰尘多的公路边,易受畜养动物践踏、易受水淹的地段,冷空气易积聚与易受洪水冲刷的低洼地段均不易做苗圃。

2)地势

选择背风向阳、日照好、排水良好、地下水位低的开阔平地或缓坡地,地面坡度应小于2°,坡度大的必须先修成梯田,地下水位要在1.5 m以下,且一年中变化不大。

3)土壤

以土壤差异小、土层深厚、疏松肥沃、有机质丰富、排水良好、中性或微酸性的土壤为宜,否则应适当改良。土壤的酸碱度要根据不同树种的要求进行确定。不能重茬。

4)灌溉条件

苗圃地必须有水源,应随时保证水分的充足供应,并且水质要符合要求,引用污水灌溉应不危害苗圃土壤生态。

5)自然灾害

苗圃地要远离有检疫性病虫害和病虫滋生的场所。在病虫害较严重的地区,应选择无危害性病虫的地块。对于一般病虫害,育苗前必须采取有效措施进行防治。风大地区,要避免在风口上育苗,应选背风地势或设置风障。

5.1.2　整地

苗圃地要全部开垦,全部清理杂树、杂草。应做到三犁三耙,土壤细碎。在缓坡地按等高起畦,并开好排灌沟,以备灌水和排除积水。地下水位高或地势低者应起高畦。按地势地形不同,畦的长宽可灵活掌握。

5.1.3　规划

1)园地调查测绘

(1)园地调查

调查由专业技术人员参加。调查内容:园地位置、面积、界址、土壤地力、水源、交通、气候、植被、土地利用、环境污染情况;同时,对当地果品加工与流通情况进行调查。

（2）测绘制图

绘制土地利用现状图,比例尺1∶3 000~1∶1 000,等高线高差1 m。

2）小区划分

小区划分的原则是充分利用土地,便于生产和管理,能合理培植生产用地和非生产用地,提高土地的利用率。安排用地时,以生产区为主,将最好的土地用作生产地,而以条件较差的地作为非生产用地。最大限度地满足机械化作业要求,为灌溉创造条件。路、沟、渠的配置要协调一致,线路宜短,占地要少,控制面大。其他设施应尽量方便、够用、少用地。

（1）母本园

母本园的主要任务是提供繁殖材料。母本园区包括品种母本园和砧木母本园或无病毒采穗圃。品种母本园有两种类型:一种是科研单位建立的原种母本园和一、二级品种园,其生产的繁殖材料可向生产单位直接提供;另一种是生产单位在品种纯正、环境条件优越、无检疫对象的果园中母本再进一步提纯的基础上建立母本园。砧木母本园是提供与接穗品种相适应的砧木种子和营养系繁殖材料的园区。无病毒采穗圃要栽植在未曾栽植过果树的地段,应从无病毒母本园引进苗木,并与普通果树或苗木的隔离带至少有50 m的距离。栽植密度行距3 m以上,株距2 m以上。

（2）繁殖区

根据育苗的种类,将繁殖区分为实生苗培育区、自根苗培育区和嫁接苗培育区。为便于耕作管理,应结合地形将繁殖区划分成小区,一般长度不低于100 m,宽度可为长度的1/3~1/2。该区规划时必须考虑轮作倒茬,同一块地要种2~3年其他作物后,才能再育苗。因为前茬果苗的残根、落叶分解的毒素,土壤线虫侵染,土壤偏缺某些营养元素等都会使后茬果苗生长不良。

（3）非生产用地

本着便于管理、节省开支和尽量少占用地的原则,规划好道路、房舍建筑、排灌系统的设置和防风林的营造。

任务5.2 各种育苗技术

活动情景 在日常生活中,好多人经常会在吃完水果后把种子种在自家花盆中,一段时间后,种子竟然发芽生根长出幼苗;也有人会折来一截果树枝随手插在土中,居然也生根成长。由此可知,在果树繁育种苗的过程中,有多种不同繁育技术。果树种类不同,依据其生长特性,可以采用不同的种苗繁育技术。本任务即通过多种试验材料,掌握不同的果树育苗技术。

 工作任务单设计

工作任务名称	任务5.2　各种育苗技术	建议教学时数	
任务要求	1.认真学习各种育苗技术要点 2.熟练掌握各种育苗技能		
工作内容	1.学习、思考育苗技术要点 2.实践操作各种育苗技术		
工作方法	以老师课堂讲授和学生自学相结合的方式完成相关理论知识学习;以田间项目教学法和任务驱动法,使学生熟练掌握实践操作各种育苗技术的步骤		
工作条件	多媒体设备、资料室、互联网、试验地、试验材料、相关劳动工具等		
工作步骤	资讯:教师由活动情景引入任务内容,进行相关知识点的讲解,并下达工作任务 计划:学生在熟悉相关知识点的基础上,查阅资料、收集信息,进行工作任务构思,师生针对工作任务有关问题及解决方法进行答疑、交流,明确思路 决策:学生在教师讲解和收集信息的基础上,划分工作小组,制订任务实施计划,准备完成任务所需的工具与材料 实施:学生在教师指导下,按照计划分步实施,进行知识和技能训练 检查:为保证工作任务保质保量地完成,在任务的实施过程中要进行学生自查、学生互查、教师检查 评估:学生自评、互评,教师点评		
工作成果	完成工作任务、作业、报告		
考核要素	课堂表现		
	学习态度		
	知　识	各种育苗技术要点	
	能　力	熟练掌握各种育苗技能	
	综合素质	独立思考,团结协作,创新吃苦,严谨操作	
工作评价环节	自我评价	本人签名:	年　　月　　日
	小组评价	组长签名:	年　　月　　日
	教师评价	教师签名:	年　　月　　日

 任务相关知识点

5.2.1　育苗方式

　　根据育苗设施的不同,果树育苗包括露地育苗、保护地育苗、容器育苗、弥雾育苗、试管育苗等多种方式。根据砧木特性,可分为乔化苗和矮化苗;再根据对矮化砧木的使用方式不同,可分为矮化自根苗砧苗与矮化中间砧苗。

1）**露地育苗**

果苗的整个培育过程或大部分培育过程都在露地进行的育苗方式,为露地育苗。通常设立苗圃培育苗木,也可采用坐地育苗,在园地直接育苗建园。

（1）圃地育苗

圃地育苗是将繁殖材料置于苗床中,培育成果苗。短期性自用苗木的生产,可在果园就近选择合适地块,建立临时性苗圃培育苗木。长期性商业苗木生产,应建立专业化的大型苗圃培育苗木。圃地育苗是广泛应用的常规育苗方式。

（2）坐地育苗

坐地育苗是将繁殖材料直接置于园地的定植穴内,长成果树,是把育苗工作加在果园建立之中。

2）**保护地育苗**

利用保护设施,在人工控制的环境条件下培育苗木的方式,叫"保护地育苗"。保护设施有多种类型。

（1）温床

在苗床表土下 15～25 cm 处设置热源,以增加地温,主要用于插条催根,包括酿热物（如马粪）加温和电热加温两种方式。

（2）地膜覆盖

将塑料薄膜直接覆盖在苗床上,保持土壤温度和水分。用深色薄膜不仅可以提高土壤温度,还有防止杂草生长等作用。

（3）塑料棚

在苗床上设立拱形棚架,加上塑料薄膜即成。利用薄膜和日光增加棚内温度,一般气温可维持在 25 ℃左右,再配合铺设地膜,可提高地温。塑料棚依据棚高面积可分为小拱棚、中棚和大棚 3 种。

（4）温室

温室具有调控温湿度、通风、透光等优点。利用日光加温的叫日光温室,利用其他能源加温的温室叫加温温室。

（5）阴棚

在苗床上设置棚架,架顶覆盖遮阴材料,夏秋季节用于遮阳、降温和保温,冬季用于防霜等。

3）**容器育苗**

在装有培养基质的容器内,按常规培育苗木的方法进行育苗,叫"容器育苗",也叫"营养钵育苗",常在集约化育苗、组织培养生根苗入土前的过渡培养、葡萄的快速育苗及稀有珍贵苗木的扦插繁殖中应用。容器类型包括纸袋、塑料薄膜袋、塑料钵、瓦盆、泥炭盆、蜂窝式纸杯等。播种和移栽组织培养苗,容器直径为 5～6 cm,高为 8～10 cm;扦插育苗,直径为6～10 cm,高为 15～20 cm。容器育苗的基质材料可以单一使用,也可混合使用。播种宜用园土、粪肥、河沙等的混合材料;扦插繁殖和组培苗的过渡培养,多单用蛭石、珍珠岩、河沙、煤渣等通气性好的材料,不混用有机质和肥料。另外,泥炭是理想的培养基质,尿醛泡沫塑

料是容器育苗的新型基质材料。

4）弥雾育苗

弥雾育苗又称"自动间歇弥雾育苗"。它是利用弥雾装置定时自动向插床面上喷雾，保持扦插植物叶面上有一层水膜，以促进插枝生根的现代化育苗技术。装置多用于保护地内育苗场所，也可用于露地育苗。弥雾装置主要用于嫩枝扦插和硬枝扦插的生根阶段。

5）试管育苗

试管育苗是指采用植物体的器官、组织和细胞，通过无菌操作接种于人工配制培养基上，在一定的温度和光照下，使之分化、生长发育为完整植株的方法，又称为"组织培养"。根据所用材料，可分为胚胎培养、器官培养、组织培养、细胞培养和原生质体培养等多种形式。应用组织培养育苗，具有占地面积小、繁育周期短、繁殖系数高和周年繁殖等特点。组织培养在果树生产上主要用于优良品种的快速繁殖，培养无病毒苗，繁殖和保存无子果实的珍贵果树良种，多胚性品种未成熟胚的早期离体培养，胚乳多倍体和单倍体育种等。在苗木生产中，常将各种育苗方式进行综合运用，以期达到最优化生产。

5.2.2　实生苗培育

利用种子繁殖苗木的方法叫"实生繁殖"，用种子培育的苗木叫"实生苗"。

1）实生苗的特点和利用

（1）特点

实生苗繁殖方法简单、种子来源广、成本较低，便于大量繁殖。实生苗主根强大、根系发达、入土较深，对环境的适应能力、抗逆性较强，寿命长。但实生苗变异性大，不易保持母本性状，不整齐一致，童期长，进入结果期晚。

（2）利用

实生苗主要作为砧木培育嫁接苗，也可用作果苗，但较少。杂交育种、实生选种、柑橘类果树利用珠心胚或其他无融合生殖类型种子播种，可获得不带有病毒的生长一致的实生苗。

2）实生苗的培育

（1）种子的采集

种子是良种壮苗的基础。种子采集应选择丰产、优质、品种纯正、无病虫害的成年母株进行。种子采集有两个时期，即形态成熟期和生理成熟期。果实与种子的外部形态表现出成熟的特征称为形态成熟，如果实多由绿色变成该品种固有的色泽，果肉变软，种子含水量减少、重量增加、充实饱满、种皮色泽加深而有光泽等，大部分种子可在此时采收。果实虽未成熟，但种子的胚已具备发芽能力的称为"生理成熟"。

取种通常先看果实发育好坏，一般果实肥大、果形端正的果实，其种子也饱满。从果实中取种的方法要根据果实特点而定。凡果肉无利用价值的，果实采收后放入缸中或堆积，促使果肉软化。堆积期间要经常注意翻动，以防温度过高使种子失去生活力，堆积温度不得超过25～30 ℃。果肉软化后揉碎,然后洗净取出种子。果肉可以利用的果实,可结合加工过程取种,但必须选用未经45 ℃以上温度处理过的有生活力的种子。

（2）种子的干燥、分级和贮藏

大多数种子从果实中取出后,需适当干燥,贮藏时才不会发霉。通常将种子薄摊于阴凉通风处晾干,不宜暴晒。限于场所或阴天时,也可进行人工干燥。种子晾干后进行精选,除去杂物、瘪粒、病虫粒、畸形粒、破粒、烂粒,使种子纯度达95%以上。然后根据种子大小、饱满程度或重量进行分级,便于出苗整齐、长势均匀。

种子贮藏要注意温度、湿度和通气状况。一般果树种子贮藏的空气相对湿度以50%～70%为宜,最适温度为0～8 ℃,大量贮藏时要注意通气,还要随时防虫、防鼠。

落叶果树的大部分树种要充分阴干后进行贮藏,如桃、葡萄、柿、枣、李、部分樱桃、猕猴桃等的种子应用麻袋、布袋或筐、箱等装好,存放在通风、干燥、阴冷的环境下。板栗、银杏、甜樱桃和大多数常绿果树（荔枝、龙眼、黄皮、芒果和油梨等）的种子,必须采后立即播种或湿藏。时间过长,发芽率会明显降低;湿藏时,种子应与含水量为50%的洁净河沙混合贮藏。

（3）种子的休眠和层积处理

休眠的种子,是指有生命力的种子即使吸水并置于适宜的温度和通气条件下也不能发芽的现象。在种子内部发生一系列生理变化,而使种子能够发芽的过程称为"后熟"。南方常绿果树的种子一般没有休眠期或休眠期很短,只要采种后稍晾干,立即播种,在温度、水分和通气良好的条件下随时都能发芽。具有生理后熟的种子,种胚需要在一定的低温下,经过一段时间,才能继续发育并具有发芽的能力。生产上通常用层积储藏来完成种子的后熟。

（4）种子生活力的鉴定

种子层积处理前、播种前或购种时,均需进行种子的生活力鉴定,以确定种子的质量和播种量。种子生活力的鉴定常用以下方法。

①目测种子质量。

直接观察种子,凡种粒饱满,种皮有光泽,粒重而有弹性,胚及子叶呈乳白色的种子,为生活力强的种子;而种粒瘪小,种皮发白且发暗无光泽,弹性小或无弹性,胚及子叶变黄或污白,都是生活力减退或失去生活力的种子。目测后,计算正常种子与劣质种子的百分比数,判断种子的生活力情况。

②发芽试验。

测定的材料必须是无休眠或已解除休眠的种子,每次使用50～100粒种子,重复3～5次。每次种子分别放在垫有吸水纸的4个培养皿中,将种子均匀地分布其上,置于培养箱内,保持恒定温度在20～25 ℃。每天检查1次,记载发芽种子数,注意补充水分。计算发芽率,判断种子的生活力。

③染色法。

根据种子染色情况,判断其生活力大小。先将种子浸水1～2 d,待种皮柔软后剥去种皮进行染色。染色后漂洗,检查染色情况,计算各类种子的百分比数。根据染色剂的不同,有生活力的种子分着色与不着色两种类型。用0.1～0.2%的靛红染色2～4 h,或0.1～

0.2%的曙红染色 1 h,或 5%~10%的红墨水染色 6~8 h,凡胚和子叶未染色的或稍有浅斑的,为有生活力的种子;胚和子叶部分染色的为生活力较差的种子;胚和子叶完全染色的,为无生活力的种子。

此外,还可用 X 光照相(将种子用氯化钡溶液浸泡,再 X 射线成像,凡丧失生活力的种子,钡盐可渗入,照片不显影)、分光光度计测定光密度和 3%的过氧化氢鉴定等方法测定种子生活力。

(5)播种

①播种准备。

a.种子催芽消毒。一般播种前将种子移至温度较高的地方,待种子露白时即可播种。播种前 5~10 d 移入室内,保持一定室温,任其自然发芽;大量种子可用底热装置、塑料拱棚或温室大棚进行催芽;有些厚壳种子,如核果类,层积处理后种皮硬壳仍未裂开时,催芽前或播种前可进行破壳。种子消毒是用 0.1%的高锰酸钾或氯化铜溶液浸泡 10 min,也可用 0.3%硼酸或硫酸铜液浸泡 20 min。但对催过芽的种子,胚根已经突破种皮的,不能采用高锰酸钾处理。

b.整地作畦。首先耕翻、整平土地,除去影响种子发芽的杂草、残根、石块等障碍物。耕翻深度以 25~30 cm 为宜。土壤干旱时可以先灌水造墒,再行耕翻,也可先耕翻后浇水。底肥最好在整地前施入,也可在作畦后施入畦内。每 666.7 m² 施有机肥 2 500~5 000 kg。缺铁土壤每 666.7 m² 施入硫酸亚铁 10 kg。土地整平之后作畦或垄。垄作适于大规模育苗,有利于机械化管理。多雨地区、地势低的田块宜作高畦,干旱地区宜作低畦或平畦。畦宽 1~1.5 m,长度以便于管理为原则,一般为 10 m 左右,水源好的地区也可长些。为了避免线虫、细菌和真菌对苗木造成的损失,育苗前有必要对土壤进行消毒处理。土壤消毒的方法主要有高温处理和药剂处理,常用的药剂有福尔马林(甲醛)、硫酸亚铁、石灰、多菌灵等。消毒时可按 50 mL/m² 甲醛加水 6~12 L,于播种前 15 d 喷洒在土壤上,用塑料薄膜覆盖严密(不通风)。播种前 1 周揭开薄膜,使药剂挥发后进行播种。

②播种时期。

选择适宜的播种时期是播种育苗成败的关键因素之一。确定播种期主要考虑的问题:种子的成熟时期;种子休眠期的有无及长短;保持种子发芽能力的难易程度;种子发芽和幼苗生长所需的环境与育苗地区环境条件相协调一致的程度。在亚热带、热带地区可全年播种。但许多常绿果树采种后,种子发芽力容易丧失,应随采随播种。如福建、广东一带,荔枝、龙眼、芒果于 6—9 月份播种,枇杷在 4—6 月份播种。长江流域春播时期一般在 2 月下旬至 3 月下旬,秋播时期一般在 11 月上旬至 12 月下旬。

③播种方法。

a.撒播。种子细小的树种多用撒播法。

b.条播。播种中、小粒种子多采用条播的方法。

c.点播。点播多用于播种大粒种子(如桃、板栗、杏、核桃、龙眼、荔枝等)。

播种覆土厚度一般为种子直径的 1~3 倍。种子大,气候干燥,沙质土壤可深播;种子小,气候湿润,黏质土可浅播。秋播比春播深。

④播种量。

播种量的大小直接影响出苗量的多少和成本的高低,通常用千克/亩来表示,主要依据计划育苗数量、株行距离、种子大小、种子纯净度、种子发芽率等因素来决定,生产上实际播种量都比计算的要高。(表5.1)

表5.1　南方常见树种与砧木贮藏播种情况表

树种	采种时期/月	贮藏或层积要求	每千克粒数	播种量(kg/hm²)	播种时期/月	盖土厚度/cm	备　注
枳壳	9—10	沙藏	4 400~6 000	450~600	2—3	不见种子	—
砂梨	8—9	0~5 ℃	20 000~40 000	22~30	2—3	2	—
板栗	9—10	0~5 ℃ 100~120 d	120~300	1 500~2 250	2—3	3~4	种子平放
荔枝	6—7	沙藏催芽	320~400	1 800~3 000	随采随播	2	种子平放
龙眼	7—9	—	500~600	1 100~1 500	随采随播	1~2	—
枇杷	5—6	—	500~540	750~1 125	随采随播	1~2	—
杨梅	5—6	沙藏100~150 d	1 000~2000	2 200~3 700	10,2—3	盖草	—
核桃	9—10	沙藏60~90 d	60~100	1 500~3 000	随采随播	5~8	缝合线立放
石榴	8—9	沙藏	—	50~80	3	0.5~1.0	—
芒果	5—8	沙床催芽后移栽	—	10万~12万个	随采随播	—	种脐向下

计算每亩播种量的公式如下:

每亩播种量(kg)=(计划出苗数/每千克种子粒数/发芽率)×(1+0.1)　　　(5.1)

式(5.1)中0.1为常用保险系数。

⑤播后管理。

a.保持土壤湿润。特别注意灌水和覆盖,表土干时可傍晚喷水增墒。

b.去覆盖物。幼苗开始出土阶段先将覆盖物掀揭一半,出苗率达50%时,再全部揭除。

c.检查出苗情况。种子播下后要及时检查出苗情况,及时补种或补栽。

d.间苗。通常播种后出土的幼苗数量都大于计划培育的幼苗数,在幼苗密集的地方要及时间苗,以调整幼苗密度,使幼苗在良好的通风、营养和光照条件下整齐、健壮地生长。一般间苗分两次进行,第一次间苗在幼苗出现3~4片真叶时,适当拔除;第一次间苗后2~3周便可进行第二次间苗,结合最后留苗量进行间苗。

e.施肥。在种子发芽长出2~3片真叶时,或幼苗移栽成活后,应追施稀薄粪水,以后每隔15~20 d追肥一次,促使幼苗迅速生长。

f.中耕除草。为保持育苗地土壤疏松,保蓄水分,促进幼苗根部空气交换,应及时松土。同时结合松土除草,使养分和水分不为杂草所消耗。

g.防治病虫害。苗圃地病虫种类较多,应及时防治。

h.其他方面。注意防涝、防旱,及时抹芽、摘心,促进苗木健壮生长,达到出圃的规格。

5.2.3　自根苗培育

利用果树的芽、枝条、茎或根等器官的一部分培育成的苗木叫"自根苗",也称"无性系苗"或"营养系苗"。自根苗可用扦插、压条、分株和组织培养等方法繁殖。

1)自根苗的特点和利用

(1)特点

自根苗能基本保持母本优良性状,苗木生长整齐一致,很少变异,进入结果期早。无主根,根系较浅,苗木生活力较差,寿命较短。抗性、适应性较实生苗差。育苗时需要大量繁殖材料,繁殖系数较低,繁殖方法简单,应用广泛,但较费工。对于营养器官难以生根的树种,也无法利用自根苗。

(2)利用

自根苗可以直接作为果苗栽培。如香蕉、菠萝、石榴等用分株;荔枝、龙眼用压条;柠檬、西番莲、葡萄、无花果用扦插。还可作为嫁接用的砧木,培育自根砧果苗。

2)自根苗繁殖的生物学基础

(1)成活原理

自根苗成活的关键在于能否发生不定根和不定芽。根、芽的再生过程是插穗或根插条剪切后,剪口受到刺激,发生栓化作用,产生愈伤木栓。再在适宜条件下形成愈伤组织,可保护伤口,避免养分和水分流失,改善吸水条件,提高通气性,防上病菌入侵伤口造成腐烂,为发根创造良好条件。插穗产生的根有定根和不定根两种。定根在愈伤组织形成之前,存在于枝条皮部形成层与髓射线相交点及其附近的根原始体,从节间或节的部位可长出新根(如葡萄);不定根是由茎的内鞘、韧皮部、形成层等分生组织分化出新的根原始体后,从插穗基部的伤口断面上生长出来。根插条在创伤面的愈伤组织里,根段中潜伏的根原始体及维管束形成层部分产生不定根。不定芽大多发生在幼根的中柱鞘靠近维管形成层的地方;老根从木栓形成层或射线增生的类似愈伤组织里产生。许多植物的根未脱离母体即形成不定芽,特别是根受伤后,主要在伤口面或断面的伤口处的愈伤组织里形成。不定根和不定芽发生的部位都有极性现象。一般枝或根总是在其形态顶端抽生新梢,下端发生根。因此,扦插时注意不要颠倒。

(2)影响生根的因素

①内部因素。

a.果树的种类和品种。树种、品种不同,生根难易不同,如葡萄、石榴、无花果等扦插生根容易,而苹果、桃则较难;同树种中,欧洲葡萄和美洲葡萄比山葡萄生根率高。

b.树龄、枝龄和枝条部位。同种树实生树、幼龄树比营养繁殖树、老年树容易生根,同一树龄的一年生枝比多年生枝容易生根。同一树种,靠近基部的枝比树冠上的枝易生根。

c.不同器官。同一树种不同器官,其再生能力也不同。葡萄的枝蔓再生能力强,插条易生根。

d.枝条营养状况。凡枝条充实、营养丰富的枝易于生根。枝条的节、芽、分枝处养分较多,故在这些部位剪截扦插较易生根。

e.植物内源激素。由于内源激素,如生长素、细胞分裂素、赤霉素对发根都有促进作用,因此,凡含植物内源激素较多的树种都较易生根。

②外部因素。

气温、土温、空气湿度、土壤湿度和通气状况以及光照等条件都对发根成活有极大的影响。最适宜发根的土温是18~25 ℃,较高的土温和较低的气温有利于先发根后萌芽。气温高于土温,未发根先萌芽,消耗了水分,养分得不到及时补充,常使插条营养枯竭,不易成活。较高的空气湿度可以减少蒸腾,适当的土壤湿度和通气条件,对发根成活最有利。扦插适宜基质湿度为60%~80%,空气湿度在90%,基质中的氧气保持在15%以上,能避免插壤中水分过多,造成氧气不足。光不仅有利于制造营养供给生根需要,而且还能抑制新梢生长,避免生长过旺消耗营养,但应避免强光直射。在扦插发根前和发根初期,进行适当遮阴,减少插条和土壤水分的消耗,可以提高成活率。因此,在生产上常搭棚遮阴,既能获得一定的光量,又能避免强光照射。

扦插所用的土壤或其他材料,要求能为插条生根提供必需的水分、养分和氧,并能保持适宜的温度。一般选择结构疏松、通气良好、保水性强的沙质壤土。现在生产上也常用珍珠岩、泥炭、蛭石等作为扦插基质。

(3)促进生根的方法

①机械处理。

对枝条木栓组织较发达的果树,如葡萄,扦插前先将表皮木栓层剥去,利于其对水分的吸收和发根。新梢停长后、扦插前,在枝条基部进行环剥、刻伤或绞缢等处理,使营养物质和生长素在伤口以上部位积累,扦插时易发根。扦插时,加大插条下端伤口,或在枝条生根部位纵划5~6条伤口,深达形成层,以见到绿皮为度;或适度弯曲,使表皮破裂,利于枝条形成不定根。分株繁殖前,在早春于树冠外围挖沟断根,可促进不定芽萌发。压条时环割、环剥、纵伤,有利于生根。

②加温处理。

土温不够造成生根困难时,可以利用温床、塑料薄膜覆盖等方式促进生根。

③黄化处理。

在新梢生长初期用黑布包裹基部,使叶绿素消失,组织黄化,皮层增厚,薄壁细胞增多,生长素积累,有利于根原体的分化和生根。处理时间必须在扦插前3周进行。

④植物生长调节剂处理。

由于植物激素能加强枝条的呼吸作用、提高各种酶的活性、促进细胞分裂,因而在扦插前对插条处理后,使得生根率、生根数、根的长度和粗度有显著改善,是生产上常用的技术措施。

a.吲哚丁酸(IBA)。是效果较好、应用普遍的一种生根素,容易被保留在被处理的部位,有效地促进形成层的细胞分裂,提高生根率。

b.萘乙酸(NAA)。与吲哚丁酸相比,稍有毒性,浓度过高容易伤害植物。如果用萘乙酸的铵盐代替萘乙酸则安全得多。应用时只要浓度适当,效果与吲哚丁酸相似,而且成本低廉。因此,萘乙酸的铵盐也被广泛用于插条生根。

c. 吲哚乙酸(IAA)。在实际应用时,其效果不如吲哚丁酸和萘乙酸,因为吲哚乙酸在植物体内很不稳定,在未经消毒的溶液中很快会被分解,并且能被强光破坏。因此,生产上主要应用吲哚丁酸和萘乙酸。

d. ABT生根粉。是一种植物扦插促进剂,具有补充外源生长素与促进内源生长素的优越性。低浓度的苯氧化合物如2,4-D、2,4,5-T、2,4,5-TP等,也有用于插条生根。但这类生长调节剂容易传导,浓度稍高就会抑制枝条的发育,使枝条受伤,在使用时必须注意。

⑤化学药剂。

一些化学药剂有促进细胞呼吸、形成愈伤组织、增强细胞分裂,从而促进生根的效果。一般用0.1%~0.5%的高锰酸钾、硼酸等溶液浸渍插条基部数小时至一昼夜,另外,利用蔗糖、维生素B2等溶液浸插条基部也可以促进生根。

⑥常用药剂的处理方法。

a. 液剂浸渍。硬枝扦插用浓度为5~100 mg/kg,嫩枝扦插用浓度为5~25 mg/kg,将插条基部浸渍12~24 h。也可用50%的酒精作为溶剂,将生长调节剂配成高浓度溶液速浸,比较方便迅速,特别对不易生根的树种,有较好的作用。

b. 粉剂使用。一般用滑石粉作为填充剂,稀释浓度为500~1 000 mg/kg,混合2~3 h,便可使用。先将插条基部用清水浸湿,然后蘸粉即可扦插。

3)扦插苗的繁殖方法

(1)扦插苗及其类型

将果树部分营养器官插入基质中,使其生根、萌芽、抽枝,成为新的植株的方法叫扦插。果树育苗常用的扦插繁殖方法主要有硬枝扦插、嫩枝扦插、根插和茎片切块插4种。

①硬枝扦插。是利用充分成熟的一年生枝,在休眠期进行的扦插。如葡萄、石榴和无花果等的硬枝扦插是在春季萌芽前进行。在深秋葡萄落叶后,结合冬季修剪采集插条,长50 cm,在湿沙中贮藏,温度保持在1~5 ℃。扦插时将插条剪成2~3节为一段,上端剪平,下端剪成马蹄形,插条上端距离最上芽2 cm。用萘乙酸或吲哚丁酸处理后,将插条斜插(45°)在苗床上,在春季风大地区(土层厚度15~20 cm、土层温度10 ℃以上)使顶芽露出地面并覆土保护。温暖而湿润地区插后灌水后,可不覆土。

②绿枝扦插。是利用半木质化的新梢在夏末进行的扦插,如猕猴桃等难发根的果树采用绿枝扦插效果好。选健壮的半木质化枝蔓,每段3节,上剪口平,在芽的稍上方;下剪口斜,在芽的下方。将下部叶片去掉,只留上部两叶片。插条最好在早晨枝条含水量多而空气凉爽、湿度大时采集。插后应遮阴并勤灌水,待成活后再逐渐除去遮阴设备。温度过高时,应喷水降温,及时排除多余水分。

③根插。主要用于繁殖砧木苗。枝插不易成活或生根缓慢的树种,如枣、柿、核桃、长山核桃、山核桃等,用根插较易成活。李、山楂、樱桃、醋栗等根插较枝插成活率高。根插条粗0.3~1.5 cm的可以全段根插,也可剪成长5~8 cm或10~15 cm的根段,并带有须根。上口平剪,下口斜剪。

④茎片切块苗的培育。适用于有肉质块茎或球茎的菠萝及蕉类等果树培育。

（2）插条的采集与贮藏

落叶果树硬枝扦插使用的插条在休眠期采集，一般结合冬季修剪进行。常绿果树一年四季均可，主要考虑雨水的多少。

（3）插前准备

①土壤及材料准备。扦插前应做好整地、施肥及土壤消毒工作。其具体操作技术可参照嫁接育苗中土壤管理的相应内容。然后根据地势做成高畦或平畦，畦宽 1 m、长 10 m。土壤黏重、湿度大的可以起垄扦插，垄距 60 cm 左右。

②扦插时间。硬枝扦插时间应在春季发芽前进行，以 15～20 cm 厚的土层温度达 10 ℃以上为宜。

③插条处理。扦插前将冬藏后的插条先用清水浸泡 1 d，使其充分吸水后剪成长约29 cm、带有 1～4 个饱满芽的枝段。

对生根较难的树种和品种，在扦插前 20～25 d 进行催根处理。常用催根方法见上述相关内容。

（4）扦插操作

①扦插方式。硬枝扦插可采用垄作或床作，而以低垄或高垄覆膜扦插较为普遍。

②扦插密度。扦插密度因树种、育苗方式和苗木用途而合理确定。

③扦插方法。扦插角度有直插和斜插两种。一般生根容易、插穗较短、土壤疏松、通气保水性好的应直插；生根困难、插穗较长、土壤黏重、通气不良、土温较低的宜斜插。

④扦插深度。扦插深度因环境而异，在干旱、风多、寒冷地区插条全部插入土中，上端与地面持平，插后培土 2 cm 左右，覆盖顶芽，芽萌发时扒开覆土；气候温和湿润地区，插穗上端可露出。

（5）插后管理

①灌水抹芽。发芽前要保持一定的温度和湿度；及时抹除侧芽。

②追肥。生长期追肥 1～2 次。第一次在 5 月下旬至 6 月上旬，每 666.7 m² 施入尿素10～15 kg。第二次在 7 月下旬，每 666.7 m² 施入复合肥 15 kg，并加强叶面喷肥，促进生长。

③绑梢摘心。葡萄扦插育苗时，为了培育壮苗和繁殖接穗，每株应插立 1 根 2～3 m 长的细竹竿，或设立支柱，横拉铁丝，适时绑梢，牵引苗木直立生长。如果不生产接穗，新梢长到 80～100 cm 应进行摘心，使其充实，提高苗木质量。

④病虫害防治。注意防治病虫，促进幼苗旺盛生长。

4）压条育苗

将连着母体的枝条压在土中或包埋于生根介质中，待不定根产生后切离母体，这种培养成新植株的方法叫"压条繁殖"。压条繁殖的苗叫"压条苗"，扦插不易生根的果树常用此法。压条分为地面压条和空中压条两种，地面压条又分为直立压条、水平压条和曲枝压条 3 种。

（1）直立压条

主要用于发枝力强、枝条硬度较大的树种，如苹果和梨的矮化砧、石榴、樱桃、李和无花果等果树。冬季或早春萌芽前，将母株基部离地面 15～20 cm 处剪断，促使基部发生萌蘖。

待新梢(萌蘖)长到20 cm以上时,将基部环剥或刻伤,并第一次培土使其生根。培土高度约为10 cm,宽为25 cm。当新梢长到40 cm左右时,进行第二次培土。注意培土前先行灌水,一般20 d后开始生根。秋季扒开土堆,把全部新生枝条从基部剪断,即成为压条苗。

（2）水平压条

水平压条用于枝条柔软、扦插生根较难的树种,如苹果矮化砧,葡萄等。方法:在早春发芽前,选择母株上离地面较近的枝条,剪去梢部不充实部分。然后,开5～10 cm深的沟,将枝条水平压入沟中,用枝杈固定,待各节上的芽萌发、新梢长至20～25 cm且基部半木质化时,在节上刻伤,随新梢增高分次培土,使每一节位发生新根,秋季落叶后挖起,分节剪断移栽。

（3）曲枝压条

曲枝压条应在春季萌芽前或生长季新梢半木质化时进行。在压条植株上,选择靠近地面一二年生枝条,在其附近挖深、宽各为15～20 cm的沟穴,穴与母株的距离以枝条的中下部能弯曲向下为宜。将枝条靠在穴底,用钩状物固定,并在弯曲处环剥。

（4）空中压条

空中压条适用于木质较硬而不易弯曲、部位较高而不易埋土的枝条,以及扦插生根较难的珍贵树种的繁殖。空中压条在整个生长季都可进行,而以春季4—5月和雨季较好。选择健壮直立的1～3年枝,于其基部5～6 cm处环剥,剥口宽度为2～4 cm,3～4 d后在伤口部包上稻草泥条等生根基质,外用塑料薄膜包扎牢固。也可用塑料薄膜卷成筒套在环剥部位,将下端扎紧,装入培养基质后浇水,再将上端绑紧。压条后注意保持湿度。3～4个月后,当基质中普遍有嫩根露出时,剪离母树,并剪去大部分枝叶,用水湿透基质,置于荫棚下保湿催根。5～7 d后会长出很多小嫩根,即可假植或定植。植前解除塑料薄膜,防止生根基质松落损伤根系。空中压条具有繁殖系数低、对母株损伤大的缺点,但成活率高,方法简单、容易掌握,特别在快速培育盆栽果树上应用前景很好。

5）分株育苗

利用母株的根蘖、匍匐茎、吸芽等营养器官在自然状况下生根后切离母体,培育成新植株的无性繁殖方法,称"分株繁殖"。分株繁殖方法因树种不同而异。

（1）根蘖繁殖法

根蘖繁殖法适合于根部易发生根蘖的果树,如山楂、枣、樱桃、李、石榴、树莓等。

（2）匍匐茎繁殖法

如将草莓的匍匐茎在偶数节上发生叶簇和芽,下部生根接地扎入土中,长成幼苗。夏末秋初时将幼苗与母株切断挖出,即可栽植。

（3）根状茎分株法

草莓的根状茎具有发生新茎的能力。每个新茎分枝上部长叶,基部发根,待其具有4片以上良好叶、发根较多时,将整株挖出,将带根新茎逐个分离,单株即可定植。

（4）吸芽分株法

此法常在南方果树如香蕉、菠萝上使用。香蕉生长期中能从母株地下茎抽生吸芽,茎基部自然生根,生根后4～5月内将其与母株分离栽植。菠萝的地下茎叶腋间能抽生吸芽,选其健壮并有一定大小的吸芽,切离母体后先行扦插,待生根后移栽。

分株繁殖时,应选择优质、丰产、生长健壮的植株作为母株,雌雄异株的树种应选用雌株。分株时应尽量少伤母株根系,合理疏留根蘖幼苗;同时,要加强肥水管理,以促进母株健旺生长,保证分株苗的质量。

6)组织培养

组织培养也称"离体繁殖"或"微型繁殖",是指通过无菌操作,将植物体的器官、组织乃至细胞等各类材料切离母体,接种于人工配制的培养基上,在人工控制的环境条件下进行离体培养,并经过反复继代,达到周年生产。这种繁殖方法材料来源单一、增殖系数高、增殖周期短,通常需要很少的外植体(切离母体的植物材料统称为外植体),在一年内就可以繁殖数以万计、遗传性状一致的种苗,大大提高了繁殖系数,故称为"快繁"。它对于常规繁殖系数较低的果树、名贵的果树品种、稀优的种质资源、优良的单株或新育成的新品种等的快速育苗有着重要的应用价值。离体快繁一般需经过以下4个阶段:第一阶段是无菌体系的建立(也称初代培养或初始培养);第二阶段是增殖培养,即在较短时间内获得足量的繁殖材料;第三阶段是生根培养,即将大量的繁殖材料诱导生根,使之成为试管内的独立个体;第四阶段是驯化移栽,即将试管内的独立个体移栽到适宜的基质上,在人为控制的环境下逐步适应外界的条件而成为可移植田间的独立个体。以上4个阶段比较起来,难度较大或更为关键的是前两个阶段,这两个阶段是植物或植物的组织、器官在试管内生长和在田间生长的互换,常常会有不适应环境的现象出现,严重时会全军覆没。第一阶段是离体快繁的开始,它是离体快繁成功与否的前提,无菌体系建立后才可逐步为第二阶段增殖培养提供大量的繁殖材料;第二阶段是离体快速繁殖的关键,必须经过该阶段才能达到快速繁殖的目的。

7)无病毒果苗的培育

由病毒、类病毒、类菌质体和类立克次氏体引起的病毒,统称为"病毒病害"。果树病害毒病的危害性有其独特之处,一是被病毒侵染的植株终生带毒,持久危害。二是病毒主要经人为嫁接途径传染,通过接穗、插条、苗木等传播、扩散。因此,无性繁殖系数越大,病毒的传播也越快。三是病毒侵染后,破坏树体的生理机能,导致生长衰弱,甚至全株衰退枯死。四是果树染病之后,尚无有效的治愈办法,只能采取预防措施,控制病害的蔓延。

(1)无病毒母树的培育

培育无病毒苗木,首先要有无病毒母树。培育无病毒母树主要有以下脱毒途径。

①茎尖培养脱毒。病毒在植物体内的分布并不均匀,在芽的顶端分生组织往往不含病毒或病毒的含量较低。如果取0.1~0.2 mm的茎尖进行离体培养,可能获得无病毒的苗木。茎尖外植体的大小与脱毒效果呈负相关。过大的茎尖材料脱毒效果差,但过小的材料则又很难存活。

②热处理脱毒。热处理也叫"温热疗法"。热处理减低病毒危害的依据是病毒和植物细胞对高温忍耐性不同。利用这个差异,选择适当高于正常的温度处理染病植株,就能使植株体内的病毒部分或全部失活,而植株本身仍然存活。

③热处理结合茎尖培养脱毒。热处理结合茎尖培养法是在单独使用热处理或单独使

用茎尖培养都不奏效时使用。热处理可以在茎尖离体之前的母株上进行,也可以在茎尖培养期间进行。

④离体微尖嫁接法脱毒。离体微尖嫁接法脱毒是茎尖培养与嫁接方法相结合,用以获得无菌毒苗木的一种技术。

(2)果树病毒的检测方法

①指示植物鉴定法。是利用病毒在感病的指示植物上出现的枯斑和某些病理症状,作为鉴别病毒的依据。指示植物鉴定法对依靠汁液传播的病毒,可采用汁液涂抹鉴定法;对不能依靠汁液传播的病毒,则采用指示植物嫁接法。

②电镜诊断法。电镜是诊断病毒病害的有用工具,它的先进性主要表现在它取样时比较简便,所需时间最短。

③血清学检测。主要方法包括酶联免疫法、单克隆抗体和直接组织印迹免疫法。除了以上3种,还有以核酸为基础的检测方法和分子杂交等技术。

(3)繁殖无病毒苗木的要求

①在获得无病毒原种材料后,要分级建立采穗用无病毒母本园。

②繁殖无病毒苗木的单位或个人,必须填写申报表,经省级主管部门核准认定,并颁发无病毒苗木生产许可证。

③繁殖无病毒苗木的苗圃地应远离病毒寄主植物。

④繁殖无病毒苗木使用的种子、无性系砧木繁殖材料和接穗,必须采自无病毒母本园,附有无病毒母本园合格证。

⑤繁殖无病毒苗木的嫁接工具要专管专用。

⑥繁殖的无病毒苗木须有标签才可出售。

5.2.4　嫁接苗培育

将植株的一段枝条或芽接到另一植株的枝干或根上,接口愈合而形成新植株的方法叫"嫁接繁殖"。采用这种方法繁殖的苗木叫"嫁接苗"。用作嫁接的枝或芽叫"接穗"或"接芽",承受接穗(芽)的部分叫"砧木"。

1)嫁接苗的特点和利用

保持和发展优良品种;提早结果,实现早期丰产;控制果树生长,促进矮化;充分利用野生资源;对现有品种改劣换优;提高果树的适应性;挽救垂危的果树;可经济利用接穗,大量培育苗木,并克服某些果树用其他方法不易繁殖的困难,是果树生产上主要的育苗方法。

嫁接苗在生产上大量用作果苗,大部分主要树种都用嫁接苗栽培。对于用扦插、分株不易繁殖的树种、品种和无核品种,常用嫁接繁殖。嫁接在果树育种上可用以保存营养系变异,使杂种苗提早结果。通过高接换头、可繁殖接穗等材料,建立母本园,在生产上更新品种。

2)嫁接繁殖的生物学基础

(1)嫁接成活的原理

嫁接成活主要靠砧木与接穗接合部受伤形成层的再生力和附近薄壁细胞的分裂能力。

当接穗嫁接到砧木上后,在两者的削面首先形成隔离层,它是由死细胞的残留物形成的褐色薄膜,再覆盖在伤口上。之后,由于愈伤激素的作用,刺激伤口周围的细胞分裂和生长,形成层和薄壁细胞也旺盛分裂,致褐色薄膜破裂,形成愈伤组织,充满砧穗间的空隙。愈伤组织分化出新的形成层,与原来的形成层相连接,并产生新的维管束组织,沟通砧、穗双方木质部的导管和韧皮部的筛管,使水分和养分得以交流,两者愈合成为一个新植株。

(2)影响嫁接成活的因素

①砧木和接穗的亲和力是决定嫁接成活的主要因素。亲和力指砧木和接穗嫁接后在内部组织结构、生理和遗传特性方面差异的大小。差异越大,亲和力越弱,嫁接的成活率越低。因此,亲和力与植物亲缘关系的远近有关。一般规律是亲缘关系越近,亲和力越强。

②砧木和接穗的质量也会影响嫁接成活,砧木和接穗嫁接后,由于在形成愈伤组织的过程中需要一定的营养物质,所以贮藏营养物质多的接穗和砧木,嫁接后比较容易成活。在生长期选用生长充实的枝条作为接穗,就是因为木质化程度越高的砧木和接穗其所含营养物质越多。因而,宜选用枝条中间部分的芽或枝段作为接穗。

③极性砧木和接穗都有形态上的上、下端,在嫁接时,一定要顺应这种特性,即接穗的形态下端与砧木的形态上端对接,使接穗能正常生长。

④环境条件。嫁接成败与气温、土温、湿度、光照、空气有很大关系。形成愈伤组织的适宜温度一般是20～25 ℃,相对湿度为95%以上。愈伤组织的形成是通过细胞的分裂和生长完成的,这一过程需要一定的氧气,尤其是对氧气需求较多的树种,如葡萄。在硬枝嫁接时,包扎口不宜扎太紧,以免影响成活。强光直射会抑制愈伤组织的形成,黑暗则会促进接面愈合。因此,嫁接后用塑料薄膜包扎,有保湿、保温、避光的多重功效。

⑤嫁接技术。嫁接技术既影响嫁接速度,又决定嫁接的成败。因此,接穗和砧木的削面要光滑平整,操作速度要快,形成层要对齐,绑扎要严密,否则,削面在空气中停留时间长,伤面会失水或氧化变色难以愈合。有些根压大的果树,如葡萄和核桃等,春季土壤解冻后,地上部有伤口的会出现伤流现象,宜在夏季或秋季进行嫁接;桃、杏、樱桃等果树进行嫁接时接口会流胶,影响愈合组织的形成,以致很难成活;核桃和柿树含有较多单宁,这种物质会形成一种单宁复合物,能阻碍愈合,从而影响成活率。

⑥砧木和接穗的相互影响。

a.接穗的影响。嫁接树的生长、结果、果实品质以及树冠部分的抗性、适应性等主要由接穗决定;砧木生长需要地上部供给有机营养,因而接穗对砧木有强烈的影响。

b.根砧的影响。砧木对嫁接树树冠的大小、树姿、物候期、新梢生长量、结果早晚、果实品质、产量和贮藏能力、树的寿命以及对土壤的适应性和抗性都有影响。如矮化砧果树比乔化砧果树树体矮小、结果早、寿命短。

c.中间砧的影响。中间砧对接穗的影响与根砧的影响是一致的,例如苹果矮化中间砧能使树体矮化,矮化程度与中间砧长度成正比,一般15～20 cm以上才有明显的矮化作用,中间砧越长,矮化越严重。砧木和接穗的相互影响都是生理性的,不能遗传,当二者分离后,影响就会消失。

3）嫁接技术

（1）接穗的采集及处理

①选择适应当地生产条件，具备早实、丰产、优质、引入嫁接代数少、生产健壮的母树，选取生长充实的一年生外围粗壮发育枝或结果枝，在落叶到萌芽前的整个休眠期进行采集。一般结合修剪进行采集，随剪随采，按品种50或100条为一捆，并挂上标签。

②常规贮藏办法是穗条采回整理后，及时放在低温保湿的地方贮藏，温度要求低于4℃，湿度达90%以上。将穗条下半部埋在湿沙中，上半截露在外面，捆与捆之间用湿沙隔离，贮藏地要保持冷凉，这样可贮至5月下旬到6月上旬。在贮藏期间要经常检查沙子的温度和室内的湿度，防止穗条发热霉烂或失水风干。若无设施，也可在土壤结冻前在冷凉高燥背阴处挖贮藏沟，沟深80 cm、宽100 cm，长度依穗条多少而定。入沟前先在沟内铺2～3 cm的干净河沙（含水量不超过10%），将穗条倾斜摆放于沟内，充填河沙至全部埋没，沟面上盖防雨材料。也可将整理好的穗条放入塑料袋中，填入少量锯末、河沙等保湿物，扎紧袋口，置于冷库中贮藏，温度保持在3～5℃。其优点是省工、省力，缺点是接穗易失水，影响成活率。现在一般推广使用蜡封接穗。

③蜡封接穗。此法可使接穗减少水分的蒸发，保证接穗从嫁接到成活一段时间里的生命力。其方法是接穗采集后，按嫁接时所需的长度进行剪截，一般接穗枝段长度为10～15 cm，保留3个芽以上，顶端具饱满芽，枝条过粗的应稍长些，细的不宜过长。剪穗时应注意剔除有损伤、腐烂、失水及发育不充实的枝条，并且对结果枝应剪除果痕。封蜡时先将工业石蜡放在较深的容器内加热融化，待蜡温为95～102℃时，将剪好的接穗枝段一头迅速在蜡液中蘸一下（时间在1 s以内，一般为0.1 s），再换另一头速蘸。要求接穗上不留未蘸蜡的空间，中间部位的蜡层可稍有重叠。注意，蜡温不要过低或过高，过低则蜡层厚、易脱落，过高则易烫伤接穗。蜡封接穗要完全凉透后再收集、贮存，可放在冷凉的地方。

（2）砧木的准备

砧木的繁殖参照实生苗的培育方法。要求为嫁接部位有一定粗度的健壮一二年生苗。

（3）嫁接工具及包扎材料的准备

嫁接前要准备好嫁接工具及包扎材料，常用的嫁接工具有枝剪、手锯、嫁接刀、磨刀石，包扎材料有塑料薄膜、接蜡等。

（4）嫁接方式

①1～3年生幼树嫁接，一般采用苗木嫁接法，嫁接苗开始结果早，能保持品种的优良性状。

②3～5年生以上、树冠较大、分枝级次较多的砧木，一般采用多头高接，即根据原树冠骨架的枝类分布情况，在较高的部位嫁接较多的枝头，尽可能少地缩小树冠。其特点：可充分利用原有树冠骨架，接头多、树冠恢复快，能保持树体上下平衡；伤口较小，愈合容易，嫁接方法因部位不同而多种多样；可充分利用树冠内腔，插枝补空，增加结果部位；嫁接后结果早、产量高，一般嫁接后第二年可恢复甚至超过原树产量，第三年可恢复树冠，获得高产。

对于较大的树，嫁接部位要按照主枝长、侧枝短、主从关系明显的原则，在骨干枝上尽可能多接头，光秃带用腹接补空；除主侧枝头外，其他枝的嫁接部位截留枝段长度一般距其母枝 15～20 cm,粗枝稍长,细枝稍短;接口直径一般应选在 3～5 cm 处,树龄较大的最粗不宜超过 8 cm。

（5）嫁接时期

一般在砧木芽萌动前或开始萌动而未展叶时进行,过早则伤口愈合慢且易遭不良气候或病虫损害;过晚则易引起树势衰弱,甚至到冬季死亡。实践中,春季嫁接在萌芽前 10 d 到萌芽期最为适宜,在气温较高、晴朗的天气嫁接成活率较高。

（6）嫁接方法

嫁接方法很多,依接穗利用情况,分芽接和枝接;根据嫁接部位不同,分根接、根茎接、二重接、腹接、高接;从接口形式分,有劈接、切接、插皮接、嵌芽接、舌接、靠接等。但基本的嫁接方法是芽接和枝接。

①芽接。以芽片为接穗的繁殖方法,包括"丁"字形芽接、嵌芽接方块形芽接。

a."丁"字形芽接。

● 不带木质部的"丁"字形芽接。一般在接穗新梢停止生长后,而砧木和接穗皮层易剥离时进行。芽接接穗应选用发育充实、芽子饱满的新梢,接穗采下后,留 1 cm 左右的叶柄,将叶剪除,以减少水分蒸发,最好随采随用。

先在芽上方 0.5 cm 处,横切一刀,深达木质部,再在芽下方 1～1.5 cm 处向上斜削一刀至横切口处,捏住芽片横向一扭,取下芽片。再在砧木皮部光滑处,横切一刀,宽度比接芽略宽,深达木质部。在刀口中央向下竖切一刀,长度与芽片长度相适应,切后用刀尖左右一拨撬起两边皮层,迅速插入芽片,并使接芽上切口与砧木横切口密接,其他部分与砧木紧密相贴。然后用塑料薄膜条绑缚,只露叶柄和芽。

● 带木质部的"丁"字形芽接。实质是单芽枝接。在春季砧木芽萌发时进行,接穗可不必封蜡。选发育饱满的侧芽,在芽上方背面 1 cm 处自上而下削成 3～5 cm 的长削面,下端渐尖,然后用枝剪连木质部剪下接芽,接芽呈上厚下薄的盾状芽片,再在砧木平滑处皮层横竖 T 形切口,深达木质部,拨开皮层,随即将芽片插入皮内,并用塑料条包扎严密,外露芽眼。接后 15 d 即可成活,将芽上部的砧木剪去,促进接芽萌发。

b.嵌芽接。在砧、穗均难以离皮时,采用嵌芽接。

选健壮的接穗,在芽上方 1 cm 处向下、向内斜削一刀,达到芽的下方 1 cm 处。然后在芽下方 0.5 cm 处向下、向内斜削到第一刀削面的底部,取下芽片。在砧木平滑处,用削取芽片的同一方法,削成与带木质部芽片等大的切口,将砧木上被削掉的部分取下,把芽"嵌"进去,使接芽与砧木切口对齐,然后用塑料条捆绑紧。

c.方块芽接。主要用于核桃、柿树的嫁接。用双刀片在芽的上、下方各横切一刀,使两刀片切口恰在芽的上下各 1 cm 处。再用一侧的单刀在芽的左右各纵割一刀,深达木质部,芽片宽 1.5 cm。用同样的方法在砧木的光滑部位切下一块表皮,迅速放入接芽片,使其上下和一侧对齐,密切结合,然后用塑料条自下而上绑紧即可。

②枝接。这是以枝段为接穗的繁殖方法。枝接季节多在惊蛰到谷雨前后,砧木芽开始萌动但尚未发芽前。有些树种要到发芽后至展叶期或更晚,如板栗的插皮接、核桃的劈接或葡萄的绿枝接。枝接的优点是成活率高、接苗生长快,但比较费接穗,要求砧木要粗。

a.切接。此法适于较细的砧木。在适宜嫁接的部位将砧木剪断,剪锯口要平。然后用切接刀在砧木横切面 1/3 左右的地方垂直切入,深度应稍小于接穗的大削面。再把接穗剪成有 2~3 个饱满芽的小段,将接穗下部的一面削成长 3 cm 左右的大斜面(与顶芽同侧),另一面削一长约 1 cm 的小削面,削面必须平。迅速将接穗按大斜面向里、小斜面向外的方向插入切口,使砧穗形成层贴紧,然后用塑料条绑好。

b.腹接法。多用于填补植株的空间,一般是在枝干的光秃部位嫁接,以增加内膛枝量,补充空间。嫁接时先在砧木树皮上切一 T 形切口,深达木质部。横切口上方树皮削一个三角形或半圆形坡面,便于接穗插入和靠严。切口部位一般在稍凸的地方或弯曲处的外部,砧木直立或较粗时 T 形切口以稍斜为好。腹接接穗应选略长、略粗、稍带弯曲的枝条。

选一年生,生长健壮的发育枝作为接穗,每段接穗留 2~3 个饱满芽。用刀在接穗的下部先削一长 3~5 cm 的长削面,削面要平直。再在削面的对面削一长 1~1.5 cm 的小削面,使下端稍尖,接穗上部留 2~3 个芽,顶端芽要留在大削面的背面,削面一定要光滑,芽上方留 0.5 cm 剪断。在砧木的嫁接部位用刀斜着向下切一刀,深达木质部的 1/3~1/2 处。然后迅速将接穗大削面插入砧木削面里,使形成层对齐,用塑料布包严即可。另外还有皮下腹接和带基枝腹接,主要用于板栗的嫁接。

• 皮下腹接。此法主要用于果树内膛光秃带补枝。具体方法:在砧木需要补枝的部位(一般每隔 75 cm 补一个枝)先将砧木的老皮削薄至新鲜的韧皮部,然后割一"丁"字形口。在横切口上端 1~2 cm 处,用嫁接刀向下削一月牙斜形削面,下至"丁"字形横切口,深达木质部,这样以免穗插入后"垫枕"。接穗要求长一些,一般为 20 cm 左右,最好选用弯曲的接穗,削面要长为 5~8 cm 的马耳形,背面削至韧皮部。然后将接穗插入砧木,用塑料条包扎紧密不露伤口即可。

• 带基枝腹接。实际为改进皮下腹接的一种新方法。其优点是基角自然开张角度大、砧木"丁"字口上方无须削切月牙刀口,不必担心"垫枕"。具体方法是将砧木的老皮削薄,没形成老翘皮的砧木可不削,直接在选定的部位割一"丁"字形口,深达木质部。接穗选择为两年生母枝上有两条一年生分枝的枝条,在两年生母枝距一年生分枝处 3 cm 剪下,剩下两个一年生分枝及 3 cm 长的一段两年生基枝。在分枝上选择一个一年生枝留作接穗,另一个枝条距分枝处 2 cm 剪下,剪下的枝条可用作插皮接穗。然后从剪留下的一年生枝条下到两年生基枝削成马耳形,一年生枝厚,两年生基枝薄(下刀方向是留下的一年生枝相对面留下的一段一年生枝背面)。削好的带基枝的一年生接穗可直接插入砧木"丁"字形口,用塑料布包扎即可,成活率高,保存率也高。

c.劈接法。此法多在砧木较粗时采用,一般选用一年生健壮枝的发育枝作为接穗,在春季发芽前进行。先将砧木截去上部并削平断面,用劈接刀在砧木中央垂直下劈,深 4~5 cm。一般每段接穗留 3 个芽,在距最下端芽 0.5 cm 处,用刀沿两侧各削一个 4~5 cm 的大削面,使下部呈楔形。两个削面应一边稍厚、一边稍薄,迅速将接穗插入砧木劈口,使形成层对齐贴紧,绑好即可。

d.插皮接。又叫"皮下接",需在砧木芽萌动离皮的情况下进行。在砧木断面皮层与木质部之间插入接穗,视断面面积的大小,可插入多个接穗。

在砧木的嫁接部位选光滑处剪断,剪、锯口要平,以利愈合,在接穗的下部先削一长 3~5 cm 的长削面,使下端稍尖。再在削面的对面轻削去皮,接穗上部留 2~3 个芽,顶端芽要留在大削面的背面。在砧木切口下表面光滑部位,割一比接穗长削面稍短的纵切口,深达木质部。将树皮向两边轻轻拨起,然后将接穗长削面对着木质部,从皮层切口中间插入。长削面留白0.5 cm,砧木直径2 cm以上时插1个、2~4 cm时插2个、4~6 cm时插3个、6~8 cm时插4个。(此法广泛用于苹果、梨、核桃、板栗等低产园的高换头)

另外有一种改进插皮接法,此法只用于板栗的嫁接。具体方法是首先确定砧木的嫁接部位,然后在离嫁接部位以上40~50 cm处剪去枝头。剪砧后各骨干枝仍要保持从属分明。然后在嫁接部位处对砧木环割一圈,在向上5 cm左右处再环割一圈,取下砧皮。将削好的接穗插入环剥口下砧木皮层,用塑料条绑缚固定。由于接穗的接口上部进行了大环剥,并且枝头已剪掉,上部砧木即成了当年的活支柱。待1年后从接口处锯掉,即很快愈合,成活率高、少风折,在生产上应广泛采用。

e.舌接。又叫"双舌接",在砧穗粗度相当时采用此法。在砧木上削出长3.5~4.5 cm的马耳形削面,在削面上端1/3长度处垂直向下切一长约2 cm的切口;接穗与砧木削法相同。然后将砧、穗的大、小削面对齐插入,直至完全吻合,两个舌片彼此夹紧。若砧穗粗度不等,可使一侧形成层对准,然后用塑料条包好绑紧。

f.插皮舌接。嫁接时从待接枝的平直部位锯去上部,砧木接口直径需在3 cm以上。根据砧木的粗度确定插入接穗的数量,一般砧木接口直径达3~4 cm时,插2条接穗,穗长15 cm左右。削面上端要有2~3个饱满芽,斜削面呈长马耳形,长5~8 cm。嫁接前,先在砧木接口的待插部位,按照接穗削面的形状,轻轻削去老皮、露出新皮,其削面的长宽稍大于接穗的削面。然后,将接穗削面前端的皮层捏开,使接穗的木质部慢慢插入砧木的木质部与韧皮之间,接穗的皮部放在砧木的嫩皮上,微露削面即可,然后绑好。

g.桥接法。主要用于腐烂病刮治后重建疏导组织。桥接方法,一种是利用靠近主干,最好是刮治部位同侧的根蘖上端,嫁接在刮后伤口的上端。另一种方法是用一根枝条两端接在刮治部位上下两端。桥接成活后,及时除去接穗上的萌芽。

(7)嫁接后的管理

①喷药防虫。嫁接后至发芽期最易遭受早春害虫的为害,要及时喷药防治。

②除萌蘖。嫁接后十几天砧木上即开始发生萌蘖,如不及时除掉,会严重影响接穗成活后的生长。除萌蘖要随时进行,对小砧木上的要除净,大砧木上如光秃带长,应在适当部位选留一部分萌枝,第二年嫁接。如砧木较粗又接头较小,则不要全部抹除,在离接头较远的部位适当保留一部分,以利长叶养根。

③补接。嫁接10天后要及时检查,对未成活的要及时补接。

④松绑与解绑。一般在接后新梢长到30 cm时,应及时松绑,否则易形成缢痕和风折。若伤口未愈合,还应重新绑上,并在1个月后再次检查,直至伤口完全愈合,再将其全部解除。

⑤绑支棍防风。在第一次松绑的同时,用直径3 cm、长80~100 cm的木棍,绑缚在砧木上,上端将新梢引缚其上,每一接头都要绑一支棍,以防风折。采用腹接法留活桩嫁接,可将新梢直接引缚在活桩上。

⑥摘心。8月末摘心,以促进新梢成熟,提高抗寒能力。

⑦其他。幼树嫁接的要在5月中、下旬追肥一次,大树高接的在秋季新梢停长后追肥,

各类型嫁接树8—9月喷雾(0.3%磷酸二氢钾)2~3次,有利于防止越冬抽条及下半年雌花形成,同时要搞好土壤管理和控制杂草工作。

任务5.3　苗木出圃

活动情景　种苗生长发育达到标准规格后,即可移栽果园田间生长。本任务重点探讨、了解种苗的标准规格,及种苗出圃的技术规程与注意事项。

 工作任务单设计

工作任务名称	任务5.3　苗木出圃		建议教学时数	
任务要求	1.了解种苗的出圃标准 2.学会种苗出圃的技术规程 3.学会种苗分级与装运技术			
工作内容	1.了解种苗的出圃标准 2.学习种苗出圃的技术规程 3.学习种苗分级与装运技术			
工作方法	以老师课堂讲授和学生自学相结合的方式完成相关理论知识学习;以田间项目教学法和任务驱动法,使学生学习掌握种苗出圃的技术要点与事项			
工作条件	多媒体设备、资料室、互联网、试验地、试验材料、相关工具等			
工作步骤	资讯:教师由活动情景引入任务内容,进行相关知识点的讲解,并下达工作任务 计划:学生在熟悉相关知识点的基础上,查阅资料、收集信息,进行工作任务构思,师生针对工作任务有关问题及解决方法进行答疑、交流,明确思路 决策:学生在教师讲解和收集信息的基础上,划分工作小组,制订任务实施计划,准备完成任务所需的工具与材料 实施:学生在教师指导下,按照计划分步实施,进行知识和技能训练 检查:为保证工作任务保质保量地完成,在任务的实施过程中要进行学生自查、学生互查、教师检查 评估:学生自评、互评,教师点评			
工作成果	完成工作任务、作业、报告			
考核要素	课堂表现			
	学习态度			
	知识	种苗出圃、分级标准		
	能力	种苗出圃技术及装运技术		
	综合素质	独立思考,团结协作,创新吃苦,严谨操作		

续表

工作任务名称		任务5.3　苗木出圃	建议教学时数		
工作评价环节	自我评价	本人签名：	年	月	日
	小组评价	组长签名：	年	月	日
	教师评价	教师签名：	年	月	日

 任务相关知识点

5.3.1　出圃准备

1）苗木登记

对苗木种类、品种、各级苗木数量等进行核对、调查、登记。

2）制订规程

根据调查结果及外来订购苗木情况，制订出圃计划及操作规程。

3）外联

搞好营销，及时与购苗单位和运输单位进行密切联系，保证及时装运和苗木质量。

5.3.2　苗木出圃标准

1）品种纯正，砧木适宜

苗木必须品种纯正，对于具有多个芽变品系的品种，必须标清苗木属于哪个品系，而且确认嫁接所用砧木符合栽植地点的自然环境条件。起苗和包装时，按品种打捆，防止品种混淆。

2）树型符合要求

按照树型品种分为普通型品种、短枝型品种和嫁接在矮化砧木上的品种。

3）质量符合标准

优质苗应具备的条件：根系完整且生长良好；枝条健壮，发育充实，苗木达到预定高度；在整形带内有足够的饱满芽；无严重的病虫害和损伤。一般苗木可以分为特级苗、一级苗、二级苗和三级苗。为达到早期丰产和优质，建议尽量不用三级苗，提倡有分枝的大苗。严禁"三当苗"（指当年播种、当年嫁接、当年成苗）。在进行苗木质量检查时，尤其要重视根系的质量是否能达到要求。

4）脱病毒

目前，很多果树在生产上已经开始利用脱病毒苗木。在有条件的地区，提倡推广使用脱病毒苗木。这类苗木一般生长健壮，果实产量及品质都比较好。

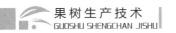

5）无检疫性病虫害

仔细进行苗木检疫，严禁苗木携带各种检疫病虫害，如柑橘黄龙病、柑橘溃疡病、苹果棉蚜、苹果蠹蛾、苹果锈果病等。此外，具有其他非检疫病虫害（如根瘤病、腐烂病、轮纹病等）的苗木也必须同时剔除。

5.3.3　苗木的挖掘

1）掘苗时间

各种苗木的起苗先后顺序，可根据栽植、苗木停止生长的早晚和调运等具体要求而定。依栽植时期，分为秋季和春季。秋季可于落叶后至土壤结冻前进行；春季于土壤解冻后至苗木发芽前进行。一般而言，柿、核桃、桃等苗木生长停止较早，可先起苗；苹果、葡萄等苗木停止生长较晚，可推迟起苗。急需栽植或远处调运的可先起苗，就地栽植或明春栽植的可后起苗。如土壤干燥，宜在起苗前 2～3 d 灌水，这样起苗省工省力，而且不易伤根。

2）掘苗方法

掘苗分带土和不带土两种方法。落叶果树休眠期掘取不带土影响不大。生长季掘苗需带叶栽植，最好是带土挖苗。若远运带土挖取不便，在挖苗时也应尽量减少须根损伤，并蘸泥浆护根。起苗时，应先在苗行的外侧开一条沟，然后按次序顺行起苗。起苗深度一般是 25～30 cm。起苗应避免在大风、干燥、霜冻和雨天进行，以防影响栽植成活率。

5.3.4　苗木的分级与修剪

为减少苗木风吹日晒的时间，起苗后应立即根据苗木规格进行分级。不合格的苗木应留在圃内继续培养。结合分级，同时进行修剪。剪去病虫根、过长及畸形根，主根留 20 cm 短截。伤根应修剪平滑，且使剪口面向下，利于愈合及生长。剪去地上部的枯枝、病虫枝、不充实的秋梢及萌蘖。

5.3.5　检疫消毒

苗木检疫是防止病虫害传播和扩散的有效措施。进行苗木调运时，应到植物检疫部门进行苗木检疫。属于国内检疫对象的果树病虫害主要有葡萄根瘤蚜、柑橘大实蝇，柑橘小实蝇、柑橘瘤壁虱、柑橘黄龙病、枣疯病等。为防止苗木病虫害传播，在苗木启运前应进行消毒。其方法如下。

1）石灰硫黄合剂消毒

用 4～5 波美度溶液浸泡苗木 10～20 min，再用清水冲洗根部一次。

2）波尔多液消毒

用 1% 等量式的药液浸泡苗木 10～20 min，再用清水冲洗根部一次。

3）升汞水消毒

用浓度0.1%的药液浸泡苗木20 min,再用水冲洗1~2次。

5.3.6　包装与运输

1）包装

如果栽植地点离苗圃较远,运输前必须进行妥善包装。包装材料有草帘、蒲包、草袋等,根部填充物可用湿润的碎稻草、谷壳、木屑或苔藓等,必要时在根部包裹塑料薄膜以保持湿度。每一包装的苗木数量一般为50~100株,包装外必须挂上标签,注明种类、品种、砧木名称和苗木等级。

2）运输

用汽车运送苗木时,最好用苫布将苗木盖严。长途运输,如有必要可于途中往苗木上喷水,以保持适宜湿度。应尽量缩短在途时间,并注意防干、防风、防冻。铁路运输时应注意采用适宜的包装材料,使苗木尽量处于适宜的温度和湿度环境中,并办理快件运输。

5.3.7　苗圃技术档案的建立

苗圃技术档案是苗圃生产和经营活动的真实记录。其目的是为了通过不断地记录、积累和整理分析苗圃地的使用、苗木生长发育、育苗技术措施的投入和效果,以掌握苗木生长发育规律,总结育苗的经验,不断探索苗圃经营管理办法,提高苗圃的管理水平。

1）苗圃技术档案的主要内容

①苗圃土地利用档案是记录土地利用和耕作情况的档案。它的主要记载内容包括每年的耕作面积、耕作方式、整地方法、施肥和灌水的方式及育苗种类、数量和质量。

②育苗技术档案主要记载每年各种苗木的培育过程,即从种子、种条和接穗处理开始,直到起苗和包装为止的全过程所采取的一切技术措施。包括各项技术措施的设计方案、实施方法、结果的调查等。

③苗木生长调查档案对苗木生长发育进行观察,记载各种苗木的生长过程和规律。

④气象观测档案主要记载苗圃常规气象观测资料和灾害性天气及危害情况。若本苗圃无条件获得,可就近索取有关气象台的资料,以便掌握苗木生长与气象要素的关系。

2）建立苗圃技术档案的要求

苗圃技术档案是苗木生产过程的真实反映和历史记载,不仅反映了苗圃过去的生产状况,也是不断改进管理工作、提高育苗技术的宝贵材料。因此,应把苗圃技术档案管理工作做好。

①条件许可时,应由专人负责记录和保存。若有困难,可由各作业组的技术人员兼管。

②观察记载要认真负责,实事求是,及时准确,务求全面、简明、准确和清晰。

③每个生产周期结束以后,要及时整理,每年年终至下年年初要将所有档案分类、立

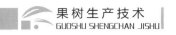

卷、归档和保存。

④档案管理人员要相对稳定,因工作变动时,要及时配备人员接手,以免工作间断和档案流失。

项目小结 》》》

果苗的优劣对果树的生产及良种化的推广非常重要。通过本项目的学习,应熟练掌握常规育苗的基本方法与技能,知道种苗出圃及分级的标准,掌握出圃与装运的技术要点与注意事项。

复习思考题 》》》

1.果树苗木繁育技术有哪些? 详细说明各种繁育技术的要点。

2.苗木出圃的合格标准是什么?

项目6 果园建立与改造

项目描述 果树生产除考虑气候条件外,果园具备良好的土壤环境、地形、水源、交通条件等也很重要。本项目以建立高标准化果园及改造低产果园为重点内容,进行训练学习。

学习目标 学习果树园地的选择、评价与改良,果园的规划和设计,果树的栽植要点,低产果园的改造方法。

能力目标 学会选择果树园地,掌握改良园地的措施,学会果园的规划设计,掌握果树的栽植要点,掌握低产果园的改选措施。

素质目标 培养细心、耐心、认真学习的习惯,吃苦耐劳的精神及严谨的生产实际操作理念,学会团队协作。

📖 项目任务设计

项目名称	项目6　果园建立与改造
工作任务	任务6.1　高标准化果园的建立 任务6.2　低产果园的改造
项目任务要求	学会建立标准化果园

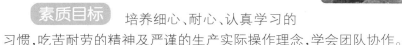

任务6.1　高标准化果园的建立

活动情景 符合标准的果园条件将为果树优质高产奠定良好基础。本任务以建立果园必须考虑的因素为切入点,要求学生学会选择建立果园的适合地点,并对果园内部布局进行规划设计,建立高标准化果园。

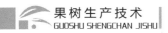

 工作任务单设计

工作任务名称	任务 6.1 高标准化果园的建立		建议教学时数	
任务要求	1. 依据条件要求正确选择果园宜建地 2. 学会果园内部布局的规划设计			
工作内容	1. 依据条件,正确选择果园宜建地 2. 对果园内部布局进行规划设计 3. 园地内部开垦整地			
工作方法	以老师课堂讲授和学生自学相结合的方式完成相关理论知识学习;以田间项目教学法和任务驱动法,使学生正确选择果园建立地点,对果园布局进行科学合理的规划设计、熟练掌握园内开垦整地的技能			
工作条件	多媒体设备、资料室、互联网、试验地、相关劳动工具等			
工作步骤	资讯:教师由活动情景引入任务内容,进行相关知识点的讲解,并下达工作任务 计划:学生在熟悉相关知识点的基础上,查阅资料、收集信息,进行工作任务构思,师生针对工作任务有关问题及解决方法进行答疑、交流,明确思路 决策:学生在教师讲解和收集信息的基础上,划分工作小组,制订任务实施计划,准备完成任务所需的工具与材料 实施:学生在教师指导下,按照计划分步实施,进行知识和技能训练 检查:为保证工作任务保质保量地完成,在任务的实施过程中要进行学生自查、学生互查、教师检查 评估:学生自评、互评,教师点评			
工作成果	完成工作任务、作业、报告			
考核要素	课堂表现			
	学习态度			
	知识	1. 果园建立的条件正确性 2. 果园布局设计规划的科学合理性		
	能力	熟练掌握园地开垦整理的技能		
	综合素质	独立思考,团结协作,创新吃苦,严谨操作		
工作评价环节	自我评价	本人签名:	年 月	日
	小组评价	组长签名:	年 月	日
	教师评价	教师签名:	年 月	日

 任务相关知识点

6.1.1 园地分类与评价

1)山地果园

山地果园依照坡度不同,又可细分为山地果园和丘陵地果园。山地果园一般指海拔在

500 m 以上、坡度在10°以上的果园,这类果园土壤水分较少,水土易流失,管理不便。但山地果园日照充足,空气流通,排水良好,一般比平地结果早、果实品质好、耐贮性强。丘陵地果园一般指海拔500 m 以下、坡度在10°以下的果园。丘陵地果园土层较厚,土壤水分和养分较山地丰富,因而果树生长发育较山地为好。山地和丘陵果园,在同一坡度上,北坡较南坡日照时数少,昼夜温差小;南坡日照时间长,含水量较北坡少,昼夜温差大,物候期开始早、结束晚,易遭受晚霜及日灼危害。从接受漫射光量看,南坡较水平面多接受13%,而北坡则比水平面少4%。坡度大小对温度的变化也有影响,突出地表现为坡度越大、温度变幅越小。此外,随着坡度变陡,土壤冲刷现象趋于严重,土壤厚度越薄、对果树生长的影响越大。

2）沙地果园

沙地果园是指坡度在5°以下的冲积、风积和河滩沙地果园。其特点是地势平坦,利于机械化。因其昼夜温差较大,果品含糖量较高、品质较好。但由于沙地小气候变化大,大风易使沙丘和沙片移动,造成果树露根、埋干和偏冠,直接影响正常开花、坐果和产量;同时,土地比较瘠薄,保水保肥力差。河滩果园的土壤中往往夹杂着大小不同的卵石,漏肥、漏水严重,阻碍根系扩展,需改土,营造防风林,防风固沙、保护果树。

3）盐碱地果园

盐碱地果园的特点是地下水位和土壤盐碱含量较高,土壤反应均呈碱性。高浓度的土壤盐碱影响果树对养分和水分的吸收,使地上部生长发育受到抑制,降低果实品质。一般盐碱地都与地势低洼相联系,地下水位增高,盐碱随水位上升而引起盐渍化,造成果树根系的反渗透,从而导致生理干旱;或因 pH 增高,使某些元素呈不可利用状态,不能被果树吸收。盐碱地土壤通常较黏重,透水、通气性不良,肥力较低。因此,建园前应有充分准备,预先修好排水洗盐设施,进行台田栽植,营造防护林,减少地面蒸发。

4）红黄壤果园

红黄壤广泛存在于我国长江以南的丘陵山区。这些地区高温多雨,土粒风化完全,土粒细且极为黏重,素有"下雨乱糟糟,天旱一把刀"之说。这类土壤严重酸性化,土壤中的有机质含量少,养分易于淋失,但铁、铝等元素易于积累,有效磷活性极低。这类果园主要问题是土质黏重、酸度过高。建园前应采取黏土掺沙(1 份黏土+2 ~ 3 份沙土)、增施有机肥、种植绿肥作物、施用磷肥和石灰等措施进行土壤改良。

5）平地果园

平地指地势较平坦或向一方轻微倾斜或高差不大的波状起伏地带。在这类地上建果园,在同一平地范围内,气候和土壤因子基本一致,无垂直变化。平地建立果园时,因地形变化小,便于机械化操作、产品和生产资料的运输以及道路和排灌系统等的施工与设计,从而节省投资。平地水分充足,水分流失少,但地下水位高,土层深厚、土壤有机质含量高,果树根系入土深,果树生长结果良好,产量较高。平地果园通风、排水、光照均不及山地果园,所生产的果实色泽、风味、含糖量、耐储力也不及山地果园。在平地建立果园时,应选择地下水位在1 m 以下、排水良好的地段建园。

6.1.2 果园规划

1)园地调查与测绘

在建园规划设计之前,必须要做好地形勘察和土壤调查等工作,了解当地地形、地势、土壤质地、肥力状况、植被分布及气候条件等自然生态条件和特点,测量果园面积,在山地、丘陵地建园需进行等高测量和水土保持工程的修建等工作。通过勘察,绘出草图(包括土地利用现状图、地形图、土层深度图及水利图等),标明即将建立的果园的地界、面积、形状、道路、房屋等内容。同时,还应进行土壤调查,了解未来果园的土层结构及肥力状况,水源、水质、地下水位的高低及地表径流趋向等,以便确定果园设计方案和为合理规划提供依据。

2)果园小区规划

果园小区又称"作业区",是果园的基本生产单位,为方便生产管理而设置。在划分果园小区时,同一小区内的气候和土壤条件应基本一致。划分小区有利于防止水土流失和防风及果园运输、机械化操作。果园小区面积因立地条件而异。一般平地或气候、土壤较为一致的果园,小区面积可设计为 $8 \sim 12 \text{ hm}^2$;山区与丘陵地切割明显,地形复杂,气候、土壤差异较大的地区,每小区可设计为 $1 \sim 2 \text{ hm}^2$。小区一般为长方形,长宽比为 $(2 \sim 5):1$。平地果园小区的长边,应与当地主要害风方向垂直;防护林应沿小区长边配置,以加强防风效果。山地与丘陵果园可呈带状长方形,小区的长边与等高线走向一致,既可保持小区内气候、土壤条件一致,又有利于防止水土流失,提高机械作业效率。在计划设置喷灌系统的果园小区设计时,小区的长边必须考虑支管水压的容许变动量。

3)防护林设置

防护林可降低风速、防风固沙;调节小气候,增加温度和湿度;减轻冻害,提高坐果率;在山地、丘陵地果园建立防护林,还可保持水土、减少地表径流和绿化、美化生态环境。防护林可分为两类:紧密型防护林,枝叶茂密,气流较难从林带内部顺利通过,防护效果明显。但强风遇林带受阻后被迫上升,翻越林带后不久即迅速下降而恢复风速,因而防护范围较窄。疏透型林带,由乔木组成,或在乔木两侧植少量灌木,使乔、灌木之间留有一定空隙,容许部分气流从林带中、下部通过,达到降低风速的目的。由于大风经过林带以后,风速不易恢复,故防护范围较宽。防护林的树种应尽量选择生长迅速、树体高大、枝繁叶茂、根系深、林相整齐、寿命长、适应性强,与果树无相同病虫害,适应当地环境条件的乔木。

4)道路系统规划

大、中型果园的道路系统由主路(干路)、支路和小路组成。主路宽度以并行两辆卡车为限,为 $6 \sim 8 \text{ m}$。主路位置适中,贯穿全园,一般位于栽植大区之间的主、副林带一侧。山地果园的主路可环山而上或呈"之"字形,但路面坡度不宜过大,以卡车能安全上下为度。支路常设在大区内、小区之间,一般与主路垂直,宽 $4 \sim 6 \text{ m}$,能并行两台机械作业即可。山地果园支路可沿坡修筑,设计在主路和支路两侧,应依排灌系统设计修筑排水沟,并于果树行端保留 $8 \sim 10 \text{ m}$ 车辆、机械回转地带。小路一般位于小区内或环绕果园,路面宽 $1 \sim 3 \text{ m}$,

以能过人或通过大型机动喷雾器即可。山地果园的小路可根据需要顺坡修筑于分水线上。小型果园可不设主路和小路,只设支路,以增加生产用地。平地和沙地果园,可将道路设在防护林的北侧,以减少防护林的遮阴。盐碱地果园的道路系统,应与排灌系统相结合,不打乱或切断排水沟。

5）灌水和排水系统

果园灌水形式有明沟灌水、暗沟灌水、喷灌和滴灌等。所用水源因地而异,平地果园以河水、井水、库水、渠水为主,山地果园以水库、蓄水池、泉水、引水上山等为主。果园明沟灌水的输水和配水系统,包括干渠、支渠和园内灌水沟,三者均相互垂直,并与道路、防护林相互配合。

排水系统一般由小区内的集水沟、作业区内的排水支沟和排水干沟组成,干沟末端为出水口。平地果园的集水沟应与作业区长边和果树行向一致,也可与行间灌水沟并用或并列。集水沟的坡降应朝向支沟,支沟坡降朝向干沟。山地或丘陵地果园排水,应在坡地果园的上部设0.6~1 m宽、1 m深的拦水沟,直通自然沟,拦排山上下泄的洪水。梯田或撩壕的内侧应设竹节沟(或小坝壕),连通两侧的自然沟或排水沟,将水排出园外或集于蓄水池、水塘或水库中。

6）辅助建筑规划

辅助建筑主要是必要的管理用房和生产用房,如办公室、包装场、配药场、果品储藏库、加工厂等,均应设在交通方便和有利于作业的地方。在2~3个小区的中间,还应在靠近干路和支路处设立休息室和工具室。山区畜牧场和配药场应设在较高的部位,以便肥料由上而下运输或沿固定的沟渠自流灌溉;包装场、果品储藏室等则应设在较低位置。

6）绿肥与饲料基地规划

建立绿肥与饲料基地,可以实现以园养园、果畜结合、综合经营,为果园开辟稳定的有机肥源。绿肥、饲料可以与果树间作,山地和丘陵果园的绿肥种植须与水土保持相结合。也可在沙荒地、薄土地等规划绿肥和饲料基地。

6.1.3　树种的规划

1）树种和品种

树种和品种要遵循国家发展果树的方针政策,选择适合当地气候、土壤等环境条件的树种和品种,尽量做到适地、适树、适栽;结合当地果树管理的技术水平、交通条件及果树生产的发展趋势,来选择适销对路、市场前景看好的内、外销品种或能满足加工需求的树种和品种;结合当地绿色果品生产和观光果园的发展,选择一些适合于温室栽培和观赏需要的树种和品种。具体选择时还需考虑,距离城市、工矿区近的果园,可进行集约化栽培和反季节生产的地区,可选择于当地水果供应淡季成熟的树种和品种;距城镇较远、交通不便的地区,可选择耐贮运的果品或可以就地加工的树种和品种,同时,果园中要将早熟、中熟、晚熟品种按一定比例进行搭配,以短补长、以早促长。

2）授粉树

保证果树正常授粉受精，是提高产量和果品质量的重要条件之一。大部分果树虽有两性花，但是许多品种自花授粉不能结实；即使是自花结实的品种，如果进行异花授粉，一般也可进一步提高产量和质量；同时要避免雌雄异熟等现象。如异花授粉的有龙眼、荔枝、枇杷、芒果、柑橘、桃、油梨等，雌雄异株的有杨梅和猕猴桃等。因此，建园时应注意授粉品种配置。

（1）优良授粉树应具备的条件

①与主栽品种始果期、花期、寿命相同，最好能互相授粉。

②授粉亲和力高、花粉量大、花粉活力高和自身产量高。

（2）授粉树配置比例

授粉品种的配置比例，主要依经济性状而定。若授粉品种综合性状优良，具有与主栽品种同等的经济价值，可采用等量式，即1∶1。如授粉品种综合性状较低，配置数量可少于主栽品种，采用（2～5）∶1，甚至8∶1的配置比例。对于需要蜜蜂授粉的树种，为达到理想的传粉效果，要求主栽品种与授粉品种相距不宜超过30 m。因此，乔砧稀植园的授粉树比例不能太少，矮砧密植园比例可适当少些。

（3）授粉树配置方式

①行列式。每隔4～7行种1行授粉树。此法适于平地果园。

②等量式。授粉树与主栽品种行数相同。

③等高种植。此法适于山地果园。

6.1.4　果树栽植

1）栽植前的准备

（1）土壤改良

栽树前改良土壤非常重要，特别是山坡、沙荒地建园。这类果园土层浅薄、土质较差、肥力很低，若不认真改良，势必导致栽植成活率低、幼树生长缓慢，难以达到早果丰产。土壤改良要根据不同情况，采取相应的措施。

①山坡地改良。山坡地的主要问题是地势不平，土层浅薄，沙石较多，水土流失严重。因此，必须修筑水平梯田或等高撩壕，将土中的卵石、粗沙、石块取出，填入好土，以防止水土流失。同时，结合水土保持工程搞好土壤深翻熟化，将表层好土翻入下层，并填加有机肥料，或压入秸秆、杂草等，对改善土壤结构、提高土壤肥力、促进幼树生长具有显著效果。

②沙荒地的改良。沙荒地有机质缺乏，土壤结构不良，保肥保水能力差。沙地地下水常受淤泥层影响而形成假水位，地面常有风蚀。改良的有效方法是掏沙换土，增施有机肥料。可先将栽植坑用客土掺有机肥填充，以促进幼树成活，使其生长旺盛。以后每年秋季扩穴、掺土、施基肥，逐步改良沙性，效果非常明显。有条件的地方可引洪淤地，结合掺土加肥，种植绿肥作物，治沙更快。在有黏土间层的地带，若分布较浅，则需进行深翻，打碎黏土，使砂黏掺和，改善沙地理化性状。

③盐碱地改良。盐碱地改良的方向主要是设法排除土壤中过多的盐碱。有条件的地区可通过种稻改良盐土。一般果园可进行台田栽植或在果园四周深挖排水渠,行间开小沟,抬高树盘,雨季防止盐分随地下水上返。有条件的地方引用淡水灌溉,可降低土壤含盐量。此外,增施有机肥料,种植耐盐碱绿肥作物,如田菁、苜蓿、草木樨等,可提高土壤有机质含量,改良土壤结构。如沙子来源方便,可向盐碱地中掺入河沙,增加土壤通透性。

（2）栽植方式的确定（表6.1）

①长方形永久栽植。这是最常见的一种栽植方式。其特点是行距宽而株距窄,有利于通风透光、机械化管理和提高果实品质。

②等高永久栽植。适用于坡地和修筑有梯田或等高撩壕的果园,是长方形栽植在坡地果园中的应用。这种栽植方式的特点是行距不等,而株距一致,且由于行向沿坡等高,便于修筑水平梯田或撩壕,有利于果园水土保持。

表6.1　南方主要果树的永久性栽植密度

种　类	株/hm²	种　类	株/hm²
温州柑橘	750～1 050	枣	300～375
柑	900～1 125	板栗	300～1 500
蕉柑	1 050	芒果	240～330
甜橙	600～750	荔枝、龙眼	225～330
金柑	1 125～1 500	黄皮	495
桃、李	450～600	矮种香蕉	1 875
梨	300～375	菲律宾菠萝	52 500～75 000
柿	240～300	杨梅	375
葡萄	1 500～4 500	草莓	45 000～105 000

③计划密植。将永久树和临时加密树按计划栽植,当果园行间即将郁闭时,及时缩剪,直至间伐或移出临时加密树,以保证永久树的生长空间。这种栽植方式的优点是可提高单位面积产量和增加早期经济效益,但建园成本较高。

（3）确定密度的条件

①树种、品种和砧木特性。不同树种和品种的生长发育特性不同,树高和冠幅的差异较大,一般树冠大的株行距也应相应加大,反之亦然。此外,砧木对接穗的生长势和树冠大小有显著影响,一般乔化砧树体高大,矮化砧树体矮小。

②立地条件。在土层深厚且肥沃、雨量充沛、气候温暖、生长期长的地区,果树树冠较大,栽植密度可适当小一些;而在土壤瘠薄、干旱多风、生长期短的地区,树冠偏小,栽植密度也相应增大。此外,平原和山麓地带,立地条件较好,容易形成大冠,而随着相对高度的增加,坡度变陡,生长条件逐渐变差,树冠也相对变小,栽植密度也应根据树冠大小作出相应调整。

③栽培技术。栽植方式、整形方式、修剪方法、肥水管理水平等对树冠体积有很大影

响,应根据不同情况确定适宜的栽植密度。

（4）定植穴的挖掘与回填

挖穴前应先定标。首先定基线。基线应设在小区边缘等能控制全局和位置适宜的地方,可以是"十"字形或"T"字形。在基线上按大区、小区的长、宽打桩定点,并依次测设纵横连线,构成大区、小区的边界,在基线上用皮尺丈量、标记防护林、道路和排灌系统的位置。其次定株行距。小区的四边测出后,确定株行距可采用标有行距或株距的定植绳,沿小区两端的行距点或株距点,平行移动定植绳,中部有人按标记插上定植点桩或橛。山地、丘陵地果园地形复杂,要求等高栽植,为防止水土流失,需修建梯田、撩壕、鱼鳞坑等。

具体做法应坚持高标准、严要求、早挖坑、速回填的原则。

①早挖坑。定植坑应提早3~4个月挖好。一般是秋栽树夏挖坑,春栽树秋挖坑,早挖坑、早填坑。其优点是有利于土壤熟化,使填入定植坑内的有机肥和秸秆提早分解,接纳较多的雨水,或经灌溉促使土壤充分沉实,便于栽植。在干旱地区,特别是无灌溉条件的果园应在雨季以前挖好穴或沟,并及时回填。秋季或翌春挖小坑栽树,只要浇少量水即可满足成活的需要。

②挖大坑。栽植坑应适当挖大些,太小达不到改良土壤的目的。因此,无论是穴栽还是沟栽,都要保证坑的深度和宽度。设计株距在3 m以上的果园,土壤条件好的,可以挖定植穴,以定植点为中心,挖1 m见方的坑或圆穴,若下层土壤坚硬或有砾石,还应加大;栽植株距在3 m以下的果园,应挖定植沟,沟宽0.8~1 m、深0.8 m左右;下层土壤坚实、土质较差的地块,还应适当加深。挖掘时,要把表土（30 cm以上）、底土分开堆放,若下层有粗沙、石块、料姜石等,应全部拣出。河流故道地区,土壤保肥保水能力极差,结合挖定植穴或沟,换入一些比较黏重的土壤;而对土壤黏重、排水能力差的果园,则应掺入一些沙土。

③及时回填。定植穴或沟挖好后,应迅速回填。将秸秆、杂草或树叶等粗大有机物与表土分层压入坑内。为加速分解和保持肥分的平衡,在每层秸秆上撒少量氮肥。尽量将好土填入下层,每填一层踩踏一遍,填至离地表25 cm左右时,撒一层粪土,每株施腐熟优质农家肥30 kg左右,掺入过磷酸钙或油饼1~1.5 kg,并与土壤拌匀填入坑内,然后填土至地表。土壤回填后,有灌溉条件的果园应立即饱灌一次水,使坑内土壤充分沉实,以免栽树后土壤严重下陷,造成悬根、埋干和歪斜等现象,影响成活率和整齐度。

（5）苗木准备

在适地适树原则的指导下,选择好适合当地生态条件和市场前景看好的树种和品种。最好采用当地育成的苗木,如需外地购苗,一定要先对采购地点和苗木质量进行调查。要求品种纯正、生长健壮、无检疫性病虫害。同时做好起苗、运输、装卸中的保湿、保鲜工作,尽量缩短起苗到栽植的时间。栽前要对苗木进行分级,对受伤的根、枝进行修剪,不能及时栽植的苗木要妥善假植。对失水严重的苗木在栽前要用清水浸泡根系12~24 h,栽时最好蘸泥浆栽植,保证成活率。

（6）肥料准备

为促进定植后幼树的前期生长、改善土壤质地,有条件的可提前准备一些肥料,肥料的种类和用量:每棵树一筐优质有机肥（15~20 kg）,一把化肥（50~100 g尿素）以及部分过磷酸钙等,土杂肥可按每株100~200 kg标准施用。

2）栽植时期

果树苗木一般在地上部生长发育停止或相对停止、土壤温度在 5～7 ℃以上时定植。南方亚热带常绿果树宜在地上部生长发育相对停止时定植,华南地区一般秋植(8—9 月),华中地区秋植(9—10 月)或春植(1—3 月)均可。北方落叶果树除冬季土壤结冻期以外,自落叶开始到第二年春季萌芽前均可栽植。在冬季不太寒冷的地区,以秋栽为好,甚至可在落叶前带叶栽植。但在严寒地区,则以春栽较好,在土壤解冻后,春栽的时间越早越好。

3）栽植技术

（1）栽植前苗木处理

栽前应将苗木再次分级,优先选用根系完整、枝干充实、芽子饱满的苗木,然后按粗细、高矮进行分类,栽时将同类苗种植在一起,以便于管理。将破伤根剪出新茬,去掉病虫根,以利新根发生。如果苗木水分不足,应在栽植前将根系放入池水中浸泡一昼夜,使苗木吸足水分。然后,用 100 mg/L 生根粉溶液浸泡 1 h,有利于苗木生根和成活。

（2）栽植深度

苗木栽植的深度要适宜。栽植过深,下层温度低,通透性差,幼树萌芽晚,生长缓慢,容易出现活而不发的现象;栽植过浅,根系容易外露,固地性差,不耐旱,成活率低。栽植深度一般以苗木在苗圃时的土印与地面齐平为准。

（3）栽植方法

栽树时,先将栽植坑适当修整,低处填起,高处铲平,深度保持 25 cm 左右,并将坑中间培成小丘状、栽植沟培成龟背形的小长垄。然后拉线核对定植点,以使树行栽正。栽树时,将苗木放于定植点上,使根系自然舒展,目测前后左右对齐,做到树端行直。根系周围用地面表土填埋,填土时轻轻提动苗木,使根系平展,一边填土,一边踏实。将剩余土壤填入坑内,并在树盘周围培埂,浇透水。待水下渗后,撒一层干土封穴,以减少水分蒸发。

（4）栽后管理

俗话说,"三分栽树,七分管理"。加强栽后管理对于提高栽植成活率、缩短缓苗期、促进幼树健壮生长和保证幼树安全越冬均有重要的意义。

①铺地膜。新栽幼树灌水后,待水渗下时,将地面整好,四周垫高,中间稍低,以使雨水流进根部。每树以树干为中心,铺 1 m² 地膜,将地膜中心捅一小孔,从树干套下,平展地铺在树盘上,树干中央培拳头大小土堆,四周缝隙处用土压严。株距在 2 m 以下的密植园,可成行连株覆盖。铺地膜后,可起到明显的增温保湿作用,因而可及早促进根系的生长和营养吸收。

②苗干套袋或包地膜。为保持苗干水分和防止金龟子、金毛虫等害虫,定干后立即用塑料筒袋或报纸袋将苗干套住,下部用土压严。随气温升高,将袋口撕开或扎眼放风,以防袋内温度过高灼伤嫩芽幼叶;待金龟子、象鼻虫为害期过去,苗木开始展叶时,再将袋摘除。另一种方法是用 2～3 cm 宽的地膜从上向下地缠绕在苗干上,严密包扎,不露芽体,缠到地面时,用土堆压住下端。

③涂保护剂。定干后,用蜡、油漆、黄油或凡士林等涂抹在剪口上,防止水分蒸发。对不套袋的苗干,均匀涂抹动物油(猪油或羊油)2～3 次。还可使用纤维素等,保水促活。

④检查成活与补苗。苗木发芽展叶后,随时调查成活情况,发现地上部抽干的枝条,可剪至正常处,促其重新发枝。对已枯死的树,尽早用预备苗补齐。

⑤幼树防寒及安全越冬。在冬季严寒、易发生冻害或幼树抽条的地区,以及在亚热带有周期性冻害的地区,均应根据当地的具体情况采取防寒措施。

⑥其他管理。应及时按整形要求定干和除萌蘖,加强病虫害防治、中耕除草和施肥等日常管理。

任务6.2　低产果园的改造

活动情景　果树生产过程中,有些果园条件日益恶化,造成果品产量、品质下降。本任务重点在于有针对性地采取相应措施,改良低产果园,使其达到生产优质高产果品的条件。

 工作任务单设计

工作任务名称	任务6.2　低产果园的改造		建议教学时数	
任务要求	熟练掌握低产果园的改造措施			
工作内容	1.认识低产果园 2.采取相应措施对低产果园进行改良			
工作方法	以老师课堂讲授和学生自学相结合的方式完成相关理论知识学习;以田间项目教学法和任务驱动法,使学生认识低产果园,熟练掌握低产果园改良的技术措施			
工作条件	多媒体设备、资料室、互联网、试验地、相关劳动工具等			
工作步骤	资讯:教师由活动情景引入任务内容,进行相关知识点的讲解,并下达工作任务 计划:学生在熟悉相关知识点的基础上,查阅资料、收集信息,进行工作任务构思,师生针对工作任务有关问题及解决方法进行答疑、交流,明确思路 决策:学生在教师讲解和收集信息的基础上,划分工作小组,制订任务实施计划,准备完成任务所需的工具与材料 实施:学生在教师指导下,按照计划分步实施,进行知识和技能训练 检查:为保证工作任务保质保量地完成,在任务的实施过程中要进行学生自查、学生互查、教师检查 评估:学生自评、互评,教师点评			
工作成果	完成工作任务、作业、报告			
考核要素	课堂表现			
	学习态度			
	知识	低产果园建立的概念		
	能力	掌握低产果园改良的技能		
	综合素质	独立思考,团结协作,创新吃苦,严谨操作		

续表

工作任务名称		任务6.2　低产果园的改造		建议教学时数		
工作评价 环节	自我评价	本人签名：		年	月	日
	小组评价	组长签名：		年	月	日
	教师评价	教师签名：		年	月	日

 任务相关知识点

目前,我国果树栽培面积已跃居世界首位,总产量也名列全球前茅。果树生产已成为我国许多地区的支柱产业之一,而且必将在社会主义市场经济中发挥更加重要的作用。但是,我国的果树生产总体水平还较低,突出反映在单产低和品质差两个方面。造成果树低产的原因很多,而且由于我国果树种类繁多,每种树种都有其不同的习性和改造技术。

6.2.1　幼龄果园低产原因和改造措施

根据幼龄果园低产表现,大致可将其分为粗放栽培园、品种杂乱园、虚旺无产园、树势衰弱园、早期郁闭园5种类型。在某一低产园内,可能仅存其中一种类型,也可能几种类型兼而有之。

1)低产原因

(1)土地条件差

果树要想达到早产、丰产、稳产的目的,就必须种植在肥力高、土壤质地疏松、保水保肥力强的土壤上。土壤瘠薄、黏重、含沙量过大或灌溉较难的园区均不适宜果树的生长,但不是这些园区不能栽植果树,而是需要土壤改良。由于果树根系分布较深,故而土层厚度不足1 m的沙地、地下水位较高的低洼地或盐碱地均不适宜果树生长。重茬是造成树体衰弱发育不良、缺素症严重的原因之一。因此,前茬最好是亲缘关系较远的树种。

(2)建园质量低

建园质量低包括苗木质量低、栽植质量差、品种选择不当、不同树种加密不合理、品种单一等。

苗木质量直接影响结果的早晚和产量。定植苗太小,根系发育不良,带有严重的病害,或苗木运输过程中冻苗、霉烂、失水等,会致使果园缺株断行。即使连年补栽,缓苗期较长,也迟迟进入不了结果期。

采用正确的栽植方法可以最大限度地缩短缓苗期。那种栽植过深或过浅,不注意春天保墒,不利于提高地温的方法,均将造成定植的幼树生长缓慢、衰弱,甚至死亡。

不重视品种的选择,不仅晚结果,而且抗病性差,造成低产或销售难。栽植的实生核桃、板栗将结果晚、品质差、不整齐,应尽快改接(高接)优良品种。

配置授粉品种也能够提高产量。板栗、核桃同株异花,虽能自花结实,但雄雌花往往花期不一致,直接影响授粉和结实。同一树种、不同品种的早果性有差异,授粉亲和力低或花

期不遇,均会造成结果年限推迟或不结实。所以,品种单一、授粉树配置不当也是造成幼树低产园的重要原因之一。

在矮化密植园的行间再加植多年生第二个树种,势必造成加密果树与主栽树种争水、争肥、争光照,作业不便,病虫害严重。

（3）重栽轻管

果树生产属高效农业,只有高投入,才能高产出,对管理要求较细。一些果农只知栽果树收入多,奢望一朝栽树,年年受益。其后果当然是不投入则不结果,少投入则晚结果。

粗放栽培园、树势衰弱园多是由于间作物不合理所致。例如,间作物过分贴近果树种植,与果树竞争营养;锄、耪、犁、耕时不注意保护树体;果树株行间多年种植玉米、高粱等高秆作物,使果树枝条生长细弱、短小;间作白菜、萝卜等秋菜,不仅造成果树秋季旺长,影响越冬,而且害虫浮尘子(叶蝉)严重危害新梢,造成抽条。总之,果园是果树生长发育的园地,要主次分明,避免一切危害果树生长的间作物和种植方式。

（4）土肥水管理不合理

粗放管理园的果树多呈野生、半野生状态,常年不施肥或很少施肥,靠降雨维持其自然生长状况,土壤中的营养极度短缺,果树处于饥饿状态。肥水使用不合理,不考虑果树物候期,不讲究肥料种类和施用方法(如有肥就施、有水就灌,需肥期不施肥、不需水时灌大水),往往是造成虚旺无产园的重要原因。

（5）整形修剪不当

整形修剪是果树管理的重要措施之一。幼龄果树整形修剪的目的:完成整形任务,尽快形成产量。在不妨碍整形的基础上,轻剪、长放、多留枝是幼树修剪的原则。

一般说来,幼龄果树常表现生长势强、枝条年生长量大、树冠扩大迅速的特点。自然生长的果树树姿直立抱头,角度不易开张。

许多果园中种的果树品种繁多,不同品种的果树的生长特性不同,有些品种生长较旺,树冠较大;而有些品种生长偏弱,树冠较小。不同品种若采用同一修剪方法,则必然造成一些品种长势旺,另一些品种长势弱。不同修剪方法对不同品种果树的促花效应有较大的差别。所以,采用同一种修剪法也会造成结果不良的现象。

（6）控冠促花措施不力

乔砧密植法是把理应发育成大冠的树体限制在株行距较小的空间内,利用人工强行致矮的方法使树冠矮小,达到早果、丰产的目的。因而,控制树冠大小、促进花芽形成就成了乔砧密植栽培管理的核心。乔砧密植栽培,技术要求高,管理精细,操作严格,且栽植密度越大、难度越高。利用矮化砧、短枝型品种栽植的果园,为了追求前期产量,栽植株行距偏小,但控冠促花的措施也不容忽视,否则仍有全园郁闭的可能。

（7）树体保护较差

树体保护包括对病虫害的有效防治和对自然灾害的预防措施。造成各种果树低产的原因中就有病虫害防治不力这一因素,也有自然灾害发生的因素,如冻害、旱害、霜冻、日灼、风害、涝害、雹害、鸟兽危害等。我们可以采取许多行之有效的管理措施,以减轻或避免损失。

2）改造措施

（1）选择优良品种

根据当地的环境条件选择最适宜的优良品种（或者为优良品种选择最适宜的环境条件），是果树生产获得优质高效的前提条件。所谓优良品种应具备：品质优良，指果实风味品质、加工品质和果实着色、形状、大小以及贮藏性能等，既适应当前要求，又要考虑到今后消费水平提高的需要。优良品种的选择要通过严格的区域性试验，确认其能适应当地的环境条件（温度、空气湿度、降雨量、海拔高度等），符合果树生长要求，否则将会造成巨大的损失。

（2）栽植优质苗木

果树苗木质量的优劣，不仅直接影响栽植成活率和栽植后植株的缓苗期、生长量、整齐度，而且对结果的早晚、产量、品质、寿命都有长期影响。因此，保证苗木的质量非常重要。

尽量选择正规苗圃和渠道生产的苗木。目前，嫁接苗已被普遍推广，矮化砧适宜矮化密植，脱毒苗则是现代化果园的标志之一。

（3）高标准建园

具体内容参照任务6.1。

（4）高接换优

果树是多年生乔木植物，随着生产的发展、科学的进步和市场的需求，品种更新势在必行。新发展的果区可直接栽植新品种，但现有的果园中品种老化，如果把树龄较长的果树拔除，重新栽植新品种，果农不易接受，也实为可惜。采用多头高接换头技术（春天多采用枝接），则是一条实现良种化的有效途径。对于3～6年生幼树，一般高接的当年可恢复原来树冠，3～4年即可获得较高产量。

（5）加强土肥水管理

果树栽植前要挖深、宽各1 m的定植穴（沟）。果树根系强大，随着树冠的扩大，根系会超过定植穴范围。因此，果树栽植后进行深翻扩穴（结合施肥）是行之有效且普遍采用的土壤改良方法。

幼龄树追肥以速效性化肥为主。应根据不同器官生长发育的需要，确定追肥的时期和肥料的种类，同时要根据不同树龄确定施肥量，即追肥量随树龄增加而增大。叶面喷肥是一种经济有效的施肥方法。为补充土壤供肥不足，根据幼龄树各器官生长发育的需要，可进行叶面喷肥。适时灌水则是幼龄树促新梢生长，增加枝叶量，扩大树冠的重要措施。幼树果园间作，要在经济利用土地并保证树体健壮生长、提早结果的前提下进行。合理的间作能解决间作物与果树争地、争肥的矛盾。

（6）合理的整形修剪

合理的整形修剪主要从树体结构、修剪方法两个方面进行，不同的树种具不同特性，是密植还是稀植，不同区域的物候期不同，不同树龄整形和修剪方法及树体反应均不同。因此，要综合考虑。

（7）促进花芽形成和保花保果

果树栽培的目的是早结果、早丰产。早结果的关键是要从基础做起，提前准备。选择

品种纯正的壮苗进行科学管理,加强肥水和技术的投入,促使树体健壮生长,应用促进花芽形成和保花保果的措施,以便果树适龄结果。

促进花芽形成的常规措施:缓放(甩放)、开张枝条角度、刻伤和环割、捋枝、折梢、扭梢、摘心、化学促花等。

保花保果的目的是提高坐果率,减少花果脱落。坐果率低、落花落果的主要原因:幼树结果初期树体营养贮藏不足;花器官发育不健全,不能进行良好的授粉受精;花器官遭受冻害;授粉树数量不足或搭配不当;修剪过重,回缩太急,根系和地上营养平衡被打破;生长过旺等。

具体做法参看模块一相关章节。

(8)保证幼树安全越冬

保证幼树安全越冬是早果、丰产的前提。影响幼树安全越冬的主要障碍是冻害、日烧(日灼)和抽条。具体做法:提高树体营养,加深根系下扎,注重植保预防,埋土防寒等。

(9)幼龄果树病虫害的防治特点

为了保证幼龄树营养生长正常,为早果、丰产奠定充足的营养面积,首先必须加强树体虫害的防治。幼树病害的防治也不容忽视,尤其是树干病害,危害长久,降低产量,危及树体生命,使果树结果年限缩短。幼树病虫害防治,要以预防为主(尤其是病害)、综合防治、统筹兼顾、主次分明作为原则。从农业生产的全局和农业生态系统的总体出发,充分利用自然界抑制病害、虫害的因素,创造不利于病虫害发生及危害的条件,综合使用各种必要的防治措施,合理运用化学防治(喷施农药)、物理防治(趋光诱杀等)、栽培防治(剪除病枝、虫梢、消除病源和虫源、增强树势等)、生物防治(利用天敌、性诱剂诱杀等)等措施,减少对环境的污染和对生态平衡的破坏。在果树病虫害防治中,危害果树的病虫害有几十种,要善于抓住主要矛盾,结合本地区病虫害发生的特点,集中力量解决对幼龄果树危害最大的几种病虫,兼顾其他。只要不造成对生产的危害(要知道病虫危害是不能彻底消除的),尽量减少化学防治药剂的用量。

6.2.2　成龄果园低产原因和改造措施

成龄果园的低产有不同的表现形式。根据造成低产的主要因子不同,大致可归纳为以下几种:大小年结果园、低产劣质品种园、树体结构不当园、树势衰弱低产园、低产旺长大树园和放任管理园等。

1)低产原因

(1)地下管理基础差

从目前我国果树生产现状来看,立地条件差、水资源匮乏、果园肥料投入少、缺乏科学的地下管理是造成低产园普遍的主要原因。

①立地条件差。土壤肥力是制约根系生长的最重要的因子。我国绝大多数果园都是建在土质结构不良、土壤贫瘠的地方,导致肥力水平更低。山地果园由于土层薄、水土流失严重,致使有效根系分布浅;沙地果园一般疏松多沙,有机质贫乏,保水保肥力差,根系发育

不良;低洼地果园由于地下水位较高(有的地方生长期间地下水位距地表仅30 cm),土壤通透性不良,根系分布少而浅。这些均已成为果树高产和稳产的最大障碍。

②水资源匮乏。水是制约果树产量提高的一个重要因素。在我国南方地区,自然降水虽较北方稍多,但年内分布极不均衡,难以满足果树高产的需要。我国一半以上果园主要分布在山区、丘陵地区,没有灌溉条件,果树生长和结果完全依赖自然降水;其余多数果园由于种种原因灌水不足,每年仅能利用有限的水源灌溉1~2次;还有一些位于滨海盐碱地的果园,由于浅层水难以利用,深层淡水开发投资过大,在上述果园灌水则成为产量提高的限制因素。

③果园施肥少。在一定范围内,果园肥料投入量与产量呈正相关。然而,多数果园有机肥施用严重不足,仅靠有限的化肥维持低水平结果。由于果树长期处于"吃不饱"状态,因而低产的出现也就在所难免。

④缺乏科学的地下管理。果树对地下管理的要求比较高。只有在达到适时、适度、适量的前提下,才能达到预期的目的。如果在土壤改良、果园间作、施肥时期、施肥种类、施肥技术、灌水时期、灌水方法等的确定和实施过程中,不能结合果园的树种、品种、树龄、树势及立地条件而灵活应用,常使栽培措施起不到应有的作用,有时甚至适得其反。

(2)树体结构不合理

①群体结构不合理。群体结构不合理主要有两种极端表现:一种是果园覆盖率太低,这种情况大多是由于建园时株行距过大,或控冠过早,或缺株、缺枝过多造成的;另一种是果园覆盖率过高,果园整体郁闭严重,这种情况多是由于栽植过密、整形修剪不当或不能有效地控制树冠造成的。

②个体结构不合理。

a.骨干枝过多。表现为大枝密挤,通风透光不良,结果部位严重外移。形成这种局面的原因多是在幼树整形期间对辅养枝控制不力,下部留枝量太大,所以,往往造成下强上弱。

b.树体过高。树高应与行距相适应。由于近年各地多采用密植栽培,所以,树高应较以往相应降低。许多生产者不了解这一点,致使树高大于行距,树冠下部受光不良,影响了立体结果。

c.主从不明。表现在同层主枝、上下层主枝、主枝与枝组、主枝与中心干等相互不平衡。主要原因是在选留各级骨干枝时没有从应留枝年份、角度、枝量、枝干比方面很好地进行调节。

d.骨干枝角度过小。开张角度是缓和树势、稳定结果的一项重要栽培措施。但有些果园忽视这项工作,幼树阶段不拉枝,致使骨干枝角度太小,外围枝生长旺,内膛枝生长弱,有些果园虽也进行拉枝,但程度不够,角度开张还不理想。

e.结果枝组培养不当。在结果枝组的配置、选留、更新、培养上无统一筹划和长远安排,致使果树难以充分利用生长空间,达到立体结果。

(3)花果管理措施不力

①促花控冠措施掌握不当。目前有两种错误:一种是控冠过早,致使扩冠增枝受到严重影响,果园覆盖率较低,产量长期上不去;另一种是许多果园前期并未意识到及时控冠的

重要性,而是等到树冠郁闭后才想到让树结果,因而丧失了控冠促花的良机。

②疏花疏果不到位。目前主要有两种倾向:一种认为花果多多益善,不进行疏花疏果。形成这种局面的原因较为复杂,有的是由于土地承包期限短,致使果农有追求短期高产的行为;有的是由于某些果农对大小年危害认识不足;还有的是有些果树树体高大、作业不便(主要是山区一些果树),无法实施这项技术。另一种是虽已认识到疏花疏果的重要性,并花费了很大力气进行此项工作,但由于措施不到位,留果量仍然偏大,大小年现象照样明显发生。

③保花保果技术跟不上。生产保花保果技术跟不上,致使落花落果严重,产量甚低。究其原因,往往是多方面的:有的与树种、品种的坐果率低有关;有的与授粉条件不良有关;有的与树势过旺或过弱有关;有的与花期及生长期气候条件不良有关,等等。但最根本的还是保花保果技术跟不上,未能因地制宜、因树制宜地采取有效的技术措施。

(4)果农综合管理素质差

①缺乏规范化管理的知识和技能。近年来,各地总结出许多树种、品种在不同立地条件和不同产量水平下较为完善的规范化管理技术,但多数果农对此还知之甚少。

②果农投入意识差。

a.物质投入。物资投入一般包括肥料投入、水资源投入、植保投入及基本农机具投入等,其中肥料投入是中心。多数果园舍不得在肥料上多投资,致使地下管理跟不上,因而造成长树慢、结果晚、产量不稳。

b.技术投入。技术投入不够是造成低产的又一主要原因。技术投入要做到适时管理和精细管理。但由于人工不足和思想保守、信息不灵,一些高、新技术推广缓慢,影响了果园经济效益的提高。

(5)树体保护跟不上

自然灾害和病虫害都会影响果树的成长,然而种植者存在侥幸心理,认为预防措施是浪费钱,当灾害和病虫害发生后才着急去补救。但此时损害已经发生,有些时候还存在补救措施不力、反而造成更大损失的现象。

2)改造措施

(1)加强地下管理

①大小年树。一是要根据产量施足肥料。二是追肥要根据秋施基肥的数量和树体贮藏营养水平的情况灵活掌握。三是要抓紧花芽分化前的有利时机,适量追施速效性氮肥,以促进花芽分化,增加花芽数量,提高来年(小年)的产量。

②树势衰弱树。深翻改土是复壮树势首要的基本措施;重视增加秋后及早春的肥水,以加强春梢的生长,促进光合产物的积累;大力栽植绿肥作物;采取有针对性的节水保水抗旱措施。

③低产旺长树。一是合理施肥与灌水,促进根系和新梢有节奏地生长,特别要注意施好春梢停长和秋梢停长的"两停肥",适时灌水与控水。二是减少氮肥施用量,尤其是生长后期要控制氮肥的施用,增加磷、钾肥施用量。三是提倡合理间作,不能间作后秋需水量较多或高秆的作物,如棉花、秋菜、玉米等。

④放任管理树的地下管理。对于多年失管的果树,首先要进行土壤深翻,同时施用基肥,以改善根际环境。对土层较浅、无灌水条件的山地果园,可在雨季深翻或于春、秋刨树盘保墒,也可于春季顶浆刨、秋季冻前刨。缺少有机肥的果园,可结合深翻施用秸秆、杂草、落叶或绿肥。有机肥不足的果园,可酌情在生长季追施化肥或多喷几次叶面肥。对于树势较弱的植株,尤其要注意萌芽前和采果后速效肥的施用。缺水的果园,可因地制宜发展滴灌、渗灌或地面覆盖技术。

(2)合理调节负载量

①修剪调节。对于大年树来说,花芽量超过树体的正常负担量。修剪的中心任务是保果育花,适当剪掉一部分结果枝,留足育花枝和控制花芽量。对枝组要细致更新,去掉过多的花芽,以提高坐果率,使大年丰产而不过量。对生长枝的修剪量要轻,尽量多育花,以使下一年不成为小年。

②疏花疏果。疏花疏果的时间宜早不宜迟。疏果不如疏花,疏花不如疏蕾,疏蕾不如疏芽。疏花疏果应根据不同品种的开花期早晚、坐果数量和坐果特性,分期分批地完成。通常,开花早、易坐果、坐果多的树种和品种,可早疏果、早定果;开花晚、易落果的树种或品种,要晚疏果,分次定果。

根据树势掌握好花与果的留量后,再根据枝势调整好花、果在树体上的分布。树冠内膛和下层要多留、少疏;树冠外围和上层要多疏、少留;辅养枝多留,骨干枝少留;强枝多留,弱枝少留;大中型结果枝组多留,小型结果枝组少留;花果数量多、树势较弱时,要把骨干枝前部1~3年生部位的花果全部疏除。在疏花时要注意保护果台副梢,有条件的果园可采用“以花定果”技术。

(3)抓好保花保果

在生产上常用的保花保果技术有10种:轻剪多留花;预防霜冻;果园放蜂;挂罐和震花枝;人工辅助授粉;喷布生长调节剂及微量元素;花期喷水;合理进行生长季修剪;加强地下管理;及时防治病虫害及防止药害。

(4)树体结构的调整

合理的树体结构:能够充分利用空间和光能,骨干枝牢固,担负能力强,分布合理,达到立体结果。应根据不同果园的具体情况,对树体结构进行合理的调整与改造。

①群体结构的调整。对于覆盖率过小(低于75%)的果园,应分别视不同情况进行调整。如果是株行距过大所致,则应适当进行加密;若为树势过弱或修剪过轻所致,则应加强地下管理,适当加重修剪量,促使扩冠增枝的进程加快;如果是由于缺株或枝体不全所致,则应及时补栽和加强树体保护。

密植果园根据果园郁闭的程度(轻度、中度、重度),分别采取不同的改造措施。如行内转头式、隔行压缩式、隔行(株)刨除式等方式。

②个体结构的调整。树势平衡的调整主要通过3个途径来实现:一是改变大枝的角度(开张或缩小);二是改变大枝的枝量(减少或增加);三是改变大枝的结果量(多结或少结)。

③结果枝组的调整。结果枝组是树冠内生长和结果的基本单位。良好的结果枝组应健壮牢固,营养枝与结果枝比例适当,多而不密,枝枝见光,里外通风,结果正常。

（5）果树高接换优

一个果园，树种、砧木选择错了，应立即全部改栽其他树种和砧木，不能迁就。如果砧木适宜，品种不对，可用高接换头改变品种。一般用枝接，春季萌芽前进行，嫁接后及时除掉原株上的萌芽，保证新接的品种的枝芽生长。不只低产品种可以这样换新品种，老品种、经济价值低的品种也可以这样更新品种。由于无授粉树而低产的果园，其中 1/4 或 1/6 行或株进行高接换头，换上授粉品种，2～3 年后即可改变低产状况。

（6）加强树体保护

①保护叶片。危害叶片主要是以下原因：一是果树病虫危害，如潜叶蛾、红蜘蛛、食叶害虫、病毒病、白粉病及早期落叶病等。二是缺素症，如缺氮、磷、镁、铁等，也会造成落叶。三是自然灾害，如旱、涝、霜害或雹灾等。四是栽培措施不当，如施肥过量或方法不当引起的肥害，修剪留枝量过大导致的树冠郁闭，弱树强行环剥以及喷药产生药害等。因此，要根据成因去考虑保护措施。

②保护枝干。造成枝干受害的因素主要有自然灾害、人为机械伤害、野生动物危害以及病虫害等。在生产上应根据不同的诱因，积极进行预防和治疗。

第一，选择抗寒品种或砧木。第二，加强果园的综合管理，提高树体秋冬贮藏营养水平，增强树体自身的抗性。第三，及时保护树干。第四，对已经遭害的果树，应及时去除被害的枝干，并对较大伤口和锯口消毒保护，以防止腐烂病菌侵入。

③保护根系。保护根系主要应从加强土肥水管理、防止自然灾害和防治根系病虫害等方面入手。

项目小结 》》》

随着我国经济结构的不断调整，果树产业也得以迅猛发展。近几年，各地新建园的规模进一步扩大，而只有建立高标准园，才能产生良好的经济效益。通过本项目的学习，掌握建立标准化果园及改造低产果园的措施。

复习思考题 》》》

1.高标准化果园园地如何选择？

2.高接换冠如何操作？

3.新建果园的设计步骤与设计内容都有哪些？

项目7 果园管理

项目描述 果园管理是果树生产的核心技术之一,关系到果树的丰产、稳产、优质、经济效益等。本项目较准确地把握施肥、灌溉的量度和时机;科学规划树形;科学管理花果;科学合理使用生长调节剂以及科学应对果园发生的极端灾害,有计划、有根据、有目的、高水平地管理果园。

学习目标 学习果园常规土壤水肥管理、树体管理、花果管理、病虫草害防治等技术,学习生长调节剂在果树生长过程中的应用、极端灾害及灾后处理技术、果品采收及采后处理的方法。

能力目标 掌握果园常规土壤水肥管理、树体管理、花果管理、病虫草害防治、生长调节剂应用、极端灾害及灾后处理方法、果品采收及采后处理的方法技术。

素质目标 培养细心耐心认真学习的习惯、吃苦耐劳的精神及严谨的生产实际操作理念,学会团队协作。

 ## 项目任务设计

项目名称	项目7 果园管理
工作任务	任务7.1 果园土壤管理 任务7.2 树体管理 任务7.3 花果管理技术 任务7.4 病虫草害防治技术 任务7.5 果品采收及采后处理 任务7.6 生长调节剂的应用 任务7.7 极端灾害及灾后处理技术
项目任务要求	熟练掌握果园管理的相关知识及技能

任务 7.1 果园土壤管理

活动情景　土壤是果树生长与结果的基础,是水分和养分供给的源泉。土壤深厚、土质疏松、通气良好,则土壤微生物活跃,就能提高土壤肥力。我国果树广泛栽种于山地、丘陵、沙砾滩地、平原、海涂及内陆盐碱地。这些果园中的相当一部分土层瘠薄、结构不良,有机质含量低,偏酸或偏碱,不利于果树的生长与结果。这就要求必须在栽植前后改良土壤的理化性状,改善和协调土壤的水、肥条件,从而提高土壤肥力。本任务要求学习土壤改良的途径,科学的土壤施肥以及科学的灌水和排水。

 工作任务单设计

工作任务名称	任务 7.1 果园土壤管理		建议教学时数	
任务要求	土壤改良的途径,科学的土壤施肥以及科学的灌水和排水			
工作内容	1.土壤改良的途径 2.正确确定土壤施肥时间、施肥量及施肥方法 3.科学排水和灌水			
工作方法	以老师课堂讲授和学生自学相结合的方式完成相关理论知识学习;以田间项目教学法和任务驱动法,使学生掌握土壤改良的途径,科学的土壤施肥以及科学的灌水和排水			
工作条件	多媒体设备、资料室、互联网、试验地、相关劳动工具等			
工作步骤	资讯:教师由活动情景引入任务内容,进行相关知识点的讲解,并下达工作任务 计划:学生在熟悉相关知识点的基础上,查阅资料、收集信息,进行工作任务构思,师生针对工作任务有关问题及解决方法进行答疑、交流,明确思路 决策:学生在教师讲解和收集信息的基础上,划分工作小组,制订任务实施计划,准备完成任务所需的工具与材料 实施:学生在教师指导下,按照计划分步实施,进行知识和技能训练 检查:为保证工作任务保质保量地完成,在任务的实施过程中要进行学生自查、学生互查、教师检查 评估:学生自评、互评,教师点评			
工作成果	完成工作任务、作业、报告			
考核要素	课堂表现			
	学习态度			
	知识	1.土壤改良基本理论 2.正确确定土壤施肥时间、施肥量及施肥方法 3.科学的排水和灌水		
	能力	1.掌握土壤改良的途径 2.正确把握土壤施肥时间、施肥量及施肥方法 3.科学地进行排水和灌水		
	综合素质	独立思考,团结协作,创新吃苦,严谨操作		

续表

工作任务名称		任务 7.1　果园土壤管理	建议教学时数			
工作评价 环节	自我评价	本人签名：	年	月	日
	小组评价	组长签名：	年	月	日
	教师评价	教师签名：	年	月	日

 任务相关知识点

7.1.1　土壤改良

我国果园多数建立在丘陵、山地、沙荒滩涂上，一般土层瘠薄，有机质少，团粒结构差，土壤肥力低。尽管在定植前进行过改良，但远不能满足果树生长结果和丰产稳产的要求。因此，栽植后对果园土壤进一步改良，仍是果园管理的基础工作。通过改良，使果园土壤达到深、松、肥的管理目标。深，即要求果园土层深厚，一般应在 1 m 以上；松，即土壤疏松透气、结构良好；肥，即土壤有机质丰富，含量达到 2%～7%，土壤中氮、磷、钾、钙、镁等元素的含量在中等以上。

土壤改良的途径有深翻熟化、开沟排水、培土等。

1）深翻熟化

果园通过深翻，结合深埋有机肥（图 7.1），能改良根际土壤结构，改善土壤中肥、水、气、热的状况，提高土壤肥力，从而促进果树根系生长良好，有利于植株的开花结果。深翻方式主要有扩穴深翻、隔行或隔株深翻和全园深翻 3 种。

（1）扩穴深翻

在幼树栽植后的前几年，自定植穴边缘开始，每年或隔年向外扩穴，穴宽 50～80 cm，深 60～100 cm，穴长根据果树的大小而定。如此逐年扩大，直到全园翻完为止。深翻扩穴结合

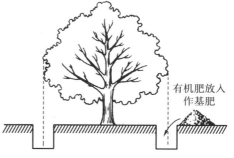

图 7.1　果园深翻改土

施农家肥、土杂肥、绿肥、磷肥及石灰等，每株施有机肥 30～40 kg，石灰 0.5～1.0 kg。

（2）隔行或隔株深翻

平地果园可隔一行翻一行，次年在另外一行深翻；丘陵山地果园，一层梯田一行果树，也可隔两株深翻一个株间的土壤。这种方法，每次深翻只伤及半面根系，可防止伤根太多，有利果树生长。

（3）全面深翻

除树盘范围以外，全面深翻。这种方法一次翻完，便于机械化施工和平整土地，但容易伤根过多。此法多用于幼龄果树。

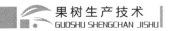
2）开沟排水

海涂、沙滩和盐碱地及平地果园，一般地下水位高，每年雨季土壤湿度往往超过田间最大持水量，使下部根系的土层处于水浸状态，果树的根系处于缺氧状态，产生许多有毒物质，致使果树生长不良、树势衰退，严重的甚至导致果树死亡。应开沟排水，降低地下水位，是这类果园土壤改良的关键。

3）培土

果园培土具有增厚土层、保护根系、增加肥力、压碱改酸和改良土壤结构的作用。培土的方法是把土块均匀分布在全园，经晾晒打碎，通过耕作把所培的土与原来的土壤混合。土质黏重的应培含砂质较多的疏松肥土，含砂质多的可培塘泥、河泥等较黏重的肥土。培土厚度要适当，一般以 5～10 cm 为宜。南方多在干旱季节来临前或采果后的冬季进行培土。

7.1.2　施肥技术

果树在一年中对肥料的吸收是不间断的，但会出现几次需肥高峰。需肥高峰一般与果树的物候期相平行，所以，生产上常以物候期为参照进行施肥。一般果树在新梢生长期需氮量最高，需磷的高峰是开花、花芽形成及根系生长的第一二次高峰期，需钾高峰则出现在果实成熟期。

1）施肥时期

（1）基肥

基肥是较长时期供给果树多种养分的基础肥料。基肥通常以迟效性的有机肥料为主，如农家肥、堆肥、厩肥、麸肥及作物秸秆、绿肥等。肥料施入后逐渐分解，不断供给果树所需的大量元素和微量元素。过磷酸钙、骨粉直接施入土壤，常易与土壤中的钙、铁等元素化合，不易被果树吸收利用。为了充分发挥肥效，宜将过磷酸钙、骨粉与厩肥、人粪尿等有机肥堆积腐熟，然后作为基肥施用。

基肥的施用时期最好是秋季，其次是落叶至封冻前。秋施基肥正值根系生长高峰期，有大量的新根发生，有利于根系的吸收，提高树体的营养贮备水平；有利于花芽发育、充实及满足春季发芽、开花、新梢生长的需要。落叶后和春季发芽前施基肥，对果树春季萌芽抽梢和开花坐果的作用很小。南方气候温暖地区，冬季根系仍有微弱活动，也可进行冬施。夏施基肥必须注意不能伤根，以防造成落果。

（2）追肥（补肥）

追肥（补肥）在施基肥的基础上，根据果树各物候期需肥特点，在生长季分期施肥的方法。其目的是既保证当年树壮、丰产、优质的需要，又给翌年生长结果打下基础。

成年果树的追肥一般有以下几个时期。

①花前肥。在早春萌芽前 1～2 周追施速效性氮肥，以促进萌发、开花和新梢生长。对弱树、结果过多的果树，较大量的追施氮肥可使萌芽、开花整齐，提高坐果率，促进营养生长。若树势强旺，基肥数量又较充足，特别在南方多雨地区，不宜施花前肥。

②花后肥(稳果肥)。在谢花后坐果期施肥。这时正值幼果、新梢迅速生长期,是果树需肥较多的时期。及时追施速效性氮肥,可提高坐果率,促进幼果发育,减少生理落果。但这次追肥必须根据树种、品种特性,看树施肥。若施用氮肥过多,往往会导致新梢生长过旺,造成养分分配中心转移到以营养生长为中心,加剧幼果因营养不良而脱落。

③果实膨大期肥(壮果肥)。一般是在生理落果后至果实开始迅速膨大期追肥。以速效氮、钾为主,适量配合磷肥,以提高光合效能,促进养分积累,加速幼果膨大,提高产量和品质。仁果类、核果类果树部分新梢停止生长、花芽开始分化时,及时追肥,为花芽分化供应充足的营养。这次追肥既保证当年产量,又为翌年结果打下基础,对克服大小年结果现象也有一定作用。

④果实生长后期肥(采果肥),此肥在果实开始着色至果实采收前后施。此时及时追施氮、磷、钾比例适宜的肥料,可促进果实生长,提高产量和品质,促进花芽分化;还可延迟落叶果树落叶,提高树体营养水平。对荔枝、龙眼等常绿果树,一般在采果后施,可恢复树势、促进秋梢抽生、培养健壮的结果母枝,为第二年丰产打下基础。

2)施肥量

果树施肥量的确定是一个复杂的问题,应综合考虑树种、品种、树龄、树势、结果量、肥料性质和土壤肥力等情况,并参考历年的施肥量来确定。一般柑橘、苹果、香蕉、葡萄等需肥较多,而菠萝、李、枣等需肥较少;幼树、旺树、结果少的树少施,成年大树、衰弱树、结果多的树多施;山地、沙地果园,因土壤贫瘠、保肥力弱,需多施。

确定果树施肥量的常见方法有经验施肥法、叶片分析法、田间肥料试验法。

3)施肥方法

土壤施肥即将肥料施在果树根系集中分布层,以利于根系向更深、更广处扩展。土壤施肥是应用最普通的施肥方法,果树基肥和大部分追肥均采用此法。生产上常用的土壤施肥方法有环状沟施肥、放射沟施肥、条沟施肥、穴状施肥、撒施4种,具体施肥方法见图7.2所示。

(1)环状沟施肥

此法是沿树冠滴水线挖宽20~30 cm、深约20 cm的环状沟施肥。此法在基肥、追肥时均可使用。

(2)放射状施肥

此法是于树冠下距树干1 m左右,以树干为中心,向外呈放射状挖5~8条施肥沟。沟宽20~30 cm,深度距树干近处较浅,渐向外加深,沟深15~20 cm、长80~120 cm。此法适用于成年果园施肥。

(3)条沟施肥

此法是在树冠两侧滴水线处挖宽20~30 cm、深15~20 cm,长度与树冠直径相当的施肥沟施肥。此法适用于成年果园的施肥。

(4)撒施

此法是树盘除草后,将肥料均匀撒在树盘地面上,然后中耕树盘,将肥料翻埋入土;密植的果园也可不翻土埋肥,而在地面撒肥后全面灌水,将肥料溶解入土。

环状沟施肥　　　放射状施肥　　　　条沟施肥

图7.2　土壤施肥方式

4）配方施肥

配方施肥，是综合运用现代农业科技成果，根据果树的需肥规律、土壤的供肥特性与肥料的效应，在施用有机肥为基础的条件下，通过分析测定树体和土壤的营养状况，提出氮、磷、钾以及微肥等元素适宜的比例、用量以及相应的施肥技术。配方施肥包括营养状况诊断、配方的提出、肥料配制或生产、施肥等过程。

（1）配方施肥的优点

①增产效果明显。调肥增产，即不增加化肥投资，把各种化肥的施用比例调整至合理程度，从而增产；减肥增产，即适当减少肥料施用量或取消土壤中含量丰富的某种养分的施用，以取得增产或平产；当土壤中某种养分含量（或为提高产量的最大限制因子）相对缺乏，加大此种养分化肥施用比例，可大幅度增加产量。

②有利于保护生态。配方施肥养分全面与比例合理，可消除因某种土壤养分不足的状况，化肥在土壤中的残留既不会太多，又能与有机肥结合成有机态，避免了土壤板结和污染现象。

③提高果实品质。以往有些地方偏施氮肥，既影响产量，还降低了果实的品质，使果实的甜度降低。此外，单一使用某种肥料，还会导致果树发生缺素症或严重的病虫害。配方施肥养分协调供给，既增加了产量，又提高了果实的质量。

④减轻病虫害。果树的许多生理病害是由于偏施肥料引起的。配方施肥养分齐全、比例适中，使果树生长健壮，既可防止出现生理病害，又能减轻病虫害。

（2）配方施肥的方法

①地力差减法。即用目标产最减去空白产量，其差值就是应通过施肥来获得的产量，计算公式如下：

肥料需要量＝［作物单位产量养分吸收量×（目标产量－空白产量）］／（肥料中养分含量×肥料当季利用率）

$$\qquad\qquad\qquad\qquad\qquad\qquad\qquad\qquad\qquad\qquad\qquad\qquad\qquad(7.1)$$

此方法的优点是不用测试土壤、不考虑土壤养分状况，计算方便、误差小；缺点是空白产量不能现时得到，需通过实验确定。

②氮、磷、钾比例法。即通过田间试验得出氮、磷、钾的最适用量，然后计算出三者的比例关系。这样一来，只确定一种肥料的用量，就可以按比例关系，决定其他肥料的用量。此法的优点是减少了工作量，容易掌握，方法简捷；缺点是受地区和时间、季节的局限。所以，应灵活掌握应用。

此外，还有养分平衡法、肥料效用函数法、养分中缺指标法等。因这些方法用起来都需要一定的设备，而计算方案繁杂，在此不再详述。

（3）配方施肥注意事项

①要有利于改善肥料的理化性状。如硝酸铵有吸湿结块的特性，如把硝酸铵与氯化钾混合可生成硝酸铵和氯化铵，吸湿性减小；但如把硝酸铵与过磷酸钙混合，会使吸湿性增强。

②要有利于发挥养分之间的促进作用。氮、磷混合后可相互促进，以磷增氮。根瘤菌肥和钼肥混合后，菌肥促使豆科作物根部结瘤；钼能提高根瘤菌的固氮能力，增产效果显著。

③要提高各种养分的有效性。过磷酸钙和有机肥混合，有机肥分解时产生的有机酸可分解难溶性磷，提高磷的有效性，并可减少磷与土壤的接触面，减少磷被土壤固定。石灰不能与过磷酸钙混合，因钙能使有效磷加速固定，使树体容易吸收的速效磷变为不可溶性磷。

④肥料混合后不发生养分损失。过磷酸钙与硫酸铵混合，反应后生成磷酸二氢铵，不会使氮挥发和磷素固定。草木灰、石灰与铵态氮肥、碳铵与镁磷肥就不能混合，因为混合后会使氮素挥发。

7.1.3　水分管理

1）灌水

（1）果树不同物候期需水量不同

生产上结合土壤施肥，根据果树不同物候期进行灌水与控水。果树需要灌水的主要关键时期为萌芽开花期、新梢萌发生长期、果实膨大期。此外，在秋冬干旱地区采果后灌水，对落叶果树越冬和翌春生长甚为有利。柑橘等常绿果树，采收后结合施肥进行灌水，有利于恢复树势，积累营养物质，促进花芽分化。

（2）果树需要控水的主要时期

在果实成熟采收前，若土壤不十分干旱，此时不宜灌水，以免降低品质或引起裂果；常绿果树在秋梢老熟后和花芽分化前期适当控水，有利于促进花芽分化。

（3）灌水方法

果园灌水方法应符合节约用水、减少土壤冲刷，便于操作及机械化作业为原则。常用的灌水方法有地面灌水、地下灌水、喷灌和滴灌。其中，以滴灌最节水。

地面灌溉是指采用沟、畦等地面设施进行灌溉。地面灌溉的技术要素包括地面灌溉中沟、畦规格、入沟（畦）流量及灌水持续时间和改水成数等。

常用的地面灌溉方式有畦灌、沟灌、水稻格田灌溉以及漫灌等。

地下灌水也称"渗灌"。它是利用埋于地表下开有小孔的多孔管或微孔管道，使灌溉水均匀而缓慢地渗入根区地下土壤，借助土壤毛管力作用而湿润土壤的一种灌水方法。

喷灌是利用喷头等专用设备把有压水喷洒到空中，形成水滴落到地喷灌面和作物表面的灌水方法。

滴灌是利用塑料管道将水通过直径约 10 mm 毛管上的孔口或滴头送到根部进行局部灌溉。它是目前干旱缺水地区最有效的一种节水灌溉方式，水的利用率可达 95%。滴灌较

喷灌具有更高的节水增产效果,同时可以结合施肥,提高肥效一倍以上。此法也可适用于果树灌溉。

所有的灌溉用水,不得含有盐碱和受污染。早春气温较低,土温刚开始上升,根系活动敏感,灌水时宜在中午水温较高时进行,以免因灌水降低地温,影响根系活动;夏季高温时,漫灌或沟灌宜在傍晚进行,以免地面积水过久,水温增高而损伤根系。

评价灌水质量的指标有灌溉范围内田间土壤湿润的均匀程度、田间水利用率及灌溉水贮存率等。但是,地面灌溉技术存在灌水定额(亩次灌水量)大,容易破坏土壤团粒结构,土壤表层易板结,水的利用率较低,平整土地工作量大,田间工程占地多等缺点。

2)排水

地下水位高的平地果园要降低地下水位;在雨季果园要防止积水,否则影响果树生长和结果,甚至使其烂根死亡。

一般平地果园排水应做到园内外"三沟"配套、排水入河。丘陵山地果园则应在做好水土保持工程的基础上,采用迂回排水,降低流速,防止土壤冲刷。对已受涝的果树,先排水抢救,树盘适当深翻或将根茎部分的土壤扒开晾根,促使根系尽早恢复功能。

任务7.2　树体管理

活动情景　果树是多年生作物。自然生长的果树,大多树冠高大,冠内枝条密生,紊乱而郁闭,光照、通风不良,易受病虫害危害,生长和结果难于平衡,大小年结果现象严重,果品质量低劣,管理也十分不便。整形修剪可控制树冠大小,使树体结构合理、枝条稀密合理,能较好地调节生长与结果的矛盾,改善通风透光条件,提高果品产量和质量。整形修剪是果树上具有特色的一项栽培技术措施,本任务要求学习整形修剪的方法。

 工作任务单设计

工作任务名称	任务7.2　树体管理		建议教学时数	
任务要求	1.熟练掌握果树的整形技术 2.熟练掌握修剪技术			
工作内容	1.结合当地果园的实际情况,熟练掌握果树的整形技术 2.熟练掌握修剪技术			
工作方法	以老师课堂讲授和学生自学相结合的方式完成相关理论知识学习;以田间项目教学法和任务驱动法,使学生掌握果树的整形和修剪技术			
工作条件	多媒体设备、资料室、互联网、试验地、相关劳动工具等			

续表

工作任务名称	任务 7.2　树体管理		建议教学时数		
工作步骤	资讯:教师由活动情景引入任务内容,进行相关知识点的讲解,并下达工作任务 计划:学生在熟悉相关知识点的基础上,查阅资料、收集信息,进行工作任务构思,师生针对工作任务有关问题及解决方法进行答疑、交流,明确思路 决策:学生在教师讲解和收集信息的基础上,划分工作小组,制订任务实施计划,准备完成任务所需的工具与材料 实施:学生在教师指导下,按照计划分步实施,进行知识和技能训练 检查:为保证工作任务保质保量地完成,在任务的实施过程中要进行学生自查、学生互查、教师检查 评估:学生自评、互评,教师点评				
工作成果	完成工作任务、作业、报告				
考核要素	课堂表现				
	学习态度				
	知识	1. 掌握果树的不同整形理论 2. 了解果树对修剪的响应			
	能力	1. 熟练掌握果树的整形技术 2. 熟练掌握修剪技术			
	综合素质	独立思考,团结协作,创新吃苦,严谨操作			
工作评价环节	自我评价	本人签名:	年	月	日
	小组评价	组长签名:	年	月	日
	教师评价	教师签名:	年	月	日

 任务相关知识点

7.2.1　整形技术

1)整形原则

整形的基本原则是"因树修剪,随枝作形,有形不死,无形不乱"。整形中应做到"长远规划,全面安排,平衡树势,主从分明"。既要重视树形基本骨架的建造,又要根据具体情况随枝就势诱导成形;既要重视早结果、早丰产,又要重视树体骨架的牢固性和后期丰产,做到整形、结果两不误。

2)果树常用的树形

我国当前在生产上常用的树形:仁果类常用疏散分层形,核果类常用自然开心形,柑橘、荔枝、龙眼、杞果等常用自然圆头形,藤蔓性果树常用棚架和篱架型。各地应根据当地自然条件、果树的种类和品种,总结各类高产、稳产、优质树形的经验,结合栽培制度,灵活

掌握。（图7.3）

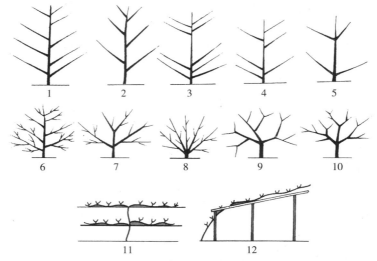

图7.3 果树主要树形示意图

1—主干型;2—变则主干型;3—层型;4—疏散分层型;5—十字形;6—自然圆头形;
7—开心型;8—丛状形;9—杯状形;10—自然杯状型;11—篱架型;12—棚架型

3)树体结构

详见前面相关章节。

4)整形方法

以荔枝、龙眼的自然圆头形整形为例,介绍果树整形修剪的一般过程和方法,至于不同树种、品种的整形,详见有关章节。

（1）定干

当苗高60~80 cm时,通过摘心或短截进行定干,一般定干高度为40~60 cm,定干时剪口以下20 cm左右为整形带。

（2）培养主枝

主干抽梢后,从萌发的侧枝中选留方向分布尽可能均匀且长势相当的3~5个枝条培养为主枝,其余抹除。各主枝间距10~15 cm,主枝与树干的夹角为45°~70°。

（3）培养副主枝

当主枝伸长至60~70 cm,在40~50 cm处短截,促进主枝抽生分枝。在各主枝选留2~3条长势相当的分枝,其中两条作为副主枝（二级枝）,一条作为主枝延续枝。待延续枝生长至50~60 cm时,再留第二层副主枝。如此法留第三层、第四层分枝。副主枝与主枝的夹角应大于45°。

（4）辅养枝及其处理

由副主枝抽生的枝条发展成结果母枝组,可扩大叶面积,增强光合效能,积累营养物质供植株生长。这类枝条一般不宜剪除。对徒长性的强枝进行短截,促进分枝,以保持枝条的从属性;对扰乱树冠的交叉枝和重叠枝,应给予删除。

一般经过3~4年的整形修剪,可培养成主枝3~4条、副主枝12~15条,枝条从属关系明显、枝叶繁多的自然圆头形树冠。

7.2.2 修剪技术

1) 修剪原则

修剪的原则是"以轻为主,轻重结合,固树制宜"。这就是说,修剪量和修剪程度总的要轻,尤其在结果盛期以前,修剪应做到"抑强扶弱,正确促控,合理用光,枝组健壮,高产优质"。轻剪固然有利于生长、缓和树势和结果,但为了骨架的建造,又必须对部分延长枝和辅养枝进行适当控制。轻重结合的具体运用,能有效地促进幼树向初果期、初果期向盛果期的转化,也有利于复壮树势,延长结果年限。

2) 修剪时期

果树在休眠期和生长期都可以进行修剪,但不同时期的修剪有不同的任务。

休眠期修剪即冬季修剪,应从秋季正常落叶后到翌年萌芽前进行。此时,果树的贮藏养分已由枝叶向枝干和根部运转,并且贮藏起来。这时修剪,对养分的损失较少;而且,因为没有叶片,容易分析树体的结构和修剪反应。因此,冬季修剪是多数果树的主要修剪时期。但也有例外,例如核桃树休眠期修剪会引起伤流,必须在秋季落叶前或春季萌芽后到开花前进行修剪。

冬季修剪要完成的果树主要整形修剪任务是培养骨干枝,平衡树势,调整从属关系,培养结果枝组,控制辅养枝,促进部分枝条生长或形成花芽,控制枝量,调节生长枝与结果枝的比例和花芽量,控制树冠大小和疏密程度,改善树冠内膛的光照条件,对衰老树进行更新修剪。

生长期修剪分春、夏、秋三季进行。在春季萌芽后到开花前进行的春季修剪,又分为花前复剪和晚剪。花前复剪是冬季修剪任务的复查和补充,主要是进一步调节生长势和花量。例如,在苹果的花芽不易识别时,可在冬剪时有意识地多留一些"花芽",在花芽开绽到开花前进行一次复剪,疏除过多的花芽,回缩冗长的枝组,这样有利于花量控制、提高坐果率和结果枝组的培养。幼树萌芽前后,加大辅养枝的开张角度,同时进行环剥,以提高萌芽率,增加枝量,这样有利于幼树早结果。晚剪是指对萌芽率低、发枝力差的品种萌芽后再短截,剪除已经萌芽的部分。这种"晚剪"措施,有提高萌芽率、增加枝量和减弱顶端优势的作用,是幼树早结果的常用技术。

夏季是果树生长的旺盛时期,也是控制旺长的好时机,许多果树都利用夏季修剪来控制枝势、减少营养消耗,以利树势缓和、花芽形成和提高坐果率,还能改善树冠内部光照条件,提高果实质量。常用的措施有撑枝开角、摘心疏枝、曲枝扭梢、环剥环刻等,它是葡萄、桃和苹果幼树不可缺少的技术措施。

秋季落叶前对过旺树进行修剪,可起到控制树势和控制枝条旺长的作用。此时疏除大枝、回缩修剪,对局部的刺激作用较小,常用于一些修剪反应敏感的树种、品种。秋季剪去新梢未成熟或木质化不良的部分,可使果树及早进入休眠期,有利于幼树越冬。生长期修剪损失养分较多,又能减少当年的生长量,故修剪不宜过重,以免过分削弱树势。

总之,不同时期的修剪各具有一些特点,生产上应根据具体情况相互配合、综合应用。南方常绿果树常在采果后进行修剪,促进夏梢或秋梢的抽生,培养翌年结果母枝。

3)果树常见的修剪方法

果树常见的修剪方法有短截、回缩、摘心、疏剪、抹芽、长放、拉枝、曲枝、扭梢、拿枝、环剥、环割、环扎等。(表7.1,图7.4)

表7.1 果树常用修剪方法、概念、对象及作用

修剪方法	概　念	修剪对象	作　用
短截	剪去1~2年生枝条的一部分。根据短截的程度不同,分轻短截、中短截、重短截和极重短截	1~2年生老熟枝条	缩短枝条、促进分枝
回缩	对多年生枝条或大枝的短剪	多年生枝条或大枝	促进多年生枝条或大枝潜伏芽的萌芽,使骨干枝、老树更新复壮
摘心	用手摘除幼嫩、未木质化枝条的顶端	幼嫩、未木质化的枝条	削弱顶端优势,促进枝条老熟、充实
疏剪	从基部把枝条剪除	过密枝、病枝、枯枝、弱枝、重叠枝	选优去劣、除密留稀,减少枝条数量,减少养分消耗,提高留用的枝质量,使树冠通风透光
抹芽	用手将幼嫩枝条从基部抹除	幼嫩、未木质化的枝条	减少枝条数量,节约养分,提高留用枝的质量,促进留用枝老熟、充实
长放(缓放)	对一年生长枝不剪	中庸枝、斜生枝、平生枝条	使长枝营养分散,生长减弱,促进中、短果枝的抽生
拉枝	改变枝条角度或方向	直立或分生角度小的枝条	加大枝条的分生角度,抑制营养生长,促进生殖生长
曲枝	将枝条向水平或下垂方向弯曲,加大分枝角度,改变生长方向	直立或近于直立的旺枝	削弱枝条的顶端优势,开张骨干枝角度,抑制营养生长,促进生殖生长
扭梢	在枝梢基部扭转一定的角度,使新梢木质部和韧皮部受伤而不折断,呈扭曲状态	直立或近直立的半木质化旺枝	增加受扭曲枝梢的有机营养的积累,有利花芽形成
拿枝	从枝梢基部到顶部逐段使其弯曲,在损伤木质部的同时不伤皮,并发出较脆的折裂声	直立或近于直立的半木质化旺枝	减弱枝梢长势,使旺枝停长,有利花芽形成,提高翌年萌芽率与产量
环剥	将枝干的韧皮剥去一圈	生长旺盛的幼树、青壮树的骨干枝	削弱树势,使环剥口以上的枝条积累较多的有机养分,有利于花芽分化和保花保果
环割	在枝干上用刀环割一圈,割断韧皮部,不伤木质部	生长旺盛的幼树、青壮树的骨干枝	削弱树势,使割口以上的枝条积累较多的有机养分,有利于花芽分化和保花保果。但作用弱于环剥

续表

修剪方法	概　　念	修剪对象	作　　用
环扎	在枝干上用铁丝环扎一圈，使铁丝陷进枝干皮层	生长旺盛的幼树、青壮树的骨干枝	作用同环剥

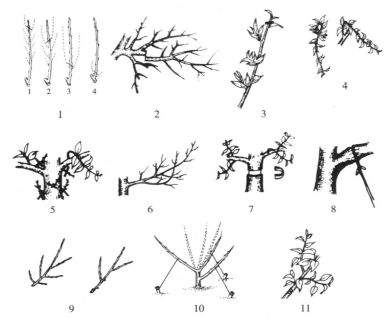

图 7.4　果树常见修剪方法示意图

1—短截;2—缩剪;3—摘心;4—扭梢和折枝;5—抹芽;6—长放;
7—环剥;8—环扎;9—疏枝;10—拉枝;11—环割

4)修剪技术的综合运用

(1)调节枝条角度

①加大枝条角度的措施。a. 留选斜生枝或枝梢下部等作剪为口芽。b. 利用撑枝(图7.5)、拉枝、吊枝、扭枝等方法加大角度。c. 利用枝、叶、果本身重量自行拉垂。d. 利用枝叶遮阴,使枝条开张。

②缩小枝条角度的措施。a. 选留向上的枝芽作为剪口芽。b. 利用拉、撑,使枝芽直立向上。c. 短剪后,枝顶不留果枝或少留果枝。d. 换头、抬枝,缩小角度。

(2)调节花芽量

①增加花芽量措施。a. 减少无效枝,疏去密枝、枯枝、

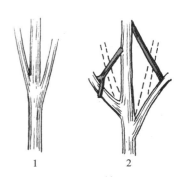

图 7.5　撑枝

弱枝、病虫枝、重叠枝等,改善透光条件。b. 缓和树势,采取长放、拉枝、环割、环剥、扭枝、轻短截、摘心等措施。c. 加大枝条角度。d. 用植物生长素调节,如 B_9、矮壮素、多效唑、乙烯

利、整形素等。

②减少花芽量的措施。a.加强树势,采取以重、短截修剪为主,提前冬剪,促进枝梢生长,减少花芽。b.疏剪花芽。

（3）整体调控

①强壮树修剪。a.从修剪时期看,冬轻（促结果）夏重（削弱生长）,延迟冬剪时间。b.缓和树势,采取长放、拉枝、环割、环剥、扭枝、轻矩截、摘心等措施。c.加大枝条角度,剪口芽选取枝下芽;用下拉、坠、撑枝方法拉大枝条角度,减弱树势,促进成花。d.减少无效枝,疏去密枝、枯枝、弱枝、病虫枝、重叠枝等,改善透光条件。e.可利用生长调节剂调节缓和树势,如 B$_9$、矮壮素、乙烯利、整形素等。

②弱树修剪。a.从修剪时期看,冬重（促生长）夏轻,提早冬剪。b.短截、重剪,留向上的枝和向上的剪口芽。c.去弱枝,留中庸强壮枝。少留结果枝,特别是骨干枝先端不留结果枝。d.大枝不剪,减少伤口。e.可利用生长调节剂促进生长,如赤霉素等。

③上强下弱树修剪。a.中心干弯曲,换头压低,削弱极性。b.树冠上部多疏少截,减少枝量,去强留弱、去直留斜,多留果枝（特别是顶端果枝多留）。c.对上部大枝环割,利用伤口抑制生长。d.在树冠下部少疏多截,去弱留强、去斜留直,少留果枝。

④外强内弱树修剪。a.开张角度,提高内部相对芽位和改善光照。b.外围多疏少截,减少枝量,去强留弱,去直留斜,多留果枝。c.加强夏季弯枝,控制生长势。d.内部疏弱枝,少留果枝,待枝条增粗后再更新复壮。

⑤外弱内旺树修剪。a.外围去弱留强,直线延伸,少留果枝,多截少疏,促进生长。b.内膛以疏缓为主,多留果枝,开张小枝角度,抑制生长。

任务7.3　花果管理技术

活动情景　现代果品生产的主要目的是获得优质、高产的商品果实。加强果树的花期和果实管理,对提高果品的商品性状和价值、增加经济收益具有重要意义,也是实现优质、丰产、稳产和壮树的重要技术环节。本任务要求学习疏花疏果、保花保果、果实套袋、贴字和套瓶技术。

 工作任务单设计

工作任务名称	任务7.3　花果管理技术		建议教学时数	
任务要求	1.熟练掌握疏花疏果技术 2.熟练掌握保花保果技术 3.熟练掌握果实套袋技术 4.熟练掌握果实贴字和套瓶技术			

续表

工作任务名称		任务 7.3　花果管理技术	建议教学时数		
工作内容		1.疏花疏果技术训练 2.保花保果技术训练 3.果实套袋技术训练 4.果实贴字和套瓶技术训练			
工作方法		以老师课堂讲授和学生自学相结合的方式完成相关理论知识学习;以田间项目教学法和任务驱动法,使学生掌握疏花疏果、保花保果、果实套袋、贴字和套瓶技术			
工作条件		多媒体设备、资料室、互联网、试验地、相关劳动工具等			
工作步骤		资讯:教师由活动情景引入任务内容,进行相关知识点的讲解,并下达工作任务 计划:学生在熟悉相关知识点的基础上,查阅资料、收集信息,进行工作任务构思,师生针对工作任务有关问题及解决方法进行答疑、交流,明确思路 决策:学生在教师讲解和收集信息的基础上,划分工作小组,制订任务实施计划,准备完成任务所需的工具与材料 实施:学生在教师指导下,按照计划分步实施,进行知识和技能训练 检查:为保证工作任务保质保量地完成,在任务的实施过程中要进行学生自查、学生互查、教师检查 评估:学生自评、互评,教师点评			
工作成果		完成工作任务、作业、报告			
考核要素	课堂表现				
	学习态度				
	知识	理解果树疏花疏果、保花保果、果实套袋、贴字和套瓶技术的基本理论			
	能力	熟练掌握果树疏花疏果、保花保果、果实套袋、贴字和套瓶技术			
	综合素质	独立思考,团结协作,创新吃苦,严谨操作			
工作评价环节	自我评价	本人签名:	年	月	日
	小组评价	组长签名:	年	月	日
	教师评价	教师签名:	年	月	日

 任务相关知识点

7.3.1　疏花疏果

1)疏花疏果作用及意义

疏花疏果是人为及时疏除过量花果,保持合理留果量,以保持树势稳定,实现稳产、高产、优质的一项技术措施。

疏花疏果的主要作用有如下几点。

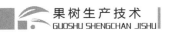

（1）克服大小年，保证树体稳产丰产

果实在生长同花芽分化间的养分竞争十分激烈。有限的养分被过多的果实发育消耗后，树体内的养分积累就不能达到花芽分化所需水平。此外，幼果会产生大量的赤霉素，较高水平的赤霉素对花芽分化有较强的抑制作用。因此，过大的负载量往往会造成第二年花量不足、产量降低，出现大小年现象。通过疏除花芽分化期树体内赤霉素的含量水平，从而保证每年都形成足够量的花芽，实现果树丰产、稳产。

（2）提高果实品质

疏除过多的果实，使留下的果实能实现正常的生长发育，做到采收时果大、整齐度一致。此外，在疏果时，重点疏除弱花弱果及位置不好、发育不良的果、病虫果、畸形果等，从而减少残次果率。

（3）保证树体健壮的生长

频繁和严重的大小年现象，对树体发育影响很大。在大年，过大的负载量会导致树体的贮藏养分积累不足，树势衰弱，抗性降低。许多生产实践证明，连续的大小年现象是造成苹果园腐烂病大发生的重要原因之一。疏除过多的花果，有利于枝叶及根系的生长发育，使树体贮藏营养水平得到提高，进而保证树体的健壮生长。

2）合理负载量的确定

确定合理的果实负载量，是正确应用疏果技术的前提。不同的树种、品种，其结果能力有很大的差别。即使相同的品种，处在不同的土壤肥力及气候条件下，其树势及结果能力也不相同。在生产中确定果树负载量，主要依据以下几项原则。

第一，保证良好的果品质量。

第二，保证当年能形成足够的花芽量，生产中不出现大小年。

第三，保证果树具有正常的生长势，树体不衰弱。

目前，确定适宜留果标准的参考指标主要有如下几项。

①历年留果经验。

②干周和干截面积。

③叶果比和枝果比。

④果实间距等。

这些参考指标在实际应用中，需结合当地的实际情况作必要的调整，使负载量更加符合实际情况，达到连年优质、丰产。

（1）经验法

这是目前大多数果园所采用的方法。通常根据树势强弱和树冠大小，结合常年的生产实践经验来确定果实保留数量。树势强和树冠大的多留果，反之少留果。在苹果园中，也可根据新梢的生长势，特别是副梢的生长势来确定留果量。经验法简便易行，但操作中没有固定的标准，灵活性强，如判断失误，易造成不良后果。

（2）叶果比

指总叶片数与总果数之比，是确定留果量的主要指标之一。每个果实都以其邻近叶片供应营养为主，所以每个果必须要有一定数量的叶片生产出光合产物来保证其正常的生长发育,即一定量的果实,需要足够的叶片供应营养。对同一种果树、同一品种,在良好管理的条件下,叶果比是相对稳定的。如苹果的叶果比:乔砧树、大型果品种为40~60;矮砧树、中小型果品种为20~40。根据叶果比来确定负载量,是相对准确的方法。但在生产实践中,由于疏果时叶幕尚未完全形成,叶果比的应用有一定困难,可参考其他指标,灵活运用。

(3)枝果比

这是枝梢数与果实数的比值,是用来确定留果量的一项参数,也是苹果、梨等果树具体确定留果量的普遍参考指标之一。枝果比通常有两种表示方法:一种是修剪后留枝量与留果量的比值,即通常所说的枝果比;另一种是结果为年新梢量与留果量的比值,又叫梢果比。梢果比一般比枝果比大1/4~1/3,应注意区分两者,以确定合理留果量。

应用枝果比确定留果量时可参考叶果比指标。枝果比因树种、品种、砧木、树势以及立地条件和管理水平的不同而异,因此在确定留果量时应综合考虑,灵活运用。

(4)干周留果法

这是根据果树的干周来确定果树负载量的方法。具体方法是在疏果前,用软尺测量树干距地面20~30 cm处的周长,通过公式计算单株留果量。

另外,还有干截面留果法、距离法等。

3)疏花疏果时期和方法

(1)时期

从理论上讲,疏花疏果进行得越早,节约贮存养分就越多,对树体及果实生长也越有利。但在实际生产中,应根据花量、气候、树种、品种及疏除方法等具体情况来确定疏除时期,以保证足够的坐果为原则,适时进行疏花疏果。通常,生产上疏花疏果可进行3~4次,最终实现保留合适的树体负载量。结合冬剪及春季花前复剪,疏除一部分花序、开花时疏花、坐果后进行1~2次疏果,可减轻树体负载量。在应用疏花疏果技术时,有关时期的确定,应掌握以下几项原则。

①花量大的年份早进行。即使是树体花量大的年份,也可分几次进行疏花疏果,切忌一次到位。

②自然坐果率高的树种、品种应早进行,自然坐果率低的树种、品种应晚进行。对于自然坐果率低的树种和品种,一般只疏果、不疏花,有些果树品种自然坐果率低,应在落果结束后再定果。

③早熟品种宜早定果,中、晚熟品种可适当推迟。

④花期经常发生灾害性气候的地区或不良的年份应晚进行。

⑤采用化学方法进行疏花疏果时,应根据所用化学药剂的种类及作用原理,选择在疏除效果最好、药效最稳定的时期施用。

(2)方法

分为人工疏花疏果和化学疏花疏果两种。

①人工疏花疏果。是目前生产上常用的方法。优点是能够准确掌握疏除程度,选择性强,留果均匀,可调整果实分布。缺点是费时费工,增加生产成本,不能在短时期内完成。

人工疏花疏果一般在了解成花规律和结果习性的基础上,为了节约贮藏营养,减少"花而不实",以早疏为宜。"疏果不如疏花,疏花不如疏花芽",所以,人工疏花疏果一般分3步进行。第一步,疏花芽。即在冬剪时,对花芽形成过量的树,进行重剪,着重疏除弱花枝、过密花枝,回缩串花枝,对中、长果枝破除顶花芽;在萌动后至开花前,再根据花量进行花前复剪,调整花枝和叶芽枝的比例。第二步,疏花。在花序生出至花期,疏除过多的花序和花序中不易坐优质果的次生花。疏花一般是按间距疏除过多、过密的瘦弱花序,保留一定间距的健壮花序;对坐果率高的树种和品种可以进一步只保留 1 ~ 2 个健壮花蕾,疏去其余花蕾。第三步,疏果。在落花后至生理落果结束之前,疏除过多的幼果。

定果是在幼果期,依据树体负载量指标,人工调整果实在树冠内的留量和分布的技术措施,是疏花疏果的最后程序。定果的依据是树体的负载量,即依据负载量指标(枝果比、叶果比、距离法、干周及干截面积法等),确定单株留果量,以树定产。一般实际留果量比定产留果量多留 10% ~ 20%,以防后期落果和病虫害造成减产。定果时先疏除病虫果、畸形果、梢头果、纵径短的小果、背上及枝杈卡夹果,选留纵大果、下垂果或斜生果,依据枝势、新梢生长量和果间距,合理调整果实分布,枝势强、新梢生长量大,应多留果,果间距宜小一些;枝势弱、新梢生长量小,应少留果,果间距宜大一些。对于生理落果轻的树种品种定果可在花后 1 周至生理落果前进行。定果越早,越有利于果实的发育和花芽分化。否则,应在生理落果结束后进行定果。

②化学疏花疏果。化学疏花疏果是在花期或幼果期喷洒化学疏除剂,使一部分花或幼果不能结实而脱落的方法。

优点:省时省工、成本低,疏除及时等。缺点:因疏除效果受诸多因素(影响药效的因素多)的影响,或疏除不足,或疏除过量,从而致使这项技术的实际应用有一定的局限性。

具体可分为化学疏花和化学疏果两种。

a. 化学疏花。化学疏花是在花期喷洒化学疏除剂,使一部分花不能结实而脱落的方法。化学疏花常用药剂有二硝基邻甲苯酚及其盐类、石硫合剂等。其可以灼伤花粉和柱头,抑制花粉发芽和花粉管生长,使花不能受精而脱落。

b. 化学疏果。化学疏果是在幼果期喷洒疏果剂,使一部分幼果脱落的疏果方法。化学疏果常用药剂有西维因、萘乙酸和萘乙酰胺、美曲膦酯、乙烯利等。喷施后通过改变内源激素平衡,或干扰幼果维管系统的运输作用,减少幼果发育所需的营养物质和激素,从而引起幼果脱落。化学疏果剂的使用时期一般在盛花后 10 ~ 20 d,不同药剂有效使用浓度不同,同一药剂在不同果树、不同的气候及树势条件下存在较大的差异。因此,在化学疏果时,施用浓度不宜过大,并应结合人工疏果措施进行。

7.3.2　保花保果技术

坐果率是产量构成的重要因子。提高坐果率,尤其是在花量少的年份提高坐果率,使有限的花得到充分的利用,在保证果树丰产、稳产上具有极其重要的意义。绝大多数果树的自然花朵坐果率很低,如苹果、梨的最终花朵坐果率为 15% 左右;桃、杏为 5% ~ 10%。因此,即使是在花量较多的年份,如不采取保花保果措施,也常会出现"满树花、半树果"的情况。

造成果树落花落果主要有两方面的原因,树体因素和环境因素。树体因素除取决于树种、品种自身的遗传特性以外,还取决于树体的贮藏养分、花芽的质量、授粉的质量、花器官的发育情况等。环境因素主要包括花期梅雨、晚霜、低温、空气湿度过低和土壤近于干旱等。因此,要提高坐果率,应根据具体情况,采取相应的措施。提高坐果率的措施主要包括提高树体贮藏营养的水平、保证授粉质量、应用植物生长调节剂和改善环境条件4个方面。

1)提高树体贮藏营养水平

（1）树体的营养水平

树体的营养水平,特别是贮藏营养水平,对花芽质量有很大的影响。许多落叶果树的花粉和胚囊是在萌芽前后形成的,此时树体叶幕尚未形成,光合产物很少,花芽的发育及开花坐果主要依赖于贮藏营养。贮藏营养水平的高低,直接影响果树花芽形成的质量、胚囊寿命及有效授粉期的长短等。因此,凡是能增加果树贮藏营养的措施,如秋季促使树体及时停止生长、尽量延长秋叶片寿命和光合时间等,都有利于提高坐果率。

（2）调整养分分配方向

合理调整养分分配方向也是提高坐果率的有效措施。果树花量过大、坐果期新梢生长过旺等都会消耗贮藏养分,从而降低坐果率。采用花期摘心、环剥、疏花等措施,能使养分分配向有利于坐果的方面转化,对提高坐果率具有显著的效果。

（3）合理施肥

对贮藏养分不足的树,在早春施速效肥,如在花期喷施尿素、硼酸、磷酸二氢钾等,也是提高坐果率的有效措施。

2)保证授粉质量

（1）人工授粉

在果园配置有足够授粉树的情况下,果树的自然授粉质量取决于气候条件和昆虫活动状况。近年来,由于授粉不良而大幅度减产的事例发生频繁。这是因为,一方面,随着化学农药使用量的增加,自然环境中昆虫的数量在日益减少。另一方面,随着全球气候的变化,果树花期异常气候的出现也越来越频繁,如花期大风、下雨等。因此,完全靠自然授粉难以保证果树园连年丰产和稳产。人工授粉实质上是自然授粉的替代和补充,它能保证授粉的质量,提高坐果率。而且,人工授粉的授粉质量高、果实中种子数量多,尤其对于猕猴桃等果树,在促进果实增大、端正果形及提高果品质量方面效果显著。

人工授粉的方法。

①采花。采集适宜品种的大蕾期的花或刚开放但花药未开裂的花。适宜品种应具备以下条件:花粉量大且具有生活力;与被授粉品种具有良好的亲和性。为了保证花粉具有广泛的使用范围,在生产上最好取几个品种的花朵,授粉时把几个品种的花粉混合在一起使用。取花量应根据授粉果园的面积大小来确定。

②取粉。采花后,应立即取下花药。在花量不大的情况下,可采用手工搓花的方法获得花药,即双花对搓或把花放在筛子上用手搓。花量大时,可用机械脱药。花药脱下后,应放在避光处阴干,温度控制在25 ℃左右,最高不超过28 ℃,一般经过24~48 h花药即可开裂。干燥后的花粉放入玻璃瓶,并在低温、避光、干燥的条件下保存备用。

③异地取粉与花粉的低温贮藏。在生产中常常遇到由于授粉品种的花期晚于主栽品种而造成授粉时缺少花粉的困难。为解决这个问题，可采用异地取粉和利用贮藏的花粉。异地取粉是利用不同地区物候期的差异，从花期早的地区取粉为花期晚的地区授粉。花粉在低温干燥的条件下可长时间保持生命力。在进行低温保存时应注意以下条件的控制：一是低温。对于大部分树种，应控制在 0～4 ℃。二是干燥。在花粉保存中应保持干燥，最好放入加有干燥剂的容器中。三是避光保存。

④授粉。授粉的方法有人工点授、机械喷粉、液体授粉等。在生产中应用最多的是人工点授。授粉时期应从初花期开始，并随着花期的进程反复授粉，一般人工点授在整个花期中至少应进行两遍。当天开放花朵授粉效果最好，以后随花朵开放时间的延长，授粉效果逐渐降低。苹果的有效授粉期一般为 3 天。点授时，每个花序只授两朵，对坐果率高的品种，可间隔授粉，而对坐果率低的树种、品种或花量少的年份，应多次授粉。授粉常用工具有细毛笔、橡皮头、小棉花球等。为了节约花粉，可把花粉与滑石粉按 1∶5 的比例进行混合后使用。

为了提高授粉效率，可采用机械喷粉。具体方法是把花粉加入 200～300 倍的填充剂后，用喷粉机进行授粉。也可采用液体授粉，液体授粉的配方：水 10 kg、蔗糖 1 kg、硼酸 20 g、纯花粉 100 mg，液体混合后应在两个小时内喷完。机械授粉效率高，但花粉使用量大，需大幅度增加采花数量，因此在生产中，特别是一家一户应用时较困难。

（2）果园放蜂

①蜜蜂授粉。在果园中放蜜蜂授粉是我国常用的方法。通常，每 0.3 hm² 果园放一箱蜂，即可达到良好的效果。放蜂时应注意：蜂箱要在开花前 3～5 d 搬到果园中，以保证蜜蜂能顺利度过对新环境的适应期，在盛花期到来时出箱活动，如遇恶劣天气应及时进行人工补充授粉。

②壁蜂授粉。壁蜂是日本果农在授粉时常用的一种人工饲养的野生蜂。同蜜蜂相比，它具有访花次数多、授粉效果好等优点。它最大的特点是一年中只在 4—5 月份外出活动，其他时间均在蜂巢中。这样，既可避免农药对它的伤害，又可免去周年饲养的费用，因此受到人们的普遍欢迎。近年来，我国已引进了壁蜂并开始在生产上推广应用。

3）植物生长调节剂的应用

施用某些植物生长调节剂，可以提高果树坐果率。目前应用较多的植物生长调节剂有赤霉素、萘乙酸、尿素等。赤霉素对山楂、枣、葡萄等都有促进坐果的作用。玫瑰香葡萄在花前用矮壮素 200 mg/L 的溶液沾果穗，可明显提高坐果率。近年来，科研单位研制出许多新型的提高坐果率的药剂，其中很多为植物生长调节剂与其他物质，如氨基酸、生物碱、微量元素等的混合物，对提高果树的坐果率具有良好的效果。

在应用生长调节剂时要注意，不同的调节剂，或同一种调节剂在不同树种上使用，其作用差别很大。第一次使用新的生长调节剂时，必须进行小面积试验，以免造成损失。

4）改善环境条件

花期是果树对气候条件最敏感的时期，如遇恶劣天气，往往会造成大幅度减产。目前人类还不能完全控制天气的变化，但可尽量减少恶劣天气所造成的损失。果园种植防风林地,是改善果园小气候的有效措施。此外,通过早春灌水,可推迟果树开花的时间、躲过晚霜的危害,从而减少损失。但应注意在花期内尽量不要灌水,以免降低坐果率。

7.3.3　果实套袋

果实套袋最初是为防止果实病害而采取的一项管理技术措施。为改善果实外观,提高商品性,减少农药污染,生产出无公害果品,在疏花疏果的同时,可对果实进行套袋。套袋可明显改善果实的外观,提高果实抗病、抗虫能力,防止农药污染,防止日灼和裂果,但也存在果实含糖量降低、风味变淡等缺点。

果实套袋技术对果袋的质量、套袋及摘袋的时期、摘袋后的管理等都有较为严格的要求,如掌握不好,会给生产造成一定的损失。套袋的技术要点如下。

1)果袋质量

套袋可选用商业生产的专门的果袋。此类果袋一般都进行过防水、防晒、防虫、防病处理,结构精巧,便于操作。也可自制报纸袋,但其防水、防晒、防病性能及耐用性远不及商品果袋,且存在铅残留。主要防病时,也可使用透气塑料袋,但只能在树冠中、下部使用,树冠上部光照强,塑料袋内果实容易被日光灼伤。

2)套袋时间及要求

套袋在定果后进行,套袋前应对果实全面喷施杀菌剂及杀虫剂一次,以清除果实上的病虫。套袋时先用手撑开袋口,将袋口对准幼果扣入袋中,并让果在袋内悬空,不可让果实接触袋纸。在果柄或母枝上呈折扇状收紧袋口,反转袋边用扎丝扎紧袋口,再拉伸袋角,确保幼果在袋内悬空。套袋时注意不可伤果,特别是果柄。迎风的地方,或果柄易脱、太短时,袋口应呈骑马状骑过母枝,在母枝上扎口。袋口封闭要严,以防害虫进入袋内。

3)除袋

对于梨等非红色果皮,通常套袋果实至采收时也不除袋。但对于以获得红色果实为主要目的的套袋果实,必须在采收前除袋。除袋时间一般在果实采收前一个月左右。为防止日灼的发生,除单层袋时,先把外袋除去,待果面呈现黄色或有淡红晕后(2~3 d后)再除去内袋。除内袋应在晴天中午(10:00—14:00)进行。除袋后数天的日照状况对果实着色十分重要,因此,应尽量选择在连续晴天时除袋。

7.3.4　特色果品生产技术

1)果实贴字

贴字果实又称"艺术果实",是集书法、简笔画、剪纸等艺术作品为一体的一种自然表现方式。贴字艺术果实的生产过程包括图案设计、遮光图案纸制作、绿色无公害果实套袋、果实摘袋、果实筛选、图案粘贴、果实摘叶、果实转果、阳光照果、果实采收、图案摘除、选果、分级包装等多个复杂步骤。由于字画的笔墨部分遮挡了太阳光线,当果实采收时,果实表

面上,便晒制出各式图案或书法作品。其中,卡通动物、十二生肖栩栩如生、生动可爱;各体书法,清晰逼真,"福禄寿喜"寄托美好愿望,"吉祥如意"传达真挚情感。果实贴字也是一种果品增值技术。

现将果实贴字技术介绍如下。

(1)果实的选择

应选择果实个大、品质优良的红色品种的果形端正、果高桩、果面光洁、无病虫害、单果重 200~250 g 的果实进行贴字。选果要相对集中,以方便操作、管护及采收。树势健壮、树冠南部或西南部外围枝上的果实贴字效果最好。

(2)字模的选择

目前市场上的字贴有两种:一种是在透明胶纸上印刷,整卷出售的,其缺点是字与字相连,在贴字时要一个个地剪开、不便操作,但价格低廉;另一种为单字分离,贴在牛皮纸上,贴字时一个个揭下来即可,较为方便。要选择正规厂家生产的贴字。有些贴字材料不合乎要求,贴在果面上有可能导致日灼或对果皮产生刺激,影响美观。字模规格(大小)应依据果实大小确定,二者比例要协调,果实直径在 75 mm 左右的宜选用 40×60 mm 规格的字模;直径在 80~85 mm 的宜选用 45 mm×60 mm 规格的字模。

(3)贴字内容

贴字的内容主要是一些祝福语,如福、禄、寿、喜、吉祥、如意等,贴字的图案主要是十二生肖、花、鸟、虫、鱼等。可根据市场要求选择,也可根据需要创造一些现代字词。在字体选择上,要求大气、简练,不可选用草书和繁体字,以免贴出来的文字无法辨认。

(4)贴字时间

应根据果实的成熟期确定贴字时间。贴字过早,因果实膨大,容易把字的笔画拉开,影响艺术效果;过晚,果实已经着色成熟,达不到预期的效果。套袋果要在摘外袋时同时进行,不套袋果可在采收前 1 个月左右开始进行。贴字应在早上露水干后或傍晚进行,避开中午高温时段,以免引起果实日灼。

(5)贴字方法

先将果面贴字处的果粉轻轻擦去。不干胶纸字模可直接往果面上贴,塑料薄膜字模可用少量医用凡士林油涂抹背面,或将凡士林油先涂抹在塑料板(或华丽板)上,用时将薄膜往板上贴一下,使字模背面涂上凡士林。粘贴时将字模在果面上摆正,然后用两手大拇指从中间向四周将字模展平压实。字模的边缘一定要压实,不能有翘边。如果字模在果面上出现打折、皱缩现象,应立即拉平。操作过程要轻拿轻放,以防落果。

(6)贴字后的管理

贴字后,应围绕促进果实着色、提高贴字果工艺价值来加强管理。适当摘除果实周围5~10 cm 范围枝梢基部的遮光叶,增加果面受光;当向阳面着色鲜艳时进行转果,将阴面转到阳面,使其着色。

(7)采收及包装

适当晚采可增加贴字效果,但采摘过晚会影响果实耐贮性。一般可按果实的生长期,即从落花到成熟的天数来确定采摘的时间。为防止采前落果,可在采收前 30~40 d,喷 2~3 次萘乙酸。采收后,除去果面的贴字或图案,擦净果面,用果蜡打蜡,以增如果面光泽、减少果实失水、延长果实贮藏寿命。相同字样的果实按大小分别装箱,做好标记。上架时按字组(图案)摆放或分装在塑料袋(盒)或提盒内,以提高其商品价值。

2)果实套瓶

果实套瓶不仅保证了果实优质无公害,而且使其成为了一件工艺品。

采用套瓶种植果实,从幼果期就要开始套瓶,整个生长期和采摘、运输、贮藏等都是在瓶子里,没有农药污染和二次污染,符合无公害生产的要求;种植过程中昼夜温差大,有利于糖分积累;套瓶果高桩,且大小、形状、颜色等完全一致,像工厂加工过的一样。在常温下,套瓶果能放到次年三、四月,与一般果实相比,贮藏期大大延长。如果经过加工,再配上绿叶、红花,果实更晶莹剔透,漂亮至极。果实的套瓶呈长圆形,重量约 60 g,直径约 10 cm,瓶口高 2 cm,瓶口直径很小,只能塞进去大拇指。瓶子底下留两个小孔作为通风孔。果实套瓶技术比普通的套袋技术要求严格,管理中要注意以下几点。

(1)准确选果

套瓶的果要选中、长果枝上果形较长的下垂果。

(2)及时疏果

在定果后疏果,果与果的距离要在 30 cm 左右,以防因刮风引起碰撞,造成套瓶损坏。

(3)适时套瓶

套瓶一般比套袋早 10 ~ 15 d,套瓶后 15 ~ 20 d 再套纸袋,因为套瓶果幼果已受保护,见光长得快。

(4)应用果形剂

套瓶果的果形指数大,必须喷施果形剂,强化果实的纵向生长。一般在成花期、落花后一周各喷一次。

(5)套瓶的固定

可用塑料袋把套瓶固定在挂果的枝条上。

(6)适时去袋采收

套瓶果要以果为单位进行精细管理,随时观察,及时脱袋,一般果实全红后,便可采摘。

(7)加工密封

采摘后瓶口用塑料塞封严,瓶底的通风孔用蜡密封。这样处理后,果实的保鲜时间可延长。

任务7.4　病虫草害防治技术

活动情景　　果树在生长发育过程中,会遭受病虫草等的危害,造成产量损失、降低产品质量。因此,必须实施产前、产中和产后的有效防治。本任务要求学习病害、虫害和草害的防治技术。

 工作任务单设计

工作任务名称	任务7.4　病虫害防治技术		建议教学时数		
任务要求	熟练掌握病害、虫害、草害的防治技术				
工作内容	结合当地果园实际情况,选择有病虫草害的果树进行病害、虫害、草害防治技术的训练				
工作方法	以老师课堂讲授和学生自学相结合的方式完成相关理论知识学习;以田间项目教学法和任务驱动法,使学生掌握病虫草害的防治技术				
工作条件	多媒体设备、资料室、互联网、试验地、相关劳动工具等				
工作步骤	资讯:教师由活动情景引入任务内容,进行相关知识点的讲解,并下达工作任务 计划:学生在熟悉相关知识点的基础上,查阅资料、收集信息,进行工作任务构思,师生针对工作任务有关问题及解决方法进行答疑、交流,明确思路 决策:学生在教师讲解和收集信息的基础上,划分工作小组,制订任务实施计划,准备完成任务所需的工具与材料 实施:学生在教师指导下,按照计划分步实施,进行知识和技能训练 检查:为保证工作任务保质保量地完成,在任务的实施过程中要进行学生自查、学生互查、教师检查 评估:学生自评、互评,教师点评				
工作成果	完成工作任务、作业、报告				
考核要素	课堂表现				
	学习态度				
	知识	病虫草害的危害和发生规律			
	能力	病虫草害的防治技术			
	综合素质	独立思考,团结协作,创新吃苦,严谨操作			
工作评价环节	自我评价	本人签名:	年	月	日
	小组评价	组长签名:	年	月	日
	教师评价	教师签名:	年	月	日

 任务相关知识点

7.4.1　果树病虫草害防治原理

1)预防为主

预防为主,就是针对病虫草害发生或流行的原因,采取相应的措施,把防治工作做在病虫草害发生流行之前,使之不发生或极少发生,将病虫草害控制在经济损失允许的水平以下。

2）**综合防治**

综合防治是从农业生产的全局出发,根据病虫草害与果树、耕作制度、有益生物和环境等各种因素之间的辩证关系,因地制宜,合理应用必要的、简单的防治措施,达到经济、安全、有效地防治或控制病虫草危害、增产增收的目的。目前,对综合防治的定义,虽然有不同的解释,但基本观点是较为一致的。

（1）综合防治的原则

①全局的观点（或生态观点）。从农业生产的全局出发,也就是从农业生态系的整体观点出发,以预防为主,创造不利于病虫草害的发生蔓延,而有利于果树及其有益生物生长繁殖的环境条件。考虑采取各种防治措施时,不仅要注意局部和当前的防治效果和利益,而且要考虑全局和长远的影响和利益。因此,不能只从防治对象出发,还必须从整个生态环境出发,即从果树、有益生物、人畜安全等方面出发来考虑。

②综合的观点。各种措施,包括农业的、化学的、生物的、物理的和机械的,以及各种新技术、新方法等,都有各自的长处和局限性。单一措施不能安全、长期和满意地解决整个病虫草害问题,必须选择有效、简便、适当、需要的防治措施,将它们有机地结合起来,取长补短、相辅相成,使各种措施能充分发挥其应有的、最大的效能。

③经济的观点。防治病虫草害的目的不是消灭它们,也不能干净彻底将它们消灭,而是控制它们的危害,使其种群数量降低到不足以造成经济损失,即控制在经济损失允许的水平以下。只有病虫草危害造成的损失超过了防治成本,才应实施防治,因这时病虫草害种群数量超过了经济损失允许的水平,也就是说达到了防治指标。防治病虫草害,不仅要考虑防治指标,还要掌握防治的有利时机（即防治适期）,及时防治。只有这样,才能做到经济有效。

④环境保护的观点（或安全的观点）。要求采取的措施,应确保人、畜、果树、有益生物和环境的安全。这就要求人们在进行病虫草害防治时所采取的措施,不仅能有效地控制病虫草害的发生及危害,确保果树产量不受损失,还要考虑到应用这些措施后,近期和长远对环境、有益生物和人畜的安全等问题。综合防治应该符合环境保护的原则。

（2）综合防治的基本条件

①摸清"家底",调查清楚整个果园生态系统的基本情况。如病虫种类,需要防治的关键种类、发生实情及其危害程度、潜在的危险种类、主要病虫害的天敌等。

②掌握规律,调查清楚整个果园生物群落及其与周围环境的关系,尤其要掌握主要病虫及其主要天敌的发生规律。

③掌握主要病虫及其主要天敌的预测预报技术。

④掌握主要病虫防治的关键时期、防治指标及关键防治措施。

7.4.2　病虫草害防治的基本方法

1）**病害**

植物在生长发育过程中,由于遭受其他生物的侵染或不利的非生物因素的影响,使它

的生长和发育受到显著的阻碍,导致产量降低、品质变劣,甚至死亡的现象,称为"植物病害"。果树病害的具体防治措施可归纳为植物检疫、农业防治法、选育和利用抗病品种、生物防治法、物理防治法和化学防治法。

(1)植物检疫

植物病害的分布有其地理局限性。有些病害只有在特定地区发生,且发病程度也随地区而异。一种病害传入新区后,可能因气候条件或寄主的变化而爆发流行。故而,植物检疫意义重大。国家为了防止农作物的危险性病、虫、杂草种子,随着种子、苗木、农产品等的调运和交流,从一个地方传播到另一个地方,而用法令规定对某些植物及其产品进行检疫检验,并采取相应的限制和防治措施,这就叫"植物检疫"。植物检疫分为对外植物检疫和对内植物检疫两种。

我国早在1982年就颁布实施了《中华人民共和国植物检疫条例》,并于1992年进行了修正补充;1991年10月颁布实施了《中华人民共和国动植物检疫法》,为发挥植物检疫在保护农林业生产中的作用奠定了法律基础。

按检验场所和方法,可分为入境口岸检验、原产地田间检验、入境后的隔离种植检验等。隔离种植检验,是在严格隔离控制的条件下,对从种子萌发到再生产种子的全过程进行观察,检验不易发现的病、虫、杂草,克服前两种方法的不足。通过检疫检验发现有害生物后,一般采取以下处理措施。

①禁止入境或限制进口。在进口的植物或其产品中,经检验发现有法规禁运的有害生物时,应拒绝入境或退货,或就地销毁。有的则限定在一定的时间或指定的口岸入境等。

②消毒除害处理。对休眠期或生长期的植物材料,到达口岸时用农药进行化学处理或热处理。

③改变输入植物材料的用途。对于发现疫情的植物材料,可改变原订的用途计划,如将原计划用于生食的材料在控制的条件下进行加工食用,或改变原定的种植地区等。

④铲除受害植物,消灭初发疫源地。一旦危险性有害生物入侵后,在其未广泛传播之前,就将已入侵地区划为"疫区"进行严密封锁,是检疫处理中的最后保证措施。

此外,在国内建立无病虫种苗基地,提供无病虫或不带检疫性有害生物的繁殖材料,则是防止有害生物传播的一项根本措施。

(2)选育和利用抗病品种

选育和利用抗病品种防治果树病害是一种最经济有效的措施。特别是对气流传播或土壤习居菌引起的病害、病毒病害等,抗病品种的作用尤为突出。

抗病品种选育的方法与一般育种方法相同,有引种、系统选育、杂交育种、人工诱变、组织培养和遗传工程育种等方法,所不同的是要进行严格的抗病性鉴定。

品种抗病鉴定的方法有直接鉴定和间接鉴定两种。直接鉴定法是分别在室内和田间将病原物接种到待鉴定的品种上观察其抗性反应。间接鉴定法是根据与植物抗病性有关的形态、解剖、生理、生化特性来鉴定品种的抗病性。

此外,抗病品种育成后,一定要注意合理利用,以延长抗病品种的使用寿命。品种的抗性会因为生理小种的变化或纯度降低而丧失,因此,在选育和利用抗病品种时,要注意垂直抗性品种的轮换、合理布局、合理配置,配合使用水平抗性品种和品种的提纯复壮工作。

（3）农业防治法

①建立无病留种田,培育无病种苗。很多植物病害,如真菌、细菌、病毒、线虫病害都可通过种苗携带而远距离传播,因此培育无病种苗是防止种苗传播病害的根本措施,尤其对果树的病毒病、根癌病等的防治效果非常显著。

种苗繁育应建立无病留种田或无病的留种区,其要和常规生产田隔离,并保持一定距离,做好病害监测和防治工作。种子收获要单打单收,防止混杂。

②田园卫生。搞好田园卫生可以减少多种病害的初侵染和再侵染的病菌来源。做田园卫生应分两个阶段,一个是生长期,一个是采收后。生长期应及时清除中心病株、病枝、病果、病叶,阻止或缓减病害的发生和流行;采收后,病枝、病果、落叶还是有很多病原物的越冬场所,要及时清除这些病残体,这是减轻下一生长季病害的必要措施。另外,很多杂种是病毒的寄主,有些真菌病害如梨锈病还需要转主寄主,铲除杂草和一些经济效益不大的转主寄主也是必要的。

搞田园卫生还要注意科学,对病叶、病果和病枝等残体,不可随意丢弃,应带出田集中烧毁或深埋。

③栽培措施。通过改善栽培措施,为植物创造良好的生长环境,可以提供植物的抗病能力、减轻病害的发生。果树的合理修剪,可以改善通风透光性,降低田间或树体的小气候湿度,避免病害发生和流行。增施有机肥、深翻土壤,可以改良土壤理化性质和土壤通气状况,改善土壤微生物区系,促进根系发育;配方施肥,保证营养平衡供给,使植物生长健壮,提高植株的抗病性。合理灌溉是栽培管理中的重要措施,供水适量和供水平衡都是很重要的。浇水过多,增加湿度,极易引起病害发生和流行;供水不平衡,先旱后涝,会造成生理性裂果,引起产量损失。因此,灌溉方式要注意科学。

④适期采收和合理贮藏。果品采收时期、方法不当及贮藏管理不善,也会使贮藏期病害发生和流行。采收时间:应选择气候凉爽的晴天进行采收,防止果品受冻。采收方法:注意避免造成伤口,伤口过多会使根霉、青霉等弱寄生菌引发果实腐烂。合理贮藏:保持低温、通风、干燥,是果品安全贮藏的环境条件。

另外,贮藏期发生的病害,其病菌多来源于田间的侵染,故贮藏期病害的防治还必须从田间防治和采后入库前两阶段处理入手。除加强生长期防治外,在入库前用药剂消毒贮藏窖或果品,也是很必要的。

（4）生物防治法

这是利用有益生物及其代谢产物来防治病害的方法。目前应用较多的有拮抗作用、重寄生作用、交互保护作用等。由于生物防治法对环境安全、防病效果明显而日益受到重视,在病害防治的科研和生产实践方面都取得了重大进展。

①拮抗作用。拮抗作用是指一种微生物对另一种微生物有抑制生长甚至消解的作用。拮抗微生物分泌的抗菌物质称为"抗菌素"。利用拮抗微生物或其分泌的抗菌素防治病害已经很普遍。如枯草芽孢杆菌防治桃、李、杏果实的褐腐病,哈茨木霉防治多种果树的灰霉病等。

②重寄生作用。指一种病原物被另一种生物寄生的现象。

③交互保护作用。是指两个有亲缘关系的植物病毒株系侵染植物时,先侵染的株系可

保护植物免受另一个株系的侵染。

（5）物理防治法

指通过机械、热力、外科手术等方法来处理种子、苗木和土壤等，以防治病害。物理防治法无污染、效果好，也有很好的发展潜力。

①汰除。利用机械方法或密度（比重）的原理清除混杂在种间的病原物。

②热力处理。温汤浸种，土壤热力消毒。

③外科手术。如治疗苹果树皮腐烂病，直接用快刀将病组织刮净或在刮净后涂药。若病斑绕树干一周，还可采用桥接的方法保证营养供给；环割枝干可减轻枣疯病的发生。

（6）化学防治法

使用各种化学杀菌剂来防治果树病害，仍是目前农业生产中一项常用的重要防治措施。

按照防治对象的类别进行区分，杀菌剂一般指杀真菌和杀细菌剂，但在病毒防治中还包括杀线虫剂和病毒钝化剂。按照杀菌谱范围的宽窄，杀菌剂可分为光谱性杀菌剂和选择性杀菌剂，在使用时根据病害的具体情况来选择使用。按照杀菌剂的作用方式，分为保护剂、治疗剂和免疫剂等。

常用的杀菌剂的使用方法：种苗处理，包括浸种、拌种、闷种和种衣法；土壤处理；喷雾和喷粉等。

杀菌剂的使用过程中要注意的问题：第一，根据不同的防治对象来选择合适的药剂品种，做到对症下药。第二，不同果树对农药的抵抗力表现不同，即使是同一种果树的不同品种，对农药的反应也有差异，比如苹果、梨、板栗等的抗药性较强，而李、杏、桃、柿等的抗药性较弱；幼苗期、花期比其他时期敏感；生长期比休眠期敏感。第三，环境条件也会影响药效的发挥。一般药剂应选择晴天施药，雨天和湿度大的情况下容易发生药害。第四，采用正确的施药方法和将药剂轮换、混配使用。除根据以上4点来提高药效外，还应考虑药剂对人畜、天敌及其他有益生物的安全，不使用国家禁用农药；工作人员必须严格按照用药操作规范、规程工作；积极推广化学防治和其他防治方法相结合的综合防治措施，逐渐减少对杀菌剂的依赖性。

2）虫害

防治害虫的基本方法有植物检疫法、农业防治法、选育和利用抗病品种法、生物防治法、物理机械防治法和化学防治法等。

（1）植物检疫

植物检疫法在病害中已述。搞好植物检疫就是防止病从初起，意义重大。

（2）农业防治

根据害虫发生危害和果树栽培管理之间的相互关系，结合整个果树管理操作过程中各方面的具体措施，有目的地创造不利于害虫而有利于果树生长发育的果园环境，以达到直接消灭或抑制害虫的目的。

目前采用的措施有如下几种。

①改造耕作制度。合理的作物布局，如有计划地集中种植某些品种，使其易于受害的

生育阶段与病虫发生侵染的盛期相配合,可诱集歼灭有害生物,减轻大面积危害。轮作,对寄主范围狭窄、食性单一的有害生物,轮作可恶化其营养条件和生存环境,或切断其生命活动过程的某一环节。间、套作。合理选择不同作物实行间作或套作,辅以良好的栽培管理措施,也是防治害虫的途径之一。

②整地施肥的利用。耕翻整地和改变土壤环境,可使生活在土壤中和以土壤为越冬场所的有害生物经日晒、干燥、冷冻、深埋或被天敌捕食等而被治除。冬耕、春耕或结合灌水常是有效的防治措施。对生活史短、发生代数少、寄主专一、越冬场所集中的病虫,防治效果尤为显著。中耕则可防除田间杂草。合理施肥可以改善果树的营养条件,提高其抗寒及补偿能力;可加速虫伤的愈合,或改良土壤状况,恶化土壤害虫的生活条件。

③果树抗虫性的利用。选育抗虫品种,最常用的是品种间杂交。

④清洁田园。另外,收获时的时期、方法、工具以及收获后的处理,也与病虫防治密切有关。

（3）生物防治法

利用有益生物及其代谢产物防治害虫的方法,称为"生物防治法"。

1888 年,澳大利亚瓢虫被引进美国并成功地控制了柑橘吹棉介壳虫的严重危害,是害虫生物防治史上的一个里程碑,揭开了害虫生物防治的新篇章。

目前防治的途径有如下几种。

①以虫治虫。指利用天敌昆虫消灭害虫。按天敌昆虫取食害虫的方式,可以分为两大类:捕食性天敌和寄生性天敌。捕食性天敌种类很多,如瓢虫、草蛉、胡蜂、蚂蚁等。这类昆虫一般成虫、幼虫都可以捕食害虫,个体大,捕杀速度快。寄生性天敌主要包括寄生蜂和寄生蝇两类。寄生蜂是以寄生在其他昆虫体内为生的蜂类。种类很多,其寄生习性十分复杂,是目前生物防治中以虫治虫应用较广、效果显著的重要天敌。果园周围种植蜜源植物,不仅可以招来蜂类等授粉昆虫,还可以补充果园的天敌量。

②以菌治虫。以菌治虫,就是利用害虫的病原微生物防治害虫。目前,可以利用的病原微生物有真菌、细菌、病毒 3 类。

a. 细菌。目前应用的杀虫细菌有苏云金杆菌(包括松毛虫杆菌、青虫茵、杀旗杆茵,均为变种)以及近年来在湖北发现的"7216"芽泡杆菌。这一类杀虫细菌对人、畜、植物、益虫、水生生物等均无害,无残余毒性,有较好的稳定性,可与其他化学农药混用。这类细菌在昆虫取食时随食料进入消化道而感病,虫体软化,组织溃疡,从口及肛门流出浓臭液而死亡。

b. 真菌。使昆虫感病的真菌种类较多,据统计有 500 余种。目前主要利用的是白僵菌来防治害虫。

c. 病毒。利用病毒防治害治,目前还是一种比较新的方法。病毒对害虫有较严格的专一性,在自然界,往往只寄生一种害虫,不存在污染环境问题,在自然界中可以长期保存、反复感染。病毒可以造成害虫的流行病,用量少且效果好。现在发现对昆虫致病的病毒有300 多种。病毒制剂目前还不能大批生产,主要困难是病毒不能脱离活体繁殖。

另外,在自然界中除了上述天敌能够抑制害虫外,还有其他动物也能够抑制害虫,比如蜘蛛、螨类、寄生性线虫、鸟类、蛙类、鱼类等。

（4）物理机械防治法

物理机械防治法是利用各种物理因子、人工或机械防治害虫的方法,包括捕杀、诱杀、趋性利用、温湿度利用、阻隔分离及激光照射等新技术的应用。这种方法一般简单易行,成本较低,不污染环境,既可用于预防害虫,也能在害虫已经发生时作为应急措施,利于与其他方法协调进行。

①利用昆虫对光、温度、射线、高频电流和超声波等物理因素的特殊反应,而采取的防治方法称"物理防治法"。

a.灯光诱杀。利用害虫的趋光性进行诱杀,如利用一些夜蛾、金龟子等成虫的趋光性进行黑光灯诱杀,可在其成虫大发生时降低园地落卵量,效果显著。

b.银光诱杀。利用蚜虫对银色的负趋性,在园地铺设银灰色塑料薄膜带,驱蚜效果可达80%左右。

c.利用温度防治害虫。利用物理化学或生物等方法,处理大批昆虫,使害虫个体失去繁殖后代的能力,由于不育,下代数量将会大大减少,连续重复处理,种群数量会控制在极低水平之下。

②利用害虫的特殊趋性或习性,采用人工或器具来防治害虫的方法,称为"机械防治法"。

a.捕杀法。利用昆虫的栖息场所或特殊习性来捕杀害虫。

b.诱杀法。利用害虫的特殊趋性来诱杀害虫。如苹果小食心虫喜潜藏在粗树皮裂缝中越冬,因此在它们越冬前,树干上束草或包扎麻布片,诱集它们进行越冬并集中消灭。

c.隔离法。利用害虫的特殊活动习性,设置障碍物,阻止害虫扩散危害或直接消灭。比如果树套袋法,可以阻止食心虫上果产卵。

（5）化学防治法

化学防治法是利用化学农药防治果园害虫等的方法。在所有化学农药中,以杀虫剂的种类最多、用量最大。果树上常用的杀虫剂有有机磷杀虫剂、有机氯杀虫剂、拟除虫菊酯类杀虫剂、混合杀虫剂、生物源杀虫剂、熏蒸杀虫剂、特异性杀虫剂、杀螨剂等。

3）草害

南方果树种类多、分布广,果树栽培种植条件千差万别,果园内杂草种类复杂,主要有禾本科的马唐、牛筋草、狗尾草、画眉草、野燕麦、白茅等,菊科的刺儿菜、苦荬菜、艾蒿、苍耳、蒲公英等,茄科的龙葵,马齿苋科的马齿苋,苋科的空心莲子草、反枝苋等,大戟科的铁苋菜,莎草科的香附子,旋花科的小旋花、田旋花等。另外,果园杂草种类多,发生期长,多年生杂草多,不同类型果园杂草发生情况不同。

目前南方果园杂草的防治方法有如下4种。

（1）清耕法

在果园行间用人工、畜力中耕除草,一般在4—9月份进行5~8次。该方法简单易行,但费工、费时且劳动强度大,而且中耕时还会伤害浅土层的果树营养根,在山区果园还会造成水土流失、减少土壤中有机质含量。

（2）间作法

在幼龄果园或果树行距较大、地面覆盖低的成年果园，可在行间种植生长期短、株型矮小的作物，如花生、大豆、地瓜、马铃薯、菠菜等。此法可覆盖地面，减少杂草生长危害，并能增加收入，还可防止水土流失。

（3）生草法

即在果树行间种植旋扭山绿豆、草木樨、茄子、三叶草、水打旺、田菁等牧草或绿肥。此法即可覆盖地面，抑制杂草生长，又可获得牧草或绿肥，同时还有利于保护天敌。但应加强肥水管理，及时收割，并要保持 10 cm 的高度，同时树冠下要及时清草。

（4）化学除草剂

此法见效快、省工、省时。但除草剂种类较多，必须根据杂草种类、果树品种、土壤类型和气候条件等因素，选用适宜的除草剂品种，以避免发生药害。目前，常用的果园除草剂有农达、草甘膦、克无踪、百草枯等。1、2 年生杂草可用 20% 克无踪水剂或 20% 百草枯及 200 ~ 300 mL/667 m² 兑水 30 ~ 45 L 喷雾，在杂草 15 cm 左右时施药。防除多年生深根杂草，可用 41% 农达水剂或 41% 草甘膦水剂等内吸性除草剂，施药适期为 6 月中旬至 7 月中旬，每 667 m² 用 200 ~ 400 mL，兑水 30 ~ 45 L 喷雾。这时杂草生长旺盛、叶片较多，易于吸收药剂并将其传导至根部，将根杀死，防除效果在 90% 以上。施药过早，植株吸收能力差；过晚，植株木质化，药剂不易向根部传导，影响药效。

任务 7.5　果品采收及采后处理

活动情景　采收是果园生产的最后工作，又是果品贮藏工作的开始。因此，起着承上启下的作用，是果树生产的重要环节。如果管理不善，会使产量降低、品质下降，还会影响果实的贮藏性能，大幅度降低果园的经济效益。本任务要求学习果实的采收依据、方法及采后的商品化处理技术。

 工作任务单设计

工作任务名称	任务 7.5　果品采收及采后处理	建议教学时数	
任务要求	1. 掌握果实采收依据及方法 2. 熟练掌握果实采后的商品化处理技术		
工作内容	1. 训练正确判断果实成熟的技能 2. 训练果实采收的技能 3. 训练果实采后的商品化处理技能		
工作方法	以老师课堂讲授和学生自学相结合的方式完成相关理论知识学习；以田间项目教学法和任务驱动法，使学生掌握果实成熟的标准，采收方法及采后的商品化处理技术		

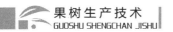

续表

工作任务名称	任务7.5　果品采收及采后处理		建议教学时数	
工作条件	多媒体设备、资料室、互联网、试验地、相关劳动工具等			
工作步骤	资讯:教师由活动情景引入任务内容,进行相关知识点的讲解,并下达工作任务 计划:学生在熟悉相关知识点的基础上,查阅资料、收集信息,进行工作任务构思,师生针对工作任务有关问题及解决方法进行答疑、交流,明确思路 决策:学生在教师讲解和收集信息的基础上,划分工作小组,制订任务实施计划,准备完成任务所需的工具与材料 实施:学生在教师指导下,按照计划分步实施,进行知识和技能训练 检查:为保证工作任务保质保量地完成,在任务的实施过程中要进行学生自查、学生互查、教师检查 评估:学生自评、互评,教师点评			
工作成果	完成工作任务、作业、报告			
考核要素	课堂表现			
	学习态度			
	知识	1.果实成熟的标准及采收方法 2.果实采后的商品化处理技术		
	能力	1.正确判断果实成熟的标准 2.熟练操作果实的采收 3.熟练操作果实采后的商品化处理		
	综合素质	独立思考,团结协作,创新吃苦,严谨操作		
工作评价环节	自我评价	本人签名:	年　　月　　日	
	小组评价	组长签名:	年　　月　　日	
	教师评价	教师签名:	年　　月　　日	

 任务相关知识点

7.5.1　果品采收的依据和技术

1)确定采收期的依据

采收是否适宜,对果实的产量、品质、贮藏性和经济收入都有很大影响。采收过早,产量低、品质差;采收过晚,果肉松软、降低果实贮运力,同时影响树体养分积累,易发生大小年和减弱越冬能力。

(1)果实成熟度

根据果品用途、市场需要及贮运等情况,果实成熟度一般可分为3种。

①可采成熟度。果实已达到应有大小与重量,但香气、风味、色泽尚未充分表现品种特点,肉质还不够松脆。用于贮藏、加工、蜜饯或因市场急需,或因长途运输,可于此时采收。

②食用成熟度。果实的风味品质都已表现出品种应有特点,在营养价值上也达到最高点,为食用最好时期。适于供应当地销售,不适于长途运输和长期贮藏。作果酒、果酱、果汁加工用也可在此期采收。

③生理成熟度。果实在生理上已达到充分成熟,果肉松软,种子充分成熟。此时果实水解作用增强,品质变差,果味转淡,营养价值下降,已失去鲜食价值。一般供采种用或食用种子的,应在此时采收,如核桃、板栗等。

(2)判断成熟度的方法

①根据果实生长日数。各品种从盛花期到果实成熟的所需日数,在同一环境条件下,大致都是一定的,如柿约160 d,桃早熟品种约60 d。因此,生产上可根据各品种从开花到果实成熟的所需天数来推算成熟期。

②果实色泽。各树种、品种的果实颜色虽有差异,但各品种成熟时均有其固有的色泽,可根据果实着色的变化来判断成熟度。目前在生产上,常采用此法。

③种子色泽。种子成熟情况是判断果实成熟度的一个标志,大多数果树可将此作为判断成熟度的方法之一。

④果肉硬度。果实在成熟过程中,原来不溶解的果胶变成可溶,硬度降低。硬度有一定参考价值,但准确度不高,因不同年份,同一成熟度果肉的硬度也有一定变化。不过,在预先掌握其变化规律的基础上,根据果肉硬度来确定采收期也是可行的。

⑤含糖量。随着果实成熟度的增加,果实内可溶性固形物含量逐渐增加,含酸量相对减少,糖酸比值增大,如甜橙果实成熟时,其糖酸比值为8∶1。此时,即使果皮未变色,也可采收。

⑥果实脱落的难易。核果类和仁果类果实成熟时,果柄与果枝间形成了离层,稍加触动即可脱落,可据此判断成熟度。

以上判断果实成熟度的方法,在生产上要综合考虑,不应以单一项目来判断,同时还要结合品尝来决定。

2)采收技术

果实采收的方法,因树种不同而有很大差别。根据是否使用机械,可分为人工采收和机械采收两类。

(1)采收的要求

果树的种类很多,果实形状千差万别,其采收的方法也各不相同,但采收的要求原则上是相同的。

采收时应尽量避免损伤果实,如压伤、指甲掐伤、碰伤、擦伤等。果实受伤后,病菌容易侵染果实,导致果实腐烂。受伤的果实即使不腐烂,其贮藏性也会降低。为减轻果实受到的伤害,采收时最好戴手套,做到轻拿轻放。

一株树采收时应按先下后上、先外后内的顺序进行,以免碰伤和碰落果实。采收时还要注意避免碰伤枝芽,造成来年的产量损失。

对成熟度不一致的树种或品种应分期采摘,以提高果实的品质和产量。国外为了提高果实品质,在包括苹果在内的许多树种上均采用分期采收的方式。

（2）采收方法

对果柄与果枝易分离的树种,如核果类果树,可用手直接采摘。采收时用手轻握果实,食指压住果柄基部(靠近枝条处),向上侧翻转果实,使果柄从基部脱离。采收果实时注意要保留果柄,以免果实等级降低,造成经济损失。桃、杏等果实果柄短,采收时不保留果柄。对于柑橘、葡萄、龙眼、荔枝等果柄不易脱离的果实,应用剪刀剪取果实或果穗,

机械采收效率高,可大幅度降低劳动强度与生产成本,是将来果树生产的发展方向。但现在采收机械还不十分完善,完全的机械采收还主要用于加工果实,而鲜食果仍以人工采收为主。国外机械采收主要有以下方式。

①机械震动。这是目前国外使用最多的方法,对于大多数加工用果实,均可采用震动采收。震动采收机有很多种,但主要均由振荡器和接果架两部分组成。振荡器上带有一个装着钳子的长臂,采收时振荡器伸出长臂,用钳子夹住树的主干摇动,把果实震动下来。下面用倒伞形的接果盘接住被震落的果实,然后用传送带将果实送到果箱中。采收机震动的频率因果实的种类而有所不同,苹果的震动频率为 400 次/min,樱桃为 1 000 ~ 2 000 次/min。

②机械辅助采收。发达国家在鲜食采收时虽未实现完全机械化,但采用了较多的辅助机械。应用最多的是可移动式升降采收台。采收时人站在采收台上,可根据果实的部位来调节采收台的高低。

7.5.2　采后处理

果实采收后应立即进行商品化处理,包括清洗消毒、果实涂蜡、分级、包装、贮运等。

1)果实清洗与消毒

许多果实采收后,果面上沾有许多尘土、残留农药、病虫污垢等,严重影响果实的外观品质。如不清洗,会降低果实的商品性,也会加大在贮运过程中的果实腐烂程度。常用的清洗剂主要有稀盐酸、高锰酸钾、氯化钠、硼酸等的水溶液。有时为了洗掉果面上的有机污垢,可在无机清洗剂中加入少量的肥皂液或石油。总之,果实清洗消毒剂的种类很多,应根据果实种类和主要清洗物进行筛选。但无论是何种清洗剂,必须满足以下条件:可溶于水,具有广谱性,对果实无药害且不影响果实风味,对人体无害并在果实中无残留,对环境无污染,价格低廉。

2)果实涂蜡

为了进一步提高果品的质量,美国、英国、日本等发达国家的苹果、梨、柑橘类果实在清洗完毕后,要进一步对果实涂蜡。涂蜡可增加果实的光泽、减少在贮运过程中果实的水分损失、防止病害的侵入。果实涂蜡的成分主要是天然或合成的树脂类物质,并在其中加入一些杀菌剂和植物生长调节剂。果实涂蜡的方法主要有沾蜡、刷蜡、喷蜡 3 种。涂蜡要求蜡层厚薄均匀。此外应特别注意果实涂蜡不能过厚,否则会阻碍果实的正常呼吸作用,在贮运过程中产生异味,导致果实风味迅速变劣。

3）分级

果实在包装前,要根据国家规定的销售分级标准或市场要求进行挑选和分级。果实分级后,同一包装中果实大小整齐、质量一致,利于销售中以质论价。同时,在分级中应剔除病虫果和机械伤果,减少在贮运中病菌的传播和果实的损失。筛选出来的果实可用作加工原料或及时降价处理,以减少浪费。果实的分级以果实品质和大小两项内容为主要依据,通常在品质分级的基础上,再按果实的大小进行分级。品质分级主要以果实的外观色泽、果面洁净度,果实形状,有无病虫危害及损伤、果实可溶性固形物含量、果实成熟度等为依据。果实大小分级因树种、品种而异。果形较大的可分为4~5级,如苹果、梨、桃等;果形较小的,如草莓、樱桃等一般只分2~3级。此外,果实分级有时还因果实的用途而有差别。如酿酒用葡萄主要是依据可溶性固形物含量和酸含量分级,而鲜食葡萄主要是根据果穗和果粒的大小、果实的颜色分级。荔枝采收后,如果供应国内市场,一般以簇为单位,果实带有枝条,甚至少许叶片,因此如果采用常规的分级方法,是很难进行分级的,所以一般不进行分级。如果采用单果方式供应超级市场或出口,则可根据果实的大小、颜色等进行分级(荔枝农业行业标准将荔枝鲜果分为3等,即优等品、一等品和二等品,妃子笑荔枝果实规格标准为:优等品小于30个/kg,一等品30~38个/kg,二等品小于46个/kg),然后以装有相同个数荔枝,其重量相近、颜色相近的小包装盒包装后供市。

4）包装

包装可减少果实在运输、贮藏、销售中由于摩擦、挤压、碰撞等造成的果实伤害,使果实易搬运、码放、作为包装的容器应具备一定的强度,保护果实不受伤害。材质轻便,便于搬运,容器的形状应便于码放、适应现代运输方式,使运输价格便宜。我国过去的包装材料主要采用筐篓。随着经济的发展,包装材料有了很大变化。根据不同的市场要求,包装形式可用纸箱、礼品盒、内衬低密度聚乙烯包装(厚0.03~0.04 mm,可装2.5~5 kg);也可采用塑料箱,内衬低密度聚乙烯袋(厚0.03~0.04 mm),可装2.5~10 kg。进入超市的包装可采用托盘小包装,再用聚醋酸-乙烯保鲜膜(EVA)包封。包装的大小应根据果实的种类、运输的距离、销售方式而定。易破损果实的包装要小,如草莓、葡萄等。苹果、梨等可适当大些,但为了搬运方便,一般以10~15 kg为宜。如在常温下贮运,果实先经预冷后用塑料袋包装,再用泡沫箱作为外包装,可起到保温作用。

5）贮运

果实贮运一般采用常温贮运和低温贮运两种。常温贮运一般只适用于短途短时间运输,如从果园或收购点运到加工厂,或者是运到临近的市场,时间不超过1 d。低温贮运即利用有制冷能力的冷藏车(包括机械列车、冷藏汽车)、船、冷藏集装箱来运输。荔枝的低温贮运适温为3~5 ℃,温度太低易遭受冷害,影响贮藏效果。

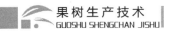

任务7.6　生长调节剂的应用

活动情景　果树生长、发育和繁殖的各个时期均受到植物激素的控制。植物生长调节剂在控制萌发和生长,促进插枝生根,防止落花落果,疏花疏果,形成无籽果实,增加产量,提高抗逆力等方面显示出重要的调控作用。近年来,随着人们对植物激素生理作用的深入研究,植物生长调节剂的应用日渐得到重视,某些生长调节剂的应用已成为果树生产技术的一部分。本任务要求学习生长调节的种类、在果树上的应用及影响因素等技术。

 工作任务单设计

工作任务名称		任务7.6　生长调节剂的应用	建议教学时数	
任务要求		1. 掌握果树上常用的植物生长调节剂 2. 熟练掌握植物生长调节剂在果树上的应用技能 3. 掌握影响植物生长调节剂应用效果的因素		
工作内容		1. 根据各种植物生长调节剂的使用说明,正确配制各种生长调节剂 2. 根据当地果园的具体情况喷施植物生长调节剂		
工作方法		以老师课堂讲授和学生自学相结合的方式完成相关理论知识学习;以田间项目教学法和任务驱动法,使学生熟练掌握果树上常用植物生长调节剂的种类、配制方法及在果树上的应用技能		
工作条件		多媒体设备、资料室、互联网、试验地、相关劳动工具等		
工作步骤		资讯:教师由活动情景引入任务内容,进行相关知识点的讲解,并下达工作任务 计划:学生在熟悉相关知识点的基础上,查阅资料、收集信息,进行工作任务构思,师生针对工作任务有关问题及解决方法进行答疑、交流,明确思路 决策:学生在教师讲解和收集信息的基础上,划分工作小组,制订任务实施计划,准备完成任务所需的工具与材料 实施:学生在教师指导下,按照计划分步实施,进行知识和技能训练 检查:为保证工作任务保质保量地完成,在任务的实施过程中要进行学生自查、学生互查、教师检查 评估:学生自评、互评,教师点评		
工作成果		完成工作任务、作业、报告		
考核要素	课堂表现			
	学习态度			
	知识	1. 常用植物生长调节剂的种类和配制方法 2. 不同植物生长调节剂在果树的使用方法		
	能力	熟练掌握不同植物生长调节剂在果树上的应用技能		
	综合素质	独立思考,团结协作,创新吃苦,严谨操作		

续表

工作任务名称		任务 7.6 生长调节剂的应用	建议教学时数	
工作评价 环节	自我评价	本人签名:	年 月 日	
	小组评价	组长签名:	年 月 日	
	教师评价	教师签名:	年 月 日	

 任务相关知识点

7.6.1　生长调节剂的种类及应用

1)植物生长调节剂的种类

植物生长调节剂是随着对植物激素的深入研究而发展起来的新兴科学,是人们通过化学的方法,仿照植物激素类似的化学结构或生理作用合成的具有生理活性的物质。这些合成的化合物,在植物体内不一定存在,其化学性质也不完全相同,但具有与天然植物激素相同的生理效应,对植物的生长发育同样起着重要的调节功能。

这种具有植物激素活性的人工合成的化学物质称为"植物生长调节剂",主要种类有生长素类、赤霉素类、细胞分裂素类、乙烯发生剂和乙烯抑制剂、生长延缓剂和生长抑制剂等。

（1）生长素类

这类生长调节剂可分成如下 3 类。

①吲哚乙酸及其同系物。在植物体内天然存在的主要是吲哚乙酸（IAA）,此外还有吲哚乙醛（IAAId）、吲哚乙腈（IAN）等。人工合成的主要有吲哚丙酸（IPA）、吲哚丁酸（IBA）、吲哚乙胺（IAD）。其中,吲哚丁酸活力强,比较稳定,不易降解,因此,在果树上应用最多。吲哚乙酸也可以人工合成,因容易被植物中的吲哚乙酸氧化酶分解,故在生产上应用不多。

②萘乙酸及其同系物。萘乙酸（NAA）生产容易,价格低廉,生物活性强,是使用最为广泛的生长素类物质。萘乙酸有 α 和 β 两种异构体,以 α 异构体的活力较强。萘乙酸不溶于水,但溶于酒精等有机溶剂,而其钾盐或钠盐（KNAA,NaNAA）以及萘酰胺（NAD 或 NAAm）溶于水,且与萘乙酸的作用相同。此外,人工合成的还有萘丙酸（NPA）、萘丁酸（NBA）、萘氧乙酸（NOA）等。

③苯酚化合物。主要有 2,4-(二氯苯氧乙酸（2,4-D）、2,4,5-三氯苯氧乙酸（2,4,5-T）、2,4,5-三氯苯氧丙酸（2,4,5-TP）、4-氯苯氧乙酸（4-CPA）等。2,4-D 和 2,4,5-T 的活性强,比吲哚乙酸高 100 倍。

（2）赤霉素类

到目前为止,从高等植物和真菌内已经分离出 84 种不同的赤霉素（GAs）异构物,其中72 种的特征已获得了较深入的研究,并且根据其被发现的时间早晚,分别被命名为 GA_{1-72}。按其结构,可将 GAs 划分成两大类型:C_{20}-GAs 和 C_{19}-GAs。C_{20}-GAs 有 20 个碳原子,是

C_{19}-GAs 代谢前体。不同树种和品种含有赤霉素的种类不同,在植物不同器官、不同发育期的赤霉素的种类和含量也有差异。作为商品用于生产的主要是 GA_3（Gibberellic acid）,国外生产上使用的还有 GA_{4+7} 及 GA_{1+2}。目前,我国除了能大量生产 GA_3 外,也开始少量生产 GA_{4+7}。

由于作物种类不同或使用目的有差别,不同的赤霉素所表现的活性也不同。在香蕉保鲜上, GA_{4+7} 的活性是 GA_3 的 10 倍,但用于葡萄单性结实上, GA_3 的效果大于 GA_{4+7}。不同的品种对赤霉素的反应具有特异性。

与生长素相比,赤霉素无明显的极性运输。在果树上应用时,其效果具有明显的局限性,即基本不移动。

赤霉素只溶于醇类、丙酮等有机溶剂,难溶于水,不溶于苯和氯仿。

（3）细胞分裂素类

玉米素（Zeatin）是最早从植物体内分离出的细胞分裂素,到目前为止,已知在高等植物体内含有玉米素、玉米素核苷（Zeatin riboside）、二氢玉米素等近 20 种天然细胞分裂素。除了这些天然细胞分裂素之外,还人工合成了很多具有细胞分裂素活性的化合物。生产上常用的为 6-苄基氨基嘌呤（苄基腺嘌呤,或称为 BA、6BA、BAP）和 6-（苄基氨基）-9-（2-4 羟基吡喃基）9-H 嘌呤苯并咪唑（或称为 PBA）。激动素（Kinetin）也是一种重要的、人工合成的细胞分裂素类化合物,但目前主要在组织培养等方面使用。

PBA 比 BA 的活性高,它的溶解度及进入植物组织的能力和在植物体内的移动性都比 BA 高。20 世纪 70 年代中期,美国开始生产由 BA 和 GA_{4+7} 配制成的复合剂（有效成分各 1.8%）普洛马林（Promalin）,20 世纪 80 年代,曾骧和孟昭清等研制的以 BA 为主要有效成分的发枝素,已在生产上广泛应用。近几年来,一种比 BA 的生物活性高得多的细胞分裂素类化合物 N-（2-氯-4 吡啶基）-N-苯基脲（又称 CPPU 或 KT-30 s）在葡萄和猕猴桃上应用获得很好的效果,受到广大研究者的重视。

（4）乙烯发生剂

作为外用的生理调节剂,这是一些能在代谢过程中释放出乙烯的化合物。主要为乙烯利（Ethrel）,即 2-氯乙基膦酸,又叫乙基膦（Ethephon,CEPA）。乙烯利化合物为结晶状,溶于水,其作用受 pH 值的影响,pH 值在 4.1 以上时即行分解产生乙烯,其分解速度随 pH 值度及乙烯的释放量也有所差别。温度对乙烯的释放速度有较大的影响,最适温度是 20 ~ 30 ℃。在低温条件下,乙烯利释放出的乙烯数量很少;但在较高温度条件下,乙烯利的降解发生很快,造成乙烯利尚未大量进入植物体内就分解出乙烯,也达不到预期的效果。

CGA 15 281（2-氯乙基甲基双苄基硅烷）也是一种乙烯发生剂,释放乙烯的速度较乙烯利快,但持续的时间短。

IZAA（Ethychlozate,5-氯-H-吲哚唑-3-醋酸乙酯）我国目前正开始推广使用,商品名为果宝素,也属一种乙烯释放剂。

（5）生长延缓剂和生长抑制剂

脱落酸作为内源激素,与 GA 有拮抗作用,是重要的抑制剂,但目前在果树上的实际应用仍然较少。作为生长延缓剂或抑制剂在果树上应用的,主要是一些人工合成的化学物质。这一类人工合成的化学物质,有些吸收到植物体内后,能降低远顶端分生组织的活力,从而减少新梢延长生长的速度,对生长具有暂时性的(有时可持续 3~4 年)抑制作用,被称为"生长延缓剂"(retardant)。另外一些化合物,可以完全抑制新梢顶端分生组织的活动,甚至损伤和杀死幼嫩的茎尖,具有永久性的抑制作用,这一类化合物被称为"生长抑制剂"(rin hibitor)。

近几十年来,植物生长延缓剂和生长抑制剂的研究和应用受到广泛的重视,并获得了迅速的发展,现有几十种生长延缓剂和生长抑制剂。这些种类中,如 B_9,曾在果树上进行过广泛的应用;矮壮素(CCC)近一二十年来一直是生产上主要采用的生长延缓利;多效唑(PP_{333})目前正在生产上进行大面积的推广应用。现就几种主要的种类介绍如下。

①琥珀酸类。代表产品为 B_9,对很多植物的生长发育具有广泛的效应,是早期(20 世纪 60 年代初)研究出的比较成功的植物生长延缓剂。1985 年,在美国的销售量仅次于乙烯利,在整个生长调节剂市场中占第二位。由于其残留的中间物有致癌的可能(尽管在目前的使用浓度条件下,B_9 不会是一种致癌物),1989 年被美国农业部规定禁止使用。目前,基本上被其他的生长延缓剂如 PP_{333} 所取代。

②取代胆碱。这一类化合物中活性最大的是矮壮素。矮壮素商品名 CCC(Cycocel),1959 年被筛选出。1991 年销售量占世界生长调节剂销售总量的 10%,是目前生产上主要使用的植物生长延缓剂之一。

矮壮素主要作用在于抑制植物体内的内源赤霉素的生物合成。

矮壮素易溶于水,能溶于丙酮,但不溶于苯、无水乙醇和乙醚。可以与一六〇五、乐果等农药混合后叶面喷施,但不能与强碱性药剂混用,也可以进行土壤施用。

③三唑类。是从 20 世纪 70 年代末开始陆续筛选出的一系列植物生长延缓剂,主要有多效唑(Paclokbutrazol,简称 PP_{333})、伏康唑(S-3307)、S-3308 等。

从目前来看,在这类生长调节剂中,PP_{333} 对植物生长发育的影响的研究最为深入。PP_{333} 在 20 世纪 70 年代末由英国帝国化学工业公司(ICI)推出,之后引起了世界范围内的广大科学工作者乃至农场主的急切关注。到 20 世纪 80 年代后期,该产品已经在众多的国家获得了包括某些果树在内的农作物上的使用权,商品名为 Cultar。如英国在仁果类和核果类果树上、法国和新西兰在核果类果树上分别获得了应用许可登记。我国近几年来,在苹果、桃、梨等果树上也进行了大面积的推广和应用。

PP_{333} 可以通过根系吸收,也可以通过植物的地上部吸收,可以土施和叶面喷施. 也可以注射到果树茎干内。PP_{333} 只通过木质部进行运输,而不能通过韧皮部进行运输,且其在植物体内的运输具有局限性,如只喷半边树体,则只有喷药的半边树体表现出相关效果。如果施用时不与果实接触,则不易进入果实。土施或茎干注射后,尽管对树体的营养生长产生非常明显的抑制作用,但果实中仍未检测到残留物。此外,PP_{333} 主要积累在叶片和根内,很少存留在茎干内。

PP_{333} 对植物生长发育作用的早晚与其效果持续的长短主要取决于 PP_{333} 的使用方法。在桃树上叶面喷施 PP_{333} 500~1 000 mg/L,处理后 2 个星期就表现出明显的抑制作用。并且,其抑制作用在施用后的第二年基本消失。如果施用的浓度较高,有时可以在第二年还能观测到一定的效果。

土施 PP_{333} 比叶施所起作用的时期要慢,但是有效期要长得多,有的甚至长达 3~4 年。

这一差异主要是多效唑在植物体内和在土壤中的残存能力的差别较大所致。在植物体内，尤其是在叶内，PP_{333} 能被迅速地降解。幼年桃树上的研究表明，在 ^{14}C-多效唑处理后 9 天。其根、茎、叶内的多效唑分别降解 20.5%、44.2% 和 89.7%。但是土壤内，PP_{333} 的有效期在 18 个月以上，能持续地、不断地供给果树，从而影响果树的生长发育。另外，土壤的效果与土壤类型和气候条件的关系十分密切。花沙壤土中使用效果比较稳定。在沙质土壤中，土壤固定 PP_{333} 的能力相对较差，持续的时期短，而黏土中情况正好相反。

土壤中的有机质对多效唑有固定作用，从而影响多效唑的效果。降雨与灌溉有利于多效唑的移动，促进果树对多效唑的吸收和运转，可以提早 PP_{333} 的作用时间和加强其效应。干旱且不进行灌溉的果园，有时在土施 PP_{333} 一年以后才观察到其效果。

④整形素。是一组合成的生长调节剂，为 9-羟基-9-羧酸芴的衍生物。一般使用的主要是整形素烷酯。其中，正丁酯整形素（EMD-IT 3 233）和 2-氯代整形素甲酯（EMD-IT 3 456）活力强，2,7-二氯代整形素甲酯（EMD-IT 5 733）活力不如前两者。

整形素对紫外光光解敏感，特别是其游离酸和酰胺盐遇热不稳定。无毒，最后分解产物是 CO_2，对环境没有污染，不是长效调节剂。

整形素可以影响生长素的代谢，并抑制生长素从顶芽向下运输，还能提高植物组织内吲哚乙酸氧化酶的活性，从而加强对生长素的降解作用，造成植物组织内的生长素含量降低。

整形素可通过种子、根、叶吸收，它在植物体内的分布不呈极性，其运输方向主要视使用时植物生长发育阶段而定。在营养旺盛的生长阶段，主要向上运输；而在果树养分贮藏期，与光合产物的运输方向较为一致，向基部移动。它被吸入植物体内后，在芽和分裂着的形成层等活跃中心呈梯度积累，分裂组织可能是它的主要作用部位。

⑤三碘苯甲酸（TIBA）。又叫"梯巴"，是一种抗生长素药剂。三碘苯甲酸没有生长素的活性，但结构与生长素相远，可和生长素竞争作用位点，使生长素不能与受体结合，所以是生长素的竞争性抑制剂。它同时也可以阻碍生长素在韧皮部的运转，导致生长素的局部积累，使下部的芽解脱生长素的抑制作用而萌发长成分枝。因此，使用三碘苯甲酸后，果树树体矮化，分枝加多。

2）植物生长调节剂的应用

植物生长调节剂在应用上主要有以下特点：作用面广，应用领域多；效果显著，残毒少，使用低浓度的植物生长调节剂就能对植物生长、发育和代谢起到重要的调节作用；对植物的外部形状与内部生理过程进行双调控；一些栽培技术措施难以解决的问题，可以通过使用植物生长调节剂得到解决，如打破休眠、调节性别、促进开花、化学整枝、防治脱落、促进生根、增强抗性等。

（1）打破种子休眠

使用生长调节剂可打破果树种子休眠，促进萌发，缩短层积处理天数。如用 GA 3 500～1 000 mg/L 低温层积 30 d，即可解除砂梨种子休眠，比直接沙层积缩短 30 d，其发芽率比直接沙层积高。

（2）促进生根

植物生长发育受酶的调节,采用生长素处理条能诱导茎组织内形成淀粉水解酶,促进磷酸激的活性,从而推动呼吸链的快速运转,增强细胞的透性,进而使较大比例的能量和代谢产物积累根发端区。吲哚乙酸、吲哚丁酸是生长素类的植物生长调节剂,均能诱 mRNA 的合成,从而产生生根所需要的能量和酶,促进细胞的生长,使插条快速生根和萌梢。

生长上应用 CGR_7 处理冬枣嫩枝插条,可使其发根率达 85% 左右,从而提高冬枣嫩枝扦插的成活率,为生产上大规模应用嫩枝扦插育苗提供了理论依据。

（3）提高果树抗逆性

CCC、PP_{333}、B_9 等植物生长延缓剂均能增强果、柿、核桃、樱桃等多种果树的抗寒、抗旱力。核桃在新梢 15 cm 长时叶面喷 1 000 ~ 2 000 mg/L 多效唑（PP_{333}）,能显著降低新梢长量,提高枝条可溶性糖含量,从而提高抗冻性,避免越冬抽条。

（4）调节营养生长

①延缓或抑制新梢生长。用控制树体过旺营养生长的生长延缓剂,如 PP_{333}、CCC 等,可使树体矮化。PP_{333} 可抑制苹果、核桃、桃、李、无花果、樱桃等多种果树的营养生长,使节间缩短、树体矮化。近年来,随着果树设施栽培的兴起,利用抑制营养生长的生长调节剂来使树体矮化显得尤为重要。

②促进或延迟芽的萌发。用细胞分裂素类生长调节剂 BA 可促进侧芽萌发,并形成副梢;也可促进已经停止生长的枝条重新生长。以 BA 为主要成分的软膏制剂——发枝素,已广泛用于苹果、山楂、欧洲甜樱桃等多种果树幼树,能实现定位发枝。秋季使用生长调节剂使树体提前落叶,可促进芽翌春提早萌发。

（5）调节花芽分化

①促进花芽分化。促进成花的生长调节剂主要有 PP_{333}、乙烯利、BA 等。在桃、果梅等多个树种上,尤其是幼树,施用 PP_{333} 能明显地抑制树体过旺的营养生长,促进成花。

②抑制花芽分化。GA_3 能抑制多种果树的花芽分化。在花诱导期,喷施 50 ~ 100 mg/L GA_3 可以减少桃花芽形成数量约 50%。

③调节花的性别分化。乙烯利对板栗雌花分化具有显著的抑制作用,能促进雄花分化,并使雄花序节位增多。

（6）诱导单性结实

果实的形成和发育与激素有关。经研究发现,外施生长素、赤霉素和细胞分裂素均可刺激正常情况下不能单性结实的树种单性结实,形成无籽果实。如用 IAA、GA_3、BA 等处理可使无花果获得单性结实果。

（7）调控坐果

①促进坐果,防止采前落果。生理落果期间,抑制脱落的内源激素含量降低,使养分向幼果运输减少,幼果由于养分不足而脱落,而喷施 GA_3 补充了抑制脱落的内源激素含量。同时,赤霉素有抑制脱落酸的作用,从而防止幼果脱落,提高坐果率。

②化学疏果。生产上较为常用的疏果剂有 NAA、萘乙酰胺（NAAm）、乙烯利、石硫合剂等。

（8）调节果实的生长发育

①促进果实增大。如 GA_3 常被用来促进果实增大。

②影响果实品质。如以外源生长调节剂 GA_3 及 CPPU 处理花期、幼果期的香蕉李，其生理落果大为降低，果实的含糖量增加，果实品质得到一定程度改善。

③调节果实成熟。如乙烯利对大多数果树果实具有催熟作用。如在无花果缓慢生长期间，喷施乙烯利 $200 \sim 400$ mg/L，可立即使果实迅速生长，从而使果实提早成熟。

7.6.2　影响生长调节剂应用的因素

1）树种（品种）的不同反应

不同树种、品种，由于遗传基因的不同，内源激素形成和平衡关系也存在差异，对外源调节剂的应用反应也必然不同。如 B_9 作为成熟抑制剂，而对核果类树种由于促发了乙烯使作用完全相反——果肉软化、提前成熟。

2）器官不同发育阶段的反应

器官不同发育阶段的生理状态不同，激素水平也存在差异，对外源调节剂的反应也会截然不同。如果实自幼即能产生乙烯，随发育增长达到生理上的有效水平后即诱发果实成熟；果实组织对乙烯的敏感性也随年龄增长，同样浓度幼果不起反应，果实成长后则促进成熟，原因主要是幼果中促进生育激素水平较高之故。

外源乙烯在幼果期，可拮抗生长素阻止其运转，作为疏落剂应用；在近成熟期，可作为催熟剂运用。乙烯对果实催熟只有在果实生育后期才有作用，原因是早期碳水化合物积累不足，而呼吸和成熟的进行都需有充分糖的存在。所以，只有到碳水化合物增高到一临界水平以上时，乙烯才有促进成熟作用。

3）器官对不同浓度的反应

外源调节剂一般在一定浓度范围内，随浓度升高，其作用加强。但超过一定范围后增效减少，也就是说有效浓度高低有一个临界点。

4）营养水平的重要作用

植物生长调节剂是非营养的有机化合物，对果树生命活动各个环节都起重要的调控作用。但它不能代替营养作用，并且要在一定营养基础上才能发挥作用。可以说，各器官之间相互依赖、相互制约是激素与营养共同作用的结果。如，果树生长、开花、结果全过程都与必要的代谢物质在营养组织和生殖组织分配方式相关，激素决定着有机代谢物的运转方向以及源—库关系的建立。碳水化合物和氮化物的运转都向着内源激素含量高的器官或组织运送，外源调节剂可以加强原有的库效应，也可以创造人工的库。

5）外界条件对植物生长调节应用效果的影响

不同地区、不同年份调节剂出现不同效果。栽培技术措施可以影响器官之间的平衡和改变内源激素的比例关系，有针对性地应用，可以辅助外源调节剂的效果。如用抑制剂对苹果幼旺树进行控长促花时，可配合开张角度、轻剪和拿枝。因为角度开张可抑制生长素

（IAA）极性运带,据测定直立枝条经拉枝或拿枝后 IAA 明显减少,乙烯可增加 10 倍,而且乙烯的分布是尖端多、基部少,轻剪或摘心可减缓顶端优势,从而改变了地上部和地下部的代谢平衡,使营养物质积累,细胞分裂素相对增加。据试验,表明夏季修剪还可使枝条内乙烯含量短期增加。环状剥皮也有类似作用,除营养物质在环剥口上方积累外,乙烯和脱落酸也会积累。

6）生长调节剂本身的特性

同一类植物生长调节剂,由于衍生物结构上的差异,可使效果差若干倍,甚至无效。

此外,植物生长调节剂进入树体的量差以及传导、代谢的特点,都会使效应发挥,出现不同的结果,如 B。不易通过叶角质层。此外,生长调节剂应用在许多方面,以低剂量使用多次比高剂量使用一次效果好。

近代研究已充分证明果树生命活动以及器官之间相互关系的协调都不是一种激素作用的结果,而是激素之间一定比例平衡的体现。因此,两种以上外源调节剂混合使用受到重视,并证明其更佳的综合效果。

7.6.3　科学应用生长调节剂

1）存在问题

（1）宣传认识不到位

相关媒体缺乏有关植物生长调节剂应用的正面宣传,社会大众缺乏对植物生长调节剂的正确认识,一提到植物生长调节剂,大多数人的反应是对人体有没有害处。如遇到媒体的不实报道,很容易在社会上引起恐慌。

（2）使用技术有待提高

在植物生长调节剂的实际应用中,依然存在着错误选用的问题,比如种类选择不正确、使用方法不当、浓度不足或过高、用药过早或过迟、用药部位不合理、混用不合理、措施不配套等。不仅难以达到预想的使用效果,还可能给果农带来重大的经济损失。

（3）未登记或以肥料名义登记的劣质产品问题不少

部分农药或植物生长调节剂的生产企业,将未经登记或以肥料名义登记的产品直接投放市场。这些产品不仅质量低劣,而且在产品的标识和说明中往往扩大使用范围、夸大使用效果,容易误导果农。在给农业生产带来危害的同时,也会成为果品的质量安全隐患。

（4）自主产品较少

目前生产植物生长调节剂的企业大多生产仿制的国外产品,自主创制的产品少且剂型落后,难以满足当前农业发展的需要。

2）建议

（1）加大对植物生长调节剂的科普宣传

首先应该明确一点,植物生长调节剂是国家允许登记并使用的农业投入品之一。因此,要利用广播、电视、报刊和网络等多种媒体形式,客观宣传植物生长调节剂的作用、效果及对人类健康的影响等基础知识,消除人们对植物生长调节剂的疑惑和排斥心理,增强人

们对果品的消费信心。

（2）指导群众科学合理地使用植物生长调节剂

农业技术推广部门要积极采取有效措施，指导果农科学使用植物生长调节剂，组织专家、教授定期开展植物生长调节剂的科普宣传培训。做好果蔬生产中植物生长调节剂的试验、示范工作，指导农民群众掌握植物生长调节剂的科学使用方法，加强使用过程中的技术辅导，及时解决生产中出现的问题，增强果农的合理、科学和安全使用意识，大力提倡和推广无公害果品生产技术，尽量做到少用或不用植物生长调节剂。

（3）加强对植物生长调节剂产品的管理

通过健全和细化登记标准，区别情况，适当简化登记手续和资料要求，加强调节剂机理与毒性研究等措施，进一步加强和完善对植物生长调节剂产品的管理工作，农产品质量安全监管部门应对果品的生产和销售建立并健全监测、监督和检查制度，定期通报监测结果，积极采取必要的控制措施，预防、控制和减少果品生产中植物生长调节剂产生危害的可能性。农业行政执法部门要对制售伪劣产品的行为予以严厉打击，净化植物生长调节剂产品市场，为农业生产提供合格的调节剂产品。

（4）支持植物生长调节剂产业的发展

应该制定相关政策，鼓励、支持科研单位和企业自主创制植物生长调节剂的新产品和新剂型，降低植物生长调节剂的生产成本，提高调节剂产品的安全性和易用性，促进植物生长调节剂产业加快发展，增强其对现代农业发展的支撑能力。

任务 7.7　极端灾害及灾后处理技术

活动情景　我国由于各种灾害的侵袭，常导致果树大面积减产，甚至绝收。果树作为多年生木本植物，受灾后果园的建立和恢复均需要较长时间和较大的经济投入。开展正确的灾后自救，是恢复树势、提高果品质量，从而降低果园受灾程度，减少果农经济损失的必要途径。本任务要求学习南方常见灾害对果树的危害及各种灾害后的处理技术。

 工作任务单设计

工作任务名称	任务 7.7　极端灾害及灾后处理技术	建议教学时数	
任务要求	1. 掌握极端灾害对果树的危害 2. 掌握极端灾害后果园管理技术		
工作内容	极端灾害后果园管理技术		
工作方法	以老师课堂讲授和学生自学相结合的方式完成相关理论知识学习；以田间项目教学法和任务驱动法，使学生熟练掌握极端灾害后果园的管理技术		
工作条件	多媒体设备、资料室、互联网、试验地、相关劳动工具等		

续表

工作任务名称		任务 7.7　极端灾害及灾后处理技术	建议教学时数	
工作步骤		资讯:教师由活动情景引入任务内容,进行相关知识点的讲解,并下达工作任务 计划:学生在熟悉相关知识点的基础上,查阅资料、收集信息,进行工作任务构思,师生针对工作任务的有关问题及解决方法进行答疑、交流,明确思路 决策:学生在教师讲解和收集信息的基础上,划分工作小组,制订任务实施计划,准备完成任务所需的工具与材料 实施:学生在教师指导下,按照计划分步实施,进行知识和技能训练 检查:为保证工作任务保质保量地完成,在任务的实施过程中要进行学生自查、学生互查、教师检查 评估:学生自评、互评,教师点评		
工作成果		完成工作任务、作业、报告		
考核要素	课堂表现			
	学习态度			
	知识	1.极端灾害后对果树的危害 2.极端灾害后的果园管理技术		
	能力	熟练掌握极端灾害后的果园管理技术		
	综合素质	独立思考,团结协作,创新吃苦,严谨操作		
工作评价环节	自我评价	本人签名:	年　　月　　日	
	小组评价	组长签名:	年　　月　　日	
	教师评价	教师签名:	年　　月　　日	

 任务相关知识点

7.7.1　常见灾害类型及其对果树的危害

南方果树生产中常见的灾害类型有低温、干旱、涝灾和风害等。

1)低温

低温对果树的伤害大体可分为冻害、冷害、雪害、霜害等。其中,冻害给果树造成的伤害最大。

冻害是指果树根、树脚(根颈)、树干、枝、叶、花、果等部位因低温、凝冻、积雪等原因所造成的伤害。各种果树对寒冷天气的忍受是有一定限度的,超过一定低温界限和冷冻时间,树体内部就会结冰,造成冻害发生。轻的冻害使枝叶冻伤,小枝枯死,减少产量;严重的冻害将导致枝干皮裂或整株树死亡。

(1)主干冻害

主干冻害主要表现为皮层破裂,其裂缝大多发生在分枝角度小的部位或未愈合的伤

口、伤疤处。如受冻轻，则裂缝小，气温回升后可自行愈合；如受冻重，则裂缝大，并且不容易愈合而逐渐腐烂，直到主枝死亡。

（2）枝梢冻害

枝梢冻害程度与枝条成熟状况有关，其中枝梢生长不充实的秋梢容易受冻。新梢受冻严重后，皮层变为褐色，自上而下脱水干枯；多年生枝受冻，常表现局部冻伤，但开始时不易发现，待树液流动后，冻害部位将下凹，局部组织死亡。如冻害轻，还可恢复生长；如冻害重，整个枝条将枯死。

（3）根颈(树脚)冻害

根颈是地下部根系与地上部枝干连接的关键部位，也是树体最薄弱的部位。根颈冻害表现为皮层和形成层变为褐色，腐烂，易剥离，重者环状腐烂，植株死亡。

（4）根系冻害

根系受冻后，如果大部分或全部冻死时，根系不能吸收和运输水分、养分，地上部依赖存储的营养物质仍可以生长一个时期，甚至能开花结果。但至树体存储的养分、水分耗尽时，果树就会整株死亡，这种现象大多出现在冻后当年的夏、秋两季，尤其是遇到干旱时，这种现象更为严重。也有树体极度衰弱，但能延续数年之久才死亡的现象。

2）干旱

果树遇干旱时，生理活动会发生一系列变化。由于长时间无雨或少雨，果树体内水分收支失去平衡，发生水分亏缺。开始时仅出现轻度的缺水现象，光合作用减弱，茎和叶片的生长速度降低。随着水分的减少，植株受到的旱害加重，光合作用显著减弱，生长大大减慢，叶片开始下垂、脱落，枝条逐渐枯干，并扩大到主干，最后全株死亡。干旱还会引起果树生理性病害，如柿、梅、李、枇杷的果实发生灼黑斑病，葡萄产生烂心病，石榴、蜜柑产生裂纹病和日斑病。干旱会使果实出现开裂、凹入、变色、变味、硬化、缝隙等现象。

3）涝灾

涝灾的危害主要是两方面：一是树体生长受到抑制。当土壤相对湿度达到60%～80%时，对果树的生长最为适宜。如果水分过多，土壤含水量达到饱和或过饱和程度，土壤中的孔隙就会被水分全部占满，出现涝灾。特别是一些浅根性果树如桃树、樱桃等，如出现积水内涝，很容易造成土壤缺氧，根系呼吸困难，影响树的正常生长，轻者造成早期落叶，重者导致树体死亡。内涝严重的果园，由于土壤湿度过大，根系供养能力降低，加之叶片光和水平下降，势必影响果实的正常发育，进而影响果实品质。二是果树病害加重发生。高温高湿易引起果树病害的流行。对果树叶部病害来讲，主要是早期落叶病、枣锈病；对果实病害来讲，主要是果锈病、炭疽病、黑星病、褐斑病、枣黑斑病、裂果病等；对根部病害来讲，就是烂根病；对枝干病害来讲，主要是溃疡病、干腐病。

4）风害

风害在南方一般由台风引起，台风对果树的危害主要由狂风和洪水二者分别造成，并且相互叠加，进而引发出更大的灾害。其不仅影响到果树当年的生长发育，风折、风倒或涝害等还会持续影响多年。台风对果树的危害主要表现为如下几处。

①撕裂和折损枝干，吹裂叶片，甚至是切断枝干或叶片。有时台风还会将海水带到园

内,致使叶片焦边或枯干,引发早期落叶。

②植株猛烈摆动,枝干、叶片以及果实之间相互摩擦,造成磨擦伤。果面擦伤后,皮层木栓化,严重影响果品质量,特别是对食用品质和商品品质的影响。

③大风造成植株倒伏,甚至将其连根拔起。

④大量落果,特别是发育期或接近成熟的果实,甚至可能导致绝收。

⑤果树的生理机能下降,根系的吸收能力、叶片的光合能力明显下降。

⑥暴雨引发洪涝,从而淹没果园,低洼地的果树甚至因积水窒息而成片死亡,水涝灾害严重。

⑦洪水冲毁田地和园内基础设施,道路中断,水土流失严重,肥料大量流失,部分果树根系外露或整株被冲走。

⑧创造有利于病害流行的条件,使病原菌易从果树的受损部位大量入侵。

7.7.2 灾后果园管理技术

1)冻害后的果园管理技术

(1)伤口处理

对于因受雪压后折断的结果枝,因其大多留有较长且不平的伤口,这些伤口一般不能愈合。为了使树体较快地恢复伤势,必须使用整枝剪或锯子将伤口处理平整,便于愈合;对于被雪压坏但未折断的大枝,可采用绑扶措施先将枝条恢复原样,然后在伤口处涂抹抗菌药,再用旧报纸包粘的方法,促使其伤口愈合。

(2)整形修剪

对尚未完成冬季修剪的果园,应尽快地进行树体修剪;对已经进行过冬季修剪的果树,由于受冰雪危害、造成部分树体受伤的,应根据受害程度,重新进行必要的整形修剪。

(3)园地清理

在春芽萌动以前,抓紧时间对园地内的枯枝、雪压枝、修剪枝等残体进行清理,保证园地卫生清洁,以防病菌滋生。

(4)施肥培育

对尚未完成施基肥的果园,应尽快施入足量的有机肥,同时可以放入适量的速效肥;对已经施过基肥的园地,需要补充施用适量的速效肥料。从而保证树根萌动时能及时吸收足量的养分。

(5)病虫害防治

连续的低温能够冻死大量越冬的各种害虫的虫体形态,减少虫害的发生概率。但是,低温同样给树体带来严重伤害,造成树势减弱,降低其对病菌的抵抗能力,使其容易受到病菌侵害。所以,要在千方百计地加快恢复树势的同时,做好病虫害的防治工作。在春芽萌动以前,对整个树体喷洒石硫合剂等抗菌防病药剂;在树体整个生长期注意观察,及时应用抗菌类农药进行防治。

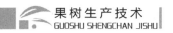
2）旱害后果园的管理技术

（1）地面覆盖

用秸秆、杂草、地膜对果园进行地面覆盖。覆盖时注意用土压好覆盖物，防止火灾和风吹。覆盖是减少地面水分蒸发的根本措施，宜在早春进行。

（2）松土保墒

没有进行地面覆盖的果园，应经常对园地进行划锄，使表土细而松，防止土壤水分上升到地面而蒸发掉。同时，划锄可清除杂草，减少杂草生长时对水分的消耗。

（3）改良土壤

在墒情较差的情况下，不宜进行划锄松土，而应结合施肥进行土壤改良，以逐渐增强土壤的保肥保水能力。为减少土壤蒸发，也可施用土壤改良剂、土壤保水剂、土壤蒸发抑制剂等。

（4）合理修剪

修剪是调整树势强弱的重要措施之一。对旺长树，冬剪时应尽量少短截，以缓和树势，减少因吸收营养生长而对水分的大量消耗；对衰弱树，应适当回缩，使树势、枝势健壮，增强树体的抗旱能力。在果树生长期，及时抹除多余的萌芽，疏除多余的枝条，并对徒长枝、旺长枝进行疏除或短截、摘心，以减少枝叶数量，减少水分蒸腾量。

（5）减少负载

果实内水分的普遍含量为 80% ~ 90%，对中庸树和衰弱树，适当减少负载可减少果实对水分的需求量，相应地增强了供给树体生长的水分量。同时，适当减少负载可增加树体的贮藏营养，提高树体的抗旱能力。

（6）降低蒸腾

在枝条生长旺期，可喷用多效唑（PP_{333}）等植物生长延缓剂，抑制枝叶的快速生长。此举既可降低水分的蒸腾量，又可使树体生长健壮，提高其抗旱能力。此外，叶面喷施蒸腾抑制剂，也可有效降低水分的散失。

（7）严防病虫

病虫害对树势的影响很大，特别是根部病虫害直接影响根系对水分的吸收能力。因此，根据病虫害发生规律和特点，及时有效地防治好各种病虫害，是提高树体抗旱能力的根本保证。

（8）科学施肥

根据土壤肥力和果树的生长、结果情况，根据不同阶段果树的需肥特点，进行合理的配方施肥，确保适时、适量、适法地施用，以及时满足树体对各种营养元素的需要。可使树体生长发育健壮，提高其耐旱力。另外，P、K 肥可增强树体的抗旱能力，合理施用 P、K 肥是提高树体抗旱能力的有效措施。

（9）节水开源

在水源紧缺的情况下，管道输水是减少输水途中水分损失的最好办法。另外，采用穴灌的方法也可大大减少水分的损耗。必要时，应打井取水浇树。

（10）挖筑水窖

在果园内及果园周围地势较低的地方挖筑水窖,将一定范围内的地表水汇集窖中,当果树需水时即可从窖中抽取。平时应封好窖口,防止发生意外。

3）涝灾后果园管理技术

（1）排水

对水淹果园,雨后应及时疏通渠道,排出果园积水,将树盘周围 1 m 内的淤泥清理出园,保持树体正常的呼吸代谢;清除淤积在枝叶上的泥浆及悬挂在植株上的杂物,扶正被洪水冲倒的树株,必要时可用支架进行支撑、固定,促进果树尽快恢复正常的生长发育。对水淹严重的果园,要及时修剪,去叶去果,清除果园内的落叶、落果;对水淹较重、短时间内又不能及时清理淤泥的果园,要在果树行间挖排水沟,降低地下水位,使果园土壤保持最大限度的通气状态。排水后,可扒开树盘周围的土壤晾晒、散墒,促进水分蒸发,待经历 3 个晴好天气后再覆土。对外露树根,重新埋入土中;对外露树干和树枝,可用 1∶10 的石灰水刷白,并用稻草或麦秸包扎,防止因曝晒造成树皮开裂。

（2）中耕晒土、消毒

水淹后,果园土壤板结,容易引起果树根系缺氧。因此,当土壤稍干后,应抓紧时间中耕。中耕时要适当增加深度,将土壤混匀、土块捣碎。地面撒施石灰（6～8 kg/亩）杀菌消毒,对冲倒、根系外露的果树,及时扶直培土;对大枝开裂的果树,从开裂处剪（锯）除,伤口大的要用多菌灵与细黄土泥浆抹伤口,防止病菌侵入腐烂;对出现严重受伤症状（叶萎蔫、蜷缩等）的植株,应在天晴后对树体适当剪枝、去叶,以减少树体过分蒸发造成的脱水。

（3）肥水管理

在已进行了松土增加土壤透气性、刺激根系恢复生长后,用 0.3% 尿素和 0.3%～0.5% 的磷酸二氢钾或其他叶面肥进行根外追肥,以恢复和增强树势。对受灾严重的沙田柚园,要及时清洗浸水柚树叶片和果实,然后叶面喷一次 20 mg/L 2,4-D 保叶,一周后再喷一次 0.3% 磷酸二氢钾或 500 倍健生素等叶面肥。受灾较重的果园应根据夏季追肥和树体长势,采取树盘开放射状沟施磷钾肥,每亩 30～40 kg。重灾绝收果园必须在树盘撒复合肥,每亩 50～60 kg,以促萌芽、抽新枝。柑橘结果树在 7 月底以前根据树势进行施肥,按株产 25 kg 计,每株用 10～20 kg 农家肥及 2～3 kg 生物肥、1～1.5 kg 钙镁磷肥,在树冠滴水线附近挖坑扩穴施下,保证壮梢壮果。桃李类果树在采果后也要及时施下后果,按株产 25 kg 计,可用 25 kg 猪粪或 2.5 kg 生物肥、1 kg 过磷酸钙挖坑扩穴施下,力求尽快恢复树势。

（4）修剪

及时剪除断裂的树枝,清除落叶、落果。对伤根严重的树,及时疏枝、剪叶、去果,以减少水分蒸腾量,防止树株死亡。

（5）病虫害防治

因长期的阴雨天气,土壤和空气湿度都过大,容易造成枝叶和根系病害的发生,应在天晴后普遍用一次杀菌剂或选用大生 M-45、多菌灵、托布津等药物,预防急性炭疽病、溃病、轮纹病等病害的暴发。桃李类果园由于前期阴雨天较多、光照少,可用多菌灵或托布津结合 0.3%～0.5% 的磷酸二氢钾及 0.1%～0.2% 的尿素施树体。要注意对蚜虫、螨类、食心

虫等的防治。常用的防虫药剂主要有美曲膦酯液、杀灭菊酯液等。

（6）采收

对受淹时间较长的果园，要提前采收；受灾较轻和未受灾的果园要分级采收；对晚熟品种尽量不要早采，以避免集中上市导致果价下跌。采前及时摘叶、转果，有条件的果园提倡铺反光膜，促进果实着色。

4）风灾后果园管理技术

（1）排水降湿

在大风大雨过后，要抓紧时间深挖排水沟，将水排出果园外，以降低园内土壤和空气湿度，减少果树因根系长期浸水窒息而受害死亡的数量。同时，尽快修理被大水冲毁的排水系统和果园基本设施。

（2）扶正培土

台风过后，由于果树根基被松动，因此，要扶正被吹倒冲歪的果树，埋（培）土踩实，必要时应设立保护支架，防止风吹动摇。如受灾严重，对折伤多年生枝条和主枝，甚至整株连根拔起、倒伏，造成大量落果的果树，应及时扶正、培土，同时淋施一次有机质肥或复合肥。

（3）加强果园土壤管理

进行树盘和全园深翻，以利水分散发，加强通气，促进新根生长。同时，追施速效肥，通常使用的肥料与浓度：人畜尿5%～10%，尿素0.5%～1%，过磷酸钙2%～4%，磷酸二氢钾0.2%～0.3%，草木灰浸泡液1%～6%，磷酸铵0.3%～0.5%。

（4）树体管理

如受风害不轻，大部分枝条受害，引起部分落果时，要及时进行一次修剪，促发新梢。同时，用0.2%的磷酸二氢钾进行根外喷施。

（5）及时防治病虫害

由于风害造成树枝摩擦增多，致使伤口面积大，植株易感病，要及时、全面地喷一次药剂保果和防病虫害。荔枝、龙眼应重点防治霜霉病危害，可用雷多米尔600倍、瑞毒霉600倍、杀毒矾500倍等其中一种药剂防治；柑橘重点防治溃疡病、炭疽病，及时加喷一次1∶1∶100的波尔多液。其他可参考用乙膦铝600～800倍，70%甲基托布津1 000倍液，65%代森锌500～700倍液等。防治虫害，可选用90%美曲膦酯1 000～1 500倍液，40%氧化乐果1 000～2 000倍液及20%的杀灭菌酯2 500～3 000倍液等。

项目小结)))

熟练掌握果园常规土壤水肥管理、树体管理、花果管理、病虫草害防治、生长调节剂应用、极端灾害灾后处理方法、果品采收及采后处理的方法技术，为果树优质高产打好坚实基础。

复习思考题)))

1.果树合理施肥与果树产量及品质有什么关系？如何确定果园施肥时期、方法和施肥量？

2.如何掌握果树修剪的轻重程度？不同生命周期的果实修剪特点怎样？

3.对生长过旺、结果稀少的果树，欲使其转向大量结果，如何修剪？

4.通过学习，结合果树生产上所出现的大年树与小年树问题，谈谈它们在修剪上应有哪些不同？

5.为什么要进行保花保果？有哪些措施？

6.疏花疏果有何重要意义？怎样疏花疏果？

7.如何确定果实的成熟度？如何加强采后工作提高果实的商品性？

8.如何科学有效地防治果园内的病虫草害？

9.植物生长调节剂在果树上有哪些应用？

10.果园经过极端灾害后，应如何管理？

项目8 休闲观光果园

项目描述 果树的种类较多,其中,有很多果树同时具有食用兼观赏的双重价值。本项目要求学生学习科学地建设、规划与设计此类果园,熟练掌握果树栽培管理技术。

学习目标 了解果树休闲观光园的作用、目的与意义,掌握建设规、划休闲观光果园的相关技术要点。

能力目标 掌握休闲观光果园建设、规划与栽培管理技术的要领。

素质目标 培养细心、耐心、认真学习的习惯,吃苦耐劳的精神以及严谨的生产实际操作理念,学会团队协作。

 项目任务设计

项目名称	项目8 休闲观光果园
工作任务	任务8.1 休闲观光果园
项目任务要求	学会建设规划休闲观光果园

任务8.1　休闲观光果园

活动情景　现今的城市居民见多了钢筋水泥铸造的大楼,很想在休息日回归大自然,休闲观光果园成为了城市居民的首选之地,在赏心悦目、大饱口福的同时,还可以亲手劳作,锻炼身体。本任务以科学、合理地建设与打造具有较大吸引力的休闲观光果园为主要内容,进行训练学习。

 工作任务单设计

工作任务名称		任务8.1　休闲观光果园	建议教学时数		
任务要求		1.学会休闲观光果园的建设、布局规划设计 2.学会果树栽培管理技术			
工作内容		1.建设、规划与设计休闲观光果园 2.果树的栽培与日常管理			
工作方法		以老师课堂讲授和学生自学相结合的方式完成相关理论知识学习;以田间项目教学法和任务驱动法,使学生学会对休闲观光果园布局进行科学、合理地规划与设计,熟练掌握果树栽培管理技术与措施			
工作条件		多媒体设备、资料室、互联网、试验地、试验材料、相关劳动工具等			
工作步骤		资讯:教师由活动情景引入任务内容,进行相关知识点的讲解,并下达工作任务 计划:学生在熟悉相关知识点的基础上,查阅资料、收集信息,进行工作任务构思,师生针对工作任务有关问题及解决方法进行答疑、交流,明确思路 决策:学生在教师讲解和收集信息的基础上,划分工作小组,制订任务实施计划,准备完成任务所需的工具与材料 实施:学生在教师指导下,按照计划分步实施,进行知识和技能训练 检查:为保证工作任务保质保量地完成,在任务的实施过程中要进行学生自查、学生互查、教师检查 评估:学生自评、互评,教师点评			
工作成果		完成工作任务、作业、报告			
考核要素	课堂表现				
	学习态度				
	知识	休闲观光果园布局设计与规划的科学合理性			
	能力	熟练掌握果树栽培管理技能			
	综合素质	独立思考,团结协作,创新吃苦,严谨操作			
工作评价环节	自我评价	本人签名:	年	月	日
	小组评价	组长签名:	年	月	日
	教师评价	教师签名:	年	月	日

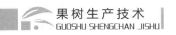

 任务相关知识点

8.1.1　休闲观光果园概述

随着社会的发展,人们工作、生活节奏加快,一座座高楼拔地而起,城市生活空间越来越小,人们渴望回归自然。这就强劲地推动了以提供观光旅游为主要经营内容的休闲果园的发展。

1)休闲观光果园的概念

观光果园是指利用果园景观、果园周围的自然生态及环境资源,结合水果生产、产品经营活动、农村文化及果农生活,为人们提供休闲观光的一种水果经营形态。这种果园是结合水果生产、生活与生态三位一体的果园,在经营上表现为集产、供、销及旅游休闲服务等第三产业于一体的水果产业发展形式。在观光果园区,游客不仅可观光、采摘水果产品、体验水果生产过程、了解果农生活、享受乡土情趣,而且可住宿、度假、游乐。发展观光果园可以增加水果产业的功能,提高果农收益;还可以通过寓教于乐的形式,让参与者更加珍惜农村的自然文化资源,进一步增强人们保护自然、保护文化遗产、保护环境的意识。

2)休闲观光果园的特点

(1)观赏性

农业生产和农村生活对城市居民比较陌生,农村环境比城市环境更清新优美,对城市居民来说,它们具有很大的吸引力和很强的观赏趣味与价值。

(2)参与性

休闲观光果园可以让游客直接参与农业生产活动,在农业生产习作中体验技艺、享受乐趣、增长知识。

(3)项目多样性

观光果业是果业和旅游相结合的混合型产业,作为第一产业,它直接生产农副产品;作为第三产业,它被作为观赏、休闲和参与的对象来开发、利用。

(4)市场定向性

观光果业是为那些想了解农业、参与农业、体验农村生活特点的城市居民服务的,其目标市场在城市,其消费对象是城市居民。同时,它也是高效农业集约化生产的示范园,因此,也为广大的果农和农业企业起一个生产和经营模式的示范作用。

(5)效益综合性

总体而言,观光果业的效益是综合的,相对于一般果业来说,收入来源更多一些,产品附加值更高一些,经济效益更好一些。对于参与的不同人群而言,能起到学习、放松、游乐的效果,社会效益更是十分显著。

3）休闲观光果园的功能

（1）经济功能

观光果业一般要求采取现代化集约化生产，具有产品优质化、设施现代化和市场科学化的特点，其优良品种生产园，选用各树种品质最优良的品种，生产市场售价最高的高档果品。它多采用最先进的科学技术，进行集约化短周期栽培，二年见果，三四年丰产，可以提早受益，采取露地栽培与设施栽培相结合，各树种错开，早、中、晚熟搭配的方式，可以全年供应游人新鲜的绿色果品。这种观光消费与新鲜果品消费相结合的经营方式，具有较高的利润。此外，果业资源作为观光休闲的场所，通过提供观赏、浏览、品赏、选购，甚至亲手进行一切农业操作等消费服务方式，既满足了人们回归大自然的要求，又增长了知识，使果业资源延伸为旅游资源，又可直接增加其附加的经济价值，提升果业结构，还能为旅游、休闲客人提供特殊高级的礼品果。如专门生产印有"福""寿""祝您旅游愉快""生日快乐""平安幸福"等字样的果实，将其作为包装精美的礼品果，不仅有较高的经济效益，还能受到广大观光客人的欢迎。

（2）生态环保功能

城市在不断扩大，交通、工业和消费剧增，不仅消耗了大量自然资源，也破坏了城市及周边环境。在郊区发展休闲农业，可减弱城市化对环境的负面影响，还能改善生态环境。绿色植物，尤其是果树林木，根深叶茂，光合作用强，能吸收二氧化碳，制造大量氧气，还能吸附尘烟废气，净化空气水质，消除噪声，调节小气候。据测定，一亩林园可减少噪音 8～15 dB，夏季调节温度的效能相当于 50 台空调。因此，有人评价，郊区休闲农业的生态功能远远超过其经济功能。

（3）社会文化功能

观光果业集田园自然风光与社会人文景观于一体，是丰富市民文化生活、陶冶情操、调节情理心态、增长科学知识与趣味性和提高生活质量的上佳场所，并可极大地满足现代都市居民回归自然的愿望。越来越多的人已经认识到，没有农业和绿化的城市是不符合人类天性的。此外，观光果园与风景名胜相结合，既有自然风光的价值，又有田园生活的情趣，是一种全新的生活方式。

4）休闲观光果园的类型

休闲观光果园依据不同的标准可以分为很多类型，现仅以功能结合生产实际进行简要的介绍。

（1）参与体验型

在这种果园中，游客参与体验农业劳作、农村生活以及乡土风俗活动，并在其中得到新、奇、劳动、收获等乐趣。参与体验型又可以分为 3 种形式。一是短期观光采摘购物项目，是确保果园三季有花、四季有果，吸引游客观赏田园风光，农业风景，采摘果实，购买新鲜农产品。二是租赁农园项目，是指向城市居民收取一定费用，将少量的果树、菜园、瓜园等租赁给他们，他们在节假日前来从事耕作、播种、灌溉、打药、采摘等全过程农事生产活动。可以实行定期租地、有偿管理或承包租地、自选管理等多种方式。这种形式在日本、欧洲及我国台湾地区等地非常普遍。三是民俗民风体验项目，是指市民到农村吃农家饭、住

农家房、干农家活、享农家乐,感受乡土生活和文化习俗,这一项目很受市民欢迎。

(2)休闲疗养型

在这种果园中,市民摆脱城市的喧嚣嘈杂,享受清新的空气和宁静的氛围。它主要包括森林旅游和垂钓等项目。这一类型在观光农业项目中起步最早,发展最快。

(3)现代农业展示、教育、示范型

在这种果园中,用先进农业技术和设施装备的高科技农业项目,向市民展示科学技术是第一生产力的实景,还可以为农业生产技术人员和大、中学生提供观摩、学习、培训、实习和交流的场所。如国内的一些农业高科技示范园,美国加利福尼亚大学的果树实验园、肯尼迪太空中心的果蔬无土栽培大型温室等。它们一方面供教学、科研使用,同时也向游人开放,并配备专人介绍、示范,广受欢迎。

(4)综合观光型

这是融参与体验、休闲、教育、观赏等多种形态为一体的综合型观光农业项目,如北京的锦绣大地农业有限公司和苏州未来农业观光园等,均属国内一流。美国的加利福尼亚州的观光果业以形式多样、布局合理、多方联合、不断创新和服务配套等享誉全球。其分布有3个不同的区域风情,南加州的观光果园以鳄梨、柠檬等种植园为主,中部峡谷以柑橘园、杏仁园、开心果园为主,北加州以酿酒葡萄园和葡萄酒加工厂观光最具特色。目前,其已发展到与风景旅游、餐饮、超市等产业联合,成为美国果树产业化的重要组成部分。

8.1.2　休闲观光果园的选址

1)生态条件适宜

选在气候、土壤、地下水位、地势等适于栽植多种果树,灾害性天气现象不常发生的地区。

2)城镇近郊

城市化程度高、经济状况好、交通与通信便捷,主要为市民服务。

3)靠近景点或风景区

尽量建在名胜古迹、疗养地、度假村等高消费群体(如高尔夫球场、狩猎场、网球场、游乐设施等场所)。

4)发展前景好的地方

按国家和地方规划,有望在近期兴建大型娱乐场所、居民区、文化体育城的地区附近,配建这类观光果园(但要有一定距离、纳入总体规划中)前景看好。

8.1.3　休闲观光果园树种和品种的选择

休闲观光果园树种和品种的选择应遵循几条基本原则。第一,主栽果树成熟期合理搭配,延长观光、采摘周期。第二,选择耐旱、耐寒、抗病虫害品种,并且要有地方特色和科技示范功能。第三,树种选择除了要适宜当地气候条件外,还要与休闲观光果园的定位相符。我国长江流域及其以南地区,可选择的主要树种为柑橘、菠萝、香蕉、芒果、荔枝、龙眼、批杷和杨梅,其次是桃,李、梅、柿、板栗和美洲葡萄。

1)树种的选择

（1）周年观光型

这种果园规模比较大,品种比较丰富,各品种均有一定的栽培面积。通过品种的搭配,实现四季有果,满足市民常年观光采摘的需求。建议配置品种:草莓—樱桃—批杷—（杨梅）—桃（李）—梨（葡萄）—枣（猕猴桃）—柿—橘（蜜橘、金橘）。

（2）专类品种型

这种果园突出某一品种,收集丰富资源,满足游客的好奇心。可选建桃园、李园、梨园、橘园、葡萄园、柿园、枣园等。

（3）现代栽培型

这种果园通过采用现代农业装备技术手段进行果树栽培,展示现代农业技术,延长果实采收时间。如设施栽培草莓、设施栽培葡萄等。

（4）节日烘托型

这种果园采用以各类节日营销为主的果树栽培形式,满足清明、五一、端午、国庆、中秋、元旦等节假日游客休闲观光（采摘）的需要,烘托节日气氛。可选择搭配的品种形式有:清明——草莓;五一——樱桃;端午——批杷、桃;国庆——蜜橘、猕猴桃;中秋——石榴、柿子;元旦——槿柑、金橘。

（5）其他类型

如科普型,主要供游客,特别是青少年开阔眼界、增长知识。绿化结合观光采摘型,在垂钓园、农庄、景区（点）绿化中选用果树作为绿化树种,在美化环境的同时让游客赏花品果。如,垂钓池埂上可以栽植樱桃,绿化可以栽植批杷、柿子、石榴等,还可建葡萄绿荫长廊等形式,丰富赏游内容。

2)品种的选择

（1）观赏石榴

醉美人、三白甜、银花石榴、荷兰黑石榴、重瓣百日重、晚霞红石榴、红宝石石榴等因地制宜的品种。

（2）观赏核桃和板栗

露仁核桃、隔年核桃、串核桃、海丰板栗等因地制宜的品种。

（3）观赏猕猴桃

海沃特、秦美猕猴桃、毛花猕猴桃、软枣猕猴桃、金花猕猴桃、红心猕猴桃、软毛中华猕猴桃等因地制宜的品种。

8.1.4　休闲观光果园的规划设计

果树休闲观光园的建设要实现高品位,给人以美的享受。因此,在总体规划设计过程

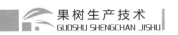

中首先就是要坚持"高标准、高质量","百年大计、质量第一"的指导思想。要力求一次规划,分期施工,逐步完善。要坚决改变那种只讲数量、不讲质量,只求建设、不求效益的粗放经营的建园思想。与此同时,还要突出以人为本和经济、生态可持续发展的规划设计理念,将生态系统思想贯穿到规划设计的全过程,通过对现有果园、林地进行改造,增加绿地景观和观光、休闲娱乐景点,营造简洁、舒适、优雅、别致的田园风光,体现时代特点及创新超前意识。这些指导思想是观光果园所具有的特征、特性所决定的。

1)休闲观光果园规划设计的原则

(1)因地制宜,适地适树,综合规划,以果农增收为目的的原则

果树生产具有强烈的地域性和季节性,发展观光果园必须根据各地的果树资源、生产条件、季节特征,因地制宜地选用合适的果树品种和观光项目。要注意克服依照传统种植品种单一的果园规划设计的做法,要创造性地将单一的粗放经营模式向综合经营模式和集约型经营模式转变。要集果树种植与果园观光于一体,要集观光、休闲、购物、娱乐、科普、文化等多元复合型项目发展于一体,其最终目的是要让广大果农得到较好的经济回报。

(2)坚持市场导向和突出特色的原则

在进行观光果园的规划设计中,要充分考虑客源市场,要在调查研究的基础上,对客源市场、目标市场进行层次划分。要根据果业区域特点,充分利用各地的果树生产习惯、果树品种资源、传统名牌产品等推出系列特色经营项目,满足游人求"特"寻"奇"的要求。在规划设计中,要从果树开发历史渊源、传统文化及自然、人文景观出发,把特色果树品种、特色果园环境、特色人文景观全方位地凸显出来,形成"农家自有农家乐"的适合不同层次游客需求的旅游观光胜地。

(3)坚持保护环境,保持生物多样性的原则

观光果园,顾名思义离不开果品开发。但有果园而无优美的自然环境和观光景点,也就无法成为观光果园。因此,保护自然环境,保持园地的生物多样性是首要条件。要以生态学原理指导观光果园的规划和设计,要特别注意正确处理果树开发、景点建设与生态环境可持续发展的关系,切忌乱砍滥伐、大兴土木,要把对植被的破坏、对环境的污染减少到最低程度。实践证明,良好的生态环境,既是生产优质无污染绿色果品的前提和基础,又是能否吸引游客,获得观光收入的条件和保障。观光果园奉献给人们的不仅是"口福",更重要的是饱人们的"眼福"。因此,在规划上要不同于一般的生产果园,要富有园林的表现力。除重视景观规划之外,对果树的树种搭配、树型管理、物候配套都要尽量考虑。

(4)坚持知识性、科学性、艺术性和趣味性相结合的原则

21世纪是科学的世纪,知识的世纪。观光果园除果品生产及休闲、娱乐、赏花、品果、劳作体验等功能外,还有一个功能就是要营造文化、科技信息环境,给游客进行科普教育,以增加其知识。为此,在规划设计及建园施工中要尽可能地把果园的一草一木都变成知识的载体,并将其系统化、人性化,使游客能得到全方位的果树知识及果品文化的熏陶。要尽量提高园地规划的科技含量,尽可能运用传统农艺精华和现代高新技术。在遵循果树科学管理的同时,必须兼顾其艺术欣赏性,使果园尽量实现其整体美感,将其形态美、色彩美以及群体美、个体美有机结合,使其科学性和艺术性得到充分体现,在时间和空间上实现完美

统一。最好是能融入浓厚的乡土文化内涵，创造格调古朴、情趣独特、绿意盎然、花果飘香的氛围，并要采取多种方法，开展趣味性、科普性活动和参与劳作体验，寓教于乐。

2）休闲观光果园规划设计的内容

规划与设计是在内容上既有区别，又有联系的不同阶段的两项工作。从顺序上讲，是先搞规划后搞设计，规划是设计的前提和依据，设计是规划的深入和延续，规划反映园地布局；长远构思和具体安排，设计体现建设施工及果树管理的技术指标。通俗地说，规划就是做什么，设计就是怎么做。规划和设计一并完成，既要提出原则布局和具体安排，同时又要对果园建设、景点建设、道路建设、水利建设以及娱乐设施进行具体的技术设计，为具体建设提供科学依据。

（1）园地规划

①生产用地的规划。观光果园园地一般为 $3.33 \sim 6.67$ hm²（$50 \sim 100$ 亩）大小，果树资源是其产业基础，重点规划内容就是种植果树的园地规划。把整个园地划分为若干个大区和若干个小班，小班是规划的基本单位，也是树种品种安排、建园施工和养护管理的基本单位，每一小班应具备基本一致的立地条件，即相同的立地条件类型。小班界线一般与分水岭、道路等自然界线相结合，其面积大小依地形地势和功能需要而定，要便于进行统一的管理和灌溉。观光果园一般按照树种分成若干小班，每个树种至少 $30 \sim 50$ 株，一般行距 4 m，株距 $1.5 \sim 2$ m，小区间距 5 m；与此同时，还应规划果树苗圃、采穗圃等小班，有条件的还可建造现代化温室。这样既能保持多品种的生物多样性，又能满足生产、教学和休闲观光的多种需要。

②观光休闲景点和绿地的规划。观光果园除了一般的果园规划之外，规划休闲观光景点和绿地也是其主要内容。要因地制宜地规划一些亭台楼阁、小桥流水、荷池鱼塘、休闲绿地、农家小院等景点和休闲娱乐场所，满足游客观景、谈心、垂钓、烧烤的需求。观光园一般可在最高的山上规划观景亭，用来眺望农村田园风光，给人以登高望远的感受；在最低区可利用现有水面规划一定面积的荷池鱼塘和水榭，人们可以在池塘周围挂满葡萄、猕猴桃的棚架下观鱼和垂钓，还可以在池塘内侧的树林下进行野外烧烤和尝果品茶，尽情体验大自然带给人们的珍果佳肴。还可在翠竹林中规划一个竹园人家，即农家乐，人们在此可以领略农村的风土人情和乡风民俗。在这样的环境中，体验住农家屋、吃农家饭、喝农家茶、品农家果、干农家活的生活。

③非生产用地规划。作为观光果园，如果在建园时不充分考虑交通运输，服务设施及办公、生活设施等非生产性规划，一旦果园投产，必然会砍树毁园完善功能，从而造成不必要的经济损失。非生产用地的规划主要有以下几项内容。

a.道路系统规划。道路系统规划在旅游区规划设计中占举足轻重的地位，是景区旅游规划设计的核心内容之一。观光果园的道路规划应根据果园的规模大小、地形地势和整个园地布局以及旅游观光线路，设置主干道、机耕道、作业道和观光步道。主干道贯穿全园，与接待中心、办公楼、果园、观光景点连接，各区各班还应规划作业道和游道供游人散步、游玩。

b.排灌系统规划。从实际出发，充分利用水源引水灌溉。观光果园的灌溉注重以蓄为

主,以引为辅,蓄引结合,要通过多种渠道拦截地表径流,引水入地,做到水少能灌、水多能排、水旱无忧、旱涝保收。对于现代观光果园,应规划喷灌、滴灌等节水灌溉设施,同时适当规划一些传统灌溉方式,营造"小桥流水人家""泉水叮咚响"的氛围。

c.防护林的规划。果树的生长需要一个良好的生态环境,观光游客更渴望能在风景如画、绿树成荫的景观中休闲。因此,在果园中规划防护林是必不可少的,它可以起到防风、防旱、防冻的良好作用,同时还有利于园地的绿化和美化。

d.办公、服务、生活等设施的规划。大门、办公室、接待中心、服务楼、食堂、商务中心等生产、生活、服务设施都要一一进行规划。这些规划应尽量选择在位置适中、交通方便、风景优美的地方,但均要尽量不占用好地。

（2）技术设计

规划布局好了以后,就要逐项进行技术设计,绘制各种施工大样图,为各项建设施工和林果、花草养护管理提供技术依据。技术设计包括果树、林地水土保持工程技术及其栽培管理、育苗技术设计、各观光景点、小品、休闲娱乐设施建设的技术设计,道路、灌溉系统、防护林系统技术设计等。

作为观光果园建设及养护管理的技术设计,要求品种选择、树体管理、花果管理都要尽量突出园林艺术效果,增强观赏性、趣味性、达到新、奇、特、美的要求。首先,在树种品种的安排上尽可能地选择和汇集本地的各类品种,还应引进国内外适合本地栽培的名、优、奇、特、新品种,做到乔木、灌木、草本、藤本,落叶、常绿,一年生、多年生果树的合理搭配,做到一年四季有花、有果、有景,使各种果树的群体美、个体美、形态美、色彩美得到充分展现,做到时间与空间的完美结合。这就要求我们在技术设计上认真地进行果树整形修养,创造出各种奇特的树形艺术形态,提高树体的观赏价值;运用各种嫁接手法,在同一株树上嫁接不同品种,培养出一树多种果的自然景观;运用果实套袋贴字技术,让果面显现出"游客您好""恭喜发财""欢迎光临"等喜庆字样;运用水肥控制技术和人工授精技术培育出春季繁花朵朵、秋季硕果累累的景色,色泽鲜艳、果皮光滑、果肉洁白如雪、果汁甘甜如蜜或红皮红肉的特大果实,满足当代人求新求奇的心理。与此同时,我们在技术设计中还要采用生态果园管理模式,尽量使用农家有机肥和生物性农药,生产出安全、营养、无污染的绿色果品和有机果品,满足当代人渴望食物安全、呼唤地球变绿的心理需求。除此之外,我们还要尽量采用当今的最新技术,如节水灌溉(喷灌、滴灌等)技术、避雨栽培、设施栽培技术、脱毒育苗技术、现代生物技术、计算机控制等智能化管理技术等。达到以现代观光果园为窗口,向游人展示现代高新果树园艺科学技术的魅力的目的。作为观光果园的技术设计还包括园内观光景点、休闲设施、道路、灌溉、防护林等系统的技术设计内容。

3)休闲观光果园规划设计的步骤与方法

观光果园规划设计是集科学性、技术性、群众性、实践性于一体的工作。它不同于传统的果园规划设计,也不同于专门的公园规划设计,它是二者的融合,又是二者的发展和延伸。它有强烈的时代特点,是当代产业开发的新产物,是当代社会经济发展与人们旅游休闲品位的拓展。要使规划设计经得住实践的考验,必须要有一个科学的方法和工作步骤。通常将整个工作分为3个阶段进行,即准备阶段、外业调查阶段、内业分析设计阶段。

（1）准备阶段

"凡事预则立，不预则废"，这一工作非常重要，它关系到规划设计的水平和成功。它包括组建规划设计班子，编写提纲，制订计划，提高认识，统一思想，达成共识以及广泛收集资料和做好各种仪器、用具、表格等准备工作。因为观光果园建设是一个交叉性、边沿性、跨学科性的专业门类，它不是某一个单项学科能完成的，它需要园艺栽培、园林设计、水土保持、景观生态、环境改造、旅游观光、广告宣传等多学科的通力合作。所以，其总体规划设计一定要组织有关学科的人员参加才能取长补短，发挥各自优势，从而规划设计出一个经济、生态、社会三大效益显著，物质、精神、生态三大文明同步发展的，能充分体现园林艺术和果树科技魅力的现代观光果园。

（2）外业调查阶段

深入建园现场进行详细调查，掌握第一手资料，这中间主要有以下几项工作。

a. 测 1/1 000～1/2 000 的地形图（若有现成的可进行放大或缩小，不必重测）。

b. 进行土壤调查，采取土样。

c. 进行现有林相（含植被）调查。

d. 进行病虫害调查。

e. 初步划分立地条件类型。

f. 在现场初步进行平面规划。

（3）内业分析设计阶段

在进行详细外业调查的基础上进行资源条件评价，重点是区位及自然条件、社会条件分析；果树资源及旅游业基础条件分析；旅游客源、产品市场分析及市场定位，具体工作如下。

a. 土壤样品分析，整理土壤调查资料，绘制土壤剖面图和土壤类型图。

b. 乔、灌、草本植物鉴定，总结整理种类，生长发育等情况资料，绘制现有林相图。

c. 病虫害鉴定，提出防治方案。

d. 系统、准确地划分建园的立地条件类型。

e. 修改、调整平面规划，落实功能区及经营小区位置和计算面积，编制规划前后土地利用情况和经营小区概况及经营措施表，落实各观光景点小品。休闲设施以及道路、排灌水、渠道、防护林等位置，清绘总体规划平面图，将所有规划内容均表示在规划图上。

f. 分项目景点进行技术设计，绘制施工大样图。

g. 进行投资经费概算。

h. 进行逐年经济效益预测。

i. 编写规划设计说明书。说明书是观光果园规划设计最主要的成果，是规划布局以及指导施工和果树、林木栽培养护管理的综合性、权威性、指导性文件，要求论点明确、论述充分、文字简练、通俗易懂。除此之外，还要详细整理各种表格和图纸资料，对有关外业、内业工作的原始记录和各种论证材料都要加以整理，可作为成果附件。

j. 召开成果验收会议。规划设计全部按计划完成后，要组织主管、施工、设计三方开会，汇报规划设计工作，交验规划设计成果，三方签字盖章生效，规划设计工作全部结束，主管、施工方可组织建园施工。

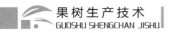

8.1.5　休闲观光果园的管理

休闲果园的功能特点具有特殊性,因此在树种的选择和生产管理技术上也有其独特性。

观光果园是公园与果园相结合的产物,既有观赏园艺植物,又有品种优良的果树,在管理上两方面都要考虑周全。果树栽培管理,是从果树生长、开花、结果到收获的"全程管理",与观赏园艺类植物栽培管理上有许多相同之处,而且难度还高于观赏园艺植物的管理。因此,观光果园的管理,其重点在于果树的管理,目标在于树壮形美、硕果累累。当然,对于观赏园艺类植物也不能疏于管理、不管不问,但是管理的中心还是要抓住果树不放松。果树管理不好,"果园"也就名不符实了,观光更无从谈起。

1)栽前准备

(1)土壤准备

果树栽植前要选好建园用地,一般以地势平坦、排水良好的沙壤土为好。选用黏土或沙性较大的沙土地建园的,要在挖大坑的前提下,多施有机肥,以改良土壤,提高土壤肥力。选用山坡地建园的,一般坡度不宜超过35°,且最好沿山坡等高线先整成梯田,并在梯田的下面用石头或土块垒成护坡墙,将梯田整成里低外高状,在梯田的内侧开一横向排水沟,以防水土流失。果树栽植前要按要求挖定植坑或定植沟,如桃、李、杏等树种。

(2)苗木准备

在选定休闲观光果园的地址、确立经营类型之后,通过专业机构引进优良品种。

2)养护管理

山地果园灌水较难,可通过喷灌或滴灌来解决。平地上可采用喷灌、滴灌或沟灌,灵活进行灌溉方式的选择。传统果园施基肥、追肥、灌水、防虫治病等管理工作的内容,其方式方法在观光果园里不能随意实行,而应采用生态果园的管理模式,综合管理土、肥、水,调控果树的各种生理状态,调节其观叶、观花和观果期。在果园行间种草,树下覆草,尽量使用生物农药,生产安全、营养、无污染的绿色食品,满足人们对"绿色食品"的需求,创造一个自然、和谐的果园环境。其他的土、肥、水的管理方法,可根据不同树种、品种和栽培目的,合理使用。

3)树体管理

观光果园旅游具有明显的特点,即游人、果园和观光三者有机结合。游人进入观光果园,就受到果园现代氛围的感染,超出于传统果树生产方式的局限。观光果园的果树树体形态管理尤为重要。可利用不同树种的极矮化砧木、矮化砧木、半矮化砧木、乔化砧木或短枝型品种,建立层次明晰的立体式果园。通过果树的特殊整形修剪,创造出奇特的树体艺术形态,再通过人工授粉、保花保果、应用植物生长调节剂等方法和手段,使枝上结出累累果实。运用各种嫁接手法,在同一棵树上嫁接不同的品种,成排成行地造成"一树多种果"的景观。通过设施栽培,打破果树区域栽培的界限,或提早或延迟果实的采收。在果实管理上,采取人工授粉、疏花保果、疏枝摘叶、转果等措施,提高坐果率和果实着色度。在园区整体管理上,依据果园的地形、地理状况,进行合理区划,分类管理。考虑到南方地区的荔枝、龙眼和枇杷等树种根系脆、浅,不耐践踏的特点,在建园时应将其划入观赏区,不能让游人接近树冠内采摘,以免伤害树根。对于观花树种的梅类、樱花类、碧桃、海棠类和木槿等树种,可依花季、观果期的不同,进行间隔栽植,使其保持完美的树形和树冠,做到有花观花、无花赏叶看果。采摘园要突出果实的观赏、采摘和品尝功能。可依结果期的不同,选种草莓、枇杷、桃、苹果、梨、葡萄、枣、柿(甜柿)和冬桃等结果量大、管理方便的树种,让游人可亲手采摘和品尝新鲜果实,也可以让游人自采自购园内的鲜果。

4)经营管理

经营观光果园,是果业经济的一种新形式。它是利用果树生长季节的有利时机,进行多元开发的一种经济模式。在经营管理上,可参照公园和风景区(点)的经营模式来进行;也可以将观光果园作为投资项目,在保证自然生态平衡的条件下,采取各种商业经营模式,以获得最大的经济效益。从观光果园自身的特点出发,其经营管理首先应该做好两个方面的工作:一是要按照果树的生长规律进行经营。要优先考虑果树的生长规律,只有当果树生长到一定树龄、树冠、树形或结果时(因为果树生产不能跳跃其特有的自然规律),才有可能逐步开辟观光旅游的各类园区,否则发展观光果园就只能是一句空话。因此,经营一定要遵循"高起点,高标准,高效益"的原则,慎重行事,不能操之过急。要利用现有果园资源,进行改造利用,使其与高速发展的旅游事业协调地发展。二是要进行滚动经营,逐步发展。即先以果园经济为主,小范围内发展观光果园,这样边产出边投入、边投入边发展,以发展增加产出、以投入推动发展,彼此促进,相互发展。在整个过程中,有个关键因素一定要抓住,这就是学习其他风景名胜旅游区的成功经验,准确地把握建园的方向,利用有限的资金投入,创造最大的经济效益。

项目小结)))

休闲观光果园是将果园作为观光旅游资源进行开发的一种绿色产业,是随着社会经济发展和人们生活水平提高而出现的新生事物。通过本项目的学习,了解休闲观光果园建设的现实意义及规划设计的指导思想、基本原则、内容、方法和步骤,熟练掌握管理极具吸引力的休闲观光果园的常规技术措施。

复习思考题)))

1.休闲观光果园的概念是什么?

2.休闲观光果园规划设计的原则是什么?

3.休闲观光果园中的树体管理技术有哪些?

模块 3　果树生产技术

 模块项目设计

专业领域	园艺技术	学习领域	果树生产
模块名称	果树生产技术		
项目名称	项目 9　柑橘生产 项目 10　香蕉生产 项目 11　荔枝生产 项目 12　龙眼生产 项目 13　芒果生产 项目 14　菠萝生产 项目 15　澳洲坚果生产 项目 16　其他果树生产		
模块要求	熟练掌握果树生产的基本知识与技能		

项目9 柑橘生产

项目描述 柑橘是我国南方地区最重要的果树品种之一。本项目以柑橘园水肥管理,树体、花果管理,病虫害防治技术,果实采收技术及采后处理措施作为重点内容,进行训练学习。

学习目标 了解柑橘生产概况,学习柑橘园水肥管理,树体、花果管理,病虫草害防治技术,果实采收技术及采后处理措施。

能力目标 熟练掌握柑橘园水肥管理,树体、花果管理,病虫草害防治技术,果实采收技术及采后处理措施。

素质目标 培养学生细心耐心、认真学习的习惯,吃苦耐劳的精神及严谨的生产实际操作理念,学会团队协作。

 项目任务设计

项目名称	项目9　柑橘生产
工作任务	任务9.1　生产概况 任务9.2　生产技术
项目任务要求	熟练掌握柑橘生产的相关知识及技能

任务9.1　生产概况

活动情景 柑橘是世界第一大果树品种。我国是柑橘的重要生产国。应选择交通条件便利、土层深厚、有机质丰富、灌排条件条件良好的柑橘园作为学习地点。本任务要求学习柑橘的生产概况。

工作任务单设计

工作任务名称	任务9.1 生产概况		建议教学时数		
任务要求	1.了解柑橘的主要种类及品种 2.掌握柑橘的生物学特性 3.掌握柑橘对环境条件的要求				
工作内容	1.熟悉柑橘的生产概况 2.学习柑橘的生物学特性 3.学习柑橘对环境条件的要求				
工作方法	以老师课堂讲授和学生自学相结合的方式完成相关理论知识学习;以田间项目教学法和任务驱动法,使学生正确掌握柑橘生产概况				
工作条件	多媒体设备、资料室、互联网、试验地、相关劳动工具等				
工作步骤	资讯:教师由活动情景引入任务内容,进行相关知识点的讲解,并下达工作任务 计划:学生在熟悉相关知识点的基础上,查阅资料、收集信息,进行工作任务构思,师生针对工作任务有关问题及解决方法进行答疑、交流,明确思路 决策:学生在教师讲解和收集信息的基础上,划分工作小组,制订任务实施计划,准备完成任务所需的工具与材料 实施:学生在教师指导下,按照计划分步实施,进行知识和技能训练 检查:为保证工作任务保质保量地完成,在任务的实施过程中要进行学生自查、学生互查、教师检查 评估:学生自评、互评,教师点评				
工作成果	完成工作任务、作业、报告				
考核要素	课堂表现				
	学习态度				
	知 识	1.柑橘的主要种类及品种 2.柑橘的生物学特性 3.柑橘对环境条件的要求			
	能 力	熟练区分柑橘种类及品种,学会观察柑橘的生物学特性			
	综合素质	独立思考,团结协作,创新吃苦,严谨操作			
工作评价环节	自我评价	本人签名:	年	月	日
	小组评价	组长签名:	年	月	日
	教师评价	教师签名:	年	月	日

 任务相关知识点

9.1.1 种类与品种

1)分类及种类

柑橘类果树通常是指芸香科柑橘亚科柑橘族柑橘亚族的植物。其中的枳属、金柑属和

柑橘属即为我们所指的柑橘果树。柑橘果树种类丰富，根据《中国果树志·柑橘卷》（2010），将柑橘植物分为3个属及多个种，分类情况见表9.1。

表9.1　中国柑橘植物分类

属	亚　属	区	亚　区	种
枳属（*Poncirus* Raf.）				枳［*Poncirus trifoliata*（L.）Raf.］
金柑属（*Fortunella* Swing.）				长叶金柑［*F. polyandra*（Ridl.）Tanaka（1922）］
				罗浮［*F. margarita*（Lour.）Swing.（1915）］
				罗纹［*F. japonica*（Thunb.）Swing.（1915）］
				金弹［*F. crassifolia* Swing.（1915）］
				山金柑［*F. hindsii*（Champ.）Swing.（1915）］
柑橘属（*Citrus* L.）	大翼橙亚属（*Papeda*）	宜昌橙区（Papedocitrus）		宜昌橙（*C. ichangensis*）
				大种橙（*C. macrsperma*）
		大翼橙区（Papeda）		红河橙（*C. hongheensis*）
				马蜂柑（*C. hystrix*）
				大翼厚皮橙（*C. kerrii*）
	柑橘亚属（*Citrus*）	枸橼区（Citrophorum）		枸橼（*C. medica*）
				柠檬（*C. limon*）
				黎檬（*C. limonia*）
				来檬（*C. aurantifolia*）
		柚区（Cephalocitrus）		柚（*C. grandis*）
				葡萄柚（*C. paradisi*）
				香圆（*C. wilsonii*）
		橙区（Aurantium）		酸橙（*C. aurantium*）
				甜橙（*C. sinensis*）
		宽皮柑橘区（Sinocitrus）	香橙亚区（Osmocitrus）	香橙（*C. junos*）
			柑亚区（Macrocrumen）	黄柑（*C. speciosa*）
				沙柑（*C. nobilis*）
				莽山野柑（*C. mangshanensis*）
			橘亚区（Microacrumen）	屈橘（*C. chuana*）
				韩橘（*C. haniana*）
				道县野橘（*C. daoxianensis*）
				椪柑（*C. reticulata*）
				红橘（*C. tangerina*）
				朱橘（*C. erythrosa*）
				丹橘（*C. flammea*）
				台湾山橘（*C. tachibana*）

3 个属的主要外观区别如下。

①按冬季叶幕特性区分:枳属为落叶果树,金柑属和柑橘属为常绿果树。

②按叶的特征区分:枳属具有三出复叶的特征,金柑属和柑橘属则为单身复叶。

③按叶脉区分:金柑属的叶脉不明显,柑橘属的叶脉明显。

④按果实大小区分:3 个属的果实均为柑果,但枳属和金柑属的果小,柑橘属的果大。

⑤按用途分:枳属是柑橘优良砧木,柑橘属是最重要的果树,金柑属通常作为庭院栽培以及抗寒、抗病育种的材料。

2)枳属

枳属只有一个种,即枳[*Poncirus trifoliata* (L.) Raf.],别名为枳壳、枳实、枸橘、狗橘、臭橘、刺柑、雀不站。原产我国长江流域。枳的果实和种子可作药用,树体多刺可作篱笆。通常枳作为柑橘的砧木,具有抗寒性强、矮化树势、早结果、提高果实品质以及抗脚腐病和衰退病的特点,对某些线虫病也具有良好的抗性。但容易感染裂皮病。

枳的品种类型较多,根据叶、花的不同分为多个类型:大花枳和小花枳、大叶枳和小叶枳、大叶大花、大叶小花、小叶大花、小叶小花。各类型的主要特征区别如下。

大花的特征是花瓣长 2.1 cm 或更长,花开张径 4.7~4.9 cm 或更大,水平径 5~6 cm 或更大;小花的特征是花瓣长 1.7~2.0 cm 或更短,花开张径 3.3~3.5 cm 或更小,水平径 3.6~4.0 cm 或更小。

大叶的特征是主叶长 2.68 cm 以上,宽 1.2 cm 以上;小叶的特征是主叶长 2.6 cm 或更短,宽 1.2 cm 或更狭窄。

除了上述普通枳外,枳也有许多变异类型,如无刺枳、香枳壳、皱皮果、畸形花、矮化枳(早花枳)、早实枳、单胚变异、四倍体等。

无刺枳的特征是树体无针刺,若能作为砧木可方便操作,种子单胚。

矮化枳(早花枳)的特征是童期短,实生苗第二年即可部分开花结果。

早实枳的特征是童期短,实生苗第二年开花结果,且比普通枳矮化。

单胚变异枳的特征是种子不同于普通枳的多胚种子,种子为单胚。

四倍体枳的特征是不同于普通枳为二倍体,为四倍体。

另外,在日本发现了一个枳的变种,即飞龙枳。它是良好的矮化砧木,但种子具有多胚及单胚两种类型,初生苗需要杂种鉴定后选择珠心苗进行嫁接。传统上认为枳为单种属,近年来的研究结果表明富民枳可能为枳的一个新种,其不同于普通枳,为常绿类型。

枳易与其他柑橘类果树进行杂交,其杂种多用作砧木。枳与甜橙天然杂交,其杂种称为"枳橙"。枳与葡萄柚人工杂交,其杂种称为"枳柚"。

3)金柑属

金柑属植物起源于中国。金柑果实可鲜食,亦可作蜜饯,树体可作观赏用。本属植物有长叶金柑、罗浮、罗纹、金弹、山金柑 5 个种以及两个杂种:金柑属与柑橘属的杂种,即长寿金柑,金柑属与某种宽皮柑橘的自然杂交种,即四季橘。各种的主要特征区别如下。

①按植株形态特征区分:山金柑为灌木;其余 4 个种为小乔木。

②按叶长区分:长叶金柑的叶长,为 10~15 cm;罗浮、罗纹、金弹的叶短,为 5~10 cm。

③按花柱脱落与否区分：罗浮的花柱宿存；罗纹、金弹的花柱脱落。

④按果实和胚的特征区分：罗纹的果为圆形或扁圆形，果皮薄，种子单胚；金弹的果短圆形或椭圆形，果皮厚，种子多胚。

金柑属间杂种有长寿金柑，斯威格尔（Swingle）认为是金柑属与柑橘属的属间杂种，其果实形状与中国传统文化中的寿星老头像相似，因此得名长寿金柑。另外，斯威格尔认为四季橘是中国酸橘与金柑属某个种天然杂交而来，其树体紧凑，周年开花，因此得名四季橘。

4）柑橘属

柑橘属具有以下特点：种子的多胚性；易于杂交；易发生营养系变异。上述特点导致柑橘属的分类争议很大。按照《中国果树志·柑橘卷》（2010），柑橘属分为大翼橙亚属和柑橘亚属。各亚属主要特征区别如下。

①大翼橙亚属多处于野生状态，果实汁胞含多数苦油点；叶柄通常具有大而宽的翼叶。柑橘亚属作为果树被广泛栽培。果实汁胞不含或含少量油胞点（绝无苦油点）；叶柄具有狭窄翼叶或不具有翼叶。

②大翼橙亚属分宜昌橙区和大翼橙区。各个区的主要特征区别如下。

宜昌橙区无花序，花丝联结成束；心室数目一般为 5～9 个。本区有 2 个种：宜昌橙和大种橙。大翼橙区为总状花序，花丝分离；心室数目一般为 9～13 个。我国有 3 个种：红河橙、马蜂柑和大翼厚皮橙。

③柑橘亚属分为枸橼区、柚区、橙区及宽皮柑橘区。各个区的主要特征区别如下。

枸橼区、柚区和橙区的果皮不易剥离；宽皮柑橘区的果皮易剥离。枸橼区的花及幼叶带紫色（来檬除外）；柚区和橙区的花为白色。柚区的叶、花、果较大，每一花序由 8～9 朵花组成，葡萄柚为 4～5 朵花组成，果皮黄色；橙区的叶、花、果较小，每一花序由 4～5 朵花组成，果皮橙色或带红色斑纹。

枸橼区有 4 个种：枸橼、柠檬、黎檬和来檬。枸橼、柠檬和黎檬的花带紫色，来檬的花为白色；枸橼和柠檬一年开花多次，黎檬一年开花 1 次；枸橼的叶椭圆形，柠檬的叶卵状。

柚区有 3 个种：柚、葡萄柚和香圆。柚的幼枝、幼果、叶柄及背面叶脉具有茸毛，囊瓣 13～18 个，种子为单胚；葡萄柚和香圆幼枝、幼果、叶柄及背面叶脉不具有茸毛，囊瓣 13 个以下，种子多为多胚，偶有单胚。葡萄柚的果实扁圆或高扁圆形，黄色，香气少，顶端无印圈，种子 20 粒以下；香圆的果实圆形，橙黄色，有芳香气味，顶端具有凸出的印圈，种子 20 粒以上。

橙区有 2 个种：酸橙和甜橙。酸橙的叶柄较长，平均约 2.5 cm，翼叶较宽，果皮容易剥离，具有苦味，味酸少香气；甜橙的叶柄较短，平均在 1.6 cm 以下，翼叶不明显或较狭，果皮不易剥离，无苦味，味甜具有香气。酸橙在我国分布较广泛，但是其味较酸，不能作鲜食用，栽培不多；甜橙是最重要的柑橘类型，被广泛栽培在世界各地。甜橙的分类较多。我国多分为普通甜橙、脐橙、血橙和低酸或无酸甜橙 4 类。普通甜橙的品种最多，分布最广，栽培量最多。脐橙的典型特征是果顶具有脐，果实除了大囊瓣外，还有小囊瓣。血橙的果面、果肉和果汁均为紫红色或者带紫红色，其"血色"是指由花青苷色素形成的颜色，并非一般柑橘的类胡萝卜素形成的黄色或橙色。低酸或无酸甜橙的柠檬酸含量很低,口感甜而不酸,又称糖橙。

宽皮柑橘区分 3 个亚区:香橙亚区、柑亚区和橘亚区。各个亚区的主要特征区别如下。

香橙亚区的叶柄长,可达 3 cm 以上;柑亚区和橘亚区的叶柄短,一般为 1 cm 左右。柑亚区的花大,果皮稍厚,中果皮厚于外果皮;橘亚区的花小,叶片先端凹口明显,果皮薄,中果皮和外果皮等厚。

香橙亚区仅有 1 个种:香橙。

柑亚区有 3 个种:黄柑、沙柑和莽山野柑。黄柑和沙柑的叶较狭长,卵状椭圆形,叶背淡绿;莽山野柑的叶短宽,菱状椭圆形,叶背灰白色。黄柑的果实扁圆形或高扁圆形,橙红色,柱头比雄蕊高;沙柑的果实倒圆锥形,橙黄色,柱头与雄蕊等高。

橘亚区在全世界共有 9 个种,我国就有 8 个:屈橘、韩橘、道县野橘、椪柑、红橘、朱橘、丹橘和山橘。屈橘、韩橘、椪柑、道县野橘和山橘的果实为橙黄色或黄色;丹橘、红橘和朱橘的果实为橙红色或朱红色。韩橘的树冠较直立,叶片较狭,卵状披针形或纺锤状狭椭圆形,花细小,囊瓣通常为 10 ~ 12 瓣;屈橘和椪柑的树冠披散,叶片较阔,长椭圆形或卵状长椭圆形,囊瓣通常 9 ~ 10 瓣。韩橘的枝条密集,果实极小;椪柑的枝条较稀疏,叶片长椭圆形、较宽,果实大。屈橘的枝条短硬而略直立,叶柄长,果实扁圆形;道县野橘和山橘的枝条细长而斜出,叶柄短,果扁圆形。道县野橘的果皮粗,较厚,外观不易看见囊瓣轮廓;山橘果皮细,较薄,外观可见囊瓣轮廓。丹橘和红橘的树冠较齐,枝条密而较短,斜出,叶片长椭圆形,顶端较钝,果面具光泽,囊瓣 9 ~ 13 个;朱橘的树形不整齐,枝条粗长,直立,叶片卵状长椭圆形,顶端较尖,果面较暗,囊瓣 7 ~ 9 个。丹橘的叶片短而圆,叶柄短,果形小而扁,种子表面光滑;红橘的叶片长椭圆形,两端近对称,叶柄长,果形大,种子表面稍具棱纹。

柑橘植物易于杂交。

枸橼柠檬类的杂种有巴柑檬(疑为柠檬枸橼类与酸橙类的天然杂种)、德宏元檬、福建香橼、香橼柚(疑有柚的血缘成分)、浙江枸橼、大柠檬(柠檬与柚的天然杂种)、马柑柠檬(柠檬与柚的天然杂种)、北京柠檬(疑为柠檬与其他柑橘的天然杂种)、粗柠檬(天然杂种,具有橘类的血缘,疑为枸橼与柠檬的杂种)。

柚杂种有奥洛勃朗卡(三倍体杂种,亲本为二倍体甜柚 CRC 2 240 与四倍体多核白肉葡萄柚)、八朔(疑为橘与柚的天然杂种)、橙柑(疑为柚与橘类的天然杂种)、大庸金钱橘(疑为宽皮柑橘类与柚的天然杂种)、高橙(疑为柚与甜橙的天然杂种)、红橙(疑为柚与宽皮柑橘类的天然杂种)、胡柚(疑为柚与甜橙或橘类的天然杂种)、蕉柑(橘、柚的天然杂种)、麻子柑、三宝柑、苏柑(疑为柚与甜橙或宽皮柑橘类的天然杂种)、夏蜜柑(疑为柚或酸橙与宽皮柑橘的天然杂种)。

其他多为橘橙、橘柚类等,有爱伦达尔橘(起源不详,疑为天然杂种)、不知火橘橙(清见橘橙与中野 3 号椪柑的杂种)、弗来蒙特橘(克里曼丁红橘与椪柑的杂种)、宫内伊予柑(伊予柑的早熟芽变)、红柿柑(瓯柑与改良橙的杂种)、红玉柑(少核本地早新本 1 号与刘本橙[刘金刚甜橙与本地早的杂种]的杂种)、金诺橘(柳叶橘与王柑的杂种)、津之香橘橙(清见橘橙与兴津温州蜜柑的杂种)、橘橙 1-1232(伏令夏橙与[江南柑与朱砂柑]的杂种)、凯旋柑(克里曼丁红橘与红柿柑的杂种)、克里曼丁红橘(疑为地中海橘与酸橙的天然杂种)、榠橘(疑为橘类与柑类的天然杂种)、明尼拉奥橘柚(邓肯葡萄柚与丹西红橘的杂种)、默科特橘(来源不详)、南香橘橙(三保温州蜜柑和克里曼丁橘的杂种)、诺瓦橘柚(克里曼丁橘与奥兰多橘柚的杂种)、清见橘橙(特洛维它甜橙与宫川温州蜜柑的杂种)、秋辉橘柚(鲍威尔橘柚与坦普尔橘橙的杂种)、日晖(克里曼丁橘与奥兰多橘柚的杂种)、胜山伊予柑(宫内伊予柑的早熟芽变)、昇仙蜜柑(来源不详)、寿柑(来源不详)、苏红(甜橙与橘类的天然杂种)、天草橘橙(亲本为清见橘橙与兴津温州蜜柑的杂种与佩奇橘)、晚蜜 1 号(尾张温州蜜柑与细叶薄皮甜橙的杂种)、晚蜜 2 号(尾张温州蜜柑与细叶薄皮甜橙的杂种)、晚蜜 3 号(疑为池田温州蜜柑与甜橙的杂种)、韦尔金橘(王柑与地中海柳叶橘的杂种)、鸳鸯蜜柑(来源不详)、细皮榠橘(疑为榠橘的实生变异)、早熟榠橘(疑为榠橘的实生变异)。

5)主要品种

我国柑橘种植区域广泛。表 9.2 为我国柑橘主要品种及砧木的分布情况。

表 9.2　我国柑橘主栽及著名品种及砧木分布

省(自治区、直辖市)	主栽品种	主要砧木
广东	沙糖橘、蕉柑、马水橘、春甜橘、年橘、红江橙、沙田柚	酸橘、三湖红橘、红黎檬、酸柚
福建	温州蜜柑、雪柑、椪柑、红橘、柚	枳、红橘、酸柚、香橙
台湾	椪柑、蕉柑、雪柑、柳橙、茂谷柑、柚	酸橘、红黎檬、枳、酸柚
四川	锦橙、先锋橙、脐橙、温州蜜柑、红橘、柚、柠檬、椪柑、杂柑	枳、红橘、酸柚、香橙
重庆	锦橙、先锋橙、夏橙、脐橙、温州蜜柑、红橘、柚、椪柑、杂柑	枳、红橘、枳橙、酸柚
浙江	温州蜜柑、椪柑、本地早、柚、胡柚、金柑、杂柑	枳、枸头橙、本地早、酸柚
湖北	锦橙、脐橙、桃叶橙、夏橙、脐橙、温州蜜柑、红橘	枳、红橘、枳橙、酸柚
湖南	温州蜜柑、椪柑、脐橙、冰糖橙、大红甜橙、柚	枳、酸柚
广西	温州蜜柑、椪柑、沙田柚、暗柳橙、脐橙、夏橙、金柑	酸橘、黎檬
江西	温州蜜柑、脐橙、南丰蜜橘、朱红橘、金柑	枳
云南	温州蜜柑、椪柑、锦橙、柠檬、脐橙	枳
贵州	温州蜜柑、大红袍、椪柑	枳
江苏	温州蜜柑、早红、本地早	枳、朱红橘
上海、安徽、陕西、河南、甘肃	温州蜜柑、朱红橘	枳
海南	暗柳橙、红江橙、温州蜜柑	酸橘、红黎檬
西藏	皱皮柑、枸橼	枳

（1）枸橼

枸橼又称香橼,灌木或小乔木,四季开花,果实不宜生食,多作药用,树体可供观赏。

（2）柠檬

尤力克柠檬:四季开花,果实长椭圆形,果皮淡黄色,果肉味道很酸。但香味浓郁,果皮可用于提取果胶、制作果酱、蜜饯。种子可榨油。

（3）柚

①四季柚:又称"四季抛"。1 年开花 4 次。果实卵圆形,果皮橙黄色,果肉多汁,酸甜适中,品质佳。

②沙田柚:果皮黄色,果汁较少,极耐贮藏,风味佳。

③琯溪蜜柚:果实倒卵形,果肉多汁,酸甜适中,香气浓郁,无核,品质佳,极耐贮藏。

（4）葡萄柚

邓肯葡萄柚:果实扁球形或球形,果皮淡黄色,果肉多汁,甜酸适中,略苦,种子多。本品种是最古老的葡萄柚品种,目前的葡萄柚品种均由其变异而来。

（5）甜橙

①红肉脐橙:又称"卡拉卡拉脐橙"。果实椭圆形;果皮深橙或橙红色;果肉脆嫩,品质佳。

②塔罗科血橙:果实倒卵形、圆球形或椭圆形;果皮橙色且带有紫红色斑,较容易剥离;多汁;有浓郁玫瑰香味,品质佳。

③哈姆林甜橙:果实圆球形或椭圆形;果皮橙红色,较难剥离;多汁,酸甜适中,品质极佳。

④华盛顿脐橙:果实椭圆形、圆球形或倒卵形;果皮深橙或橙红色,较易剥离;多汁,化渣,无核,品质佳。华盛顿脐橙极易产生芽变,目前许多脐橙品种均由其芽变产生。

⑤纽荷尔脐橙:果实椭圆形或长倒卵形;果皮橙红或深橙色,较难剥离;多汁,化渣,风味浓郁,品质佳。

（6）黄柑

①皱皮柑:分布很广,甚至西藏地区亦有分布。果实扁圆形、高扁圆形;果皮橙黄色,容易剥离;多汁,有苦味,种子偶有多胚。

②瓯柑:为浙江著名品种。果实扁圆形、倒阔卵形、高扁圆形;果皮橙黄色,容易剥离;多汁,略苦。

（7）沙柑

①贡柑:为广东著名品种,古时作为进贡果品而得名。果实亚球形或高扁圆形;果皮浅橙色或深橙色,容易剥离;化渣,味甜淡,略有苦味,有较淡香气。

②蕉柑:果实高扁圆形、亚球形或椭圆形;果皮橙色或橙黄色,不太容易剥离;多汁,味道浓郁,酸甜适中,种子偶有单胚。

③温州蜜柑:在我国分布广泛,极易产生芽变,品种和品系很多。无核。果实品质受环境条件影响较大。

（8）屈橘

①本地早:又称"天台山蜜橘",为浙江著名品种。果实长椭圆形,果皮橙黄色,容易剥离,具有香气,化渣,味甜酸少,品质佳。

②南丰蜜橘:为江西著名品种。果实扁圆形,果皮橙黄色,容易剥离,多汁,香味浓郁,品质佳。

(9)韩橘

年橘:为广东著名品种。果实扁圆形,果皮橙黄色,容易剥离,味道偏酸。

(10)椪柑

永春椪柑:为福建著名品种。果实扁圆形或高扁圆形,果皮橙红色,化渣,多汁,酸甜适中,品质佳。

(11)红橘

福橘:又称"红橘",为福建著名品种。果实扁圆形,果皮鲜红色,容易剥离,种子多,品质中上。

(12)丹橘

沙糖橘:又称"十月橘""冰糖橘",为广东著名品种。果实扁圆形,果皮橙黄或橙红色,果皮容易剥离,多汁,味道浓甜,品质佳。

(13)其他

①不知火橘橙:果实梨形或高扁圆形;果皮橙色或橙黄色,容易剥离;化渣,多汁,风味浓郁,品质佳。成熟期晚,供应期长,可作为晚熟品种。

②克里曼丁红橘:果实高扁圆形或亚球形;果皮橙红色甚至浓橙红色,容易剥离;多汁,化渣,风味浓郁,具有特殊香气。种子单胚,自交不亲和,用作杂交母本。

③默科特橘:又称"茂谷柑"。果实扁圆形;果皮橙色或橙黄色,容易剥离;化渣,多汁,风味浓郁,品质佳。

④清见橘橙:果实高扁圆形;果皮橙色或橙黄色,容易剥离;风味酸甜适中,无核,品质佳。种子单胚,雄性不育,可用作杂交母本。

6)砧木

我国通常以枳、枸头橙和红橘为砧木。其中,枳是最主要的砧木。近年来,也引进了卡里佐枳橙、特洛亚枳橙和施文格枳柚作为砧木。

①卡里佐枳橙:目前生产上应用较多的砧木,是华盛顿脐橙和枳杂交获得的杂交种。嫁接甜橙和宽皮柑橘亲和。抗脚腐病、衰退病和根结线虫,不抗裂皮病。

②特洛亚枳橙:卡里佐枳橙的姊妹种。美国等国家作砧木较多,我国较少采用。

③施文格枳柚:由美国农业部用枳作父本、邓肯葡萄柚作母本杂交获得的杂交种。除了与默科特橘外,与其他柑橘品种的亲和性好。可抗枯萎病、衰退病、流胶病、脚腐病和根结线虫,不抗裂皮病。抗寒、抗旱,不耐涝、不耐盐碱。

9.1.2 生物学特性

1)根

柑橘的根系因繁殖方法、种类、品种等不同而不同。通常实生苗的根系是由种子的胚根发育而来,具有较为深入的主根。扦插或压条苗的根系是由枝条的伤口愈伤组织形成的不定根。嫁接苗的根系即为砧木的根系。一般来说,树体高大的柑橘植物,主根也大,如柚、酸橙等的主根较强大,而枳、金柑、枸橼、柠檬等的主根则较弱,侧根呈水平分布。树姿直立的柑橘植物根系较深,如椪柑;树姿开张的柑橘植物根系较浅,如蕉柑、本地早。

柑橘的根系不具有根毛,但不影响其吸收水分和无机盐的功能。在某些条件下,也会长出根毛。柑橘具有内菌根,可与其共生的真菌代替根毛,促进对养分的吸收。柑橘菌根的种类随着树龄增加以及土壤条件的改变,也有所不同。土壤有机质丰富,菌根才能对柑橘生长有利。

柑橘根对氧气不足忍耐力强,但土壤空气中至少含3%的氧气时才能维持生长。若根系暴露在空气中或者受伤后容易发出萌蘖,形成枝梢甚至新的树冠。利用这一特点,柑橘能进行根插繁殖。

柑橘根的生长与枝梢的生长呈相互消长的关系,一年中有几次生长高峰时期。生长高峰时期与气候、土温等有关。气候温暖、土壤温度较高时,先发根后抽春梢,根梢再依次消长生长。气候较冷、土温较低时,先抽春梢后发根,根梢再依次消长生长。

2)枝梢

柑橘的枝梢包括芽、叶和枝。枝、叶、花均由芽发育而来。

柑橘的芽没有鳞片覆盖,为裸芽。枳冬季落叶,芽具有鳞片。柑橘的芽在每个先出叶的叶腋都有一个或多个潜伏的隐芽,称之为复芽。人工抹梢后,复芽萌发,能形成更多的新梢。柑橘具有新梢自剪的特性,新梢生长停止后,先端能自行脱落,顶端优势被减弱,自剪部位下方的芽萌发,形成生长势略等的枝条,使得柑橘具有很强的丛生性。枝梢先端短截后,短截部位下方的芽萌发,也发成新梢。对于某些新梢长的种类或品种,如柠檬、温州蜜柑等,芽在先端萌发,短截处理可以减少枝梢空虚,促进发出新梢。柑橘的芽分为叶芽和混合芽。叶芽萌发后,只抽生枝叶。混合芽除了抽生枝叶外,在枝叶的先端还具有花器。枳则具有叶芽和花芽。另外,柑橘还在每一叶腋具有隐芽,枝梢修剪后,也能发抽发新梢。

柑橘的叶片多为常绿性单身复叶,枳为落叶性三出复叶。一般柑橘的叶片由本叶和翼叶组成,翼叶位于在叶柄两侧。叶身与翼叶之间有节,有复叶的痕迹。翼叶的大小依种类和品种而不同,是识别柑橘种类和品种的重要特征。大翼橙、红河橙和宜昌橙的翼叶最大,几乎与本叶相等,甚至超过本叶;柚类和酸橙的翼叶次之;金柑的翼叶则较小,几乎呈线形;佛手、枸橼、柠檬几乎没有翼叶,叶身与翼叶之间几乎没有节。翼叶的形状有心脏形、三角形、倒卵形、倒披针形、线形。本叶是叶片的主要部分,通常所说的叶片即为本叶。叶片的大小也是区别柑橘种类和品种的重要标志。柚类的叶片最大,柠檬、枸橼、柑、橙类的叶片次之,金柑、宜昌橙、橘类的叶片较小。此外,同一种类或者品种内,叶片大小也不尽一致。例如南丰蜜橘有大叶系和小叶系之分。树龄、物候期、枝梢状态对叶片大小也有影响。幼龄树的叶片较大,老树的叶片较小;夏秋季的叶片较大,春季的叶片较小;徒长枝的叶片较大,营养枝的叶片较小。所以,观察记载叶片大小应有统一标准。柑橘叶片的外形多变,基部、先端各有不同。通常柑橘叶片有椭圆形、卵形、阔卵形、倒卵形、披针形、圆形等。叶片基部有圆形、广楔形、楔形、狭楔形、截形、心形等。叶片先端有圆形、钝尖、渐尖、急尖、突尖、长尾状渐尖、短尾状渐尖、短钝头等。叶片先端的凹口也有差异,有的种类和品种没有凹口,有的则呈深浅宽窄不同的状态。叶片的边缘有全缘、圆锯齿、锯齿、浅波状之分。柑橘叶片的光合效能较低,耐阴,光补偿点低,对温射光和弱光利用率高,因而适宜密植。柑橘叶片的寿命一般为 1~2 年,也有少数叶片寿命较长。叶片寿命的长短与养分、栽培条件有很大关系。通常新梢萌发老叶脱落,开花末期落叶最多。生产上应采取促使叶片生长的措施,以提高光合效能,进而增强树势,提高产量。

柑橘的茎干一般为单独的枝干,呈圆柱形,其上着生枝梢、花、叶、果。

当年发生的枝条称之为梢。柑橘的枝按照发生的季节分为春梢、夏梢、秋梢和冬梢。春梢抽生较为整齐,且数量多,基部充实,梢较短、节间密,是一年中最重要的枝梢。这是因为,此时的树体经过冬季休眠,储存养分较多,既能形成夏秋梢或结果枝,也能形成第二年的结果母枝。夏梢的生长势强,但发梢时间不一致,枝条粗长,不充实甚至徒长,质量较差,幼树能利用夏梢培养骨干枝,加速形成树冠。发育较好的夏梢可成为第二年的结果母枝。但是夏梢大量抽生,会消耗养分,造成落果。秋梢的生长势介于春梢与夏梢之间,早秋梢可以成为结果母枝,但晚秋梢的生育期短,质量差。一般在温暖地区才能抽发冬梢。早冬梢若水肥条件好,可以成为结果母枝,但冬梢一般生长较差,不充实,容易受冻枯死,而且冬梢会消耗夏秋梢积累养分,不利于花芽分化。

根据新梢在 1 年内生长次数,可分为一次梢、二次梢、三次梢等。一次梢是指 1 年内只抽生 1 次的枝梢,如一次春梢、一次夏梢或一次秋梢,其中,一次春梢最多。二次梢是指能在春梢上再次抽发,形成夏梢或者秋梢,或者夏梢抽发秋梢,其中,以春梢抽发最多。三次梢是指 1 年内能抽发春梢、夏梢、秋梢的枝条。在温度较高的地区甚至有四次梢和五次梢。新梢抽发次数与树龄、结果情况以及分枝级数有关,树龄大、结果多、分枝级数大,抽梢次数少。通常可以根据柑橘一年中抽生枝梢的数量和质量来评价树体的营养状态及产量。长势充实的春梢、夏梢、秋梢能进行正常的花芽分化,继而成为结果母枝。按照枝条能否当年结果,柑橘的枝分为生长枝(营养枝)、结果枝、结果母枝。营养枝是指为树体提供养分的枝条。在营养枝中,有一类枝条营养价值不大,通常着生在树势较弱、叶片较少的植株的主干或主枝上,节间较长,叶片大而且薄。为了充分利用枝条,徒长枝可以改造为衰弱树的更新枝。在树冠外围的徒长枝能通过弯枝或摘心,变成结果母枝或分枝;其他的徒长枝则可以除去。结果枝通常为结果母枝顶端的芽萌发而来。根据枝条上叶片的有无分为有叶结果枝和无叶结果枝。根据枝条上花的着生状态和数量,无叶结果枝分为无叶顶花果枝和无叶花序枝;有叶结果枝分为有叶顶花果枝、腋花果枝和有叶花序枝。通常有叶结果枝具有叶片,发育较好,既能进行营养生长,又能结果。有叶顶花果枝当年结果良好,因具有顶端优势,甚至能形成第二年的结果母枝。

抽生结果枝的枝条为结果母枝。结果母枝的数量与柑橘种类、品种、树龄、生长势、结果量、栽培条件等有关。柑、橘、橙的健壮春梢、夏梢以及秋梢都可进行花芽分化,形成结果母枝。结果母枝健壮,能同时抽发健壮的结果枝和营养枝,保证营养生长和生殖生长的平衡,继而保证丰产、稳产。

具有针刺是柑橘树的显著特点。针刺实为变态的枝条。在徒长枝和某些实生苗上甚至能看到针刺先端长叶开花。针刺在幼嫩时也具有叶绿素,老熟后绿色消失,组织硬化,而且能随着树体的生长而长粗,为树体管理带来不便。

柑橘花芽分化一般在果实成熟后、第二年萌芽前。一株树上的春梢分化较早,夏梢、秋梢较晚。花芽分化分为 6 个阶段:分化前期、形成初期、萼片形成期、花瓣形成期、雄蕊形成期、雌蕊形成期。分化前期到形成初期生长点由尖变平,且横径扩大伸长。萼片形成期时间较长,此时花萼原始体出现。此后,进入花瓣形成期,萼片内部的花瓣原始体出现。之后,进入雄蕊形成期,雄蕊原始体形成。在雌蕊形成期,雌蕊原始体形成。柑橘四季常绿,通常每年开花一次,在热带地区或者某些种类能多次开花。例如四季柚则是一年开花 4次,枸橼、柠檬等均是四季开花。橙、橘等在亚热带地区春季开花一次,偶尔在夏季开花,在热带地区则开花多次。有研究表明,柑橘在四季均有花芽分化。低温、干旱、水分胁迫都能促使形成花芽。

柑橘一般为完全花,少量为退化花。在花器中,除了雄蕊外,花柄、花萼、花托、花瓣、蜜盘、雌蕊均有油胞,内含挥发性芳香油。柑橘的花具有单花和花序两类,花序为总状花序。甜橙、酸橙、柚、葡萄柚、柠檬、枸橼等均有花序。花序的花数因种类和品种而不同,宽皮柑橘类、宜昌橙、香橙、金柑为单花。具有花序的这些种类也常常有单花。花序或单花都着生在结果枝(新梢)的顶端,少数在叶腋。其中,柚的花最大,葡萄柚的花次之,酸橙、甜橙的花中等大小,柠檬、枸橼的花也大,金柑的花较小。在宽皮柑橘类中,橘的花较小,柑类的花较大。花萼多为 5 裂,亦有 2 ~ 4 裂的。花瓣为 4 ~ 8 瓣,多为 5 瓣,白色,但柠檬、佛手、枸橼的花芽及花瓣带有紫色。花瓣革质,肥厚,但金柑和枳的花瓣较薄。雄蕊为 20 ~ 40 枚,少数 16 枚,最多达 60 枚,通常是花瓣数的 4 倍。花瓣较多的有柚、柠檬、枸橼等,其次为酸橙、甜橙,橘类的也较少。金柑的花瓣有 16 ~ 20 枚,枳的花瓣有 20 ~ 60 枚。雄蕊由花丝和花药两部分组成。花丝白色,上面为花药。柑橘花盛开时,花药为黄色,凋谢时变成灰色,花药内含有黄色的花粉。雄蕊内部为雌蕊。雌蕊一般为雄蕊略低,比雄蕊先成熟。雌蕊花柱较细小,有的在子房开始发育时脱落,有的则宿存在果实上。子房的形状与果实的形状相似,一般外表光滑无毛,但枳的子房外壁具有茸毛,柚的子房也具有少量茸毛。子房的心室数目与果实的囊瓣数相等。心室内胚珠的数量因柑橘种类而不同,种子的数目比胚珠数目要少。通常来说,授粉后 30 h 左右,花粉管才伸长至胚珠,在 18 ~ 42 h 后受精完成。

3)**果实**

柑橘的果实由子房发育而来,成熟的果实称之为柑果。柑橘果实的构造分为果皮和内果皮两部分。果皮又可分为外果皮、下皮和中果皮。外果皮由子房壁的外层发育而来,为成熟果实的最外层,因油胞丰富,又称为"油胞层"或"色素层"。中果皮为子房的中壁发育而来,通常为白色海绵状,称为"海绵层"。内果皮由心室发育而来,称为"囊瓣"。囊瓣之间具有膜质物质,为海绵层的一部分,使得囊瓣易于分离。囊瓣外面的皮称为"囊壁",在靠近果实表面的部分称为"外壁",两个囊壁相邻的为"侧壁"。两个侧壁在内部相连,称为"内端",或者"合缝"。在果实的发育过程中,心皮外壁的内侧,还在侧壁的内侧,形成突起物,最后发育为汁胞。子房发育初期,汁胞尚未发育,开花期时才从心室基部内表皮向果心方向生长,形成汁胞原基,各个汁胞原基不断分裂增大,最终形成果肉。种子由子房中的胚珠发育而来,位于囊瓣的内端。种子的大小因种类和品质而异。其中,柚类种子最大,酸橙、甜橙次之,橘,柑再次之,金柑的种子最小。柑橘种子最大的特点是常常含有不止一个

胚,但只有一个为有性胚,其余为无性胚,这个特点称为"多胚性"。无性胚由珠心细胞发育而来,这种珠心苗发育较快而且早;有性胚的苗发育较慢。所以,一粒种子播种后,先出苗的是珠心苗,这也是为什么柑橘杂交育种较难获得杂种后代的原因。用单胚的品种和种类做母本,较容易获得杂种后代。而珠心苗保持母本性状,在育种上也有其利用价值。

柑橘果实的生育期因种类和品种而不同,一般为150～200 d。果实发育经历细胞分裂期、细胞增大期、细胞增大后期、成熟期4个时期。细胞分裂期主要是增大果实体积,通过果皮和汁胞的细胞反复分裂来增加细胞核的数量。开花时果皮细胞即开始分裂,果实的增大源于果皮增厚。这个时期的营养来源主要是开花前的树体储备,若能补充氮、磷、钾,则会促进细胞分裂、提高坐果率。细胞增大前期主要是汁胞和海绵层细胞的增大,汁胞的增大比海绵层增大缓慢,故海绵层的增厚显著。此次,细胞增大与细胞分裂期不同,为细胞质的增加。在此时期内,种子发育较快,生理落果逐渐停止。细胞分裂期和细胞增大期的果实纵横径生长速度相等,果实含氮量增加。然后,果皮增厚停止,进入细胞增大后期。此时海绵层变薄,汁胞增大、增长,汁胞的含水量迅速增加,所以细胞增大后期又称为"汁液增加期"或"上水期"。在这个时期内,果实的横径增长迅速,果实糖含量增加。此时,钾肥对促进果实增大效果明显。幼果时果皮内含有叶绿素,叶绿素通过分解、合成,进行光合作用。成熟期时,叶绿素不再合成,类胡萝卜素的合成增加,果皮出现橙色等色泽。果实成熟期的糖增加,会促进类胡萝卜素的增加,有利于着色和品质的提高。糖增加的同时,酸味减少,果实风味形成。

一般来说,柑橘为完全花,需经授粉受精才能结果。实际上,由于花器发育不全,比如花粉量少、发育不全,以及胚珠发育不全,则会产生无核或少核的果实。一些品种不经授粉受精,子房自行发育,也会产生无核果实,即单性结实。单性结实的原因有以下几种。

①生殖器官不育。有的品种雌蕊或雄蕊不发育,甚至雌蕊和雄蕊都不发育。

②胚早期死亡。胚在受精后退化消失。这类品种能单性结实,原因在于子房壁含有较多生长素,或者经花粉刺激后产生较多生长素。

③自花不亲和。

9.1.3 对环境条件的要求

1)土壤

柑橘对土壤的适应范围较广,pH值在4.8～8.5的范围内均可生长,但最佳范围为6.0～7.5。柑橘根系吸收范围广,要求土层深厚,以80～100 cm,且地下水位在1 m以下为宜;土壤疏松,土壤孔隙度和土壤空气含氧量为10%以上;土壤肥沃,有机质含量为2%～3%;排水通气良好,土壤田间持水量为60%～80%。柑橘在沙地、黏土、壤土等都能生长,但不同质地的土壤对结果有一定影响。例如,当土壤为黏土时,排水性差,但保水保肥,树势旺盛,结果大、皮粗厚,酸味较浓,较耐贮藏;当土壤为沙地时,保肥力较差,树势较弱,果皮薄、酸味少、味道甜。

2)温度

柑橘是亚热带果树,要求年均气温在15 ℃以上、绝对最低温度不低于−15 ℃。不同类型的柑橘,对温度的要求不同。在中国,温州蜜柑要求绝对最低温度不低于−9 ℃,甜橙和柚类要求绝对最低温度不低于−7 ℃。柑橘生长的最适气温为23 ~ 29 ℃,有效温度为12.8 ℃。柑橘也相当耐热,葡萄柚甚至能忍耐51 ℃的高温。但是温度过高,果皮容易着色不良、果汁少,造成果品质量下降。柑橘对土壤温度的要求与气温相似,最适土温为20 ~ 30 ℃。

3)光照

柑橘耐阴,在阴雨地区也能生长。如日照强烈,容易发生日灼;如日照不足,则容易落叶、落花与落果。

4)水分

柑橘在温暖湿润的环境下生长良好。水分对柑橘抽梢、开花、结果都有很大的影响。水分不足,会导致枝梢少而短,花器发育不全,形成退化花或畸形花,落果严重,果实酸多糖少。水分过多,例如花期时阴雨连绵,则影响授粉质量。土壤水分过多,会造成排水不良,通气不佳。柑橘最佳水分状态为年降雨量以1 200 ~ 2 000 mm为宜,土壤含水量以60% ~ 80%为宜,空气平均相对湿度以70% ~ 80%为宜。

任务9.2　生产技术

活动情景　选择交通条件便利、土层深厚、有机质丰富、灌排条件良好的柑橘园作为学习地点。本任务要求学习柑橘的生产技术。

 工作任务单设计

工作任务名称	任务9.2　生产技术	建议教学时数	
任务要求	1.掌握柑橘育苗技术 2.学会建柑橘园 3.掌握柑橘土肥水管理技术 4.掌握柑橘树体管理技术 5.掌握柑橘花果管理技术 6.掌握柑橘采收及贮运技术措施		
工作内容	1.学习柑橘育苗技术 2.学习如何建柑橘园 3.学习柑橘土肥水管理技术 4.学习柑橘树体管理技术 5.学习柑橘花果管理技术 6.学习柑橘采收及贮运技术措施		

续表

工作任务名称	任务9.2　生产技术		建议教学时数	
工作方法	以老师课堂讲授和学生自学相结合的方式完成相关理论知识学习;以田间项目教学法和任务驱动法,使学生学会柑橘育苗技术,正确选择适宜苗圃地、熟练掌握柑橘生产技术			
工作条件	多媒体设备、资料室、互联网、试验地、相关劳动工具等			
工作步骤	资讯:教师由活动情景引入任务内容,进行相关知识点的讲解,并下达工作任务 计划:学生在熟悉相关知识点的基础上,查阅资料、收集信息,进行工作任务构思,师生针对工作任务有关问题及解决方法进行答疑、交流,明确思路 决策:学生在教师讲解和收集信息的基础上,划分工作小组,制订任务实施计划,准备完成任务所需的工具与材料 实施:学生在教师指导下,按照计划分步实施,进行知识和技能训练 检查:为保证工作任务保质保量地完成,在任务的实施过程中要进行学生自查、学生互查、教师检查 评估:学生自评、互评,教师点评			
工作成果	完成工作任务、作业、报告			
考核要素	课堂表现			
	学习态度			
	知识	1. 柑橘育苗技术 2. 建柑橘园 3. 柑橘土肥水管理技术 4. 柑橘树体管理技术 5. 柑橘花果管理技术 6. 柑橘采收及贮运技术措施		
	能力	熟练掌握柑橘生产技术		
	综合素质	独立思考,团结协作,创新吃苦,严谨操作		
工作评价环节	自我评价	本人签名:	年　　月　　日	
	小组评价	组长签名:	年　　月　　日	
	教师评价	教师签名:	年　　月　　日	

 任务相关知识点

9.2.1　育苗

柑橘苗的繁殖方法有实生繁殖、压条繁殖、扦插繁殖以及嫁接繁殖等。

柑橘具有多胚性,其无性胚发育早。利用这一特点,在需要后代保持母本性状时,可以进行实生繁殖。实生繁殖容易,苗的根系发达、生长健壮,但植株较大,结果较晚,最重要是容易产生变异。多胚性的种子播种后,即使无性苗能保持母本性状,但也不能完全避免变异。单胚性的种子则变异更大。因此,实生繁殖多是用来培育砧木或者保持母本性状为目的的育种,生产上采用实生繁殖的较少。

柑橘种子没有休眠期,果实成熟,种子也随之成熟。实生繁殖的种子,只要洗去种皮外的胶质,用55 ℃的热水浸泡50 min或35~40 ℃热水浸泡1 h,再用冷水浸泡12 h,即可播种。沙藏种子前,应先用300倍的40%浓度的甲醛浸泡2 h,去除可能携带的病菌。新鲜种子可以适当晾干,但不应过分干燥,晒至种皮发白、没有黏着感时即可播种。播种时间因气候而异,在温暖无霜冻地区,秋冬季即可播种,但最迟应在冬至前播种完,以免发芽慢、不整齐;在亚热带地区或冷凉地区,如福建北部,乃至华中地区,应在2—3月气候温暖时播种为宜。播种的种子量应为需要苗量的1倍。播种苗床要先施农家肥、磷肥等基肥,待土地平整后均匀播种,再撒一层约1 cm厚的土覆盖种子,最上面覆盖草帘保湿。柑橘苗长出2~4片真叶后可施少量水肥,及时防治病虫害。待苗长至第一次梢老熟后,即可移植。移苗时应剔除长势弱的苗以及其他病苗,选择健壮、苗根舒展、具有该品种特征的苗移植。若实生繁殖是为了保持母本性状等育种用途,还需进行杂种鉴定。育苗期间,还应及时去除萌蘖,以免消耗养分。

柑橘压条繁殖多采用高空压条法。压条应选择在果实成熟后、翌年萌芽前进行。选择的枝条应为树体健壮、树冠外围的充实枝条,以长50~70 cm、基径1~1.5 cm的枝组为宜。在枝组着生处上方8~10 cm处进行环剥,剥去3~4 cm宽的皮层,去除木质部的形成层。此处干燥3~4天后,用塑料膜在环剥处装入填充料。填充料包括腐殖土、谷壳等,促使形成根系,看到细根较多时即可锯下定植。

柑橘扦插的材料较多,枝条或者粗根都可用作扦插。枳、柠檬、黎檬、佛手、枸橼等种类比酸橙和甜橙更容易扦插成活,柚、宽皮柑橘则比较难发根,而温州蜜柑发根最难。扦插所选枝条应为充分成熟的0.5~2年的枝条,将其剪成10 cm左右的小段,再用100~200 mg/kg IAA或IBA,或50~100 mg/kg浸根12~24 h。浸泡后用清水冲洗,直接斜插到苗床上,插入深度应为整个枝段的1/2~2/3,并遮阴保湿。若是嫩枝带有绿叶,更易成活。将苗床用塑料膜覆盖,保持土温24~30 ℃以及气温20~27 ℃,1个月内即可发芽。发芽后,只保留顶端的一个壮芽,将其余芽抹去,以保证营养供应。等新梢老熟后,即可移植到大田。

嫁接是目前柑橘生产上普遍采用的育苗技术。砧木的选择应因地制宜,参考表9.2。砧木苗多为实生繁殖育苗。在砧木苗的生长过程中,应保持主干离地面20 cm内无分枝、此时干径为0.6~0.8 cm的枝条,即可进行嫁接操作。接穗除了常规接穗外,近年也在逐渐发展无病毒苗木的接穗。柑橘四季常绿,除了月均温在10 ℃以下的时间外,均可进行嫁接,但以萌芽前嫁接为宜。柑橘嫁接方法有多种。按照接穗,可分为芽接和枝接;按照嫁接部位,可分为切接和腹接。近年来,也出现了一种新的嫁接方法,即微芽嫁接。在生产上,采用单芽切接方法较为普遍。嫁接后至萌芽前要保持土壤水分,避免过干或过湿,并及时除去萌蘖。接穗萌芽后,有多个芽的,只留一个健壮芽,其余芽体应抹去。为防止接穗生长不良,在第一次新梢老熟后即可解除嫁接包扎带,并及时追肥,促进新梢生长。定干前,只保留一个健壮新梢。定干高度确定后,新萌发的芽可适当保留,作为以后的主枝。这些定干后新萌发的芽长成枝条并老熟后,即可移植。一般移植嫁接苗的标准:砧木接穗愈合良好,亲和性好;没有病虫害;生长健壮,主干直径为1 cm左右,主枝有3~5条,分布均匀;根系生长良好,发达无打结。

9.2.2　建园

柑橘种类和品种较多,每个种类和品种有其独特的适应地域。农业部编制了2008—2015年柑橘优势区域规划,新的优势区域格局如下:长江上中游柑橘带、浙南—闽西—粤东柑橘带、赣南—湘南—桂北柑橘带、鄂西—湘西柑橘带;特色柑橘生产基地为湖北丹江口三峡库区柑橘基地、湖北丹江口三峡库区柠檬基地、云南特早熟柑橘基地、江西南丰蜜橘基地、岭南晚熟宽皮橘基地。长江中上游柑橘带种植的主要是脐橙和夏橙的鲜食和加工品种;浙南—闽西—粤东柑橘带种植的主要是宽皮柑橘类的鲜食和加工品种;赣南—湘南—桂北柑橘带种植的主要是甜橙的鲜食品种;鄂西—湘西柑橘带种植的主要是宽皮柑橘类的鲜食和加工品种。柑橘优势区域的规划为柑橘资源的充分利用、市场定位奠定了基础。

柑橘果园应在此优势区域规划的基础上,因地制宜地建立。目前,我国柑橘果园多是利用丘陵山地,应优先选择地形较为开阔平整的红壤土、紫色土,土层应深厚肥沃,排水良好。有条件最好还应在柑橘种植前2～3年建造防护林,特别是在沿海台风地区,不仅可以防风,还有涵养水分的作用。目前柑橘主要是采用矮化密植栽培方式。通常,甜橙约为3 m×5.5 m,宽皮柑橘株行距约为3 m×5 m,柚类树体较大,株行距约为4 m×7 m。不同种类、品种以及立地条件也会影响种植密度。另外,部分需要异花授粉才能提高坐果率的品种,还需要按照一定比例和要求配置授粉树。定植时间多选择在新梢充分老熟、下一次新梢抽发前进行,气温以15～30 ℃为宜。在我国,主要的定植时间多在2—3月和9—10月。定植穴约为1 m×1 m×1 m,因树体和地势条件可有所调整。如果是容器育苗,可将根部土团直接移入定植穴,能提高定植成活率。如果是裸根苗,填土时应尽量保持根系自然状态,主根和侧根与土壤解除充分,填一层土压一次,逐步压实土层。定植深度以原来的种植深度为准。定植后,应及时浇透水,保证根系与土壤充分接触。浇水后如土壤下陷,应及时填土,并覆盖保湿,有必要时还应设置支柱以免倒伏。一般1个月左右,即能恢复生长。

9.2.3　土、肥、水管理

1)土壤管理

(1)间作

幼树刚定植时,果园空地可以间作一些浅根系的矮秆作物,以提高果园土地利用率,并能增加土壤肥力。间作的作物可选择花生、大豆、西瓜、百喜草等。间作前应深施基肥,首先保证柑橘树的肥料供应。

(2)免耕法

在土壤有机质丰富的果园,采用免耕法可以节约肥料和劳力。

(3)生草法

在水土流失严重的地区,则采用生草法以提高果园肥力。生草法是在柑橘树盘以外的果园地面播种豆科等草种,长到一定程度作为肥料。草种生长发育应与柑橘树相互错开,不与柑橘树争肥争水。

（4）覆盖

在夏季高温伏旱地区,覆盖具有降低土温的作用;在冬季冻害地区,覆盖具有保持土壤温度的作用。覆盖用的材料可以是稻草、绿肥、落叶等。通常为树盘覆盖,厚度为 10 ~ 20 cm。有条件的也可以全园覆盖。结束覆盖后,上述材料也作为肥料埋入土壤。

（5）培土

培土的作用在于增加土层,防止根系裸露,防旱、防寒、保湿。培土宜在结果后或者旱季前进行。培土的土壤应与果园土壤质地互补,如果园为沙地,培土则应用黏土;如果园为黏性土,培土则应用沙土。培土的厚度以 10 cm 内为宜,太厚会造成根系腐烂。

（6）深翻扩穴

随着柑橘树的生长发育,原有的定植穴会限制根系的发育,因此,需要深翻扩穴。深翻扩穴可以在根系发育时期进行,这样有利于根系伤口愈合。深翻扩穴的深度与原有定植穴的深度相等,同时在新穴内施肥,保证树体营养。深翻应隔年或者隔行进行,既有利于根系恢复,又能保证树体的生长。

2）施肥

（1）柑橘所需的矿质营养

柑橘生长发育需要量最多的是氮、钾、钙,其次是磷、镁,此外,还包括硫、铁、锌、锰、铜、硼、钼等。各元素的主要生理功能见表9.3。

表9.3 柑橘所需矿质营养的主要生理功能

矿质营养元素	状 态	存在部位	主要生理功能	过 多	过 少
氮	大部分有机态,根系吸收以硝态和铵态为主	花和嫩梢含氮最多,尤其是雄蕊、雌蕊;叶片贮氮最多	对柑橘影响最大;可壮枝、壮叶、壮花、壮果、稳果	生长过旺,花果减少;果实着色迟、淡,果皮和果肉粗糙,糖少酸多	发梢减少,树势衰弱
钾	具有高度移动性	多分布在幼嫩组织;花含钾量最高	促进成花	产生拮抗,造成镁、钙、铁、锌的缺乏	果实品质差
钙	细胞壁胶质的重要成分,转移性小		满足顶端分生组织生长的需要,果实耐贮运	降低磷、锰、铁、锌等的有效性	烂根、梢枯、碎叶、果实不耐贮运
磷	根系吸收以磷酸离子为主	花、种子、新梢、新根等细胞分裂活跃部位含磷最多,尤其是雄蕊、雌蕊	新梢、花多且健壮;果实早熟、果皮薄、味道甜	影响对氮、钾、铁、锌、铜的吸收	花、种子发育不良;落果、果实粗糙、酸多甜少;引起其他缺素症,尤其是缺锰

续表

矿质营养元素	状 态	存在部位	主要生理功能	过 多	过 少
镁	容易转运	叶片、分生组织和种子			影响幼嫩组织和种子发育,果小,品质差,不耐贮运
硫		形成层及其他分生组织			新叶黄化,果小且畸形,果实皮薄汁少
铁		细胞色素和叶绿体		影响磷等的吸收	叶片黄化,影响光合作用
锌					
锰	树体内移动性差		参与叶绿素合成		叶片褪绿,果实较小,着色差
铜		叶绿体内含量最高			果实较小,果皮较硬,容易裂果
硼					叶脉木栓化,果实变小畸形,种子发育不良
钼					叶片发生黄斑,果皮出现不规则褐斑

(2)施肥时间

一年中柑橘施肥大多为3~5次,与柑橘的生长发育密切相关。

幼树施肥是为了保证枝梢正常生长。因此,在春季或秋季应施基肥1~2次。每次新梢萌芽前施一次氮、钾为主的速效肥。结果树应在早春或晚秋施一次有机肥作为基肥;在开花前施氮肥;在开花后施磷钾和其他营养元素肥,促进坐果、果实膨大及花芽分化;在采收前,施磷、钾、钙肥,提高果实品质;在采收后,施一次肥,恢复树势,贮藏营养。

(3)施肥的种类、数量及方法

柑橘肥料的种类有很多。根据肥料的理化性质,可分为无机肥和有机肥;根据肥料的效果,可分为迟效肥和速效肥;根据需要的多少,可分为大量元素和微量元素。

如何判断施肥量,最准确的是采用叶片分析和土壤营养诊断。但是在我国,目前尚无配套设施能精准判断施肥量,多是采用经验施肥。通常柑橘肥料用量以氮、磷、钾肥0.5∶0.8∶1的比例施用,根据不同树龄以及土壤条件比例也会不同。有研究者也提出,初结果树的氮、磷、钾肥比例为1∶(0.4~0.6)∶(0.8~1)。

柑橘施肥有以下多种方法。

①根际追肥:在根系附近施肥,根系浅,少施浅施;根系深,多施深施。

②根外追肥:在叶片背面或者幼果表面喷施,能迅速补充根际追肥的不足,对促进叶片

老熟、花果质量有明显作用。

③水肥一体化:将施肥与灌溉相结合,肥料随着灌溉水流施入土壤,节约时间和劳动力。

总之,施肥的原则是有机肥和无机肥结合;速效肥和迟效肥结合;氮、磷、钾大量元素与微量元素结合;有机肥、迟效肥应深施;速效肥、无机肥、微量元素应浅施或喷施;有机肥为主,无机肥和速效肥为辅,物候期前期需氮肥多,物候期后期需磷肥多;急需时施速效肥,平时施缓效肥;生长迅速时多施肥,农闲时施基肥。

3)灌溉及排水

柑橘为四季常绿果树,需水量大。我国柑橘主要产区的降雨量为 1 000 ~ 2 000 mm,能基本满足柑橘的生长需要。但是,只靠自然降雨,不能达到丰产、丰收的目的。在新梢和根萌发期、开花期、果实迅速膨大期,柑橘对水分最为敏感。春季萌发时需要水分增加,此时降雨量多,应适时排水。果实膨大期也需要大量水分,必须灌溉。果实成熟期为提高果实中的糖分,适度干旱是有利的。休眠期降雨少,但是需水也少。在我国,干旱主要是伏旱,此时雨季来临,对柑橘影响不大。

抽水灌溉是我国目前主要的灌溉方式,主要是穴灌,每次灌溉约 50 L,幼树可 30 L,大树可 80 L。近年来,也有部分果园采用滴灌和喷灌,能节约用水和人工。

9.2.4 树体管理

1)整形

(1)整形的作用与标准

柑橘整形的主要作用是为了让树冠上有充足健壮的结果母枝,最终丰产稳产。优良的树形应该是树冠上下内外都能抽梢结果,骨干强壮,能承托最大的结果量负重,尽可能地多保留绿叶层,树冠形成快,可以早结果。

(2)整形的措施

①整形应从育苗时开始,尽量抽生较多的枝梢。

②主干整形。

主干高度对于树冠形成速度以及进入丰产期的早晚密切相关。主干矮化是目前主干整形的趋势。对于树体本身来说,主干矮化可以促生侧枝,快速形成树冠,增加绿叶层,提早结果和丰产。对于树体环境来说,主干矮化可以提早遮阴地面,防旱保湿,同时便于机械化操作。主干矮化的标准因种类和种植环境而异,一般为 25 ~ 60 cm。柚定干为 60 cm 左右;柑、橘定干为 40 ~ 50 cm。主干矮化不是越矮越好,过于矮化,会造成土壤管理不便。

③主枝整形。

主枝整形的标准是分布均衡,没有重叠,光照通透。

主枝的数量因种类、品种、树势、果园特点等而异。幼树的主枝数量多,可以促进树冠形成及早期丰产。自然圆头形的成年树主枝以 3 ~ 4 条为宜。成年树主枝过多,养分不集中,枝干细长纤弱,造成树冠上部和外部枝叶密集,内部和下部枝叶稀少;养分用于枝梢生

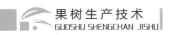

长,对果实发育不利。

主枝着生的角度与主干延长线成40°~45°为宜。直立性强的种类或品种主枝角度应略大,开张性强的种类或品种主枝角度应略小。主枝着生角度适当加大,可以使树冠枝梢分布均匀、枝梢量多,能增强树体负荷能力。但主枝着生角度过大,造成枝条下垂,生长势较快衰弱,容易出现大小年结果现象。主枝着生较大过小,枝梢直立,先端枝梢生长较旺盛,下面的枝梢生长受抑制,分枝少,造成徒长不易结果;上部枝条旺盛,树冠小,下部和内部枝条少,结果部位小,且结果后使枝条下垂;容易因风雪灾害以及结果重力折断。

④树冠整形。

树形主要有自然圆头形、自然开心形、多主枝放射形以及变则主干形,其中,自然圆头形的树冠采用得较多。方法如下:第一年定植后未经苗圃整形的苗木留40~50 cm,剪短。发梢后,在主干离地25 cm以上(可按照最后定干高度而定)选生长强、分布均匀、相距10 cm左右的新梢3~4条为主枝。其余除少数作辅养枝外,全部抹去。扶持主枝,使之与主干成一定的角度。第二年萌芽前将所留主枝适当短剪细弱部分,发春梢后,在先端选一强梢作为主枝延长枝,其余作为侧枝。如主枝已经相当长,可在距主干约35 cm处留一个副主枝。以后主枝先端如有强夏秋梢发生,留一个作为主枝延长枝,其余摘心。第三年后继续培养主枝和留副主枝,配置侧枝,使树冠扩大。主枝要保持斜直生长,以维持生长强势。陆续在各主枝上相距50 cm左右选留2~3个副主枝,相互错开,并与主枝成60°~70°角。在主枝和副主枝上配置侧枝,使其结果,侧枝短可多留侧枝,尽量避免相互遮蔽。

幼树一般在定植后2~3年内均摘除花蕾。第三年后在树冠内部、下部的辅养枝上适量结果,主枝上的花蕾仍然摘除,保证其强势生长,扩大树冠。

2)修剪

中国传统的柑橘栽培比较重视修剪措施。随着近年来劳动力成本的增加,简易省力修剪得以盛行。

对于幼树,一般而言主要是进行整形,不修剪或者少修剪。如要修剪,也是以促进多发新梢为主。主要采取的措施有抹芽控梢、适时放梢等。

对于结果树,修剪以促进开花结果为主,在采果后、春梢萌发前进行冬剪,常常采用的措施有减去病枝、枯枝以及交叉和衰退的结果母枝,促进来年营养生长和开花结果。在夏梢或秋梢抽发前进行夏剪,主要措施有删除密集枝条和徒长枝、促发健壮结果母枝,促进其开花结果。

对于衰老树,应让修剪与土壤改良等相结合,促进更新复壮。主要措施有主枝更新、轮换更新等。

3)高接换种

高接换种是指将接穗嫁接在高大成熟树上,可迅速实现品种更替、对引种材料以及育种材料进行测定。接穗的选择同嫁接苗类似。砧木则应选择砧木接穗亲和性好、砧木高大的树进行。高接的方法有多种,包括切接、腹接、劈接等。根据砧木的情况,切接、腹接和劈接以所用砧木的枝段粗2~3 cm为宜。高接位置应在砧木主枝或侧主枝分叉上方10~35 cm处,主要骨干枝应进行回缩。高接的位置太高,嫁接后生长较慢,但结果较早;高接位置太低,则相反。高接可在全年进行,但以春季、夏季为最好。

9.2.5　花果管理

1)促进花芽分化

花芽分化良好可以多开健壮花,继而多结果。要促进花芽分化,首先,要保证树体健壮,树势旺盛,叶片能正常地进行光合作用,营养枝健壮、分布均匀。其次,采果前后要及时施肥,因为柑橘花芽分化在果实成熟后、第二年萌芽前。此时施肥有利于树势的恢复,保证树体营养。冬季温暖地区,在花芽分化期适度控制水分,也有利于花芽分化。此时水分量以叶片微卷、略有落叶的状态为宜。喷施多效唑也能促使花芽分化,时间应选择在花芽分化前。另外,低温也能促使花芽形成。最后,在修剪措施上,花芽分化前将直立枝条进行弯压,或者主枝基部环割、局部断根,都会促使花芽形成。

2)落果现象及原因

(1)落果现象

通常柑橘发生两次生理落果。第一次落果发生在谢花后 7～15 d,此时果实带果柄一起脱落。第二次落果发生在第一次落果后 17～30 d,此时果实较大,不带果柄,此次落果量比第一次多。以后的落果量减少,到谢花后 30 d 基本停止落果。

其他落果现象。开花早的品种停止落果早,开花晚的品种停止落果晚;采收前落果;树势衰弱、管理不善均会导致落果。

(2)落花落果的原因

激素导致生理落果;树体营养不足;花发育不良;授粉受精不良;光照不足;病虫害,如溃疡病、炭疽病、红蜘蛛等。

3)疏花疏果

(1)疏花疏果原因

花果过多会造成树体消耗营养,造成结果大小年、树势易衰弱。

(2)疏花疏果措施

在通常情况下,保留结果量为丰产量的 3～4 倍的小果即可,多余的果实即可疏去。通常采用叶果比作为疏果的标准,因品种、树势的不同标准各异。温州蜜柑的叶果比为 20～25：1;早熟温州蜜柑因结果早,需要营养更多,故叶果比要大一些,为 40～50：1;华盛顿脐橙的叶果比为 60～80：1。树势健壮时疏果量宜少,树势衰弱时疏果量宜多;结果大年时疏果量多,结果小年时疏果量少。

疏果顺序:先疏病虫果,再疏畸形果和小果,最后疏隐蔽果。疏果不宜在整株树各个部位都进行,否则易造成树体营养不均衡,最好是一株树上各个大枝能轮流结果。疏果操作时应用手摘下果体,萼片留在果枝上,并尽量保留叶片,以利于果枝的发育和新梢的萌发。

第一次疏果应在生理落果停止后进行,此时在结果较多的树疏去密集幼果、病虫果;第二次疏果在结果母枝发生前 30～40 d 进行,此时在结果母枝上疏去为单果的果实,留下多个果的果实,利用壮枝容易萌发的原理,疏去 1 个果,可以获得 2～4 个枝梢。

9.2.6 病虫害防治技术

1)病害

柑橘主要的病害有黄龙病和溃疡病两种。

黄龙病的病因目前尚不明确。其发病症状如下:叶片转绿后,叶脉附近和叶片基部开始褪绿,最终叶片形成黄绿相间的斑纹。防治措施:推广无病毒苗木;发现病树及时清除;及时防治柑橘木虱,其为传播媒介;冬季清园。目前,柑橘黄龙病尚无根本解决办法,目前的措施可将黄龙病的发病率降至1%以下。

溃疡病病传播途径广,传播迅速,危害严重。感病植物在叶片、翼叶和果实上有明显凸起的伤口,伤口能用手指在感病组织的表面触摸到。在叶片上,首先是在叶背面出现油状、直径为2~10 mm的圆斑(顺着雨水分布的气孔通道),伤口大小相似。之后,表皮表面破裂,出现因为病原菌导致的组织增生。在叶片、茎秆、刺和果实上,圆斑凸起小泡,变成白色或者黄色海绵状脓疱。这些脓疱变黑、变厚,成为一个浅棕色木质化的溃疡,摸起来感觉粗糙。在坏死组织周围形成水渍状区域,用透射光很容易观察到。在茎秆,脓疱可能连在一起将表皮沿着茎秆长度划分成几个部分,或者在茎秆环剥的地方,叶片和果实的老伤口会在脓疱区上升,四周有黄色晕轮和凹陷中心。凹陷的地方出现在果实上,但伤口不会深入到外壳,不会影响果实内在品质。溃疡病严重时会导致落叶、枯梢、果实变形和未成熟果实落果。

防治措施:最有效的是种植抗病品种,适宜的栽培技术和植物检疫措施,包括隔离和控制。避免、排除,或者根除病原菌也是必要的。在无柑橘溃疡病的产区,应实行严格的隔离制度,这是很必要的,以排除病原菌。若溃疡病菌被带入上述地区,应该采取根除措施,挖根焚烧所有易感和感病的树。

2)虫害

柑橘的主要害虫有柑橘小实蝇、柑橘红蜘蛛、柑橘潜叶蛾等。

柑橘小实蝇主要发生在气温较高的地区。近年来有逐步扩散的趋势。其成虫在新鲜果实中产卵,幼虫则在果实中取食果肉,造成果实腐烂。果实受害后常未熟先黄,造成大量落果。防控的主要措施:在上述发生地区采用性引诱剂诱捕成虫;对果实采取套袋措施减轻为害;及时清理和销毁落果;适时采收。

柑橘红蜘蛛为害时间较长,而且抗药性较强,严重时会造成叶片退绿黄化、脱落。防治措施:采用无病害苗木;加强果园水肥管理,营造有利于寄生菌、捕食螨而对害螨不利的生态环境;采用杀螨剂,如三唑锡、苯丁锡、炔螨特、哒螨灵、单甲脒等。

柑橘潜叶蛾为害新梢、幼芽、嫩叶,造成被害的叶片卷缩、脱落,并会导致溃疡病的发生。防治措施:杜绝虫源,防止传入;销毁被害枝叶;喷洒阿维菌素及其复配剂、杀螨剂,如三唑锡、苯丁锡、炔螨特、哒螨灵、单甲脒等;喷洒昆虫生长调节剂等。

9.2.7　采收、贮运及加工

1)采收

(1)采收时期

柑橘的采收期因种类、品种、树体情况、气候条件、销售等而异。通常认为,70% ~ 80%的果皮转色即可采收。按照国际标准,糖酸比为(8 ~ 12)∶1 即可采收。

对于某些品种,过早或过迟采收均有不良影响。比如温州蜜柑、红橘、本地早等,过迟采收容易造成浮皮果;甜橙过分成熟容易腐烂,从而不耐贮运。对于丰产树,应先熟先采,分期采收。对于小年树,应略微延迟采收,减轻来年的花量,减轻大小年结果的状况。远销的果适当早采,当地鲜食销售及用作加工的果应在充分成熟时采收。

(2)采收天气

采收时应该选择在温度较低的晴天早晨,在露干以后进行。若雨天采收,果实表面水分容易滋生病虫。若晴天烈日时采收,果实温度高,不耐贮运,影响品质。

(3)采收工具

采收果实应使用圆头果剪,以避免刺伤果实。装果器具应能避免果实碰伤。若采高处果实,应用梯子,不可直接靠附在树体上,以免损伤枝叶。

(4)采收操作

采收者应先剪平指甲,避免刺伤果面。采果顺序为先树体外围再采树体内部,先树体下部再采树体上部。用果剪先在果柄距果面 3 ~ 4 mm 处剪断,再在齐果面处剪去果柄,做到果面光滑无果柄突出,避免装果有损伤。

2)贮运

采收后的果实应在阴凉处立即选果包装贮藏,剔除病果、畸形果、日灼果等。通常刚采收的果实果皮较嫩,容易受伤,应将其置于通风干燥处,放置 2 ~ 3 d,以达到愈伤、果皮软化和降低果实温度的目的,进而减少以后操作的损伤。远销的果实还可提前预冷,使果实少量失水,果皮变得疏松有弹性,可在包装时减少果实损伤。之后,应清洗果实表面的农药、污垢等,并用保鲜液处理,满足长期贮藏的需要。保鲜液多采用 100 ~ 200 mg/kg 的 2,4-D浸泡 2 ~ 3 s,晾干打蜡,对不同果实进行分级,再进行包装。

在我国,柑橘贮藏能满足冬季水果市场需求。除了简单的通风贮藏外,近年来也兴建了许多冷库,部分品种可贮藏至 180 d 以上,宽皮柑橘类甚至能达到 3 ~ 5 个月,使得柑橘上市供应期延长。

3)加工

橘瓣罐头是我国柑橘传统的加工品。最初多是玻璃瓶包装,这种包装易碎,不易包装和运输。近年来,多采用含阻氧层的塑料杯包装,提高了操作效率。橙汁是世界风行的饮料之一。目前中国正从浓缩橙汁生产向非浓缩橙汁生产发展,以满足国内外市场的需要。除此之外,柑橘皮渣发酵饲料也逐步实现工业化生产。柑橘精油、类黄酮等也在逐步进行工业生产。

项目小结)))

了解柑橘生产概况,熟练掌握柑橘的育苗、建园、土肥水管理、树体管理、花果管理以及采收及贮运等相关知识和技能,为柑橘优质高产打好坚实基础。

复习思考题)))

1. 柑橘的主要种类及品种有哪些?

2. 柑橘作为第一大果树,影响其生产的主要病虫害有哪些?

3. 目前柑橘生产中应用的主要技术措施有哪些?

项目10 香蕉生产

项目描述　香蕉风味独特、营养丰富,富含碳水化合物和蛋白质。香蕉除鲜食外,还可以制成果酱、果汁、果酒、果脯等加工品。富含养分和纤维素的新鲜假茎和叶片可加工成青饲料,也可作造纸原料。香蕉生长快、投产早、产量高,经济效益好,发展前景广阔。本项目以了解香蕉生产概况及国内外优良品种,熟悉香蕉生长结果特性,掌握香蕉优质高效生产的关键技术及其理论依据为内容进行训练与学习。

学习目标　学习香蕉园水肥管理,树体、花果管理,病虫草害防治技术,果实采收技术及采后处理措施。

能力目标　熟练掌握香蕉园水肥管理,树体、花果管理,病虫草草害防治技术,果实采收技术及采后处理措施。

素质目标　培养细心、耐心、认真学习的习惯,吃苦耐劳的精神及严谨的生产实际操作理念,学会团队协作。

 项目任务设计

项目名称	项目10　香蕉生产
工作任务	任务10.1　生产概况 任务10.2　香蕉生产技术
项目任务要求	掌握香蕉优质高效生产的关键技术及其理论依据,具备独立进行香蕉园常规管理工作的能力

任务 10.1　生产概况

活动情景　　了解香蕉国内外生产现状、市场发展现状、主栽种类、生物学特性及对环境条件的要求。本任务要求熟悉香蕉生产现状及香蕉生长结果的特性。

工作任务单设计

工作任务名称		任务 10.1　生产概况	建议教学时数		
任务要求		1. 了解香蕉国内外生产现状、市场发展现状 2. 熟悉我国香蕉的主栽品种,掌握香蕉的生物学特性和对环境的要求条件			
工作内容		1. 查阅香蕉国内外生产现状、市场发展现状、主栽品种 2. 学习了解香蕉生物学特性及对环境的要求			
工作方法		以老师课堂讲授和学生自学相结合的方式完成相关理论知识学习;以田间项目教学法和任务驱动法,使学生了解香蕉国内外生产现状、市场发展现状;熟悉我国香蕉的主栽品种,掌握香蕉的生物学特性和对环境的要求与条件			
工作条件		多媒体设备、资料室、互联网、试验地、相关劳动工具等			
工作步骤		资讯:教师由活动情景引入任务内容,进行相关知识点的讲解,并下达工作任务 计划:学生在熟悉相关知识点的基础上,查阅资料、收集信息,进行工作任务构思,师生针对工作任务有关问题及解决方法进行答疑、交流,明确思路 决策:学生在教师讲解和收集信息的基础上,划分工作小组,制订任务实施计划,并准备完成任务所需的工具与材料 实施:学生在教师指导下,按照计划分步实施,进行知识和技能训练 检查:为保证工作任务保质保量地完成,在任务的实施过程中要进行学生自查、学生互查、教师检查 评估:学生自评、互评,教师点评			
工作成果		完成工作任务、作业、报告			
考核要素	课堂表现				
	学习态度				
	知　识	香蕉国内外生产现状、市场发展现状、主栽种类、生物学特性及对环境条件的要求			
	能　力	根据地理、气候及市场情况选择适宜品种进行栽培			
	综合素质	独立思考,团结协作,创新吃苦,严谨操作			
工作评价 环节	自我评价	本人签名:	年	月	日
	小组评价	组长签名:	年	月	日
	教师评价	教师签名:	年	月	日

任务相关知识点

香蕉以其营养丰富、芳香味美而深受人们的喜爱,欧洲人因它能解除忧郁而称它为"快乐水果",香蕉还是女孩子们钟爱的减肥佳果。香蕉又被称为"智慧之果",这是因为香蕉营养高、热量低,含有称为"智慧之盐"的磷。香蕉有丰富的蛋白质、糖、钾、维生素 A 和维生素 C,同时膳食纤维也多,是相当好的营养食品。香蕉除鲜食之外,还可加工成香蕉片、香蕉糖、香蕉饮料、香蕉酱、美味可口的酥皮饼、汤圆等香蕉食品。香蕉的花、果、根等具有较高的药用价值,具有止渴、润肠胃、利便、增加食欲、帮助消化、增强抗病能力等作用。香蕉作为水果,消费遍及全球,其产量仅次于柑橘类水果,在世界水果生产中占有十分重要的地位。同时,香蕉也是发展中国家除水稻、小麦、玉米之外的第一大食物来源。在联合国粮农组织(Food and Agriculture Organization,FAO)的数据库统计中,大约有 136 个国家和地区生产香蕉,其中主产区为中南美洲和亚洲。种植香蕉的绝大多数为发展中国家,其中,印度是世界香蕉生产第一大国。

10.1.1　生产发展现状

1)生产现状

(1)世界香蕉生产现状

据 FAO 统计,2005—2008 年,世界最主要香蕉的生产国分别为印度、中国、菲律宾、巴西、厄瓜多尔、印度尼西亚。2008 年,上述 6 大生产国香蕉收获面积占世界香蕉收获面积的46.32%,产量占世界香蕉产量的 65.6%。近年来,世界香蕉收获面积和产量均趋于增长。从产业发展来看,目前,世界香蕉生产正逐渐向集约化、机械化、标准化、优质化方向发展,各主产国香蕉产业具备规模化优势,生产基础设施较好,如菲律宾不仅发展规模化的香蕉生产,还组建了相关的香蕉产业服务公司,如肥料公司、纸箱公司、香蕉粉加工厂、牧场、鲜牛奶加工厂、销售公司等,形成了香蕉产业链条。

表 10.1　2008 年世界前十名香蕉主产国收获面积及产量比较

国　　家	收获面积/万 hm²	产量/万 t
印度	64.69	2 320.48
菲律宾	43.86	868.76
中国	31.78	804.27
巴西	51.37	711.68
厄瓜多尔	21.55	670.11
印度尼西亚	10.58	574.14
坦桑尼亚	48.00	350.00
墨西哥	7.85	215.93

续表

国　家	收获面积/万 hm^2	产量/万 t
泰国	15.30	200.00
哥斯达黎加	4.43	188.18

数据来源:FAOSTAT

（2）我国香蕉生产现状

据 FAO 统计,2008 年我国香蕉收获面积为 $31.78 \times 10^4 hm^2$,居世界第 6 位。同年,我国香蕉总产量约为 $804.27 \times 10^4 t$,占世界总产量的 8.9%,仅次于印度($2 320.48 \times 10^4 t$、占世界总产量的 25.6%)和菲律宾($868.76 \times 10^4 t$、占世界总产量的 9.6%),居世界第 3 位。但是,我国的香蕉单产量不高,2008 年我国香蕉单产量约为 $25.85 t/hm^2$,居世界第 27 位,虽超过世界香蕉平均单产量 $6.53 t/hm^2$,但并未达到亚洲的平均水平 $27.68 t/hm^2$,同时远远落后于居世界首位、单产量高达 $54.27 t/hm^2$ 的印度尼西亚,仅为该国的 47.6%。

我国国内香蕉种植区域集中在北纬30°以内的热带地区,2008 年香蕉产量前 5 大省分别为:广东 $348.10 \times 10^4 t$,海南 $151.60 \times 10^4 t$,广西 $97.00 \times 10^4 t$,云南 $94.80 \times 10^4 t$,福建 $88.20 \times 10^4 t$。上述 5 省的香蕉总产量占全国总产量的 97% 以上。2008 年我国香蕉总种植面积约为 $31.78 \times 10^4 hm^2$,其中广东为 $12.86 \times 10^4 hm^2$,广西为 $6.10 \times 10^4 hm^2$,云南为 $5.09 \times 10^4 hm^2$,海南为 $4.79 \times 10^4 hm^2$,福建为 $2.63 \times 10^4 hm^2$。

2）市场发展现状

（1）世界进出口贸易概况

据 FAO 数据分析,世界香蕉进口总量从 2000 年的 $1 443.60 \times 10^4 t$ 上升到 2008 年的 $1 666.40 \times 10^4 t$,年增长率为 1.93%,总体呈现逐年平稳持续小幅度增加;出口总量从 2000 年的 $1 433.60 \times 10^4 t$ 上升到 2008 年的 $1 798 \times 10^4 t$,年增长率为 3.18%,总体呈较快增长趋势;进出口总额分别从 2000 年的 61.0 亿美元、42.3 亿美元上升至 2008 年的 111.1 亿美元、85.0 亿美元,总体呈稳步增长趋势。2008 年世界前 3 大香蕉进口国分别为美国、比利时和德国,前 3 大出口依次为厄瓜多尔、哥斯达黎加和菲律宾;其中美国的香蕉进口数量为 $397.60 \times 10^4 t$,比亚洲进口总量多出约 57%,厄瓜多尔的香蕉出口数量为 $527.10 \times 10^4 t$,约为亚洲出口总量的 2.4 倍。

（2）我国进出口贸易分析

据 FAO 统计数据分析,我国 2000—2007 年香蕉的进口数量基本稳定在 $30 \times 10^4 \sim 40 \times 10^4 t$,出口量却远远低于进口数量,最高的一年为 2003 年,仅 $5.30 \times 10^4 t$,不到进口量的 20%。这表明,我国本土生产的香蕉主要依靠内销,而且需要进口其他国家的产品才能满足国内香蕉市场的需求。

我国长年是世界前 20 位香蕉主产国的最大进口国,我国香蕉进口量从 2005 年的 $35.57 \times 10^4 t$ 增加到 2009 的 $49.13 \times 10^4 t$,呈持续递增趋势。我国香蕉的进口额从 2005 年的 0.997 亿美元上升到 2009 年的 1.79 亿美元,增长率为 44.7%,总体呈现较快增长趋势。

我国香蕉的主要出口市场是韩国、欧盟、俄罗斯和日本等国家与地区。据 FAO 统计,自2007年以来,由于中国东盟自由贸易区以及金融危机的影响,中国香蕉出口量明显减少,从2005年的2.36×10⁴t减少到2009的1.32×10⁴t,香蕉出口额从2005年的749.22万美元降到2005年的666.55万美元,下降率为1.89%,总体呈现缓慢减少的趋势。(表10.2)

表10.2　2005—2009年我国香蕉进出口量及进出口额

年　份	进口量/万t	进口额/万美元	出口量/万t	出口额/万美元
2009	49.13	17 927.34	1.32	666.55
2008	36.23	13 854.85	1.51	684.16
2007	33.19	11 122.61	2.09	677.90
2006	38.78	11 624.83	2.28	722.84
2005	35.57	9 967.53	2.36	749.22

数据来源:FAOSTAT

总的来说,尽管我国香蕉生产不论收获面积、单位面积产量还是总产量都有了较大的增长,然而我国香蕉进出口贸易量、贸易额的逆差却有扩大的趋势。原因主要有以下几个:一方面我国香蕉出口的单价高于世界香蕉平均出口价格,出口贸易在国际竞争中不占优势;另一方面我国香蕉进口的技术壁垒、绿色壁垒较低,香蕉比较容易进口,而国外农产品贸易壁垒对我国出口贸易产生了较大影响。此外,我国庞大的人口基数造成香蕉消费量逐年增加,也是需要进口的重要原因。

(3)国内市场的价格概况

从总体上看,我国香蕉的价格波动比较大,尤其是近年来发生的一系列香蕉事件,更是直接影响了香蕉的价格:2007年的"蕉癌"事件,使得海南香蕉的价格跌破了成本价,只有0.2~0.3元/kg;2009年,南方部分省市出现了降雪和寒潮天气,使得交通堵塞,导致香蕉北运受阻,同时由于盲目扩种导致集中大量上市,致使香蕉地头的收购价低至0.1~0.2元/kg。此外,雷州半岛和海南岛的部分香蕉产区一旦遭遇台风就会使香蕉在短时间内供不应求,从而使得价格升高。

调研结果显示,香蕉的成本一般在1.0元/kg左右,正常批发价格为2.0~2.4元/kg;市场调查显示,2009年进入冬季以后,香蕉价格便大幅下滑。广东、广西、海南等地,香蕉的批发价普遍在1.2~1.4元/kg,大蕉最为便宜,价格仅0.4~0.6元/kg,原来市场较为热销的广西粉蕉也只有3.0~4.4元/kg,基本低于成本价格,更远远低于往年水平。而2010年的调研结果显示,海南省的香蕉普遍价格在3.4~5.0元/kg;经历了2009年寒潮影响而大量滞销的广西壮族自治区,2010年的香蕉普遍价格也基本保持在3.0元/kg以上,基本保持了较好的价格水平。

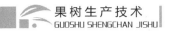

10.1.2　香蕉主要种类和品种

1）香蕉的主要种类

香蕉（Musa spp）原产亚洲东南部和我国南部，为多年生常绿单子叶大型草本植物，属芭蕉科（Musaceae）芭蕉属（*Musa*）植物。香蕉有两个祖先，即尖叶蕉（*Musa acuminata*）和长梗蕉（*Musa balbisiana*）。香蕉栽培品种就是这两个原始野生蕉种内或种间杂交后代进化而成的。我们把含有尖叶蕉性状的基因称为 A 基因，把含有长梗蕉性状的基因称为 B 基因。西蒙氏等人采用的 15 个香蕉性状，对照尖叶蕉和长梗蕉的性状的记点法，完全符合每一个尖叶蕉性状的为 1 分，完全符合每一个长梗蕉性状的为 5 分，根据其分类值，参照其染色体数，将栽培香蕉分为 AA，AAA，AAAA，AAB，AAAB，AABB，AB，ABB，BB，BBB 等组。其中 AAA，AAB 分布最广，栽培最多，种类也繁多。ABB，BBB，AA 等在一些国家的栽培也不少，而 AAAA，AAAB，AABB 是人工育成的。

这些栽培蕉中，果实风味以 AA，AAB 组中的一些鲜食栽培品种为最好；其次是 AAA 组的栽培品种；ABB，BBB 及 AAB 组中的多数栽培品种品质风味较差，多以煮食为主。在丰产性方面，以 AAA 组的香牙蕉最好，AA 组的品种则较为低产。在抗逆性方面，一般含 B 基因的抗逆性较好，如抗寒性、抗旱性及抗涝性等，BBB，ABB 比 AAB 好，比 AAA 更好，最差是 AA 型的品种。而在 AAA 组中，香牙蕉比大密啥、红绿蕉类品种抗性更好。在抗病性方面，则依病原不同而异。

根据食用方式，广义上将香蕉简单地分为鲜（甜）食香蕉（Desert banana）、煮食香蕉（Cooking banana）和菜蕉（Plantain）3 大类。在栽培品种上，世界上有近 300 个品种，而目前我国主要食用香蕉根据其植株形态特征和经济性状，可分成香牙蕉（Musa AAA Cavendish）、大蕉（Musa ABB）、粉蕉（Musa ABB Pisang Awak）、龙牙蕉（Musa AAB Sikl）和贡蕉（Musa AA Pisang Mas）5 大类。

我国目前栽培的香蕉中，以香牙蕉（也简称"香蕉"）最多，呈连片种植，而粉蕉、大蕉、龙牙蕉和贡蕉则为零星分布。

（1）香牙蕉类型

它是我国目前栽培面积最大、产量最多的品种群。该品种株高 1.5～4 m，假茎黄绿色带褐色斑，叶柄短粗，沟槽开张，有叶翼，叶缘向外，叶基部对称，叶片较宽大，先端圆钝；果轴有茸毛；成熟时果实棱角小而近圆形，未成熟时果皮黄绿色，在常温 25 ℃以下成熟的果实，其果皮为黄色，在夏秋高温季节自然成熟的果实，果皮为绿黄色；果肉呈黄白色，味甜而浓香，无种籽，品质上乘。在香牙蕉类型中，由于假茎高度和果实特征不同，又分为高、中、矮 3 种类型。品种有东莞中把、矮脚顿地雷、高脚顿地雷、高州矮、广东香蕉 1 号、巴西香蕉、红香蕉等。

（2）大蕉类型

此品种假茎青绿色带黄或深绿，无褐斑或褐斑不明显；植株高大粗壮，叶宽大而厚，深绿色，叶背和叶鞘微有白粉，无叶翼，叶柄沟槽闭合，叶基部对称；果轴上无茸毛；果指较大，果身直,棱角明显,果皮厚而韧,成熟时果皮黄色,果实偶有种子,味甜带酸,无香味;对土壤适应性强,抗旱、抗寒、抗风能力也较强。品种有顺德中把大蕉、高脚大蕉、牛奶大蕉、金山大蕉等。

（3）粉蕉类型

此品种植株高大粗壮、假茎淡黄绿色而带紫红色斑纹;叶狭长而薄,淡绿,叶基部不对称,叶柄长,叶柄沟槽闭合,无叶翼,叶柄和叶基部的边缘有红色条纹,叶柄和叶鞘披白粉;果轴无茸毛;果实稍弯,果柄短,果身近圆形,成熟时棱角不明显,果皮薄,果端钝尖,成熟后淡黄色,果肉乳白色、肉质柔滑,味清甜微香,一般株产15～20 kg。对土壤适应力及抗逆性仅次于大蕉,但易感巴拿马病,也易受香蕉弄蝶幼虫的危害。品种有糯米蕉、粉沙蕉和蛋蕉等。

（4）龙牙蕉类型

此品种植株较高瘦,假茎淡黄绿色间紫红色条纹;叶狭长,叶基部两侧呈不对称楔形,叶柄与假茎披白粉;花苞表面紫红色,披白粉;果轴有茸毛;果实近圆形,肥满,直或微弯,成熟后鲜黄色,果皮特薄,充分成熟后有纵裂现象,果肉柔软甜滑,有特殊的香味,品质佳。但产量较低,易感巴拿马病、枯萎病,也易受象鼻虫、弄蝶幼虫的危害,抗寒、抗风能力较差。过山香、美蕉、象牙蕉等属此类型。品种有中山龙牙蕉、菲律宾香蕉等。

（5）贡蕉类型

贡蕉别名皇帝蕉、金芭蕉、芝麻蕉,1963年从越南引进。植株假茎高2.3～2.7 m,茎周55 cm,较纤细;叶片狭长直立,黄绿色,叶缘紫红色;果梳较少,果指长9～15 cm,果形较混圆,高温催熟后果皮也能变金黄色,果皮很薄,单株产量为7～10 kg,果肉质细滑,香甜有蜜味,风味极佳,为"贡品"香蕉。该品种生育期短,但抗寒性较差,受冻后恢复慢,易感叶斑病、病毒病和巴拿马4号病小种。

2）我国主栽香蕉品种

我国香蕉小面积分散栽培的有大蕉、粉蕉、龙牙蕉,商业性栽培的绝大多数是香牙蕉。香蕉种苗除福建蕉区部分使用吸芽苗种植外,其他香蕉产区基本上使用组培苗种植。使用的品种是农业部主推品种或适应本地环境条件的优质高产新品种,现将栽培较多或重要的品种简介如下。

（1）巴西蕉

1987年从澳大利亚引入我国广东,现在是广东、广西、海南、云南和福建各香蕉产区的主要栽培品种。该品种假茎高2.2～3.3 m,新植组培苗蕉株较矮,宿根苗蕉株较高,秆较粗;叶片细长、直立;果轴果穗较长;果形、梳形较好,果指长19.5～26 cm;株产量为18.5～34.5 kg。该品种适应性强,香味浓、品质中上,株产较高,果指较长,果形整齐,商品价格较高,抗风能力中等,是近年来最受欢迎的品种之一,占全国香蕉种植面积的50%以上。

（2）威廉斯(威廉斯8818)

1985年从澳大利亚引入,属中秆品种,现为广东、广西、云南、福建各香蕉区的主要栽培品种之一,也是国外的主要栽培品种之一。该品种假茎高2.35～3.20 m,秆较细,青绿色;叶较直立,果穗果轴较长,果梳距大,果数较少,梳形整齐,果指长19.0～22.5 cm,指形

较直,排列紧凑,株产量为 17 ~ 32.5 kg,果实香味较浓。该品种抗风能力一般,抗寒能力中等,易感花叶心腐病和叶斑病。组培苗容易发生各种变异,因此应特别注意控制组培苗繁殖代数与培养基激素浓度,在幼苗期应注意去除变异株。

（3）天宝高蕉（台湾北蕉）

该品种于 1936 年从台湾省高雄市引进福建省漳州市芗城区天宝镇种植,故名"天宝高蕉"。原种为台湾北蕉品种,是经繁殖、选育而成的优良品种。1993 年 2 月经福建省农作物品种审定委员会审定定名。该品种是当前福建省香蕉的主栽品种,其栽培面积占香蕉种植面积的 70% 以上,也是台湾省香蕉的主栽品种。该品种假茎表面绿色带褐斑,幼苗绿带紫红色;植株高度为 2.5 ~ 3.2 m,新植蕉假茎较矮,宿根蕉假茎较高;茎周长为 65 ~ 90 cm;叶片较宽、较长,叶柄粗壮;果穗较大,梳形较好,果指长 16 ~ 28 cm,直径 3 ~ 4.5 cm,果形较整齐,卖相好;平均单株产量为 20 ~ 25 kg,高产者可达 60 kg 以上;果实皮薄,果肉无纤维芯、软滑细腻、香甜爽口、香气浓郁,品质优,商品价值高。天宝高蕉对土壤的适应性较强,抗寒、抗风、抗旱、抗病力中等,忌霜、忌涝。

（4）巴贝多

该品种为从台蕉二号选育出的优良单株,株高 230 ~ 260 cm,假茎粗壮,叶片宽大、稠密,抗风性较强。单串果梳数为 9 ~ 12,头梳果指数约为 30 个,尾梳果指数普遍在 16 个以上,畸形果较少发生,果梳间距小、上下均匀,是一个有希望推广的品种。该品种的生长期较巴西蕉长 15 ~ 20 d,宜提早栽培。在海南省昌江县单株产量为 24.35 kg,亩产 3 470.5 kg;在海南省三亚市单株产量为 25.86 kg,亩产 3 710.7 kg。

（5）宝岛蕉

该品种为从台湾北蕉选育的抗黄叶病品种,也是一个有希望推广的品种。株高 270 ~ 300 cm,假茎粗壮;叶片厚、浓绿、叶间距小;果梳数为 13 梳左右,排列紧密;上下果大小整齐,果指弯度较小,果把短而扁平;果皮颜色较深绿,转黄速度较慢,但转色均匀、鲜亮,货架期长。本品种生长期较巴西蕉长 45 ~ 60 d,宜提早栽培。在海南省昌江县单株产量为 30.76 kg,亩产 4 302.1 kg。

（6）粉蕉

粉蕉别名"糯米蕉""蛋蕉""奶蕉"。此品种在我国各香蕉产区有零星种植,假茎高 2.75 ~ 4.10 m,茎周 75 ~ 83 cm,果指长 11 ~ 17 cm,果皮薄;果肉软滑带韧性,有"糯米蕉"之称;味清甜有奶香味,故有"牛奶蕉"之称。株产 10 ~ 22.5 kg,最高产超过 50 kg。该品种品质优异,耐寒、抗风,适应性强,山区、平原均可种植。由于该品种极易感染巴拿马病及卷叶虫病,所以新植园应选用无毒的组培苗。粉蕉组培苗变异率高,易感香蕉线条病毒病,应注意选择健康苗。

（7）皇帝蕉（贡蕉）

该品种 1963 年从越南引进,在海南、广东和广西有少量种植,假茎高 2.3 ~ 2.7 m,茎周 55 cm,较纤细,叶片狭长直立、黄绿色,叶缘紫红色,果梳较少,果指长 9 ~ 14.5 cm,果形直、圆,株产量为 5 ~ 10 kg,果肉细滑、香甜,口味极佳,为"贡品"香蕉,市场售价最高。该品种生育期较短,为 8 ~ 10 个月,抗寒性、抗风性均比较差。

（8）台湾省的香蕉品种

台湾省的香蕉主栽品种为北蕉，系200多年前从华南地区引进的，后又在北蕉中选出仙人蕉。20世纪70年代后，台湾香蕉受黄叶病危害，最近育成耐受该病的新品种台蕉1号。针对台湾台风较严重的状况，又引进、推广了一些中矮把品种，如台蕉2号、大矮蕉、矮性伐来利、乌木等。

①北蕉。属中把香牙蕉。株高2.4～2.8 m，茎基周70～90 cm，叶片总数40片，春植生育期347 d，梳数、果数较多。一般株产量为23～28 kg。果实品质较好。

②仙人蕉。从北蕉中选育出来，属高把香牙蕉。株高2.7～3.2 m，茎形比4.8，叶形比2.6，株产优于北蕉，果实含糖量较高，果皮较厚，贮运寿命较长。生育期比北蕉长15～30 d。抗风性较差。

③台蕉1号。是台湾香蕉研究所选育的抗镰刀病（小种4）、枯萎病（香蕉黄叶病）的香蕉新品种。较耐黄叶病，发病率为4.8%，而北蕉为39.1%。生育期比北蕉长30～40 d，株产量为20.4～24.5 kg，比北蕉少2.8 kg。果梳大小适中，外销合格率比北蕉高，含糖量比北蕉稍高，催熟转色比北蕉好。但植株较高，果实硬心率比北蕉稍高，对气候、土壤及肥水要求较高。

④台蕉2号。也称"巴贝多矮蕉"，耐黄叶病，属中矮把香牙蕉。植株比北蕉矮30～50 cm，假茎较粗壮，新植正造蕉株高2.2～2.4 m。株产量为26～27 kg，比北蕉略高，梳数、果数比北蕉略多，抗风力比北蕉强。

10.1.3　香蕉的生物学特性

香蕉为大型多年生热带草本果树，分布在北纬18°—30°之间，植株形态可分作根、茎、芽、叶、花和果。

1）根

香蕉的根系属须根系，没有主根，须根由球茎抽生而出，分布较浅。香蕉根系分原生根（由球茎中心柱的表面以4条一组的形式抽出）、次生根（由原生根长出）、三级根（由次生根长出）及根毛。香蕉的根属肉质根，粗5～8 mm，白色，肉质，生长后期木栓化，浅褐色。根的数量取决于植株的年龄及健康状况，其变化是相当大的。健康的成年球茎，可着生200～300条根，最多可达500条以上。大多数香蕉根为着生于球茎上半部的水平根，少数垂直根着生于球茎底部。水平根主要分布在土表下10～30 cm处的土层中，一般根长度为100～150 cm；垂直根可长至75～140 cm处的深土层。高温多雨季节有利于香蕉根系的生长发育，根系生长最活跃时，每月根尖生长可达60 cm；当温度下降、雨量减少时，根系生长转入缓慢期；冬季低温时，根系生长转入休眠期。香蕉的原生根寿命为4～6个月，次生根为近2个月，三级根为1个月，根毛为21 d。香蕉根系有吸收和固定植株的作用，靠次生根长出的根毛负责吸收土壤中的水分和矿质营养。

香蕉根系有如下特点。

①好气性。香蕉根为肉质根，需要大量的氧气。当土壤中的氧气不足时，会往上生长，

严重时会烂根,故要求土壤疏松,不能渍水。

②喜温性。根系的生长和吸收需一定的热量,冬季低温时不抽生新根,甚至根会被冻死。

③喜湿性。香蕉根系十分柔嫩,含水量极高,根毛的生长需要很大的湿度。湿度不够,根毛死亡或不生长,根系易木栓化,降低吸湿功能。

④巨型性。香蕉虽然没有巨大的主根,但有吸收功能的三级根也较大,直径可达 1 ~ 4 mm。

⑤富集性。由于原生根不断从球茎中抽生出来,致使根系密集在球茎附近 60 ~ 80 cm 的范围内,极易造成这个范围内的营养枯竭及有害分泌物和微生物的积累。在土壤瘦瘠的蕉园,宿根蕉生长不如新植蕉。

因种群的不同,如香蕉、大蕉、粉蕉、龙牙蕉等,上述好气性、喜温性及喜湿性有较大的差异。

没有良好的根系,香蕉地上部生长就不正常,更谈不上优质高产。土壤排水不良、干旱,过高过低的温度,施肥不当造成肥伤及存在着有毒物质,都是危害香蕉根系生长的常见重要因素。

2)茎

香蕉的茎包括真茎与假茎,而真茎又包括球茎和地上茎两部分。

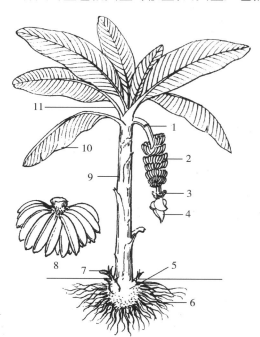

图 10.1 蕉株器官示意图

1—果轴;2—果穗;3—花;4—花苞;
5—地下茎;6—根;7—吸芽;8—果梳;
9—假茎;10—叶片;11—叶柄

(1)真茎

球茎为多年生,生长在地下部。在球茎下部着生须根,球茎每叶腋下有 1 个潜伏芽,可萌发成吸芽。球茎近球形,表面灰褐色,内部由薄壁细胞和维管束构成。薄壁细胞内富含淀粉质,球茎的生长发育受土壤条件、根、叶、吸芽生长的影响,球茎的生长适温是 25 ~ 30 ℃,在 12 ~ 13 ℃时,生长极为缓慢,在 10 ℃以下则停止生长。球茎在香蕉收获后不会立即消亡,有时可残留 2 ~ 3 年之久。球茎是养分贮存库,又是根、叶、花及繁殖用的吸芽的发源中心,是香蕉的重要器官之一。

香蕉地上茎又称"气生茎""花序茎",是在植株进入花芽分化前夕由地下茎骤变形成,即从原有直径为 20 ~ 30 cm 的地下茎缩为直径 5 ~ 8 cm 的地上茎。当香蕉由营养生长转为生殖生长时,地上茎顶端的生长点分化为花芽及苞片,最后形成了花序。地上茎的组织与球茎一样,以薄壁细胞为基础,并分为中心柱和皮层。不同的是,皮层较球茎的稍薄,而且只有叶维管束一种,这种维管束与根、叶、果的输导系统联系在一起。

（2）假茎

香蕉植株的茎干是由许多片长弧形叶鞘互相紧密层叠裹合而成的,称"假茎"。假茎的每片叶鞘体内由薄壁组织、通气组织形成的一排排间隔的空室和维管束组成,维管束内有发达的韧皮部夹带离生乳汁导管,多分布在近外表皮层,而外表皮层又由最外层的维管束与厚壁组织组成。从假茎的组织结构看,它较易折断。其结构性质也因品种而异,大蕉、粉蕉较香蕉结实。假茎含有丰富的养分,抽蕾后,假茎上的养分尤其是钾,会转移到果实上去。生产实践中可见假茎粗大的产量相对较高。生长前期,假茎干物质的积累占 70% 以上,采收后,假茎的营养也可部分回供吸芽生长。

不同类型品种的假茎颜色是不同的,大蕉为青绿色,粉蕉为青绿色被粉,香蕉为棕褐斑青色,龙牙蕉为紫红斑黄绿色。

香蕉假茎高度是一个极重要的性状,一般为 2～5 m,它与品种、果实的产量与质量、种植密度、抗风性、田间管理等关系十分密切。高干品种比矮干品种高,正造蕉比雪蕉(旧花蕉)高,宿根蕉比新植蕉高,肥水充足的比肥水差的高,光照不足的比光照充足的高。经常可见中矮把品种宿根蕉的干高相当于中把品种新植蕉的干高,有时宿根正造蕉的干高比新植中把蕉雪蕉的干还要高些。但在正常条件下,每一品种的干高与粗(中周)的比(茎形比)在抽蕾时是相对稳定的。

假茎的粗度取决于叶鞘的厚度和数量,与品种、营养及水分供给,病虫害防治及环境条件关系密切,一般中部围径为 40～85 cm。通常假茎粗壮的植株抗风性较强,梳果数较多,但果指较短。而假茎高而瘦的香蕉则相反,抗风性差,梳果少而果指较长。大蕉、龙牙蕉等品种在这方面的规律性不明显。假茎有支撑叶和花果的作用,也起养分贮存作用。

3）芽

香蕉球茎上每片叶腋部位均有一个芽,但只有少数发育成吸芽。每个球茎一般抽生 7～10 个吸芽。吸芽抽生后的生长与母株的内源激素尤其是赤霉素及营养有极大的关系。高温多湿、营养充足而光照不足,早抽生的吸芽叶片较难生长,而叶鞘则很发达,叶距大,以致后来长成的植株假茎很高,对宿根栽培影响很大。秋末抽生的吸芽,由于气温较低、空气湿度低,其球茎较大,根系较多,而叶鞘较短,叶距小,消耗母株营养较少。母株收获后抽生的吸芽,由于没有母株产生激素及叶片遮阴的影响,一般很容易长叶片,叶距较小,长成的植株也较矮。

吸芽生长初期,本身不能或极少进行光合作用,其生长所需的碳水化合物来自母株,而无机养分在未生根或少根时也来自母株。在根系吸收能力强时,则可自行吸收。故吸芽的产生及生长对母株的生育影响很大,尤其在生产季节对吸芽施用大量氮素,会刺激吸芽的生长,使吸芽抢夺母株的有机养分而使母株减产。在不留芽栽培上,产量可提高 5%～15%,生育期缩短 15～30 d。

依据吸芽性状和来源的不同分为剑芽和大叶芽。剑芽依据抽出时期不同,又分为褛衣芽、红笋芽。

（1）剑芽

①褛衣芽。入冬前长出的吸芽,因经过冬季低温期,芽身披枯死鳞叶而得名。其植株头大,根系发达,养分蓄积充足,种植后成活率高,生长快,6个月就可抽蕾,是优良种苗之一。

②红笋芽。春暖后抽生的吸芽,因叶鞘色泽嫩红而得名。其苗基部粗壮,上部尖细,叶小,需肥较多,产量高,种植6~7个月抽蕾,是夏、秋植常用种苗。

（2）大叶芽

收获后较久的旧蕉头或长势弱的母株上抽生的吸芽为大叶芽。因其假茎纤细,叶片大,头小而得名。种植后生长慢,结果迟,产量低,一般不做种苗。

4）叶

香蕉的叶由叶柄、中肋、叶片组成,中肋贯穿叶片中央,将叶片平均分为两半,有许多叶脉与中肋相连。叶片上长有气孔,叶背的气孔比叶面多3~5倍,其气孔数目因倍性不同有差异。香蕉叶尖较短尖,叶基部成圆形或耳状,叶面暗绿色,叶背被一层白粉。叶片发育在假茎内进行,以后随叶柄、叶鞘的伸长而渐行抽出。香蕉叶片的大小除与不同生育期有关外,还与品种、气候、土壤与栽培等条件有关。叶的长度是由短到长,又由长到短,而宽度则由窄至阔,最后的护蕾叶稍变窄。香蕉一生抽生叶片33~43片,其中剑叶8~15片、小叶8~14片、大叶10~20片。不同品种的总叶数有所不同,不同植期、不同气候条件下的总叶数也有差别。蕉叶的寿命一般为71~281 d,蕉叶的寿命长短与土壤、气候、栽培条件及品种有关。香蕉叶片起着重要的光合同化作用,抽蕾时青叶数对香蕉产量和质量的影响很大。

5）花

香蕉的花序为穗状花序,顶生,属完全花,由曹片、花瓣、雄蕊、雌蕊组成。花序基部是雌花,中部是中性花,顶端是雄花。香蕉小花着生在小花苞内,花梗短,花被分两片。生长在外侧的一花被由3萼片、2花瓣合生而成,先端作5齿裂,淡黄色,厚膜质,称"被瓣";另一花被离生,称"游离瓣",形状较小,位于合生被瓣的对方,白色透明,质较薄。柱头肥大作拳状,花柱棒状白色,子房大如指,长度是全花的2/3,可发育成供食用的果实。香蕉花的色泽、形态因品种而异。雄蕊只有极小数品种含有花粉。苞片一个个地卷起来,长卵形或宽卵形,暗紫色或紫红色。香蕉植株一生只开1次花,香蕉花芽分化后期形成的长卵形花蕾,随地上茎向上推移,最后从假茎顶部中央抽出(现蕾),不久花序轴连同花蕾转弯下垂,然后花苞向上卷,雌花随即开放。

香蕉不像荔枝、柑橘等木本果树那样具有固定的物候期,只要生长到一定程度即可花芽分化、抽蕾和挂果,因此香蕉四季均有抽蕾和收获。

6）果实

香蕉果实属浆果,由雌花的子房发育而成。香蕉果穗是向下生长的,而果实正相反,是向上弯曲的。三倍体栽培品种为单性结实,果实无种子。香蕉果实为带有3~5棱的圆柱形,果皮未成熟时呈绿色,个别品种呈紫红色,成熟时呈黄色或鲜黄色,个别品种呈大红色;

果肉乳白色或淡黄色或深黄色,肉质细密,甜香味浓。一穗蕉一般有4～15条果梳,每梳果数有7～30个单果,果指长6～30 cm,呈弯月形或微弯或曲尺形或直尺形,重50～600 g。香蕉的梳形和指形与品种、收获季节有关,一穗果的果指大小自上而下逐渐变小。果实在断蕾后初期发育慢,50 d后发育才加快,果实自开花到成熟,需要65～170 d。果实的成熟期因季节、地区和栽培管理方法不同而异,香蕉采收期主要是靠果指的饱满度来决定。

10.1.4 香蕉对生态环境条件的要求

香蕉原产于东南亚(包括中国南部),其中心可能是马来半岛及印度尼西亚诸岛。我国是该中心的边缘地带。该中心的主要气候特点是位于热带雨林,故高温多湿。在香蕉的两个祖先中,长梗蕉(BB)比尖苞片蕉(AA)分布稍广,除湿热地带外,稍干旱及稍低湿的地方也可见到。我国云南、海南、广东、广西等省(自治区)也可发现野生蕉,它们多分布于潮湿的山谷中。从香蕉的原产地及香蕉生产实践来看,香蕉对环境条件有较高的要求。根据香蕉对温度、雨量及风等因素要求的综合评价,我国不是香蕉栽培最适区。海南省多数蕉区及广东省粤西地区等地虽然热量条件较好,但雨量分布不均匀,也常受台风危害。在云南省元江河谷下游的河口,李仙江和藤条江河谷等热带湿润区,虽然气温较高,但冬春有旱害。珠江三角洲等蕉区通常易受风害及冷害。这些地区的香蕉栽培,面临干旱、台风或霜冻等因素的影响,应根据各个具体因素确定栽培品种、栽培技术及栽培制度。在≥10 ℃以上的年积温在6 000 ℃以下,1月平均气温在20 ℃以下,极端最低气温为0 ℃以下的地方,冬季就不要进行香蕉露天栽培。

1)温度

温度是影响香蕉生长发育的重要因素。香蕉起源于热带地区,喜欢较高的温度。温度高,生长快;温度低,生长慢,甚至不生长或出现冷害。作为经济栽培,要求年平均温度高于21 ℃,≥10 ℃年活动积温7 000 ℃以上,最冷月平均温度不低于15 ℃,全年无霜或有霜日只1～2 d。低温会延缓果实生长发育和叶片抽生速度,使生育期延长。香蕉生长发育的最适宜温度为24～32 ℃,气温低于10 ℃时会停止生长,持续低温使叶片黄化,枯萎下垂;降到5 ℃时叶片受冻,0 ℃时大多数植株冻死;如有冷雨,当气温降至4.5 ℃时植株就会烂心冻死。但气温高于37 ℃时,果实和叶片就会灼伤。

不同类型的品种,耐寒性不同。大蕉最耐寒,粉蕉、龙牙蕉次之,而香蕉不耐寒。在AAA组香蕉中,大蜜舍香蕉和红绿蕉较不耐寒,而香牙蕉相对耐寒。在香牙蕉亚组中,许多专家认为矮干香牙蕉比其他品系的香蕉耐寒,但矮干香牙蕉在低温抽蕾时却容易出现"指天蕉",产量也较低,从这一点来看是不耐寒的。不同品种、不同器官的耐寒性也有差异,如山香的植株耐寒性较香蕉好,但果实常在低温生长时出现果肉不能正常后熟;油蕉的果实耐寒性较其他香蕉稍强,但叶鞘的耐寒性则较差;矮干蕉的植株耐寒性较高干蕉好,但其冬季抽蕾则比高干蕉差。

2)光照

几蒂玛-高玲蒂克认为,香蕉叶片的光饱和点约为1/2日照量。蕉园适当荫蔽更有利

香蕉的生长和结果。但光照过弱,蕉株营养周期延长,假茎徒长,会降低产量和质量。在花芽分化期、开花期和果实成熟期,如每天日照 6 h 以上或遇上伴有阵雨的天气,香蕉果实往往发育整齐、果大、成熟快,但光照过强也会灼伤叶片和果实。

在我国亚热带气候条件下,光照不仅要满足叶片的光合作用,在冷季,日光照在植株及土壤上对提高其温度也起着不可忽视的作用。故在冬季温度较低、冷季较长的蕉区,种植密度必须考虑光对温度的影响;而在太阳辐射较强烈的高温地区和季节,合理密植可减少植株和土壤受暴晒,对降低地温、减少根系灼伤和土壤蒸发有很大的好处。另外,光照对假茎高度影响也较大,密植光照不足会使植株增高;相反,光照充足会使植株矮化,在光辐射强烈的海南蕉区或蕉园边行,植株均较矮。

3）水分

香蕉是大型草本作物,植株多汁,水分含量高,叶面积很大,蒸腾量也很大,故香蕉的需水量是很大的。一般田间持水率以 60% ~70% 为宜。水分不足,会使叶片生长速度慢、叶片小且寿命短,极易下垂干裂;在花芽分化期和开花结果期如缺水,蕉株会花芽分化不良,果梳少,果指短小,果品低产劣质。在自然条件下,要求月降雨量在 150 mm 以上才适宜香蕉生长结果。但根际土壤长期浸水会导致烂根,叶片黄化,植株枯萎。另外,果实采前 7 ~10 d 宜停止灌水。

4）土壤

土壤是根系着生滋养的地方,其肥力包括土壤的水分、养分、空气、热量等因素。由于香蕉根系的生长特性及香蕉植株的营养特性,香蕉对土壤肥力的要求很高。

（1）深厚的土层

香蕉根系着生的土层厚度十分重要,这决定根的生长范围内养分及水分的总贮量,一般要求土层厚 60 cm 以上,能达到 1 ~1.5 m 更好。

（2）土壤疏松透气

这一点对香蕉根系供氧性十分重要。疏松土壤包括土壤的质地和结构,土壤质地最好是砂壤土或轻黏壤土,土壤结构为团粒结构。世界上能让香蕉生长良好的土壤是火山土和冲击土形成的壤质土壤。板结的黏土、细粉泥沙或淤泥沙是透气性和排水不良的土壤,一般不适宜栽培香蕉。犁底层高而黏重的(如白鳝泥)土壤,香蕉生长也很差。

（3）土壤酸碱度适宜

虽然适合香蕉生长的 pH 值较广,但以 pH 值 6.5 左右为佳,pH 值太高或太低,均会影响养分的有效性。

（4）地下水位低

水田蕉园土壤地下水位要求距地面 0.8 ~1 m 以下,地下水位高于 40 cm,很难获取优质高产。在耕作层范围内,水位越低,根可生长的土层就越深。

（5）有机质含量高

我国南方蕉园土壤次生黏粒矿物主要为高岭石和三氧化物,阳离子代换量低。土壤有机质可大大提高土壤阳离子代换量,有利于形成团粒结构及提供养分如氮素等。

（6）土壤养分含量高,盐基离子平衡好

　　土壤养分含量高,可节省肥料成本,如洪都拉斯和加那利群岛蕉园,土壤含钾量达 1 000 μg/mL 以上;菲律宾蕉园,土壤交换性钙含量达 2 000 μg/mL;洪都拉斯蕉园,土壤的交换性钙含量达 7 000 μg/mL。在良好蕉园的土壤中氧化钙、氧化镁、氧化钾的比例以 10 : 5 : 0.5 为佳。在沿海蕉园盐性土壤中,当交换性钠含量超过 300 ~ 500 μg/mL 时,不适宜栽培香蕉。

5）风

　　香蕉根系浅生、假茎高大、叶片大、果穗重,抗风性弱,极易被强风吹折或吹倒。所以,蕉园最好选背风处,经常受风害的蕉园要采取防风措施。

任务 10.2　生产技术

活动情景　　香蕉生产技术主要有香蕉育苗、栽培、土肥水管理、病虫害防治及采收包装等技术。本任务要求学习掌握香蕉生产的这几项技术。

 工作任务单设计

工作任务名称	任务 10.2　生产技术	建议教学时数	
任务要求	1. 了解香蕉种苗繁殖技术 2. 熟练掌握香蕉栽培技术,土、肥、水管理技术,病虫害防治技术,采收与包装技术		
工作内容	1. 了解学习香蕉种苗繁殖技术 2. 学习并掌握香蕉栽培技术,土、肥、水管理技术,病虫害防治技术,采收与包装技术		
工作方法	以老师课堂讲授和学生自学相结合的方式完成相关理论知识学习;以田间项目教学法和任务驱动法,使学生正确了解香蕉种苗繁殖技术,熟练掌握香蕉栽培技术,土、肥、水管理技术,病虫害防治技术,采收与包装技术		
工作条件	多媒体设备、资料室、互联网、试验地、相关劳动工具等		
工作步骤	资讯:教师由活动情景引入任务内容,进行相关知识点的讲解,并下达工作任务 计划:学生在熟悉相关知识点的基础上,查阅资料、收集信息,进行工作任务构思,师生针对工作任务有关问题及解决方法进行答疑、交流,明确思路 决策:学生在教师讲解和收集信息的基础上,划分工作小组,制订任务实施计划,并准备完成任务所需的工具与材料 实施:学生在教师指导下,按照计划分步实施,进行知识和技能训练 检查:为保证工作任务保质保量地完成,在任务的实施过程中要进行学生自查、学生互查、教师检查 评估:学生自评、互评,教师点评		
工作成果	完成工作任务、作业、报告		

续表

工作任务名称		任务 10.2　生产技术	建议教学时数		
考核要素	课堂表现				
	学习态度				
	知　识	香蕉种苗繁殖技术,香蕉栽培技术,土、肥、水管理技术,病虫害防治技术,采收与包装技术			
	能　力	进行香蕉园常规管理工作的能力			
	综合素质	独立思考,团结协作,创新吃苦,严谨操作			
工作评价环节	自我评价	本人签名:	年	月	日
	小组评价	组长签名:	年	月	日
	教师评价	教师签名:	年	月	日

 任务相关知识点

10.2.1　香蕉种苗繁殖技术

香蕉繁殖育苗主要采用吸芽分株法、球茎切块法和组织培养法 3 种,现多采用组织培养法育苗。

1)吸芽分株法

选用宿根蕉园粗壮的剑形芽(指生长高度约 30 cm 时叶片还未展开、基部粗大上部尖小的吸芽)作新植蕉园的种苗。分株时,用特制的利铲,从吸芽与母株相连处割离,尽量少伤母株地下球茎部。在挖吸芽时先将吸芽外土壤掘成凹陷状半圆沟,然后向凹陷外推开,吸芽则与母株头部分离,用手把吸芽拔起,吸芽必须带有本身的地下茎,才有利于栽后成活。

2)球茎切块法

这是把地下球茎切成若干块,每块留一粗壮芽眼,在苗圃地上培育成植株的方法。据报道,未开花结果的植株球茎作繁殖材料,发芽率高(60% ~70%),已结果植株的地下球茎发芽率低(15%)。其方法是,在冬季挖起球茎,切成若干小块,一般重 200 ~250 g,每一块带有一个粗壮芽跟,切口处涂草木灰及喷洒多菌灵等药剂,以防块茎腐烂。然后将切好的块茎按株行距 15 cm×20 cm 平放苗床上,芽跟向上。盖土深度以不见块茎为宜。再盖一层草,此后加强管理,待块茎发根抽茎,可施用 10% 浓度的腐熟人类尿或 0.2% ~0.3% 复合肥水,以后每隔 5 ~7 d 施一次,其浓度逐渐增大。同时,做好病虫危害的防治工作,夏季苗可高达 45 cm 左右,此时即可定植。

3)组织培养法

香蕉组织培养育苗系在无菌条件下,采用香蕉茎尖、分生组织等应用生物技术原理和方法使之再生,从而形成完整植株的方法。其步骤方法如下。

(1)种源的选择

必须在香蕉种质圃及优良蕉园中进行选择,植株要求生长健壮、高产、优质,没有病虫害,吸芽生长粗壮。在晴朗天气挖芽备用。

(2)外植体的培养与继代培养

将带回的种源进行处理及严格消毒后,用手术刀切除芽眼周围的组织,直至露出分生组织为止。然后把分生组织切成 2 cm 长、1~1.5 cm 宽的块。将其接种于培养基上,经培养 20~30 d 后,可获得不定芽。将获得的不定芽转入增殖培养基进行继代培养,以便促进不定芽的增殖。香蕉组织培养育苗,一般要求继代培养不超过 10 代,目的是为了保持品种的纯度。一般以 MS 为基本培养基,添加 6-苄基腺嘌呤(6-BA)2~5 mg/L,萘乙酸(NAA)0.1~0.2 mg/L。正确使用 6-BA 的浓度是决定增殖率的关键。培养温度以 25~30 ℃较适宜,光照强度以光强在 1 500~2 500 Lx 时较好。

(3)生根培养

当外植体增殖到一定数量时,需将其转入生根培养基培养。在适宜的温度和光照条件下,使其诱导不定根的发生,生长根、茎和叶。培养基配方:1/2MS+激动素(KT)0.1 mg/L+6-BA 0.1 mg/L+2 g/L 药用炭。

(4)组培苗的假植与苗圃管理

棚址要求在靠近水源、交通较方便、远离旧香蕉园或菜地的地方。大棚高 1.8 m,遮光度以 75% 为宜,在大棚里再设高 70 cm 的小拱棚,盖上塑料薄膜,以防低温及暴雨。在装袋前整好地,起好畦。育苗基质以肥沃的表土混加适量塘泥、火烧土等为宜。营养袋规格:高 13~15 cm,宽 10 cm,假植时间视种植时间而定,若供春季种植试管苗,应在冬季装袋;若供秋季种植,应在夏季装。瓶苗在装袋前应摆设在大棚内炼苗 5~7 d,假植成活率才有保证。取出苗应将培养基冲洗干净,用 0.1% 高锰酸钾溶液消毒,随后种植于营养袋中,并将苗木排列在苗床上。注意加强肥水管理、温度调控和病虫害的防治。

(5)组培苗的出圃标准

新长出叶 5~7 片,茎部假茎粗 1.2 cm 以上,叶色青绿,无徒长、无变异、无病虫害,根系多。

10.2.2 栽培技术

1)建园

(1)蕉园选择

选择生态环境良好,远离城镇、工业区、医院等无"三废"(废气、废物和废水)污染,年均温 20 ℃以上,位于香蕉优势区域内的地方,应远离香蕉枯萎病重病区。

①应选择避风避寒条件较好、阳光充足、交通方便的区域种植香蕉。

②选择土层深厚、结构疏松、肥沃的壤土或沙壤土建立蕉园。

③要求蕉园地下水位较低(低于 50 cm),淡水源充足,排灌方便。

④远离香蕉重病区,特别是香蕉枯萎病发生的地区不宜种植香蕉,以免病虫害发生流行而造成失收。

（2）园地规划

①小区（作业区）规划。为方便管理,规模大的蕉园应进行小区规划,一般每50亩为1个小区,小区之间配有道路与水沟。

②道路系统规划。在香蕉生产过程中运输量大,为了便于运输,应设置完善的道路系统,小型果园必须有中路可通拖拉机,大型果园还必须建有大路可通大卡车。

③排灌系统规划。香蕉的耐旱性和耐涝性都很差,因此应建好蕉园的排灌系统。蕉园四周应设置总排灌沟,园内应设置纵沟,并与畦沟相通,以便于排水和灌水。目前水资源紧张,香蕉园微喷的灌溉模式正在大面积地推广使用。

④采收线与包装车间规划。平地蕉园一般按每100亩建立1条香蕉采收线,在蕉园均匀分布并与包装车间相连;坡地蕉园可采用香蕉采收车或人工挑的形式来采收香蕉。应在主道旁配套建设采后处理包装车间,最好每300亩左右配套1个500 m² 的采收包装车间。以方便就近采收和运输,在节省劳力的同时保护香蕉外观品质,采收线与采后包装车间应在香蕉收获前建设完成。

2）种植

（1）种植密度及方式

香蕉栽培密度因品种、立地条件和单造或多造蕉等而定。单苗植的株行距,矮把蕉为1.8 ~2 m×2.3 m,每公顷种植2 175 ~2 415 株,中、高把品种为2.3 ~2.7 m×2.5 ~2.7 m,每公顷种植1 350 ~1 575 株。留双芽或多造蕉的密度要疏于单造蕉。土壤肥沃、管理水平高的密度要稀些,大蕉、粉蕉植株高大,密度要比香蕉小。种植方式宜采用单行留单芽、单行留双芽及双行种植,以长方形、正方形或三角形排列。

（2）植穴及基肥

在种植前半个月挖好定植穴,单苗种植穴宽50 ~80 cm,深35 ~60 cm。每穴施优质有机肥25 ~50 kg,过磷酸钙0.25 ~0.5 kg。有机肥要充分腐熟,并与土壤混合均匀,施入穴深层,填上干净的泥土,以免烧伤根系。

（3）定植时期

香蕉定植时期主要根据定植至抽蕾收获的时间,栽培条件和市场需求来确定。主要以春季2—4月和夏季5—6月种植为主,其次为秋季8—10月。海南省全年均可定植,但为避开8、9、10月台风盛期对结果蕉的影响,果实应在7月以前收获,以夏植更适宜。

（4）定植技术

吸芽苗要选品种纯正、大小基本一致、无机械伤、不带病虫害的新鲜芽苗。当天起苗,当天定植。在挖苗、运苗和栽种过程中要小心轻放,防止碰伤、压伤苗茎。试管苗要选生长正常,新出叶5片以上,色泽青绿,不徒长,根多,无病虫害的植株。种植前一天先浇水,湿润20 cm 土层。种植时期宜选在阴雨天或晴天的下午4点后。种植时要将塑料袋撕开,分层盖土压紧,上层再盖一些松土,以高出吸芽球茎3 ~5 cm、试管苗高出营养袋土面1 ~2 cm为宜。种植后淋足定根水,以利根系伸展。盛夏时节应在苗周围插树枝遮阳,基部盖草保湿,以减少水分蒸发,提高成活率。

3)栽培管理

（1）前期管理

植后至花芽分化(新抽叶 16 片左右)为前期管理阶段。此阶段蕉苗较为幼嫩,在管理上必须掌握精管、细管的原则,以促进蕉苗生长快而健壮,根系发达。

①巡查苗。第一次巡查苗是在种植完毕的第二天,发现有漏种的要及时补种,浇水后歪斜的植株要扶正压紧,营养土露出土面的植株要回土压紧,如种植过浅可重种。以后每隔 10 d 巡查 1 次,大雨过后也要巡查。巡查时,发现被雨水冲埋的蕉苗要及时清土或补种,植穴中淹水或行沟积水必须排除,对排水不畅的地方要挖深沟排水。冲毁的行沟要修复,必要时加沙袋阻拦行沟,避免水土流失。巡查蕉园的另一个主要目的是及早发现病虫害和弱小苗。

②挖除病株。结合巡查苗同时进行,及时挖除带病毒植株及劣变株。劣变株是香蕉种苗在组织培养过程中因基因突变而产生的,常表现为植株矮化、叶子厚圆或宽度变窄、叶缘波浪状有缺口。劣变株抽出的果畸形无商品价值,在生产上常将其挖除,以节省管理费用。

③补苗。在小苗阶段,由于死苗或挖除病株造成缺苗的,必须及时补种,如有弱苗,可在距植株 20 cm 左右补种一株来保证齐苗。

④修水肥盘。在小苗阶段,应平整植株周围土地,修半径为 30 cm 左右的圆盘,便于小苗阶段淋施水肥。

⑤排灌。香蕉前期植株较小,根系浅生,易受旱,对积水又特别敏感。因此,生产上必须加强排灌工作,经常浇水或灌溉,保持土壤湿润。蕉园土壤含水量保持在田间持水量的60% ~70% 为宜;如夏天温度高,应选择在较凉爽的夜间灌水。在旱地、旱田蕉园应积极推广节水灌溉技术。但如果土壤过湿或积水时,应修好排水沟,降低地下水位,及时排除园内积水。

⑥除草。香蕉生长前期,地面裸露面积大,易滋生杂草,既与蕉苗争夺肥水,又易滋生病虫害。为了避免滋生杂草而影响蕉苗的正常生长,必须重视前期的除草工作,特别是蕉苗的周围应保持无杂草状态。

香蕉园除草通常采用人工除草和化学除草相结合的方式。蕉园前期阶段以人工除草结合浅中耕为主,要求做到除小除净,谨防杂草丛生而影响幼蕉的生长。由于前期阶段蕉苗矮小,喷除草剂时易触及蕉苗,故此阶段不提倡化学除草,以避免发生药害。

为了减少杂草滋生,也可在整地后、种植前,即在杂草未出土之前喷丁草胺或克无踪等可抑制杂草萌发的除草剂。在生产上应提倡用地膜或稻草、香茅渣等覆盖畦面,以减少杂草滋生,保护土壤结构,利于蕉苗生长。

⑦蕉头培土。蕉头即球茎部分露出地面的现象,称为"浮头"。香蕉试管苗种植深度较浅,随着植株长大和球茎的形成,容易发生浮头现象。出现浮头的植株,根系大幅度减少,生长速度减慢,易受风害,产量降低。因此,生产上必须定期培土,整个生产周期都应该防止浮头。但不应一次性培土过多,以培土至根系不露、蕉头不露为好。植后植株假茎约50 cm 高时可开始逐渐培土。培土通常结合施肥和修畦沟进行。

⑧防寒。在广东、广西、福建、云南等省（自治区），冬季和早春可采用地膜覆盖进行防寒。

⑨肥料管理与病虫害防治。详细内容见后面章节。

（2）中期管理

香蕉开始花芽分化（新抽叶16片左右）至现蕾为中期管理阶段。此阶段香蕉生长最旺盛，生长速度最快，生长量最大，抽叶多，植株叶面积迅速增大，并且进行花芽分化和孕蕾。这一时期的水肥供应等条件是决定将来果梳数和果指数多少的关键时期，也是需要养分最多的时期。因此管理上务必以水肥管理为中心，以保证植株快速生长所需要的水分与养分，促进香蕉生长与发育，以利于壮秆、壮穗。同时此时期也不能放松锄地、留芽与除草工作。

①留芽与除芽。香蕉由球茎抽生的吸芽来延续生命，母株抽生的吸芽成为下一代的结果株。一般说来，母株球茎四周抽生出的吸芽都可以生长发育成结果母株。但在栽培上只需选留其中一两个最适合的吸芽，而把多余的吸芽挖除。

a. 吸芽的种类与特性。

同一母株发生的吸芽，通常是由球茎最低位置的芽先抽生，以后逐个在球茎较高的位置上长出。吸芽按着生位置及抽生次序分为以下几种。

●头路芽：母株第一个抽生出来的吸芽叫头路芽。头路芽从母株球茎深处发生，与母株接触面大，从母株吸取的营养多，一般会影响母株的生长，使其推迟抽蕾约20~30 d，降低产量约3~7 kg。

●二路芽：母株第二次抽出的芽叫二路芽。它较头路芽浅，对母株依赖少，生长快，常选留作接替母株。

●三、四路芽：母株抽生的第三、四个芽叫三、四路芽。第四个芽以后抽生的芽依次叫五路芽、六路芽。这类芽着生浅，初期生长快、后期生长慢、易受风害，一般不留，生长壮的可作繁殖材料。

b. 留芽。

留芽是栽培工作中的重要环节之一。选留合适的吸芽，既能在理想的季节抽蕾结果和采收，又不影响母株的抽蕾结果和产量。

留芽必须坚持以下原则：选择健壮的剑芽，大小整齐一致；留芽位置适当，不留畦边芽、沟边芽或太近母株的芽（吸芽距母株以12~15 cm为宜）；留芽深度以15 cm为宜；保持一定株行距，以充分利用空间；留芽时应根据当地条件，推算次年的采收期。如广州香蕉留芽到收获历时14~18个月；在海南5月份留假茎1.5 m左右高的芽，大部分生产冬蕉，留假茎1 m高以下的芽则多数生产春蕉。

●新植蕉的留芽：留芽要达到减少对母株的牵制作用，保证当年产量和品质；又要能控制翌年的收获期，保证丰产优质的目的。如3月定植的蕉苗，7月吸芽可大量抽生，芽体健壮，8月可选留2~3次芽。母株当年10月抽蕾，吸芽株则于翌年3~4月抽蕾。

●宿根蕉的留芽：应根据植株生长势选留5—6月抽生的健壮、深度适中的二路芽或三路芽，并在肥水管理中进行促控结合，长势壮旺的适当控制肥水，长势纤弱的增施肥、勤浇水，促进芽苗生长均衡。

● 多造蕉的留芽：即二年三造或三年五造蕉。采用早留芽,留大芽。二年三造是第一、二次留芽分别在收一造蕉的当年5—6月和11月进行,第二年即可收二造蕉,达到二年三造的目的。由于试管苗的推广应用,种苗来源容易,而多代宿根繁殖,病虫害增加,因此,宿根蕉不超过三代便应进行更新。其三年五造留芽时间各地可根据具体情况而定。

c.除芽。

香蕉试管苗植后大约3个月开始抽生吸芽,吸芽的抽生和生长会大量消耗母株的养分,降低母株生长速度,导致抽蕾推迟、产量降低。因此,除要留用的吸芽外,其他芽长到15～30 cm高时,用锋利的钩刀齐地面将其切除,用锋利的蕉锹铲除吸芽的生长点及部分小球茎,但勿伤母株球茎,也可用煤油、草甘膦或2,4-D点其生长点,抑制其生长。

②除草。香蕉中期阶段除草可采用化学除草为主,在静风条件下对畦面喷洒丁草胺或克无踪等除草剂,除净蕉园杂草。

③肥水管理、病虫害防治与抗逆栽培。详细内容见后面章节。

（3）后期管理

从香蕉现蕾至收获为后期管理阶段,主要目标是壮果、护果。

①校蕾。香蕉抽蕾时,有时叶柄会阻碍花序垂下生长,遇此情况应及时将花蕾移至叶柄一边,使之下垂,防止果穗弯曲畸形。

②断蕾。雌花开完后应及时断蕾,也可根据预留的果梳数量断蕾。通常每株香蕉留7～9梳果,在距所留的最后一梳果约10 cm处把花穗末端割除,断蕾时,一般最后一梳果只留1个果指。断蕾要在晴天或下午进行,不宜在上午或傍晚断蕾,否则会使蕉乳长流,浪费树体营养。如天气不良又必须断蕾的,应及时涂上杀菌剂溶液,并用塑料膜包扎伤口。

③疏果和清除残留萼片。疏果能提高香蕉商品等级,对于抽蕾偏晚的,疏果还具有提早收获的效果。疏果应在果梳上的果指展平时进行。一般每1～1.5片绿叶可留一梳果,每梳蕉应有16～24只果指。疏除单层果、三层果,只留双层果,并修掉其他的不正常果、畸形果、巨型果、特小果、双连果等,操作时注意不要损伤其他果指。使果梳上的果指整齐均匀,减少次品果。如第一梳蕉的果指数少于12只,可视为不合理果梳,应在其苞片开放、其下的果梳苞片尚未开放脱落之前整梳疏除,并用吸水纸包裹伤口,避免流出的蕉汁污染到下面的果指表皮。疏果应在晴天的午后进行。另外,当果梳的果指展开、蕉花有约2/3变黑时,可用手清除果指顶上的残花萼片。

④果穗套袋。套袋有利增产和增长果指,减少病虫害和机械伤。一般在断蕾约10 d后进行,先喷杀虫杀菌剂防治病虫害,然后进行套袋护果（如遇低温,应提前套袋）。果袋选用透气透光良好而不透水的无纺布袋（不用打孔）或厚度0.02～0.03 mm打孔的浅蓝色PE薄膜袋等香蕉专用袋。套PE薄膜袋时先垫上珍珠棉或双层纸等,以防果指发生日灼或擦伤,并起到撑开袋壁透气的作用。套袋后,上袋口连同果轴用绳子扎紧,下袋口不绑或稍绑。果轴末端绑上彩带,一般7或10 d变换1种颜色,并记录时间,以便于判断果实成熟度,估计收获时期和分批采收。

⑤蕉叶管理。肥水充足才能保证香蕉抽生的叶片宽大、植株健壮。在水分充足和高温条件下,氮素充足,使蕉叶抽生速度快。组培种苗定植后头两个月内能抽生5～6张新叶最为适宜,所以只施复合肥和钾肥,少施氮肥,控制叶片抽生速度,使幼苗顺利渡过稳苗期。

定植60 d后再施足磷、钾肥同时加大氮肥用量,并保证土壤湿润,加快叶片抽生速度,使植株在预定的现蕾期生长足量的叶片。蕉叶枯萎下垂和染病严重时要割除,保证蕉园通风透光。

⑥调整穗轴方向。如果发现果穗轴不与地面垂直,可用香蕉枯叶或绳子绑住其末端,并拉往假茎方向固定在假茎上,在对果轴不产生任何损伤的情况下,使其尽量与地面垂直,以利于果指上弯及着色均匀。

⑦促进果实膨大。促进香蕉果实膨大除了保证肥水充足外,生产上可使用一些生长调节剂。华南地区香蕉生产常选用广东"香蕉丰满剂",蕉穗断蕾时和断蕾后10 d各喷一次,促进蕉指增长和长粗,提高产量和果指大小。香蕉果实成熟中期使用0.1%萘乙酸加1%尿素混合液喷果穗,使果指增长增粗,提高产量,但成熟期延迟。此外,使用1~3 mg/L浓度的防落素在开花期喷花,对促进香蕉果指粗大和提高品质也有效果。生长调节剂一定要在明确其安全性后才能使用。

⑧防倒伏。抽蕾前后用粗约10 cm的竹或木棍在蕉蕾下方离蕉头约20 cm处打桩立柱,竹木长度要比蕉干长1 m以上,埋入土中50 cm。应一蕉一撑,绑缚蕉株的茎干和花轴,防止因果穗过重或风害导致折穗断株或植株倒伏。也可在植株抽蕾后用尼龙线绑缚果轴后反方向牵引绑在邻近蕉株假茎离地面约20 cm处,全园植株互相牵引,防止植株倒伏。

(4)产期调节

①避风调节栽培。根据产区气候特点进行产期调节。以海南为例,为避开台风影响,可选择在4—6月定植,种植当年的7—9月为台风发生高频季节,植株尚小,台风不会对其造成毁灭性危害;而第二年台风季节到来之前,香蕉已收获完毕,台风的影响概率已大大降低。而且巧合的是,这种避风栽培模式,其收获季节正好是每年的3—5月份,这一季节是全国乃至全世界的水果淡季,香蕉市场好、价格高,常常可以获得可观的经济效益。

②避寒调节栽培。寒害是香蕉生产的一大自然灾害,除海南南部外,我国所有的香蕉产区,冬天都会遭遇不同程度的寒害,在两广和福建的主产区中,每3~4年就会遭遇1次。重则将香蕉树整株冻死,造成绝收;轻则降低产量,影响商品价值和经济效益。因此,种植时要避开在低温期花芽分化和抽蕾。在云南西南地区,定植时间宜选择在6—8月进行为宜。

(5)灾害性天气防御及灾后处理

①抗风措施。

a.立杆抗风。香蕉假茎生长至1.5 m左右时,就应该做好立杆抗风的措施。在两广和福建地区的正造蕉以及海南地区近年发展起来的中秋蕉,由于其挂果期和收获期都处于台风频发的季节,立杆抗风工作不容丝毫疏忽。

b.拉绳抗风。有些蕉园用绳子将香蕉树彼此拉紧,形成网状,然后用木棍或石头固定在地面上,以抵抗风灾。广西的涠洲岛,当地老百姓将每株香蕉在4个方向拉4根绳子,绳子一端固定在香蕉假茎或果轴上,另一端固定在预先埋在地下的砖头上,抗风效果很好。

c.割叶防风。在强台风来临之前,台风登陆地区可考虑将香蕉叶片部分割除,减少香蕉植株的受风面积,防止台风对香蕉造成毁灭性破坏。

②抗寒措施。寒害是危害香蕉生产的一大自然灾害,除海南南部外,我国所有的香蕉

产区,每年冬天都会遭遇不同程度的寒害。生产上常见的抗寒栽培技术主要有以下几种。

a.育大苗种植。在冬天低温期间,将香蕉组培苗假种在大棚或温室里,等气温回升时,将大苗移至田间种植,缩短生长期,保证来年低温季节前香蕉能收获完毕。

b.盖地膜抗寒。在冬天来临前采用开行沟种植方法,将蕉苗定植于沟内,然后在沟内盖上地膜,再用竹片弯成拱形,每3~4 m插一条竹片,最后用薄膜盖成拱棚。这种方法防寒效果比较明显,可使蕉苗安全度过冬天的霜冻,获得一定的生长。开春回暖、温度升高时再揭开天膜,蕉苗可较快生长,在来年冬季寒冷时可收获完毕。

c.熏烟抗寒。在冷空气到来之前,应在蕉园布置好熏烟点,在冷空气到来之前的当晚点燃,目的是在蕉园上方形成烟层,阻止霜冻发生。此方法只适合在寒流持续时间较短的植蕉区使用。

d.喷水或灌水。有喷灌系统的蕉园,在冷空气降临的夜晚全园喷水,形成水流层,提高蕉园湿度,降止霜冻发生。没有喷灌系统的蕉园争取全园灌水,也有一定的抗寒效果。

e.增施过冬肥。冬季增施磷、钾肥或草木灰、火烧土,以提高植株抗寒力。

f.果实套袋抗寒。冬天果实套袋的主要功能之一就是抗寒护果,保护幼果免遭寒冷的危害。已挂果且果实成熟度超过50%的蕉园,应加强对果穗套袋护果,即采取"纸袋+珍珠棉+薄膜袋"3层对果穗进行套袋保温的方式最佳。这样即使在寒灾后大部分叶片被寒害坏死的情况下,香蕉茎秆上的营养也能够向果实转移,促进果实饱满。这种果实虽然质量有不同程度下降,但由于灾后市场行情好,往往还能卖好价钱。

10.2.3　土、肥、水管理

1)土壤管理

(1)除草

蕉园畦面要及时除草,减少肥水流失。新植蕉园不宜用化学除草剂,组培苗蕉园种植后4个月才能使用除草剂,而且不能喷到蕉株。

(2)中耕和培土

"一种多收"的蕉园2~3月中耕一次,结合施基肥、除草、挖除旧蕉头进行,深度为15~20 cm,但离植株50 cm以内只能浅耕6~8 cm。4月以后根系生长活跃,不宜中耕。春秋季利用蕉园畦沟的沟土等肥泥给蕉头培土。

(3)间作

新植蕉园封行前可在行间种植大豆、花生、生姜等矮秆作物,不能间种蚜虫的寄主作物,如十字花科的蔬菜类作物,因为蚜虫传播病毒。肥水条件差的蕉园不能间作。

(4)地面覆盖

利用稻草、甘蔗叶、无病虫害蕉叶、干枯杂草等作物残体作畦面覆盖物,保持土壤水分,减少杂草生长。

2)施肥管理

合理施肥是香蕉高产优质的重要保证。只有了解香蕉营养缺乏或不平衡的症状,才能

做到合理施肥。

（1）香蕉缺素症状

①缺氮。叶片淡绿色或黄绿色，小而薄，新叶生长慢，假茎细小，结果梳数少，果数少而短，产量低。

②缺钾。叶片变小，果实早黄，老叶出现橙色并很快干枯，叶尖叶缘向内卷曲，易在叶片尖端约2/3处突然折断。

③缺磷。吸芽发生迟弱，新叶抽生缓慢，初时呈墨绿色，以后叶退绿。

（2）施肥

①肥料比例。香蕉对不同营养成分的需求有一定的比例，苗期对氮磷钾的要求比例为1∶0.5∶2；中后期对钾的需求量明显增加，氮磷钾的比例为1∶0.5∶3。同时，还要注意补充各种微量元素，特别是老蕉园长期消耗某种微量元素，缺素症状较严重，因此更要注意补充微量元素。

②施肥时期和施肥量。香蕉一生中，其生长发育变化具有一定的规律性，可把个体生育周期分为营养生长期、花芽分化期、抽蕾期和果实发育期。其施肥时期是种植后10～15 d植株开始生长，此时应及时施速效肥，以后每隔15 d施一次或视植株生长而定。香蕉必须抓住2次重追肥的关键时期，此阶段的施肥量占全年追肥量的65%～80%。其一是营养生长中后期，即种植后3～4个月内，重追肥一次，此次肥可促进植株速生快长，提高同化和光合产物的积累，为花芽分化打下物质基础；其二是花芽分化期，在种植后5～6个月内，重追肥一次，可促进花芽分化进程，并继续抽生11～12片功能叶，为丰产、优质打好基础。

香蕉施肥以早施、勤施、薄施、逐次增加为原则。其施肥量应根据土壤肥力、产量水平、种植密度等而定。一般每年每株施有机肥25～40 kg，其中麸饼1～1.5 kg，过磷酸钙0.3～0.5 kg，尿素0.5～1 kg。氯化钾或硝酸钾1.2～1.5 kg，复合肥0.4～0.6 kg。目前推广以叶片营养诊断方式指导施肥。方法：选择有代表性植株20株，在筒状叶起的第三片叶，切取叶片主脉一侧20 cm宽的叶片作分析材料，其氮、磷、钾含量能代表植株营养水平。据测定，较适宜标准为氮2.6%～3.4%、磷0.2%～0.45%、钾3.3%～4%，低于此标准应施肥，每年每株施8～11次。

③施肥方法。有穴施和撒施两种。穴施多在冬季干旱，根系生长缓慢时期施有机肥。在离茎干30 cm处挖相对的2个深20 cm的穴，穴的大小依肥料多少而定，施肥后覆土。在夏、秋雨季及大树采用撒施，肥料以无机肥为主。在离茎干30～40 cm处撒施于地表，最好在雨后施下。干旱季节应先灌水再施肥。此外，还可进行根外追肥，如叶面宝、磷酸二氢钾、尿素等。

3）水分管理

商品生产的蕉园必须有充足的水源及良好的排灌设施，实行独立排灌，平地蕉园畦沟深0.5～0.8 m，环园沟深1.0 m，沟灌水位控制在畦面以下30 cm处；雨天排干沟水，畦面长期保持湿润、不开裂。如采用树下软管滴灌，则能节水、省工。喷灌和滴灌应3～4 d灌溉一次；沟灌则5～7 d灌溉一次，灌溉以畦面土壤湿润为宜，雨季要防止畦面积水从而造成烂根。

10.2.4　香蕉病虫草害防治技术

1）主要病害防治

（1）香蕉叶斑病

香蕉叶斑病常见的有褐缘灰斑病、煤纹病和灰纹病3种,病原分别为半知菌亚门的芭蕉假尾孢菌（Pseudocercospora musae Zima.）、簇生长蠕孢菌（Helminthosporium torulosum〔Syd.〕Ashby）和芭蕉暗色双孢菌（Cordana musae〔zimm〕Hohn.）,主要为害叶片。褐缘灰斑病病斑长椭圆形至纺锤形,边缘黑褐色,中部黄褐色、灰褐色至灰白色,斑外围具黄色晕圈,数个病斑可连接合并为不规则斑块。煤纹病多发生于叶缘,初呈卵圆形褐斑,后扩大并相互连接合并成斑块,斑面出现污褐色云纹状轮纹,其上仍可见原来各单个灰褐至灰白色病斑。灰纹病也多始自叶缘,初期也为椭圆形褐色小斑,后扩展为两端或一端较尖凸的长椭圆形大斑;斑中部灰褐色至灰色,周缘褐色,外围有黄色晕圈,斑面出现同心轮纹,尤以近边缘处的轮纹更为致密和明晰。病菌主要以菌丝的方式在寄主病斑或病株残体上越冬;春季,越冬的病菌则随风雨传播。6—7月份高温多雨季节为病害盛发期,9月份后病情加重,枯死的叶片骤增。

防治方法:每年立春前清园,清除蕉园的病叶和枯叶,并予以烧毁;在香蕉生长期最好每月清除病叶一次。加强肥水管理,合理排灌,防积水,避免偏施氮肥,增施磷肥。高温多雨季节前选用70%甲基托布津600倍液、大生M-45等药剂进行全园预防。当老叶上开始出现少量病斑时,立即对整个蕉园喷药防治保护,并保持15 d左右喷药1次。可选药剂包括25%赛纳松乳油800~1 000倍液,25%加油富力库水乳剂1 500倍液,12.5%腈菌唑1 500倍液,24%应得1 200倍液。

（2）香蕉束顶病

香蕉束顶病又称"蕉公""虾蕉""葱蕉",是世界性的香蕉严重病毒病,传播性强,该病的病原为香蕉束顶病毒（banana bunchy top Banavirus）。香蕉束顶病属全株性病害,其最典型的病症是病叶背面沿侧脉和叶柄或主脉的基部出现一些深绿色的条纹,俗称"青筋";早发病株明显矮缩,叶片较直立狭小,硬脆易断,叶边缘明显失绿,后变枯焦。得本病,香蕉的新叶越抽越小,从而成束,因而得名"束顶";病株一般不抽花蕾,故又称"蕉公"。植株若抽蕾时发病,抽出的蕾和所结的果实畸形细小,味淡,无经济价值。病株根尖变红紫色,无光泽,大部分根腐烂或变紫色,不发新根。病原病毒在园内主要借香蕉交脉蚜传播,一般在雨水少、天气干旱的年份蕉蚜发生多,发病较重。

防治方法:选择通风的园地,合理密植,加强肥水管理,提高香蕉植株的抗病力。选种无病蕉苗,新蕉区最好用组培苗。定期杀灭蚜虫,有效药剂有20%吡虫啉可湿性粉剂3 000倍液、44%专蛀乳油1 000~1 500倍液、16%虫线清乳油1 000倍液,于每年的2—5月每隔7~10 d进行1次叶面喷施。发现病株应及时喷药杀死蕉蚜后挖除烧毁,或向病株离地面20~30 cm的假茎中心注射8~10 mL 10%的草甘膦液,加1~2 mL内吸性杀虫剂（兼杀植株上的蚜虫）。若要补种,须将病穴土扒开填入附近新土,加入杀虫药混匀后再种。发病严

重的蕉园,要与水稻、甘蔗轮作,或改种大蕉、粉蕉等抗病品种。

（3）黑星病

黑星病是蕉类常见病害,该病的病原是香蕉大茎点霉的真菌属半知菌（Macroph omamusae［Cooke］Berl. et Vogl.）,主要为害叶片和果实。香蕉得此病后,叶片受害,早衰凋萎;病果上产生许多小黑粒、手摸无粗糙感,果实成熟时,在小黑粒的周缘会形成褐色的晕斑,后期晕斑部分的组织腐烂下陷,小黑粒的突起更为明显,贮运期易腐烂。黑星病多发生在夏、秋季节,雨后或雨季发生严重,在高温、高湿的条件下,苞片脱落后的幼果很容易感病。

防治方法:经常清园,剪除并烧毁病叶及残余物。加强栽培管理,提高植株抗病能力。在果实断蕾后、套袋前喷药防治,在叶片上或幼果上喷洒25%敌克脱乳油1 500倍液,或其他杀菌剂,如70%甲基托布津可湿性粉剂800倍液,75%百菌清700倍液,或25%多菌灵可湿性粉剂400倍液,14～20 d喷1次。断蕾后套袋护果。

（4）花叶心腐病

花叶心腐病病原是黄瓜花叶病毒（Cucumber mosais virus strain Banana）的一个株系。感病后叶片染病局部或全部发生断断续续病斑,出现长短不等的褪绿黄条纹或梭形斑,条纹始于叶缘并向主脉扩展,严重的致整叶呈黄绿相间花叶状,且叶两面可见;叶片老熟后多由黄褐色变为紫褐色,顶部叶片扭曲或束生,重病株的叶鞘和心叶腐烂,不结果。带毒蕉芽是蕉株初次发病的主要病源,高温少雨或与黄瓜、番茄等混栽,因有利于蚜虫繁殖与传毒,也会加重病情。

防治方法:实施检疫,严禁从病区调运种苗,新引进的品种也应暂时用隔离网罩防虫种植。清除园内及附近杂草,避免与葫芦科、茄科作物混栽。增施有机肥和钾肥,发现病株应及时挖除,以防扩散。及时喷药杀蚜,所用药剂与香蕉束顶病相同。

（5）香蕉炭疽病

香蕉炭疽病病原为半知菌亚门香蕉长圆盘孢菌（Gloeosporium musarum［Cooke］et Mass）。主要为害成熟或接近成熟的果实,也为害损伤的青果、蕉根、蕉花、蕉轴。在果上多发生在近果端部,初呈黑色或黑褐色小圆点,以后渐扩大或几个斑合成大斑,全果变黑腐烂,品质变坏,不堪食用。在多雨雾重的天气和园圃潮湿的条件下,或贮运期气温高、湿度大时往往发病严重。

防治方法:及时喷药预防,在结果初期结合预防黑星病开始喷药保护,连喷3～4次,视天气隔7～15 d喷1次。药剂可用25%应得悬浮剂1 000倍液,或40%多硫悬浮剂,或50%混杀硫悬浮剂,或50%复方硫菌灵可湿性粉剂500～1 000倍液,或20%施宝灵悬浮剂800～1 000倍液。适时采收,宜在成熟度为7～8成收获,晴天采果,忌雨天采果,采果及贮运时尽量避免损伤。采后用45%特克多600倍液浸果1 min,沥干用塑料薄膜包装待运。贮运期及销售期间注意控制温、湿度。

（6）香蕉枯萎病

香蕉枯萎病又称“巴拿马病”,病原为半知菌亚门镰刀菌（Fusarium oxysporumSehl. f. sp. cubense［E. F. Smith］Snyder et Hansen）。病株外观叶片变黄,叶柄基部软折,叶片凋萎倒垂,严重时全株叶片倒垂枯死。纵剖病株假茎,可见维管束呈褐色条纹;横剖则呈褐色斑点或斑块。病菌从幼根或受伤的根茎侵入,通过寄主维管束向上部蔓延。

防治方法:加强检疫,严禁从病区调运粉蕉等蕉苗,推广种植无病组培苗。定期检查蕉园,发现零星病株应及时清除销毁,并撒施石灰或尿素处理土壤。实行水旱轮作或与甘蔗轮作2~3年,重病区可考虑全园销毁,改种水稻、花生、甘蔗等经济作物。轻病株用含多菌灵2%有效成分的药液注射球茎,每株注3 mL,年注2次。

2)主要虫害防治

(1)香蕉象鼻虫

香蕉象鼻虫有香蕉球茎象甲(*Cosmopolites sordidus* Germar)和香蕉假茎象甲(*Odoiporuslongicollis* Olivier)2种,分类上均属鞘翅目、象虫科。该虫是我国蕉区最重要的钻蛀性害虫,主要以幼虫蛀食球茎和假茎,造成大量纵横交错的虫道,妨碍水分和养分的输送,影响植株生长。受害株往往枯叶多,生长缓慢,茎干细小,结果少,果实短小,植株易受风害。有时果穗不下弯或折断,严重影响产量和质量,给香蕉生产带来极大的危害。

防治方法:实行蕉苗检疫,防止香蕉象鼻虫随同吸芽苗传播。经常清园,挖除旧蕉头,对有虫害的干叶及叶鞘应集中烧毁,并进行人工捕杀。掌握越冬幼龄虫(约11月底)和第1代低龄幼虫(约4月初)高峰期施药毒杀。用5%辛硫磷剂或3.6%杀虫丹3~5 g,于种植前植穴撒施;或在虫口较多时,于蕉头附近撒施或穴施;或涂抹于植株叶柄基部与假茎连接处,以杀死成虫和幼虫,每隔20 d进行1次,连用2~3次。

(2)香蕉弄蝶

香蕉弄蝶(*Erconota torus*)又名"芭蕉卷叶虫""蕉苞虫",属鳞翅目、弄蝶科,是香蕉的重要害虫之一。香蕉得此病后,幼虫咬断其叶片的一部分,使蕉叶残缺不全,严重时全叶被害,影响光合作用、阻碍植株生长,导致减产;幼虫并在叶上吐丝卷叶,边吃边卷,不断加大叶苞,严重时蕉株挂满叶苞。幼虫长大后,还可转叶为害,另结新苞。幼虫体表分泌有大量白粉状蜡质物。该虫一年发生4~6代,以老熟幼虫或蛹在叶苞内越冬。翌年2—3月开始化蛹,3—4月成虫羽化,成虫喜在清晨或傍晚活动。

防治方法:清除蕉园,冬季或春暖清园时把枯叶剥除集中烧毁,以杀死潜藏在苞内的幼虫或蛹,减少虫源。人工捕杀,用手摘除叶苞或用竹子打散叶苞让幼虫落地,杀死幼虫。可用90%美曲膦酯800倍液或40%氧化乐果1 000倍液于傍晚或阴天喷洒,毒杀初龄幼虫。

(3)香蕉交脉蚜

香蕉交脉蚜(*Pentalonia nigroneruosa*)又名"蕉蚜""蕉黑蚜",属同翅目、蚜科。该虫以口器刺入蕉株幼嫩组织内,静止不动地吸食汁液。一般为害植株叶柄、叶鞘上部,以心叶基部最多,受害处常留黑色或红色痕迹。此虫分泌蜜露,导致煤烟病发生,使蕉株外观不佳。每年4月左右和9—10月间为发生高峰期,是传播香蕉花叶心腐病、束顶病的重要害虫,对香蕉生产有很大的危害性,其寄主植物还有番木瓜和姜等。

防治方法:定期检查蕉园内蚜虫的发生情况,发现病株应及时用药喷杀,并将病株连根挖起,埋于深坑,防止蚜虫再次吸毒传播。田间发生虫害时,可用50%的抗蚜威均1 500倍液、或氧化乐果800倍液,或10%灭百可均5 000倍液,或克蚜星500~700倍液等喷洒蚜虫发生处。

（4）香蕉花蓟马

香蕉花蓟马（*Thrips hamaiiensis*［Morgan］）属缨翅目、蓟马科。香蕉花蓟马是为害香蕉花蕾、幼果的重要害虫，其若虫和成虫主要刺吸香蕉子房及幼嫩果实的汁液。雌虫在幼嫩果实的表皮组织中产卵，引起果皮组织增生木栓化。果皮受害部位初期出现水渍状斑点，其后逐渐变为红色或红褐色小点，最后变为粗糙黑褐色突起斑点，影响果实外观及耐贮性。

防治方法：加强肥水管理，使花蕾苞片迅速展开。当雌花开放结束后，及时断蕾，消灭虫源；现蕾时喷 40% 乐果 600 ~ 800 倍液，或益舒保 1 000 倍液，或 10% 吡虫啉可湿性粉剂 3 000 ~ 4 000 倍液等，喷洒香蕉把头及花蕾，4 ~ 5 d 喷 1 次，连续喷 3 ~ 4 次；断蕾后结合防黑星病和炭疽病再喷 1 ~ 2 次。

3）杂草防除

防除杂草是蕉园管理的一项重要工作，平时要结合松土除掉杂草。根据香蕉根系多分布在土壤表层的生长规律，应掌握在早春气温回暖、新根发生前进行中耕松土，并结合施肥，使土壤疏松，增加土壤的透水和通气性，提高土壤肥力，促进根系生长，延长蕉园寿命。畦面松土深度为 20 cm 左右。除草工作要经常进行，目前多采用铲草、拔蕉头草或使用化学除草剂等方法来消灭杂草。常用除草剂为草甘膦（Glyphoste）和克芜踪（Paraquat）。化学除草的优点是效率高，控制时间长，节省劳力。

10.2.5 香蕉采收与包装

1）香蕉采收

（1）采收期

香蕉一年四季均可采收，当果实发育充实、棱角有锐角、果身近圆形、果皮变淡绿色时，即可采收，贮运需提前采收。采收期的长短受不同地区、季节、气候好坏、品种、肥水、管理水平、销售点远近以及相应的不同技术措施等因素所决定。

①香蕉采收熟度标准。香蕉采收熟度又称"肉度""饱满度"。采收成熟度的掌握对于香蕉贮运期的长短、货架期的色香味品质表现以及货架寿命的影响至关重要。过早采收，品质差，产量低，且不易催熟；过熟采收，甘味减少，酸味增加，且易遭受鸟兽和昆虫为害，不耐贮运。因此，应重视香蕉采收期的准确确定，切实做到适时、无损采收。香蕉抽蕾后，经一定时期发育，果指增长、增粗到一定程度，果实棱角从明显变成不明显，果皮从深绿变为淡绿时，标志着蕉果已趋于成熟，可进行采收。用什么标准和方法测定香蕉青果成熟度，世界至今仍未统一，现简介几种采收熟度标准。

a.记录果实发育日数法。此法必须根据不同地区、不同香蕉生长发育的季节和不同品种、不同立地条件与管理水平，掌握多年积累下来的香蕉果实发育规律，即到达果实收获所需要时间来实行。例如，广东沿海地区，中等立地条件与管理水平，断蕾至收获需要日数，春夏蕉 110 ~ 133 d，正造蕉 80 ~ 100 d，新花尾（乙水铊）的果实发育最短，只需 67 d。立地条件好、管理水平高的蕉园要比差的蕉园早收 7 ~ 30 d。我国有些蕉农用小刀在已断蕾的果轴下方刻上日期或挂上写着日期的小牌,而菲律宾、澳大利亚则用不同色带绑扎在果轴上作为标记。

b. 测量果径法。在中美洲地区,蕉农用卡尺对第二梳外排中间的一个果实测量果径,以直径为 3.37 cm(或周径 100 mm)为最佳采收标准。

c. 目测果棱、果色法。果实发育初期棱角明显、果面凹陷,随着发育成熟,果棱逐渐减退为不明显至几乎无棱,果面从凹陷伸展或平面至隆起;而果色在发育前期呈深绿色,随着成熟度提高,逐渐转浅至带黄白色。据观察,当不足七成肉度时,果棱明显至较明显,果面凹至平,果色浓绿;达七成至八成肉度时,果棱较不明显,果身较圆满,果色退至浅绿;九成至十成肉度时,果棱不明显至几乎无棱,果身圆满至近圆形,果皮转黄绿色。我国多沿用此法。

d. 测定皮肉比率法。果实在成长初期,果皮比果肉重;随着果实成长,果肉逐渐比果皮重;果实越接近成熟,果皮越薄、果肉越厚,因此,通过测定皮肉比率可确定其成熟度。此法在中美洲地区多采用,规定果肉为果皮重量的 1.5 倍时(即可食比例为 60%)是出口蕉最佳肉度,为出口采收适期。

e. 根据季节气候条件及需要灵活掌握。夏、秋季气温高,果实成熟快,果皮易裂,采收饱满度可低些;冬、春季则相反。

②香蕉采收适期。香蕉采收适期不但取决于香蕉贮运时间的长短和果实成熟季节,还取决于栽培要求和蕉价。需要贮藏较长时间(1 个月以上)或远运至北方,而夏、秋高温又没有冷藏设备;或销国外需 7～20 d 才运到口岸的,必须早采收,以七成至七成半肉度为宜。低于七成肉度的,果实虽更耐贮运,中途黄熟蕉很少,但肉少皮厚,可食部分少,影响果实品质,故不宜采用肉度过低的果实贮运。需要近销(地销)或只需 1～2 d 运到的,则可迟采收,以八成半至九成半肉度为适宜。夏季的大领蕉,可长至九成肉度以上,但春季的古钉蕉,只能长至七八成。当要促芽(后代)生长时则需砍瘦蕉(低肉度),当要牵制芽(后代)生长时则需砍肥蕉(高肉度)。有时为了取得好价钱,也可提早或延迟采收期。

(2)采收方法

香蕉果皮极易受到机械损伤,果皮受伤后不但不易储运,而且催熟后变为黑色,严重影响蕉果的外观和品质。因此,整个采收和运输过程中均不能有任何机械伤害。

①人工采收。一人操作时,在假茎上砍一刀,让蕉树倒斜,一手伸入果穗中部抓紧果轴,另一手用刀将果穗砍下来,放在地上事先铺好的蕉叶上,然后用船、牛车、单车等运到收购点;两人操作时,一人先将假茎砍斜,再把果轴砍断,另一人及时将果穗置于有软垫的肩膀上托起。砍下的果穗用绳子绑好,两穗一担,挑到收购站或加工场所。有时,为了保证香蕉的高档次,需要 3 人以上组成一组,由 1 人负责割断果穗,1 人负责缚果轴,其他人负责将每两个果穗担至加工场所。在采收过程中,为了减少机械伤,果穗不能有碰撞、擦伤,也不能堆叠在一起压伤。在放置果穗时,要先用海绵垫或蕉叶铺在地上。这些方法相对费时、费工、费力,又很难避免香蕉不受机械损伤,只适应小批量香蕉的生产。

②索道采收。按照蕉园的整体规划和布局,在蕉园内安装数条连续的空中索道通向加工点,可呈放射状,也可呈矩形网状,索道上装有滑车。采收香蕉时,由人工将砍下的香蕉

果穗用肩扛或抬到附近的索道下,在果穗轴上绑上绳子后挂在滑车的吊钩上,滑车与滑车之间用撑杆连接,使果穗串与串之间既保持一定距离不发生碰撞,又可以多串一起运送。待索道上挂有一定数量的果穗后,再由人工牵引至设在田间的加工点,用专用刀将挂在索道上的香蕉成梭切下后,再进行保鲜处理及包装。整个采收过程香蕉不着地,避免了碰伤、压伤等机械损伤,也提高了工作效率,降低了劳动强度,有利于提高香蕉的商品价值和香蕉产业的整体效益。这种方法特别适合较大规模的种植企业使用。

此外,香蕉采收前 20~30 d,用 50~60 单位的"九二〇"液(即晶体"九二〇"5 g 冲水 100 kg)喷洒果实,对延长果实贮藏期有一定效果。

(3)采后处理

采收后的香蕉运到处理场的落梳架上,人工去残花后清水喷淋、去轴落梳,立即将蕉梳放入清洗池进行切口清洗,一般使用明矾(硫酸铝钾)溶液清洗切面,对防止香蕉切口软化和褐变具有一定作用。再经修整、分级、称量、喷保鲜液、鼓风吹干等流水作业之后进行包装。由于香蕉采取无损采收,采后立即在田间就地进行流水线商品化无损处理,与传统采运方法相比,机械损伤减少 90% 以上。

2)香蕉包装

采收的香蕉应于 24 h 内处理包装,并及时运走或进行预冷。

(1)竹箩包装

用竹箩包装时,每箩装蕉果约 25 kg。包装时先在箩内铺垫包装纸,再装放蕉果。由于竹箩上大下小,箩底放入小梳蕉果,箩面装放较大梳的蕉果,梳果微弯,应顺势正放,一梳贴紧另一梳,梳柄向箩周,稍下沉,装平箩面过秤后封上纸,盖上木盖,用细铁丝扎紧即完成。这种包装方法,成本低,简单易行,但机械伤较严重,适应于低档蕉的包装。

(2)纸箱包装

采用耐压耐湿纸箱,装箱时先在纸箱内垫一聚乙烯薄膜袋,高温季节薄膜厚度应为 0.03~0.035 mm,冬季厚度为 0.04 mm,既可保持水分,抑制果实的呼吸作用,也可减少果实与箱壁的摩擦。每箱 4~6 梳,12~15 kg。一般气温高于 25 ℃ 的运输或运输时间较长(>6 d)时,宜在密封包装内放入乙烯吸附剂和二氧化碳吸附剂。短期贮运(≤6 d),不用放入乙烯及二氧化碳吸附剂。

装箱时,将果梳反扣在箱中,果柄切口朝下,果指弓部朝上,第一梳平放箱底,并将果柄靠近箱的一侧,第二梳果柄朝下,并紧贴第一梳果尾,三四五梳类推,最后一梳果柄插入第一梳果柄前,每梳果实之间垫珍珠棉、海绵纸或光滑的白纸等,最后抽走塑料袋空气,密封塑料袋。包装香蕉时不能大力挤压,纸箱内的香蕉果实不能高于包装纸箱。

项目小结)))

充分了解国内外香蕉生产状况,熟练掌握香蕉种植、土肥水管理、病虫害防治及香蕉采收技术。

复习思考题)))

1. 香蕉经济栽培对环境条件有什么要求？

2. 食用蕉类常分为哪几类？目前我国大面积栽培的香蕉良种有哪些？

3. 宿根蕉园怎样选留吸芽作为接替株？

4. 如何确定香蕉的采收期？

项目11 荔枝生产

项目描述 认识荔枝的生物学特性是正确指导生产的前提;科学建园,合理的品种配置是获得荔枝丰产的基础;科学合理的种植技术是荔枝丰产稳产的技术保障。本项目以科学的建园,合理的品种配置,土肥水、花果管理,病虫害防治等方面的技能作为重点内容进行训练与学习。

学习目标 认识荔枝生物学特性及相关技术在荔枝生产中的意义,学习荔枝园土肥水管理,树体、花果管理,病虫草害防治技术,果实采收技术及采后处理措施。

能力目标 熟练掌握荔枝园与土肥水管理,树体、花果管理,病虫草害防治技术,果实采收技术及采后处理措施。

素质目标 提高学生独立动手与解决生产实践问题的能力,培养细心耐心认真学习的习惯、吃苦耐劳的精神及严谨的生产实际操作理念,学会团队协作。

项目任务设计

项目名称	项目11 荔枝生产
工作任务	任务11.1 生产概况 任务11.2 生产技术
项目任务要求	熟练掌握荔枝生产的相关知识及技能

252

任务 11.1　生产概况

活动情景　　生物学特性决定了品种的分布、管理特点及产量等。本任务要求学习荔枝的生物学特性及对环境条件的要求，并了解主栽品种的特性。

工作任务单设计

工作任务名称		任务 11.1　生产概况	建议教学时数		
任务要求		1. 掌握荔枝的生物学特性及其在生产中的意义 2. 了解荔枝适宜的栽培环境 3. 了解荔枝主栽品种的特性			
工作内容		1. 认识荔枝的根、枝、叶、花果等生物学特征 2. 根据不同品种的生物学特性，因地制宜地选择适合的品种			
工作方法		以老师课堂讲授和学生自学相结合的方式完成相关理论知识学习；以田间项目教学法和任务驱动法，使学生正确认识荔枝的枝、花、果等生物学特性，能根据不同品种的生物学特性因地制宜地选择适合的品种			
工作条件		多媒体设备、资料室、互联网、试验地、相关劳动工具等			
工作步骤		资讯：教师由活动情景引入任务内容，进行相关知识点的讲解，并下达工作任务 计划：学生在熟悉相关知识点的基础上，查阅资料、收集信息，进行工作任务构思，师生针对工作任务有关问题及解决方法进行答疑、交流，明确思路 决策：学生在教师讲解和收集信息的基础上，划分工作小组，制订任务实施计划，并准备完成任务所需的工具与材料 实施：学生在教师指导下，按照计划分步实施，进行知识和技能训练 检查：为保证工作任务保质保量地完成，在任务的实施过程中要进行学生自查、学生互查、教师检查 评估：学生自评、互评，教师点评			
工作成果		完成工作任务、作业、报告			
考核要素	课堂表现				
	学习态度				
	知　识	1. 荔枝的生物学特性 2. 不同品种的特性及适合的栽培条件			
	能　力	根据不同品种的特性因地制宜地合理选择品种			
	综合素质	独立思考，团结协作，创新吃苦，严谨操作			
工作评价环节	自我评价	本人签名：	年	月	日
	小组评价	组长签名：	年	月	日
	教师评价	教师签名：	年	月	日

任务相关知识点

11.1.1 概　述

1)经济意义

荔枝为无患子科荔枝属常绿乔木,是我国南方亚热带地区广泛栽培的著名水果。荔枝果皮鲜红美观,果肉爽脆、清甜多汁,香味浓郁诱人,营养丰富(果肉含糖20%左右,蛋白质0.94%,脂肪0.97%,每100 mL果汁中维生素C含量高达13～72 mg,另含磷、钙、铁等多种微量元素),除鲜食之外,还可制果干、罐头、果汁、果酒等。古代著名医药学家李时珍的《本草纲目》中记载:"常食荔枝,能补脑健身,治疗瘰疬疔肿,开胃益脾,干制品能补元气,为产妇及老弱补品。"我国是荔枝的原产地,也是世界上最大的生产国,约占世界总产量的88%左右。我国优良荔枝在国际水果市场上素享盛名,被誉为"中华之珍品",是出口创汇的拳头产品之一。

荔枝花期长、花量大,也是良好的蜜源植物,一公顷成龄荔枝树开花期可放养15～20箱蜜蜂,可采蜜糖300～400 kg。荔枝树终年常绿,果实成熟季节,叶绿果红,鲜艳夺目,是优良的绿化美化树种。树木材质坚硬,纹理细致,抗虫抗腐,是制作高档家具的良材。荔枝的果皮、树皮、树根含大量单宁,是制药原料。

2)荔枝的分布

主要种植在南北纬18°—30°热带亚热带地区。荔枝原产我国南方,已有2 000多年的栽培历史。由于其对环境条件尤其是气候条件要求较为严格,因而,适宜荔枝栽培的地域要比其他亚热带水果品种狭窄得多。我国是荔枝主产国,分布限于北纬18°—31°范围之内,但生产区在北纬22°—24°30′,主要集中在广东、广西、台湾、福建、海南,其次为四川、云南,再次为贵州、浙江。我国荔枝栽培面积和产量均占世界总量的80%以上。泰国、印度、澳大利亚、美国、南非、日本等国家只有局部地区有荔枝栽培,面积较小,栽培品种大多从我国引进。

11.1.2　荔枝的生物学特性

1)根的生长和分布

荔枝根系由发达的主根、侧根、须根及根毛组成庞大的根群。嫁接苗的实生砧木根系分布深广、生活力强,对不同土壤有较强的适应能力。高压苗缺乏主根,多侧根,定植后侧根向四周扩展,也能形成庞大的根群,但由于根系较浅,台风地区易倒伏。

须根着生于侧根上,是根系最活跃的部位,由吸收根、瘤状根及输导根所组成。吸收根上有根毛,主要分布于疏松肥沃的耕作层土壤中,起吸收水分、养分的作用。瘤状根着生于输导根上,形成不规则的肿瘤状的节,起着贮藏营养的作用,瘤状根的多少与荔枝的丰产性有着密切关系。输导根在吸收根之上,主要起输导水分、养分的作用。

荔枝根与真菌共生,形成内生菌根,有分解有机质和吸收养分的能力。

荔枝根系生长高峰期在花后、果后和花芽分化以前。高温干旱不利于根系的生长,因此,幼龄果园于高温干旱时采取盖草和灌溉措施是很重要的。由于荔枝根系好气,主要吸收根集中在 10~100 cm 的表土层中,而以 10~50 cm 的土层分布最多。水平的分布范围一般为树冠面积的 2~3 倍。选择土层深厚、有机质丰富、通气性良好的微酸性土(pH 值为 5~6),加强土壤改良,提高土壤肥力,增强菌根生长的活动能力,是荔枝高产、稳产和延长其经济寿命的重要措施之一。

2)枝梢的生长发育

枝梢的萌发,除残留枝梢顶端腋芽或树干发生外,一般都由上一次枝梢顶端抽出。

一年中新梢发生的次数,因树龄、树势、品种和外界条件而定。幼树营养生长旺盛,若肥水充足,一年可抽 5~7 次。青壮年树,当年采果后抽 2~3 次,无结果树抽梢 3~4 次。成年树多在采果后抽一次梢,无花无果者可抽梢 2 次。

不同季节对梢期长短、叶色变化影响很大。在广东省一般情况下,各次梢的平均抽梢周期(从新梢萌发至转绿到稳定):春梢约 70 d,夏梢 50~60 d,秋梢约 45 d,冬梢 80~90 d。各次梢的周期长短,因树龄、品种、管理水平以及水肥条件等的差异而有所不同。

荔枝的枝梢有春梢、夏梢、秋梢、冬梢之分。2—4 月为春梢(2 月为早春梢、3 月为春梢、4 月为晚春梢);5—7 月为夏梢(5 月为早夏梢、6 月为夏梢、7 月为晚夏梢);8—10 月为秋梢(8 月为早秋梢、9 月为秋梢、10 月为晚秋梢);11—翌年 1 月为冬梢(11 月为早冬梢、12 月为冬梢、1 月为晚冬梢)。

(1)春梢

一般在"雨水"(2 月下旬)至"春分"(3 月上旬)抽出。萌发时间随树势强弱、气温高低而变化。树势壮旺,上年秋梢抽得早、无冬梢的树,或冬、春气温高,可在"雨水"前后萌发;树势较弱,上年抽晚秋梢,或冬、春气温低,则于"春分"前后萌发。正常结果树往往不抽春梢,因春季树体营养正集中于花穗的生长和开花结果,只有未开花的树或开花少的树才抽春梢。

(2)夏梢

一般在"谷雨"(4 月下旬)至"小暑"(7 月下旬)抽出。幼年或青壮年树先后有 2~3 次夏梢:第一次在春梢老熟后,4 月中旬至 5 月上旬萌发,第二次在 5 月下旬至 6 月上、中旬;植株生长旺盛者于 7 月上、中旬再次萌发。成年树通常春梢萌发后少有夏梢,结果多的树也少有夏梢。

(3)秋梢

一般在"大暑"(7 月下旬)至"霜降"(10 月下旬)抽出。幼年树生长旺盛,在水肥条件好的地方可萌发 2~3 次秋梢。即 7 月中、下旬至 8 月中、下旬,9 月上旬至 10 月上、中旬各一次;生长特别旺盛的植株,10 月下旬再次萌发晚秋梢。成年结果树一般萌发一次秋梢,于 7 月下旬至 9 月抽出;管理不良、生势较弱的树,也有不抽秋梢的。

秋梢是结果树次年开花结果的重要枝梢,萌发适时,将形成良好的结果母枝。所以,在栽培措施上,培养秋梢适时抽出并让其壮实,是管理工作的重要内容。

11月上旬以后抽出的梢称为"冬梢"。冬季如温暖多雨,则易抽冬梢,中、迟熟品种11月上旬抽出的早冬梢,经加强施肥壮梢,还可抽晚花穗,但花质弱,坐果率较低。

春梢和夏梢的抽生会引起大量落果,而冬梢的萌发不利于花芽分化,应采取措施控制结果树的春梢及夏梢、冬梢的抽生。

3)花芽分化和开花结果

荔枝花芽形成的首要因素是树体营养物质的积累,树势健壮,结果母枝充实,叶多而浓绿,有利形成花芽。花芽生理分化开始期,早熟品种在9月中旬至10月中旬;中、迟熟品种在11月上旬至1月底。荔枝从花芽分化开始到整个花序花器官分化完成,需3~4个月时间。从花芽分化到开花是连续进行的,中间没有休眠期。荔枝结果母枝老熟的迟早,直接影响花芽分化的迟早。所以,控制秋梢结果母枝的发生期和生长速度也可控制花芽分化期,进而调节开花期。

荔枝的花穗除少数由老枝发出外,绝大多数是从秋梢结果母枝的顶芽或靠近顶芽的几个腋芽转化而成。母枝顶部芽萌动或萌芽后,在合适条件下生长锥变得更加肥大宽圆,近似半球形,为花序原基形成期。花序原基伸长成为圆锥花序的主轴,并由下而上地分化出雏形复叶,叶腋间产生肥大的第一级枝梗(侧轴)原基,肉眼渐见嫩梢叶腋出现越来越明显的"小白点",一般称为"抽穗",即花穗和花的原始体。随着这一小白点的生长,便出现花芽和叶芽。

花穗的形成与生长,依植株生长状况、花芽分化和开花期间的外界条件,主要是温度、水分等的影响有关。冬季和早春干旱、气温低,则抽穗迟、花穗短,花期迟而较长;冬季和早春不干旱、气温高,则抽穗早、花穗长、花期早而短。同一株树不同年份,花期早晚相距很大,雌雄花何者先开,即使同一植株也是各年有异。

荔枝雌花所占比例有时虽可达50%以上,但一般都在30%以下,依不同品种、植株生长状况、年分等而不同。从大量的观察资料得知,每个花穗一般都有100~200朵雌花,因此可以认为,只要得到良好的授粉受精条件,通常雌花量是完全能够满足丰产需要的。

荔枝开花以向南的先开,向北的后开;树冠顶部先开,下部后开;一穗花穗中部的先开,顶部后开,基部最后开。在晴天气温适宜的情况下,雄花白天、黑夜都能开放,白天8—10时开的为多;雌花则多在16—20时开放。按其雌雄花异熟的现象,归纳起来有以下3种类型。

①单性异熟型。同一穗整个花期中,雌、雄花不同时成熟,大多先开雄花,而后又开雌花,最后又开雄花。此类型对荔枝的授粉较为不利。

②一次同熟型。同一穗整个花期中,雌花成熟有先后,但在开花过程中,有一个短期雌、雄花同时开放。

③多次同熟型。同一穗整个花期中,雌、雄花同时开放在一次以上者,每次开花前后都有雌、雄花单独开放。

荔枝雌花经过授粉受精后即进入果实发育期。果实生长发育所需时间的长短,决定于品种的特性和气候条件的影响。有的品种从雌花受精开始至果实成熟需65～75 d,有的则要70～90 d。果实生长发育期间有效日积温越高,则果实成熟得越快。综合各方面的情况,把这一发育过程分为以下3个阶段。

①胚的发育阶段。雌花谢花10 d左右,此时小果约似绿豆至黄豆大小,幼果脱落最多,可达50%～60%。主要原因是授粉受精不良,或因开花消耗了大量养分而胚又迅速生长,养分供应不足。

②幼果发育阶段。幼果有手指大,果肉长到种核的1/3～1/2位置时,往往出现落果高峰。这次落果从数量上看比前期要少得多,但对产量影响极大。其原因是养分供应不足,特别是磷的缺乏,引起胚的坏死,从而导致落果;除此之外,也由于连续的阴雨、暴雨、干热或病虫害等,造成第二次落果的高峰。

③果实的迅速生长到果实的成熟,为整个果肉生长完成和种子生长的定型阶段。从外观上果皮由浅绿转红,龟裂片渐渐变平。如果水分过多或严重干旱,便会出现第三次落果。果实接近成熟时,如遇久旱骤雨,会大量产生裂果。

11.1.3　荔枝对环境条件的要求

荔枝是一种典型的亚热带常绿果树,对气候条件特别是温度的反应比较敏感,而且,在不同的生长发育期,要求不同的环境条件。

1)温度

温度是影响荔枝营养生长和生殖生长的重要因素之一。荔枝在年平均气温21～25 ℃的地区生长良好,气温在21 ℃以下的地方不适宜种植荔枝。

(1)营养生长时期所要求的温度

适宜温度是24～30 ℃,当气温上升到35 ℃以上,延续时间较长,会出现叶片卷缩,个别有晒焦的现象;低于10 ℃则生长停滞。在24～30 ℃范围内,荔枝新梢的生长发育过程很快,只需45～50 d就可完成整个生长周期。

(2)花芽形成和分化要求的温度

不同品种的荔枝花芽形成和分化所要求的温度有所不同。早熟品种如三月红、白蜡、白糖罂等可以在15～19 ℃的环境下很好地形成和分化花芽,而糯米糍、怀枝等中、迟熟品种则须在14 ℃以下才能形成和分化花芽。在0～10 ℃的温度范围内,如低温时间长,则有利于荔枝花的形成。据王锋的研究,凡1月份极端最低温度在10 ℃以上,或上年12月极端最低温度也在12 ℃以上的年份,中、迟熟品种荔枝产量都很少。如1月份极端最低温度在10 ℃以下,上年12月的极端最低温度也在12 ℃以下,但1月和上年12月的月平均温度过高,荔枝就会减产。

(3)荔枝小花开放所要求的温度

荔枝小花在10 ℃以上才能开花。在18～24 ℃时开花最盛,29 ℃以上反而减少,气温过高或过低对开花都不利。开花期气温骤降,对花有损害;温度过高、干旱或阳光强烈,花粉和柱头易干枯不利于授粉,故花期遇旱喷水对授粉受精有利。

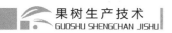

同一品种荔枝,每年开花期的迟早,主要受气温回升的影响,气温回升快开花早,反之则开花迟。

(4)果实生长发育所要求的温度

受精后的小果,要在 15 ℃以上的温度环境下,才能正常生长发育,15 ℃以下的低温不可能使其坐果,已正常受精的雌花也会落掉。

2)水分

荔枝性喜温湿,雨量充足与否,是荔枝生长及花芽分化、开花结果的重要影响因素。整个生长发育期要有充足的水分,但各个生长时期的要求又有不同。一般在夏、秋季营养生长期需水量较大,冬、春生殖生长期则需水量较少。冬季降雨少,土壤较干燥,空气湿度较低,抑制了根系和枝梢的生长,提高了树液浓度,有利于花芽分化。但土壤及空气湿度过低,对花芽分化也不利。另外,花期忌雨,雨多则影响授粉受精;但花期太干旱,也不利于授粉受精。幼果期干旱或过多的阴雨均易落果。结果前期长久高温干旱少雨,后期突然骤雨,常引起大量裂果。

3)光照

荔枝花芽的形成、开花、果实成熟等时期,需要充足的阳光。一般要求年日照时数在 1 800 ~ 2 000 h 为宜,日照百分率要求在 50% 以上。日照时数多,有助于同化作用和花芽分化,也有利于增进果实的色泽和甜度,从而提高品质。

4)风

花期忌吹西北风和过夜南风。西北风干燥,易致柱头干枯,影响授粉;过夜南风潮湿闷热,容易"局花"和引起落花。

5)土壤

荔枝对土壤的选择不太严格,不论山地、平地,红、黄土壤,硬质土、冲积土、黏壤土、沙质土都能适应。但以土层深厚、排水良好、富含有机质(2%以上),土粒疏松透气,地下水位低的微酸性(pH 5 ~ 6.5)的红壤或冲积土为最好。在酸性土壤中,根须易与真菌共生,形成内生菌根,以增强根系的吸收能力。

11.1.4 荔枝的主要栽培品种

1)早熟品种

(1)三月红(又名"四月荔")

果呈心形或歪心形,单果重 26 ~ 42 g,果皮鲜红色,较厚而脆;果肉白蜡色,多汁,味甜带微酸,肉质较粗韧,核大;果可食率为 62% ~ 86%,品质中等。三月红是最早熟品种,5 月上中旬成熟,较稳产丰产。该品种耐湿,在水位较高而且肥沃的土地种植表现良好,坡地栽培也能成功。

(2)白糖罂

果大,呈歪心形,单果重 21.4 ~ 31.8 g,皮色鲜红,龟裂片大部分平滑;果肉白蜡色,肉质爽脆,味清甜多汁,可食部分占全果重的 70% ~79.2%。品种早熟、丰产,肉质带浓厚的香蜜味,品质优良,5 月下旬成熟,是国内外较受欢迎的品种。

（3）白蜡

树势中等,枝较疏而细长,较硬,树冠半圆形,叶披针形,叶脉明显,叶背粉绿色,叶面有光泽,先端钝或短尖。单果重 20 ~30 g,近心形或卵圆形,果顶钝,果肩平而一边微斜,梗大而直,果皮鲜红,薄而软;龟裂片凸起,夹有少数小龟裂片,多数裂片峰较钝,裂纹明显,缝合线不明显。果肉白蜡色,肉质爽脆,汁多清甜,可溶性固形物 16.5% ~19.2%,可食部分 70% ~84%,品质较优良。

2）中熟品种

（1）妃子笑

果大,单果重达 23.5 ~32.5 g,近圆球形或卵圆形,果肩一边高一边平阔;果皮淡红色,皮薄,龟裂片细微隆起,裂片峰尖锐而刺手;果肉白蜡色,质爽脆,细嫩多汁,味清甜带微香。可食部分占全果重的 77.1% ~82.5%,种子较小,多不饱满。6 月上、中旬成熟,转红带青时鲜食最适宜,属优质品种之一。

（2）黑叶

果中等大,单果重 16 ~32 g,呈卵圆或歪心形,果顶浑圆或钝;果梗较大,果皮暗红色,薄而韧,龟裂片较大而平坦,缝合线明显;果肉乳白色,软滑多汁,味甜而带香,种子中等大,可食部分占全果重的 63.5% ~73.3%。在 6 月上、中旬成熟,品质中上,丰产、稳产性能好,是制罐头、加工荔枝干的好品种,目前是全国主要栽培品种之一。

（3）紫娘喜

果心形,果顶尖园,果肩微耸,果梗大,皮厚,紫红色,龟裂片隆起,大而疏。平均单重 39.1 ~50.0 g,最大果重 59.65 g;质地柔软细嫩,味清甜而稍淡,果汁较多,香气浓;种子大而饱满,可食率 63.1% ~73.5%,可溶性固形物 15.5%,总糖 12.66 g/100 g 果肉,总酸 0.18 g/100 g 果肉,糖酸比 69.6∶1,维生素 C 含量为 35.7 mg/100 g 果肉。品质中等,较耐贮运,树冠紧凑,适宜密植,较丰产,年年结果,但有大小年。5 月下旬至 6 月上旬成熟。

3）迟熟品种

（1）桂味

果中等大,单果重 15 ~22 g,果近圆球形,果肩平,果皮鲜红色,龟裂片凸起,呈不规则圆锥形,裂片峰尖锐刺手;果肉乳白色,爽脆细嫩、清甜,汁多而带桂花香味,种子以细核（焦核）为多,果实可食率达 75% ~80%。于 6 月下旬至 7 月上旬成熟,耐旱,丰产性能好,但大小年结果现象明显,较易裂果。品质极优,是近年来各地大量种植的名优良种。

（2）糯米糍

果大,单果重 20 ~27.6 g,果呈扁心形,顶浑圆,果皮鲜红色,龟裂片明显隆起,裂片平滑;果肉乳白色或黄蜡色,果肉厚,细嫩而多汁,味浓甜而带香气,种子小、多退化,果实可食率达 73% ~86%。果实于 6 月下旬至 7 月上旬成熟,丰产性能好,大小年结果现象明显,易裂果。

（3）灵山香荔

果实卵圆形略扁,果中等大,平均单果重21 g;果皮紫红色,果顶钝圆,果肩平;肉较厚,爽脆,可食部分占全果重的73.46%,可溶性固形物20.0%,种子较小(大部分为焦核),味清甜微香,品质上等。一般于6月底至7月上旬成熟,丰产性能好,但大小年结果现象明显。

（4）鸡嘴荔

果实歪心形或扁圆形,较大,平均单果重29.5 g,大小较均匀;果皮暗红色,果顶浑圆,果肩平或一肩微耸;果皮薄而韧,果肉蜡白色,果肉厚,肉质爽脆,果汁中等多,风味清甜、微香,可食部分占全果重的79.3%,种子小,可食部分率较高,品质上等,是广西的名优珍贵荔枝品种。

任务 11.2　生产技术

活动情景　优良的种苗是获得高产的基础,科学的建园及合理的肥水管理、花果管理、病虫害防治等是获得高产的技术保障。本任务要求学习荔枝的育苗嫁接技术、建园及果园管理知识。

 工作任务单设计

工作任务名称	任务 11.2　生产技术	建议教学时数	
任务要求	1.掌握荔枝砧木的繁育技术 2.熟练掌握荔枝的嫁接技术 3.掌握荔枝高接换种技术 4.了解荔枝科学建园的技术要点 5.掌握荔枝的肥水管理及花果管理技术 6.熟练掌握荔枝的修剪技术		
工作内容	1.优良种苗的繁育,包括砧木的繁育和嫁接苗的繁育 2.根据条件合理建园 3.荔枝园的常规管理,包括土肥水管理、花果管理、修剪及病虫害防治等		
工作方法	以老师课堂讲授和学生自学相结合的方式完成相关理论知识学习;以田间项目教学法和任务驱动法,使学生正确选择适宜地建园、熟练掌握荔枝的嫁接修剪技能,学会果园的常规管理技术		
工作条件	多媒体设备、资料室、互联网、试验地、相关劳动工具等		
工作步骤	资讯:教师由活动情景引入任务内容,进行相关知识点的讲解,并下达工作任务 计划:学生在熟悉相关知识点的基础上,查阅资料、收集信息,进行工作任务构思,师生针对工作任务有关问题及解决方法进行答疑、交流,明确思路		

续表

工作任务名称	任务 11.2　生产技术	建议教学时数	
工作步骤	决策:学生在教师讲解和收集信息的基础上,划分工作小组,制订任务实施计划,并准备完成任务所需的工具与材料 实施:学生在教师指导下,按照计划分步实施,进行知识和技能训练 检查:为保证工作任务保质保量地完成,在任务的实施过程中要进行学生自查、学生互查、教师检查 评估:学生自评、互评,教师点评		
工作成果	完成工作任务、作业、报告		
考核要素	课堂表现		
	学习态度		
	知识	1.荔枝的嫁接修剪技术 2.科学、合理地建园 3.果园的常规管理技术	
	能力	1.根据不同品种的特性及树体条件选择相应的嫁接修剪技术 2.根据不同的园地条件进行科学的果园管理	
	综合素质	独立思考,团结协作,创新吃苦,严谨操作	
工作评价环节	自我评价	本人签名:　　　　　　　　　　　　年　　月　　日	
	小组评价	组长签名:　　　　　　　　　　　　年　　月　　日	
	教师评价	教师签名:　　　　　　　　　　　　年　　月　　日	

 任务相关知识点

11.2.1　苗木的繁育

1)嫁接苗的培育

（1）培育砧木苗

①种子的采收和处理。培育砧木苗用的荔枝果实,必须充分成熟。以选择种子饱满,发芽率高,长势强,适应性好的大粒种子为好。当然最好是选择前人已做过砧穗亲和力试验或生产中已经过实践检验的最佳砧穗组合,有目的地选择砧木种子。据广东省荔枝生产的长期实践检验,淮枝做砧木丰产稳产,适于山地荔枝园建园,特别适合于做白糖罂、白蜡品种的砧木;大造适于做妃子笑品种的砧木;而水东、黑叶做砧木较耐湿润,适于平地水乡建园。

也有经验认为,荔枝嫁接应分清早熟品种与晚熟品种,早熟品种用早熟品种做砧木,晚熟品种则用晚熟品种做砧木。

采下的果实通过食用或制罐头取出种子,在清水中搓洗,去掉残肉。荔枝种子极不耐

干燥,取出后绝对不能在阳光下曝晒,应尽快播种。如要长期贮存,必须适当保湿,将荔枝种子晾干后,立即放入塑料袋中,扎紧袋口,注意适当翻动,擦干袋内水滴。据试验,可保存2个月。如短期贮存则用湿砂或锯末(湿润程度以手能捏成团,无水滴出松开即裂口为好),与种子混合存放,并要放在遮阴通气的地方,以防种子发热和被烈日曝晒。

②苗圃地的选择和整地。苗圃地应选择交通方便,土层深厚,排灌容易的地方。土壤以含有机质丰富,肥力中等,松软而稍有黏质的土壤为好。

苗圃地应提早一个月左右犁翻,曝晒 10 d 以上,再犁耙 1~2 次。每 666.7 m² 撒施 5 000 kg 的腐熟厩肥、火烧土等做基肥。广东省土壤多为弱酸性,因此每亩地应同时撒施石灰 50 kg。施基肥后再犁耙一次,起苗床,苗床宽 1.2 m,沟宽 50~60 cm,高度 15 cm 左右。

③催芽播种。为了获得全苗,使苗木生长整齐一致,播种前应用湿沙催芽,沙与种子之比约为 3∶1。选遮阴通风的地方,先在地上铺一层湿沙,约 5 cm 厚,然后分层撒放饱满新鲜的种子,一层种子一层湿沙,堆成 50 cm 左右高的长堆。堆好后用塑料薄膜覆盖,四周保湿,经 4~5 d 即可翻堆,把已萌芽的种子选出播种,未发芽的继续催芽。

萌芽的种子,在已整好地的苗床上按株距 15 cm、行距 20~25 cm 的标准开浅沟均匀播种,覆土 2 cm 深,亩播种约 40~50 kg。这样,以后不用再移栽。苗床上必须搭盖遮阴篷(用 50% 遮光度的黑纱网或插芒萁)以降低土温,否则土温过高,地表超过 38 ℃时易灼坏嫩苗生长点,变成一子多枝的丛生弱苗。此后定期淋水,保持床土湿润。为防止金龟子幼虫为害地下嫩根,可用 3% 呋喃丹颗粒剂 3~4 kg 拌和干细土 10 kg,撒施于床土上,以防止地下害虫。

④播后管理。待幼苗第一对真叶转绿色老熟后,即可逐渐除去遮阴物。一个月后追施第一次速效氮肥,每亩施硫酸铵约 10 kg(尿素则减半),以后每月最好能施一次肥,肥量逐步增加。

幼苗顶芽经常因各种原因受损伤枯死,顶芽枯死后的幼苗基部常萌发几条新芽,应及时修芽,只留一条健壮芽,其余修掉。

病虫为害常导致死苗、缺苗、滞长,要及时喷药防治,特别要注意防金龟子幼虫食根,防荔枝瘿螨为害叶片,防卷叶蛾、蓟马等为害嫩梢。

(2)嫁接

①接穗的选择和处理。荔枝接穗以品种纯正、生长健壮、丰产优质的结果母树作为采接穗母树。选取树冠外围中上部、充分接受阳光部位的枝条,要芽眼饱满、皮身嫩滑、粗度与砧木相近或略小,顶梢叶片已成熟浓绿,未发芽或刚萌芽不久的一、二年生枝条做接穗。

采下接穗立即剪去叶片,用清洁的湿布(或毛巾)包好枝条以防失水干缩。最好立即嫁接,如因故需要短期保存,可用湿沙埋藏。如需远途运输,最好用香蕉假茎的厚硕叶鞘包扎枝条,其保湿效果稳定持久,再放入塑料袋内,才可装箱远运。

②嫁接方法和时间。荔枝嫁接方法很多,目前通用的有芽接和枝接两类。芽接法即接穗仅为一个芽,荔枝常用补片芽接;枝接是用带有芽眼的一段枝条做接穗,如切接、合接、劈接等。在此只讲通用的嫁接方法。

a.补片芽接。补片芽接具有节省接穗、成活率高、有利于补接等优点,不足处是嫁接苗初期生长较慢。此法一定要在树液流动的4—10月,砧木和接穗都易剥皮时进行嫁接,成活率才高。

嫁接时,砧木于离地10~20 cm处选择比较平滑的部位,用芽接刀尖从下向上划两刀,开成一个盾形芽接位,长2~3 cm、宽0.5~1 cm,深度仅达木质部;然后将皮层撬起并向下拉开,注意不要伤及木质部和弄脏接口,把撬开的表皮切去2/3,将余下的表皮紧紧贴回接口,以免伤口暴露过久,影响芽接成活。接穗芽片以采自1~2年生充实健壮的枝条为好,用刀在接穗芽的上方0.8~1 cm处连木质部切削下2~3 cm长的芽片,小心剥去木质部,适当修整芽片四周,使芽位于芽片的中央;然后将芽片插入砧木的芽接口,下端插入留下的贴皮内,使其固定。芽片放好后,用预先剪好的1.5~2 cm宽、20~30 cm长的聚氯乙烯塑料薄膜条,由下往上捆绑,要一圈压一圈,上下圈重叠1/3,最后一圈把塑料条从下一圈穿过拉紧即可。整个芽接位一起包严绑紧,20 d后可解绑(解绑时未成活的要及时补接),再过10 d检查,成活的即可剪断砧木。等接穗新梢老熟后,即可解除绑扎的塑料薄膜条(用刀片割断即可)。

b. 合接(改良合接)。合接法是一种常用的枝接方法,而经过改良的合接法适用于各种大小砧木的嫁接。其优点是可以通过调节砧木和接穗的切削面的大小,来增加不同粗度的砧木与接穗嫁接口形成层的接触面,以便于成活;而且不易剥皮的接穗也可利用。芽接时间以春接(2—3月)或秋接(9—10月)为好。

嫁接时砧木的削法:首先在砧木离地20~30 cm处把砧木剪断,用刀削平剪口;然后用嫁接刀在平直的一面自下而上地削一刀,长3~4 cm。接穗取自健壮充实的1~2年生的枝条。接穗的削法:先在接穗枝条的下端平整的一面,自上而下地削一刀,长3~4 cm,然后留2~3个芽剪断。通过切削调整砧木与接穗的削面,使之大小一致。接穗削好后,立即把削面与砧木削面合接。合接时要使砧木与接穗的形成层大部分对准,合接后用1 cm宽的聚氯乙烯塑料薄膜自下而上地包扎固定,并将整个接穗都包扎起来,再自上而下包扎到砧木上。30 d左右,嫁接成活的接穗芽眼即可萌发,并从塑料膜带绑扎缝口中冒出(个别不能冒出的应将绑扎带割断),等接穗新梢老熟后即可将全部包扎的塑料薄膜带解除。

c. 切接。切接法是一种较常用的嫁接方法,通常比较适用于小砧木的嫁接。其优点及嫁接时间与合接相同。可采用带几个芽的枝接,也可以采用单芽切接。砧木的削法:首先在砧木离地20~25 cm处,选择平直、光滑的干段把砧木剪断,用切接刀斜削断面一刀,使其平滑;然后在横切面的1/3处向下切一垂直切口,切口的宽度与接穗的切削面相等,长2~3 cm。接穗的削法:首先选取健壮的一二年生枝条,在芽眼多而饱满的部位取接穗。先在枝条整平的一面削一刀,长3~4 cm,削口基部背面再削一刀,长1~1.5 cm,形成一个与大削面相反的小削面,接穗留2~3个芽剪断,顶芽留在大削面的对侧(即小削面的一边),大小削面都要求削得平滑,最好一刀削成。接穗削好后,立即插入砧木切口,大削面向内,接穗与砧木的形成层要对准,然后用1 cm宽的塑料薄膜带自下而上地包扎固定(包扎方法与合接相同)。30 d左右嫁接成活的芽眼即萌发,并从薄膜带绑扎缝口中冒出(个别不能冒出的应将绑扎带割断),等接穗新梢老熟后即可将全部扎带解除。

(3)嫁接后的管理

①遮阴。凡采用合接法、切接法,都必将砧木剪顶后才进行嫁接。应使用遮光度50%

的塑料纱网或芒萁等遮阴,有利于提高嫁接成活率。

②即时剪顶。凡采用补片芽接的植株,必须在检查成活解绑后 10 d 左右在接口上方剪断砧木,以加速接芽的萌发和新梢的生长。

③除去砧木上的萌芽,使养分集中供应接穗的生长。

④施肥灌水。为了使嫁接苗根系浅生,易于移栽定植成活,以勤施薄肥为好。要经常保持苗圃土壤湿润,利于表层根系的生长发育。通常在接穗萌发生长的第一次梢老熟后,即可施腐熟的稀薄水肥,每次梢期施肥 2 ~ 3 次。

⑤对于枝梢稀疏、枝条长势较强的品种,如三月红、妃子笑、大丁香(海垦 1 号)等,应在接穗新梢长度超过 30 cm 时进行摘顶或短截,促使萌发侧梢,选留 3 ~ 4 个健壮、分布均匀的侧梢。

⑥防治苗期病虫害。详见后面章节。

(4)苗木出圃

嫁接苗出圃标准:

①高度 45 ~ 60 cm(抽生两次以上新梢)。

②主干直立,根强大,生长健壮。

③嫁接口上 3 cm 处的直径应有 1 cm 以上。

④主枝数 3 ~ 4 条。

⑤不带严重病虫害。

⑥嫁接口愈合良好。

为了保证侧根、须根少受损伤,挖苗之前若苗床干旱,应先灌透水,而后用金属起苗器从苗株两侧直插入土,以铁槌敲击起苗器至没入土表,将荔枝苗连同起苗器与土团一齐拔起,每株苗根部即带有 15 cm×20 cm 的圆筒形泥团。再用塑料薄膜袋(一般的包装袋)将整个泥团包裹好扎紧,再按苗木大小及质量高低进行分级,附上标签,注明品种,即可出圃。为了减少运输途中蒸腾失水,可将荔枝苗尚未转绿的嫩叶剪去。

2)圈枝(高空压条)

这种繁殖方法简易,成苗快,结果早,并能保持母树的优良性状。但对母树消耗大,繁殖系数低,而且苗木没有主根易倒伏,因此,在生产上已少采用。对新发现的老龄优良母树很难取芽条时,可采用此法以获得新的种质植株。

(1)圈枝时间

通常在 2—4 月荔枝树逐渐进入旺盛生长活动期进行,此时容易剥皮,成活高,圈枝后发芽快。

(2)枝条选择

选择分布于树冠中、上部,外围健壮向阳斜生的枝条或水平枝条,枝龄 2 ~ 3 年生,上部有几条分枝,枝粗 1.5 ~ 2 cm,表皮光滑、无损伤者为好,不要用徒长枝、阴枝、弱枝。

(3)操作方法

①环状剥皮。剥口在多分枝的下方 20 cm 左右,距老权至少 10 cm。剥去 2 cm 的环状皮,然后用刀背在剥口轻刮,刮净剥口低凹小沟中残留的形成层,最好在剥皮后让剥口晒太阳

3～4 d,把残留的形成层细胞晒死,以免高压期间形成层愈合,向下输送养分,失去环剥作用。

②包生根基质。剥口在露光环境下可产生愈伤组织,但必须在黑暗条件下才能发根,所以环剥后必须包扎促生根基质。在海南,基质用椰糠,湿度以手捏微出水为度。以环剥口为中心,包扎成 20 cm 长,两端细、中腰凸,直径 15 cm 的腰鼓形,然后用塑料薄膜包扎即可。

包椰糠之前,环剥口涂上 3 000～5 000 μg/mL 的吲哚丁酸溶液(或者生根粉溶液),不仅促进发根量且能缩短 1/2 的高压时间。

③用聚乙烯厚膜包土高压,可省去每天灌水的麻烦。

④割苗、催根、假植。高压苗剪苗下树的标准:高压 50 d 后,每 10 d 左右检查一次不定根,每条不定根已由白色变为褐色,且已分生出许多二次新根时,才能剪苗下树。

高压苗割下母树后,立即整形,剪去嫩枝、弱枝,每株苗只留 3～4 条强壮分枝,每条分枝上剪去过多的嫩叶,只留 3～4 片深绿色的老复叶,以减少蒸腾失水。然后进行"催根炼苗",即将苗木群体直立于荫蔽下,四周填盖乱稻草,每天淋水 2～3 次。保持高湿度且透气又无烈日直晒的环境。经过 5～7 d 的催根炼苗,再分生第二级须根,即可包装起运,供定值用。此时若不适于定植,可挖沟假植,假植期应适当荫蔽。

3)高接换冠

有些荔枝园由于过去选用品种不当,或购置伪劣品种种苗,植后很少结果或品质很差,效益很低,需要改接换冠。换冠后第二年即可结果,并能保持优良品种的特性。

具体做法与步骤如下。

(1)高接前的准备

①对换冠的果树于春季在适当高度(根据树干粗细,可在主枝,也可在侧枝)锯去,锯口用利刀削平,让其抽梢,在新梢上进行嫁接。(如 4 龄以下,树冠较矮、枝条较小的树,可不锯冠,直接在枝条上嫁接)高接前果园进行一次全面的灭虫农药喷洒,包括树冠和地下。

②高接工具及用品,包括芽接刀,枝剪、手锯、高凳、绑扎带(聚氯乙烯薄膜),绑扎带长 40～50 cm、宽 2 cm 左右。

③培养和选择老熟而且芽眼饱满的枝条做接穗,培养芽条采用人工、药物相结合的效果最佳。

(2)高接方法

①树冠较大、枝条粗、直径 3 cm 以上的植株可采取补片芽接法,此方法的最大优点,即可尽量降低接位,便于今后培养矮化树冠。但这种芽接法困难多,砧木和接穗均受物候期限制,嫁接的时间相对少。

②树冠较矮,枝条较小,直径在 3 cm 以下的植株可采取改良合接法,这种嫁接法较前者方便,砧木可不受物候期限制,可嫁接的机会相对多。

(3)高接时间和气候选择

雨水过多、气温过高的季节不宜进行,气温在 15～28 ℃ 的晴天均可进行;果园湿度过大,枝条截断后髓心冒水也不能进行;于春节后到 5 月初相对较合适。

(4)定接位的枝条取舍

芽接位置要根据不同芽接方法而定。但同一株树上高低要相对一致,并尽量降低接

位,以便今后培养矮化的树冠。留用的枝条粗细也要相对一致,过大和过小的枝条应去掉。同时,也要结合嫁接方法来确定所留枝条的大小,如补片芽接法应留大枝条(3 cm 以上),改良合接法则应尽量留小枝条(3 cm 以下)。留用的枝条要分布均匀,枝与枝顶端距离为30~50 cm。

(5)高接。

参照合接与补片芽接法。

(6)高接后的管理。

①如采用补片芽接,20 d 左右解绑,检查芽片成活情况,不成活的马上补接。已接活的枝条,折伤顶部,待芽片萌动后,再锯杆。

②抹芽。对嫁接成活的枝条,接穗和原来枝条上的新生芽同时生长,应及时将砧木枝上的新生芽抹去,以免砧木新生芽争夺接穗的水分和养分。对接位较高(1.5 m 以上)的树,原有枝条中部应适当留少数新芽,并促其老熟,以进行光合作用、制造营养成分,作为今后一定时间内的营养补充。枝杆下部的新生芽也应抹除,待接穗抽有 2~3 次新梢并充分老熟后,才将原有枝条上的留枝剪去。

③当新梢长到 20 cm 长时断顶,也可待熟后再统一于 15~20 cm 处剪顶,注意以顶端平整为度。第二次新梢开始萌动后,可进行摘顶,促其多抽芽,同时解决芽先后抽出的矛盾。以后用同样的方法进行,并结合修剪,调整枝条的均匀度和疏密度,培养理想的标准树冠。

④采用改良合接的枝条应及时解绑。为防止风雨损伤接穗新梢,应在接穗基部的砧木枝条上绑竹片,并用塑料薄膜做成一个小圈套在接穗下部,再绑在竹片上,防止接穗从接口处断裂。

⑤及时防止新梢的病虫害。

11.2.2 荔枝园的建立

1)园地选择与规划

(1)园地选择

荔枝的生长发育对气候条件的要求比较严格。在根据气候区划选择荔枝种植区后,对土壤条件的选择却不甚严格,许多山地、坡地、丘陵地的红壤土、黄壤土甚至砾质土都能适应荔枝的生长。山地、丘陵地是发展荔枝的重要地方,其特点是地下水位低、水土流失大、荔枝根易裸露土面,造成树势早衰、影响产量,管理工作也不方便。因此,种植荔枝宜在 20°以下的缓坡地建园。

在春季多雾的山区,应选择通风透光的山坡建园,以减少大雾对开花坐果的不利影响。在沿海地区,应选择东北面有屏障的西南向山坡建园,以减轻台风的危害。

荔枝虽对土壤条件的适应性较强,但仍以选择土层深厚、土壤肥沃、有机质丰富、排水良好、水源充足的缓坡地或平地建园为好。

(2)园地的规划

建立大型荔枝园,必须进行园地规划,品种规划,分区(林段)、道路、排灌系统、防护林、辅助建筑等规划。

面积大的园地,可分若干大区,下设小区(林段)。就小区形状而言,平地小区可呈长方形,长边宜与台风的主风方向垂直;山地小区的长边应与等高线平行,既便于耕作、排灌,又可减少水土流失。

小区面积大小:地势平缓、土壤差异不大的地段,每个小区面积可大到 3 ~ 7 hm²(台风多或常风大的地方小区面积应小些)。地形差异大的山地、丘陵地,其小区面积大小应按环境情况而定,在台风大的地方小区面积应小,较静风的地方则可大些。

按连片大果园的全貌轮廓规划布置主干道、干路。主干道宽 5 ~ 6 m,能通汽车;干路约 4 m,沟通各小区与主干道连接。

山地、丘陵地的山脊和平地小区四周应设防风林,以降低风速,提高果园内的空气相对湿度和调节温度。

荔枝园的规划,应将蓄水、引水、排水、输水等配套工程(包括水库、水渠、园内的水池等)一并规划。园内排灌设施应互相联系并与道路、防风林结合。

2)开垦

平地种植荔枝,可以采用十字线定标,让每株树营养面积相等,使生长一致、产量均衡,便于行间的机耕操作。在山坡丘陵地开辟荔枝园,要尽量修筑成等高水平的反倾斜环山行或等高小梯田。平缓地也应修筑沟埂梯田,这是保持土壤肥力的根本措施。

山地、丘陵地的开垦,宜在总体规划的基础上进行,并要绘制规划图。

(1)排灌系统的设置

①拦山堰(天沟)。为了防止山地上部的径流冲入果园,破坏果园土壤,应在果园的上方,离顶上一行的梯田或环山行一定的距离处,等高环山挖掘 1 ~ 2 道深 80 cm 左右的天沟,以削弱上坡的径流。天沟也应挖排水口,便于在大雨时将大量积水排去。天沟也可兼做环山灌溉渠。天沟的大小、深浅视上方集水面积大小而定,一般深宽都在 50 cm 以上,有 0.2% ~ 0.3% 的比降。隔 10 ~ 15 m 设一土埂(低于沟面 20 cm 左右),以缓冲流速和蓄水。

②纵向排水沟。尽量利用已形成的天然汇水线处,作为纵向的总排水沟。沟底、沟壁应用石块砌筑,隔一定比降距离用石块修筑一道跌水小坝梯台。

③横向排水沟。主要是环山行或梯田内侧沟,作为排除梯田或环山行内多余积水之用,并积蓄雨水,也可作灌溉沟。沟面宽、深各 20 ~ 30 cm,沟内每株树留一条低于沟面的土埂。

④若需提水灌溉的,在山顶修建一个蓄水池,蓄水池的出水口与排灌沟连通。

(2)开垦

①水土保持工程的修筑。果园修筑水土保持工程,主要是根据地形和地面坡度的不同而采用不同类型的梯田。不同坡度的丘陵地修筑水土保持工程的做法和要求分述如下。

3°以下的平缓地。一般不必专门修筑水土保持工程的梯田,可以采用十字线定标种植,但果树植行不能顺坡排列。可在隔几行果树或坡度变化大的地方筑土埂防止水土流失。种植后,结合施肥挖水肥沟,以达到拦蓄径流和保持水土的目的。

4° ~ 8°坡度的缓坡地。在这种缓坡地上的果园,主要修筑沟埂梯田。

这种缓坡地可以采用十字线定标,但行必须与等高线平行。每一行果树或隔 2 ~ 3 行修筑一条沟埂，沟挖在下方，筑法是先挖深、宽各 40～50 cm 的壕沟，把挖出的土堆放到离 20 cm 远的坡上方，并筑成土堆、打实。壕沟不要挖成通沟，每隔 1～2 株荔枝树即保留一条 50 cm 宽的土埂，使沟成"盲沟"，以起蓄水作用。如梯田面不能水平时，则应隔一定距离修筑一条横埂，以拦截雨水、减低径流速度和防止水流集中流向低处。修筑这种沟埂梯田不用平整田面，较为省工。一般是在定植后，结合田间管理时修筑。

8°以上的坡地。这些坡地必须修筑等高梯田，一般是修筑田面宽 2 m 或 2.5 m 的水平梯田或环山行。水平梯田为田面水平，但梯田外沿要筑高 30～40 cm、底宽 50 cm、面宽 30 cm 的土埂；梯田内壁挖 40～50 cm 宽的盲沟，其长度比株距要短。盲沟可增加蓄水量，同时在田间管理时施入土杂肥、压青，以改良土壤。据计算，田面宽 2 m 的水平梯田，按其长度每米可蓄水 0.37 m^3，一次可拦蓄降雨量达 100 mm。

坡度在 10°以上的地区必须修筑等高环山行。

环山行的外缘不筑土埂，但田面要向内倾斜 15°。修筑时由内壁取土，填在外缘，边填边踏实。环山行要求修成反倾斜状，故应尽量将内壁挖深。这样，田面中心附近的表土留多。修筑时，应在间隔一定距离处，于环山行内壁留一土埂，高约 30 cm，以阻挡雨水在田面上流动。田面反倾斜 15°，其内壁垂直高度约为环山行面宽的 1/4。根据计算，2 m 宽田面的环山行，每米可蓄水 0.4 m^3，若土壤渗透系数为 0.5，则这种环山行一次可拦蓄 120 mm 的降雨量。

在容易采集石头的地方，可用石块垒砌梯田或环山行的边缘，这对提高梯田、环山行的坚固度和延长保持水土的效益，都是显著的。由于环山行田面较窄，蓄水量较少，因此要保留环山行间坡面上的植被，以提高拦水、渗水的效果。梯田面宽不能小于 1.5 m，否则以后管理不便。

②挖植穴。挖植穴可以和开梯田或开环山行同时进行，植穴应保持在环山行的中心或内侧的 1/3 处（水平梯田在中心，环山行则在内侧）。从植穴和环山行上挖出的心土，放在环山行外沿，表土则放在穴边，以备填穴用。一般植穴深宽 80～100 cm，挖好后让其暴晒风化 1 个月。再于种植前 2 个月分层压入绿肥或垃圾等，每穴 50～100 kg；一层肥一层表土，每层不要太厚，宜压 2～3 层，以免出现隔水层。在绿肥上面均匀撒下石灰 0.5～1 kg。最后，在植穴上层每穴放入腐熟农家肥 30 kg 左右，与表土充分混匀。回土要高出地面 20 cm 左右，以防松土下沉。回土后再等 1 个月，待土壤下沉后定植最好。

3）定植

（1）种植方式与种植密度

种植的方式应根据荔枝各品种的生物学特性、各地区的自然条件、栽培技术水平、投资条件、经济效益等综合考虑而定。目前，有以下几种种植方式。

①永久性乔化疏植。一开始株行距较宽，一般为 5～6 m 或 5 m×8 m，亩植 17～22 株。用这种方式种植，因树冠形成较慢，结果及丰产均迟。树体高大，给采果、病虫害防治、修剪等工作带来困难，更无法进行疏花、疏果、套果等工作。树体营养生长与生殖生长的调节不易，大小年结果现象明显，单位面积产量较低（尤其是初产期）。其优点是早期有利于间作，以短养长，节省投资。现较少采用。

②适当密植。近年生产上多采取适当密植,一般亩植30~40株(平地4 m×5.5 m,坡地3.2 m×6 m),以取得早期产量和头3年的间作收益,提高经济效益。

③矮化密植。种植密度较大,株行距为3 m×4 m或3 m×5 m或3.5 m×4.5 m,亩植55株或44株或42株,从定植当年起即培养矮化树形,采果后进行回缩修剪,以求早结果、早丰产(台湾推荐荔枝种植密度为3 m×3 m,亩植74株。广东叶钦海种植的妃子笑每亩100株,连续10年丰产,投产第6年亩产高达2 600 kg,一般年份均在1 000 kg左右,已充分体现了密植的丰产潜力)。到中、后期根据树势情况可适当疏伐,保持植株正常生长和获得稳定的产量。此法的优点:早结果、早丰产,单位面积产量高,树体矮小便于采果、病虫害防治、应用保护罩抗衡花期低温阴雨,便于采用采后修剪、疏花、疏果、套果等先进技术。缺点:投资较大,间作期短,荔枝栽培技术要求较高。

要密植,必须通过早结果才能控制树冠。可通过回缩修剪,配合水肥的及时灌施,培养优良的结果母枝,采用环剥、环割、促花等措施,使定植后2~3年就结果投产。

(2)植期

荔枝的定植时期,对成活率影响很大。通常以春植为好(最好是2—4月份),这时气温不高,又常有小雨,日照不强,蒸发量较低,有利于定植成活。植后随即气温回升,有利于苗木发根抽芽。用带土团的苗木也可以夏植或秋植,但必须做好遮阴、防晒、防热工作。秋植时间不能太迟,应在10月中旬结束,因为刚种植的幼苗进入旱季易死亡。

(3)定植方法

荔枝根系嫩脆易断,在挖苗、运苗过程中都应尽量少伤根,并带泥团,用塑料袋包扎。最好将带有泥团的芽接苗放在荫棚下集中假植,用沙将泥团埋往1/3~1/2,每天淋水1~2次,待开始长新根时才将袋装苗种到大田。种植时,苗木叶片必须老熟,未老熟的叶片应剪去,将包装袋撕开拿掉。小心填土,用手从四周向根部轻轻压实,忌大力踩踏造成泥团松散断根,否则就一定会死苗。栽植深度以"根颈"部位微露于表土为宜,再用些表土盖没根系,并将植株周围泥土筑成碟形土墩,利于以后淋水、施肥。植后立即淋足定根水,树干周围50 cm穴面盖草保湿。如夏、秋季气温高,植后应立即用树枝或芒萁插在苗木周围遮阴。

(4)植后管理

植后1个月内要每2~3 d淋水一次,保持土壤湿润。以后可5~7 d淋水一次,直至新梢抽发则为成活。雨天开沟排除积水,以防烂根。

要经常检查并修除砧木上的不定芽。对苗尖端因失水而至干枯者应及时剪去干枯部,直至绿色活组织部位,以防止苗顶继续缩水干枯导致全株死亡;已死亡的要及时补植。

注意病虫害防治,如发现有金龟子、卷叶虫、白蚁等害虫时,要及时施药灭虫。

栽后已成活的植株可施稀薄水肥或在叶面施喷施0.1%的尿素溶液,促使新梢萌发。

11.2.3 荔枝园的管理

1)幼龄树的管理

荔枝从定植到进入经济结果期,管理粗放者可拖至5~7年。如加强栽培管理和病虫害防治,则可在定植后第3年就进入有经济效益的开花结果期。

这时期的特点是生长旺盛,枝梢发生次数多,根系分布浅,抗逆能力弱。开始具有开花结果能力,但坐果率低。这时期的管理任务是,扩大根系生长范围,使植株旺盛地进行营养生长,大量抽生健壮、分布均匀的枝梢,形成良好的树冠骨架,为早结丰产打好基础。

荔枝树大部分种在丘陵、坡地,这些土壤通常有机质含量较少、土层较浅,保水保肥能力差,如不注意土壤管理,荔枝的生长发育将受到严重影响。

(1)地面管理

①树冠下的土壤管理。荔枝幼龄树的根系较少,生长弱,而且具有与某种真菌共生的菌根,菌根的生长要求具有比较通气的土壤环境。因此,荔枝树冠下树干周围土壤必须肥沃疏松,富含有机质,才有利于菌根的形成和根系的迅速发育。所以,树冠下的土壤要及时松土,多施有机肥,地面覆盖,防止板结。

②树盘外的土壤管理。幼龄期的荔枝园,为了增加经济收入,行间应间作短期作物(蔬菜、豆科绿肥等矮生作物),结合间作进行多次的施肥、灌溉、松土,并将间作物收获后的茎秆和绿肥翻入土中,增加有机质、改良土壤。植后第二三年,必须有计划地把树盘外围的土壤进行改良。具体做法:秋、冬季时,在原植穴外挖深50 cm、宽40~50 cm的沟,每株每年压入100 kg左右的杂草、树叶或绿肥,加1.5 cm过磷酸钙,上面再盖土。挖压青施肥沟时,第一次在苗木的东、西侧挖,第二次在苗木的南、北侧挖,或者沿树冠外围挖一圆圈。

③肥水管理。定植后1~2年生幼树的肥水管理,能促发根群和枝梢总叶面积。定植成活后的荔枝幼树根系少而弱,吸收力也弱,因此不宜大肥大水。施肥以腐熟优质,以氮为主配合少量磷、钾肥,少而精,勤施薄施为原则。定植当年的幼树可以每月施稀薄的肥水1~2次。第二三年以增加根量,促梢、壮梢为主。每次枝梢顶芽萌动就施一次以氮肥为主的速效肥,促使新梢迅速生长;叶片由红转绿时施第2次肥,促使枝梢迅速转绿,提高光合效能,积累营养物质。也可在新梢转绿之后再施一次肥,以加速新梢老熟,缩短梢期。

施肥量,第一年每株每次可施尿素20 g左右,或施复合肥30 g左右,或在稀薄的人粪尿中每担加入尿素200~250 g或磷钾肥,每年每株1~2 kg。从第二年起,施肥量应逐步提高,在前一年的基础上增加50%~60%。施肥的方法:第一年幼树最好将化肥溶于水中,在树盘内泼施;第二年以后可在树冠外围土壤上开浅沟施,施后盖土;干旱时要及时灌水。

叶片对肥料的吸收快,吸收率高,因此,可在新梢转绿后进行根外施肥,以0.2%尿素、0.3%~0.5%的磷酸二氢钾喷洒叶片,能促使枝梢迅速老熟。但使用浓度应特别注意,浓度过高易灼伤叶片。高温干旱时,应适当降低浓度。幼龄荔枝树根系弱,分布浅,易受表土水分变化的影响,在高温干旱的情况下,如土壤水分过少,将抑制枝梢的萌发生长,甚至植株枯死。因此,旱季应注意灌溉保湿;雨季则要注意排除积水。

④除草、松土。荔枝菌根好气,除草、松土有助于土壤疏松通气,能促进根系的发育。幼龄树可结合间作物的管理进行除草松土。夏、秋季高温多雨,杂草生长快,土壤也易板结,除草松土次数宜多;冬、春气温低,干旱,杂草生长慢,除草松土次数宜少。

幼树根浅,因此,在根际范围内松土应浅,以8~10 cm为宜,根际范围以外可深至15 cm左右。

⑤间作。荔枝幼龄期行间间种短期矮生作物,可充分利用土地,以短养长,增加收益,

并可抑制杂草,防止水土流失。间作物的茎叶可做施肥和盖草材料,改良土壤。但切忌种植高秆作物、攀缘作物和吸肥力很强的作物,以免争夺荔枝的养分、水分和阳光。间作应加强施肥、灌溉,以提高地力。

⑥覆盖。覆盖可以减少蒸发,保持土壤湿润,调节土温,夏季降温,冬季保暖,有利于根系的生长;可抑制杂草生长,减少除草用工;盖草腐烂后能增加土壤有机质,从而改良土壤。

a. 死覆盖:一般用杂草、树叶、间作物茎秆等覆盖树盘(离开荔枝苗树干15 cm,以防白蚁),或使用黑色农用塑料薄膜覆盖。

b. 活覆盖:在行间间种绿肥,旱季时割下作为死覆盖。

(2)树冠管理

幼年荔枝树树冠管理的目的:根据荔枝的生长特性和当地的外界环境条件,通过各种各样的农业技术措施,控制和促进树冠的迅速扩大、分枝数增多、枝梢生长健壮,从而造就主枝和侧枝分布均匀、骨架结构坚固、矮生而又密集的树冠,为早结、丰产、稳产打下良好的基础。

①整形。树冠表面结果是荔枝结果的主要特性,丰产型的树冠多为半圆球形或圆锥形。从种植当年起,就要注意培养矮干、有3~4条主枝的半圆球形树冠。主干的高度为30~60 cm(分枝短的品种30 cm,分枝下垂的品种60 cm,密植园可矮些,疏植园可高些)。当主杆高30~60 cm时即摘(截)顶,促使分出3~4条方位分布均匀的一级分枝(主枝);一级分枝长40~50 cm时再摘(截)顶,促使分出2~3条二级分枝(副主枝),其中前端一条不截顶,使其向外延伸,其下2条再摘(截),形成三级分枝(侧枝);主枝和许多大侧枝构成树冠的骨架,故称为"骨干枝"。三级分枝再摘(截)顶,分生四级分枝。如此再进行2~3次,形成紧凑的树形,增加结果母枝的数量。主枝与副主枝的分枝角度如果过小(小于45°),可用拉绳或吊石的办法调整。通过人工控制,使荔枝树形成开张的半圆球形树冠。

骨干枝的培养,必须从幼苗期开始做起,否则对树体的结构、树势的发育和结果都有一定的影响。特别是枝条疏而长的品种,如三月红、妃子笑等品种,必须在幼龄期做好树形的培养。

②修剪。过去,对幼年荔枝树很少进行修剪,因此树冠凌乱,枝条过多过细,病虫害严重,生势衰弱。应在每年的冬季进行一次修剪,将过密的阴枝、交叉枝、重叠枝、病虫枝、弱枝、枯枝剪掉,使养分有效地用于扩大树冠,并使树冠内通风透光,减少病虫害。每次新梢老熟后而下一次新梢未萌发之前,把生长过旺的徒长枝、直立枝留20~30 cm进行短截。

幼树的修剪要注意树冠均衡,不要一边高一边低,或一边宽一边窄。若骨干枝间强弱差异较大的,可抑强扶弱。

幼树修剪的原则:宜轻不宜重,宜少不宜多,可剪可不剪的枝条暂时保留。注意多剪上少剪下,多剪下少剪内,避免把内腔枝和下垂枝剪光,而形成表面结果的壳形树冠。修剪时期应在新梢萌发前进行。

2)结果树的管理

(1)结果树管理的总体原则

对荔枝结果树的科学管理,首先要重视土壤管理,创造一个有利于荔枝根系生长发育所要求的土壤生态环境,使根系发育旺盛,吸收能力强,保证结果树地上部能正常开花结果。其次是要合理地进行树冠管理,根据荔枝生长发育的规律,调节营养生长和生殖生长的关系,使结果树在入冬后具有健壮而成熟的枝梢,积累充足的营养物质,以保证形成花芽开花结果。

①幼年结果树的管理特点。刚进入结果期的幼年荔枝树,虽能开花结果,但生长仍占主导地位。由于不断生长,消耗养分较多,难以形成花芽,雌花比率低,花期早而短,坐果较难。因此,要控制营养生长,增加树体有机物质的积累。

在栽培措施上要做到如下几条。

a. 施肥要减少氮肥比例,增施磷、钾肥,控制枝梢生长过旺,提高枝梢质量。

b. 一般培养二次秋梢,并促进末次秋梢及早老熟,累积营养物质。

c. 末次梢老熟后,抑制其生长,促进花芽分化。

d. 修剪宜轻。

②成年结果树的管理特点。成年结果树,生殖生长占优势,是开花结果最旺盛的时期。往往因结果太多,大量消耗树体营养,根系吸收能力又减弱,导致枝梢生长衰弱,甚至不能萌发生长新的秋梢结果母枝,使下一年度不能开花结果。因此,要防止开花结果期树体的过分消耗,调节好营养生长与生殖生长的关系。

在栽培措施上要做到如下几条。

a. 枝梢生长和结果期,要及时供给充足的营养。氮、磷、钾肥并重。

b. 多施有机肥,深耕改土,注意排水,改善土壤环境,有计划地更新根系,提高根系的吸收能力。

c. 喷施叶面肥,及时补充树体养分的消耗。要配施适量的微量元素。

d. 修剪宜重,通过修剪促发新梢,并调控秋梢结果母枝老熟的最佳时间。

③老年结果树的管理特点。老年结果树,新梢生长量少而弱,枝条枯死逐年增多,新根少,根系衰弱,结果量明显下降。如管理不当,很容易发生隔年结果或隔几年才结一次果的现象。因此,既要促梢,也要促花、保果。

在栽培措施上要做到如下几条。

a. 通过换土、改土、松土和施肥,多施有机肥,创造有利于根系活动的土壤环境。

b. 提高氮肥比例,促进新梢生长。

c. 在加强肥水管理的基础上,对树冠进行更新修剪,促进发生强壮的更新枝。

(2)结果树的土壤管理

①施肥。荔枝对肥料的要求较高,不同的树龄、品种、生势及土壤肥力的不同,施肥量、种类也有所差异。施肥水平高,丰产、稳产,大小年结果现象不突出;施肥水平低,营养生长与生殖生长失调,有的树势过旺,只长枝叶不结果,或当年开花结果过多,大小年结果现象突出,树势过早衰老。

缺营养元素将造成如下几种生理病害:缺钾,叶片淡绿,叶尖端最先出现灰白色枯斑,枯斑渐渐延及叶边缘与老叶基部,根量减少,果实糖度降低。缺氮,枝梢不能及时抽出,或生长量少,老叶发黄,叶小,叶缘扭曲,早落叶,根系少、生长差。缺磷,老叶的叶尖、叶缘出现铜棕色枯斑,枯斑渐向中央主脉扩展,阻碍花芽分化和新根生长。缺钙,叶小,沿小叶边缘出现枯斑,叶边扭曲,根系生长不良,量少,更甚者新梢生长后即落叶。缺镁,叶片明显变小,小叶中脉两旁出现几乎平行分布的细小枯斑,严重时小斑连成斑块,根少。

适时施用适量肥料,是平衡营养生长与生殖生长、丰产稳产的关键。据科研测定,荔枝树每产50 kg鲜果,从土壤中吸收钾1.5 kg、氮0.5 kg、磷0.5 kg,肥料施后由于蒸发、流失、土壤固定等因素的影响,实际上供作物吸收、利用的仅有施肥量的1/4～1/3。一般全年内实际施肥量要比参考数据大2～3倍。所以,荔枝施肥要综合考虑,根据果园的实际情况,参照荔枝树对肥料的吸收、利用情况,灵活掌握,做到合理施肥。最好进行营养诊断,对症科学地施肥。

a. 肥料的种类。总的分为有机肥与无机肥两大类。随着制造工艺的改进,肥料的品种增加,市场上的肥料作用也不尽一致,如单元肥料、复合肥料、混合肥料及某种作物的专用肥等,其作用和效果不同,在施用时,需根据实际情况选用。但都应本着有机与无机结合,以有机为主;避免单一施用无机肥,造成土壤板结。

荔枝需要硼、锰、镁、钙、铁、铜、钼等微量元素,是其正常生长发育所不可缺少的。一般多施有机肥均可满足其需要,必要时可通过根外追肥给予补充。

b. 施肥时间。荔枝结果树,一般每年施肥2～3次,也有多达7～8次者。不论施肥次数多少,大体上均是围绕着促梢、促花、保果、壮果等几个关键时期进行,施肥量和种类也有差异。据荔枝生产经验,大致分3次施肥。

第一次,促花肥。其作用是增强树体的抗逆能力,促花壮花,提高坐果率。此次肥施得适时,可促进花芽分化,抽生健壮花穗;若施肥不适时,则将促使冬梢抽出。因此,要根据具体情况决定施肥的迟早,才能获得好的效果。如早熟种应早施,在"冬至"至"小寒"施,最迟不得迟于"大寒";中、迟熟品种应迟施,在"大寒"至"雨水"施。天气回暖早、雨水多,青年树和生势壮旺的中龄树早施肥会促使新梢生长,更难成花,应在看到结果母枝上有"白点"(花蕾)出现时才施肥;反之,树弱或天气冷则可早施。

本次施肥量,以结果100 kg的树计,施尿素0.7 kg、过磷酸钙0.7 kg、氯化钾0.4～0.5 kg。冬季撒施石灰,是近年来研究并经实践证明能促进成花、提高坐果率的有效途径,在末次秋梢老熟后,每株施熟石灰1.5～2 kg。

第二次,壮果肥。其作用是及时补充开花时的营养消耗,保果、壮果,增进品质,提高当年产量和为秋梢萌发打下良好基础。谢花后至第一次生理落果期(幼果似绿豆大时)施用。花量大的应早施,花量少的宜迟施。树体壮旺者可不施。

这次施肥以钾肥为主,按结果100 kg的树计,施尿素0.7 kg、过磷酸钙0.5 kg、氯化钾1.5 kg。但若叶色淡、树势弱,则应注意提高氮肥用量,否则,当年丰产后,秋梢将难以及时抽出。

第三次,促梢肥(采果前、后肥)。其作用是恢复树势,促发秋梢,培养健壮结果母枝。这次肥很重要,与次年能否开花结果有直接的关系。若施肥及时,秋梢适时抽出,有利于花芽分化;若施肥不及时,秋梢萌发太迟或成为冬梢,次年则无花或少花。这次肥一般以氮肥为主。

老树、弱树或结果过多的中龄树,应在采果前、后半个月内各施一次肥,以加速树体恢复,促使其在"寒露"至"秋分"抽秋梢结果母枝。早熟品种应在采果前半个月施肥。中、迟

熟品种的幼树和中龄未结果的树,以第二次秋梢作为次年结果母枝者,也应在采果前半个月施肥;中、迟熟品种的中龄、老龄树则可在采果后半个月,结合松土、修剪进行施肥,以免秋梢萌发过早,后期再萌发冬梢。

本次施肥量,青年树、树势壮旺树、未结果的中龄树,施肥量少;果多或树弱者应增加施肥量。以树势中等每结 100 kg 果的树计,约施尿素 1.5 kg、过磷酸钙 0.4 kg、氯化钾 0.5 kg。

全年 3 次化肥施用总量,以收获 100 kg 果计,共施尿素 2.9 kg、过磷酸钙 1.6 kg、氯化钾 2.4～2.5 kg。

有机肥着重在冬末春初开花前,结合施促花肥施用。这次施有机肥非常重要,无论是什么品种的荔枝都是必要的。每株施厩肥 25～50 kg(根据树龄大小、树势强弱,结果多少等情况调节)。宜在树冠滴水线开沟,氮肥、钾肥浅施(5～10 cm),磷肥、有机肥深施(30～50 cm),施后盖土。

为了促进新梢加快老熟或补充幼果所需养分,在每次新梢转绿后,进行根外追肥效果都很好。一般使用尿素 0.3%、磷酸二氢钾 0.3%、氯化镁 0.05% 的混合液喷洒叶面。花穗发育初期出现花原基(小白点)时,施用尿素 0.2%、磷酸二氢钾 0.2%、硼砂 0.05% 根外追肥。根外追肥的浓度,在高温期、嫩叶、花蕾和幼果等时期浓度宜低一些,以免产生肥害。

②中耕、除草、培土。荔枝根系庞大,并与真菌共生而成为菌根。菌根的生长要求土壤通气性好,故中耕、除草工作很重要。起灭草松土,通气保湿,加速有机质分解,促发新根,提高根系吸收能力。

第一次中耕除草,在采果前或采果后结合施肥进行,促发新根,加速树势恢复,使其及时萌发健壮秋梢。一般以深 10～15 cm 为宜,如过深,伤根过多,影响树势,推迟新梢萌发。

第二次中耕除草,在末次秋梢结果母枝老熟后进行。此次切断部分吸收根,抑制冬梢萌发,深度可为 15～20 cm。

第三次中耕除草,在开花前约一个月进行,促使新根生长,以利壮花壮果。此次深度宜浅,不超过 10 cm。

水土流失严重的荔枝园,应在树盘内培土,用肥沃表土、塘泥、垃圾等铺盖在树冠下面,可起防旱保湿、抑制杂草、增加肥料、促进新根生长的作用。

③灌溉、排水。荔枝不同的生长发育期,对水分的要求不同。如在花芽分化期、开花期遇到长时间的阴雨,开花期和果实生长发育期遇到干旱,果实成熟期遇骤雨、暴雨等,都会导致不良效果。因此,在秋梢老熟后,果园要停止灌溉,以抑制冬梢的萌发;开花期和小果期遇到干旱则要进行灌溉,防止落花落果;果实发育的中、后期,如遇干旱后进行灌溉,防止裂果;如遇暴雨要及时排水。

(3)结果树的树冠管理

①促使及时萌发健壮的秋梢结果母枝。荔枝以秋梢作为主要结果母枝,采果后能否及时萌发生长足量健壮的秋梢结果母枝,与连年丰产、稳产,防止出现大小年结果现象有直接关系。过早的秋梢易发生冬梢,即使不发冬梢,但由于营养积累丰富,形成大花穗、大花量,雄花多、雌花少,开花时消耗树体大量养分,也会降低坐果率;抽太迟则营养不足,不能成花。

结果母枝必须具备的条件。

a. 长度。早熟品种或枝条疏而长的品种,如三月红、妃子笑,大丁香(海垦 1 号)等,一次梢以 15～20 cm、二次梢总长 20～25 cm 为佳。中、迟熟品种第一次梢以 12～18 cm、第二次梢总长 18～22 cm 为佳。

b. 粗度。要求枝梢中部粗度达 0.4 cm 以上。

c. 末次梢的单叶有 30 片以上,两次梢单叶总数在 50 片以上,叶色以绿蜡黄色为好。

d. 老熟后不再萌发冬梢。

为了达到上述要求,必须通过施肥、灌水、修剪等措施,使秋梢适时萌发。不同的品种、同一品种不同生长发育阶段的荔枝树,其最理想的秋梢结果母枝萌发的生长期也略有不同。

②严格控制冬梢。冬梢是指 11—1 月抽出的营养枝梢。荔枝如大量萌发冬梢,就不可能再形成花芽,虽在有低温的冬天,也只能形成少量的梢上花,成花和结果都不可靠,不能成为良好的结果母枝。所以,必须严格控制冬梢的萌发。

控制冬梢的措施如下。

a. 适时放秋梢。如能按照不同类型的荔枝树,适时、大量地促使秋梢结果母枝的萌发生长,就可以避免再长冬梢。这是最理想、最根本的措施。

b. 树势壮旺,叶色浓绿的植株,特别是当年没有结果的植株,由于营养生长占优势,不利花芽分化,应在末次秋梢老熟之后(10—11 月),对荔枝园进行全面的深耕松土,深耕 20～30 cm,或在树冠外围土层挖 30～50 cm 深的深沟,切断部分吸收根,晒 2～3 周,然后填入有机肥或表土。此举既可抑制根系吸收,又起到了深翻改土作用。但深耕断根法,只宜在青壮年树上进行,老弱树不宜采用。秋梢结果母枝老熟后,果园不能灌溉。

c. 药物控制。如秋梢结果母枝萌发生长过早,估计还会萌发冬梢。可在秋梢结果母枝转绿后,使用乙烯利、比久、青鲜素、荔枝促花素、荔枝花果灵等药物喷洒树冠。喷 1～2 次(喷 2 次的相隔 20 d 左右)。

乙烯利:既可杀死嫩梢,使冬梢落叶,减少养分消耗;又可促进花芽分化,增加雌花比例。当末次秋梢老熟后,冬梢萌芽或 2～3 cm 时,时间在 11 月上旬前后,可用 250～500 μg/mL 乙烯利+800～1 000 μg/mL 比久或青鲜素喷洒树冠(如冬梢控不住,可隔 20～30 d 再喷一次)。

比久:该药物主要抑制顶端分生组织细胞分裂和生长,有抑制枝梢生长和促进花芽分化等作用。一般单独使用浓度为 1 000 μg/mL。如与乙烯利混合使用,则比久浓度为 800 μg/mL 即可。

青鲜素:此药物可抑制新梢生长,促进枝梢成熟。一般使用浓度为 1 000～1 200 μg/mL,在冬梢小叶尚未展开时喷用。如与乙烯利混合使用,浓度为 800～1 000 μg/mL。

d. 环割。此举可控制光合作用产物向下运输,使枝梢积累丰富的营养物质,有利于花芽分化。环割时间,应在末次秋梢结果母枝接近老熟时进行。在主干或直径 5 cm 以上的骨干枝上,用刀刃薄而锋利的小刀环状切割,深达木质部,环割 2～3 圈(初结果幼树可环割 3 圈,中龄树环割 2 圈),圈距 5～10 cm。老弱树不宜环割,以免影响树势。

e. 人工摘除冬梢。在矮化荔枝园或幼龄树,如萌发、生长冬梢,最好人工摘除,虽多花劳力,但安全可靠。应在枝梢 8 cm 以下时,及时摘除或短截。短截程度依冬梢抽出时间迟早而定,11 月中、下旬抽出的冬梢,可全部摘除,在新、旧梢交界处下方剪断,促使秋梢顶端侧芽分化成花;12 月上、中旬抽出的冬梢,短截时宜留基部 1.5～2 cm,以利于残梢侧芽分化成花枝。

f. 药剂杀梢。如已经萌发了冬梢,而树体高大不便于人工摘除冬梢的情况下,可以在冬梢生长至 5～10 cm、刚展叶时,用 500～600 μg/mL 乙烯利喷洒嫩梢,能有效地杀死冬梢。但要严格控制乙烯利浓度和喷药量,否则老叶脱落,不能进行花芽分化。

③合理修剪。修剪对于调整新梢的萌发时间、数量、质量都能起到重要作用。

结果树的修剪有两次。一次是采果后的回缩修剪或疏删修剪,强度较大;另一次是冬季修剪,强度较轻。

a. 回缩修剪。这种方法适于矮化密植栽培的果园采用,一般在采果后半个月至一个月内进行。回缩修剪的强度较大,但通过回缩修剪,可以控制树冠高度和冠幅不再继续增长,使其相对定型在一定大小体积,并能更新树冠,增强树势适时萌发新梢,有利于开花结果。

不同品种、不同树龄的荔枝因修剪后的复生能力的强弱不同,回缩修剪的强度也不同。如复生能力强的妃子笑、三月红等的青、壮年树,可把整株树的枝条和叶片除去 5/6,留下 1/6 作为覆盖,防止暴晒。回缩的深度,大体上是剪除从末次梢起倒数第二或第三次枝梢。对于白糖罂等生势较弱的品种,采果后应进行较轻的回缩修剪,即在采果后把大部分结果母枝剪去,只留基部几个叶片,部分枝条剪到结果母枝的基梢。一般在树冠的外围剪去 20～30 cm 为宜。根据树势情况,如树势好,隔 1～2 年可进行一次强回缩修剪(可参照妃子笑的修剪方法)。

回缩修剪必须在肥水充足的情况下进行,应保持树势壮旺,这样修剪后才能及时萌发新梢。回缩修剪要注意以下问题。

修剪时间,一般在施促梢肥后一个月才进行。如树势弱或结果过多的树,要待施促梢肥后树势稍恢复才能修剪。同时,要考虑回缩当年放几次梢,从而掌握适当的回缩修剪时间。

强度回缩修剪的树,需留下一定数量的枝条保护树干(留 1/6 左右的枝条并分布均匀),留下的枝条等回缩修剪枝抽出的新梢开始转绿时才剪掉。

回缩修剪后,要及时修芽,每个剪口下只留 1～2 条健壮新梢。

b. 疏删修剪。此法适用于稀植、管理较粗放的果园。采果后疏去过多大枝、衰老枝、细弱枝、下垂枝、过密枝、干枯枝、病虫枝,减少了过多的分枝,增强整体的功能,利于果树抽枝、开花结果。

c. 冬季修剪。在 11—12 月进行一次冬剪,强度要轻,只剪去密集小枝、阴枝、重叠枝、徒长枝、病虫枝等,使枝冠通风透光。修剪下的枝条清出果园,集中烧毁。树冠喷一次 0.6～0.8 波美度的石硫合剂水溶液。用 5 kg 生石灰、2 kg 硫黄粉、40 kg 清水混合而成的涂白剂,将 1 m 以下的树干涂白。

d. 更新修剪。此法适于老龄树。在主枝或副主枝上重截,发枝后疏去过多枝条,1～2 年即可形成完整的树冠。此法在春季 1—2 月进行为好。

④调控花期和花量。荔枝的花期迟早、长短、花量多少,可通过栽培技术调控树体的生长发育,使花期提前或推迟,尽量避过不良天气对授粉受精的影响;通过调控,使花量适中,

雌花增大比例,提高坐果率。

调控花期和花量的主要措施如下。

a.调控秋梢结果母枝健壮而适时地萌发,可在一定程度上调控花期的迟早。一般早老熟的结果母枝比迟老熟的结果母枝花芽分化较早,花期相对提前。适时而健壮的花穗,花穗短、雌花比率高。

b.根据气象部门的中长期天气预报和当地每年的气象规律,如推算到花期将遇到连续低温阴雨天气,可在始花前短截花穗或喷药控穗。

● 短截花穗:短花穗品种,在花穗长5~10 cm时摘除顶部,约为穗长的1/3,促使抽生侧穗,可推迟花期7~10 d;如是长花穗品种,则在花穗长10 cm以上时摘除顶部,保留8~10 cm以下长度,花量减少,养分集中,花期相应提早,雌花增多。

● 药物控穗:海南省中部和北部地区,荔枝花期往往碰上连续多天的低温阴雨天气。根据澄迈县桥头镇王廷标同志的经验,可将盛花期推迟到"清明"前后,即可避过不良天气的影响。那么,最后一次控梢药就应在"冬至"前后喷药,在"立春"期间现蕾,雌花盛期就会在"清明"前后出现。琼山市红明农场吴坤林同志的经验则是,当妃子笑花穗抽出5 cm左右时,用400 μg/mL乙烯利加1 000 μg/mL青鲜素喷洒花穗,控制花穗长度在10 cm左右。当花穗控短后,及时疏除弱花穗和过密的侧穗,最后开成短状花穗。这样的花穗成花后由于消耗养分不大,保留了较多的养分,能促进花朵良好发育,提高坐果率。而且,一旦受不良气候影响落花后,仍有足够养分再次抽花穗。如1996年2月受连续低温阴雨影响,第二批花脱落后,隔10 d左右又抽第三批花穗,而且获得丰产。

⑤授粉与保花、保果。荔枝因为自身内部多种原因及开花期受外界环境多种因素的影响,单穗坐果率常常偏低,一般只有2%~12%,高低相差6倍以上,可见提高坐果率,生产潜力很大。因而采取多种措施"保花、保果",是让荔枝丰产增值的重要手段之一。

a.花期放蜂。放蜂授粉是最经济、最有效的提高雌花受精率的办法。每亩荔枝园放2~3群蜜蜂,有利于荔枝的传粉受精,坐果增产。据科研观察,放蜂荔枝园的产量比对照(无蜂区)提高坐果率3倍。放蜂期间,果园应停止喷药,防止蜜蜂中毒。

b.人工辅助授粉。在缺乏蜜蜂的地方或遇上花期阴雨,可以用人工喷洒花粉液的方法进行授粉。当荔枝雄花盛开时,用湿毛巾在盛开雄花的花穗上来回轻轻摆动,黏附花粉,然后把花粉洗入含有5%蔗糖和0.05%硼砂混合液中,制成花粉悬浮液,立即喷洒于盛开的雌花上。也可在上午9—12时,在树冠下铺塑料薄膜,轻摇树枝,使盛开的雄花或花粉跌落在薄膜上。收集后清除枝叶杂物,在室内晾干,使用时将花粉放入上述混合液中搅拌,过滤杂质即可喷用。

人工辅助授粉时间,气温高时最好在上午7—9时进行,气温低时则在中午进行较好。

c.搭防护棚。为了使荔枝树在遇到连续低温阴雨的不利天气下能正常开花授粉,而不采取推迟花期的措施,使果实能按照该品种的正常情况下的熟期采收,应建立防护棚架。开花时如遇到阴雨,用透明塑料薄膜将荔枝树罩起来,花期过后将塑料罩收回。棚架竖柱可用6分镀锌小水管,上面的横架可用塑料管,整个果园棚架连成一体,上面铺设透明塑料薄膜,用活动铁夹夹住,不用时可撤下来。

在连通防护棚罩内,荔枝可正常开花,蜜蜂也可传粉,再加上人工辅助授粉措施,可顺利完成荔枝树的授粉受精过程,确保丰产稳产。

d. 雨后摇花。在未设防护棚罩的情况下,如花期阴雨连绵,影响花的发育,花药不能裂开,甚至造成雌、雄花烂花、落花。故雨后要立即摇动树枝,抖落水点,以加速花朵风干,防止沤花。

e. 旱天喷水。花期如遇旱或吹西南风,空气干燥,蒸发量大,花蜜浓度高,有碍昆虫传粉,雌花柱头也易凋萎。可在上午 8—10 时喷水于树冠,稀释花蜜,增加空气湿度。

f. 根外追肥。开花前 10~15 d,根外追肥与防虫防落果一并进行,向叶面喷洒综合液(每 100 kg 水中配入尿素 5 kg、磷酸二氢钾 0.2 kg、多菌灵 0.25 kg、杀灭菊酯 20 mL、美曲膦酯 0.1~0.3 kg)。

短花穗于雌花盛开后 2~3 d,长花穗于雌花盛开后的 7~8 d,往叶面喷施 3 种成分的混合液,每 100 kg 水配入保果灵(按说明用)尿素 0.2 kg、磷酸二氢钾 0.1 kg 等。

雌花盛开后 10~12 d,在幼果并粒期向叶面喷施混合液:100 kg 水配入尿素 0.3 kg、磷酸二氢钾 0.1 kg、安绿宝 40 mL、杀虫脒 0.25 kg、美曲膦酯 0.2 kg、百菌清 0.2 kg。

雌花盛开后 16~18 d,在种胚败育落果前,往叶面喷施混合液,每 100 kg 水配入尿素 0.5 kg、磷酸二氢钾 0.2 kg、硫酸镁 0.1 kg、保果灵(按说明用)等。

雌花盛开后 40~45 d,在第 3 次生理落果前,往叶面喷施混合液,每 100 kg 配入尿素 0.5 kg、磷酸二氢钾 0.3 kg、增产灵 3 g(用含碱开水溶化此药)、美曲膦酯 0.3 kg 等,并按说明加入保果灵。花后 35~45 d,也可喷洒荔枝保果灵一次。

采前多阴雨及挂果累累的年份,在果穗下垂勾头期前,要喷一次 0.1%~0.15% 的甲霜灵,防霜疫霉病。

采果前 20 d 左右,在果皮转色时喷混合液,每 100 kg 水配入尿素 0.5 kg、磷酸二氢钾 0.3 kg、"九二〇" 1 g、杀灭菊酯 60 mL,治虫催果。"九二〇" 催果效果好,采前喷 200 μg/mL "九二〇",可增产 25%~25%。

g. 环割保果。幼旺树在谢花后 7~10 d 进行一次环割,隔 30 d 再进行一次环割(每次只环割一刀)。可获得较好的保果效果,但要做到全面割断皮层而不伤木质部,并保持开花后果实发育阶段已割断的树皮不愈合(若伤口愈合,落果严重),可适时在原割口补刀,使伤口逐渐愈合。这样,既可达到保果的效果,又可为采果后恢复树势作好准备。

h. 防治裂果。有些品种易裂果,造成很大的经济损失。裂果的发生是多方面因素综合作用的结果,搞好水分调控和栽培管理是减少裂果发生的根本途径。保果防裂素只能在一定程度上减少裂果,它的应用必须建立在综合措施的基础上。

● 加强栽培管理。着眼于土壤管理和施用有机肥,以培养强大的根系,提高对逆境的抵抗能力,增强土壤的透水性和保水能力,改善土壤结构。通过合理修剪和调整挂果量,保持适当的叶果比(结果母枝叶果比为 4∶1),保证果实避免直接受晒,保证有适当的叶片进行蒸腾作用。以上措施都能减少裂果的损失。

保持均衡的土壤水分供应,在高温干旱期间进行树盘覆盖,及时灌溉,防止果皮和果肉发育受阻;在多雨季节,及时排水,避免积水,雨后人工摇动残留在果面和枝叶上的雨水。

提倡生草法或带状栽培法(行间生草,行内清耕),以保持果园内具有较恒定的空气湿度,减少环境突变的影响。

施用石灰,改良土壤酸性,改善根际环境,并结合防病喷波尔多液,进行叶面补钙,可减少裂果。

喷保果防裂素(果宝牌荔枝保果防裂素或果裂灵)。

• 防治病虫害。病虫害侵染后,果皮破裂有了突破点,将大大加重裂果现象。故特别要防治好霜疫霉病。

i.套袋护果。有条件的果园,可在荔枝果实约五成熟时(果实基部开始转红),进行果穗套袋,既可防虫、防病,又可防蝙蝠;保湿降温,防止暴晒伤果;减少蒸发,增加(袋内)温度,促进果实成熟。可使用专门的果实袋、透明塑料薄膜袋或半透明的硫酸纸袋包扎,袋为圆筒形,长 30 ~ 40 cm、宽 20 ~ 25 cm(长宽按果穗长短、大小而定),其上打一些直径 0.5 cm 的小孔,套上果穗,上部束绑,下部略打开。套袋前先喷雾防虫防病农药。采果时,果和果实袋一起摘下。

11.2.4 荔枝主要病虫害及其防治

1)主要病害及其防治

为害荔枝的侵染性病害有十余种,尤其以霜疫霉病、酸腐病最普遍。

(1)霜疫霉病

①危害情况。本病主要危害接近成熟和成熟的果实,有时也为害青果、花穗或叶片。该病侵害果实,造成烂果、落果,病烂果无食用价值;侵害花穗,造成花腐落花,是出现大小年结果现象的原因之一。

②症状识别。发病初期,果实或花的表面产生褐色不规则病斑,随后迅速扩展、蔓延,致使全果或全花穗变为黑褐色。花穗枯萎但不脱落,果实则果肉腐烂脱落,渗出黄褐色酸臭汁液(在潮湿环境中表面会产生白色霜状霉层)。嫩叶受害时,先出现褐色小斑点,逐渐扩大成褐色不规则病斑,干枯脱落(潮湿环境中病叶也会产生白色霜霉层)。受害的老叶,通常多在中脉处断续变黑,沿着中脉出现少许褐斑。本病以中、迟熟荔枝品种发生较多。

③发病规律。本病由感染真菌所致。病原菌以卵孢子在土壤内或病残果皮、干枯花枝上越冬,翌年春,当外界环境条件适宜时,卵孢子萌发大量游动孢子并借风雨或昆虫传播。多雨潮湿是其重要的发病条件。在湿度大、气温为 22 ~ 25 ℃时,发病最重。25 ℃是入侵后扩展最适宜的温度,在 25 ℃的高温下,只要 5 min 便可完成入侵过程,并且入侵后的潜伏期只需 20 h,就可使果实发病。因此,在生产上,凡是已染病的果园,只要连续下雨几天,就会严重发病。枝叶繁茂、结果多、荫蔽度大的树冠发病重。天气晴朗时,已经染病的荔枝果实,直至采果时也不发病,但在贮运过程中,如环境湿度大,也会因病菌陆续扩展而致病,引起严重的烂果。

④防治方法。清洁果园。结合秋、冬季修剪,把剪下的干花穗、病烂果、病枝、过密枝和地上的枯枝落叶全部集中烧毁,减少传病来源。树冠上、地面下再喷布一次 0.3 ~ 0.5 波美度的石硫合剂,或喷洒 1 000 倍的瑞毒霉,进行一次消毒。

在曾经严重遭受此病的果园,在花蕾期和小果期,无论有否发现此病,都要喷一次瑞毒霉 1 000 倍液防病。在果实被害初期喷 300 倍的 40% 乙膦铝，或 800 倍的代森铵，或 1 000 倍的瑞毒霉，都有较好的治疗效果。

（2）酸腐病

①危害情况。荔枝果实成熟时，由于荔枝蝽象危害或采果时果皮破损，在贮运期间最易发生此病。

②症状识别。果皮上任何地方都可受到侵染，尤以蒂部为多。患部呈褐色斑点，病斑迅速扩大，致使全果变褐，外壳硬化，果肉腐化酸臭，酸水流出，病果上生长出白色真菌。被蒂蛀虫为害果实往往先在果蒂端发病，果皮开裂的先在裂口产生白霉。

③发病规律。本病由真菌引起，病源菌在土壤内、烂果中越冬，翌年荔枝果实成熟时，经风雨或昆虫传播而感染发病，并产生大量孢子再次侵染，病菌经伤口侵入。因而，各种裂果及虫果、伤果最易发病；另外，贮运期间遭受采收机械伤或虫伤的果实发病严重，并互相接触传染。

④防治方法。

a. 加强对荔枝蝽象和果蛀虫类的防治，减少果实破损，防止各种生理性裂果；采果时轻采轻放，果实妥善包装。

b. 在果实接近接成熟或生理裂果前，结合防治霜疫霉病进行喷药；贮运中以 1 000 μg/mL 双胍盐浸果较好。

（3）荔枝溃疡病（干癌病）

①危害情况。主要危害荔枝主干，轻则影响树势、叶片脱落，重者大枝或全枝枯死。此病在衰老的树上发生较多。

②症状识别。发病初期，树皮焦缩，并有凸起皱纹和纵裂。病部逐步扩大、加深，有的皮层翘起，削除病部表皮，可见密布小黑点。随着为害加剧，木质部变为褐色。

③防治方法。及时刮除病部或锯去病枝，伤口涂上石硫合剂。加强土、肥、水管理，促进病树复壮。

（4）荔枝炭疽病

①症状识别。荔枝的叶、枝、花、果均可被害。果实在成熟或近成熟时主要发生于基部，病斑圆形、褐色，边缘棕褐色，中央产生橙色粉质小粒，果肉变形腐败。花穗被害，花柄变褐，造成落花或幼果脱落。病菌也可侵入花朵，使其变褐干枯。为害小树时，其病部褐色，局部致死，上端的叶片干枯死亡。叶片染病常见两种类型：一种呈圆形褐色，中央有时色淡；另一种呈不规则形，多发生于叶尖端，褐色，后期变灰色。两种类型均可在病部产生许多小黑点。

②发病规律。本病由真菌感染所致。病菌主要以菌丝体在病枝叶、病烂果上越冬，翌年春季，病组织产生分生孢子，靠风雨及昆虫传播。高温高湿的天气发病较多；树势衰弱、组织幼嫩或近成熟的果实易染病。

③防治方法。

a. 冬季清园及喷药（与霜疫霉病相同）。

b. 加强管理，合理施肥，增施磷、钾肥，增强树势及树体抵抗力。

c. 喷 50% 甲基托布津可湿性粉剂 1 000 倍液或灭病威 400 倍液。

（5）地衣和苔藓

①症状及危害。这是低等菌藻植物，真菌和藻类的共生体。一种为灰白色（青灰色）平伏于枝干，荫蔽、湿润环境，管理不好的老荔枝园普遍发生；另一种为棕灰色，呈须根状寄生于枝干。二者都削弱树势，造成低产早衰，又是害虫和病菌匿藏繁殖的场所。幼树和旺产树、生势旺盛树发生较少；老龄树，土壤黏重、地势低洼潮湿、施肥不足、杂草丛生的荔枝园为害较重。

②防治方法。雨后先用竹片刮去大部分地衣苔藓，收集烧毁，立即喷药，可用1.5波美度的石硫合剂；或石灰1份、水2份酌加少量食盐混合涂树干；或喷1.5%硫酸亚铁；加强土、肥、水管理及修剪，恢复树势。

（6）烟煤病

①症状及危害。荔枝叶、果、枝梢表面初现小圆点，呈辐射状分布，渐现黑色霉层向四周扩展，且霉层增厚为烟煤状薄层，以手擦之，成片脱落（这些菌种则紧贴表皮不易剥离）。阻碍光合作用，并分泌毒素使寄主组织中毒，叶卷缩退绿脱落，削弱树势。

②发生规律。本病由真菌引起。由霉层分生孢子借风雨传播，以各种蚧类和粉虱分泌的蜜汁为营养腐生。因此，蚧类、粉虱等害虫的存在是烟煤病发生的先决条件。另外，栽培粗放、荫蔽潮湿、害虫严重的荔枝园也均有利于烟煤病的发生。

③防治方法。

a.消灭蚧类、粉虱等刺吸式口器害虫，结合治虫喷松脂合剂、柴油乳剂，即能兼治此病。

b.加强荔枝园管理，适当修剪，以利通风透光，增强树势。

c.发病初期喷0.5%石灰水或波尔多液或灭菌丹400倍液。

2）主要害虫及其防治

荔枝虫害非常严重，为害荔枝的害虫有60多种，主要有荔枝蝽象蒂蛀虫、卷叶蛾、荔枝尺蠖、瘿螨等。

（1）荔枝蝽象

①为害特征。荔枝蝽象是以成虫或若虫吸食荔枝树的嫩梢、花穗、果实的汁液造成危害，被害部出现褐色斑点，导致严重落花落果。这是造成荔枝坐果少、低产的诸因素中最重要的一个因素。虫体上有腺体分泌臭液，吐射在嫩梢、嫩叶、花穗及幼果上，会使局部焦枯而脱落，直接影响产量。臭液溅触人体皮肤有灼辣感，甚至溃烂。

②虫体识别要点。幼小若虫体色鲜红，虫龄渐增则虫体渐大，体色渐变成深蓝、红褐、黄褐色。因此，不同颜色、不同大小的盾状虫体都是不同虫龄的虫体。患病树的叶面上常见14粒排成一块的绿色虫卵。

③生活习性。一年一代，以性未成熟的成虫在树叶郁密处隐蔽越冬。春暖增温达16℃时，即开始活动。多集中在花多或嫩梢多的荔枝树上取食、交尾、产卵，此时是其抗药性最弱的时期，也是施药的最佳良机。3—4月大量产卵，5月第一龄若虫喜群集，且虫体弱小、抗药性差，也是施药的良机。二龄以后若虫逐渐分散，耐药性也增强，此时施药效果较差。

④防治方法。

a.冬季气温低于 10 ℃时,突然振动荔枝树枝条,虫体受惊落地,即可杀灭。

b.3—5 月产卵季节,检查叶背,摘下卵块,每摘一块即消灭 14 粒虫卵。

c.春暖气温回升,一龄若虫群集时喷 90% 美曲膦酯 600~800 倍液,即可杀灭。

d.用 3% 快杀敌 8 000~5 000 倍液(有效浓度为 3.75~6 μg/mL)喷杀,效果为 100%,而且成本低于使用美曲膦酯。

e.生物防治。在春天蝽象产卵初期,投放"平腹小蜂",利用该天敌,以虫治虫。每隔 10 d 投放一次,连续投放多次,每株大荔枝树放 600 头左右。另有蝽象菌也能寄生在蝽象虫体上,达到以菌治虫的目的。

(2)荔枝蒂蛀虫

①危害特征。为害果实、花穗和叶梢,整个取食期仅为蛀食性,不转移为害、不破孔排粪,为害状外表不明显。幼虫期 6~8 d,为害幼果时取食果核,导致落果;为害近成熟的果实时,一般只在果蒂内蛀食果柄,并排粪其中,造成"粪果",降低果实品质。果色由绿转红时是为害高峰期。采果后,幼虫钻蛀新梢及幼叶中脉或小叶柄,还可钻蛀花穗。

②虫体识别要点。成虫蛾体小、细长,仅长 4~5 cm,静止时两翅叠复体背,白色花纹相接呈"XX"字形,末端的橙黄色区有 3 个银白色光泽斑。触角细长,为体长的 2 倍。

③防治方法。

a.抑制冬梢,消灭越冬场所。

b.消除落叶、落果,集中烧毁,压低虫源脒。

c.雌花谢花后半个月喷杀虫脒 200 倍液,或 25% 杀虫双 350 倍液混 +90% 美曲膦酯 600 倍。

d.每萌发一次嫩梢前喷一次 4 000 倍 10% 氯氰菊酯或 2.5% 的溴氰菊酯。

生产上以幼果期(果腔种胚内含物从液态转化为固态时)和果实着色期为重点喷药时间。

(3)多种卷叶蛾

①危害特征。以幼虫蛀食荔枝的花穗、幼梢、嫩叶为害,坐果后也蛀食幼果,使幼果大量脱落,导致严重减产,甚至绝收。侵入孔上有虫粪,并附有丝状物。也为害其他果树和作物,是一种杂食性害虫。成虫昼伏夜出,有趋光性,产卵于叶上。初孵幼虫分散后,在果壳龟裂片缝间蛀食表皮,2 龄以后蛀入果核。老熟幼虫在蛀果内或附近杂草内化蛹。

②虫体识别要点。成虫蛾体长 7~8 mm,展翅 18 mm,翅面灰褐色,近外缘有一个三角形黑斑,三角形外边镶有灰白色边框。

③防治方法。

a.冬季清园,修剪病虫枝、叶,铲除杂草,减少越冬虫数。

b.于谢花后至幼果期喷速灭杀丁 2 000 倍或 90% 美曲膦酯(加 0.2% 洗衣粉)800 倍,或青虫菌 1 000 倍(加 0.2% 洗衣粉)。每隔 7~10 d 喷一次,共喷 2~3 次。

c.于卷叶蛾产卵初期,放松毛赤眼蜂进行生物防治。

d.开花期和小果生长期,利用成虫的趋光性进行灯光诱杀。

（4）荔枝小灰蝶

①危害特征。不危害叶片，主要危害果实，一头幼虫能蛀食 2～12 个荔枝果，初害果不脱落，受害果孔口较大、圆形，边缘光滑整齐，孔口多向地面，虫粪直接从孔口落地。有在夜间虫转果的习性，但当果肉盖满果核时则不能侵入为害。老熟幼虫从果中爬出，在树干表皮裂缝处化蛹，少数在果内化蛹。

②虫体识别要点。成虫蛾体长大于 12 mm，全翅以黄褐色为基色，翅边缘有灰黑色纹。

③防治方法。

a. 摘除虫果，减少虫源；也可根据老熟幼虫化蛹习性，以人工捕杀树干裂缝中的蛹。

b. 谢花后喷 90% 美曲膦酯 800 倍，每 7～10 d 喷 1 次，共喷 2～4 次。

c. 检查幼果，掌握在卵的盛孵期，午后喷 10% 灭百可 1 500 倍或 20% 速灭杀丁 2 000 倍液，消灭初孵幼虫。

d. 5—6 月份为成虫盛发期，采用灯光诱杀。

（5）佩夜蛾

①为害特征。幼虫群集性为害嫩梢、花朵、幼果，食性凶暴、量大，受害严重时，植株嫩叶可被吃光，花果损失也大。

②虫体识别要点。幼虫有腹足 4 对、臀足 1 对，白天喜在枝条顶部直立，酷似小枯枝，受惊动时弹跳下坠。

③防治方法。

a. 黑光灯诱杀成虫。

b. 用 90% 美曲膦酯或 50% 敌敌畏 800 倍液喷杀。

（6）荔枝尺蠖

为害荔枝的尺蠖的种类繁多，主要有油桐尺蠖（大尺蠖）和额绿翠尺蠖两种。尺蠖是一种杂食性和暴食性害虫，以幼虫咬食嫩梢、嫩叶，也咬食花穗和幼果。该虫全年可见，特别是在春季荔枝开花时和采果后，萌发夏、秋梢时，为害最严重。初孵幼虫以腹足固定于叶片上，在叶背啃食叶下表皮及绿色组织。随着虫龄增大，食量渐增，被蛟的叶形成大缺刻，甚至把叶肉全部吃光，只留下主脉。尺蠖一旦暴发，在几天内就将大面积的荔枝的新梢叶片全部吃光，第二年不能成花。

该虫以蛹在土中越冬，翌年 3 月开始羽化。初孵幼虫吐丝下坠，随风飘移为害，多在主干周围表土内化蛹。成虫有趋光性，幼虫受惊时伏下而不跳。

①虫体识别要点。幼虫深褐色、灰褐色或青绿色，头部密布棕色小斑点，顶部两侧有角突。

②防治办法。

a. 成虫有趋光性，因此在羽化期间可用黑光灯诱杀。

b. 在每次新梢萌发后，如发现此虫为害，用 90% 美曲膦酯 800 倍液或 10% 灭百可 2 000 倍液或 24% 万灵水剂 800 倍液喷杀。

c. 在荔枝抽穗后，在其未开花前和谢花后，用 90% 美曲膦酯或乐斯本 1 000 倍液喷杀幼虫。

d. 在老熟幼虫入土化蛹前，用塑料薄膜覆盖树头周围，堆土 10 cm 左右厚的湿润松土，

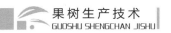

引诱幼虫化蛹捕杀。

（7）龟背天牛

①危害特征。幼虫钻蛀荔枝枝干，越冬时深入木质部，每隔一定距离钻取排粪孔，孔外常排出黄褐色虫粪。老熟幼虫在蛀道内用木屑、粪便堵塞孔口，化蛹于蛀道内。严重者一株树可达 30～40 头幼虫，致整枝枯萎、造成减产。成虫蛟食细枝树皮，呈环状剥皮，使枝梢枯死。成虫具有假死性。

②防治方法。

a. 冬季清园，剪除枯枝并烧毁。

b. 5—6 月是成虫盛发期，可在晴天中午捕杀成虫。

c. 用生石灰 1 份加清水 4 份，搅成石灰液涂刷树干，防其产卵。

d. 4—8 月是天牛产卵期，经常检查树干，发现有产卵裂口，即用小刀把虫卵刮掉。

e. 如幼虫已蛀入树干，用钢丝沿着蛀食坑道刺杀。

f. 药物堵塞蛀道。据华南农业大学最新研究成果报道，使用北京农业大学研制的克牛灵胶丸，塞入蛀孔（先用锋利小刀扩大孔口后塞入），毒杀效果在 90% 以上。而且，经过一段时间孔口能自行愈合，逐渐恢复树势（用其他药物处理则难以愈合），施放速度快、工效高。此药防治荔枝拟木蠹蛾蛀食虫的效果也很好。

大多数龟背天牛幼虫是匿藏于倒数第 1 至第 2 或第 2 至第 3 个排粪孔之间的蛀道内，故施放药剂应在蛀道倒数第 2 个排粪孔塞入，效果较好。

（8）荔枝瘿螨（毛蜘蛛）

①危害特征。荔枝瘿螨的成螨和若螨都能刺吸荔枝叶片、花穗和幼果，而以嫩芽、幼叶受害最严重。

被害部受刺激后产生白色绒毛，渐变为黄褐色，形似毛毡状（故又称毛毡病），被害叶的叶背毛毡状一面向内凹，致使叶面外凸，卷曲成"狗耳"状。荔枝每次新梢都可大量受害，使光合作用受阻，严重削弱树势。被害花穗畸形膨大成簇，极易脱落，影响坐果，造成减产。

荔枝瘿螨在海南全年均可发生，在春梢、花穗期繁殖迅速。瘿螨喜阴畏光，因此分布在叶背多、叶面少；树冠下部、内膛枝叶上多，通风透光的地方较少。

②虫体识别要点。瘿螨虫体极小，长仅 0.1 mm 左右，肉眼看不见。显微镜下观看，虫体狭长，呈淡黄色，有"真足"两对，腹部密生环纹，腹末端有长毛状"伪足"一对。

③防治方法。

a. 修剪清园。结合采果后修剪，剪除被害叶片，并清除地上残枝落叶，集中烧毁，以减少虫源。

b. 于新梢萌发期，根据虫情及时喷药防治。可选用三氯杀螨醇 800～1 000 倍或其他杀螨剂，也可用 0.2～0.3 波美度的石硫合剂或胶体硫 800 倍液喷杀。

（9）介壳虫类

①危害情况。群集寄生于荔枝树的嫩梢、果柄、叶面小枝上，导致枝梢枯萎，枯果、落果。除寄生为害荔枝外，还寄生于龙眼、柑橘类树上。

雌成虫体外分泌厚而密的白色蜡粉，用蜡粉保护壳内的虫体。虫体长约 4 mm，紫酱色,长椭圆形。

②防治方法。

a.调查并掌握若虫群聚尚无蜡粉或蜡粉尚少的时机,以此为喷药杀虫良机。可喷布下列农药之任何一种:松脂合剂 16 ~ 20 倍液;40% 氧化乐果 800 ~ 1 000 倍液;稻丰散 1 000 倍液;亚胺硫磷 500 ~ 1 000 倍液。

b.5—6 月投放天敌澳洲瓢虫,并注意停药保护其他天敌。

c.剪除荫蔽的病虫枝、枯枝、弱枝、过密枝,集中烧毁。

11.2.5　荔枝的采收、贮藏、保鲜及加工

1)采收

(1)适期采收

荔枝果实的采收期要根据市场需要和各品种的成熟度来确定。一般的荔枝果实以达到该品种的特有风味为准。但从较长期贮藏的要求出发,在保证特有风味的前提下,宜早收不宜迟收,最好是八成到八成半熟度采收。此时,果实外皮由青色转为鲜红色,内果皮刚具淡红色,果顶部分的肉已丰富且肉质厚硬,手捏果实弹性显著,种子深褐色有光泽,果肉已具有特殊的香甜味,即为采收适期。国外研究,糖酸比值要求达到 35 度最适宜(这个标准仅作参考,不同的品种应有不同的标准)。采收过早者,果顶部果肉薄、酸分高,而糖分未达到最高点,果实品质欠佳。采收过迟者,不仅不易贮运,是裂果较为严重的品种还会发生大量裂果、落果;迟采也会加重树体的营养消耗,不利于恢复树势。

(2)果实成熟期的调节

为适应市场的需要,荔枝果实的成熟期可通过栽培措施进行适当的调节。使用植物生长调节剂对荔枝果实期进行调节,国内已作过很多研究。采果前 10 ~ 20 d 喷 150 ~ 200 μg/mL 乙烯剂,可提早 7 ~ 8 d 成熟,酸度显著减少;采前用 25 μg/mL 萘乙酸喷洒,可提前 5 d 成熟,而且果实增大、改善品质、提高甜度。

在果实采收前 3 个星期用 200 μg/mL 比久喷果穗和附近叶片,可延迟 11 d 采收,对果重无明显著影响,但增加果汁的酸度。用矮壮素 2 000 μg/mL 处理,可延迟 9 天采收。

(3)采收方法

采摘果穗的长、短、轻、重,应根据不同品种、不同树龄、不同树势和是否要回缩修剪等具体情况而有所不同。如树势弱的中、迟熟品种,采后不进行回缩修剪,当年只放一次秋梢者,采果应采用"矮枝采果法",即在葫芦节上 1 ~ 2 cm 处用枝剪采摘,要求折口整齐,以利早萌发 1 ~ 3 条秋梢;如树势壮旺的中、迟熟品种,采后要进行回缩修剪的,采摘可重一些,带叶采果。

采果时间以避开中午烈日直晒,上午、下午采摘为好。已采下待运的果实必须放在阴凉处,避免烈日直晒,才有利于贮运保鲜。雨天一般不要采收,因为雨天采收,果实易腐烂。

2)保鲜贮运

荔枝果实结构特殊,非常娇嫩,是水果中很不容易贮藏保鲜的品种。采收后的果实极

易变质、腐烂。从树上采摘下来的果实,首先是果皮由鲜红变暗褐,紧接着果肉失去其特有的清香,最后果肉化水,同时产生异味,果实败坏。这些变化都在短期内出现,快则3 d,迟则5 d。确实是"一日而色变,二日而香变,三日而味变,四五日外,色、香、味尽去矣"。

荔枝果实之所以变化如此之快,其原因如下。

果实的呼吸强度大,消耗量也大。

内外果皮组织十分疏松,极易失水,富含单宁物质,而且内果皮与外果皮之间没有过多的通道直接联系,因此果皮失水后又不能及时从果肉处得到补充,从而激发果皮中酶的活性,加速单宁的变化,使果皮变褐。果皮一旦变色,也就意味着香变和味变的开始。

荔枝采收时,正当盛夏,气温较高,加快了果实的变化。

钙和磷都有保护细胞膦酸脂膜完整性的作用,同样,能抑制果实的呼吸。如果在果实生长发育期缺钙、磷元素,则不利果实的贮藏。

病虫的为害也是影响荔枝果实耐贮性的外因。

针对以上原因,延迟荔枝果实变化的关键是低温高湿。低温可以减慢一切变化,高湿可减少果实失水、防止果皮变褐,保持鲜红的颜色。这是一切荔枝贮藏保鲜技术措施的根据。而大田管理中的合理施肥(补钙、补磷)、病虫害防治以及合理采收,则是荔枝果实贮藏保鲜措施的基础。这个基础没有搞好,采后的任何先进保鲜技术的效果也不会理想。因此,荔枝的贮藏保鲜应采取采前、采后的系列综合措施来进行。

目前,荔枝采后的贮藏保鲜方法有如下几种。

(1)常温药物防腐、保鲜

这种方法不需专门的冷藏设备,只经杀菌处理,加上适当的包装(一般用厚度为0.01~0.015 mm的聚乙烯塑料薄膜袋包装,以适应果实在常温下的呼吸作用,不致积累过多的二氧化碳而使荔枝中毒)。本办法操作方便、成本低,但保鲜期短,只适用于一星期内的短期贮藏或短途运输。生产中可将采收的荔枝按下述方法进行处理后贮存。

①范镇基等于1994年报道,使用广东佛山市石油化工技术开发公司研制的"活力"保鲜剂处理,在常温下(28~35 ℃),保鲜期可达9 d。

②使用800 μg/mL灭菌威液,加热至60 ℃,浸果1~2 min,捞出后浸入3%柠檬酸液中2~3 min。果实处理后放入聚乙烯塑料袋(厚0.03 mm),袋内放有乙烯吸附剂(经饱和高锰酸钾溶液处理的碎砖块,用量为50 g/500 g果实),在常温下(32~34 ℃),可贮藏10 d,商品率仍有90%。

③以52 ℃热水溶解苯菌灵,配成0.05%~0.1%浓度,冷却后投入果束浸2 min,捞起,阴干多余水滴,以0.01 mm的聚乙烯薄膜袋为内包装,果束外裹卫生纸,每袋装入1 kg(至多不超过2 kg),扎封袋口。鲜果在密闭袋内的呼吸作用,自然形成低氧气、高二氧化碳的小环境。外包装用纸箱或竹篓,起到防挤压、耐贮运的作用。然后立即装车运输,在常温下,可保鲜6~7 d。如装上冷藏车运输,可保鲜半个月。

④用100 μg/mL细胞分裂素与100 μg/mL赤霉素(九二○)溶液浸果1 min,晾干后装袋,或将荔枝与盛有1%吸氧剂和0.8%吸乙烯剂的透气小袋一起存放在0.045 mm厚的聚乙烯袋中,在常温下可贮藏保鲜7~8 d,5~10 ℃条件下可贮藏42 d,好果率可达95%以上。

⑤用一定剂量(500~100 Krad)τ射线辐照荔枝,可抑制果皮中多酚氧化酶活性和乙烯

的释放,在常温下可保鲜 7 d,在低温下效果更佳。

⑥用气态二氧化硫熏蒸(1% 浓度熏蒸 20 min)后,将荔枝果实用透明塑料薄膜袋包裹,置于塑料箱中,20 ℃下贮藏,2 周无病害。

(2)药物处理、低温贮藏保鲜

①0°以上低温中期保鲜。预冷。荔枝不耐贮藏的原因主要是其果皮组织结构幼嫩,成熟采收期正值盛夏,白天气温多在 35 ℃左右,田间热量和呼吸热量高,果品含水量多、热容量大,在常温下易变质。采后尽快降温,以迅速降低其呼吸作用和排除田间热量,对延长贮藏期十分重要。预冷的方式有多种,可采取在配制防腐剂浸药时用冰水配药,既迅速又省力;也可在药物处理后进入预冷间进行选果包装,以充分利用工作时间进行预冷;还可采取迅速包装入库,在贮藏冷库中预冷,待果实的热量已充分散发、温度接近贮温时再码堆。

②药物处理。导致荔枝果实采后霉变腐烂的微生物种类很多,这些病菌会大大缩短贮藏寿命,贮藏前用一定浓度的防腐剂处理,可达到防腐保鲜、提高好果率、延长保鲜期的目的。

用苯来特(Benlater 50 WRIg/L)在 48 ~ 50 ℃下处理 1 ~ 2 min,随后在 5 ℃下冷藏,可保鲜 4 个星期。

此外,在采果前 15 ~ 20 d 用乙膦铝 300 倍液喷 1 ~ 2 次,对采后贮藏更为有利。台湾地区荔枝在出口日本时,采后进行蒸汽处理(46.5 ℃,20 min),以消除检疫害虫果蝇。

(3)包装和运输

荔枝的包装既要考虑密封保湿,但又要考虑有利于通风降温。因此,最好是内外包装相结合。内包装用薄膜,外包装用竹筐或纸箱(纸箱一定要打孔,以利于内外冷热气体交换)。运输一般是低温冷藏运输。从采收、预冷、包装到入库,最好在 6 h 内完成。在运输过程中,温度忌波动,严格控制在 1 ~ 7 ℃。因为一经升温再降温,荔枝就极易变褐。

(4)贮藏条件及有关技术

贮藏温度应严格控制在 1 ~ 7 ℃。低于 1 ℃,果实易发生冷害,引起褐变;高于 7 ℃,果实的呼吸作用较强,包装袋内二氧化碳浓度积累较快,在达到影响品质的临界浓度时,会加速荔枝果实的变质和腐烂。3 ~ 5 ℃是比较理想的贮藏温度,0.025 ~ 0.03 mm 则是较理想的包装薄膜厚度,用此法贮藏,一般可保鲜 30 d 左右。如果把采收后的果实放在含有 5% 氧气和 3% ~ 5% 二氧化碳的容器中,置于 3 ~ 5 ℃冷库中贮藏,则可保鲜 40 d 以上。

3)速冷保鲜

此法已获国家科技奖并投入荔枝对外贸易(发明者:中科院华南植物研究所)。选新鲜单果荔枝,用 100 ℃沸水烫漂 7 s 灭菌,立即投入 3 ~ 5 ℃冷水中浸 40 ~ 50 s,再浸入 5% ~ 10% 柠檬酸与 2% 食盐混合溶液 2 min,在 -23 ℃速冻,薄膜包装,-18 ℃冷藏,可保鲜一年以上。但一经出库,6 ~ 7 h 就会变褐。

项目小结 》》》

掌握荔枝的生物学特性,理解其对栽培环境的要求;掌握科学合理建造苗圃、应用多种技术育苗的技能;熟练掌握荔枝的果园管理,包括肥水管理、树体管理、花果管理及病虫害

防治等相关知识与技能;了解荔枝的采收及贮藏保鲜技术,确保荔枝的丰产、稳产。

复习思考题)))

1. 荔枝根系有哪些特性?

2. 荔枝枝梢生长与开花结果有何关系?

3. 荔枝何时分化花芽?

4. 荔枝果实发育有几个阶段? 各个阶段的生理特性如何?

5. 荔枝在不同生长发育期中对温度的要求有何不同?

6. 荔枝在不同生长发育期中对水分的要求有何不同?

7. 荔枝种植方式有几种? 各有何优、缺点?

8. 怎样提高荔枝的定植成活率?

9. 荔枝幼树怎样进行施肥? 为什么要进行压青施肥?

10. 荔枝幼年树整形修剪的目的是什么? 怎样进行整形修剪?

11. 不同年龄的结果树,其管理特点如何?

12. 结果树为何要培养适时健壮的秋梢结果母枝?

13. 结果树为什么要进行回缩修剪? 怎样修剪? 要注意哪些问题?

14. 结果树为什么要严格控制冬梢? 应采取哪些措施?

15. 如何调控荔枝花期和花量?

16. 如何防止裂果?

项目12 龙眼生产

项目描述 认识龙眼的生物学特性是正确指导生产的前提；科学建园、合理的品种配置是获得龙眼丰产的基础；科学合理的种植技术是龙眼丰产、稳产的技术保障。本项目以科学的建园,合理的品种配置,肥水、花果管理,病虫草害防治等方面的技能作为重点内容,进行训练学习。

学习目标 认识龙眼生物学特性及相关技术在龙眼生产中的意义,学习龙眼园水肥管理,树体、花果管理,病虫草害防治技术,果实采收技术及采后处理措施。

能力目标 熟练掌握龙眼园水肥管理,树体、花果管理,病虫草害防治技术,果实采收技术及采后处理措施。

素质目标 提高学生独立动手与解决生产实践问题的能力,培养细心耐心认真学习的习惯、吃苦耐劳的精神及严谨的生产实际操作理念,学会团队协作。

 项目任务设计

项目名称	项目 12 龙眼生产
工作任务	任务 12.1 生产概况 任务 12.2 生产技术
项目任务要求	熟练掌握龙眼生产的相关知识及技能

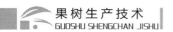

任务 12.1 生产概况

活动情景 生物学特性决定了龙眼品种的分布、管理特点及产量等。本任务要求学习龙眼的生物学特性及对环境条件的要求,并了解主栽品种的特性。

工作任务单设计

工作任务名称	任务 12.1 生产概况		建议教学时数			
任务要求	1.掌握龙眼的生物学特性及其在生产中的意义 2.了解龙眼适宜的栽培环境 3.了解龙眼主栽品种的特性					
工作内容	1.认识龙眼的根、枝、叶、花、果等部位的生物学特征 2.根据不同品种的生物学特性,因地制宜地选择适合的品种					
工作方法	以老师课堂讲授和学生自学相结合的方式完成相关理论知识学习;以田间项目教学法和任务驱动法,使学生正确认识龙眼的枝、花、果等部位的生物学特性,能根据不同品种的生物学特性,因地制宜地选择适合的品种					
工作条件	多媒体设备、资料室、互联网、试验地、相关劳动工具等					
工作步骤	资讯:教师由活动情景引入任务内容,进行相关知识点的讲解,并下达工作任务 计划:学生在熟悉相关知识点的基础上,查阅资料、收集信息,进行工作任务构思,师生针对工作任务有关问题及解决方法进行答疑、交流,明确思路 决策:学生在教师讲解和收集信息的基础上,划分工作小组,制订任务实施计划,并准备完成任务所需的工具与材料 实施:学生在教师指导下,按照计划分步实施,进行知识和技能训练 检查:为保证工作任务保质保量地完成,在任务的实施过程中要进行学生自查、学生互查、教师检查 评估:学生自评、互评,教师点评					
工作成果	完成工作任务、作业、报告					
考核要素	课堂表现					
	学习态度					
	知识	1.龙眼的生物学特性 2.不同品种的特性及适合的栽培条件				
	能力	根据不同品种的特性因地制宜地合理选择品种				
	综合素质	独立思考,团结协作,创新吃苦,严谨操作				
工作评价环节	自我评价	本人签名:		年	月	日
	小组评价	组长签名:		年	月	日
	教师评价	教师签名:		年	月	日

任务相关知识点

12.1.1　概　述

龙眼属无患子科、龙眼属,常绿乔木。原产于中国南方热带林区,我国的广东、广西、海南等省(区)是其原产地之一。海南岛的琼中县和其他各大林区的森林中,至今还保留有许多野生龙眼,当地群众称之为"山龙眼"。

全世界种植龙眼的主要有中国、印度、泰国、越南、老挝和毛里求斯等十多个国家。

中国是龙眼的主产国,主产区为福建省、广东省、广西壮族自治区。此外,台湾、海南、云南、贵州和四川等省均有栽培。中国的龙眼不仅栽培面积大,产量高,而且品种多、品质好。近年来,龙眼日益受到消费者的欢迎,尤其是龙眼成熟于荔枝之后,有利于龙眼市场的开拓,前景十分广阔。各主产区正在大力发展龙眼生产,把龙眼生产当作一种产业来开发。

龙眼果肉鲜嫩,味甜美,营养价值高。据分析,每 100 g 鲜果肉含维生素 C 68.7 ～ 144.8 mg,维生素 B_2 0.55 mg,维生素 B_1 0.01 mg,蛋白质 5 g,总糖 15% ～20%。除鲜食外,可制成桂圆干、桂圆肉、糖水罐头等。龙眼具有补心益脾,养血安神等药物功能,是优良的蜜源植物,龙眼蜂蜜深受人们的欢迎。龙眼树木材坚硬,是制作家具和建筑构件的优良木材。

12.1.2　龙眼的生物学特性

龙眼为高大亚热带果树,一般株高 5～15 m,经济寿命 50～70 年,最长者达百年以上。海南省文昌市后僚村郑心广家八十余年的龙眼树,树高 12 m,树干直径 0.8 m,至今仍正常开花结果。龙眼枝繁叶茂,树冠呈伞形,树形优美,可作绿化树。

1)根系

龙眼根系发达,侧根多,分布广,能深入土层 2～4 m,水平分布比树冠大 2～3 倍。龙眼新根肥大,髓部包被有白色的海绵状皮层,以后皮层脱落,其维管束木质化,转变为输导根;老根红褐色,具有菌根,富含单宁,能在酸性和瘦瘠土壤中生长。

2)树干

龙眼树干高大,大的直径超过 1 m。树皮厚而粗糙,呈网状浅裂,纵裂明显,灰白色或灰褐色,作鳞片状剥落,并有木栓层,木质水分少,细致而坚硬。小枝幼嫩时被有粉状短柔毛,后变无毛。

3)叶

龙眼叶多为偶数羽状复叶,少数为奇数羽状复叶,对生或互生,3～5 对,叶连柄长 15～30 cm。小叶椭圆形或长披针形,革质,叶全缘,长 6～20 cm、宽 2.5～5 cm,顶端稍钝或急尖,基部稍不等侧,外侧较狭而尖,腹面有光泽,背面粉绿色。中脉在腹面稍凸起,侧脉每边

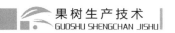

12～15 条。小叶柄长 2～4 mm。叶片的外表面角质纹为条纹状,上表皮没有气孔及毛的分布。气孔只分布在下表皮,脉间区较多,脉区较少。沉陷气孔为单环形,副卫细胞 5～8 个,拱架于肾形的保卫细胞上,气孔位于下陷的小穴中,角质乳突把气孔部分或整个遮盖着。因此,叶片能在受旱时减少水分的蒸腾,使龙眼具有较强的耐旱性。叶片寿命为 1～3 年。

4)花

龙眼花穗大,为混合芽发育而成,圆锥形或伞形花序。花芽形成至成花,一般需经过 1～1.5 个月,花穗长 12～15 cm,每枝花穗有支穗 13～23 个,有花 400～1 800 朵,支轴 6～22 个。花主要有雄花、雌花两种,还有少量两性花和变态花。雄花在一穗中占总数的 60%～80%。花具短梗,有花萼、花瓣各 5 片,花瓣与萼片等长或伸出,萼裂片顶端钝,花瓣外面被短柔毛。花具花盘,有蜜腺,能分泌大量蜜露。雌花雌蕊发达,子房两室,密被长柔毛,花柱合生,柱头分叉,弯曲如眉月,子房周围有退化雄蕊,花丝短,不散发花粉;雄花发育完全,具雄蕊 7～10 枚,花丝较长,有花药,能授粉,雌蕊退化,仅留一个红色或褐色的小突起。

龙眼花全穗开放需 24～27 天,一般花穗中部的花蕾最先开放,其次为基部,最后为顶部。最初一段时间,专开雄花,在第一朵花开后 7～10 日,为盛花期;经过 3～4 日,逐渐减少,其中有 4～5 日,两性花与雄花混合开放;最后又专开雄花。海南龙眼的盛花期在 3—4 月。

5)果

龙眼果实为核果,由子房发育而成。雌花具有两个合生的子房,通常一边发育,一边萎缩,形成一大一小果,如石峡龙眼,在正常果旁常附一小果。也有两个子房同时正常发育而成为“双莽果”。果肉为假种皮,淡白色或乳白色。种子扁圆或圆形,红色、赤褐色、乌黑或褐黑色等,因其形如龙的眼睛而得名。

12.1.3 对外界环境条件的要求

1)气温

龙眼是亚热带果树,性喜温暖、多湿气候。一般年平均温度为 20～22 ℃,年降雨量为 1 000～1 800 mm 的地区适合龙眼生长。气温为 0 ℃时,龙眼幼苗易受冻害,但在海南还没有出现大树被冻坏的现象。龙眼在不同的生育期,对气温要求也有差异,如冬季和早春,要有相对较低的温度,8～14 ℃的天气,有利花芽分化和花穗的形成。花期气温应为 20～27 ℃,晴朗天气有利授粉受精,但冬季温度过高、雨水偏多,在海南龙眼容易出冬梢,影响花芽分化而不开花。据各龙眼主产区多年的观察、调查资料表明:如气温高达 18 ℃以上,容易发生“冲梢”,花穗抽生发育枝,花穗少,发育不好,落花、落果也很严重。有的龙眼由于砧木和接穗亲和性不好,造成接穗部分大过砧木部分,往往出现 8 月开花、12 月份成熟的反季节龙眼。这批龙眼在低温环境下,容易造成落花、落果,果实品质差。如果日夜温差大、则有利糖分积累,提高品质。

2）水分

龙眼具有较强的抵抗干旱能力。但在龙眼的整个生长和结果期间,则需要充足的水分供应,年降雨量为 1 000 ~ 1 600 mm,才能满足其生长需要。海南中、北部地区的降雨量已超过 1 500 mm/年,由于雨水充足,冬季气温高,龙眼的生长量通常比广东、广西、福建等省（区）大得多。在龙眼开花时期及开花前后,如天气干旱、水分不足,则枝叶发育不良、开花不盛,所开的花也往往柱头干燥、花丝凋萎,授粉受精不良,易形成"空腔子"果实;同时,果实增大受到影响,造成早期落果、减产,还影响抽生夏、秋健壮梢,而不能形成结果母枝。相反,如果花期多阴雨,花朵易被沤烂,果实也容易脱落。过多的水分或久旱后下一场大雨,往往造成裂果和落果,果园较长时间积水会引起烂根。处于生长期的大树,雨水多少影响不大明显,而开花和结果时缺少水分供应,其危害性则又是十分明显的。

3）土壤

龙眼对土壤适应性较强,除低洼、盐碱土壤外,其他土壤都适合栽种龙眼。但以表土深厚、肥沃、排水良好,pH 值为 5.4 ~ 6.5 的微酸性的沙质、砾质壤土最适宜;其次是红壤和轻黏土。在土层深厚、有机质含量超过 1% 并含有较高的磷质养分的土壤中生长的龙眼树,树冠大,丰产长寿,果实品质好。

4）风

实生树和嫁接树抗风力强,但在幼树和开花结果时,要求静风环境。4 ~ 5 级风摇动树干,影响植株生长,强风也会引起落花、落果。海南岛沿海和北部平原、台地风大,内陆和山区风小。7~8 月份龙眼成熟时,常受 7~8 月份的早台风影响。每年 4~5 月间,全岛盛吹气温高、湿度小的"干热风",一次"干热风"一般维持 3 ~ 5 天,长时达半个月。除中部地区"干热风"不甚明显外,海南岛其他地区都不同程度地受"干热风"的影响,"干热风"造成落果、减产。12 月至第二年 1 月份,干冷风常造成幼年树幼叶干枯变黑、落叶,幼梢枯死。

5）光照

天气晴朗,光线充足,有利于龙眼生长和开花结果。在盛果初期,在枝叶过密的植株上,阴枝不结果,必须剪去。在光线充足的条件下,果实膨大快、产量高,品质和外观都好。但与荔枝相比,龙眼比较耐阴,有"荔枝东、龙眼西"的说法。

龙眼和荔枝的植物学特性相似,尤其在苗期和幼年树阶段不易区别。现将主要特征介绍如下,以便种植新手掌握。（表 12.1）

表 12.1　龙眼与荔枝的主要特征

项目　　树种	龙　眼	荔　枝
树冠	树冠扩展或半圆形,枝条稍下垂	树冠开张,枝条低垂
树干	树干茶褐色,树皮粗糙有不规则纵裂纹	树干光滑,棕灰色
叶	每一复叶 3 ~ 6 对,叶尖较钝,小叶主脉明显,叶面色较淡,背面浅灰白色	每一复叶有小叶 2 ~ 4 对,叶尖较尖,小叶主侧脉不明显,叶面浓绿,光滑革质,背面灰白色

续表

项目 \ 树种	龙 眼	荔 枝
果	果实圆形或近圆形,果较小,皮粗,呈茶褐色	果实心脏形、椭圆形等,果比龙眼大,果皮有明显龟裂片,呈鲜红、浅红、暗红、紫红色等。腹缝线明显
种子	种子圆形	种子长椭圆形

12.1.4　主要品种

我国龙眼品种资源十分丰富,有 400 余个品种,主栽品种十余个。其中海南、粤西、桂南产区的主栽品种有石硖、储良、大广眼等;桂中、桂西、粤中、粤东、闽南产区主栽品种有石硖、储良、大乌圆、福眼、古山 2 号等;闽中、闽东和四川泸州产区的主栽品种有松风本、立冬本、泸丰一号和蜀冠等。

1)储良

本品种原产高州市,是当地著名的优良品种,1992 年获全国首届农业博览会金奖,广东、广西都有栽培,栽培面积较大。白沙、乐东、澄迈等县已经开花结果。植株生长势中等,树冠圆头形或伞圆形,开张。枝条节间较短,分枝多。叶片深绿色,小叶 6 ~ 8 片,中等大,叶片平滑,呈披针形或长椭圆形。果穗中等大,果粒大小均匀。果实大,单果重 12 g 左右,扁圆形。果皮黄褐色,果肉乳白色,不透明;肉厚 0.15 ~ 0.76 cm;离核,肉质爽脆,果汁较少,味清甜,品质上等。种子较小,扁圆形,棕黑色。果实可食率为 74%。果肉含可溶性固形物 21.0%,全糖 18.60%,酸 0.10%,每 100 mL 果汁含维生素 C 52.10 mg。

该品种丰产稳产性好,果实大而均匀、美观,果肉厚,种子小,可食率高,肉质爽脆,风味品质上乘,适于鲜食,也可加工。果实成熟期为 7 月上旬至下旬。在海南省栽培生势较好,唯果粒稍变小些,与果农缺乏肥水管理技术和未进行疏花疏果技术等方面有关。

2)石硖

本品种又名"脆肉""石圆""大叶"。据说是由于它 200 多年前长在广东南海平洲的一座祠堂院子里的石板夹缝中而得名。它主产于广州、中山、南海、顺德、番禺等地,现广西也有引进种植。植株生势壮旺,树冠较大,伞圆形,开张。叶色浓绿,小叶 8 ~ 10 片,中等大小,呈披针形或长椭圆形。果穗较大,穗重 300 ~ 500 g,果粒大小均匀。果实可食率为 65% ~ 68%,全糖 22.60%,酸 0.12%,每 100 mL 果汁含维生素 C 71.10 mg。

该品种生势强,适应性广,丰产、稳产性能较好,果实中等大小,果肉厚,种子较小,可食率高,肉质爽脆,含糖量高,风味品质佳。海南中、北部地区一般在 7 月下旬成熟。

3)双孖木

本品种原产高州市,是当地的优良品种,1992 年获中国首届农业博览会银牌。植株生势壮,树冠呈圆头形开张。枝条较长,节间疏。叶片浓绿色,小叶 8 ~ 10 片,较宽大,呈长椭圆形。果穗中等,果实着生较疏,果粒大而均匀。果皮黄褐色,果实圆形略扁,单果重 11 ~ 13 g,大的可达 16 g;果肉淡黄白色,半透明;肉厚 0.45 ~ 0.50 cm;离核,肉质爽,略韧,汁较多,味浓甜而香,品质上等。种子中等大,黑褐色。果实可食率为 70%。果肉含可溶性固形物 22.0%,全糖 20.70%,酸 0.10%,每 100 mL 果汁含维生素 C 92.62 mg。

4)诗签甫

本品种的名字意为粉红色,系中熟良种。1983 年从泰国引进圈枝苗,首先分别种植在岭脚热带作物农场、定安县农业局、屯昌县农业局、琼山县水果研究所和儋县长坡甘蔗良种场等单位。定植后 3 年均正常开花结果,适合在 pH 5.8 ~ 6.2 微酸性的红壤土、沙壤土的平原、丘陵地种植。植株生势强,花穗大且长,雄花比例高。单果重 10 ~ 12 g,品质上等,味甜,果肉粉红色。在泰国 7 月中旬成熟,是泰国出口的主要品种。在海南儋县长坡甘蔗场 7 月中旬至下旬成熟。

5)伊罗

本品种的名字意为女人,系早熟良种。1983 年同诗签甫种一起从泰国引进,1987 年开始结果,中型果。植株生势强,大小年结果现象不明显,稳产,单果重 8 ~ 10 g,肉质较粗,种子大,可食率低,味甜。在海南省的琼山、儋州、屯昌、定安等县(市)开花结果正常,7 月上旬至 7 月中旬成熟。

6)大乌圆

本品种分广州大乌圆和广西大乌圆两种,在广东省和广西壮族自治区普遍栽培。树势强壮,树形高大,树冠半圆形,开张。叶片深绿色,表面有光泽,小叶 8 ~ 10 片,长椭圆形,较宽大。果穗较大,分枝较细,果粒着生较紧凑,大小均匀。果实圆球形,单果重 12 ~ 16 g,大的有 20 g,是现有龙眼品种中果子最大的,深受消费者欢迎。果皮淡黄带褐绿色,较薄。果肉淡乳白色,半透明,肉厚 0.60 ~ 0.80 cm,离核,肉质软滑带韧劲,汁多,味甜偏淡,品质中等。种子大,近圆形,黑褐色。果实可食率 66% ~ 70%。含可溶性固形物 16.0% ~ 18.0%,全糖 15.0%,酸 0.18%,每 100 mL 果汁含维生素 C 36.80 mg。在三亚市崖城镇大乌圆开花结果不正常,其他地方正在试种之中。

7)福眼

本品种为福建省优良主栽品种。果实扁圆形,果肩微凸,果皮黄褐色,皮韧,果肉淡白色,透明,肉质稍脆,肉核易分离,不流汁,味甜稍淡。平均单果重 10.63 g,可食部分占全果的 64.10%,可溶性固形物含量 14.3%,核扁圆形、紫黑色、平均单果核重 1.59 g。

该品种树势强壮高大,适应性强,抗病,在福建晋江地区 8 月下旬至 9 月上旬成熟,是制作糖水龙眼罐头的主要品种。

任务 12.2　生产技术

活动情景　优良的种苗是获得高产的基础,科学的建园及合理的肥水管理、花果管理、

病虫害防治等是获得高产的技术保障。本任务要求学习龙眼的育苗嫁接技术、建园及果园管理知识。

 工作任务单设计

工作任务名称	任务 12.2　生产技术		建议教学时数		
任务要求	1.掌握龙眼砧木的繁育技术 2.熟练掌握龙眼的嫁接技术 3.掌握龙眼高接换种技术 4.了解龙眼科学建园的技术要点 5.掌握龙眼的肥水管理及花果管理技术 6.熟练掌握龙眼的修剪技术				
工作内容	1.优良种苗的繁育,包括砧木的繁育和嫁接苗的繁育 2.根据条件合理建园 3.龙眼园的常规管理,包括土肥水管理、花果管理、修剪及病虫害防治等				
工作方法	以老师课堂讲授和学生自学相结合的方式完成相关理论知识学习;以田间项目教学法和任务驱动法,使学生正确选择适宜地建园、熟练掌握荔枝的嫁接修剪技能,学会果园的常规管理技术				
工作条件	多媒体设备、资料室、互联网、试验地、相关劳动工具等				
工作步骤	资讯:教师由活动情景引入任务内容,进行相关知识点的讲解,并下达工作任务 计划:学生在熟悉相关知识点的基础上,查阅资料、收集信息,进行工作任务构思,师生针对工作任务有关问题及解决方法进行答疑、交流,明确思路 决策:学生在教师讲解和收集信息的基础上,划分工作小组,制订任务实施计划,并准备完成任务所需的工具与材料 实施:学生在教师指导下,按照计划分步实施,进行知识和技能训练 检查:为保证工作任务保质保量地完成,在任务的实施过程中要进行学生自查、学生互查、教师检查 评估:学生自评、互评,教师点评				
工作成果	完成工作任务、作业、报告				
考核要素	课堂表现				
	学习态度				
	知识	1.龙眼的嫁接修剪技术 2.科学合理的建园 3.果园的常规管理技术			
	能力	1.根据不同品种的特性及树体条件选择相应的嫁接修剪技术 2.根据不同的园地条件进行科学的果园管理			
	综合素质	独立思考,团结协作,创新吃苦,严谨操作			
工作评价环节	自我评价	本人签名:	年	月	日
	小组评价	组长签名:	年	月	日
	教师评价	教师签名:	年	月	日

任务相关知识点

12.2.1　苗木的繁育

龙眼多采用嫁接法进行繁育,主要有补片芽接法、切接法和高接换种法3种嫁接方法,其他方法比较少用。

1)补片芽接法

适合夏、秋季进行。在3月上旬至11月中旬(此期间容易剥皮)进行,其中以3—5月成活率最高。此种方法的优点是嫁接时间长,容易操作,凡懂嫁接橡胶的胶工,都会嫁接。它还具有多次嫁接、砧木利用率高的特点。缺点是成活后抽芽生长慢。

嫁接时,在离地面15～20 cm处找砧木树皮光滑处,用刀尖按长3 cm、宽0.7～1 cm,自下而上地划两条平行线切口,深达木质部。切口上部交叉连成舌状,然后从尖端将皮挑起,并往下撕开,切除大部分,仅留基部一小段,便于夹放芽片。接着选1～2年生枝中下段带芽的枝条,从上面切带木质部的芽片,注意保持芽眼在芽片的中心。芽片应比砧木的接位略小,并撕去木质部,以增加形成层的接触面。操作时动作要快,并注意芽片和砧木木质部表面保持清洁,芽片两边与砧木皮层应留有小空隙。芽片放好后,立即用聚氯乙烯薄膜条扎紧,微露芽眼,留有小空隙,以利愈合成活,干旱季节可全绑。再过8～10 d,如成活,可以在芽片上方10 cm处进行半倒砧,促使萌芽,新梢萌芽前20～30 d进行全倒砧,更有助于芽的萌发。

2)切接法

本嫁接法是目前普遍使用的方法,于3—5月或10月中旬—12月上旬进行。其优点是嫁接成活率高、出苗快、萌芽整齐。选充实老熟的1～2年生的春梢或秋梢作为接穗。在砧木苗离土面50～60 cm处断干,剪口下留复叶2～3片,在砧木夏、秋梢间一段无叶处,从皮层削至木质部,稍带木质部,长约2 cm;接穗长1.5～2 cm,带1～3个壮芽。接时对准形成层,然后用塑料薄膜条扎紧,微露芽眼,便于通气和以后新芽吐出。接后约一个月,就能成活出新梢,然后除去砧木上的萌芽,以促进幼芽生长。等到第二次梢充实时就可解绑。

3)高接换种法

本方法适合换种嫁接。由于原来的种为劣种或实生树,要改种良种时,就采用此法。树龄在5～8年最适宜,嫁接方式多种,现将换冠补片芽接法介绍如下。

(1)芽接季节

在海南岛几乎全年均可芽接。但在树液流动旺盛、树皮易于剥离的季节进行,芽接就能成活,故而要避免在低温干旱、高温干旱和连续降雨的天气进行。具体来讲,3月至5月或10月中旬至11月下旬是理想的嫁接时间。

（2）砧木选择

在实生树或劣种树上选择 3～4 条位置均称、生长势好,树皮幼嫩、光滑,径粗 0.6～0.8 cm,容易剥皮的 1～2 年生健壮枝条作为砧木。如果是大树的话,要把大枝条锯掉,让其长出枝条后才选这些枝条作为砧木。

（3）芽条采集

在品种纯正、丰产、结果、大小年结果不明显的优良母株上,采下生长充实、芽眼饱满、皮嫩滑并已完全木栓化,径粗 0.6～0.8 cm 的 1～2 年生的向阳枝条作为芽条。芽条应在梢叶稳定期或萌发初期采集,否则芽片难以剥离。采集芽条最好在早上进行,采下的芽条用湿草纸包装在薄膜袋内备用。远距离运芽条要做好贮藏运输工作,贮藏一般不宜超过20 d。

（4）操作步骤

先在砧木上开一盾形芽接位。芽接位大小,要根据砧木而定,一般宽 0.8～1 cm、长2.5～3 cm。用刀尖将芽接位顶端的树皮剥开,用手抓住向下撕法开 1/3 的长度,如剥皮顺利就将树皮盖回原位,并将芽接位树皮从底部截断,立即削取芽片。削芽片时自芽目上方约 1.5 cm 处斜下刀,将接芽带一点木质部削出。对芽片两边进行修理,仔细将附着的木片剥除,截成比芽接位略短的长方形,用左手拿好,右手随即拉掉芽接位的树皮,将芽片轻轻贴到芽接位上,用宽 1～1.2 cm、长约 20 cm 的塑料薄膜条,自下向上覆瓦状捆绑固定。芽接操作要迅速,芽片和芽接位不能被碰伤或沾污,也不得待剥开的皮变成黄褐色后才接上,捆绑要松紧适度。

（5）芽接后的管理

芽接后 20～25 d 解绑,并对没有芽接成活的枝条(砧木)进行补接。如解绑时天气好,则可同时在接芽上部 2～3 cm 处,剪去砧木顶部。通常剪砧后 10～15 d,接芽开始萌动发芽。有时一个接芽同时抽出多条新梢,应在新梢展叶前选留一条壮梢,其余的及时抹除。剪砧后要经常抹除砧木上的萌芽,以免消耗养分,待接芽萌发的新梢基部生长健壮后,及时将砧木残桩剪平,以利接口愈合完好。此外,还常采用切接法进行高接换种。

12.2.2 龙眼园的常规管理

1)建园

龙眼对土壤要求不严,不论平原、丘陵、山地,都可以种植。海南省全岛都可以栽培,但以中、北部和海拔 200 m 以上的山地是理想的经济栽培区。这些地区的气候接近亚热带气候,种植在这些地方,就能够满足龙眼的开花条件。在南部地区,如果在 11—12 月份,气候暖和、雨水多,则容易出冬梢,造成不能开花。在目前的技术水平下,在南部发展龙眼不比中、北部好,而在南部山区则也适合作为经济植物栽培。在河沟旁、旧宅场基地的黄壤、黏壤、冲积土或砾土等土壤上均可以种植,但以土层深厚、土质疏松的肥沃壤土更好,更不要选渍水、土层浅的地方建果园。龙眼是比较耐旱的果树,但遇旱要有水抗旱,开花结果时要有水供给。因此,要把果园设在水利渠道流经地或池塘、水库附近。没有具备上述条件的地方,应在果园里打深井、筑水池备水浇灌。

果园的面积大小,要根据种植者的资金多少、技术水平、管理能力来决定。一般来说,有 3~5 亩的小果园,有几十至百亩的中等果园,也有 500 亩以上的大果园等。

新开垦的中大型果园,要规划好大、小道路和防风林带,以方便管理和防台风。丘陵山地按等高线种植,或先筑成梯田后种植,防止海南经常下大雨、暴雨而造成水土严重流失。

2) 种植

龙眼种植分春植和秋植两个时期。春植以清明前后最好,秋植在立秋至处暑最好。定植时要掌握在新梢萌发前或老熟后进行,以免影响成活率和引起新梢枯死,可选在阴天或下午种植。

种植的密度依地势和土质而定,地势低、土质瘦瘠则较密,反之则疏。一般株行距为 4 m×6 m、6 m×7 m,采用三角形种植方式。

植穴要求深、宽各 80~100 cm,挖穴时将表土和心土分别放置曝晒一段时间后,先填回表土,后填回心土。基肥用塘泥、人畜粪肥、石灰和过磷酸钙等,每穴下肥 50~100 kg。下肥时注意与穴土混合均匀,防止浓度过高造成烂根。

龙眼最好做到带土定植,起苗前 1~2 d 灌水,使苗圃地土壤湿透,以便起苗时泥团完整。起嫁接苗时,以苗为中心,将起苗器从苗株两侧直插入土,用大铁槌大力敲打深插入土中,摇动起苗器。然后把起苗器与苗连根带泥一同拔起,剪去过长主根,打开起苗器,便成为带有圆筒形泥团的龙眼苗。用薄膜袋或薄膜将整个泥团包好,再用绳子把薄膜扎紧,就成为供种植的带土袋装苗。种前剪去部分叶片,远途运输、数量大,不便带泥土的,应在挖苗前灌跑马水,用长齿锄在离根较远处锄断主根,把苗撬起,减少损伤细小侧根,剪去嫩枝、嫩芽,保留老叶 8~10 片,把小叶剪去一半,分级把苗 20~25 株一捆扎实。将根部沾上混有高美施腐殖剂、爱多收等植物生长调节剂以及黄泥浆,即用薄膜捆扎包裹。裸根苗具有运输方便的优点,适合春天种植。如遇干冷天气,剪去全部叶片,仅留 30~40 cm 主干,用塑料薄膜条自下向上覆瓦状包住主干。如此处理后,裸根苗种下也容易成活。

用塑料袋装经过假植一个月以上的龙眼苗,因根系损伤小,一年四季都可以种植。

以往栽植果树一般采取"挖坑—植树—浇水"的方法,而现在更科学的方法是"挖坑—浇水—植树"。其道理是若龙眼栽植后浇水,当水量少时,下面的根系不易吸收到水分,太阳一晒,水分很快被蒸发,土壤易发生干裂,并且,浇水使表土形成泥浆层,造成土壤通气不良;灌水多时,则使根系伤口处于水的浸泡之中,影响伤口愈合,并造成伤口腐烂,影响生根和水分的吸收。而采用"挖坑—浇水—植树"这一新法栽植的果树,成活率可大大提高。其原因是,由于树根的下层土壤已经踏实,坑内水分可通过下面土壤毛细管上升,使根系处于温度和湿度适中的土中;而树坑上层的土壤疏松,有利于气体交换和保水,具有省工和省时等优点。在不是特别干旱的条件下,栽植后,成活前一般不需要天天浇水,一个星期浇水一次,对于袋装苗的成活来讲是不成问题的。

种植前植穴回土要做成高约 10 cm,宽约 1 m 的土墩,此项工作应在定植前 2 个月前做好,让土壤稍充实,并做成根盘,以利淋水,防止水土的流失。在其上开小穴种植,种植深度与果树原在苗圃的深度相同,切忌埋过接口,造成接口腐烂。种植完毕要盖草,保持树盘疏松湿润,防止表土板结,有利降温,防止伤根。海南部分果农认为,在坡地、山区种龙眼容易受旱,因此要种得深,下雨时可蓄水,保持植穴湿润,这是不对的。由于种得深,积水后植穴中缺乏空气,使根系活动能力降低,甚至窒息,使幼苗很难生长起来。由于植前植穴中土壤疏松,有机肥尚未腐烂,起土墩后,经过一年半载,土墩逐渐下沉,使幼苗植位与表土基本一致,幼苗容易生长。

龙眼种植时一定要下基肥,如果不重视下基肥,追肥又不及时,幼苗初期生长受挫,甚至会停止生长,变成“小老苗”。这种苗总是长不起来,挖掉又可惜,管理又费劲。只有挖大穴,下足基肥,及时管理,才能使龙眼根深叶茂、早生快发,为早结丰产打下扎实的基础。

3)施肥

(1)幼年树施肥

幼树种下一个月开始长出新根后就可施肥。如过早施肥,新根尚未长出,无法吸收肥料,从而造成浪费;过迟追肥,幼苗早期生长就会受挫。因此,第一次施肥要及时。但是,由于幼树根少,吸收能力弱,而枝梢发生次数又较多,故要充分利用稀薄人粪尿,进行勤施薄施,可以促梢并促进根系发展和培育、扩大树冠。促梢肥的施用方法要讲究施用量及其浓度,坚持由少到多、由稀到浓的原则。1~2年龄树要注意施好催梢肥、壮梢肥。抽梢前10~15 d,每株树施人粪尿半桶,加50 g尿素或100 g复合肥;树叶转淡时,再施1/3桶粪水、氯化钾150 g。这样,就能促使幼龄树每年都能抽发新梢五六次,达到有效地扩大树冠的目的。

(2)结果树施肥

结果树通常每年施肥2~3次。第一次于采果前一周或采果后立即施重肥,占全年总施肥量的60%~70%,为促使秋梢萌发打下良好的基础。海南龙眼采果后就进入雨季,壮健的树,采果前枝梢先端腋芽已相当饱满,采果后半个月内,就萌发第一次梢。秋梢肥施得早,则秋梢就早萌发,45~50 d老熟,壮健的树,紧接着就抽第二次梢,这次梢是次年的良好结果母枝。如果第一次秋梢数量少且短、叶小而薄,是缺肥象征,应马上补施,促使萌发壮健的第二次秋梢。

第二次肥于小寒至大寒进行,以促进抽生壮健花穗,并促使开花结果良好。

第三次肥于立夏至小满疏果后施,农民称为“补肚肥”。这次肥对促进幼果发育、提高产量有直接作用,并能维持树势壮健,利于采果后萌发新梢。

(3)根外追肥

在开花前、谢花后和幼果膨大期,结合防治病虫害,可进行根外追肥1~3次。此举对于防止落花落果、促进果实长大和防治病虫为害,都有明显的效果。目前果农采取如下方法取得明显的效果:在龙眼开花前喷洒一次0.1%硼砂、0.3%尿素、0.3%磷酸二氢钾、1 000倍特多收混合液。在谢花后幼果出现时,喷洒一次0.1%硫酸美、0.3%尿素、0.3%磷酸二氢钾、25 μg/mL防落素,能减少落果,提高坐果率。在龙眼挂果中后期,每7~10 d叶面喷施一次0.1%硫酸镁、0.3%尿素、0.3%磷酸二氢钾、1 000倍特多收混合液,连喷3~5次,均匀喷湿叶片和果实,以开始有水珠往下滴为宜。此外,还有叶面宝、喷施宝、植丰素、高美施、爱多收和稀土等,都是适合进行根外喷施的植物生长调节剂和微肥。根外喷施时,可以单独喷施,也可以与农药混施。总之,要因地制宜并结合龙眼生长发育的实际情况灵活应用。这样做,能提高叶片和果实的营养水平,保持叶片浓绿不褪色,防止叶片黄化脱落,有效地保护树势,防止衰退,并减少落果、裂果。

（4）施肥量

施肥的数量多少,要根据树的大小、树势强弱、结果多少而决定。采果前后要重施肥,每结 50 kg 果,则应下花生麸 1.5 kg 与粪水 10～15 kg,混合沤浸后施下,或者每株施入尿素 1～1.5 kg、人粪尿 50～100 kg。没有结果的树只补施结果树的 1/3 施肥量。第二次促花肥一般每株施尿素或复合肥 0.5～1 kg 或粪水 25～50 kg。第三次视结果量而定,每 50 kg 果约施尿素或复合肥 0.5 kg。

（5）施肥方法

施肥时在树冠滴水线处开浅沟和猪腰形小穴 3～4 个,或开环状沟等,淋下粪水或化肥都要覆土,切勿淋施在树头附近。其目的是引导根向土壤深处和向外扩大,防止浪费肥料,提高肥料的利用率。龙眼主要靠毛细根吸收水分和肥料。

（6）垫土、铺肥护根

龙眼进入壮年丰产期后,由于养分集中供应于开花、结果,很少输向根系,导致地下根系缺乏营养而衰退,甚至死亡,无法吸收肥水供应地上部需要,造成树势衰退。所以,要注意保护根系,以增强其吸收功能。具体做法是用腐熟的垃圾肥和其他地方的表土,铺施在树冠下的表土上,从树冠滴水线外 30～40 cm 的地方向内铺,一直铺至离主干 40～50 cm 处。有条件的,最好再铺一层厚 5～10 cm 的杂草,以利于根系在松、软、暖、凉的环境下生长。

4）扩穴、压青、改土、间种

龙眼树种后 2～3 年内,每年都要进行扩穴压青 1～2 次,每株可用花生苗、绿肥、牧草、烟骨、垃圾肥等 20～30 kg,加入石灰 250 g、过磷酸钙 500 g 压青。把植株树盘周围扩大到 2 m 左右,通过压青施肥、改土,使土质逐步改良,达到深、松、肥、润的标准,为早结、丰产、稳产打下基础。

幼年龙眼园内要进行间种。一二年内龙眼生长比较慢,树冠较小,空闲土地多,容易长草,浪费土地,造成水土流失、土温太高,从而影响幼树生长。果农常常在龙眼株行之间,种植西瓜、冬瓜、南瓜、豆类、叶菜类、绿肥和培育一造苗木,做到以短养长、长短结合,从而改良土壤、增加经济收入。

5）整形、修剪

要使幼龄树长势好,除及时追肥外,还要进行修剪整形。一般主干应留 30～45 cm 高、主枝 3～4 条,而且分布均匀。要使幼龄树枝条生长快,每年必须抽生 5～6 次梢,要抓紧在春、夏梢时,把过长的梢及时短截或摘心,使其增加有效梢数和分枝级数,并抓好疏芽工作,使每梢只留两个新芽,最多不超过三芽,其余的均应摘除。要剪去残弱梢、扫把梢和病虫梢,使树冠分布成圆头形的丰产树冠,这样对实现三年试产、四年投产、五六年夺高产的计划才有保证。

结果树于 8 月份收果后,结合施肥,将枯枝、病虫枝、弱枝剪去,同时将株间交叉或超过

30 cm 的枝条进行短截,提高果园的通风透光性,使结果树能抽出二次充实的秋梢。通过抹芽,每枝梢留 1~2 条枝梢,并控制梢的长度在 25 cm 左右。这样做有利于培养充实的结果母枝,容易控制冬梢发生,促进第二年开花。对于过密的大枝也要剪去,具体要求:树冠内部大枝可疏可不疏的则疏,在树冠外围的大枝可疏可不疏的则不疏。

6)控梢、促花

在气温高、雨水充足的环境下,种植 2~3 年的龙眼幼年树树冠直径可达 1.5~2 m,树高 1.5 m 左右。当树冠直径达 1.5 m 时,就可以试产。但是由于幼龄树营养生长特别旺盛,每次梢长得又长又粗,并且常常抽发冬梢、消耗养分,影响龙眼幼树的花芽分化,从而影响幼树早结丰产。因此,要采取措施,进行控梢、促花。

(1)短截

适当短截枝梢,培育丰产树冠。龙眼的营养生长特别强,顶端优势极明显。如不适当的短截,主枝条较粗壮,分枝较小,难以形成较为紧密的树冠,也不利于花芽分化和坐果。根据调查,龙眼花芽分化和坐果较好的结果母枝的粗度,最理想是直径 0.7~1.0 cm、长度在 30 cm 左右。因此,种植后一年,尤其是在放果前一年,要根据树势,对大枝作适当的短截,控制枝条过粗和过长,增加枝条密度。方法是末次梢直径超过 1.2 cm 的,剪去两个顶芽。剪顶后抽生分枝较多,应及时疏芽。据母枝生势,留分布均匀的 2~3 条枝,作为生长枝或结果母枝,同时,剪去过细的、直径在 0.3 cm 以下的枝条和阴枝。

(2)药物控梢、促花

幼龄龙眼树,由于营养生长旺盛,容易抽冬梢。冬梢幼嫩不充实,营养水平低,很难花芽分化、开花和坐果。因此,在结果母枝转绿后,一般在 11 月上旬至 12 月上旬,当龙眼部分植株或枝梢抽生的冬梢长 5 cm 左右时,喷施 1~2 次植物生长调节剂,能杀除已抽生嫩冬梢,并能延缓与控制营养生长,有利于积累养分,促进花芽分化,提高雌花比率,控制花穗长度,提高花质及坐果率。近年来,普遍采用乙烯利、青鲜素、B$_9$、多效唑等进行控梢、促花。根据各地经验,认为乙烯利含量为 40% 的商业品者,其使用浓度以 200~400 μg/mL 为好;B$_9$ 的使用浓度则以 1 000 μg/mL 为好。乙烯利和 B$_9$ 混合使用效果更好,如梢短应采用低浓度,其使用浓度是乙烯利 200 μg/mL+1 000 μg/mL B$_9$;如冬梢长则应采用中高浓度,其使用浓度是乙烯利 300 μg/mL+1 000 μg/mL B$_9$。此外,浓度为 0.075%~0.12% 的多效唑也有控制冬梢、促进花芽分化的作用。喷施时不能喷得太湿,以均匀喷洒在冬梢或顶层叶片上刚要滴水为宜。由于龙眼对乙烯利较为敏感,喷施后容易发生叶片黄化,甚至落叶,尤其是在干旱天气和对树势弱的树喷施,更容易发生上述现象。当叶片开始黄化时,及时浇水可以减轻叶片黄化和落叶,如单独使用时,浓度以 300 μg/mL 较好。

(3)冬季翻土

在树冠滴水线内外翻土,可切断一部分须根,抑制根对养分和水分的吸收,能有效地抑制冬梢萌发。同时,在树盘外翻土,可以加速土壤熟化,提高土壤肥力。其做法是,在树盘内翻深 20 cm 左右,在树盘外翻深 30 cm 左右。

(4)环割、环扎

此举对控制冬梢,促进成花有显著的效果,但环割后植株在冬季抵抗低温、干旱能力明显下降,容易引起黄叶、落叶,造成树势严重衰退,即使成花也难结果。因此,只能在青壮年树,水肥条件好、树势壮旺的植株上进行,一般以轻度为宜,选用钢锯片对低龄树进行螺旋状环割效果好。环割选末次秋梢老熟时进行。环扎是安全的控梢、促花措施,用 12～16 号铁线环扎于主干或主枝处,见花芽时就解绑。由于本方法作用较慢,应比环割提早 10～15 d 进行。

(5)剪春叶或杀春叶

与花穗同时出现的嫩叶叫作"春叶"。龙眼在抽穗时,常常伴有春叶生出,如果气温较高、雨水较多,春叶生长较强、争养分,抑制了花穗生长及花芽分化,使花穗变成春梢,即冲梢现象。因此,应在叶片展开前及时剪去春叶、直至开完花为止,或及时喷施浓度 150 μg/mL 的乙烯利杀叶,对提高花质及坐果率效果较好。

7)疏花、疏果

龙眼的大小年结果现象较普遍,除受气候、果园管理水平和环境影响外,也与龙眼梢生长和结果习性有极大的关系。由于龙眼在枝梢的顶端抽穗、开花与结果,要等到收果后才能抽发秋梢。由于时间短,冬天到来气候变冷、干旱,秋梢生长不充实,难成为结果母枝。有的结果枝条当年不萌发秋梢,要在第二年才抽春、夏梢,而造成第二年不结果。因此,要使龙眼年年丰产、稳产,除选好良种、加强管理外,适时、适量地疏花、疏果,仍是不可缺少的工作。因此,要在开花时疏去一部分花穗,减少养分消耗,保证养分供开花、结果和培育强壮的夏梢和秋梢,作为下一年的结果母枝。疏花穗时间以春分至清明这段时间为好,把病穗、弱穗、特别突出的强穗和带叶子等不好的花穗剪去,剪穗时应选好天气进行。根据树冠的大小定产量和花穗数量,一般以每穗 500 g 鲜果为宜。

疏果是提高鲜果重量和品质的一项不可忽视的工作。不经过疏果的龙眼,难以打进国际市场,无法摆在高级市场的货架上,其道理是由于龙眼坐果率比荔枝高,结果多、果子小。在 4 月份,根据树的大小和枝条的强弱,剪去一部分花穗和果实,先把过多的果穗和坐果稀少的空穗剪去,然后把并蒂果、生长不齐的小果、病果、太密的果剪去,使每两粒果实之间至少有 1 cm 的距离。这样,所结的果大、均匀、色泽美观。

8)老树的更新处理

在我国龙眼的主产区,老龄龙眼树不挂果的现象十分普遍。这些龙眼树大都有几十年的树龄,有的树龄还超百年。过去,一株龙眼树可产几百公斤龙眼,但是近几年来,这些龙眼树只开花不结果,有些甚至连花也不开。因此,必须进行老树的更新处理。老树更新就能结果,一般采取以下具体处理办法。

(1)挖沟埋青

在离龙眼树根部周围 2 m 处开挖环形沟,沟深 70 cm 左右。把沟里的土打碎,同时将沟里见到的旧根切断,然后将杂草、垃圾肥放进沟底,再撒上一层石灰后盖满碎土。老、旧根切断后,就会生出很多毛细根,这些根吸收肥、水能力强,就能使老树恢复树势。

(2)修枝整形

将枯枝、病虫枝、密生枝进行全面修剪,改善树冠的通风透光条件。

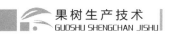

（3）清园喷药控冬梢

冬天清理龙眼园地面的枯枝落叶、杂草等，集中燃烧后当作肥料，结合此项工作，对全树喷洒一次石硫合剂。1月份寒冷季节摇树抓荔枝蝽象成虫。在春天回暖后至开花前，全面喷美曲膦酯、速灭杀丁等农药，将荔枝蝽象的越冬成虫消灭在产卵之前，还要喷三氯杀螨醇等农药，防治红蜘蛛和其他螨类害虫危害。在最后一次秋梢老熟后，喷洒40%的乙烯利300～400 μg/mL和花果灵等药液一次，或在开始长出冬梢而叶片未展开时，再喷一次上述药物，就会达到控梢促花的目的。这样，经过几年的科学管理，老的龙眼树就会恢复生长势，正常开花结果。

9）病虫害防治

龙眼的病虫害比较少，主要病害有鬼帚病、煤烟病；虫害主要有荔枝蝽象、金龟子、爻纹细蛾、角颊木虱、亥麦尺蠖、白蛾蜡蝉、卷叶蛾、天牛和果蝠等。

（1）鬼帚病（秃枝病、丛枝病）

鬼帚病是一种危险性病毒病害，具有传染性。该病在龙眼老产区往往造成龙眼严重减产，轻者减产一两成，重者则全株不结果。主要症状为幼叶不伸展，卷缩似月牙形，枝梢丛生呈扫帚状，花穗紧缩成团，基节肿大，髓部变黑。致病后开花不结果，不过病穗中无病的支穗的花仍能正常结果。当花穗及新梢呈现病征时，如能及时剪除，则以后所抽新梢仍能健康成长。减轻该病危害是当前龙眼生产上迫切要求解决的问题。对该病应做好预防工作，采取以下综合治理办法。

①注意培育和引进无病良种苗木。做好种苗来源地调查工作，不要到病区调苗，以防苗木带病传入。为了保证苗木不带病，要从健壮母树上采种子，培育无病砧木；接穗采自无病优良母树上的枝条；苗期及时防治荔枝蝽象和龙眼角颊木虱等害虫。

②结合修剪，剪除病枝、病穗。修剪在冬、春两个季节进行，冬季修剪的重点是剪去病虫枝、弱枝、枯枝。春季修剪主要是剪去发病的新梢和花穗，修剪要及时、彻底，把剪下的病虫枝集中销毁。经剪后的枝条，在加强肥水的管理下，重新抽出的新梢，也能健康地成长起来。

③加强果园管理，提高植株抗病力。在苗木不带病的前提下，加强果园的管理，对龙眼园进行培肥松土，增施复合肥、钾肥和石灰，同时进行科学排灌，促进根系发育，增强树势，从而提高抗病能力。相反，失管的果园，树势衰弱，抗病力明显下降，容易发病，造成减产。

④成年树及时防治荔枝蝽象、龙眼角颊木虱，消灭传病媒介。

（2）煤烟病

此病危害叶片、花穗及果实，影响叶片光合作用，造成落花、落果。该病由真菌危害引起。适度修剪，有利于通风透光，可减轻危害；发病初期喷石硫合剂或松脂合剂均可防治。

（3）荔枝蝽象

该虫主要危害花穗及春梢幼叶，虫的臭液对叶片、花、果都有毒害作用。蝽象一年一个世代，从花期至果实成熟时都严重为害，造成落花、落果，甚至颗粒无收。

主要防治办法如下。

①捕捉成虫，摘除卵块。在12月至下年1月寒潮到来的寒冷季节里，摇树拾起掉在地

上的假死成虫并消灭之。勤查园,一经发现卵块,及时摘除,然后集中起来杀灭。

②放寄生蜂。在果园中放平腹小蜂寄生荔枝蝽象卵,以降低虫口密度。

③喷药。一经发现虫害,立即喷药防治,目前使用的农药有美曲膦酯、速灭杀丁、灭百可等多种,其中美曲膦酯最好,称为杀灭荔枝蝽象的特效药。90%美曲膦酯晶体的700~800倍溶液,可杀死成虫,死亡率达到90%以上。

（4）龙眼角颊木虱

龙眼角颊木虱是我国龙眼产区的一种重要害虫,一年发生7代。冬天其在被害叶中越冬,翌年2月开始羽化成虫,白天上午9—11时为羽化高峰时间。成虫一般在气温较高时较活跃,受惊扰能飞翔。晴天上午9时,聚集在嫩芽、嫩叶上栖息取食,取食时将口器从叶片表皮细胞的胞间刺入叶肉组织,然后分泌唾液刺激和破坏叶肉组织,吸取汁液,2~3天后产生"钉状"孔;对花穗也同样吸食为害,破坏叶片、花穗的正常生长。陈景耀报道此虫是龙眼鬼帚病的传媒昆虫之一。

防治方法如下。

①加强肥水管理,促使抽梢整齐一致;对于零星抽发的嫩梢,可人工摘除。

②做好越冬期防治工作。结合修剪,剪除阴枝、病虫枝,保持果园清洁,并用40%氧化乐果1 000倍液喷杀,减少越冬虫源。

③在每次嫩梢期,角颊木虱卵和若虫较集中,活动能力弱,对药剂较敏感,是药剂防治的最适时期,可用80%敌敌果乳油1 000倍液或乙酰甲胺磷乳油600~700倍液等有机磷农药防治。

（5）金龟子

海南省有的地方叫它为"清明虫",因其清明前后发生最多。主要为害花穗、幼果及新梢,尤以天气闷势时盛发。

防治方法如下。

①可在傍晚用800倍美曲膦酯液喷射或用灯光诱杀。

②清明前4天内,进行果园松土,黄昏时用呋喃丹拌细沙,撒施在植株周围的表土上,触杀出土虫体。

③发现危害时,于晚上7—9点到果园摇树捕杀成虫。

（6）爻纹细蛾

爻纹细蛾以幼虫蛀食龙眼嫩叶主脉、嫩梢及果实,在果实由绿转红、接近成熟时是为害高峰,幼果期开始为害,幼虫在果蒂处排粪,造成落果,使品质降低。

防治方法如下。

①出嫩梢或采果前,每隔1~2个星期喷一次25%杀虫双300倍稀释液,或20%速灭杀丁3 000倍稀释液,或2.5%敌杀死400倍稀释等农药。

②进行冬季清园,减少虫源。

（7）卷叶蛾类

此类虫害主要为害花穗、幼果、嫩叶,没有比较固定的钻蛀位置,有较明显的蛀入孔,在孔口附近有虫粪并呈丝状。后期蛀孔附近呈水渍状,为害幼果时使果汁外溢,可造成落果。该虫类为害花穗时,其幼虫吐丝把多个小花牵连在一起,匿藏其中,多在小梗基部食害,造

成小梗上的花枯死。为害幼叶的幼虫,一边吐丝一边把叶卷起;有的把几片叶缀连起来,虫体则藏于其中。

防治办法如下。

①生物防治:受卷叶蛾危害严重的地区,最好于荔枝、龙眼花期,在卷叶蛾卵期刚开始时,放养松毛虫赤眼蜂。

②药物防治:于盛花期前、谢花后,掌握幼虫产卵盛期,喷速灭杀丁或1%氯氰菊酯3 000倍液,也可使用90%结晶美曲膦酯500~800倍液。

③农业防治:控制龙眼冬梢,也可减少卷叶蛾越冬虫口基数。

(8)天牛

天牛有多个品种,主要是龟背天牛。

该虫主要为害树干和枝条。清明前后,幼虫开始蛀入主干蛀食,形成隧道。边蛀食边排粪便,常使枝条干枯;严重者,全株死亡。

防治办法如下。

冬季用石灰涂主干约1 m高,杀死虫卵;立秋前用钢丝钩杀幼虫,或用兽用注射器将500倍敌敌畏液注于洞中,然后用黄坭堵住洞口,将幼虫杀死于洞中。

(9)果蝠(飞鼠)

果实即将成熟时,果蝠会在夜晚成群咬食果实,或拍打造成落果,防治起来十分困难。

防治办法如下。

在树冠上2~3 m处,支起2~4 cm孔的渔网,可将碰网的果蝠捆住;果子将成熟时,将筋仔树小树枝覆盖在树冠上,利用小刺刺伤果蝠;抓几只果蝠,用小棍击打,让它们发出悲惨的叫声,进行录音,晚上拿到果园中播放驱赶;还有寻找蝙蝠窝杀灭等办法。

在生产上,果农常常根据龙眼不同的生长、开花、结果时期,结合根外追肥、保花、保果等工作一起进行病虫害的综合防治。重点抓枝梢生长期、花芽分化期、抽穗和花蕾期、开花期、谢花至成熟期等各个关键时期,进行综合防治,现将主要做法介绍如下。

①枝梢生长期。此时期以防治吃叶、梢类的金龟子、卷叶蛾类害虫为主,主要在芽萌动、抽芽5 cm以内、叶片未转绿时进行。害虫喜欢食嫩叶,一般不吃老叶。可喷1~2次2.5%溴氰菊酯3 000倍;10%氯氰菊酯3 000倍+95%美曲膦酯700倍+0.2%尿素+0.3%磷酸二氢钾+12 000倍叶面宝混合液。

②花芽分化期。单独喷施石硫合剂、乙酰甲胺磷防治病虫害。控梢促花所采用的植物生长调节剂乙烯利和B9也要单独喷施。叶面追肥可喷0.3%磷酸二氢钾+0.1%硫酸镁+0.1%硫酸锌+1 000倍特多收混合液。每隔10 d左右喷一次,共喷3~4次。

③抽穗和花蕾期。以防治荔枝蝽象、金龟子等为主,结合叶面追肥可喷80%敌敌畏1 000倍,或者用95%晶体美曲膦酯700倍+0.2%磷酸二氢钾+0.1%硼砂混合液,共喷2~3次,每10 d一次。

④开花期。一般不喷杀虫剂,以免杀死蜜蜂,影响传粉。在开花盛期,也不能喷农药,以免影响授粉受精。但可在傍晚或早晨喷0.5 μg/mL三十烷醇+0.2%磷酸二氢钾混合液。此时放蜜蜂进园采蜜传粉,成年树每亩放蜂两群,有利授粉、结果。

⑤谢花至成熟期。主要防治蛀蒂虫和荔枝蝽象等害虫。谢花后就喷10%氯氰菊

酯 3 000 倍+95%美曲膦酯 700 倍+3 μg/mL 2,4-D+0.2%尿素+0.2%磷酸二氢钾混合液，谢花后 15 d 左右喷 2.5%溴氰菊酯 3 000 倍+25 μg/mL 防落素+0.2%尿素+0.2%磷酸二氢钾+12 000 倍叶面宝混合液。谢花后一个月喷 10%氯氰菊酯 3 000 倍+80%敌敌畏 1 000 倍+“九二〇”20 μg/mL+0.3%尿素+0.3%磷酸二氢钾+1 500 倍爱多收混合液。

12.2.3 龙眼的采收及贮藏保鲜

1）采收

龙眼的适时采收和合理采摘，关系到当年产量和翌年结果多少。当果皮由青转为黄褐色，果由坚硬变得柔软有弹性，果肉饱满味甜，果核变黑或褐色时，就达到成熟，必须及时采收。采收过迟，不但会造成落果，影响产量，品质下降，且因不能解除母树的负担，使秋梢抽出不及时，从而影响花芽分化。采果时不带叶或少带叶，具体做法是在近果穗的第一片叶以上或第一片叶处拗下，留下一段比其他部位膨大一些、芽也比较密集的叫做“龙头桠”的部分，让这部分的几个壮芽早发秋梢，以便明年能继续开花结果。

摘收时应选早晨或傍晚进行，这样可以保持果实的色泽新鲜。中午温度过高，果实容易变色变质，不宜采摘。采下的果实要轻轻地放在小竹筐内，放在阴凉处，并用叶片遮盖，以免曝晒。

鲜果装运时，多用竹箩、多孔塑料箱，下垫龙眼新鲜叶片。装箱、装箩之前，剔除坏果，剪去果穗上的叶柄，折去过长的穗梗，使果穗整齐。装筐时，果穗的先端向外，穗梗向内，这样中部留有空隙，空气容易流通，可减少腐烂。

2）贮藏保鲜技术要点

龙眼与柑橘、苹果、梨、香蕉等水果相比，更不耐贮运，采摘下来的果实容易变褐，果肉变质，几天内就失去了色、香、味。这样，大大地制约了其销售范围。目前，各主产国正致力于龙眼贮藏运输技术的研究工作，这些技术既有传统的，又有现代的，如热烫处理、二氧化硫熏蒸防腐处理、冷藏、气调贮藏，以及化学降温、吸湿、吸乙烯等方法。鲜果采取气调运输和常温运输两种方式，后者不如前者贮运路途长，但费用少、省工时。泰国在龙眼贮藏、保鲜工作方面做得较好，其鲜果已能运销至亚洲、欧洲和美洲部分国家。

具体做法步骤如下：选择皮厚、质优、果大的品种。采收前 10 d 内不灌水，并做好病虫害防治工作。这样一来，果实水分含量少，没有病虫伤口，有利于贮藏、运输。用于贮运的果实，应避免过热。不要在雨天、中午或下午采收，选阴天或晴天上午摘果，将龙眼整穗剪下，除去病虫害果和受伤果。要轻摘轻放，待果实散热后就入箱（筐），等待入库前的处理。近 3 年来，泰国采用浓度为 1% ~2%的二氧化硫气体熏蒸 20 min 等办法处理，使果能贮藏 3 个月之久，货架寿命达 4 ~5 d；还有采用浓度为 500 ~1 000 μg/mL 的特克多液浸果处理 1 min。将经过处理的果穗装入纸箱、木箱、塑料箱或竹筐中，每箱净重 10 ~15 kg，箱内要衬有塑料膜以防失水，膜的厚度以 0.02 mm 为宜。也可以用 0.02 mm 厚的塑料薄膜小袋包装，每袋净重 1 kg，然后装箱。装箱的鲜果就可以入冷藏库或冷藏车。在进入冷藏前，由于果实在夏、秋高温季节收获，果实温度高，如果马上入库，由于温差大，容易失水，影响品质，因此,必须在冷库中预冷到 8~10 ℃,再进入冷库或冷车贮藏。冷库控制湿度为 85%,温度为 3~4 ℃,定期通风换气,每 15~30 d 检查一次。除去烂果,防止其感染好果。最后,要根据市场需要,做到计划销售,防止受高温影响,降低品质,而卖不到好价钱。

项目小结)))

掌握龙眼的生物学特性,理解其对栽培环境的要求;掌握科学、合理地建造苗圃、应用多种技术育苗的技能;熟练掌握龙眼的果园管理,包括肥水管理、树体管理、花果管理及病虫害防治等相关知识与技能;了解龙眼的采收及贮藏保鲜技术,确保龙眼的丰产、稳产。

复习思考题)))

1. 龙眼的根系有哪些特性?
2. 龙眼枝梢生长与开花结果有何关系?
3. 龙眼何时分化花芽?
4. 龙眼在不同生长发育期中对温度的要求有何不同?
5. 龙眼在不同生长发育期中对水分的要求有何不同?
6. 龙眼的嫁接技术有几种? 各有何优、缺点?
7. 怎样提高龙眼的定植成活率?
8. 龙眼幼年树整形修剪的目的是什么? 怎样进行整形修剪?
9. 不同年龄的结果树管理特点如何?
10. 结果树为何要培养适时健壮的秋梢结果母枝?
11. 结果树如何进行短截修剪? 要注意哪些问题?
12. 如何调控龙眼的花期和花量?
13. 如何进行老树的更新处理?
14. 怎样做到龙眼的适时采收? 其主要贮藏保鲜要点有哪些?

项目13 芒果生产

项目描述 芒果是著名
的热带水果,被列为世界五大水果
之一,年产量居世界第五位。芒果
果实美观,肉质细嫩,香味浓郁,营
养价值高。芒果含有大量的糖类、
蛋白质、维生素 C 和胡萝卜素;另
外,还含有相当数量的 A、B 族维
生素及钙、磷、铁等无机盐。果实
除鲜食外,还可以加工成罐头、果
汁和蜜饯。叶片也可以制药。本
项目主要介绍芒果生产情况,重点
掌握生产方案的制定,并能按生产
方案进行生产。

学习目标 了解芒果管
理措施的基本原理,认识芒果生产过程中田间管理措施的重要性,掌握芒果的土、肥、水管
理技术,花果技术,病虫害防治技术。

能力目标 熟练掌握芒果生产中田间管理的各种技术与方法。

素质目标 提高学生独立思考能力,培养学生团结协作、创新吃苦的意识。

 项目任务设计

项目名称	项目 13 芒果生产	
工作任务	任务 13.1 生产概况 任务 13.2 生产技术	
项目任务要求	熟练掌握芒果品种和生物学特性,了解芒果的生产概况	

任务 13.1　生产概况

活动情景　联系已经建设好的芒果园,先进行参观,然后就芒果园的建立与管理措施进行提问。

 工作任务单设计

工作任务名称	任务 13.1　芒果生产概况		建议教学时数	
任务要求	1.了解芒果品种 2.了解芒果的生物学特性			
工作内容	1.了解芒果品种 2.了解芒果的生物学特性			
工作方法	以老师课堂讲授和学生自学相结合的方式完成相关理论知识学习;以田间项目教学法和任务驱动法,使学生掌握芒果的生产技术			
工作条件	多媒体设备、资料室、互联网、试验地、相关劳动工具等			
工作步骤	资讯:教师由芒果果实引入芒果生产,进行相关知识点的讲解,并下达工作任务 计划:学生在熟悉芒果生产特性的基础上,查阅有关芒果的资料,收集信息,了解芒果生产概况,师生针对芒果生产的有关问题进行交流、答疑 决策:学生在教师讲解和收集信息的基础上,分组识别芒果品种和了解生物学特性,避免盲目性 实施:学生在教师辅导下,按照生产方案逐步实施 检查:为保证芒果生产任务的完成,在生产过程中学生要自查、互查、教师定期检查 评估:学生自评、互评,教师点评			
工作成果	完成工作任务、作业、报告			
考核要素	课堂表现			
	学习态度			
	知识	1.了解芒果品种 2.熟悉芒果的生物学特性		
	能力	熟练掌握芒果品种和生物学特性		
	综合素质	独立思考,团结协作,创新吃苦,严谨操作		
工作评价 环节	自我评价	本人签名:　　　　　　　　　年　　月　　日		
	小组评价	组长签名:　　　　　　　　　年　　月　　日		
	教师评价	教师签名:　　　　　　　　　年　　月　　日		

任务相关知识点

芒果属于漆树科(Anacardiaceae)、芒果属(*Mangifera*)植物。作为著名的热带水果,芒果被列为世界五大水果之一,年产量居世界第五位,仅次于柑橘类、苹果、葡萄、香蕉。芒果果实美观,肉质细嫩,香味浓郁,营养价值高。芒果含有大量的糖类、蛋白质、维生素 C 和胡萝卜素,另外,还含有相当数量的 A、B 族维生素及钙、磷、铁等无机盐。果实除鲜食外,还可以加工成罐头、果汁和蜜饯。叶片也可以制药。

芒果原产印度,至今已有 4 000 多年的栽培史。目前,全世界约有 87 个国家种植芒果,其中亚洲的芒果栽培面积最大、产量最高,约占世界总产量的 80%。我国芒果的栽培历史不低于 1 300 年,云南省现在仍有树龄为 400～500 年的芒果老树。但在 1985 年之前,我国芒果只有在海南西部、广西百色、云南元江和西双版纳地区有较大面积种植,其他地区栽培分散,呈零星状态。1980 年前后,广西农学院一批以紫花芒为代表的迟花芒果品种,初步解决了当时芒果开花不结果的问题。1985 年后,广西大面积推广种植此类品种,随后,广东从广西引种和扩种紫花芒等品种。随着这些晚花和多次开花品种的问世和产业结构的调整,1995 年后,两广和海南地区的芒果生产有了较大规模的发展,全国种植面积达到 $5.34×10^4 hm^2$ 左右,其中广东面积最大,达 $2.88×10^4 hm^2$。虽然在过去十几年里,我国芒果产业发展迅速,但是芒果的产量仅占全国水果总产量的 2.6%,全国人均拥有量不足 500 g,其产量远远不能满足国内市场的需求。芒果生产上存在的主要问题有,品种区域化不合理,一些种植区仍然受到不同程度的低温阴雨天气危害,造成芒果产量低、商品率不高。其次,果园老化,栽培技术落后,管理粗放,病虫害严重,品种混杂,主栽品种品质差,特别是作为主栽品种的紫花芒,在果实的后熟过程中易出现炭疽病,并且果实味淡、偏酸,导致果园收购价和市场销售价逐年下降。另外,芒果果品在贮运、保鲜及加工技术上的科技投入少,技术滞后,不能满足当前生产发展的需要。在世界竞争日趋激烈的条件下,我国芒果生产应加强科技投入,通过优化芒果品种,推广芒果栽培新技术,提高芒果的产量和品质,利用我国芒果成熟期比东南亚国家芒果成熟期晚 2～4 个月的有利条件,开拓国际市场,提高竞争力和效益。

13.1.1　种类与品种

1)主要种类

芒果根据花中有无花盘,将芒果属分为印度组系和印支组系,共有 41 种,其中可食用的有 15 种,也有人把芒果属分为 39 种。芒果作为果树栽种,较为重要的品种有香芒、异味芒、蓝灰芒、林生芒、褐芒、瓠形芒和巴胡坦芒。此外,我国记载的野生类型有几个种,如冬芒、桃叶芒、云南野芒等。

按照种胚特点,芒果可分为单胚性的亚热带组(印度类型)和多胚性的热带组(东南亚类型)。按生态型并参考种胚特点,可分成 3 大品种群:印度芒果品种群,多数品种为多胚性;印度和菲律宾芒果品种群,多数品种为多胚性;印尼芒果品种群,多数品种为多胚性。

2）主要品种

（1）紫花芒

该品种由广西农大从泰国芒果的实生后代中选出，主要分布在广东、广西、海南等省、自治区。树冠圆头形，开张，长势中等。叶片浓绿色，中等大，两头渐尖，叶缘呈微波浪状。花序较长，圆锥花序，花紫色，两性花占20%～41%，每花序坐果0.85～1.04个，有一年多次开花习性。果实呈斜长椭圆形，果皮灰绿色，果肉橙黄色，纤维极少，经过后熟转为深黄色。果汁较多，肉质细嫩坚实，含糖量12%，含酸量0.09%～0.65%，品质中等。耐贮运。采果前落果严重。

（2）粤西一号

该品种由中国热带农业科学院南亚热带作物研究所（广东湛江）从吕宋芒实生变异单株中选育。在广东湛江、东莞、广州地区栽培较多。树冠圆头形，枝条较开张，长势强。花序圆锥形，长而大，在湛江盛花期为3月中旬，能多次开花。果长卵圆形，果顶较尖，属小果型，平均单果重120～150 g，果皮光滑，成熟后青皮转为青黄或黄色。果肉橙黄色，肉细汁多，纤维较少，风味偏淡，品质中等，可溶性固形物17%，果肉率64%～72%。该品种抗风性较差。

（3）爱文芒

该品种由美国佛罗里达州培育，1984年由澳大利亚引入我国广东湛江南亚热带作物研究所，编为红芒1号。树冠圆头形，树形较矮小，适宜密植。果卵圆形或倒卵形，微扁，无果弯与果嘴。属中果型，平均单果重340 g，成熟时果皮鲜紫红色，皮薄美观。果肉淡黄色，纤维少，风味较淡，品质中上，可溶性固形物16.0%，总糖14.7%，总酸0.16%，属于中早熟，6—7月成熟。不大抗炭疽病，丰产稳产性好。

（4）红芒6号

该品种原为美国佛罗里达州的栽培品种，1984年由中国热带农业科学院从澳大利亚引种。该品种适应性较广，树势壮旺，枝条粗壮，长而下垂，发梢力强。叶片长披针形，叶色深，叶缘呈不规则的波浪状，微有卷曲。开花期在3月下旬至4月下旬。果近圆形，果皮紫红色至红色，果肉深黄色，多汁，纤维中等，平均单果重250～500 g，可食部分82.3%，可溶性固形物15.8%，总糖13.8%，香味浓郁，含酸量少，味甜，品质好，较丰产、稳产。该品种属于晚熟品种，果实生长后期易感染炭疽病。

（5）吕宋芒

吕宋芒原名"卡拉宝"，又称"湛江吕宋""蜜芒""小吕宋"。原产菲律宾，为该国的主要商业栽培品种和出口品种。1938年由我国香港地区引入广东湛江，1987年引入云南，现广布于全国各产区。树冠圆头形，长势中等。花序圆锥形，花序轴淡紫红色。果卵圆形，果弯微，果嘴明显。属小果型，果实大小与各地降雨量有关，单果重130～250 g。成熟时果皮金黄，光滑美观；果肉橙黄色，纤维少，品质上，可溶性固形物17%～20%，总糖12.2%，总酸0.63%，果肉率70%～74%。中早熟，较抗炭疽病。

（6）金煌芒

金煌芒是台湾自育品种，树势强，树冠高大，花朵大而稀疏。果实特大且核薄，果顶突出稍弯曲,肉厚、核扁小。味香甜爽口,果汁多,无纤维,耐贮藏。平均单果重1 200 g,成熟时果皮橙黄色。品质优,商品性好,糖分含量17%。中熟,抗炭疽病。

（7）红象牙芒

该品种是广西农学院自白象牙实生后代中选出。长势强,枝多叶茂。果长圆形,微弯曲,皮色浅绿,挂果期果皮向阳面鲜红色,外形美观。果大,单果重500 g左右,可溶性固形物15%～18%,可食部分占78%,果肉细嫩坚实,纤维少,味香甜,品质好,果实成熟期在7月中、下旬。

（8）台农一号

台农一号芒是台湾省凤山园艺所自育品种。属早熟种,树冠粗壮,生势壮旺,直立,开花早,花期长。较抗炭疽病,适应性广。果实中等,单果重250～300 g,果实光滑美观,肉质嫩滑,纤维少,果汁多,糖分含量20%,味清甜爽口,品质佳,商品性好,深受客商和消费者青睐。

（9）桂热10号

该品种是广西亚热带作物研究所从黄象牙实生变异单株中选出的品系,树势强壮,果实呈条椭圆形,果嘴有明显指状物突出,单果重350～800 g,可食部分占73%,果肉橙黄色,质地细嫩,纤维少,多汁,鲜食品质优良。该品种后期果实易感炭疽病,属于晚熟品种。

（10）桂香芒

桂香芒是秋芒和鹰嘴芒的杂交后代。树势中等偏弱,树形松散,发梢力弱,枝条粗,趋向横生,角度较大,外围枝条柔软下垂,树冠扩大较慢。叶片大,色深绿,叶缘呈明显波浪状。花期比紫花芒稍迟。果实淡绿色,长椭圆形,尖端钝,果皮光滑无果粉,果肉橙黄色,纤维少,略具香味。果实较大,不很均匀,平均单果重约300 g或更多。其可食部分占69%～84%,含可溶性固形物14%～17.5%,味道酸甜适中,核小,多为单胚。品质中上,采收期在8月中旬。该品种果实易感染蒂腐病。

（11）凯特芒

该品种树势强壮。果实呈卵圆形,厚而丰满,底色黄色,盖色粉红,有淡紫色的果粉,皮孔多而小。单果平均重量680 g,皮薄、核小、肉厚,果肉橙质,多汁,无纤维,含糖分17%。晚熟品种,成熟期为8月至9月中旬。

（12）热农2号芒果

该品种由中国热带农业科学院南亚热带作物研究所从美国红芒实生后代群体选育而来。该品种具有成花易,两性花比率高,果实于7月中下旬成熟。果中等偏小,椭圆形,平均单果重228.3 g。青熟时果皮黄绿带紫红色,软熟后果皮红黄色,果肉黄色,肉质细腻,纤维中等,品质优良。可溶性固形物含量15.9%,可滴定酸含量0.36%,维生素C含量35.4 mg/100 g,可食率65.4%。

13.1.2　生物学特性

1)根系及其生长规律

芒果树的根系由主根、侧根和须根组成。具有深根性、主根粗大、入土较深等特点。侧根和须根生长相对较弱,数量少,稀疏细长,分布具明显层次,大多数侧根在 20 ~ 60 cm 土层内。苗期和幼树期水平根生长慢于垂直根,且分布常小于冠径。随着树龄的增长,水平根生长速度加快,成年树根系的水平扩展超过冠径。

芒果的根没有自然休眠,受环境条件的影响,在适宜的环境条件下,可以周年活动,只在土壤干旱或低温季节时,根系生长缓慢或停滞。在华南地区,成年结果树周年有两个明显的根生长高峰。早春萌芽前土温低,根系生长量少;随着气温升高、雨水增多,根系生长较明显,但受旺盛的春梢生长及开花、结果等现象的制约,根系生长仍处于低潮。在果实采收后,秋梢萌发前,如果土壤水分充足,根系会迅速生长,出现第一次生长峰,但时间较短。随着秋梢的萌发和旺盛生长,根系生长又转入低潮。秋梢停止生长后,根系生长进入第二个高峰期。此期间树体养分充足,气温适宜,根的生长量大,生长期长。在秋旱严重地区,土壤水分是根系生长的主要限制因素。随着秋冬气温下降,根生长渐停,下层土壤的根系在冬季较温暖地区仍可继续生长。这两个根生长高峰期与地上部生长高峰期交替出现。

2)枝叶及其生长规律

芒果属于常绿乔木,植株高大,树冠由主干、主枝、侧枝及叶片组成。芒果树主干明显,树皮比较粗糙。芒果树具有较强的顶端优势,顶芽会抑制侧芽的萌发,越是下部的芽,萌发越困难,萌发的枝条角度也越大。幼树管理中常靠人工摘除顶芽,促发侧芽,进而增多枝梢,实现早结果的目的。新梢在枝条先端的顶芽上或上部位腋芽抽出,每年可抽 2 ~ 6 次梢,主要依树龄、品种、栽培措施等因素而异。枝梢多在 2—3 月开始生长,11—12 月停止生长,按季节分为春梢、夏梢、秋梢和冬梢。春梢,于 2—4 月抽生,多为花芽萌发的同时或稍后抽生,开花多的树春梢数量少,开花结果少的树很快又抽一次梢,早、中熟品种抽生的晚春梢会加重落果。夏梢,于 5—7 月抽生,此时温度高、水分充足,枝梢生长旺盛,一般可抽两次,幼年树一般要保夏梢,扩大树冠,以便提早结果;成年树 5—6 月抽生的夏梢会造成落果,生产上要控制夏梢萌发。秋梢,于 8—10 月抽生,是翌年的主要结果母枝,一般采果后抽生,由于温度高、雨水多,因此抽梢量较多,生产上要培养好,让它适时抽生。冬梢,于 10 月以后抽生,由于温度低,抽生量较少,幼树可以保留,以增加树冠。成年结果树要控制冬梢,避免影响来年花芽分化和坐果。

枝梢生长过程:芽顶饱满隆起→鳞片绽开并逐渐脱落→露出嫩叶叠合的新梢→嫩茎伸长→嫩叶展开增大→转色至枝梢完全老熟。完成后,枝梢生长即停止。

3)花芽分化与开花

芒果花芽分化的位置在结果母枝的顶芽或枝条上部的腋芽上,花芽分化的时期一般从 11 月到第二年的 1 月,其时间的长短以及花器的形成发育都与品种、气候和栽培管理状况有很大关系。一般从花芽分化开始至第一朵花开放,需 20 ~ 33 d。如花芽萌发期气温不稳定,会导致花芽分批萌发的现象,萌发的持续期延长。

芒果枝条的顶芽和侧芽都可能抽生花序。顶芽花序对侧芽花序的抽生有抑制作用,去除顶芽花序后,其附近几个腋芽便能抽生花序。生产上可以通过摘除花序、推迟花期等手段,以避免低温阴雨天气对芒果开花坐果的危害。花序的抽生与品种、气候、植株生长状况有关。从花序抽生到终花,需要 2 ~ 3 个月的时间。芒果花分雄花和两性花两种,生于同一花序上,每花序着生200~4 000朵小花。两性花具有花萼、花瓣和雄蕊各5枚(而5枚雄蕊中只有1枚具有正常发育的花粉),雌蕊1枚。多数品种的两性花占总花数的10%~50%,依品种、花芽分化时的气候、开花时的天气条件和树种的营养状况而定。两性花比率高的品种一般较为丰产。

芒果花期多在每年12月至翌年3—4月,与纬度、气候变化和品种及营养情况有关系。芒果从第一朵花开放至全穗开花完需30~40 d,气温高时可缩短至20 d左右。

4)果实与其生长发育

芒果果实为浆质核果,主要由4部分组成,分别为外果皮、中果皮、内果皮和种子。中果皮是食用的部分,种壳内含有种子1枚。果实形状多样,有象牙形、圆形、心状形、长椭圆形、宽椭圆形、椭圆形、纺锤形等。果皮颜色为绿色、黄色、紫红色等,果肉微黄或橙黄色。

芒果种子由种壳和种仁组成,种仁外面有薄膜和褐色的种皮。种子一般较大,种壳外面纤维发达,与果肉相连。

芒果从开花至果实成熟所需天数一般为100~150 d,具体依品种和天气状况而异。果实发育呈单S形,整个发育过程有两个生理落果高峰期:第一次是在开花后15 d内,幼果发育至豌豆大小,主要是因为授粉受精不良引起的;第二次落果高峰期是开花后45~60 d,幼果横径在2~2.5 cm时,主要原因是胚发育不良或养分供应不足或病虫害所致。种壳变硬后,一般较少落果。果实的成熟时期因地区和品种不同而有不同,一般在5月中下旬至9月,多数集中于7月。

13.1.3 对环境条件的要求

1)温度

芒果树起源于热带,有喜温畏寒的特点,一般年平均温度21 ℃以上,最冷月平均温度不低于15 ℃,终年无霜的地方较适宜种植芒果。芒果的营养器官对温度表现较强的适应性,在平均温度20~30 ℃时生长良好,18 ℃以下时生长缓慢,10 ℃以下时停止生长,当气温低于3 ℃时幼苗受害,至0 ℃时会严重受害,低于-2 ℃时,叶片甚至侧枝会冻死,低于-5 ℃时,幼龄结果树的主干也会冻死。而芒果的生殖器官对温度适应性较差,花序受温度影响较大。温度影响芒果花芽分化的数量、质量和进程。一般来说,低温干旱(月平均温度16.5 ℃,月降水量小于或等于50 mm)或高温干旱(月平均温度高于20 ℃,降水量月平均小于50 mm),有利于花芽分化。当花芽分化进入形态分化时,如果气温较低,则花序发育迟缓,有利于雄花形成;如果气温升高则能缩短花序发育时间,并提高两性花形成比例。如果气温发生骤升,易萌发混合花序,使刚刚开始分化的花芽又转向枝叶生长。一般情况下,在花期和幼果期,温度高,降雨量适宜,则丰产而优质;如果花期遇低温多雨,则影响授粉受精和幼胚生长发育,造成无胚果比例较高,果小而低产。

2)水分

芒果树由于根深,比较耐旱,特别是花芽分化期更需要适当干旱。芒果开花、果实生长发育与营养生长更需要充足的土壤水分。严重的干旱会抑制营养生长,妨碍有机营养的积

累,进而间接影响花芽分化和果实生长发育。果实膨大期如果缺少水分,会引起大量落果。果实发育后期,骤然降雨会导致裂果,成熟期多雨则会诱发炭疽病,引起果实外观和品质不佳。夏末秋初采果后,如果连续干旱天气,会造成芽难以萌发,枝梢生长慢,植株抽梢不整齐。

3)光照

芒果是喜温好光果树,充足的阳光有利于幼树萌芽抽梢和展叶,提高叶片的光合作用,增加光合产物的积累,有利于授粉受精和果实生长发育。如果光照不足,则会引起病虫害增多,光合作用差,营养积累少,花芽分化晚、开花迟。光照不足常出现在低温阴雨天气,特别是开花及坐果期的季节,这不利于开花和授粉受精,会造成病害的发生和流行,幼果脱落,果皮着色不良。但是,如果光照过强,会造成果实日灼及采前落果。一般可以通过整形修剪,改善园内、树内的光照条件来提高产量和延长盛产期。

4)土壤

芒果对土壤要求不严,但其根深、粗长,适宜选择良好的园地条件。以排水条件好、土层深厚、有机质丰富、质地疏松的壤土和沙质壤土为好,以微酸至中性、pH 值为 5.5~7.5 时芒果生长良好。

5)风

芒果树体高大,根深叶茂,如果遇大风或台风,会折断枝条,整株被挂断或挂倒。在果实较大阶段,如果遇到大风或台风,会造成果皮损伤或严重落果,甚至造成绝产。因此,选择适当的株行距,有利于通风、透光;并要对成龄芒果树强迫矮化,控制适当高度,便于提高其抗风能力。

任务 13.2　生产技术

活动情景　熟练掌握芒果的生产栽培管理技术,才能在生产过程中达到高产优质的目标,体现其经济价值。本任务重点训练芒果的栽培管理技术。

 工作任务单设计

工作任务名称	任务 13.2　生产技术	建议教学时数	
任务要求	熟练掌握芒果的生产管理技术		
工作内容	芒果栽培管理技术的实践操作		
工作方法	以老师课堂讲授和学生自学相结合的方式完成相关理论知识学习;以田间项目教学法和任务驱动法,使学生熟练掌握芒果栽培管理技术		
工作条件	多媒体设备、资料室、互联网、试验地、试验材料、相关劳动工具等		

续表

工作任务名称	任务 13.2　生产技术		建议教学时数	
工作步骤	资讯:教师由活动情景引入任务内容,进行相关知识点的讲解,并下达工作任务 计划:学生在熟悉相关知识点的基础上,查阅资料、收集信息,进行工作任务构思, 师生针对工作任务有关问题及解决方法进行答疑、交流,明确思路 决策:学生在教师讲解和收集信息的基础上,划分工作小组,制订任务实施计划,并 准备完成任务所需的工具与材料 实施:学生在教师指导下,按照计划分步实施,进行知识和技能训练 检查:为保证工作任务保质保量地完成,在任务的实施过程中要进行学生自查、学 生互查、教师检查 评估:学生自评、互评,教师点评			
工作成果	完成工作任务、作业、报告			
考核要素	课堂表现			
	学习态度			
	知识	芒果生产管理技术要点		
	能力	芒果生长技能掌握的熟练程度		
	综合素质	独立思考,团结协作,创新吃苦,严谨操作		
工作评价 环节	自我评价	本人签名:	年　　月　　日	
	小组评价	组长签名:	年　　月　　日	
	教师评价	教师签名:	年　　月　　日	

任务相关知识点

13.2.1　种苗繁殖技术

芒果苗木的繁殖主要有有性繁殖和无性繁殖两种方法。有性繁殖即实生繁殖,直接播种种子来获得幼苗。由于用种子繁殖具有童期性,因此必须经过性发育成熟阶段,造成结果迟、植株变异大,只在选种中应用。目前生产上主要用嫁接苗种植,用实生苗做砧木。该方法能使芒果树根系发达,抗性增强,保持母树的优良性状,结果也早。

1)砧木苗的培育

（1）苗圃地的选择

一般应选择在交通便利,距离水源较近,日照充足的缓坡地或平地。应背北向南,背风向阳。土壤要求土层深厚,有机质丰富,土质疏松,排水良好,pH 值为 6.5 左右的壤土或沙壤土。选好地点后,应先深翻晒地 1～2 周,消灭病虫害,再细耙土块。起畦,整理畦床,施足基肥并浅翻,使土、肥均匀混合,准备播种或育苗。

（2）种子处理

种子的来源，应采自生长健壮的树上的成熟而饱满的果实，食用后留下种子。种子晾干后，可以直接播种，一般要在 5 d 内播下，超过 7 d 发芽率会严重下降。也可以剥壳催芽，剥壳的种子发芽时间要比未剥壳的缩短一半。剥壳的方法：用枝剪夹住种蒂靠近腹肩部分，向下扭转，种壳沿着缝合线撕开，再将另一边的种壳撕下，即可取出种子。目前，剥壳的种子一般直接放在营养袋里催芽，然后再移入苗床。

（3）用袋育苗

选择长 25 cm、宽 16 cm 的育苗塑料袋（袋周边有多个排水孔），装袋前，将腐熟的有机肥撒在预先整好的畦面上，每 10 m² 施放 35 kg，与细土混合均匀后装袋。另有华南农业大学的一种混合培养土，主要成分有 1/3 细沙、1/3 腐熟木屑、1/3 腐熟的垃圾肥；并按每立方米培养土加过磷酸钙 1.8 kg、碳酸镁 2.5 kg、碳酸钙 0.8 kg、硫酸铜 80 g、硫酸锌 50 g、硫酸锰 40 g、钼酸铵 0.2 g、硼砂 0.7 g。

（4）播种

剥壳后的种子可以直接播种，也可以催芽后再播，催芽后再播效果更佳。催芽方法：先堆 12 cm 厚的沙床，再淋水湿润沙床。按照株距 1 cm、行距 3~5 cm 的规格将种脐向下，排列在 50%~60% 的阴蔽度的沙床上，然后盖 1 cm 厚的干净细沙，淋足水。每天喷水 1~2 次，保存沙床湿润，20 d 后种子已基本萌芽。将幼苗按每袋 1 株移入袋内，盖土淋水即可。要勤施、薄施肥水，经常除杂草。待苗生长至直径 1~1.5 cm 时用于嫁接。

2）嫁接

（1）嫁接时间

砧木直径达到 1 cm 时即可嫁接。嫁接时间根据气候状态而定，一般气温高于 20 ℃ 时，嫁接成活率较高；低温、干旱时，嫁接成活率较低；高温骤雨嫁接易造成接穗严重死亡。一年中，4—6 月嫁接最好，9—10 月次之，一般嫁接成活率可在 88% 以上。

（2）接穗的采集

接穗必须采自品种纯正，生长健壮，无病虫害的母树。从母树的树冠外围选择向阳、无病虫害、粗壮、充实、芽眼饱满的老熟的末次枝梢做接穗。老龄、受病虫危害的以及开花、挂果或刚采果的枝条均不适合做接穗。接穗采集后，立即剪去叶片并包扎好，做好标记，及时嫁接。嫁接时间一般不超过 2 d，如超过 3 d，须贮存好。贮存方法：将接穗捆好，用新鲜的苔藓包一层，外加塑料薄膜裹住，两端揭开，以便通气。

（3）嫁接方法

嫁接方法有多种。按接穗来源可分补片芽接法、芽接法、枝接法。按嫁接方式可分切接法、腹接法、靠接法等。凡是用一个芽片做接穗的称为"芽接"，用具有一个或几个芽的一段枝条做接穗的叫"枝接"。（图 13.1，图 13.2）这是生产上普遍采用的方法。其操作简单，易掌握，嫁接后萌发快，生长迅速。

芽接法。芽接具有接穗利用率高，接口愈合快，补接方便等优点。操作程序：在砧木上开芽接位（砧木 20 cm 处，剥一宽约 1 cm、长 2.5 cm，深达木质部与皮层之间的形成层，切除皮层大部分，仅留下端小部分）→削接穗芽片（接穗上选芽眼饱满的位置削取大小与砧木

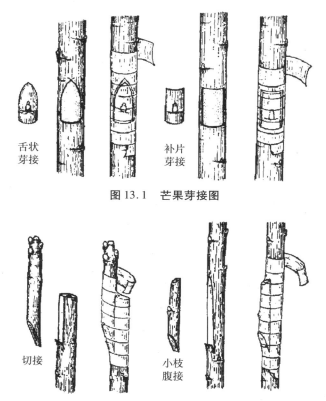

图 13.1　芒果芽接图

舌状芽接　　补片芽接

图 13.2　芒果枝接图

切接　　小枝腹接

接口相同或略小的芽片,深至木质部,然后将木质部去除,仅留下芽片)→放芽与绑扎(芽片对准砧木接口,顺向放入,用宽约 1 cm 的封口膜用力将芽片扎住至密封)→解绑及剪砧(嫁接 3 周后,切开绑带,5 d 后检查芽片是否成活,若芽片保持绿色,则可在接口上方 1 cm 处剪去砧顶;若芽片变褐色,则表明芽片已经坏死,需要补接)。

（4）嫁接苗的管理

嫁接后砧木嫁接口下部的不定芽常常会萌发,必须每周检查一次,及时去掉脚芽,以免影响接芽的生长。嫁接一段时间后,要检查接穗是否成活,如果不成活要及时补接。嫁接后要注意水肥管理,保持苗圃的湿润,干旱时要及时灌水。嫁接 1 个月后,可以施用稀薄的肥水,隔月施用一次,勤施薄肥,逐月提高浓度。嫁接苗的生长过程中,由于幼苗组织细嫩,可能会发生虫害,特别是尾夜蛾和炭疽病,要注意用药,防治病虫害。芒果幼苗整形也比较重要,嫁接成活后萌发的主枝,老熟后可在长约 20 cm 处去顶,促发侧枝,侧枝萌发达 15 ~ 20 cm 时要摘顶,促发侧枝,以便尽快形成树冠。

3）苗木出圃

嫁接苗长到一定程度时,需要制订苗木出圃计划。要求品种纯正,砧穗嫁接口愈合良好,根系发达,须根多,苗高 80 cm 以上,至少有 3 次老熟的枝梢,无严重的病虫害,特别是检疫性的病虫害。苗木出圃的关键在于根系土团要挖好包好。起苗时,要减去 1/2 的叶片。用袋的嫁接苗在出圃前 2 ~ 3 d 应充分浇透水,使之在出圃装车时袋内土壤不干不潮,

以利运输。车上应设置顶棚,以防曝晒或雨淋。途中每日应用细孔喷壶喷水 2~3 次,以增加车内湿度,防止幼苗枝梢失水。

13.2.2 栽培技术

1)园地的选择

芒果是适应性较广的热带果树,其经济栽培最适宜的气候条件是年均气温 20 ℃以上,最低月均温度 15 ℃以上,绝对最低温度 0.5 ℃以上,基本无霜日或霜日 1~2 d,阳光充足,基本无台风危害。如果坡地果园,则要求坡地的坡度不高于 25°,土层深厚,土质疏松,较肥沃,pH 值为 6.5 左右,水源充足;如果是平地果园,则要求地下水位低,排水方便,地势较开阔。

芒果园大小应视发展规模、立地条件而定。内部应设置不同小区、道路、防护林和排灌系统以及其他如工具房、包装场等条件设施。坡地果园可以按照等高线种植或开垦梯田,目前通用株行距为 3.5 m×4.5 m,每亩 42 株,种植沟以深 0.8~1.0 m、宽 1.0 m 为宜,种植穴以 1.0 m 和 0.8~1.0 m 深为合适。穴挖好后,下足基肥,等气温较暖、阴雨天多、湿度大的时候定值,可提高成活率。种植时,裸根苗要将根系分层自然伸展,分层回盖表土,轻轻压实,并用草覆盖树盘,灌足水。

2)品种的选择

品种选择的依据是根据当地的气候条件、品种的特性和市场需求,综合考虑确定主栽品种。品种选择是芒果生产成败的关键,一个果园可主栽 1~3 个品种。

3)种植时间

种植的时间多在春、秋两季进行,特别是 3—5 月份,此时气温适宜,阴雨天多,湿度大,成活率较高。营养袋育苗,伤根少,虽然随时可以种,但是还是在春、秋季节种植较好。种植时一定要避开枝梢生长期,在开始生长前或枝梢老熟后种植比较合适,否则成活率较低。

4)种植密度

种植密度应基于品种、地势、土壤状况以及栽植方式来确定,树冠大的品种可以疏植,树冠小的适当密植。一般一亩地可以种植 42~56 株。

5)定植方法

定植穴要在半年前挖好,经曝晒风化后施用有机肥 15~25 kg、过磷酸钙 0.5 kg,与表土混合回穴。种植前,在植穴土墩上先挖一个 30~40 cm 深的穴,将苗放入穴内,去除塑料袋,裸根苗将根系分层伸展,分层盖土,轻轻压实。苗的根茎交界处高出地面 2 cm,再盖 10 cm 的松土,并形成窝状土堆以方便淋水。然后用草覆盖树盘,淋足定根水。

6)整形修剪

整形修剪的目的是为了使树冠获得理想的结构,培养强壮的骨干,形成早产、丰产和便于管理的树形。合理修剪可以使果树通透性良好,减少害虫危害,使结果部位均匀,形成立体化结果,提高产量。

芒果树的整形方法是在苗圃或定植当年定干,苗高 60～80 cm 时摘心或短截,促其萌生多个分枝,留 3～5 个适当的侧枝做主枝,其余疏除。主枝长至 30～50 cm 时再次摘心,促生第 2 次分枝,每个主枝上留 2 个分枝。2～3 年后便形成具有多次分枝的自然圆头形树冠。

幼树修剪的原则是轻剪、加快生长,形成树冠,提早结果。结果的头 3 年由于树冠较小,一般只疏除部分过密和细弱的枝条,短截挂果枝条。对于长势过强的枝条应该短截,来促进分枝、增加末级枝数,扩大来年结果面。

对于成年结果树的修剪主要是疏除结果能力差的枝条,疏删或控制直立性强而结果差的徒长枝,创造通风透光良好的树冠,防止果园郁闭情况的发生,为第 2 年的丰产建立良好基础。一般在收果后进行修剪,疏除错乱枝、过密枝、病虫枝和枯枝。对树冠进行回缩,对树冠中部过密的枝条进行适当删除,增加内部光照。经修剪后抽生的秋梢应适当保留,多余的枝条则抹除。抹梢时要去强留中、留弱。

7)树冠更新与品种改良

(1)衰老树更新

随着植株年龄的增长与分枝级数的增加,树冠内和树冠之间郁闭严重,树冠内部枯枝纵横,叶片集中于树冠外围,外围枝条结果后枯死或衰老。这时,需要对骨干枝进行回缩更新,恢复树势,延长结果期。

(2)间伐

密植果园,在投产几年后,结果负荷变大,使树冠内部大枝比例增大,树体消耗加大,枝梢生长能力弱化。此时如树冠控制不良,发生郁闭,则引起光照不足,导致产量下降。这就需要对该类果园适当间伐。间伐后株行距增大,提高了果园的通风透光性,产量及品质都会得到相应提高。

(3)逐年轮换更新

为保证果园每年有一定产量,对密闭果园通常采用逐年回缩更新的办法,第一年按顺序隔行回缩一半植株,第二年把另一边植株回缩。当年回缩更新的这行树,第二年还不能结果,而保留这行树可继续结果,采果后再回缩更新,第二年还不能结果,但是先回缩的那行树已经开始结果。这样一来,整个果园在两年内轮换更新、轮流结果。

(4)高接换冠和改良品种

对于低产和品质不佳的品种,可以通过换接优良品种的方法加以改良。南亚热带作物研究所在芒果树高 1.5 m 左右换冠,既便于操作,又能保留原有骨干枝,进行多头嫁接,嫁接至形成树冠一步到位。此法具有投产快、产量高的优点。

主要技术:芒果采收后,在 7 月份于干高 1.5 m 处截干,保留原有的骨干枝。当年 9 月或翌年 4 月左右,在骨干枝长出新枝 10～15 cm 处进行多头枝接,接穗选择芽眼饱满、无病虫害的 1 年生枝条。嫁接采用切接法。高接品种成活后,要及时抹除砧木芽。高接品种萌发的新梢应及时引绑,防止被风吹断。

13.2.3　土、肥、水管理

1）土壤改良

目前，我国多数芒果园种植在丘陵、山区等地方，一般土质瘠薄、结构不良、有机质含量低，不利于果树的生长发育。因此，改良土壤的理化性质至关重要。土壤改良包括深翻熟化、加厚土层、对酸性土壤施洒石灰和有机肥等。

（1）深翻熟化

芒果苗种植后头 2 年侧根、须根生长较少，第 3～5 年侧根生长，并超过树冠投影范围。因此，种后 3～5 年内应进行扩穴改土，深翻熟化土壤，疏松硬土层，保证根系生长有足够的空间。扩穴改土一般在绿肥收割、冬季清园和施基肥时进行。

（2）增施有机肥料

红壤土质瘠薄的原因主要是缺乏有机质，因此，增施有机肥，如厩肥、大力种植绿肥等，是改良红壤的根本性措施。

（3）施磷肥和石灰

红壤含磷较低，有效磷更为缺乏，增施磷肥可取得较好的效果。施石灰可中和红壤的酸度，改良红壤的理化性质，加强微生物活动，促进有机质分解，增加红壤中的速效养分。

2）耕作与培土

幼年果园经过土壤改良后，随着果园管理的频繁进行，容易使果园上层土壤板结，影响到水、肥、气的渗透和根系的伸展，因此需要对果园进行中耕除草。在芒果生长的夏、秋季节对芒果园进行浅锄，使土壤保持疏松透气，促进微生物繁殖和有机物氧化分解，提高土壤有机态氮素；中耕还能切断毛细管，减少水分蒸发，增强土壤的保水能力。在杂草出苗期和结籽前锄草，能消灭大量杂草，减少锄草次数，减少病虫的滋生。中耕的深度一般为 20～40 cm，过深伤根，过浅则起不到中耕的作用。中耕时间一般在果实迅速增大下垂至采果后，可中耕 2～3 次。

我国南方因高温多雨，土壤淋溶严重，通过培土可以增厚土层，保护根系、增加营养，改良土壤类型。首先，把土块均匀分布全园，经过晾晒打碎，通过耕作把培土与原来的土逐步混合起来，厚度要适宜。

3）间作和覆盖

幼龄芒果园空地较多，可间种植株较矮小、生长期较短、对果树不利影响少的作物，如花生、黄豆、柱花草等。间作作物要利于芒果树的生长发育。间作时，应加强树盘的肥水管理，尤其是作物与果树竞争养分剧烈的时期，要及时施肥灌水。间作时，间作物要与芒果树保持一定距离，避免作物间交叉影响，加剧肥水竞争。间作作物要求生育期短、适应性较强，与果树需水临界期最好能错开。对于种植密度较高的果园，只能在定植当年间作作物，而且最好是绿肥作物，否则会影响芒果的投产。

利用间作物覆盖地面，可抑制杂草生长、减少蒸发和水土流失，还有防风固沙的作用；且减少果园小气候变化幅度，改善生态条件，有利于果树的生长发育。一般常用枯枝干草或塑料薄膜等死物覆盖树盘,也可用死物全园覆盖。密植的芒果园由于空气湿度大,不利于病虫害的防治,因此园内覆盖需要在幼树阶段进行,覆盖作物可以是豆类和绿肥作物。

4）施肥

芒果树年生长量较大,营养生长和生殖生长要消耗大量的营养。幼龄树的施肥主要是勤施、薄施,每次施肥量要少、次数要多。幼树种植成活后,可用 0.5% 的尿素水溶液淋施 1 次,以后每 1~2 个月施肥 1 次;或者每抽 1 次梢施肥 1 次。每株每次施用尿素或复合肥 50~75 g。幼树由于根系较浅,分布范围不大,以浅施较好。主要有土壤施肥和根外追肥两种方式。定植后 1 年幼树施肥,先将树盘土壤小心扒开,将肥水均匀施入离树头 20 cm 外的树盘内,然后淋水覆土。定植 2~3 年的幼树可采用环状施肥和根外追肥方法。环状施肥是在树冠外围稍远处挖环状沟施肥。根外追肥主要是叶面喷施,可以快速满足树体对养分的需求,但是要注意施肥的浓度和时间,否则会伤害幼叶。

为结果树施肥时,要考虑到采果后树势恢复与新梢培育期、花芽分化期、开花结果期与果实迅速膨大期对养分的需求量较大。采果前后施肥,是全年施肥的重点,一般施肥量要占到 60%~80%,以有机肥为主,配合施用速效肥。在树冠滴水线下对称挖两条施肥沟,要求长 120 cm、宽 40 cm、深 30 cm,施入有机肥 20~30 kg、复合肥 0.5~1.0 kg、尿素 0.8~1.0 kg,过磷酸钙 0.5~1.0 kg。催花肥在花芽分化前施用,一般 10—11 月每株施用氮钾肥 0.5~1.0 kg,以促进花芽分化。壮花肥一般在 1—3 月施用,每株施用复合肥 200~400 g。壮果肥一般在果实迅速生长的 4—5 月施用,每株施用 300~500 g 速效氮钾肥。

5）灌水与排水

芒果园的排水灌水,不仅影响芒果的生长结果状态,而且随着时间的推移,可能影响芒果树的寿命,影响果农的经济收入。因此,要充分发挥水对芒果树的影响,重视果园的灌水和排水,满足果树生长发育的需要。在潮湿地区,芒果对灌溉的需求不大,但在干旱地区,尤其是在山坡地,开花结果期间,还是要有合理的灌溉。

芒果幼树对水分需求较大。由于幼树根系浅、主根不发达,对水分的需求只能靠灌溉。方法是先锄松树盘的表土,等灌足水后覆盖一层松土。幼果期应避免水分胁迫,适当灌水可以减轻落果。一般在果实发育期间至果实开始成熟期间,充足的水分供应可使果实充分膨大和多汁。芒果园排水不畅会影响果树根系的呼吸,妨碍土壤中的微生物,特别是好气细菌的活动,从而降低土壤肥力。

13.2.4 花果管理

1）花期管理

冬、春季节低温少雨的天气有助于芒果的花芽分化,如果没有冷害影响,花序则会太多、太长,消耗掉大部分营养。因此,大部分花是无效的,需要对过多的花疏除。一般采用的方法:每株树留 70% 的末级梢着生花序,其余的从基部去除,留下的花序以中等长度、花期相近且健壮为宜。另外,还可以从花序基部剪去 1/3~1/2 的侧花枝。对于过早开花的,应及时摘去,保证开花质量。

芒果的花期影响到芒果产量,如果能将花期调控到适宜的时间,对于芒果的开花结果至关重要。有些芒果种植区选择早熟品种和提早开花,能使收获期提早,避开恶劣天气影响,如海南三亚、广东雷州半岛西海岸地区。有些地区需要推迟花期,避过低温阴雨对开花结果的影响,才能有好产量,如雷州半岛以北地区。生产上普遍应用植物生长延缓剂来延迟芒果开花的时间,如PP$_{333}$;还可以采用推迟结果树采果后修剪时间的方法来推迟结果母枝的老熟时间从而推迟芒果花期。在促进花芽分化,提早开花方面,植物生长调节剂乙烯利、B$_9$、CCC等可以诱导早开花和集中开花;控水、断根和环割也能促进花芽分化。

另外,还可以通过增加花量、控制花量和提高花质来实现芒果产量的提高。有试验证明,矮壮素喷施或B$_9$喷洒叶面,可以促进发芽分化,提高两性花比例。通过使用赤霉素处理,可以阻止花芽的形成。可以通过疏花提高花质,降低畸形花的发生率,保证花序的正常生长。通过中度修剪,可以保持树体内的养分水平,提高花芽分化质量,提高两性花比例,从而提高果实的产量和商品性。

2)果实管理

芒果果实发育期间,除了经过两次生理落果期外,在果实迅速膨大期,因树体营养的消耗太快,若挂果多,则易造成营养竞争,从而引起落果。病虫害、干旱等因素也会引起落果。此时,可以采取如下措施保果。

（1）摘除夏梢

5—6月是芒果果实膨大期,果实生长需要大量养分,而此时又是夏梢抽发时期,易造成营养竞争。此时,应及时摘除新梢或新芽,减少落果。

（2）增施肥料

结果多的树应施复合肥0.2~0.3 kg、钾肥0.2 kg,以补充养分。

（3）疏果

以每穗留2~4个果实为宜,主要疏除病虫危害的果实和畸形果,一般在第二次生理落果后进行。

3)套袋

近年来,农业部已将芒果套袋作为一项重要的技术措施大力推广,以提高国内芒果产业在国际市场上的竞争力。芒果套袋技术具有不少优点:保护果面,即防病虫,防锈,避免果实之间相互碰撞,保持果面光洁细腻;改善果实内部品质;减少喷药次数,从而降低农药残留量和生产成本;提高果实耐贮性,延长货架期;提高果品售价,增加经济效益。

（1）套袋前的准备工作

应修剪、疏除病虫枝与交叉枝,使其通风透光。疏去小果、密果、病虫果和畸形果,剪去落果果梗。对果树喷1次杀菌剂或杀虫剂,以杀灭果面病菌、虫卵;果面药液干后套袋,当天喷药当天套完;如遇喷药后下雨需在套袋前补喷1次,喷药要透彻,果的正、反面都要喷到,并适度灌水。

（2）套袋材料

目前套袋材料比较多,有纸袋、薄膜袋、无纺布袋等。中国热带农业科学院南亚热带作物研究所研制的各种套袋材料可以满足不同品种芒果的需要。

（3）套袋时间

有人认为套袋过早,虽能保持果面光洁,但影响着色,并且降低了可溶性固形物含量;套袋时间过晚,对可溶性固形物含量的影响小,果面着色较好,但不能有效改善其外观品质。对台农1号芒果套外黄内黑复合纸果袋,随着套袋时间的推迟,果实病虫果率提高,果实表面光洁度降低;不同套袋时期均显著降低果皮的叶绿素、类胡萝卜素含量,花青苷含量以早套袋处理低于晚套袋和未套袋处理。果实内在品质,不同套袋时期均不同程度地降低了果实的可溶性固形物、蔗糖、葡萄糖和果糖含量。台农1号芒果以第二次生理落果后尽早套袋为佳。

（4）套袋的作用

套袋能显著提高果面光洁度,减少病虫侵害,减少果皮擦伤及果锈,从而提高果品的商品价值,可提高内含物中可溶性总糖及降低可滴定酸含量。爱文芒从青熟至完熟过程中,叶绿素a、叶绿素b含量随果实的成熟而降低,类胡萝卜素、花青苷、类黄酮含量均随果实的成熟而升高,从而使果皮在完熟时颜色呈现鲜红色。套袋果果皮中的花青苷含量和叶绿素含量的变化可促进果实着色。由此可见,果皮的最终颜色是各种因素综合作用的结果。纸袋创造的微环境影响色素(如叶绿素、花青苷、类胡萝卜素及类黄酮等)的种类、比例、含量、分布及其相互作用等,形成不同的"色相"和"色调",从而改善果实的色泽和品质。套袋能明显降低芒果贮藏期间的烂果率、发病率及延长后熟时间,从而改善了耐贮性。

13.2.5 病虫害防治技术

1）病害

（1）芒果炭疽病

这是芒果生长期和采后的主要病害之一,为真菌性病害。本病为害幼苗和成株的嫩叶、嫩梢、花序和幼果。染病嫩叶最初产生褐黑色圆形、多角形或不规则形小斑。小斑扩大或多个小斑联合形成大的枯死斑,病斑常破裂和穿孔。重病叶片皱缩、扭曲、畸形,最后干枯脱落,留下无叶的秃枝。染病嫩枝产生黑褐色病斑,表面生许多褐黑色小点;病斑扩展一周时,枝条病部以上部分枯死。花序染病,受害的花朵变黑,凋萎枯死。幼果极易感病,受害产生小黑斑,迅速扩展、覆盖全果后,果实脱落。果核已形成的幼果被害后只产生针尖大的小斑,不扩展。近成熟果实感病时,在果面形成黑色、形状不一的病斑,病斑中央稍凹陷,有时会造成果皮燥裂、果肉僵硬,最后全果腐烂。本病有明显潜伏浸染的现象,田间似无病的果实,常在后熟期和贮藏运输阶段表现症状,造成烂果。

本病的主要侵染菌源来自田间病株及地面的病残物。发生在20~30 ℃的气温和高湿条件下。病菌在幼果期侵染多数为潜伏浸染,采收时外表似乎健康的果实在贮运期才大量发病。在芒果嫩梢期、开花至幼果期,如果遇上阴雨连绵或多雨重露天气,炭疽病往往发生严重。目前,我国栽种的大多数芒果品种都易感此病,只有极少数品种对此有一定抗性。

防治方法如下。

①选育抗病品种,选栽无病种苗。

②加强田间管理,搞好田间卫生,及时剪除并烧毁病枝、病叶。

③药剂防治,重点在梢期、花期和挂果期进行防治。一般在2/3的花朵开放时开始喷药,每隔7~10 d喷1次,连喷1~2次;当形成幼果时再喷1次药,以后隔1月喷1次,共喷2~3次。幼苗在3—5月和9—10月发病较多时宜各喷药2~3次。常用的药剂有40%多菌灵可湿性粉剂800倍液、75%百菌清可湿性粉剂500倍液、70%甲基硫菌灵可湿性粉剂1 500倍液或1%等量式波尔多液。

④实施采后防治,即果实采收后用温水或热药液浸泡。采收后将果实浸泡于70%甲基托布津1 000倍液(水温为52~54 ℃)中15 min,捞起置于通风处晾干,用纸箱或竹箩包装,或移到低温气调库中贮藏;也可于采果前15 d喷施杀菌农药38%恶霜嘧铜菌酯700~800倍液,浸果15 min,然后包装。

(2)芒果白粉病

芒果白粉病,是在芒果种植期间容易发生的真菌病害。每年因该病引起的产量损失占全部产量损失的5%~20%。

本病主要危害芒果的花序、嫩叶和嫩枝以及幼果。花穗枝梗最易感病,病斑呈褐色、下凹,常见到白色粉状物。花序受害后花蕾停止发育,花朵停止开放,花梗不再伸长、变黑枯萎。幼果受害后,在果上布满白粉状物,果呈畸形,退色,脱落。嫩梢受害后,嫩叶皱缩,脱落。

防治方法如下。

①物理防治。增施有机肥和磷钾肥,避免过量施用氮肥,控制平衡施肥。剪除树冠上的病虫枝、干腐枝、旧花梗、浓密枝叶,使树冠内空旷、透光。铲除果园内杂草,连同修剪下来的枝叶分堆集中烧为肥料,保持园间清洁。特别注重低洼、背阴、枝叶浓密和病重地段的清园工作。新建果园时,要选育高产、优质、抗病品种,切忌不同品种芒果树的间种和混种。

②化学防治。本病以化学防治为主。主要药剂为粉锈宁、多菌灵、甲基托布津等,预防或辅助防治用药为石硫合剂、波尔多液等。在初花期、花簇伸展、盛花前喷药1~2次;盛花期的20~30 d内避免喷药。重点保护夏梢,在梢叶发病严重时,喷药1~2次。冬季清园后喷药1次。对发病严重或常年发病的地段或植株,可采用挑治方法。药剂用量如下:25%粉锈宁可湿性粉剂1:(500~800)倍稀释液;25%多菌灵可湿性粉剂1:500倍稀释液;70%甲基托布津1:1 000倍稀释液等。

(3)芒果蒂腐病

芒果蒂腐病是芒果采后的主要病害之一,在我国华南地区,贮运期一般病果率为10%~40%,重者可达100%。

症状:初时蒂部暗褐色、无光泽,病健部交界明显。在湿热条件下,病部向果身扩展,病果皮由暗褐色变为深褐色或紫黑色;同时,果肉组织软化、流汁,有蜜甜味,3~5 d全果腐烂变黑,病果皮出现密集的黑色小粒,此为病菌的分生孢子器。孢子角黑色、有光泽,从果皮伤口或皮孔侵入,引起皮斑。该病也可以为害枝条,引起裂皮、流胶。从枝条剪口侵入,引起剪口"回枯"。

防治方法如下。

必须采取果园防病与采后处理相结合的措施,方能取得较好的效果。

①采前栽培措施。种植丰产优质又较抗病品种;适当密植,整形修剪,要疏除内膛枝、重叠枝、弱枝、病虫枝,改善芒果生长需要的环境条件;及时清除枯枝、病叶及地面上的枯枝、落果;在采前,采后及贮运过程中尽量减少果实的损伤。

②药剂防治。在芒果新梢期、花穗期及幼果期要喷药防治。主要有效药剂是50%多菌灵可湿性粉剂500~600倍液、70%甲基托布津可湿性粉剂800~1 000倍液、75%百菌清可湿性粉剂500~600倍液。药剂要交替使用。

③采后处理措施。在靠近蒂基部0.3 cm处把果剪下;用2%~3%漂白粉水溶液或流水洗去果面杂质;剔除病、虫、伤、劣果;采用29 ℃的50%施保功可湿性粉剂1 000倍液处理2 min,或用52 ℃的45%特克多胶悬剂1 000倍液处理6 min;分级包装,按级分别用白纸单果包装。

(4)芒果霉烟病

此病在云南、广西、海南、广东和福建等省、自治区均有分布,属常发性主要病害,在干旱地区发生普遍。主要为害叶片和果实,发病后在叶片和果实上覆盖一层煤烟粉状物,降低树冠光合作用效率,影响枝梢、叶片生长,引起树冠衰弱,花期阻碍花穗授粉受精,降低坐果率和果实外观质量。

防治方法如下。

①加强果园栽培管理,合理修剪,树龄大的果园应回缩树冠,剪除内膛枝、枯枝和病虫枝,提高果园通风透光度,可减少叶蝉、蚜虫等的隐蔽场所。

②在结果期干旱季节定期防治叶蝉、蚜虫、蓟马及螨类等。

③定期施用杀菌剂抑制真菌滋生,采用75%百菌清可湿性粉剂800~1 000倍液或40%灭病威胶悬剂600~800倍液,喷雾树冠,施药间隔为15~20 d,可连续施药2~3次。

(5)芒果软鼻病

该病属于生理性病害。果实受害后,未熟就软化,形成"软鼻子"状态,果肉自腹部至顶端一带败坏,呈褐色透明水渍状软化,有苦味。该病的发生原因主要是缺钙所致,而且会随氮的增加而加重,随钾、钙的增加而减轻。

防治方法:主要是加强肥水管理,注意各营养要素的配比,不偏施氮肥,每年每株可追施石灰粉1~2 kg。

(6)芒果生理性叶缘焦枯

此病又称"叶焦病""叶缘叶枯病",多出现在3年生以下的幼树。1~3年幼树新梢发病时,叶尖或叶缘出现水渍状褐色波纹斑,向中脉横向扩展,叶缘逐渐干枯;后期叶缘呈褐色,病梢上叶片逐渐脱落,剩下秃枝。一般不枯死,翌年仍可长出新梢,但长势差,根部色稍暗,根毛少。

该病系生理性病害,与营养、根系活力及环境条件以及果园管理有一定关系。

①与营养失调有关,病树叶片中含钾量较健壮树高,钾离子过剩,引起叶缘灼烧。

②与根系活力和周围环境有关,发病期气候干旱、土温高或小气候直接影响根系活力;当有适当雨水,根际条件得到改善时,植株逐渐恢复正常。

防治方法如下。

①建园时要注意选择土壤和小气候及周围的环境条件,并注意培肥地力,改良土壤。

②加强芒果园管理,幼树应施用酵素菌沤制的堆肥或薄施腐熟有机肥,尽量少施化肥;秋、冬干旱季节要注意适当淋水并用草覆盖树盘,保持潮湿。

③注意防治芒果拟盘多毛孢灰斑病、链格孢叶枯病、壳二孢叶斑病等,防止芒果缺钙、缺锌。

④试喷云南大 120 植物生长调节剂 3 000 倍液。

2)虫害

(1)横线尾夜蛾

横纹尾夜蛾又称"钻心虫""蛀梢蛾",属鳞翅目、夜蛾科。主要为害叶片,幼虫蛀食嫩叶表皮钻食叶肉,甚至为害嫩梢、叶柄和主脉。被害处呈浅黄色斑点,后变褐色斑而穿孔破裂,严重时叶片卷曲、枯萎脱落,伤口易感染炭疽病等病害。幼虫共 5 龄,低龄幼虫一般先为害嫩叶的叶柄和叶脉,少数直接为害花蕾和生长点;3 龄以后集中蛀害嫩梢和穗轴;幼虫老熟后从危害部位爬出,在枯枝、树皮或其他虫壳、天牛排粪孔等处化蛹,在枯烂木中化蛹的最多。全年各时期危害程度与温度和植株抽梢情况密切相关,平均气温 20 ℃以上时危害较重。一般在 4 月中旬至 5 月中旬、5 月下旬至 6 月上旬、8 月上旬至 9 月上旬以及 11 月上中旬出现 4 次危害高峰。

防治措施如下。

经常清除果园的枯枝朽木,刮除粗皮,减少合适的化蛹场所。根据幼虫化蛹的习性,在树干基部绑扎稻草引诱老熟幼虫化蛹,每隔 8 ~ 10 d 收捕 1 次,效果显著。在卵期和幼虫低龄期进行防治,应在抽穗及抽梢时喷药。芒果新梢抽生 2 ~ 5 cm 时,用 40%速扑杀、50%稻丰散、90%美曲膦酯 800 ~ 1 000 倍液,或 20%氰戊菊酯(速灭杀丁、杀灭菊酯)、2.5%高效氯氟氰菊酯(功夫)、25%灭幼脲悬浮剂 2 000 倍液等喷雾处理。

(2)叶瘿蚊

芒果叶瘿蚊属双翅目、瘿蚊科。国内分布于广西、广东等省、自治区,幼虫为害嫩叶、嫩梢,咬破嫩叶表皮钻进叶内取食叶肉。受害处初呈浅黄色斑点,进而变为灰白色,最后变为黑褐色斑并穿孔破裂,叶片卷曲,受害严重的叶片呈不规则网状破裂以致枯萎脱落。随后老龄幼虫入土化蛹。

防治措施如下。

①加强栽培管理,结合修剪,改善树冠通透性;冬前及时清园,破坏其化蛹场所;科学施肥用水,促抽梢整齐,减轻受害。

②新梢嫩叶抽出时,树冠喷施 20%杀灭菊酯(速灭杀丁)或 2.5%高效氯氟氰菊酯(功夫)或 2.5%溴氰菊酯(敌杀死)2 000 ~ 3 000 倍液;7 ~ 10 d 喷 1 次,1 个梢期 2 ~ 3 次。或按 4.5 kg/666.7 m² 标准在地面土施 5%辛硫磷颗粒剂或用 40%甲基辛硫磷乳油 2 000 ~ 3 000 倍液对地面进行喷洒。

(3)橘小实蝇

橘小实蝇又称"柑橘小实蝇""东方果实蝇""针蜂""果蛆"等,属双翅目、实蝇科、寡毛实蝇属。国内分布于广东、广西、福建、四川、湖南、台湾等省、自治区。成虫将卵生在将成熟的果实表皮内,孵化后,幼虫在果内取食果肉,引起裂果、烂果、落果。被害果表面完好,细看有虫孔,手按有汁液流出,切口果实多已腐烂,且有许多蛆虫,不能食用。我国已将其列为国内外的检疫对象。

防治措施如下。

①严格检疫。严禁带虫果实、苗木调运。

②清洁田园。及时摘除被害果、收拾落果,用塑料袋包好在太阳下晒,或深埋80 cm以下,或用水浸泡8 d以上,或喂猪。

③冬耕灭蛹。冬季翻耕园土,杀灭越冬蛹。

④诱捕成虫。"盛唐"牌食物诱剂可以同时诱杀橘小实蝇雄成虫和雄成虫,克服了甲基丁香酚只能诱杀雄成虫的缺陷。

⑤化学防治。

a. 树冠喷药。当田间诱虫量较大时,进行树冠喷药。常用药剂有乐斯本、农地乐、敌敌畏、马拉硫磷、辛硫磷、阿维菌素等。

b. 地面施药。每亩用5%辛硫磷颗粒剂0.5 kg,拌沙5 kg撒施;或45%马拉硫磷乳油500~600倍或48%乐斯本(新农宝、毒死蜱)乳油800~1 000倍在土面泼浇,一般每隔2个月1次,以杀灭脱果入土的幼虫和出土的成虫。

⑥套袋防虫。在芒果谢花后的幼果期为果实套上塑料袋,以减少雌成虫在果实上的产卵机会。

(4)芒果象甲

危害我国芒果的象甲主要有芒果果实象甲、芒果果核象甲、芒果果肉象甲和芒果切叶象甲。除芒果切叶象甲为害叶片外,其余3种均为害果实,是国内外的检疫对象。

①芒果果实象甲。成虫在果核内或枝干裂缝处越冬,翌年2—3月飞出,在花序和嫩叶上取食,补充营养,交尾后产卵于幼果的表皮,孵化后幼虫蛀入果核,取食子叶。6—7月份新成虫大量出现。

②芒果果肉象甲。幼虫蛀食果肉,并形成不规则的纵横蛀道,充满虫粪,不堪食用。老虫经取食嫩梢或幼果皮层作补充营养后,产卵于幼果果内。孵化后,幼虫在果内取食果肉老熟后也在果内化蛹。成虫羽化后咬破果皮而出,取食芒果嫩梢幼叶。

③芒果果核象甲。主要分布于云南省(景洪、勐腊)。幼虫蛀食果核,导致幼果脱落,象牙芒最易受害。每年发生1代。成虫在土壤中越冬,次春出土活动并产卵于幼果内。孵化后幼虫钻入果核为害,被害果于幼果接近老熟时脱落。

④芒果剪叶象甲。在广西、海南、云南、广东、福建等省、自治区均有发现。成虫除取食嫩叶为害外,雌成虫在嫩叶产卵后便将叶片从基部咬断,使受害新梢成为秃枝,严重影响树的生长势。卵随叶片落地,孵化后取食叶肉,老熟后入土化蛹。每年发生7~9代,世代重叠。以幼虫在土内越冬,每年3—4月羽化出土,为害嫩梢。

防治措施如下。

①加强检疫,严禁到疫区调运种子、果实和苗木。新区一经发现,应坚决扑灭。

②经常清除落果、果核、落叶,并集中烧毁。

③冬季清园时堵塞树干孔洞,并向树冠喷施90%美曲膦酯800倍液,消灭越冬成虫。

④幼果期用40%毒死蜱乳油和90%美曲膦酯各1 000倍的混合液喷洒树冠,每次间隔7~10 d,连续3~4次。

13.2.6 贮藏、采收与分级

1)芒果的贮藏特性

芒果是典型的呼吸跃变型果实,采后发生呼吸跃变时,颜色发生变化,乙烯释放量增加,上升到最高峰,随后下降。随着呼吸高峰的出现,果皮变黄,果肉变软、变甜,并散发诱人的香味。此时,果实达到食用风味最好的阶段。芒果对低温敏感,易遭受冷害。但是,贮藏温度过高,也会加速病害的发展和促进后熟。因此,应该综合考虑果实的贮藏方式和果品质量。

2)芒果采收时期

正确地掌握好果实的采收时期,是保障芒果贮藏工作质量的重要一环。芒果果实的适时采收期因其品种、地区、用途不同而异。采收是季节性很强的工作,必须及时完成采收工作,才能得到良好的效果,否则就会造成不应有的损失。

(1)根据果实颜色及外观

果皮颜色转暗,或者由青绿色转为淡绿色;果肉由乳白色转为淡黄色,近核处现黄色;果实饱满,果肩浑圆;一株树上有自然成熟果出现,这株树就基本上可以采收了。这些采收的果实经过6~8 d的后熟,果皮不会皱缩,风味浓。

(2)根据果实的密度

果实发育早期是浮水的,随着果实成熟,密度增大,成熟果是沉水的。果实密度与淀粉含量、成熟度成正相关。

(3)根据果龄

不同品种之间差异很大,并受到地区和气候的影响。一般来说,从谢花到果实成熟,早、中熟品种100~120 d,晚熟品种120~150 d。

3)采收方式

芒果植株较小时,可直接用枝剪与果剪采收。如树体已高,人在地面无法采果,可用高凳或"人"字梯。如树体过高,可用竹竿在其顶端绑一利钩,钩下绑一小网袋,采收时用利钩将果钩下使果落入网袋,也可在树下张大网接住落下的果实。剪断的果柄处会排出乳汁污染果面,采收时宜采用"一果两剪"的方法,即第一剪留果柄长约5 cm,第二剪留果柄长约0.5 cm。采下的果柄向下放置1~2 h后,再用竹篓或木箱装运。在采收、包装过程中,尽量避免碰伤、压伤果实,切忌用竹竿乱打和用麻袋、编织袋装运果实。

4)分级意义

分级是使果品商品化、标准化的重要手段之一。根据果品的大小、重量、色泽、形状、成熟度、新鲜度和病虫害、机械伤等商品性状,按照一定的标准对果品进行严格挑选、分级,除去不满意的部分。果树在生长发育过程中,受到很多外界因素的影响,同一株树甚至同一枝条的果实,也不可能完全一样,从不同果园采收的果实,更不一样。如果不分级,就会造成良莠不齐、大小混杂。通过分级,可按级决定其适当用途,充分发挥产品的经济价值,减少浪费。园艺产品的标准化,是生产、贸易和销售3方之间相关联的纽带。

分级能够使产品标准化,规格一致,便于包装、贮藏、运输和销售;通过分级,使园艺产品等级分明,可以做到优质优价;分级还能够推动果树栽培管理技术的发展和产品质量的提高;通过分级,剔出有病虫害和机械损伤的产品,可以减少贮藏中的损失,减轻病虫害的传播,并可将剔出的残次品及时加工处理,以降低成本和减少浪费。但芒果的分级目前全国尚无统一的标准。

5）分级方法

分级方法有人工分级和机械分级两种。人工分级主要是通过目测或借助分级板,按产品的颜色、大小将产品分为若干等级。其优点是能够最大限度地减轻机械伤害,但工作效率低、级别标准有时执行不严格。机械分级的最大优点是工作效率高,适用于那些不易受伤的产品种类。有时,为了使分级标准更加一致,机械分级常常与人工分级结合进行。目前一些大型选果生产线大多采用电脑控制。我国在苹果、柑橘等水果上也逐步采用了机械分组机。现在使用的各种分级机械都是根据产品横径大小来进行形状选果,或根据产品重量进行重量选果。

6）清洗

芒果采收后应尽快洗净乳汁,以免污染果面时间长了,难以洗净。洗果时,可用清水,也可用1%漂白粉水溶液或1%～2%的醋酸溶液;还可用石灰水洗果,让钙离子可与乳汁中和,效果更佳。

7）防腐处理

芒果采后应尽快预冷,将果温降至30℃左右,并在24 h之内进行防腐处理。芒果清洗后,晾干后在52～55℃热水中浸泡5～15 min,可有效地杀死引起炭疽病的真菌孢子。果实热烫处理后,用自来水喷淋或放入冷水池中及时降温,以避免热损伤后出现的后熟加快现象。热处理的同时也可配合杀菌剂或保鲜剂进行浸果处理,可以减少贮藏期间果实的腐烂现象,延缓后熟。目前使用较多的杀菌剂是500～1 000 mg/L的苯来特或特克多、咪酰胺、扑海因、异菌脲、噻菌灵,保鲜剂是1 000 mg/L的赤霉素、2,4-D等。

8）涂蜡处理

（1）涂蜡的作用

①减少果实水分蒸发。采收后的果品在贮运、销售过程中(尤其是货架期),仍进行自身蒸腾作用,从而使果实不断失水,果皮出现皱缩,商品价值大大下降。果实的蒸腾作用,主要是通过果皮上的气孔进行的。涂蜡后,果实表面会形成一层薄蜡膜,使这些气孔被封闭,从而抑制了蒸腾作用,降低了水分散失量。

②减少果实腐烂率,提高好果率。果实的腐烂多由微生物引起。涂蜡处理是防止水果采后腐烂的一项有效且实用的方法。因为果蜡层本身除了是一层足够厚度和黏度的间断蜡被之外,它还可以封闭水果表面存在的微小损伤和擦伤;同时,又是杀菌剂和保鲜剂的有

效载体,从而防治了果实贮、运、销售中致腐真菌病害和某些生理病害。

③延长贮藏期和货架期。涂蜡后,由于果皮气孔在一定时间内被封闭,从而降低了果实的呼吸强度,果实内源乙烯向外释放速度减缓,果实内部二氧化碳积累量增加,果实新陈代谢活动降低。一些气调贮藏的果品,在解除气调之后进入货架期时,由于氧浓度的突然升高,极易发生酶促褐变,出现烂坏现象。

(2)涂蜡的方法

涂蜡方法大致可分为浸涂法、刷涂法和喷涂法3种。浸涂法最简便,即将涂料配成适当浓度的溶液,将果实浸入蘸取1层薄薄的涂料后,取出晾干即成。刷涂法,即用细软毛刷蘸取涂料液,然后将果实在刷子之间辗转擦刷,使果皮涂上一层薄薄的涂料膜。喷涂法,即是果实在洗果机内送出干燥后,喷上一层均匀、极薄的涂料。当前国内多采用机械操作(涂蜡机),也可人工涂蜡,不论采用哪种涂法,其工序必须按照"果实分级—清洗—果皮擦干—涂蜡—风干—包装"来进行。涂布用的材料有果胶涂料、中国果蜡、京2B膜、美国果亮等。

9)包装

包装是使芒果实现标准化和商品化,确保其安全运输和贮藏的重要措施。要提高芒果产业的市场竞争力,不仅产品本身要具备优良品质,而且还要有适宜的包装。合理的包装能够减少运输、贮藏和销售过程中的相互摩擦、碰撞和挤压等造成的损失,还可减少水分蒸发和病害蔓延,使产品新鲜饱满,延长贮藏时间。此外,包装还能够提高产品的商品价值,增强其竞争力。包装的要求是科学、经济、美观、牢固、方便、适销,有利于长途运输。一般来说,内包装常用白纸或者0.1~0.2 mm厚的聚乙烯薄膜袋来进行单果包装。外包装则采用竹筐或者瓦楞纸箱等,用包果纸等衬垫,将果实分层放入,果与果之间用纸板隔开,层与层之间用填充物填充,防止机械损伤。礼品包装,一般为手提式纸箱,要精心设计外观,做到精美、醒目、小巧、方便。

10)贮藏

芒果充分成熟后采收的果实,在室温下一般仅可存放5~7 d;达到生理成熟阶段的果实能存放7~10 d。如果室温下贮藏时间过长,不仅会品质下降、风味变淡,而且腐烂程度加重。因此,在常温下贮藏的芒果,包装箱之间要留空隙,以利于通风散热。

如何延长芒果贮藏期:一般在相对湿度80%~90%,温度6~10 ℃的条件下,不同品种可贮藏4~6周。经冷藏的果实,置室温下后熟后,仍可保持果实鲜明的颜色。冷藏温度低于5 ℃时,果实会受冻害。美国农业部推荐的芒果贮藏温度为13 ℃,相对湿度为85%~90%,贮藏寿命为2~3周,取出后置于常温下可正常成熟。

还可以采用逐步降温和间歇升温两种方法。芒果采收后,先在20 ℃、15 ℃、10 ℃下贮藏1~2 d,然后再在低温下贮藏,可提高果实对低温的适应性,果实不会发生冷害。芒果在低温下贮藏,每隔1周,间歇性升温至20 ℃下1 d,可明显降低果实的冷害程度。

11)催熟

芒果销售前必须经过一个后熟过程,才能完全表现出固有的风味,进入食用状态。如果芒果自然后熟,则需要较长时间,且易失水萎蔫,造成香味散失、着色不均、品质变劣。商业上一般采用人工催熟。

催熟的温度一般以 20~28 ℃ 为宜,然后控制催熟温度,以调节催熟速度,要求慢熟的控制较低的温度,要求快熟的控制较高的温度。催熟的湿度以相对湿度 90%~95% 为宜,防止湿度过低,造成果皮失去光泽,失水严重。催熟过程中要注意通风透气,防止氧气不足和二氧化碳累积而延缓后熟。

一般可用乙烯或者乙炔气体(乙烯与室内空气体积比 1∶1 000)密闭处理 24 h,三四天后可以成熟。用浓度为 500~1 000 mg/L 的乙烯利喷或者浸泡果实,也可以达到催熟的目的。用电石催熟,用量为果重的 1/1 000~1/2 000。电石吸湿后,产生乙炔气体,可达到催熟的目的。台湾地区的做法是,在密闭的芒果纸箱中,放置用布或纸包住的电石,密封 48 h后,拆开包装。

项目小结 》》》

芒果被誉为"热带果王",风味浓,营养价值高。通过本项目的学习,熟练掌握芒果生产管理技术和相关操作流程。

复习思考题 》》》

1. 目前主要的芒果品种有哪些? 各具什么特性?
2. 简述芒果的生物学特性。
3. 简述芒果花果管理的主要内容。

项目14 菠萝生产

项目描述 菠萝是世界第三大热带水果,也是世界第七大水果,是国际水果贸易中极其活跃的热带水果,全世界生产的菠萝有40%进入国际市场。菠萝果实除了鲜食和用于加工罐头之外,还可用于加工菠萝汁和浓缩汁、生产菠萝酒。菠萝叶片可用于提取纤维,菠萝叶纤维原麻进行脱胶改性处理后,可制成高档、优质的菠萝叶纤维麻条。本项目主要介绍菠萝生产情况,重点掌握生产方案的制定,并能按生产方案进行生产。

学习目标 了解菠萝管理措施的基本原理,认识菠萝生产过程中田间管理措施的重要性,掌握菠萝的施肥技术、灌排技术、催花技术、病虫害防治技术。

能力目标 熟练掌握菠萝生产中田间管理的各种技术与方法。

素质目标 提高学生独立思考能力,培养学生团结协作、创新吃苦、严谨操作的意识。

 项目任务设计

项目名称	项目14 菠萝生产
工作任务	任务14.1 生产概况 任务14.2 生产技术
项目任务要求	熟练掌握菠萝品种和生物学特性,了解菠萝的生产概况

任务 14.1　生产概况

活动情景　游人或学生到菠萝种植圃参观,需对菠萝进行介绍,请准备一份介绍材料。

工作任务单设计

工作任务名称		任务 14.1　生产概况	建议教学时数		
任务要求		1. 了解菠萝品种 2. 了解菠萝生物学特性			
工作内容		1. 识别菠萝品种 2. 分析掌握菠萝生物学特性			
工作方法		以老师课堂讲授和学生自学相结合的方式完成相关理论知识学习;以田间项目教学法和任务驱动法,使学生了解菠萝品种,掌握菠萝生物学特性			
工作条件		多媒体设备、资料室、互联网、试验地、相关劳动工具等			
工作步骤		资讯:教师由活动情景引入任务内容,进行相关知识点的讲解,并下达工作任务 计划:学生在熟悉相关知识点的基础上,查阅资料、收集信息,进行工作任务构思,师生针对工作任务有关问题及解决方法进行答疑、交流,明确思路 决策:学生在教师讲解和收集信息的基础上,划分工作小组,制订任务实施计划,并准备完成任务所需的工具与材料 实施:学生在教师指导下,按照计划分步实施,进行知识和技能训练 检查:为保证工作任务保质保量地完成,在任务的实施过程中要进行学生自查、学生互查、教师检查 评估:学生自评、互评,教师点评			
工作成果		完成工作任务、作业、报告			
考核要素	课堂表现				
	学习态度				
	知识	1. 认识菠萝品种 2. 了解菠萝生物学特性 3. 了解菠萝对环境的要求			
	能力	熟练掌握菠萝生产概况			
	综合素质	独立思考,团结协作,创新吃苦,严谨操作			
工作评价环节	自我评价	本人签名:	年	月	日
	小组评价	组长签名:	年	月	日
	教师评价	教师签名:	年	月	日

 任务相关知识点

菠萝,又名"凤梨""王梨""黄梨",原产南美洲,是世界第三大热带水果,也是世界第七大水果。菠萝香气诱人,风味独特,是国际水果贸易中极其活跃的热带水果。菠萝罐头能保持原有鲜果的色、香、味而且富含膳食纤维,被誉为"罐头之王",畅销世界各地。近 20 年来,菠萝鲜果的贸易量增长迅猛,由 20 世纪 90 年代初的 $54×10^4$ t 剧增至 2010 年的总面积 $90.66×10^4$ hm^2,总产量 $1\,941.85×10^4$ t。

菠萝品质优良、风味独特,营养价值较高,据分析,每 100 g 果肉含水分 77 g、蛋白质 0.4 g、碳水化合物 9 g、粗纤维 0.3 g、灰分 0.3 g、维生素 C 63 mg,还有钙、磷、钾、铁等矿物质和维生素类物质。菠萝果实除了鲜食和用于加工罐头之外,还可用于加工菠萝汁和浓缩汁、生产菠萝酒。菠萝叶片可用于提取纤维,菠萝叶纤维原麻进行脱胶改性处理后,可制成高档优质菠萝叶纤维麻条。加工后的下脚料可以用于饲料和肥料,实现循环利用。

14.1.1 种类与品种

1)主要种类

菠萝属于凤梨科(Bromeliaceae)、凤梨亚科(Bromelioideae)、凤梨属(*Ananas* Merr.)植物,该属共有 5 个种。即:

A. *ananassoides*(Baker)L. B. Smish(野菠萝、苏德凤梨);

A. *comosus*(L.)Merrill(菠萝,唯一供食用的栽培种);

A. *bractealus*;

A. *erectifolius*(立叶菠萝);

A. *fritzmuelleri* Camargo(富兹菠萝);

菠萝为多年生常绿草本植物,茎单生直立,为叶所掩蔽,基部抽生吸芽。花序由地上茎顶端生长点分化,自叶丛中抽出,果实由花序轴、子房和花被基部共同发育成为聚花果。叶呈剑状,成旋迭状簇生,长 30 ~ 110 cm、宽 4 ~ 7 cm。叶缘光滑或具利齿,叶面深绿,叶背淡绿。着生于花序下(即果柄上)的叶退化,常为红色。花序由叶丛中抽出,为头状花序,顶生、单生,椭圆形,形状似松球;小花无柄,紫红色或紫蓝色,萼片短,花瓣分离,雄蕊 6 枚;子房下位,肉质,基部阔,与中轴合生或藏于其内。果肉质,为球果状复果,由肉质的中轴、肉质的苞片和螺旋排列不发育的子房连合而成。果顶部则着生退化、旋迭状的叶丛,即为顶芽。

(1)卡因类

卡因类的主要特点是植株高大、直立,叶缘无刺或近尖端有少许刺,果形大,长圆筒形,果皮橙黄至古铜色;果眼扁平而浅;果肉淡黄至黄色;风味甜,中等酸,纤维柔软而韧,多汁;果实制罐头加工性状好。无刺卡因种植株高大健壮,叶肉厚,浓绿;叶面彩带明显,白粉比较少,吸芽萌发迟,只有 1 ~ 2 个。平均果重 1.0 ~ 2.0 kg。7—8 月成熟。适宜罐头加工,成品率高。对肥水要求较高,抗病能力较差,果实容易受烈日灼伤,不耐贮运。

（2）西班牙类

西班牙类分为有刺和无刺两种,植株中等大;稍开张,叶片长且宽,叶色淡绿带红;花瓣艳红色。果形中等大,果眼特深,果皮深橙和黄红色;果肉深黄至白色;肉质粗,纤维多;风味芳香带酸;果实耐贮运,加工制罐头好。吸芽4~5个,托芽7~8个,耐霜寒能力最弱。

（3）皇后类

皇后类的主要特点是植株中等大,叶缘有刺,花浅紫红色。果皮黄色,果眼深,小果突起,果肉黄色至深黄色,风味较甜,纤维少,果实加工制罐头和鲜食均好。"菲律宾"为广西目前的主栽品种,该品种生长势强,叶绿色,叶背有白粉,叶面彩带明显,叶缘有刺。吸芽一般有2~3个,顶芽较卡因种和西班牙种小。4月开花,花淡紫色。果形端正,圆筒形,中等大,6—7月成熟(正造果)。果肉黄色,质地爽脆,纤维少,风味香甜,品质上等。该品种适应性强。比较抗旱耐寒,且能高产稳产,果实也比较耐贮运。缺点:叶缘有刺,田间管理不方便;果眼比较深,加工成品率比卡因种低。

2）主要品种

（1）卡因

该品种植株较高大而健壮、直立,一般株高70~90 cm,冠幅116~150 cm,易折断,叶缘无刺或叶尖有少许刺(也有一些有刺变种)。结果前叶片总数为60~80片,叶面光滑、叶背有白粉,叶稍厚、有蜡质易折断。分蘖力较差,每株吸芽1~3个,果实成熟时,吸芽高5~30 cm,裔芽0~9个,地芽1~2个,冠芽多为单冠,少数也有复冠,高度10~30 cm。果实基部有果瘤0~5个。单果重1.5~2.5 kg,大的可达6.5 kg,长筒形,由100~150个扁平的小果聚合而成。小果排列较整齐,果眼浅,未成熟果果皮为绿色,成熟果肉多为淡黄色,也有橙黄色。果肉纤维较多且粗,多汁、味甜、微香,果皮薄。可溶性固形物13%~18%,酸0.26%~1.0%,维生素C 0.07~0.19 mg/g,总糖9.5%~16.31%。

（2）巴厘

原产菲律宾,故广西壮族自治区称为"菲律宾",广东湛江称"陈嘉庚""黄果"等。植株长势中等,株形较为开张,一般株高70~110 cm,冠幅120~130 cm,叶长70~80 cm、宽4~5 cm,叶片较短稍阔,叶色绿,叶缘微波浪形,有细而密且排列整齐的刺,叶片中央有紫色的彩带,叶面两侧有两条明显的狗牙状粉线。植株分蘖力较强,每株吸芽2~4个,吸芽抽生期早,芽位较低,裔芽1~9个,地芽0~4个,单冠。花为淡紫色。无裂果,果基部无肉瘤,果实中等大,单果重0.5~1.5 kg,圆筒形,小果数90~130个,排列整齐,大小均匀,果眼深,苞片稍长,果肉黄至金黄色,果肉细致爽脆,果心较粗,但纤维较少。果汁中等,味甜,香味较浓,品质上等。可溶性固形物13%~15%,酸0.3%~0.6%,维生素C 0.084~0.162 mg/g,总糖10%~14.6%。该品种适应性强,耐瘠,耐旱,较耐寒,稳产、丰产、较耐贮运,缺点是叶缘有刺,田间管理不太方便,果眼较深,吸芽较多。

（3）神湾

该品种广东称"神湾",广西壮族自治区称"新加坡种"。该品种植株矮小,株高96~110 cm,叶片细而狭长,多呈披针形,叶长85~112 cm、宽2.0~4.2 cm,叶背白粉较多,叶缘有刺。冠芽较大,分蘖力较强,吸芽发生早而多,为六七个或数十个,芽位低。单冠,无果瘤,果小,夏果为 0.5 ~ 0.6 kg;果实呈圆柱形,果眼深,小果突出;成熟果果肉金黄色,果心小,纤维细,果肉质地细嫩爽脆,风味甜,香味浓,品质极佳,耐贮运。夏果可溶性固形物 14% ~ 17%,总糖 15% ~ 25%,可滴定酸 0.23% ~ 0.61%,维生素 C 0.08 ~ 0.17 mg/g。该品种成熟早,5 月中旬到 7 月上旬成熟,是良好的鲜食品种,其缺点是,叶缘有刺,吸芽过多,田间管理不便;果小不易加工制罐头。

(4)台农 4 号

又名"释迦凤梨""剥皮凤梨",由台湾省嘉义农业试验站用卡因品种为母本、台湾品种为父本进行杂交,20 世纪 70 年代培育出的杂交品种,20 世纪 80 年代引进到福建和广东等地区。果重平均 1.2 kg,果肉黄或淡黄,纤维细,质柔软而脆,香味浓、汁较少,甜度 19.5° Brix。产期在 3—4 月较佳。食用时可将果心纵剖,然后用手指依果目顺序剥取而食,故民间又称"剥皮凤梨"。

(5)台农 6 号

果实带有苹果香味,因此俗称"苹果菠萝"。果实圆筒形或短圆形,果皮薄,果肉纤维细,肉质软脆细密,几乎无纤维,果汁多,果心稍大,清脆可口。风味佳,糖度约 15.05° Brix,酸度 0.34%,糖酸比 44,风味佳。平均单果重 1.5 kg。产期在 4—5 月较佳。

(6)台农 11 号

又叫"香水菠萝",株高 70.7 ~ 79.4 cm,裔芽平均 0.8 个,吸芽 0.8 个,叶片直立,仅叶尖有少量刺,冠芽高大,最高冠芽达到 39.2 cm。株型开张,最长叶片长 61.7 cm,最长叶片最宽处的宽度为 5.4 cm。叶片绿色,中央具紫红彩带,果实成熟期集中在 7 月左右。果形大,平均单果重 1 371.5 g。果实呈长圆形,果眼大小中等且微微突起,果眼深度 1.0 cm,果实横径 11.1 cm,纵径 13.2 cm,果心不可食。果实锥化度为 0.96,果实纤维和果汁量都属于中等水平,可溶性固形物含量为 12.2%。肉质较滑,可食率大于 68.8%。果实具有香味,风味清甜。综合评价中上。

(7)台农 13 号

又名"甘蔗菠萝",商品名为"冬蜜菠萝"。平均单果重 1.3 kg,果实略为圆锥形,果目略突,果肉金黄色,纤维稍粗,质硬致密,糖度约 15.7° Brix,酸度约 0.27%,糖酸比高,菠萝特有风味浓。产期在 8 至翌年 2 月较佳。

(8)台农 16 号

又名"甜蜜蜜"。叶尖,叶缘无刺,叶表中轴呈浅紫红色,并有隆起条纹,果实呈长圆锥形或略椭圆形,果目略突,果肉纤维极细,质地细嫩,糖度约 18°,酸度约 0.47%,糖酸比 38,风味佳,平均单果重 1.5 kg。成熟时果皮呈鲜黄色,果肉黄或浅黄色,纤维少(几乎无粗纤维),肉质细致,甜度高,风味佳,具特殊风味。

(9)台农 17 号

商品名为"金钻"。植株中型,叶表略呈红褐色,两端为草绿色,果实圆筒形,果皮薄,芽眼浅,叶缘无刺。果肉深黄色或金黄色,肉质地细嫩,果心稍大但细嫩可食,糖度约 14.1° Brix,酸度约 0.28%,糖酸比 50,口感及风味均佳,平均单果 1.5 kg。芳香多汁,纤维中等,耐贮运,为目前台湾地区最大宗主要鲜果外销品种。质量最佳时期是 3—5 月及 10—11 月。

（10）台农18号

商品名为"金桂花"。植株小,叶缘无刺。果实圆锥形,果皮薄,花腔浅,果肉黄质致密,纤维粗细中级。平均糖度 14.1°Brix,酸度低 0.39%,糖酸比 38.7,具桂花香味。品质最佳时期是 4—7 月。

（11）台农19号

商品名为"蜜宝"。植株小,叶缘无刺,叶片暗浓绿色,果实为圆筒形,皮薄,花腔浅,果肉金黄色,肉质细密,纤维细,糖度约 16.7°Brix,酸度约 0.46%,糖酸比 38,平均单果重1.8 kg。风味佳,适合 4—10 月生产。

（12）台农20号

商品名"牛奶凤梨"。植株高大,叶长,叶缘无刺,叶片暗绿黑色。果实大圆筒形,平均单果重 1.8 kg。果实灰黑色,成熟果皮暗黄色,纤维细,质地松软,糖度 19°Brix,风味佳,果肉白色,具特殊香味。

（13）台农21号

商品名为"黄金凤梨""青龙凤梨"。叶表面为草绿色,叶片先端具微刺,叶缘无刺。果实圆筒形,果皮草绿,成熟时转为鲜黄色,平均单果重约 1.66 kg,果肉黄或金黄色,质致密,纤维细,平均糖度 18.8°Brix,酸度 0.5%,糖酸比 37.6,风味佳。适于贮藏。

（14）粤脆

该品种由广东省农业科学院果树研究所育成,是我国内地第 1 个通过杂交育种选育出来并在生产上应用的优良品种,亲本为"无刺卡因"和"神湾"。植株较高大,株高 72.5 ～93.0 cm,单株叶片数 65 ～86 片,分蘖力中等,吸芽 1 ～1.23 个,冠芽出现复冠比例较高。叶片轮状丛生,狭长、较直立、硬且厚、半筒状,叶面有明显粉线,叶槽深,叶面、背披有较厚的蜡粉,呈银灰色,叶缘有硬刺。花序为头状花序,鲜红色,由肉质中轴周围的 150 ～200 朵小花序聚生而成,小花是无花柄的完全花,花瓣基部白色,上部 2/3 处为紫红色。果实为聚花果,正造果呈长圆锥形(催花果果形为筒形),近果顶部稍有凹陷。果大,平均单果重量1.5 kg,最大达 3.5 kg。果肉黄色,肉质及果心均爽脆,汁较多、纤维少、香味浓,可溶性固形物 15.2% ～23.0%。广州地区正造果通常在 3 月下旬至 4 月上旬抽蕾,4 月下旬至 5 月上旬开花,8 月中下旬成熟。该品种适应性强,丰产性好,鲜食果实品质优于巴厘,加工性状优于无刺卡因,适于鲜食和加工。

（15）珍珠菠萝

植株高度 86.5 ～90.8 cm,较为高大,平均单果重 1 508.1 g。冠芽较小,但裔芽数量较多,平均数为 8 个,叶片直立、较长,最长叶片 84.4 cm。最长叶片最宽处的宽度为 5.7 cm。叶片尖端有少量的刺,果实成熟期集中在 6 月下旬。果实锥化度为 0.99,果眼中等微凸,深度 0.9 cm。果实纤维少,果汁量多,可滴定酸含量为 0.45%,可溶性固形物含量为 10.09%,维生素 C 含量为 62.5 mg/100 g,可食率为 68.5%。可作为加工品种。

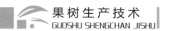

14.1.2　生物学特性

1）主要器官

　　菠萝为多年生常绿草本植物。植株矮生,株高约 1 m。茎呈圆柱状,被螺旋着生的叶片掩蔽,茎的地下部分由密集的须根系所覆盖。开花时从叶丛中心抽生出花梗,上面着生许多聚合的小花成松果状,由肉质中轴发育而成复果。叶生长在地上茎和果梗上,果实着生在果梗的顶端,果实顶端着生冠芽,为植株主轴原分生组织的延续。果梗上着生裔芽,叶腋间抽生吸芽。

　　（1）根

　　菠萝的根系是由茎节上的根点直接发生的,这与其他果树的根系完全不相同,一般由种子胚根生长发育而成的是具有主根与侧根的根系,或者是由植物营养器官发育而成的不定根。强壮植株的茎上有 800 ~ 1 200 个根点。

　　一般植物的根系,按照根系的发生可分为主根、侧根和不定根 3 种,其中主根由胚发育而来,种子繁殖的才有主根,在幼苗生长后就自行消失,由不定根来代替。侧根是根系中最普通的根系,按照发生的部位可以分为地下根和气生根两种。地下根是纤维质须根系,从根点萌发,穿过茎的皮层,然后倾斜着伸入土中,并且与茎形成 45°角,可细分为粗根、细根和支根 3 种。其中,细根是吸收根,白色幼嫩,分支多,密生根毛,生长旺盛,吸收能力强。一株菠萝植株的根有 600 ~ 700 条,形成了强大的根系,来满足地上部所需要的水分和养分的供应。菠萝地下根群的特性是好气浅生,喜松软肥沃的土壤。地下根共生着菌根,其菌丝体能够在土壤含水量低于凋萎系数时从土壤中吸收水分,因此能增强菠萝的耐旱性;同时,又能够分解土壤中的有机物,提供菠萝植株正常生长所需要的有机营养。气生根是菠萝根系的主要组成部分,分布在植物茎部的腋（气）生根区和各种芽苗的颈部叶腋里,因此菠萝的气生根又叫"腋生根"。气生根能够在空气中长期生存、生活,保持能够吸收水分、养分的功能,当气生根接触土壤后即变为地下根。气生根由于叶基的阻隔,或由于吸芽位置离地面过高,不易入土,能始终缠绕茎部而生。吸芽的气生根如能早日入土,就能够促进吸芽的快速生长,促进早结果、结大果。

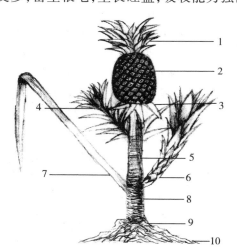

图 14.1　菠萝植株整体形态

1—冠芽　2—果实　3 和 7—叶片　4—裔芽
5—果柄　6—吸芽　8 和 9—地上茎　10—根

　　（2）茎

　　菠萝的茎分为地下茎和地上茎,呈圆柱状,长一般是 20 ~ 30 cm。基部直径较小,顶端稍大,冠芽茎的地上部分直立,吸芽、裔芽茎的基部呈弯曲状。茎的外层厚 1 ~ 2 cm,有坚硬的皮层包裹住茎,起到保护作用。靠近地面的茎部被地下根系所包围,木栓化组织比较坚硬,为地下茎。靠近圆锥状的生长点木栓化组织幼嫩,纤维少,成为地上茎。茎顶端为生长点,分生能力强,随着植株的生长,茎上的根原基、腋芽原基和叶原基,在适宜的温度环境下,分生组织细胞不断随着不同的生长发育阶段而分化,叶的增长也使茎逐渐伸长。生长点的分生组织含有很多生长素,促进花芽分化、开花结果。茎上的吸芽和块茎芽以及果梗上的裔芽,果实顶部的冠芽都随着果实的生长发育而同时发生。

茎被螺旋状排列的叶片包围着,最顶部是生长点,在营养生长阶段不断分生叶片,到发育阶段时,则分化花芽,形成花序。茎部与每一个叶片的叶腋间都有一个潜伏芽,上面有很多根点,能够吸收养分和水分。茎上的叶痕是节的标志,最长的节间位于茎的中部,随着叶的生长,茎的生长加快。

(3)叶

菠萝叶片狭长,呈剑状,革质,呈螺旋状簇生于茎上。叶片中部稍厚并凹陷,两边稍薄并向上弯曲呈槽状,这样的结构便于雨水和露水积聚并流向茎部,被菠萝的根和叶基幼嫩组织吸收,这种结构在干旱地区对植物生长显得尤为重要。同时,有利于抵抗弯曲压力,所能承受的力量是同样面积、同样厚度的扁平叶片的51倍。

不同品种的菠萝,其叶片数目的变化很大。一般叶片为半硬质,叶片与轴成夹角,在茎基部叶片与地面成近90°,沿茎部向上,角度逐渐缩小,直到顶部夹角为0°。叶的形态取决于在茎上着生的时间和位置,弄清楚各种类型的叶形及其功能,对生产一线的指导具有重要意义。叶的重量与植株全重量有相关性,可用以测定大田产量。叶片多少和果实的大小、重量成正比,在一定范围内,叶数多、叶片大,果实也大,因此,从叶数多少和叶片大小可判断将来的产量。当把菠萝整个植株叶片束起时,其最高的三片叶片的叶面积总和可作为营养生长及计算产量的有用指标。一株健康的菠萝叶片按其生长部位顺序可分为6种类型。

①A叶:茎基部已经老化枯黄的叶片,在栽植时就已经充分发育而成的。

②B叶:叶的1/3已老化枯黄,栽植时尚未充分发育。

③C叶:只有叶尖枯黄的叶片,是由栽植时最后的几个发育叶片成长而来的。

④D叶:最标准叶片,生理上最活跃,也是全株中最长的叶片。这种叶片要在定植后8~12个月才能出现,生长成45°,可用作叶片分析、营养水平诊断、植株水分供应及生长发育状况的指示叶。

⑤E叶:是茎肩生长的幼嫩叶片,已充分发育但尚未完全呈绿色。

⑥F叶:从芯部抽生,在莲花座内的"针叶",叶呈直立,色浅。

(4)花

菠萝生长到一定阶段,从植株茎的顶部抽蕾,再过一段时间小花开放。菠萝花为无限花序,呈圆锥形。抽蕾前,心叶变细,聚合扭曲,株心逐渐增阔,最后呈三角形,随后从中心轴抽出花蕾。一般是植后2~3年初春时,植株从中心轴抽出花蕾,有90~175朵小花与苞片,花轴与中轴相合。

花序由100~200个小花聚合而成,从基部向顶端螺旋状顺序开放,每日开5~10朵花,经过10~30 d,花序小花开完。小花较多,花期较长。小花为完全花,无花柄,花瓣基部

白色,花瓣萼片以上通常为紫色或者紫红色。花瓣先端三裂,重叠成筒状结构,共有雄蕊6枚、雌蕊1枚,柱头3裂、子房3室,每室14~20个胚珠,呈两行分布,花药与胚珠都发育。小花基部有3片三角形萼片包围,外有1片红色苞片,花谢后其慢慢转绿,到果实成熟时又变为红黄色。

（5）果实

菠萝果实为聚花肉质果。是由花序中轴和聚生于中轴周围的小花肉质子房、花被、苞片基部融合发育而成的。菠萝果实形状呈圆柱状,由100~200个小果组成,并且下部小果较大、上部小果较小。小果与花苞在花序的主轴上相连接。小果俗称"果眼",其表面呈六角形突起。谢花后,由小果的3枚互相重叠闭合的萼片与花蜜盘所构成的部分及所包含的空间被称为"果丁",每个小果有一个果丁,果丁内可见到宿存的雌蕊和雄蕊残留部分。菠萝果丁是果实中的一个经济性状,需要引起注意的是其深浅与罐藏加工的难易程度以及果肉的利用率高低有着密切的关系。不同的菠萝品种类型,其果丁的形状和深浅也不同。一般从自然开花至果实成熟需120~180 d。

图 14.2　菠萝果实形态
1—冠芽　2—小果　3—小果苞片
4—聚合果的总苞片　5—果柄

菠萝的果肉的颜色一般有深黄色、黄色、淡黄色和淡黄白色,因品种类型和成熟度而异。果肉结构、嫩脆或含纤维多少、果汁多少、香味浓淡、小果果腔的大小等因品种的不同而表现出不同,这些性状上的差异与鲜食还是加工特性以及果实的耐贮藏性等有密切关系。

（6）芽

菠萝的芽根据着生的部位,可分为冠芽（顶芽）、裔芽（托芽）、吸裔芽、吸芽（腋芽）和地茎芽5种。

①冠芽。冠芽是着生于果实顶端的一种芽体,是由茎顶端留下来的分生组织细胞生长而成。它随着抽苗和果实发育而生长,直至果实成熟时才停止生长。正常植株一般仅有一个顶芽,当处于不良环境或者栽培管理技术不恰当时,会出现两个或者多个冠芽,叫作"复冠"或"鸡冠"。顶芽的叶多密集,根点多,发根快,结果整齐,但由于芽体较小,一般定植后要2年左右才结果。

冠芽可用来做繁殖材料,冠芽繁殖的植株生长整齐、果大、成熟较一致。通常植后24个月可结果。冠芽在菠萝分类中起到一个重要作用,它的主要特征表现出凤梨科、凤梨属的主要特征,可作为凤梨属与同科其他属分类的标准。不同品种冠芽的大小不一。

②裔芽。由果柄基部长出,每株2~6个,多则20个。一般认为裔芽过多,会消耗植株养分,从而造成果实的生长发育受到一定程度的影响,造成果实偏小、产量降低。因此,需要及时适当除去。同一品种中,正造果比秋季果要多些,正常抽蕾的托芽又比激素催花的多。裔芽也可作为繁殖材料,一般要求25 cm以上较好,用作种苗的裔芽一般每株只

留 1 ~ 2 个。

③吸裔芽。自果柄基部的叶腋长出。一般在母株抽蕾后抽出,开花结束后为吸芽盛花期。抽生的数目因品种和植株强弱而有所不同,一般卡因品种较少,常为 1 ~ 3 个;巴厘品种 4 ~ 5 个;神湾较多,达到 10 个以上。一般比较强壮的植株,吸裔芽较多,反之则少,甚至没有吸裔芽抽出。这种芽是较理想的繁殖材料,但其数量较少。

④吸芽。广东称"笋",广西称"吸芽",福建称"半肚芽""白芽"。着生于地上茎叶腋里。一般在植株抽蕾后才开始抽出。在正常条件下,通常在植株开花结果后抽发,而 5 月中旬为盛发期,田间有 67.8% 的结果植株发生吸芽。以后,随着果实的生长发育,养分对果实的高度集中供应,吸芽才逐渐减少,至 10 月温度降低、天气干旱,吸芽生长进入低潮期。吸芽是理想的繁殖材料。采果后,除了选留 1 ~ 2 个芽作为明年的结果母株外,其余都可摘取作为种苗。吸芽的大小与结果的迟早有关,用较大的吸芽种植,种植后 1 年即可开花结果;用过度老熟的吸芽种植,种植后不久植株就会抽蕾、开花结果,但所结的果很小,无经济价值。因此,生产上不宜选用过度老熟的吸芽作为繁殖材料。

⑤地茎芽。又叫"地下芽""底笋""块茎芽"。它由地下茎上的芽萌发而成。由于其光照较少,长出的叶片细长,生长势很弱,结果小而迟。用其做繁殖材料,一般在种植后的 3 ~ 4 年才结果,且产量低,所以通常较少用它作为种苗。但其芽位较低,对吸芽位较高的老株,可留一个地下芽,以降低芽位,防止植株倒伏和便于培土管理。

（7）种子

菠萝的种子藏于小果的子房室中。种子呈尖卵形,棕褐色,长 3 ~ 5 mm、宽 1 ~ 2 mm,小而坚硬,外观似黑芝麻,内含胚乳和一个小胚。

2）生长发育特点

菠萝是异花授粉植物,一般自花授粉或同一品种的花粉授粉不能结子。由于人们长期选择的结果,现有栽培历史较久的品种,一般果实中是没有种子的。在不同品种间采用人工授粉的方法,一个有 150 朵花的菠萝果实,最多的可得种子 2 000 ~ 3 000 粒。较原始的品种或多品种混栽,并在昆虫异花传粉、授粉的情况下,也会产生较多的种子。我国华南菠萝产区,有时也能在各品种的果实中找到种子。其中,土种较为常见,卡因类品种有时也能发现种子,但罕见。另外,冬果比夏果的种子多一些。

（1）根的生长发育

菠萝的根比较浅生,极容易受到外界环境的影响,比如,土壤的温度、湿度等,栽培技术,菠萝苗的长势、年龄等,都会影响到菠萝根的正常生长。菠萝根生长在壤土中,长势最好;沙质壤土中次之;黏土和砾土生长不良;沙土最差。

土壤养分对菠萝的根系生长影响较大,氮、磷、钾、钙以及镁等微量元素与根系的生长关系密切,并且氮素的影响最大。适量的氮促进新根的发育生长,如果缺氮则影响根系的生长,尤其是新根。如缺钙,根会发育不良;钙过量时,会抑制根系的生长。钾、镁等元素与果实品质关系密切,缺乏时会影响到果实品质等。

土壤的含水量也影响菠萝根系的生长发育。一般土壤含水量在 10% ~ 20% 时,最适合菠萝根系的生长。土壤含水量如果较大,根系就大量死亡,甚至引发菠萝凋萎病、心腐病和

茎腐病。如果淹水超过 24 h,粗根就会全部死亡。如果土壤水分低于正常田间持水量时,则会抑制根系的正常生长。

土壤 pH 值也会影响根系的生长。当 pH 值为 4.0 ~ 5.5 时,最适合菠萝根系生长发育;当 pH 值为 3.5 时,根毛很少;当 pH 值为 6.0 时,根的生长不正常。

（2）叶的生长发育

叶片是植物进行光合作用的器官,也是制造营养物质的基础。菠萝的叶片在茎上螺旋状着生,叶片的多少和果的大小、重量成正比,在一定范围内,叶数多、叶片大、果也大。因此,从叶数多少和叶片大小可判断将来的产量。

叶的生长量受气候环境条件的影响很大,一般 6—8 月定植后即迅速生长,10 月天气转凉,干旱,生长则缓慢;1—2 月天气低温、干旱,则生长几乎停顿;12 月至第二年 2 月平均只出 0 ~ 2 片叶;3—4 月天气回暖,春雨来临,又开始生长;7—9 月高温多湿,生长达到高峰,月平均出叶 4 ~ 5 片,高者达 7 ~ 8 片。因此,温度高并且湿润的环境有利于菠萝的生长发育。一般 5—10 月这 6 个月中,叶片的增长数为全年的 66% ~ 78%;11 月至第二年 4 月的增长数只占 21% ~ 33%。

（3）开花

菠萝的花芽形态分化的过程可分为 4 个时期。

①未分化期。生长点狭小而尖。心叶紧叠不开展,叶片基部呈青绿色。

②花芽开始分化期。生长点圆宽而平,向上突起延伸。心叶疏松开展,叶片基部由青绿色转为黄绿色。

③花芽形成期。生长点周围形成许多小突起,小花、花序的原始体形成。叶片随着花芽发育膨大而束成一丛,叶基部由黄绿色变为淡红色的晕圈。

④抽蕾期。小果苞片分化完成,伸长突出,冠芽、裔芽原始体形成,向上伸展。心叶发红是抽蕾的征兆。

菠萝的自然抽蕾有三期。2 月初至 3 月初抽蕾为正造花;4 月末至 5 月末抽蕾为二造花;7 月初至 7 月底抽蕾称为"三造花"或"翻花"。花期一般 30 ~ 45 d。开花时,花序基部小花先开,然后逐日顺序向上开放,每日一般开花 5 ~ 10 朵,每个花序的花期为 15 ~ 30 d。花序上的小花和苞片都呈螺旋状有规律的排列。

温度对开花有一定影响。不同菠萝品种的开花,对温度的感应不同。无刺卡因种在早春气温降至 10 ℃时,开花就不完全。高温干旱的天气同样也会抑制花朵的开放或开花不完全。当气温在 13 ℃左右不开花,而当气温回升到 16 ℃时才开始开花。

（4）果实的生长发育

菠萝的抽蕾分 3 个时期,果实的成熟也相应地分为 3 个时期。

①正造果（一次花）,2—3 月间抽蕾,6 月底至 8 月初成熟,产量约占全年 62%。此时的果实,果柄粗且短,裔芽较多,果较小,品质好。

②二造果（二次花）,4 月末至 5 月末抽蕾,9 月采收。产量约占全年结果量的 25%。果形与品质和正造果差不多。

③三造果（三次花）,7 月间开花的一般在 10 月后采收,也有延至第二年 1—2 月才成熟的。产量约占全年结果量的 13%。果实较大,但糖分和香味较少,酸味高,纤维多,品

质差。

菠萝从现蕾到果实成熟的生长动态,与叶的生长一样呈"S"形。抽蕾后先端分生组织细胞旺盛分裂,果实伸长。菠萝果实的发育过程,以正造果为例说明。

a.果实发育初期。果面密布白粉,小果从基部到顶端开始膨大,色泽从黑褐色变成红紫色。花后细胞分裂和果实增长所需要的养分是由越冬时叶片和茎部所贮存的养分来供应的。此时果实体积增长速度快,内含物中糖酸变化不大。

b.果实发育中期。小果呈紫红色,基部小果间出现浓绿色裂缝,小果尖端及苞片被面亦呈现绿色。这阶段果实生长量达到最高峰;细胞增大,水分增加,糖分直线上升。果实体积约比开花期增长50%,同时内含物中的糖、酸也增加50%左右,果实开始稍有甜味。

c.果实发育后期。小果苞片由紫红色转为紫色,苞片表面密布的白粉脱落,小果间的裂缝由浅绿色转为绿色,透明并且有光泽。果实基部小果苞片开始干枯,果柄开始有皱纹,这些都是果实进入生长后期的标志。此时的果实含糖量可达12%,含酸量0.68%左右,水分充足,草酸减少,味酸稍甜,香味稍差,适于加工和鲜果远销。

d.果实成熟期。果实基部的小果从边缘开始变黄。小果2/3部位转黄,成熟度达75%~85%。肉色金黄,糖酸适中,水分多,肉质脆,香味浓郁,此时含糖量16%以上,含酸量0.45%左右,最适于鲜食,但不适宜于加工。

14.1.3　对环境条件的要求

菠萝对环境条件的适应性比较强,但更适应于温暖湿润的气候、肥沃疏松的土壤,忌低温霜冻和过于干旱的气候,也忌瘦瘠黏硬及积水的土壤。当环境条件适宜时,菠萝植株没有明显的休眠期,它能周年生长。下面,分别叙述对菠萝生长发育有决定性影响的几个环境因素。

1)温度

菠萝是多年生植物,性喜高温,最适于生长的温度为28~32℃。菠萝根系对温度的反应比较敏感,15~16℃开始生长,在年平均气温23℃以上和多湿条件下,菠萝的生长发育良好,生长最适宜日平均气温为24~27℃,29~31℃时生长最旺盛,10~14℃时生长缓慢,超过35℃或低于5℃时,根生长很缓慢或停止生长,表现为新根停止生长、叶不能继续生长、果实发育停止;温度稳定在14℃时,菠萝才开始正常生长。所以,14℃是菠萝正常生长的临界温度。气温低至2~5℃时,就会有低温危害症状,如历时过长(1~2 d),叶尖呈现干枯、叶色变黄,5 cm深的地表根系出现死亡、未成熟或已成熟果皮局部变黑、果肉萎缩等轻度寒害;气温降至0℃,如持续时间达1 d以上,会造成植株心叶腐烂,根系冻死,果实萎缩腐烂。因此,0℃是菠萝受寒害严重的临界温度。如气温达-2℃时,植株几乎死亡。茎在25~30℃时生长最活跃。叶在6—8月,气温在28~31℃、空气湿度为80%的条件下生长最快。9月以后,气温逐渐下降、雨水减少,菠萝植株生长就开始转慢。气温过高,也不适宜于菠萝生长和果实发育,当叶面温度达到40℃时,植株生长受抑制,向阳面的嫩叶或老熟叶也会受灼伤;种植在沙土上的菠萝,叶面温度在40℃以上时,叶片大部干枯,如遇久旱,会造成一些植株枯死。冬季温度低到 10 ℃ 以下,菠萝的茎生长缓慢,甚至停止生长;低于 5 ℃,便出现寒害;降至 0 ℃ 以下短暂时间,受害不很严重,但持续时间太长则寒害严重。一般不低于 15 ℃ 为经济栽培的界限。影响菠萝的上述几个临界温度并非绝对,就冻害而言,如果秋后至立冬前之间日照充足、气候较干旱,气温又是逐渐下降,菠萝植株的叶片和茎累积碳水化合物较多,植株各组织比较成熟老化,抗寒力就较强;如果气温骤降,雨量较正常年份多,植株叶和茎累积的碳水化合物较少,各部组织又比较弱和嫩,受寒就严重。冬季如日平均气温 ≤8 ℃ 的持续天数超过 3～5 d 以上,并风雨交加,菠萝则烂心较多。

温度高低也影响果实的发育期长短、品质、大小等。夏果在生长发育期间,高温高湿,成熟期较短,果实品质好;秋、冬果由于后期气温低,成熟期相对拉长,果实的品质和风味就比较差。

目前,世界菠萝主产区多分布在赤道与南北纬 0°—23.5° 的热带和亚热带地区,还有少数在 25°—30° 的温带地区。这些地区冬季都有霜冻,尤其是周期性的大寒流。我国除台湾高雄和海南岛南部外,北纬 20°—25° 地区的菠萝每年都可能遭遇周期性寒害的影响。

在生产过程中需要注意的是,冬月(12—2 月份)气温不太低,是对菠萝生长起决定性作用的因素。因此,在选择菠萝栽培地区时,亟应加以注意。

寒害的轻重程度除温度这个因素外,还与各地区的日照、雨量、地形地势、水域密切相关。在建园时,应尽可能地选北向、东北、西北方向有高山为屏障的向阳南坡,或西南坡周围有水域的坡地种植,以提高冬季湿度及避免寒冷的季节风。同时,针对种植地的具体环境条件,选择适合的菠萝品种,对避、抗寒害有一定效果。这些都是必须加以综合考虑的。

2)雨量

菠萝的叶片内具备特有的贮水组织,能把水分贮藏起来,使它有很强的抗旱能力。在年雨量 510 mm 半干旱至雨量 5 540 mm 的热带雨林地区,菠萝均能正常生长发育,并且在各月分布较为均匀的地区生长结果和产量品质较好。实践经验表明,以年雨量为 1 000～1 500 mm 最适菠萝生长,也最适合商业性栽培。

菠萝虽是比较耐旱的植物,但在生长发育过程中仍需要适当的水分。一般月平均降雨量为 100 mm 时,能满足菠萝正常生长需要;少于 50 mm 时即出现水分不足,就需考虑喷淋灌浇。我国菠萝产区年平均降雨量都在 1 400 mm 以上,但大部分分布在 4—8 月,比较适合菠萝生长对水分的需要。菠萝叶片是反应土壤湿度和大气相对湿度的绝好指示组织,当叶片贮存的水分少时,叶色逐渐由深绿变为浅绿或黄绿,再少时叶膨压消失后叶由浅黄变为浅红,叶缘向背面反卷。这时,若有水分供应,叶恢复正常;假如长时间无雨,菠萝植株的叶片会从基部至心叶逐渐枯萎。雨水过多,土壤排水和通透性又极差时,菠萝根系也会因长时间积水缺氧而造成腐烂。在菠萝产区,每年 8 月份以后降雨量减少,属干旱季节,如能适当灌溉淋水,菠萝仍能保持正常的生长。

3)光照

菠萝原是生长在热带雨林半荫蔽状态下的环境中,较能耐阴。但经过长期人工驯化栽培以后,对光照的要求已有所增加。菠萝喜欢漫射光而忌直射光,光照合适可以增产和改善品质风味。在光照充足的条件下,菠萝光合作用旺盛,碳水化合物累积多,植株生长强健,产量高品质优;如果光照不足,植株生长缓慢,叶片会变成细长,果形小,可溶性固形物含量低,品质和风味较差。在浓密荫蔽下生长的菠萝,其果实往往汁少,味酸而不香。

光照因子常与地理位置、海拔高度及地势有关。随着海拔的升高,漫射光减少而紫外线强度相应增加,会抑制生长。当花芽分化时,低海拔地区菠萝的叶数和果实重量为高海拔的 2.5 倍。比如,在夏威夷地区,海拔超过 760 m,菠萝植株和果型变小;海拔为 1 400 ~ 1 800 m 的高度时,糖酸比为 16;而在海拔高度 1 918 m 处,糖酸比更大,为 38。山坡地由于坡度和坡向而造成漫射光较强,倾斜地不但排水较好,漫射光也更充足,菠萝的植株生长势、结果期、果实品质就优于种植在平地上。

4)土壤

菠萝适合生长的土壤范围较广,除过湿、过黏的黏土和保水力差的沙质土外,由花岗岩、页岩或石灰岩风化而成的红壤、黄壤、砖红壤,它都能正常生长结果。由于菠萝地下根系特性是浅生好气,因而最适于栽培菠萝的土壤生态条件是:疏松,肥沃,温暖湿润,土层深厚,有机质含量在 2% 以上,pH 在 4.5 ~ 5.5,结构和排水良好,并含有丰富铁铝化合物的酸性土壤。

我国华南地区多属红壤,适宜种植菠萝。分布于丘陵山地的红壤适宜菠萝生长,其中砖红壤、黑沙土生长最好,壤质淋溶紫色土次之,黏质石灰性紫色土及重石砾性土生长最差。

5)风

菠萝植株矮小,受风影响较小,微风则可以调节夏季高温,增强蒸腾作用,促进根系吸收和物质运输,改善园地的生态条件,减少植株病害和果实腐烂。在冬季有霜冻时,微风可以减少凝霜。一般三级以下的风对菠萝的生长最为有利,六级以上就会造成伤害。世界及我国菠萝主产区多分布在沿海低海拔地带,当强风袭击时,果实易被吹折或植株倒地,引起土壤病菌的侵袭;尤其是冬季冷风冷雨会造成植株烂心,坐北朝南的地形烂心较少或不烂心。

风虽然是影响菠萝栽培较次要的生态因子,但在大风频繁的南亚热带产区,由于土壤蒸发量大,对植株生长的果实发育也极为不利。建园时,除注意选择地形、坡向外,还要营造防护林带。

6)海拔高度

由于菠萝对光、温度、热量和水分等生存因素的不同要求,菠萝在山地不同高度的分布,均具有各自的生态最适带。

不同的海拔高度对温度和光照有直接影响,因而间接影响菠萝叶片的光合作用和果实的品质。在一定海拔高度内(2 320 ~ 2 580 m),随着海拔升高,光合作用相应增强,这一高度范围也正是生长品质优良的菠萝的最适地带。但海拔继续升高,光合强度反而下降,呼吸强度也随之下降。

海拔高度变化对年降雨量也有规律性的影响。年降雨量随海拔升高而增多。海拔高度对树体大小有影响。通常随海拔升高,树体矮化,新梢生长量小,节间也短。据观测,山地菠萝随海拔升高叶片增厚,栅栏组织发达,具气孔小而多的生理干旱形态,其原因主要是

气温逐渐降低。同时,光照强度随海拔升高而增强,蓝、紫光也有所增加,这对细胞生长有抑制作用。

海拔高度对果形、果色和品质有明显的影响,海拔越高,成熟越晚,在海拔 3 000 m 以上的果实个小、品质差。海拔高度对果实糖、酸和维生素 C 含量也有影响。海拔升高则酸量增加,维生素 C 也有所增多,而可溶性固形物和全糖是在一定高度范围内增高。

7)地形、坡度、坡向、坡形

(1)地形

菠萝的生长发育直接与生存地点的地势和土壤条件有关,地形、地势为气温、日照、降雨等气象因素带来间接影响。在山地建园时,由于菠萝不宜占用利于农作物及蔬菜栽培管理所需的缓坡优势地带,所以,一般均利用谷地、坡度较大的丘陵、谷底和山梁地。

在实际生产中应考虑以下 3 点。

①与高山相距较近还是较远。高山可影响到降雨量、温度和风的状况。

②被相邻的山或峡谷的坡面所荫蔽。在这种条件存在时,峡谷辐射热量减弱,而且降水量减少,缩短直射光照射时间。在谷地狭窄的地方风势较强,但不会受一定方向的风的影响。

③距谷地的中部或下部 1/3 的地方。这一地带可影响空气的相对湿度,使果园易感染真菌病害。夜间辐射冷空气从果园排出或聚焦的情况可以发生变化。

当考虑某一地区的大地形条件时,还要对小地形作具体分析。往往大地形所处的地理纬度和地势高度等不具备栽培菠萝的条件时,而局部的地势和相应的环境和小气候,却会有利于菠萝生长。

在山坡地栽培菠萝一定要注意冷空气的影响。要让果园中的冷空气及时排出,特别是在开花时期。在花期经常遇到低于 0.6 ~ 2.8 ℃ 的低温所带来的冷空气袭击,这是冻花芽或冻花的致死温度。据观察,在坡地的山顶和山低部温度可相差 8.4 ~ 11.1 ℃。通常,在果园附近的地势越高,则受冷空气的危害性也越大。故在建园之前,应注意选择不易遭受霜害的地点。

(2)坡度

在一定的坡度范围可以是有利的生态条件,但在某种程度上也可成为限制因子。在山坡地上种植菠萝,以土壤条件而论,一般随坡度加大而土层变薄、土质变差,尤其是水土流失严重。然而,山坡地排气良好,土壤无水分过多或盐渍化表现,气候条件一般比平地好,所以山地果园是发展菠萝的优势地带。但在坡度过大的陡坡上建园,不仅基本建设投资大、水土保持工程繁杂,而且以后的树体和土壤管理费工,经济效益不高。所以,坡度过大不适宜发展菠萝。坡度对土壤含水量影响很大,坡度越大、含水量越小;同一坡面上,上坡比下坡处土壤含水量少。据观测,连续晴天,坡度为 3° 时,表土含水量为 75.22%,5° 时为52.38%;土壤冻结深度表现也有差别,坡度为 5° 时,冻结深度在 20 cm 以上,而 15° 时则为5 cm。因此,坡度为 3° ~ 15°、最大为 20° 的坡地栽植菠萝为宜,以 3° ~ 5° 的缓坡地最好。

(3)坡向

不同坡向由于接受日照条件不同,所以大气温度、光照度以及土壤的温度和水分均表现出差异。在同样的地理条件下,南坡日照充足温暖,土壤增热也快,而北坡热量较少。据观测,南坡和北坡的气温可相差 2.5 ℃ 左右,西坡和东坡得到的太阳辐射相等,但西坡较暖。这是因为上午日光照射东坡时,大量的热能消耗于蒸发,而当下午太阳照在西坡时,土壤已干,蒸发大大减少,故热量贮存较多。

(4)坡形

凹地形白天增热快,夜间冷却慢;而凸地形正与此相反,白天增热慢,夜间冷却快。据调查,坡向对 10 cm 深的土壤影响可相差 1.4 ~ 1.9 ℃;而 80 cm 土深时,南坡比北坡温度高 4 ~ 5 ℃。北坡的相对湿度一般大于南坡,这是由于阳坡比阴坡蒸发量大、容易干旱,最大可相差 28%。由于生态因子的差别,菠萝生长物候期也表现不同,南坡早于北坡,但易遭霜冻、日烧和干旱。北坡的菠萝,由于温度低、日照少,生长不好,降低越冬力。东北坡受春、夏季东北风和平流辐射霜冻的寒流影响,最易遭受霜害,故应避免在东北坡栽植菠萝。

任务 14.2　生产技术

活动情景　某种植户,拥有土地面积 667 m² ,欲种植菠萝,请制定一份菠萝的生产方案,并按生产方案进行生产。

 工作任务单设计

工作任务名称	任务 14.2　生产技术		建议教学时数	
任务要求	1.制定菠萝生产方案 2.熟悉菠萝生产环节操作			
工作内容	1.制定菠萝生产方案 2.种苗繁殖 3.定植 4.灌溉、追肥 5.催花 6.病虫害识别与综合防治 7.采收			
工作方法	以老师课堂讲授和学生自学相结合的方式完成相关理论知识学习;以田间项目教学法和任务驱动法,使学生学会制定菠萝生产方案,熟悉菠萝生产过程			
工作条件	多媒体设备、资料室、互联网、试验地、相关劳动工具等			
工作步骤	资讯:教师由活动情景引入任务内容,进行相关知识点的讲解,并下达工作任务 计划:学生在熟悉相关知识点的基础上,查阅资料、收集信息,进行工作任务构思,师生针对工作任务有关问题及解决方法进行答疑、交流,明确思路 决策:学生在教师讲解和收集信息的基础上,划分工作小组,制订任务实施计划,并准备完成任务所需的工具与材料			

续表

工作任务名称	任务 14.2　生产技术		建议教学时数	
工作步骤	实施:学生在教师指导下,按照计划分步实施,进行知识和技能训练 检查:为保证工作任务保质保量地完成,在任务的实施过程中要进行学生自查、学生互查、教师检查 评估:学生自评、互评,教师点评			
工作成果	完成工作任务、作业、报告			
考核要素	课堂表现			
	学习态度			
	知识	1.知道菠萝生产方案的内容 2.熟练掌握菠萝生产的基本技能		
	能力	熟练掌握菠萝生产技术		
	综合素质	独立思考,团结协作,创新吃苦,严谨操作		
工作评价环节	自我评价	本人签名:	年　　月　　日	
	小组评价	组长签名:	年　　月　　日	
	教师评价	教师签名:	年　　月　　日	

 任务相关知识点

14.2.1　种苗繁殖技术

1)菠萝种苗(芽)的选择

菠萝除用种子繁殖外,一般是用各种芽类进行无性繁殖。在采芽时,应注意母株的选择,应选高产、优质、无病虫害、茎部粗壮、叶数多的健壮植株。菠萝的种苗可用吸芽、冠芽、裔芽和地下芽。吸芽是母株处于最旺盛阶段所抽生的芽。它从母株成熟叶片分布的茎段长出,芽体所获营养及光照条件较好,叶片较长且疏,芽体健壮,定植后生长快、结果早。用作种苗的吸芽要充分成熟,叶身变硬、开张,长 25～35 cm,剥去基部叶片后,显出褐色小根点时采摘芽体。

用冠芽繁殖的植株果大、开花齐整,成熟期较一致,通常种后 24 个月才开花结果。摘除冠芽的时间是:芽长 20 cm,叶身变硬,上部开张,有幼根出现时即可摘下。

裔芽发生多影响果实发育,应分批摘除。为繁殖种苗,可适当保留 2～3 个,待长达18～20 cm 时摘下栽植。定植后经 18～24 个月才能结果。这种芽不是理想的繁殖材料。

用地下茎长出的芽苗来进行繁殖,芽体在生长过程中受母株地上部分的荫蔽和抑制,造成了芽较小,叶片数目少而细长,生长势较弱,一般定植后需要 2 年以上才能结果。因而,生产周期较长,并且结果果实较小,生产上较少使用。

菠萝栽培品种及使用何种芽苗进行栽培确定后,就需要选择标准的种苗。不同的菠萝芽类,其标准在各菠萝产地不尽相同。具体的标准:冠芽高为15~18 cm,吸芽为45 cm,裔芽为18 cm以上,而带芽叶插幼苗及组培苗则可适当小一些。在生产实践中,可根据品种、种植的习惯等灵活掌握。如无刺卡因由于吸芽少,20 cm左右的冠芽或裔芽就为理想的种苗;巴厘品种的吸芽较多,可以选择长度为40~50 cm的吸芽为繁殖材料。所有的繁殖材料,生产上必须满足要求:品种要纯正、未退化,没有混入混杂和劣变植株,种苗应具有原品种的优良性状;种苗要健壮,茎要粗壮,高度要达到标准,叶色浓绿,叶片要厚、要宽,叶的数量要合适;无病虫害,从外观看无病虫害特别是凋萎病等症状;种苗要新鲜,采收后放置时间不要太久。

2)种苗繁殖方式

(1)芽类繁殖

菠萝开花结果后,各类芽体相继从母株上发生。通过分株繁殖,将成熟的芽体与母株分离,便可直接获得生产用苗;个体较小的芽体也可经苗圃培育成苗。分株繁殖法操作简易,在产区广泛采用,但卡因类品种吸芽少,一般不用吸芽繁殖,而保留至以后继母株开花结果。

分株繁殖时,须选择充分成熟的芽体,以便于管理、提高产量和品质。成熟芽体的特征:吸芽长25~35 cm,叶身硬而开张,基部叶片剥去后可见褐色小根点;冠芽长约20 cm,叶身变硬,上部开张,基部变窄,基部有幼根出现;裔芽为芽体长8~20 cm,因裔芽大多影响果实发育,故每株仅留2~3个。

(2)组培繁殖

组织培养法可在短期内获得大量的苗,且方法容易掌握、育苗费用低,也是主要的育苗方法之一。具体做法是以冠芽茎尖、裔芽、吸芽或植株中部叶片基部的白色部分,幼果的果肉组织等作为外植体。若选取刚成熟果实上的冠芽,从其中部叶片的白色叶基处取6~8 mm长的叶段做外植体,可诱导较多的芽苗。外植体以常规方法消毒,切成3 mm×5 mm的小块供接种。外植体先置于附加有2,4-D 2(mg·L^{-1})和BA(1 mg·L^{-1}),3%蔗糖浓度的半量MS基本培养基中诱导愈伤组织,每瓶接种外植体2~3块,竖放。25~30 d后,及时将愈伤组织转移至分化培养基中,在2%蔗糖浓度的半量MS培养基中加入NAA 1(mg·L^{-1}),活性炭5(g·L^{-1}),待长至1~1.5 cm时,可在室内打开瓶盖炼苗,3~5 d后移出瓶外假植。假植期间早晚各喷1次培养液,新根长出后每周施肥一次,做好防晒、防旱、防病工作。小苗高2~12 cm时进行再次移植,按10 cm×25 cm株行距种植。小苗按常规管理3~4个月,苗高达30 cm左右即可出圃,小苗如移植于塑料袋等容器中,只须一次移栽即可。

(3)茎叶繁殖

①种苗纵切。为了多得种苗,可用20 cm吸芽纵切成4~8片,将成熟冠芽纵切2~4片,也可将裔芽纵切2~4片来育苗。在苗床育苗,加速休眠芽萌发成新植株。经9~10个月培育即可出圃。

②茎部繁殖(老茎纵切或横切)。主要是利用采果后老茎上的大量休眠芽可萌发成芽苗的特性,进行多次分苗,增加繁殖率,以加快育苗速度。

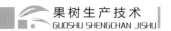

a.老茎就地分株。将收果后的老茎上抽出的块茎芽,待长至20~30 cm高时,分批摘下,每一老茎可获6~8个种苗。

b.全茎埋植。将老茎挖出,削去大部分叶片,只留3~4 cm长的叶基,以保护休眠芽。剪去茎上的根,晾晒1~2 d后,将全茎埋植在苗床。出苗后,分批摘除大芽种植。

c.老茎纵切或横切。将老茎的叶、根剪除后,纵切2~4片或横切成2 cm厚,每片带有几个休眠芽的切片,在切口上浸高锰酸钾溶液10 min进行消毒。晾干后,种在畦上。纵切的,种时在种植沟内按6 cm距离斜摆一片,切面向下,把肥料撒在切片周围,盖土以露出茎上端3~4 cm长为度,最后全面覆薄草一层。横切片则须平植,用清洁河沙覆盖,以切面不露为度。出苗后,分批挑出合格的芽苗。纵切与横切相比,纵切腐烂率比横切低。切片繁殖以3—6月效果最好,此时温度适宜于发根出芽;7—9月气温高,蒸发量大,雨水不均匀,不利于根和芽的萌发;10月以后,温度逐渐下降,生根缓慢或停止,切片多枯死或腐烂。

③带芽叶插。将繁殖材料(冠芽、裔芽、吸芽)基部发育不全的几片短叶剥去,直至清楚可见叶片中央有芽点时,用利刀把叶片连同带芽的一部分茎纵切下,即成一个带芽叶片。继续切取,直至幼嫩的中心叶不能带芽时为止。将带芽叶片斜插于苗床上,以埋没腋芽为度。约30 d后,幼芽可萌发。卡因品种一个冠芽可切取40~60片,裔芽可切15~20片。

该法繁殖系数较高,简单易行,只要有材料,全年均可进行繁殖。育苗的成活率较高,能保持种性,植株结果基本无变异。

④整形素催芽繁殖。整形素是植物生长素的抑制剂,既可延缓植株营养体的生长和衰老,又可延缓其开花、结果和成熟。整形素对菠萝生长发育有明显影响,它作用的位点在植株的生长点上,形成花蕾时用整形素灌心,就能使生殖分化改变为营养分化,诱发出果叶芽、果瘤芽、多冠芽、裔芽。具体操作技术:5—11月选取具有40 cm长的绿叶数卡因类40张、菲律宾品种35张的植株,每株用250 mg/L乙烯利加1%尿素与0.5%氯化钾混合溶液25 mL灌心。处理后第5天和第12天再用1 200~1 500倍液和600~750倍液的整形素25 mL灌心。未经催花处理的植株不能灌整形素,因植株生长点未形成花蕾时如受到整形素的抑制,会造成心叶增厚、叶缘卷曲成丛状,不仅无果、叶、芽,还抑制了花蕾自然分化和正常发育。整形素处理后的管理:10—11月进行的催花催芽,抽蕾期恰在翌年1—2月,故要覆盖薄膜防寒,且开春后要加强施有机肥与培土,每月对幼芽喷施1~2次0.5%~1%的尿素和钾肥,促其生长。待芽长至20 cm时,陆续摘下定植或假植,留在蕾上的小果叶芽仍可继续长大。

⑤营养体繁殖。这里的营养体繁殖是指利用田间的小顶芽、小托芽、小吸芽和果瘤芽分类假植于苗圃,培育后出圃的繁殖方法。将田间的小顶芽、小托芽、小吸芽和果瘤芽分类假植在苗圃,小苗长至25 cm时出圃供大田定植或者出售。

14.2.2　定　植

1)整地

菠萝根系的特性是浅生和好气,大部分根群随土表层水平伸展,分布在20 cm的耕作层内。在土壤板结、耕作层浅的情况下,根群浅生且细弱;而土层深厚疏松时,根多叶茂。因此,开荒整地时要强调深耕起畦。新开的荒地对菠萝生长很有利,长势往往比熟荒地的旺盛。能用机械耕作的缓坡地,雨后犁翻,晒一段时间后再用耙和犁翻2~3次,深度要在30 cm左右。人工开荒或用牛犁开荒的也应尽量深耕,翻土深度在20 cm以上。深耕是一项增产措施,耕得深,杂草被压在底层,新土盖在表层,种菠萝后杂草就少。有的地方用手锄深挖50 cm,把杂草深深埋入下层,这样两三年内也不容易长草,菠萝就容易获得高产丰收。耕得深还能提高土壤的保水、保肥能力,菠萝根系生长就快,分布又深又广,果实大、产量高。如果垦植很浅,植株根群就不能充分伸展,长势弱、结果迟,产量也低。

2)畦面整理

菠萝畦式有3种:平畦、叠畦和浅沟畦。(图14.3)

①平畦。先深翻压绿,然后用机械或人、畜力进行平整,畦面宽1~1.5 m,量好后做垄和沟。沟宽1 m,把沟位松泥挑入幅内,以加深种植畦的土层。然后,在幅沟边每隔1.5~2.0 m宽就插上分畦标志,按等高标志在幅内横向画畦沟线。把畦沟线犁松,挖宽30~50 cm、深25 cm的畦沟,挑出的松泥分放在两边畦上,做成1~1.5 m宽的畦面,同时将畦面泥土摊平。幅和畦的大小,要做到规格化,这样计算面积、施肥量和种植密度时,就能井井有条,也方便以后的各项管理。

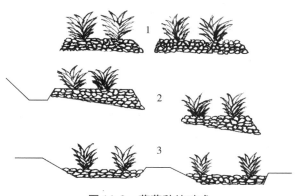

图14.3　菠萝种植畦式
1—平畦;2—叠畦;3—浅沟畦

②叠畦。在较陡或过陡的山坡,用机械或畜力开荒有困难,可采用人工叠畦整地。做法:先划幅,幅内再按1.7~2.0 m宽画等高线。然后把幅间沟和等高线上方锄出的泥块、草片叠在等高线上,边锄边叠,把靠近上一畦线的下侧锄成深20 cm、底宽35 cm的排水沟。锄出的心土逐渐填入叠好的墙里,做成畦,像茶园的小阶梯一样。它的好处:叠畦时已将草皮、肥泥全部叠进畦里,畦沟和幅间沟是坚实的泥骨,畦内全是叠起的草皮、泥片、泥块,土层深厚,疏松透气,排水良好,加上山坡地阳光充足,可造就菠萝生长的优良环境。缺点:只能用人工操作,因而花工多、投资大,而且外壁容易长草,旱季泥土容易干燥。

③浅沟畦。有些地方在过陡的坡地和不易保水的沙地,采用浅沟畦整地。具体做法:用牛犁或人工锄松土层,把土块叠成10~15 cm高、30~35 cm宽的等高土埂,埂内再加一次深锄或复犁,把土层加深,使它成为0.7~1 m宽的种植沟。这种畦式整地在保水、保肥比较差的石砾、沙土山地,能起到保水、保肥的作用。但在黏质土山地,容易渍水,引起菠萝根部腐烂,故不能采用。

3)定植时期

在我国适宜区,全年都可以种植菠萝,但以3—9月种植较好。6月到下一年2月定植气温低、雨水少、土壤干旱,对植株发根不利,要到春暖后才能恢复生长。但在这个季节种植菠萝,对调节季节用工来说还是有好处的。8—9月是定植的主要季节。在8—9月定植,可利用7月采果时摘下的托芽、顶芽和收果后疏除过多的吸芽、地下芽做种苗,能充分利用种苗。同时,在此期间种苗已经成熟,气温又高,很适合菠萝生长,定植后6~7 d就能发根生长,第二年春恢复生长也早。3—5月定植,可利用二造果的顶芽、托芽、冬季清园时分出的芽苗、二次分苗或从苗床育成的苗做种苗。同时在此期间,温度逐渐上升,雨水增多,定植后很快就会发根生长。如果能够选用大吸芽或育成的大苗来种植,又有充足的基肥,追施液肥,精心管理,还可以赶上7月上旬催花、年底收果。特别是容易受到霜害的地区,采用这种春种冬收的速成栽培方法,可以使早熟的大芽避开寒害。但这个季节采收,果实色、香、味均差,影响鲜食和加工品质。各地具体种植时期如下。

华南地区4—9月均可栽植。在菠萝产区全年均可种植,但以3—8月种植较好,因苗较充实,气温较高,雨水充足,适于菠萝生长,腐烂也较少。

在海南,全年都可以种植菠萝,但以4—7月种植较好。这时期温度逐渐回升,雨水逐渐增多,定植后很快就会发根生长。

在广东徐闻,除12月至次年1月外,其他时间均可定植,以4—8月为适期。但因苗源关系,主要在8—9月定植。海南雨季结束迟,也可在9—10月定植。

4)定植

(1)施用基肥

基肥一般以猪牛栏粪为主,另加等量的灰肥、堆肥沤制。如缺厩肥,用堆肥、垃圾肥等土杂肥也可,但每667 m²要加磷矿粉、麸肥各50 kg混合施用,使每株有0.5 kg以上的混合肥为好。我国广西南宁菠萝良种场在种植无刺卡因种前每公顷施氮、磷、钾复合肥999 kg。实践证明,凡是定植时施足基肥的,植株生长快、结果早、抽蕾率高,而且果大质优,吸芽多,对二、三造果高产增收也有利。

(2)适当密植

菠萝的单位面积产量,是由其果数和单果重构成的,在一定的密度范围内,单产随密度的增加而递增。因此,种植时适当增加密度和结果后增留吸芽,是一条重要的增产措施。适当密植,可增加单位面积株数,增加叶面积系数,使群体充分利用光能,从而提高产量,为植株生长发育创造了良好的环境条件。菠萝喜欢温暖湿润、松软肥沃的生长环境,忌烈日暴晒、干风和低温霜冻。在密植的情况下,株高显著,叶幅较小,叶片较直立生长,形成了一个浓密的绿色叶幕,造成了"自阴"的小气候环境,直射光少了,漫射光多了。干旱季节,我国菠萝产区相对湿度和土壤湿度都较高,而地温则较低,有利于根系的生长。由于叶片的相互遮蔽,有霜时辐射便低,减少了受霜面积,使受害程度减轻。同时叶片的相互遮蔽,还能起到保土、保肥和抑制杂草生长的作用。当植株达到一定标准时,可以通过催花控制其因过旺生长而造成的减产损失。

但密植应注意调节个体与群体之间的关系,例如可通过对株行距排列形式的调整来调节这种关系,增施基肥勤追肥,选择一致的种苗。密植还要强调催花,因为如果让其自然开花结果,势必造成壮苗越大、个别小苗越细弱,植株参差不齐、花期先后不一,产量不高。在收完头造果后要及时疏去弱苗,促进吸芽抽生多而壮,为二造果打下丰收的基础。密植后植株很易衰退,要注意及时更新翻种工作,使密植措施在生产上发挥更大的作用。

(3)种植方式(图14.4)

①双行式。畦和沟共150 cm宽,双行单株排列。它的优点是:畦沟较宽,须根能够向外扩展;畦上的株行距比较均匀,茎基互相挤靠,叶片伸展成半球面,能充分利用阳光,又易形成行间"自阴"环境,减少畦沟杂草,方便管理。用这种方式种植菠萝一般沟宽100～110 cm,小行距40～50 cm,株距随密度而变动。如果每667 m² 植3 500～4 000株,株距20 cm左右;如果每667 m² 植4 500株,则株距15 cm左右。

②三行式。畦和沟共170 cm宽,其中畦面宽120 cm,小行距35～40 cm,株距随密度而变,一般在20～25 cm。这种种植方式,植株个体营养面积均匀。

③四行式。一般采用200 cm宽畦,宽窄行排列种植,宽行100 cm(其中沟宽50 cm)、窄行50 cm(其中沟宽20 cm),形成的小畦面上以25 cm株行距种植,每667 m²4 500～5 000株。它的优点是:畦上有沟,植株封行后,这个小沟既排水又保水,有利根系生长;大行距较宽,方便行人操作,窄行两侧叶片受人为伤害少;霜冻时叶片受害大为减轻,大果多在此两行中间获得。

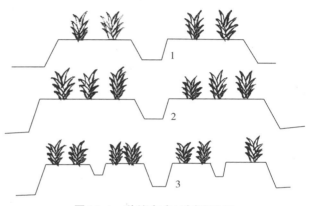

图14.4　种植方式(畦断面)图
1—双行式;2—三行式;3—宽窄畦四行式

(4)种植

在施基肥、起畦挑沟等工序结束之后,有条件时最好在畦面上铺一层草,既增强保水、保肥能力,又起到抑制杂草的作用。然后将选好的苗放到畦面上,按预定的密度定植。苗要种得浅、种得稳。种植的深度:顶芽、托芽2～3 cm,吸芽3～5 cm,苗的生长点露出地面。种得太浅,容易被风吹倒,也不易长根成活;种得太深,影响发根抽叶,甚至几年都难结果。每畦植株要尽量种直,不歪斜弯曲。一般种后30～40 d要进行查苗、补苗,发现倒株及时扶正、缺株及时补种、病株及时更换。

5)施肥

菠萝和其他作物一样都需要氮、磷、钾肥,而其所需钾肥量比其他作物更迫切。特别是卡因种,缺肥株弱,产量低,易早衰,所以合理施肥是很重要的。菠萝对肥料的要求,从定植到花芽分化前,氮、磷、钾的比例为17∶10∶16,以氮、钾为主;抽蕾后则以钾肥为主,3要素的比例为7∶10∶23。菠萝施肥应根据植株生长发育情况而定,定植后到抽蕾结果前的施肥要求是:定植30天左右,即应追肥,以利于幼苗加速恢复生长。此外,还要掌握在第二年3—4月前,根系开始生长时和7月高温雨水足、植株生长达到最高峰前追肥,以利于植株生长壮旺,为早结果、结大果打下良好基础。当进入结果期,则应抓紧在11月菠萝花芽分化前,施速效氮肥。因为此时正值入冬,菠萝停止生长,追肥速效氮肥,既能增加小果数和养

分积累,又可提高抗寒能力。翌年立春后气温上升、雨水渐多,花蕾抽出时,最好能再加一次肥。4—5月间正是果实发育、小果膨大和吸芽大量抽出时,两者争夺养分,如追施一次速效肥,可使果实增大和促进吸芽萌发。8—9月间菠萝采收后,以埋入绿肥、施土杂肥为主,使抽发出来的吸芽及早发根长叶,旺盛生长,为第二年丰收打下基础。菠萝产量高低、品质好坏与否,往往与土壤的肥力、理化性质、植株长势及品种有很大关系。所以,必须根据实际,适时适当勤施薄肥,以最低成本,获得最大经济效益。

6)地面覆盖

菠萝园进行覆盖能有效减少或抑制杂草生长,雨季则能防止雨水对菠萝园土壤的冲刷,旱季则能减少水分蒸发,保湿效果好。覆盖在冬季能使表层土壤增温 5~7 ℃,夏季炎热时可使土温降低 3 ℃左右,因此对菠萝的生长及结果有良好的促进作用。

（1）死覆盖

在菠萝定植后铺在大行间及株间。覆盖物离植株 5 cm 左右,厚度 5 cm,大行间厚10 cm。可以调节土壤温度和水分。夏季炎热时可使土温降低 3 ℃,冬季寒冷时可使土温提高 3.2 ℃。9月初当气候转入旱季时,可使土壤含水量达 4.5%。

（2）地膜覆盖

在覆盖前,要有计划地按株、行距先挖好定植沟,或是先在膜上定点画号打洞,然后盖在地面,将苗植入圆洞里。大苗偏深,小苗偏浅,苗务必与土壤接触好,才能早生根,使发出的吸芽芽位低。要按点定检,使植株行距整齐一致。种植前施足基肥,能维持到 3 年的施肥量。施足基肥后,追肥可用液肥泼施或喷洒,尿素等化肥可撒于株下,然后喷淋水,使肥料溶解。为了防止大风吹起薄膜,可于覆盖后将畦间土壤培压到薄膜边上固定。种植后如发现洞口有杂草,应及时拔去。注意机械的使用,使用铺膜机的时候要保证铺膜质量与菠萝株行距的正确。

7)水分管理

菠萝要求通气良好的土壤环境,怕积水。如土壤水分过多,通气不良,会导致烂果,严重影响生长及结果。因此,开园整地时除修筑排灌沟外,大雨或暴雨后须及时疏通排水及灌水沟,以排除积水,排除畦沟与等高垄畦沟内的淤泥并培于畦上或等高梯壁外坡上及裸露的根系上。在干旱季节,"以水增果增产增收"是最经济、有效的办法。进入旱季或月降雨量少于 50 mm 时,须灌溉或淋水,保证植株正常生长和果实发育。灌溉或淋水重点时期在花蕾抽生期、果实发育期及吸芽抽生期。秋冬果旱季淋水或灌溉和根外追肥,能增产10%~15%。秋种菠萝苗适当淋水或灌溉,能促进根系恢复和萌发新根。

14.2.3 催 花

在菠萝生产上,由于气候条件、品种、种苗大小、栽培技术措施水平的不同,常使菠萝生长不一致,花期不整齐。特别是推行密植措施后,种植密度加大,菠萝群体中个体间的生长差异很大,抽蕾率低,整齐度低,造成密植不高产。为了解决生产上存在的这些矛盾,采用植物激素诱导菠萝开花,不但可以使花期整齐、提高抽蕾率,而且还可以有效地控制抽蕾期,改单造为多造,调节收获季节,错开果实成熟期,有计划地分期分批成熟,供应加工和市场的需要。

1)催花的时间和标准

（1）催花时间

菠萝实施人工催花的时期,因地区、品种而异。在台湾,卡因品种于3—4月份催花,生产秋果;8—9月份催花,生产春果。在广西产区,菠萝催花时间自4—7月上旬均可进行。以"菲律宾"品种为例,4—5月份催花,9—10月份采收;6—7月份催花,11—12月份采收;如超过7月份催花,则要跨年度才能采收。由于卡因种果实生育期长,所要求的有效积温数大,所以,往往要考虑比"菲律宾"品种提早催花1个月左右。菠萝催花的具体时间必须根据当地气候条件、品种、生产布局、加工和市场需求、果实品质等联系起来综合考虑,既要做到有计划地提供产品,又要保证高产稳产和果实质量。

从加工和鲜果市场需求情况看,在一年里菠萝果实成熟期最好是:40%在6—8月份,30%在9—10月份,30%在11—12月份。

（2）催花标准

在正常情况下,植株生长健壮,当营养生长达到一定标准时,就可以用激素催花。根据叶面积、植株重量与果重的相关性计算,若每667 m² 产2 000 kg以上,单果重达2级以上,菠萝植株的催花标准:"菲律宾"品种有长35 cm以上、宽4.5 cm的叶片30张以上,植株重为1.5 kg以上;卡因种有长40 cm以上、宽5.5 cm的叶片35张以上,植株重为3.0 kg以上。菠萝果实的形状和大小,不仅关系到加工利用率,还影响到鲜果的销售。台湾地区产的剥粒菠萝在日本不受欢迎,因台湾种本来就属于小果型,若叶片数量少时催花,则所得的果更小,难以销售;相反,大果型的卡因种,若叶片过多时才催花,则所结的果实过大,加工全圆片罐头时,由于去皮的模具口径恒定,削去的肉过多,加工利用率不高,也非所宜。故要根据不同的品种特性、市场和提高加工利用率的要求,来确定菠萝催花的植株标准。

2)催花方法

（1）电石催花法

电石又称"碳化钙",是一种灰色易燃颗粒状或块状固体,极易吸湿,加水后产生乙炔气体,同乙烯、丙烯等都属于不饱和碳氢化合物,具有促进菠萝花芽分化的作用。其处理方法分为电石水法和电石粒法两种,以电石水催花效果较好,而且安全。但在山地或缺乏水源的地方,以不需水的电石颗粒处理较方便。方法是把固体电石敲碎成粉末状,用竹片取0.5～0.7 g(超过1 g时有烧伤的危险)倾入株心,同时灌入30～50 mL水。最好两人一起操作,一人放电石,一人灌水。在雨天用电石催花处理时,不必灌水。用电石水进行处理时,则先配制0.5%～1%的电石水,每100 L清水加入0.5～1.0 kg电石,使其自然发生乙炔。待小气泡将要停止时,便可开始灌施,每株灌施约50 mL,用大水壶逐株浇灌即可。大面积处理时,则可用动力喷雾器灌注。秋季进行电石处理,须在夜间进行,尤以午夜至黎明最有效;春季进行电石催花处理虽可在日间进行,但还是以夜间进行效果最好。下午有阵雨、晚上放晴时,也适合处理。台风暴雨后,应隔2～3 d进行。处理后10 min就下雨,并不影响效果。若隔2～5 d再处理一次,可提高效果。配电石液的水,越冷越好,因水温越低乙

炔含量越高。处理前两个月应避免施肥,尤其是要避免施氮肥,以免植株徒长,影响催花效果。处理后 7~10 d 施肥,可增加小果数。电石水现制现用,上午如灌不完,下午继续灌就该补一些电石,见有气泡后再灌施,但电石浓度不可超过 2%。

（2）乙烯利催花

乙烯利纯品为无色长针状结晶,易溶于水和酒精等液体。工业乙烯利为淡黄褐色液体,能与水任意混合。市场销售的乙烯利为含量 40% 的液体,性质较稳定。因温度高时乙烯利释放加快,故高温季节用它催花时可用较低浓度的,低温季节可用较高浓度的。对卡因品种催花,需用较高的浓度,对菲律宾品种催花可用较低的浓度。此外,用乙烯利催花时,附加尿素具有降解作用和营养作用,能促进抽蕾率的提高和小花分化。乙烯利的使用浓度为 0.025%~0.05%。

（3）萘乙酸和萘乙酸钠催花

萘乙酸是人工合成的植物生长调节剂,难溶于水,可溶于酒精和醋酸等,其钠盐则易溶于水,故常用萘乙酸钠催花,操作较方便。萘乙酸具有刺激生长和组织分生、促进开花等作用。菠萝催花使用浓度为百万分之 4~百万分之 40,以百万分之 15~百万分之 20 效果较好。萘乙酸不易溶于水,使用时可先用 5 倍于原药的酒精溶解后再稀释至所需浓度。萘乙酸钠易溶于水,可以直接用水稀释至所需浓度。用萘乙酸和萘乙酸钠催花,植株在处理 35~65 d 后现红抽蕾,抽蕾整齐度不及乙烯利。

14.2.4　病虫害防治

菠萝病虫害的种类不少。迄今为止,世界上已发现的菠萝病害,仅真菌性病害就超过50 种。在我国台湾地区,有记载的菠萝病害为 22 种,其中真菌性病 15 种,线虫病 1 种,病毒病 1 种,生理性病害 5 种。在我国广东和海南,已报道的真菌性病害有 10 种。纵观我国各菠萝产区,病虫害的种类不少,危害也颇严重,这是进行无公害高效栽培的一个限制因素。因此,必须对菠萝的病虫鼠害引起重视,切实有效地抓好防治工作。

1）常见病害及防治

菠萝的常见病害,有心腐病、凋萎病、黑心病、黑腐病、叶斑病、茎腐病和果实酸腐病等十多种。另外,还有生理性病害 5 种。其中,主要病害的发生情况及其防治方法如下。

（1）心腐病

本病是一种土壤传染病害,不仅危害幼苗,也危害成年植株和将近结果的植株,使菠萝的根茎腐烂。本病扩展蔓延迅速,受害后植株发生凋萎,损失甚大。在广东、广西、福建及台湾等菠萝产区都有发生,局部地区危害严重。

病症及发生规律。当定植后植株已木栓化的根冠重新萌发出新根时,心腐病病原寄生菌等就很容易侵染正在萌生的初生根。它靠菌丝或游动孢子侵入初生根表皮,向表皮下层扩展到内皮层薄壁细胞,使组织发生病变败坏,变为褐色,失去吸收水分和养分的能力。发病初期不易察觉,只见到叶色呈暗绿色,失去光泽,中心由绿色变成黄白色,叶鞘幼嫩部分开始腐烂,稍用力拔叶片,叶片即容易被拔起。重则整株叶片腐烂脱落。在病株发病过程中,开始时叶片逐渐退绿,变为黄色或红黄色,叶尖变为褐色,失去光泽,叶鞘基部变为淡褐色及至黑色水渍状,其后茎腐烂,组织变成奶酪状,边缘深褐色。病部组织软腐,成水渍状,发出特别的臭味。其厚垣孢子可以随着风和水的流动方向移动,侵染、传布全区。故病后应立即拔除病株,以杜绝感染。

防治方法如下。

①选用健壮种苗,进行种苗消毒。其做法是,把种苗基部叶片剥去,用25%的多菌灵可湿性粉剂800~1 000倍液,或用1∶1∶100的波尔多液,浸泡种苗基部10~15 min,晾干后再定植。

②选择排水良好的沙质土壤种植菠萝,对黏重的高岭土和地下水位高的,要进行深耕改土,周围开沟排水,然后再采取高畦种植。

③深耕浅种。种时勿使土粒沾心而感染病菌。施肥时,不要偏施氮肥。

④在中耕除草时避免伤害叶片,以免病菌从伤口处感染。

⑤发现病株,要及时拔除,集中烧毁,同时在病株原来的根穴中撒布石灰消毒。

⑥喷药防治。发病初期,用50%多菌灵可湿性粉剂1 000倍液,或70%甲基托布津1 000倍液、50%苯来特可湿性粉剂500倍液,喷洒菠萝植株,10~15 d喷药一次,连喷2~3次。也可在定植前用1.4%敌菌丹浸苗消毒,定植后3~4周再喷药一次,或用电石催花后即喷药一次。喷施苯来特、来菌灵和甲基托布津,能抑制菠萝果实和新梢腐烂病的发生。

（2）凋萎病

凋萎病,又称"粉蚧凋萎病",是菠萝的重要病害之一。在国外,有些地区的卡因种菠萝园,因凋萎病损失率高达50%~90%,是菠萝生产上的一大障碍。

病症及发生规律。发病初期,叶片从叶尖开始由绿色变成红黄色。根群开始停止生长,继而衰弱,吸收养分、水分能力差。在炎热、干旱时,叶片从红黄色变成赤色,失去光泽,皱缩内卷,叶尖干枯。根部开始腐烂,植株生长停止,果实萎缩干结,全株枯萎,成为急性凋萎。卡因种受危害最甚,菲律宾种和台湾种次之,本地种抗病力强。植株生长旺盛的比生长缓慢而弱的发病快且早。在心叶出现腐烂时,剖视病茎,可看到维管束变黑,茎部有水渍状坏死斑块,一些尚健壮的病株或发病较轻的病株,在干季阵雨影响下,靠近地面的茎部会长出纤弱的须根,地上部会抽出细小的叶片,出现暂时恢复现象。其后,又继而出现早期病症。随着病势的加重,支根和细根全部腐烂,终至全株枯死。受害结果株,果实小,着色差,汁少味淡,有刺舌辣味,失去食用价值。病株侧根和细根少;茎的木质部变为黑褐色;韧皮部皱缩,失去膨压,用力拉时易脱离。

防治方法如下。

①选用无病虫源种苗,选育抗病虫害品种。

②消灭粉蚧壳虫和蚂蚁。

③深耕改土,增施有机肥料,增加土壤团粒结构。合理密植,提高植株抗凋萎病的能力。

④在倾斜地种植菠萝时应采用沟种,在平地和排水不良地块种植时应采用高畦。雨季要及时排水。

⑤封闭病区,集中烧毁病株,杜绝病原。

⑥对轻病区用50%可湿性托布津300~500倍液加2%尿素液喷洒,可使黄叶转绿。

（3）黑心病

菠萝黑心病，又称"小果心腐病"。它是广东、广西和福建等菠萝产区广泛流行的一种病害，绿果和成熟果实均受其害。轻者果实品质下降，重则失去鲜食和加工价值。在福建厦门，菠萝冬果曾遭黑心病危害达 50% 以上。

病症及发生规律。秋、冬季生产的果实，在绿果期或成熟期都可能发病受害，而春、夏季成熟的果实却很少受害。病菌在花期从蜜腺导管侵入后，使蜜腺壁变色，进而使小果果心腐败，形成半透明蓝色或淡褐色水渍状斑点，而后渐次变为褐色或黑褐色。如正切果面，可见腐败的部分呈圆形或三角形的褐腐斑病。如作纵切，则腐败部分果心内部延长，成为纺锤形水渍状褐色病斑，只是果皮由青绿色变成暗绿色，失去光泽，似热水烫伤。果实重量减轻，用手指弹敲果实有水响声，果肉腐烂，肉质变味。果实越大发病率越高。

黑心病有两种病症，一种是干斑点的界限分明，整个病斑披上一层白色菌丝，这种病斑仅在过度成熟的果实上扩大，常使果实的心皮变为褐色。另一种是湿斑。病情发展过程可分四个阶段。

a. 只见到半透明小斑，斑点最大为 4 mm×5 mm。此时并不影响果实品质和加工。

b. 发展成为浅褐色。

c. 变为暗褐色。一般大小不超过果目。

d. 病斑由褐色变黑色，超出果目，并使果目周围开始变质。

干斑和湿斑的发生，主要受气候影响所致。干斑发生在旱季，湿斑多出现在雨季。

在我国广西壮族自治区南宁市，此病多在 11 月中下旬到 12 月上中旬发生；在福建厦门，一般于 11 月上旬到翌年 2 月中下旬发病。在整个结果期，如气温干旱或水分过多则发病重；沙质土壤上的菠萝比壤土上的发病严重，地势低洼处的植株比坡地上的发病严重。发病率高低与果肉的 pH 值高低有关。果肉 pH 值为 3.6～3.8 时，发生黑心病较多；pH 值为 3.8～4.5 时，则发生黑心病较少。因此，增施硫酸钾、提高果汁 pH 值、使果实出现糖高酸低的性状，菠萝就很少出现黑心的现象。

防治方法如下。

①选择抗病菠萝品种。

②改善栽培条件，做到排水良好，合理密植，科学用肥，注意施钾肥和钙、镁、磷肥。

③改变结果时期，在病区应以夏果、春果生产为主。

④在将开花时，用 400～800 mL/L 乙烯利溶液喷射植株，抑制并延迟开花。

⑤花期喷射 800～1 000 倍苯菌灵、涕必灵或敌菌丹液，保护发育中的花序，使大田基本上没有此病害的发生。

⑥严格控制使用 920 和萘乙酸催果时的使用浓度和次数。以 75 单位 920 和 200 单位萘乙酸混合使用效果好。一个果季使用 3 次即可。

⑦适时采收加工，运用冷藏车合理运输。

（4）黑腐病

菠萝黑腐病，又称"软腐病"，是菠萝在田间和贮藏中的重要病害。它危害果实，也危害幼苗和叶片。我国广东、广西、福建、台湾等地均有发生。菠萝生此病后会腐烂，从而失去食用价值。

病症及发生规律。

a. 危害未成熟果实及成熟果实,多发生于成熟果实。该病从受伤的小果(果眼)或果柄和果实顶芽的伤口或切口侵入;感染初期常呈"V"字形,先沿果心纵向扩展,呈深褐色,不易软化,然后横向果肉迅速软腐、变黑。从小果伤口侵入,表面呈暗色水渍状软斑,病间界限初期不明显。当果肉受侵染后,病部稍呈内陷状,果肉组织开始被分解,并迅速软腐,变为黑色,大量分解的汁液从病部外溢,而且散发出特殊、刺鼻的酒精气味。在果肉受害后,病间界限较明显。

b. 危害刚定植的幼苗,使其发生基腐。其基部叶片及根变黑腐烂,后期柔软组织败坏,仅余下纤维组织,极易被踢倒。病菌还能危害茎顶部及嫩叶基部,引起心腐。不论是基腐还是心腐,病部都变成黑色,发出香味。

c. 危害叶片,使其出现叶斑。初期病斑为褐色小点,在潮湿条件下迅速扩大成数厘米长的不规则黑褐色水渍斑块。上面生灰白色霉层(即为病菌的分生孢子梗和孢子),在干旱条件下病斑转变为草黄色,纸状,边缘黑褐色的病斑。严重时叶片枯萎。

该病在温暖潮湿的季节发病尤为严重。在雨天打顶(除冠芽),或摘除冠芽过迟、伤口过大、难以愈合时,果实较多发病。低温霜冻期间,受害果实也易发病;采收贮藏运输期间,机械伤口多,发病也多。

防治方法如下。

①去冠芽应在晴天进行。当果实生长到一定时候,要摘除冠芽,使植株中的养分集中供应果实,以满足其生长发育所需。实施时,要尽量选择晴天进行,以利于伤口愈合,减少病菌侵染。为防止感染,可采用25%多菌灵可湿性粉剂,兑水800倍,用以涂抹伤口,防止病菌感染。

②菠萝采收宜在晴天露水干后进行,或者阴天采收,切忌雨天采收。采收时,可用刀切割,果柄留 2～3 cm 长。果柄伤口需平滑。

③采后的选果、分级、包装和保鲜处理等操作,要尽量做到轻拿轻放,避免和减少机械损伤。

④果实经处理后,用硬纸板箱或木箱装载。贮藏库须先打扫干净并消毒。贮藏中要注意仓库的通风和降温。贮运中,夏天应注意通风降温,冬天须注意防寒保温。

(5)叶斑病

病症及发生规律。发生于苗期和成熟期叶片,病斑椭圆形或长圆形,初为淡黄色小点,后逐渐扩大,边缘深褐色,中央浅褐色,凹陷,上生黑色霉层,即病原菌的分生孢子梗和分生孢子,有时表皮与下部在组织剥离而成泡状。

防治方法如下。

①合理施肥和排灌。增施磷、钾肥,使植株健壮,抗逆性增强。

②发病初期喷0.5% ～0.1%等量式波尔多液。若病情有转严重之势,则用甲基托布津、代森锰锌、百菌清和灭病威等喷布。

(6)茎腐病

本病是一种寄生性病害,在土壤与空气相对湿度大的情况下,可使种苗、茎、叶及果实腐烂,发病迅速,传播蔓延快,生产上损失大,我国菠萝产区都有发生。

病症及发生规律。植株感染病害后,病部出现水渍状红褐色病斑,像甘蔗"凤梨病",继而扩大至整个茎部,叶片退绿,变为黄色,叶尖变褐,叶鞘变为淡褐色软腐状,有臭味。有的老茎受害后,变成一个只剩下纤维束的空壳,纤维束可挤出水,有臭酸味。种苗从植株上采下尚未干燥时,即堆积田间暴晒,通风不良,或种在湿冷地区,都会加速发病。中耕除草伤害植株,对老植株也会发生危害。冬季雨后,菠萝叶色出现白色的斑点或宽而短的条纹,病菌系从叶部受害的组织侵入,造成白斑叶,称为"风伤",多发生在冬季菠萝园。卡因种叶片多汁,最易感染此病。

防治方法如下。

①种苗要放在通风处,阴干后种植。也可将冠芽茎朝上晒5～7 d后种植。

②田园四周设防风林,以防冬季冷风危害。

③田间操作时,要避免菠萝受机械损伤。

④种苗最好用多菌灵或苯来特、甲基托布津800～1 000倍液浸泡基部20 min后再种植。

(7)菠萝根线虫病

病症及发生规律。病原根线虫,寄生在根皮与中柱之间,吮吸养分,并使根组织过度生长,使根部肿大或形成大小不等的根瘤。根瘤大多数发生在细根上,感染严重时,根瘤又可产生次生根瘤,根系盘结成块状根团,使根的吸收功能受损。最后老根瘤腐烂,病根坏死。由于根群受损,叶片缺乏水分养分供应,逐渐变成红紫色,软化下垂,植株生长衰弱,失去生产效能,甚至枯死。

病原线虫主要以卵及雌虫越冬。当外界条件合适时,卵在卵囊内发育,孵化成一龄幼虫仍藏在卵内,蜕皮后破卵而出,成二龄侵染幼虫,活动于土中。二龄幼虫侵入菠萝嫩根,在根皮与中柱之间为害,使根尖形成不规则根瘤。雌、雄虫成熟交尾后,雌虫产卵,将卵聚集在雌虫后端的胶质卵囊中。根线虫病的主要侵染源,是带有根线虫的土壤和病根。病根是本病远近距离传播的主要途径,水流也是近距离传播的重要媒介,带有根线虫的肥料、农具以及人畜,也可以传播此病。不形成根瘤的根线虫,则危害菠萝的根。

防治方法如下。

①实行检疫,不能将带有线虫病根的植株移植到无病区,不在根线虫病区采购种苗,尽量避免病区的人、畜和农具进入无病区。

②避免在有根线虫危害的地区或地段开辟新菠萝园及发展菠萝生产。如需在带有病原线虫的土地上种植菠萝,则要在晴朗天气反复犁耙翻晒土壤,以杀灭根线虫。有试验证明,10 cm厚的土壤层在阳光上直射30 min,将使各龄线虫全部死亡。在植前应用药剂对土壤进行消毒。具体做法是:犁耙平整土地后,按沟距30 cm、沟深15 cm的标准,开挖条沟,均匀淋施80%的二溴氯丙烷150倍液。施药后,覆土踏实,可杀灭大部分根线虫,但很难把它彻底消灭。

③对已发生根线虫危害的菠萝园,可以适当增施牛粪等有机质肥料,促发新根,加强肥水管理,增强树势,以减轻根线虫的危害程度。还可以在行间犁沟淋施80%二溴氯丙烷250倍液,杀灭根线虫。其操作方法与进行土壤消毒时相同。采用这种方法的主要目的,是保护生产周期内能获得尽可能多的收成,减少生产的损失。

（8）日灼病

日灼病是一种生理性病害。有些地区的日灼伤果率高达50%。

病症及发生规律。6—8月间，田间的光照度更强，这段时间菠萝果实正处于迅速发育成熟阶段，摘除冠芽后果实的荫蔽度有所降低，受烈日直射的部位易被灼伤。灼伤部分的果皮出现褐色疤痕，果肉风味变劣。由于局部组织坏死，果实水分散失加快，极易成空心废果，或因继发性微生物、病菌侵染而腐烂。卡因种菠萝果皮较薄，易遭日灼，如不注意护果，将造成严重损失。

防日灼护果，一般在除冠芽后进行。但如遇植株倒伏，果实受晒面积加大时，就需提前覆盖护果。护果的方法有如下几种。

①束叶法。用麻皮或塑料带束叶，将果遮护。束叶时，不要束得太紧和太密，以既可蔽日，又利于通风为宜。向西一面的叶片密一些，其他方向的可以疏一些。无刺卡因种用此法较好。

②盖顶法。采用松针、松枝和芒箕等材料，平覆于果顶上防日灼。

2）常见虫害及防治

常见的菠萝虫害，有粉蚧、菠萝红蜘蛛、大蟋蟀、蛴螬、独角犀、白蚁、大蝽、象鼻虫和东风螺等，危害较大的有粉蚧、菠萝红蜘蛛、大蟋蟀、蛴螬、独角犀和白蚁。

（1）菠萝粉蚧

菠萝粉蚧属同翅目、粉蚧科，又名"凤梨粉蚧"，在菠萝产区均有发生。

①危害。菠萝粉蚧若虫和雌成虫危害菠萝心叶、茎、果实、根系以及芽鞘等，或潜入寄主体的缝隙凹陷处吮吸液汁。菠萝较软而多汁的部分，有利于本虫生活，故卡因种比其他品种受害严重。被害叶片退色变黄，乃至成为红紫色，严重时叶片全部变色，软化下垂，甚至枯萎。被害的果实轻者生长不良，果皮失去光泽，品质下降，重者果实萎缩。此虫还能排泄蜜汁，能诱发霉病，同时为蚂蚁所嗜好，因而招致蚂蚁驱走天敌，搬运粉蚧虫体，使此病更易传播。

②发生规律。菠萝粉蚧在华南地区一年可发生7～8代，在菠萝整个生长期和贮藏期间都有发生。5～9月份为主要危害时期。夏季，一个世代历期约40 d。此虫基本为孤雌生殖，以胎生为主，少数为卵生。园地荫蔽，地势低洼潮湿，对粉蚧繁殖有利。暴雨影响粉蚧的繁殖，尤其对若虫有冲刷作用。大雨时叶片基部积留雨水，在此处寄生的粉蚧如淹没水中，三天后虽未全部死亡，但在水中不能胎生若虫，露出水面后其繁殖能力也衰退。此外，蚁类对粉蚧的发生起了有利作用。卡因种皮薄多汁，比菲律宾种受害严重。

③防治方法如下。

a.种植前，用50%乐果乳剂500～800倍液，或8倍松脂合剂，或一六零五液1 000倍液，浸苗5～10 min，可消灭大部分附着的粉蚧。

b.在粉蚧大量发生时，喷射松脂合剂。夏季为20倍液，冬季为10倍液，效果很好。

c.调运感染虫害的种苗，事先应进行杀虫处理。先把种苗扎成一束，放在塑料帐幕或熏蒸室内，进行熏蒸。当气温为9～20 ℃时，每m³用氰化钠10～16 g、硫酸15～24 g、DK 30～48 mL，熏蒸60～70 min。也可以先把种苗捆好，摆置整齐，用50%的一六零五或50%

的一零五九乳剂 200 g,加水 50~75 L,喷湿种苗。随即覆盖塑料薄膜,四周用泥土压紧,密闭 24 h。然后揭开,过 1~2 d 后定植。

(2)菠萝红蜘蛛

菠萝红蜘蛛,叶螨科。在菠萝产区发生较为普遍。

①危害。成虫以口器刺破叶或根的表皮,吮吸汁液,使受害部位呈褐色。发生严重时,叶片凋萎,果实干缩,甚至全株枯死。

②发生规律。通常聚集于重叠的叶际。有时进入花腔内,伤害花腔的里层。受害部位易受其他病菌感染,果实不能用来制罐头。夏、秋高温干旱季节受害严重,如不及时防治,则会由局部扩展到全园。

③防治方法如下。

a. 在夏、秋高温干旱季节,菠萝红蜘蛛盛发前,应抓紧及时喷药防治。药剂选用石硫合剂 0.3 波美度,或洗衣粉 300~400 倍液,亚胺硫磷 600 倍液,双甲脒,进行喷杀。

b. 喷药要均匀周到,同时注意轮换用药,避免使该虫产生抗药性。如果是局部发生,则应进行挑治,不可在全园普遍用药。

(3)蛴螬

蛴螬,是金龟子幼虫的通称。金龟子属鞘翅目、金龟子科,俗称"地狗子""白土蚕"等,为菠萝的重要地下害虫。分布全国,种类繁多,危害甚广。

①危害。幼虫藏匿在土中啮食菠萝植株的根与芽。受害的植株,初期叶片退绿,植株和果实生长不良。后期叶片变红,失去光泽,叶尖干枯。轻则根部还剩下几条根,重则根部全被吃光,地下茎被啮成不规则的大小缺刻和洞口,大伤口中还出现绿霉和疫霉菌寄生,发生腐败。在干旱季节,植株叶片变成深红色,下垂凋萎,严重者全株干枯或果实萎缩,停止不长,甚至死亡,受害植株一拔即起。

②发生规律。该虫一年发生 1 代,以幼虫在土中越冬。成虫昼伏夜出。出现盛期各地不同。在广西地区每年的出现盛期为 5—7 月份。成虫食量大,食性杂,可食害菠萝等多种果树的叶片。成虫有强烈的趋光性和假死性。幼虫零星分布在菠萝园中,咬食地下茎和幼嫩根。受害植株一般很少死亡。幼虫会转移到周围植物植株为害。被害植株茎基部残留的根会萌发新根,恢复生长。只有在伤口处感染绿霉菌和疫霉菌并引起腐烂时,植株才死亡。有机质多和土壤质地疏松肥沃的新植区,有利于金龟子产卵和幼虫的生长发育,因而菠萝受害特别严重。另外,施用未腐熟厩肥和未加杀虫剂的堆肥、垃圾与猪牛粪等做基肥时,菠萝植株也受害严重。

③防治方法如下。

a. 5—7 月份为成虫发生期,可在闷热的傍晚持火捕捉成虫,或在果园用 200~500 瓦灯光或黑光灯诱杀成虫,或人工挖杀幼虫。

b. 6—8 月份,结合根外追肥,发现有幼虫危害时,在肥料中加入 800 倍美曲膦酯液,或用敌敌畏液淋湿菠萝植株基部,以杀死地下金龟子幼虫。

c. 将堆肥或垃圾淋洒美曲膦酯或乐果药液后进行堆沤。

(4)大蟋蟀

大蟋蟀,俗称"土猴""土狗""肥腿""剪刀汉""蛐蛐"和"竹蟀"。分布于我国广东、广西、福建、台湾和云南等地。

①危害。该虫食性杂,取食多,以野生植物的嫩茎、子实或块根为食。危害菠萝时,成虫、若虫在果实上咬成许多 1~2 cm 大的孔洞,洞口流胶。果实成熟度不到七成以上的,果肉有香甜味,水分多的会导致病菌入侵而腐烂;还会招引鼻涕虫、独角仙和黄蚂蚁等,爬入伤口咬食,使伤口扩大加深,腐烂扩大,造成果实提早成熟,糖分低,水分少,风味不浓。果实成熟前或采果后,该虫咬食苗心内层几张叶片的叶肉,留下纤维,使受害部分逐渐枯死。蟋蟀的危害,使菠萝的损失率达 5% ,次果率达 30% ,危害严重的地段,损失率与次果率分别高达 11% 和 50% 以上。

②发生规律。大蟋蟀一年发生 1 代,以若虫在石缝或菠萝和杂草的根际土壤中越冬。第二年春暖后开始活动。在广东和福建南部,越冬若虫于 3 月上旬开始活动;在广西南宁市于 4 月中旬,气温达到 25~28 ℃时,越冬幼虫开始化蛹,4 月份下旬为化蛹盛期,5 月份下旬化蛹完毕。蛹期一般为 10~12 d,最长 20 d;5 月下旬到 6 月上旬,最长超过 20 d,是 2~3 龄若虫活动的时期。随后,若虫逐渐变成成虫。若虫和成虫白天潜伏在菠萝根际的杂草和土缝中。多数成虫是在傍晚交尾,晚间外出活动,上半夜比下半夜多。如遇闷热天气,活动更加频繁。6—9 月份是南方地区的雨季,蟋蟀因喜干燥忌潮湿,而常从土穴移居于菠萝根际和包扎果实的保护物中,咬食果实,因而成为菠萝果实受害严重的时期。

③防治方法如下。

a. 用美曲膦酯拌炒香米糠,制成毒饵,撒在蟋蟀出入的地方进行毒杀。

b. 从傍晚 5 时开始到晚上 12 时止,用 500 倍敌敌畏溶液施药一次。虫多时,每 7~10 d 施药一次,连施 2~3 次。这样做除了可以杀除大蟋蟀以外,对独角犀、金龟子和大螟等害虫,也可以同时杀灭。

(5)白蚁

①危害。白蚁蛀食植株皮、茎干、根部和果实,危害严重时,使植株地上部枯死。

②发生规律。丘陵旱地的菠萝地有白蚁发生并为害,但以红壤、黄壤土上发生白蚁较多,危害较重。干旱是白蚁危害严重的重要条件。在干旱季节,白蚁以增加取食来弥补大量需要的水分。靠近白蚁群较多的处于荒山野林的菠萝园或在灌木杂草丛生地段新开垦的菠萝园,常发生白蚁危害。

③防治方法如下。

a.新建菠萝园,在开垦后、犁耙整畦前,用防白蚁药均匀撒施在土面上,然后用犁耙起植畦,以杀死土中的白蚁群及其他地下害虫。

b.定植时把苗的枯叶剥除,可减轻白蚁危害。

c.寻找蚁穴,消灭巢群。

14.2.5　采收与包装

菠萝果实在成熟过程中,果皮由绿色逐渐转变成草绿色,再转变成该品种成熟时所特有的黄色或橙黄色,有光泽;果肉颜色由白色逐渐转变成淡黄色或黄色,并呈半透明状;果肉逐渐由硬变软,果汁明显增加,糖分提高,并具有浓郁的香味。正确的采收方法、适宜的

采收期和分级包装,可以保证采收质量,减少损失。

1)成熟度的判断

不同成熟度的菠萝果实,其鲜食风味和加工成品的品质也不相同。所以,根据不同的要求,采收不同成熟度的果实,以适应各种需要。

(1)外部症状判断

菠萝果实的成熟度,按其外部症状,可区分为4个等级,即小果草绿、1/4小果转黄、1/2小果转黄、大于1/2小果转黄。因此,菠萝鲜果的采收成熟度应根据果实的外表征状以及从采收至销售所需的时间来决定。近销的以1/2小果转黄采收为宜,远销的或加工原料果以小果草绿或1/4果转黄时采收为好。1/4小果转黄和1/2小果转黄这两个等级成熟度的果实鲜食风味最佳。但是,采收季节不同,菠萝的采收成熟度也略有不同。(表14.1)

表14.1 四个采收成熟度外表征状

采收成熟度	果实外表征状
草绿	果眼饱满,白粉较少,全果草绿色,有光泽,果缝已呈黄绿色
1/4黄	果眼饱满,果实基部1~2层果眼呈现黄绿色,其余果眼呈草绿色,果缝浅绿色
1/2黄	整果有一半果眼呈黄绿色,其余呈浅绿色
>1/2黄	整果大部分果眼呈黄绿色

(2)采收时期

作为加工或外运的果实,一般可在青熟期(80%成熟度)采摘。青熟期的果实外观及肉质表现:小果白粉脱落,果皮颜色由绿色转为青色,小果发育饱满且带油亮光泽,果实基部第1~2层小果间缝周围呈油亮的淡黄色,其余小果裂缝呈浅黄色。有光泽,果肉脆,肉组织开始软化,肉色由白转黄,果汁增多,味甜,有明显的菠萝香味溢出。

近地销售和鲜食的果实要求成熟度高,口感好,香味浓。一般宜在黄熟期(90%以上的成熟度)采收,此时果实基部第3~4层小果呈黄色,果肉黄色或橙色,果汁多,糖分高,香气浓,风味最好。过了这一时期采收,即为过熟采收。此时果实过熟,果皮全黄,失去光泽,果实基部的肉质里暗黄色,果肉组织开始脱水,果汁多,糖分下降,香味较淡,有酒味,失去鲜食价值。

此外,在不同季节成熟的果实,其采收成熟度的标准也略有差异。夏、秋果是在高温多湿的条件下发育的,果实成熟快,水分多,易腐烂。当果实基部第1~2层果眼转黄时即可采收。冬、春果,在温度较低的条件下成熟,糖分转化较慢、果实含酸量较高,果实要在充分成熟、果皮有1/2以上变黄时采收。若过早采收,品质下降。菠萝的采收期因品种与栽培地区不同而异,由于催花技术的应用而能人为地调控菠萝植株的抽蕾,从而延长了鲜食果及原料果的供应期,基本上可以做到周年上市。

为了使采后果实少损耗,采收宜在晴天晨露干后进行,在多云或阴天则上、下午均可进行,雨天不宜采收。采收时应按其成熟度分期分批采收,以保证果实的品质。

2)采收方法

用于鲜果销售或远运到加工厂的原料果应用果刀采收,采收时用利刀割断果柄,留果柄长 2~3 cm,除净托芽及苞片。根据销售要求,决定留顶芽或不留顶芽。不留顶芽的,平果顶削去顶芽。用于就近加工厂当天加工的原料果,也可用手直接采收,即用手握紧果实,折断果柄,然后摘除顶芽。

采果时要轻采轻放,尽量避免机械损伤。采后要及时调运,如因运输不及时而暂时堆放,果也不宜堆叠过高,以免压伤。上面要用树叶或杂草覆盖,以预防夏季烈日灼伤或冬季冻害。

3)分级

长途运输的果实,采收后应放在田间临时工棚或树阴下剔除残次烂果,将好果分级、包装,并及时装车发运到加工厂或各鲜果市场销售。

菠萝采收后,通常按品种、成熟度、果实大小进行分级。按成熟度可分成加工用、近地鲜销用和远运鲜用 3 种;按果实大小分级,各地等级标准不一。1990 年制定的全国行业标准——鲜菠萝等级质量指标列于表 14.2。

表 14.2　菠萝购销等级质量标准

			优等	一级	二级
果形			具有该品种的特征、果形正常,果实发育良好,无影响美观的果瘤或瘤芽,无畸形		
果面			具有同一类品种的特征,具有该品种成熟时的固有色泽,新鲜干爽,无外污染物、无日灼斑块、裂口、流胶、虫伤及可见昆虫		
果肉			具有该品种成熟时所固有的色泽和风味,无黑心		
果重/g	卡因类	带顶芽	1 750~2 000	1 500~1 750	1 250~1 500
		无顶芽	1 500~1 750	1 250~1 500	1 000~1 250
	皇后类	带顶芽	1 250~2 000	1 000~1 250	750~1 000
		无顶芽	1 100~1 800	850~1 100	600~850
顶芽			单顶芽,长度不低于 10 cm,但不超过果长的 1.5 倍,顶芽与果实接合良好	单顶芽,长度不低于 10 cm,但不超过果长的 2 倍,顶芽与果实接合良好	单顶芽,顶芽与果实接合良好
腐烂			不得有导致腐烂的擦伤、压伤、碰伤、刺伤等		
果柄机械伤			不允许 切口平整光滑,干燥发白,长 2~3 cm,无苞片		
可溶性固形物			12% 以上		

分级过程中,应轻拿轻放,仔细将烂果、机械伤果、病虫果、过熟果、未熟果和过小的果挑出另作处理,以免包装后在长途运输中引起腐烂和污染。

对不同品种、不同成熟度、不同大小的菠萝果实,按加工的要求分开处理。目前对于菠萝成熟度、色泽、形态等方面的分级,都是依靠目测;对于果实大小的分级,则一般是采用工具或机械进行分级。最简单的分级工具即分级板,系在一块长方形的木板上,开几个不同直径的圆洞。菠萝分级时,只需将果实拿起向洞里投放即可。这种分级板,对于一些圆球形水果,如柑橘、苹果等,在各地还是比较适用。但菠萝果实由于形态呈长椭圆形或筒形,且果实外表凹凸不平,因此,使用这种分级板,颇不方便、也不准确。另有一种分级工具,即我国一些中、小型厂生产常采用的分级卡。这种分级卡,构造简单,使用方便准确,一般用铝铸制,每把卡上有 5 个级别的卡径。操作熟练的工人,每小时可分级果实 600 kg。现代化的生产,都是采用连续化的菠萝分级机进行大小分级。

分级机的分级部分为几组向下倾斜的分级辊,辊上按螺旋方向缚以粗、细两条棕绳,供推进菠萝用。分级辊空隙间距逐渐向前增大,每组分级辊间距可单独进行调整,并按不同级别的菠萝尺寸,分段以挡板隔成不同的间距,当菠萝由喂料斗落入分级辊时,由于辊的不断转动,先是小级菠萝落下,然后中级和大级果实分段相继落入出料输送带上,按级别分别送至储料斗或菠萝三道机。我国设计的菠萝分级机,主要由进料流槽、二对螺旋轴、分级挡板、出料流槽、机架、传动轴、减速电动机等组成。设备运转时,菠萝洗果提升机将菠萝均匀送入进料流槽,菠萝即自行滑入螺旋轴,通过螺旋轴及各级挡板时,菠萝即自动按直径尺寸范围经出料流槽卸出。

4)包装

果实分级后立即进行包装。包装容器主要有纸箱、竹篓或用板条钉成的木箱。包装容器必须清洁、干燥、坚实、牢固、无异味、无虫蛀、腐朽、霉变现象,内外无突出物,纸箱不得有受潮、离层现象。

包装用的纸箱要求负压 150 kg,12 h 后无明显变形现象。纸箱包装的容量净重分 20 kg 装与 10 kg 装 2 种,箱两端的上、下有直径 1 cm 的通气孔各 5 个。外销出口一般采用 10 kg 包装。为了提高菠萝商品价值,外销甚至可采用手提箱式的单果、双果或四果包装;北运鲜果可采用 10 kg 或 20 kg 包装。包装时,分两层排放,两层之间以纸板分隔。纸箱开合处用性能良好的胶带粘合,再以塑料带捆扎两道。

目前,近距离内销大多采用下列方式。包装时,先在竹篓的内衬垫 1～2 层纸,然后把果整齐分层排放,果顶向上,果柄向下,每一篓只能装同一品种同一等级的果实,要求果实挨个靠拢装紧,果间铺以软物衬垫。装好加盖后用细铁丝将四边沿篓或箱口拴牢,再用结实绳索在底和盖部交叉捆成"十"字形,捆结头打成死结。板条箱可用铁钉封箱。

菠萝包装好后,还应在包装容器外贴一标签,标明品种、名称、等级、重量、发货单位和发货日期等,便于检查和验收。在产地附近销售的鲜果或加工用的原料果,可采用散装运输或用特制的果箱装箱运输。

项目小结 》》》

菠萝,是世界第三大热带水果,也是世界第七大水果。菠萝不仅可以鲜食,而且适宜制作罐头和加工成果汁出口,茎叶还可以用于深加工,提高果品附加值。通过本项目的学习,熟练掌握菠萝生产管理技术和相关操作流程。

复习思考题)))

1. 我国目前菠萝品种有哪些？各具什么特性？
2. 简述菠萝栽培技术。
3. 目前菠萝的主要催花技术有哪些？

项目15　澳洲坚果生产

项目描述　澳洲坚果又称"夏威夷果",味道香甜可口,营养成分极其丰富,其含油量高达60% ~ 80%,蛋白质9%,含有人体必需的8种氨基酸,还含有丰富的钙、磷、铁、维生素 B1、B2 等,有"干果皇后""世界坚果之王"之美称。本项目以澳洲坚果的生产管理技术为重点内容进行训练学习。

学习目标　学习澳洲坚果园水、肥管理原理,树体成长、花果生长规律,病虫草害防治原理,果实采收技术及采后处理措施。

能力目标　掌握澳洲坚果园水、肥管理,树体、花果管理,病虫草害防治技术,果实采收技术及采后处理措施。

素质目标　培养细心耐心认真学习的习惯、吃苦耐劳的精神及严谨的生产实际操作理念,学会团队协作。

项目任务设计

项目名称	项目 15　澳洲坚果生产
工作任务	任务 15.1　生产概况 任务 15.2　生产技术
项目任务要求	了解澳洲坚果生长习性,知道常规品种,掌握坚果园管理技术等。

任务 15.1　生产概况

活动情景　澳洲坚果以其味美及营养价值高,获"干果皇后""世界坚果之王"之美称。但是,澳洲坚果特殊的生长环境,限制了坚果的种植面积与产量,因此,其在水果市场价格居高不下,成为水果生产中极具发展潜力的品种之一。本任务要求认真学习了解澳洲坚果的生物学特性及对环境条件的要求。

工作任务单设计

工作任务名称	任务 15.1　生产概况		建议教学时数			
任务要求	了解澳洲坚果的品种、生物学特性及其对环境条件的要求					
工作内容	1. 认真学习,查阅澳洲坚果的生产现状 2. 了解其特性及对环境条件的要求					
工作方法	以老师课堂讲授和学生自学相结合的方式完成相关理论知识学习					
工作条件	多媒体设备、资料室、互联网、教材等					
工作步骤	资讯:教师由活动情景引入任务内容,进行相关知识点的讲解,并下达工作任务 计划:学生在熟悉相关知识点的基础上,查阅资料、收集信息,进行工作任务构思,师生针对工作任务有关问题及解决方法进行答疑、交流,明确思路 决策:学生在教师讲解和收集信息的基础上,划分工作小组,制订任务实施计划,并准备完成任务所需的材料 实施:学生在教师指导下,按照计划分步实施,进行知识学习 检查:为保证工作任务保质保量地完成,在任务的实施过程中要进行学生自查、学生互查、教师检查 评估:学生自评、互评,教师点评					
工作成果	完成工作任务、作业、报告					
考核要素	课堂表现					
	学习态度					
	知识	澳洲坚果的生产现状;品种;特性;生长环境条件				
	能力	学习分析澳洲坚果的生产现状;品种;特性;生长环境条件				
	综合素质	文献查阅,独立思考,严谨分析,团结协作,创新吃苦				
工作评价环节	自我评价	本人签名:		年	月	日
	小组评价	组长签名:		年	月	日
	教师评价	教师签名:		年	月	日

**任务相关知识点**

澳洲坚果(*Macadamia ternifolia* F. Muell)又称"夏威夷果""澳洲胡桃""昆士兰栗"等,属山龙眼科(Proteaceae)、澳洲坚果属(*Macadamia* F. Muell),常绿乔木果树。原产于澳大利亚昆士兰州南部和新南威尔士州北部(南纬25°—32°)的沿海亚热带雨林地区。澳洲坚果果仁营养丰富,含油量高,烤制后香酥可口,有独特的奶油清香,风味极佳,是世界上品质最佳的食用干果,被誉为"世界坚果之王"。它在国际市场上供不应求,作为一种新兴的高档坚果类果树,澳洲坚果正在为越来越多的国家和地区所重视。我国大约在1910年引入,主要栽培区域是云南、广西、广东、海南、四川、福建和贵州等省、自治区。

15.1.1　种类与品种

澳洲坚果属有18个种,其中原产澳大利亚的有10个种,原产新喀里多尼亚的6种,原产马达加斯加的1种,原产西里伯岛的1种。在这些种类中,商业性栽培的只有两个种,即光壳种(*Macadamia integrifolia*)和粗壳种(*Macadamia tetraphylla*)。其他种因仁小、味苦,内含氰醇甙而不能食用。生产性主要栽培品种是夏威夷品种、澳大利亚品种和我国自选品种。

1)夏威夷品种

(1)*Kau*(344)

该品种树冠直立,枝条粗壮,分枝少,叶片长椭圆形,叶缘扭曲少刺,叶顶部上卷。坚果中等大小,果仁品质极好,在夏威夷,壳果平均粒重7.6 g,果仁平均粒重2.9 g,出仁率38%,一级果仁率98%。该品种高产,抗性好,适合果园密植,在较冷凉的植区耐寒性较好。在我国广东湛江地区,其抗风性强,早结丰产,10年龄果园高产。在夏季高温期,新梢叶片变黄泛白。枝条壮旺,分枝力差,要常短截促其分生结果枝,前期才能获丰产。

(2)*Makai*(800)

该品种树冠圆形,枝条健壮,分枝力稍弱,叶片深绿色,长形槽状,叶缘扭曲多刺,花序短,平均长15 cm,花乳白色,多集中着生内膛枝上。在夏威夷,壳果平均粒重8.0 g,果仁粒重3.2 g,出仁率40%,一级果仁率97%。果仁质量特好,在夏威夷表现出早产性能,果仁质量都超过344及其他已推荐的品种。但我国广东、广西、云南植区,早期种植的产量低,不抗风,各种大田性状均比其他品种差,果实成熟期相对晚于其他品种。

(3)*Pahala*(788)

该品种树势直立,一般高大于宽,树冠圆形略尖,自然分枝适中,枝条粗壮,叶大、细长,淡绿色,波浪形,叶缘反卷,叶尖上翘有少量刺,新梢嫩叶略带古铜色,有光泽。花序较长,平均在20 cm左右,花白色略带淡黄,多集中着生内膛枝上。该品种早结丰产,果实成熟早。壳果中等大,平均粒重6.5 g,果仁平均粒重2.8 g,出仁率43%,一级果仁率96%。在我国华南七省、自治区试种均表现早结,丰产。

（4）*Haes*（900）

该品种直立生长性强，树冠疏散形，呈圆形，自然分枝多，叶深绿色，长 10～15 cm、宽 2～3 cm，树膛内常有密节簇生枝生成，密节处叶细小而不规则，是区别其他品种的主要特征之一。新梢古铜色，主脉紫红色明显，花序 15 cm，花粉红色，花穗多而长，坐果率高。壳果大，品质和加工质量中上，出仁率较高，果仁率 41%，一级果仁率 95%，是一个大果形高产栽培品种。

（5）*Beaumont*（695）

该品种是一个杂交种，适宜冷凉的地区种植，在加利福尼亚是一个主栽品种，在南非种植最多。叶深绿色，花序较长，平均 20 cm 左右，花粉红色，常着生在二年生枝上和内膛枝上。花粉量大而多，可做最佳授粉树品种。壳果中等大，品质和加工质量中等，工厂的出仁率达 39%，一级果仁率 95%～100%，根系发达，生势旺盛，花为淡红紫色，在南非普遍使用扦插苗做砧木嫁接其他品种或直接种植扦插苗。在我国广东湛江地区种植表现，抗风性较好，产量一般，在湛江属最迟的品种，鼠害较重；在广西南宁种植表现，早结性好，早期丰产。

2）澳大利亚品种

（1）*Own Choice*（O. C.）

该品种树冠密集，灌木形，开张，叶小扭曲，叶缘无刺或极少刺，反卷，枝条小而多，叶淡绿色，枝梢末端簇生现象较为明显，新梢鲜绿色，嫩叶略带古铜色。花序长 10～15 cm，花乳白色，抗风性好，高产。原产地 10 年生单株产壳果 26 kg，种子中等大，壳果平均粒重 7.75 g，果仁平均粒重 2.7 g，出仁率 33%～39%，一级果仁率 95%～100%，果仁品质很好。在澳大利亚该品种果实成熟后约 80% 的果黏留在树上不脱落，生产上主要用乙烯利 1 500 mg/kg 进行催落收获。在我国广东湛江地区没观察到有黏留果现象。该品种在华南七省、自治区试种均表现出早结，定植后 2.5～3 年即开花结果，高产、稳产，抗风性强。该品种开花期较其他种早，花期较长，果壳较薄，鼠害较重。

（2）*Hinde*（H2）

该品种于 1948 年从昆士兰州吉尔斯顿（Gilston）地区选出。在新南威尔士州，该品种表现比任何一个澳大利亚品种都好，早结性好，高产稳产，10 年生单株产量 18 kg。树冠疏朗，中等直立，分枝长且健壮，叶短而宽，很像灯泡，末端圆，叶基较窄，叶全缘呈波浪形，极少刺或无刺，叶子成束重叠，新梢鲜绿色，幼叶稍带古铜色，有光泽。花序长 15～20 cm，花乳白色，常着生在树冠内膛枝上。种子中等大，形状不规则，种脐部宽大，盖有一块紧黏着的果皮物，旁边有一明显的凹陷窝。壳果平均粒重 7.05 g，果仁平均粒重 2.33 g，出仁率 30%～35%，一级果仁率 85%～94%。抗风性差，有少量果实成熟后不脱落，果实比其他品种难脱皮。适宜气候较凉的地区种植。H2 实生苗生势旺，成苗整齐，常被选为砧木材料。在我国华南七省、自治区试种均表现早结，对广东、广西地区 10～16 年树龄以前的果园调查表明，H2 品种早结、丰产、稳产，但抗风性差，鼠害重。由于 H2 每年结果量大，若肥、水管理水平低，则树势比其他品种更容易出现衰退病症。

3）我国自选品种

（1）南亚 1 号（SSCRI-1）

该品种树势中等、树冠圆形。幼树每年可抽生新梢 4～5 次，成年树每年抽生新梢 3 次。叶披针形，三叶轮生，叶片扭曲，叶缘多刺。总状花序，花序较长，小花白色，2 月下旬至 3 月上旬开花，花期 25～30 d。果实成熟期为 8 月上、中旬。果球形，壳果棕红色，带皮果成熟时纵径 5.2～5.8 cm、横径 3～4 cm，壳果直径 3 cm 左右；平均粒重 8.43 g，果仁平均粒重 2.89 g；出仁率 37.2%～37.8%，一级果仁率 100%，果实含油率 76.4%～80.5%，含水量 2.9%，总糖 2.3%，蛋白质 8.45%，品质优。

（2）南亚 2 号

该品种树势中等、树冠圆形。幼树每年可抽生新梢 4～5 次，成年树每年抽生新梢 3 次。叶较短、披针形，三叶轮生，叶基较窄，叶端较钝，叶柄较长，叶缘刺中等多刺。总状花序，花序较长，2 月下旬至 3 月上旬开花，花期 25～30 d。果实成熟期为 9 月下旬至 10 月上旬。壳果球形，中等大，棕红色，直径 3.5 cm 左右，壳果平均粒重 7.52 g，果仁平均粒重 2.6 g；出仁率 30.6%～30.7%，一级果仁率 100%，果实含油率 76.5%～78.3%，含水量 2.9%，总糖 3.1%，蛋白质 9.50%。

（3）桂研 1 号

该品种树冠呈半圆形，树势中庸，树干与骨干枝呈灰褐色。2 张复叶，每复叶相距 3～4 cm，叶尖为半球形，叶绿，呈微波浪形，有少量刺，叶柄短约 1 cm，叶片长 10～14 cm、叶宽 3～4 cm。年抽新梢 4～5 次。高温季节抽出的新梢叶片常呈淡黄色，过一段时间后才转为绿色，这种现象在幼树更为明显，是该株系的一个显著特征。1 月中旬抽花芽，3 月中旬为盛花期。花穗长度为 14～17 cm，花朵丛数 15～20，每穗花 130～160 朵。穗挂果 3～5 颗，最多达 28 颗，果粒排列紧密呈串状。9 月上旬果实成熟。果实球形，果底有明显白点，与线沟连在一起，线沟明显，果壳圆滑光亮且有少量花纹，单种重 8.7 g。

15.1.2　生物学特性

澳洲坚果是常绿高大乔木果树，树冠可高达 18 m，冠幅可达 15 m。原产地有 100 年以上的老树，仍生长良好，经济寿命 40～60 年。

1）根

澳洲坚果主根不发达，侧根庞大，垂直分布范围多在地表 70 cm 以内，其中 70% 的根系集中分布在 0～30 cm 土壤中，水平分布绝大多数在冠幅范围内。根系在实生苗子叶脱落时，即萌芽后 2～6 个月开始形成，根生成时，根系围绕母根茎轴成行状一簇一簇排列。大多数根在同一时期形成，小根无再生力，长至 1～4 cm 时形成根毛，约 3 个月根毛死亡脱落，多数小根系 12 个月左右消失。在大田里，根的形成有季节性生长规律且与温度和水分条件关系密切。

2）茎

茎直立，分枝较多，树枝圆柱形有许多小突起（皮孔），树皮粗糙，无皱纹或沟纹，棕色，树皮切口呈暗红色,木质坚硬。

3)枝

澳洲坚果枝条一年抽生3次或4次梢,在我国桂南和粤西地区,澳洲坚果幼树年抽梢4次以上。平均每次梢从萌芽到老熟需要40 d左右,新梢老熟到下一次梢萌芽,其平均间隔为18~28 d。成年结果树,在广州及粤西地区,一年抽3次梢,高峰季4月抽春梢,6月底抽夏梢,10月抽晚秋梢,此外,一年中每月树冠均有少部分零星抽梢现象。7月中旬至8月下旬高温季节中,澳洲坚果生长缓慢,低温型品种,如508、344,这一时期的新梢常转色困难,出现叶片变黄至泛白的生理病害。12月底至翌年2月底,正常年份几乎无抽梢现象。澳洲坚果抽梢一般长30~50 cm,有7~10个节,生长旺盛的幼树或有些品种抽梢最长1.0 m以上。澳洲坚果的结果枝绝大部分是1.5~3年生的内膛老枝条,初结果的青年树尤为明显,少量结果枝甚至是几厘米长的内膛小枝条。梢的基部有一个明显的无叶节,梢的顶部是发育未完全的叶,小而像鳞片,每叶腋里有3个垂直排列的芽,这些芽与主枝同时抽发时,将出现9(或12)条枝。这种现象时有发生,但通常仅三叶轮生的顶上3个芽同时萌发。

4)叶

三叶轮生,有时二叶对生或四叶轮生,叶片长75~250 mm,质地坚硬,窄椭圆形或细长形,长是宽的3~4倍。叶缘波浪形,全缘或分成若干坚硬小齿,叶片两面的叶脉、侧脉和大量的细网脉明显可见,叶柄长5~15 mm。

5)花

总状花序,着生在1.5~2年生或3年生的老熟小枝上,花序从叶腋或叶痕处抽生,一般是在小枝顶部2~3个或更多的节上生长。花的数量和花序的长度无紧密相关,花成对或3、4朵花为一组着生在小苞片腋的花梗上,花梗长3~4 mm,在花序轴上有规律地间隔排列。开花期的花长约12 mm,为两性花,但非完全花,无花瓣,只有四裂花瓣状的萼片,萼片形成花被管,形如4片黄色细裂片,长7 mm、宽1 mm,花开时后翻,已开的花为白色。在花被内,花的中心是单心皮的上位子房,子房上密生绒毛直至花柱下部,花柱上部无毛。子房卵形2室,顶部逐渐变成很细的花柱,花柱球棒状,顶部增厚。子房和花柱全长约7 mm,雌蕊基部周边是一个不规则的无毛花盘,高约0.6 mm,为联生下位(低于子房)腺体。柱头表面很小,乳状突起物不对称地排列在柱头顶端,并向下延伸到柱头腹缝线。4枚周位雄蕊着生于子房旁边,花丝短。每枚雄蕊有2只长约2 mm的花粉囊,雄蕊在花被管约2/3处黏附在花瓣状萼片上。

花的发育可分3个时期:芽休眠期、花序延长期和开花期。花芽分化并变得肉眼可见后,根据生长地区不同,保持50~96 d的休眠期,以后花序开始延长。在较凉的植区,花序延长开始最早,并持续约60 d。开花期发生在花芽分化后137~153 d。在广东湛江地区,植株的初花期在2月中、下旬,盛花期在3月中旬,谢花期为3月底至4月初,开花物候期和广西南宁地区相差10~15 d。但品种不同,开花物候期也有差异,如695品种,在湛江花期比其他品种均迟,3月中、下旬才初花,3月底至4月初盛花,4月中上旬谢花。开花在花粉母细胞减数分裂后2~3个星期开始。开花前,花柱开始弯曲6~7 d,大约3 d后,花柱中间部分(弯曲点)挤穿两片花萼间的缝合线;同时,花蕾由绿色转为乳白色。但有一些品种,花蕾顶部几乎直到开花仍保持绿色,品种246尤为明显。1~2 d后,开始散出花粉到花柱上。由于花柱生长,花柱更进一步延伸出萼片缝线缝隙,开花前1~2 h,萼片开始在顶部分离,后卷,露出花药,花药弯曲超过花柱顶部。当萼片完全后翻时,花药开始与花柱分离,顶部留下4块花粉块。2~5 min后,全部散开;5~10 min后,花柱突破缝线最后未开部分向外伸出。开花后,花柱即有两处弯曲,一处弯曲就在末端节下,而另一处在中间部位。在1~2 min内,末端弯曲消失;在以后12 h内,中部弯曲基本上伸直,但不完全消失。开花一般是早上7—8时开始,盛开期在午后,阳光充足时,开花通常是从花序顶部开始往基部延伸;若光线不足,可从基部或从花序的中间开始,或从花序两端同时开始,单一花序的花期长短因品种而异,在1~5 d的幅度内。若开花期为4~5 d,花序会出现多层现象,即上部分花萼片已开始凋落,中间部分花正盛开,下部分花则未开。澳洲坚果为雄蕊先熟花,即花药先于柱头老熟。花后头2 h内,在柱头上没有萌发的花粉粒,最先萌发的花粉粒发生在开花后24~26 h,而且,一直到48 h萌发量才增加。大多数澳洲坚果为自花授粉坐果,但同时澳洲坚果本身又具有较大程度的自交不孕性。2个以上品种混合种植时,产果量较高。此外,国外主产区的果园,还比较强调果园放蜂传粉,以提高授粉率。

6)果

澳洲坚果成熟的果实是单子蓇葖果,绿色,球形,直径25 mm或更大。绿色果皮约3 mm厚,果实成熟时,果皮沿缝合线开裂,露出一只球形种子,少数情况,为两只半球形种子,各在开裂的每一裂片内。种子即是常说的坚果,非常坚硬,由2~5 mm厚的硬壳和种仁组成。种仁由两片肥大的半球形子叶和一个几乎是球形的微小胚组成,胚嵌在子叶之间靠近种子萌发孔一端,由胚芽、胚根、胚轴组成。果皮由一层深绿色、表面非常平滑的纤维状外果皮和一层较软而薄的内果皮组成,外果皮由薄壁组织(带有众多的具分枝的维管束)和一表皮层(内含叶绿素细胞薄层)组成。内果皮的薄壁组织充满了鞣酸似的黑色物,但无维管束。内果皮由白色转棕色至棕黑色,即表明果实已成熟,这是生产上常用来检查其果实成熟度的一种简单而直观的方法。种子有种皮、种脐和珠孔。种皮由外珠被发育而来,并形成坚果的壳,且有明显的两层。外层厚于内层15倍,由非常坚硬的纤维厚壁组织和石细胞构成,两类细胞的细胞壁高度木质化,且多纹孔;内层有光泽,深棕色部分靠近脐点,占内表面一半以上,而珠孔端像釉质,呈乳白色。

澳洲坚果胚珠受精后,子房内的第二个胚珠受抑制败育。但偶尔也有在1个果实中发育成两个种子的,使种子成半球形而不是圆形。澳洲坚果果实发育从形态上可分成5个阶段。

第一阶段是开花后约30 d,果实直径在1 cm以下。此时,果实外形已基本形成,从横切面看外果皮外部绿色,但内部呈黄绿色且具明显的条状纤维。果壳虽已形成,但仍软,呈白色。胚乳成透明糊状物且未充满果腔。第二阶段是开花后40~50 d,果实直径1.5 cm左右。此时,果壳内层呈淡黄色,外层仍呈白色,子叶明显增浓成半透明糊状物,基本充满果腔。第三阶段是开花后50~60 d,果实直径2.0 cm左右。此时,果壳内层呈淡褐色,果仁明显可见,呈乳白色。第四阶段是开花后60~70 d,果实直径2.5 cm左右。此时果壳加厚,种仁已较丰满,充实,呈乳白色,有光泽,顶端微凸,底部微凹,胚仍非常小。最后一个阶段为开花后110～140 d,果实直径3.0 cm左右。此时,外果皮变薄,具黄褐色内层,果壳坚硬,顶端具白色发芽孔。果仁乳白色,坚实硬化。这一阶段胚发生快速,呈线性生长,果实达到了成熟果实总鲜重的70%以上。澳洲坚果果实是单子蓇葖果,成熟时外果皮纵裂成两半。果壳发芽孔明显,表面有微凸条纹。果仁乳白色,上部较平滑,下部较粗糙,有纵行突起条棱。不同种植区,果实发育时间不同。如在湛江地区,果实在花后80 d左右,即5月末以前生长最快,一般每旬直径增长0.4～0.7 cm,以后增长极少;6月下旬(开花后约110 d)即完全停止生长,在果实直径达到2.7 cm左右后,生长即趋缓慢,最后直径可达3 cm。虽然品种之间生长量略有差异,年份之间因开花期的差异,生长时间也略有先后,但其基本趋势是一致的。

澳洲坚果也存在落花、落果现象。在果实发育期间,果实大量脱落是澳洲坚果的一个特点,也是各国澳洲坚果业的重要问题。在每个花序所生的300朵花中,最初有6%～35%的花坐果,而仅有0.3%的花能发育成成熟的果实。花和未成熟果的脱落,可以分3个时期。首先,花后14 d内,授粉而未受精的花迅速脱落。开花后2～3 d,萼片凋落,而带裸花柱的子房在花序上继续保持6～9 d;开花后10～15 d,大多数花已凋落,落花的柱头有萌发了的花粉粒,但子房未受精。剩下的初生果有膨大的子房,大多已经受精。其次,开花后21～56 d,初期坐果迅速脱落。最后,花后70 d到第116～210 d果熟时,较大的熟前果实逐渐脱落。据报道,在湛江地区,已受精的初生果至成熟收获前落果,主要在5月份,即开花后50～80 d,落果数约占总落果数的2/3;7月末至8月中,即开花后120～150 d,又有一个落果小峰期,落果数占落果总数的1/4～1/3。国内澳洲坚果专家普遍认为,澳洲坚果生理落果的原因是营养问题,对落果与植株营养的变化研究表明,果实的生长高峰和落果高峰非常吻合。开花对N、P的需求较多,从而使叶中N、P含量略呈下降趋势。4月份开始抽春梢,幼果进入速长期,果梢在争夺营养,导致叶片中N、P、K含量明显下降,5月份叶片氮含量降至全年最低值(0.26%),由此出现了第一个落果高峰。6月底开始大量抽夏梢,果实开始进入油分迅速积累期,果实对养分的需求达到高峰,导致7月份叶片N、P、K含量明显下降,P、K降至全年最低值(N为0.064%、K为0.41%);同时,出现了第二个落果高峰。两次落果高峰出现的时间正好与叶片N、P、K含量的低谷时间相吻合。因此,在研究保果措施时,要考虑叶片的营养水平这一因素。除生理落果外,温度和缺水和台风危害也会引起落果。随着温度的升高,熟前果发生脱落的频率较高,在坐果后70 d内,30～35 ℃的日高温会严重刺激未熟果的脱落。相对湿度低也会加重温度升高对落果的影响,特别是在坐果初期的35～41 d,缺水的植株,也会出现大量的落果。在果实发育初期,偶尔的干热风出现,也会加剧落果。生长调节物质对澳洲坚果落果的影响,各国都做了大量研究工作,但至今仍未在大田生产上推广应用。

澳洲坚果从开花坐果至成熟大约需要215 d,开花期后30周果实成熟时,坚果的果仁含油率为75%～79%。油分的积累与果实内营养物质有一定的消长关系,随着果实的发育,果仁含油量不断增大,而氮总量(粗蛋白含量)却不断下降;糖总量在花后111 d以前是不断增加的,111 d以后逐渐下降。

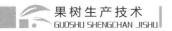

15.1.3　对环境条件的要求

1)温度

澳洲坚果相对比较耐寒,幼树可忍受-4 ℃低温,霜期7 d而完好无损;成年树能耐-6 ℃短暂低温。然而,尽管在纬度0°—34°的地区之间有澳洲坚果种植,但澳洲坚果商业性生产最适宜在温度不超过32 ℃、不低于13 ℃的无霜冻地区发展。澳洲坚果在温度10 ~ 15 ℃之间开始生长,20 ~ 25 ℃之间生长最好,而在10 ℃和35 ℃时,生长停止。在30 ℃高温下,508、344等低温型品种,正在发育的叶片即出现退绿变黄泛白现象。超过38 ℃,光合作用就会停止。

花芽分化的最适夜间温度介于15 ~ 18 ℃之间,根据温度不同,花芽分化需4 ~ 8周时间。在果实发育期间的几个时期,温度会影响果实的生长发育以及坚果的含油量。坐果后8周内较高的日温(15 ~ 25 ℃)会增加果实的直径和重量。在温室进行的研究结果表明,在果实完成迅速膨大和油分开始积累后,在25 ~ 30 ℃温度时,果仁生长较快,果仁率较高;在25 ℃时,油分积累最迅速;在15 ℃和35 ℃时,果仁生长、出仁率和含油量低。在高温条件下,果仁重量和出仁率下降,表明净同化积累较少。在35 ℃时,绝大多数果仁质量低劣,含油量低于72%;在果实发育后期,极度高温影响果实生长和油的累积,从而导致果仁质量差。通过澳洲坚果的特性和在我国的种植表现,澳洲坚果宜在年平均气温19 ~ 23 ℃、极端最高气温小于等于35 ℃、最冷月平均气温大于11.5 ℃、极端最低气温大于-1.5 ℃的无霜冻地区种植。

2)雨量

在年降雨量不少于1 000 mm地区种植为宜,且降雨量年分布均匀。在澳大利亚澳洲坚果原产地区,年雨量约1 894 mm,在夏威夷澳洲坚果生长最好的地区,年雨量幅度为1 270 ~ 3 048 mm。夏威夷科纳岛南部一些地区,年雨量仅510 mm,或不足510 mm,澳洲坚果也能生长,但遇到过分干旱的年份,植株生长慢,产量也低。在南非,也由于干旱影响了产量,造成果实小,果仁发育不良,落果严重。因此,在年降雨量低于1 000 mm的干旱地区,要获得较好的收成,则应考虑提供灌溉条件。即便是年降雨量大,但年分布不均匀,如在植株开花初期的5 ~ 6周,即果实发育时期缺水,则会出现大量的果实脱落。果实成熟前3个月期间应有适宜的水分,对增加果实的大小和重量都有重要作用。

3)土壤

澳洲坚果在各类土壤均能生长,但适宜土层深厚、排水良好、有机质含量高的砖红壤、赤红壤上。商业性栽培土层深度应至少达0.7 m以上,且土壤疏松、排水良好。澳洲坚果在土壤pH值5 ~ 5.5和地下水位1 m以上生长最好,在盐碱地、石灰质土和排水不良的土地,则生长不良。澳洲坚果对营养元素缺乏表现较为敏感,在富含P的土壤或过量施用P时,则会引起植物中毒,叶片表现出退绿症;含Mg高的红壤,有时也会引起黄叶,导致大树生势和产量不佳,但对幼树的生长没有不良影响。

4）风

澳洲坚果树冠高大,无明显主根,根系浅,抗风性差,风害会造成树枝折断、树体摇动、倾斜、倒伏、根系受损,使果实大量掉落,不仅当年严重减产,而且会持续 1~2 年。风害越重,产量受损越重,风害后要恢复到原有的产量水平也越难。商业栽培应选择无风害的环境种植。在有风害的地区,要特别注意宜植地的选择和防风林的配置。在平均风力低于 9 级、阵风低于 10 级,无强热带风暴出现的地区,可选择避风地域配置防护林种植;在平均风力超过 9 级、阵风达 11 级,有台风出现的地区,不宜大面积发展,抗风性较好的品种有 Own Choice、344、741、660、333 等,246、800、508、H2 等品种抗风性差。在夏威夷和澳大利亚除了强调在果园的强风面,应安排抗风性较强的品种之外,在果园幼树期行间要种高秆作物保护,果园的长度和宽度不宜超过 150 m,四周应种上 1~3 行抗风防护林。

5）其他

纬度在赤道南、北纬 15°内,高海拔地区可提供适宜澳洲坚果生长所需的温度范围。在肯尼亚,种植最高海拔达 1 600 m,马拉维种植到 1 300 m,危地马拉为 800 m,哥斯达黎加为 700 m,但它们成年树的产量还不十分清楚。在夏威夷地区一般认为,海拔高度达 700~830 m 的果园,由于云雾遮盖、雨水频繁,导致光照不足,植株生长慢,产量和果仁质量不高。在我国,商业种植不宜选择容易积水的低洼地、坡度大于 25°的地段和海拔高度大于 1 200 m 的地区。

任务 15.2　生产技术

活动情景　熟练掌握澳洲坚果的生产栽培管理技术,才能在生产过程中达到高产优质的目标,体现经济价值。本任务重点训练澳洲坚果的栽培管理技术。

 ## 工作任务单设计

工作任务名称	任务 15.2　生产技术	建议教学时数	
任务要求	熟练掌握澳洲坚果的生产管理技术		
工作内容	栽培管理技术实践操作		
工作方法	以老师课堂讲授和学生自学相结合的方式完成相关理论知识学习;以田间项目教学法和任务驱动法,使学生熟练掌握澳洲坚果栽培管理技术		
工作条件	多媒体设备、资料室、互联网、试验地、试验材料、相关劳动工具等		
工作步骤	资讯:教师由活动情景引入任务内容,进行相关知识点的讲解,并下达工作任务 计划:学生在熟悉相关知识点的基础上,查阅资料、收集信息,进行工作任务构思,师生针对工作任务有关问题及解决方法进行答疑、交流,明确思路		

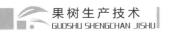
续表

工作任务名称	任务 15.2　生产技术		建议教学时数	
工作步骤	决策:学生在教师讲解和收集信息的基础上,划分工作小组,制订任务实施计划,并准备完成任务所需的工具与材料 实施:学生在教师指导下,按照计划分步实施,进行知识和技能训练 检查:为保证工作任务保质保量地完成,在任务的实施过程中要进行学生自查、学生互查、教师检查 评估:学生自评、互评,教师点评			
工作成果	完成工作任务、作业、报告			
考核要素	课堂表现			
	学习态度			
	知识	澳洲坚果的生产管理技术要点		
	能力	技能掌握的熟练程度		
	综合素质	独立思考,团结协作,创新吃苦,严谨操作		
工作评价环节	自我评价	本人签名:	年　　月　　日	
	小组评价	组长签名:	年　　月　　日	
	教师评价	教师签名:	年　　月　　日	

 任务相关知识点

15.2.1　种苗繁殖技术

澳洲坚果作为一种稀有坚果类果树,近些年在我国南方地区发展迅速,特别在西部不受台风灾害影响的云南南部、四川攀西等,南亚热带地区发展较快。因此,澳洲坚果优质种苗需求量较大,澳洲坚果的繁殖可采取嫁接、扦插和压条 3 种繁殖方法,但压条比较费工,生产上应用较少,因此,这里主要介绍前两种方法。

1)嫁接技术

澳洲坚果属常绿果树,在南亚热带地区几乎周年生长,木质十分脆硬,难于嫁接成活,是世界上公认最难嫁接成功的果树树种之一。有关资料显示,澳洲坚果在不同国家,以及不同生态适宜区的育苗方式、嫁接技术等均有较大差异。

(1)砧木品种选择

在夏威夷和澳大利亚早期的大田观察,粗壳种实生苗生长快,整齐,比光壳种实生苗提早达到嫁接标准粗度;木质稍软些,易于嫁接操作,嫁接后植株生长快,而且粗壳种砧木能更有效地吸收 Fe,对根腐病茎腐病和枝条溃疡病敏感度小。但光壳种嫁接在粗壳种砧木上,随着树龄的增长,接穗生长速度加快,而砧木增粗慢,接合部形成上粗下细状态,并有明显的皱痕或缺刻,结合处上下的树皮呈水平方向爆裂。为此,尽管嫁接在粗壳种砧木上的嫁接树幼龄时生长较快,但从树的长期生长上看,光壳种仍然是各种植区选择使用的主要砧木。这是因为光壳种做砧木,接穗砧木上下生长均匀一致。澳大利亚使用较多的是 H2 和 D4 品种实生苗做砧木,H2 和 D4 实生苗生长较快,粗壮而且整齐,皮部较厚些。夏威夷的 695 根系发育较好,南非甚至大量使用 695 的扦插苗来做砧木嫁接其他品种。实践证明,其他品种的实生苗都是很好的砧木,商业苗圃均可用不同的品种实生苗做砧木,繁殖嫁接出优良的种苗。

（2）种子的选择与处理

澳洲坚果砧木苗由种子繁育,因此,种子质量好坏对种子萌芽率、培育健壮小苗至关重要。用作繁殖的种子越新鲜越好,最好选择生势优良的母树,要求果实饱满、充分成熟。脱去果皮,去掉被砸伤受损的种子以及不饱满的劣质次种。播种前,需检验种子外观色泽。尤其在高温季节,新鲜种子含油量高,运输途中易造成油脂溢出种壳外的现象,凡是油溢出种壳,并使种壳具黑褐色斑块的种子均不宜使用。外观红褐色、光亮、沉重的种子才可以用于育苗。经过清水漂浮筛选,淘汰浮出水面不充实的种子,将沉在水中的种子用来播种。种子的大小对育出的坚果小苗质量好坏有关,直径大于等于 2.5 cm 的种子萌发出的小苗健壮,生长快,易培育出高质量的砧木苗;相反,直径太小、质量较轻的坚果种子育出的小苗较瘦弱,难于培养成适宜嫁接用的健壮砧木苗。若收获的种子暂时不播种,最好贮藏在湿润的沙子或泥炭中,在 8～10 ℃ 的低温下避光保存。种子在温室下贮藏 3 个月后,发芽率会迅速下降。贮藏时间越长,种子发芽率越低。经贮藏后的种子,在播种前,必须用干净清水浸泡 1～2 d（若种子太干,最长需浸 3 d）,去掉浮出水面的劣种。沉在水中的种子再用 1 000 倍 70% 甲基托布津药液浸泡 10 min,然后播种。

（3）播种期的选择

正确的播种期是育好澳洲坚果砧木苗的另一个关键因素。以滇南为例,该区域种植的澳洲坚果在 8 月中旬即已达到生理成熟期,也即新鲜种子的质量达到最大值,此时采种育苗比较适宜,并能获得很高的发芽率。8 月中旬至 9 月中旬,气温与土温仍保持较高,并且正值雨季中期,降雨量大,相对湿度高,能充分满足坚果种子萌发的生长需要。从外地采购种子,由于成熟期较迟,或者运输距离较远,播种期不得不推迟;若在 9 月播种,必须在温室沙床内进行,并需增温设备,否则种子萌发迟缓,发芽极不整齐,相当一部分种子延至次年 3 月才萌发出苗。冬季低温潮湿条件使一些种子腐烂变质,不能萌发。因此,总的发芽率低,损失较大。

（4）播种方法

种子可直播于大田然后嫁接。这种方法虽然植株根系发育较好,但管理困难,费用大,出苗不整齐,大田范围广,嫁接操作效果不佳。

商业生产均采取先集中播种后移栽在苗床或营养袋上管理,然后嫁接成苗种植于大田的办法。这样集中管理,费用低、出苗整齐。

播种育苗沙床应选在避风向阳处,这样可确保冬季沙床土温较高,种子出苗顺利。播种催芽床至少 20 cm 厚,以干净河沙或疏松排水性好的生泥土做基质材料。催芽床起畦 1 m 宽,两畦间和四周要有 30～40 cm 宽、深 25 cm 左右的排水沟。上一年使用过的催芽沙和泥土,不再重复使用,以免真菌繁殖,影响发芽率。种子经 70% 甲基托布津 1 000 倍药液处理后,条播在催芽床上。播种密度 3 kg/m,播种时种子的腹缝线朝下,种脐和萌发孔在同一水平面,即与地平线平行播在浅条沟上。种子间相隔 1～2 cm,条沟之间相隔 5 cm,播后用沙覆盖厚约 2 cm。若播种过深,缺乏空气易腐烂,发芽率较低。播种后催芽床要用 50%～70% 遮光度的遮阴网遮光,并经常淋水,保持苗床土壤湿润,在播种后第一周保湿尤为重要,种子必须吸足水分,发芽时才能自由开裂。如有必要,还可用小拱棚覆盖薄膜增温保湿,确保沙床内种子适宜的生长条件。

播种后种子萌芽的时间长短依湿度和种壳厚薄不同而先后有异,快的 2～3 周即有种子发芽,通常要 3～5 周,6～8 周沙床内小苗即能出齐,在温度低于 24 ℃时,齐苗所需的时间越久。播种后还要注意防鼠和蚂蚁,蚂蚁通过萌发孔蛀食果仁使种子失去发芽力,可用 5% 特丁磷颗粒撒在催芽床周围和苗床上防蚁害。

（5）移苗

当播种催芽床绝大部分幼苗的头两轮叶已稳定硬化时,即可把苗移入塑料育苗营养袋或实生苗床。移苗不宜过早或在抽生新梢时进行,同时应选择在阴天多云天气或晴天下午后半小时进行。有条件的最好在移苗后拉上 50%～70% 遮光网遮阴 3～4 d。

①袋装苗。把幼苗直接移入塑料营养袋中管理。通常营养袋规格为 18 mm×25 cm,种苗一年半后出圃。大袋规格 25 mm×35 cm,营养袋底部及四周应留有足够的排水孔。营养土以排水良好的土壤和腐熟的锯屑有机肥混合物 3∶1 比例混合均匀为宜。袋装苗每 4 袋为 1 行排列,以便嫁接操作。袋的 2/3 埋于土中,土上部留 1/3,袋与袋之间的空隙用土覆盖填充。袋装苗嫁接成活后易于取苗。缺点是,在实生苗期,由于受营养袋规格及有限的营养土的限制,生长速度比地栽苗差,需水量大,施肥管理不方便。大袋的条件稍好些,但长途运输较困难。袋苗嫁接初期管理要有较丰富的实践经验的人进行。

②地栽苗。把催芽床已稳定的幼苗移栽在实生苗床上管理,嫁接后达到出圃标准时,提前装袋,炼苗稳定后定植大田。澳洲坚果根系较浅,抗旱耐瘠薄能力差,实生苗床要选择土层深厚、黏性较重、呈微酸性的土壤用作苗圃地较为适宜,黄壤土用作坚果苗圃效果很好,这种土壤黏性偏重,保水、保肥能力强,十分适宜坚果苗生长。移植季节各地不同,云南产区以早春时节(1 月中旬至 2 月中旬)移苗较好,此间气温较低,并呈缓慢上升趋势,小苗移栽后有近两个月的缓苗适应期,这对促进小苗根系恢复,提高成活率十分重要。不具备灌溉条件的苗圃,应选择在雨季来临时(6 月中旬)移栽小苗,此间尽管气温偏高,但空气湿度大,小苗移栽时注意不使根系受损,移栽成活率仍较高。移植前要松土深 30 cm,起畦宽 1 m、长 10 m、高 20 cm 左右,畦与畦之间留 30～40 cm 宽、深 25 cm 的排水沟兼做管理人员的道路。苗床施以基肥,打碎土块,精细整地。移苗前催芽床以及实生苗床均需提前 1～2 d 浇水,以便起苗和栽苗时易于操作,少伤根系。移栽时株行距 15 cm×20 cm,1 m 宽的畦种 6 株,以便嫁接操作。种植时,注意保留子叶以埋过种子稍深 3 cm 左右为宜,根系要舒展,回土稍压实后,充分淋定根水。

（6）实生苗管理

移苗后,立即淋足定根水。干旱季节 2～3 d 随时淋水,遇高温日灼天气,有条件的应及时遮阴或随时喷水保苗。搭建遮阴网一是可避免阳光直射,再则可减轻风害,春季干热风频繁,对坚果小苗生长危害非常大。移苗后初期要注意防鼠害,老鼠特别喜好啃吃两片肥厚的子叶,并咬断幼苗,严重影响苗圃育苗工作。待幼苗缓苗期过后,新芽萌动时逐步加大肥、水用量。起初两个月,每15 d淋施稀薄水肥一次,以N肥为主,同时及时补苗。以后可以撒施N∶P∶K=13∶2∶13的复合肥。在管理过程中,要注意除草淋水工作。每隔一段时间,要抹芽修剪整理小苗,只留下单一主干,其余分枝全部剪去,从而集中养分,保证单一主干苗快速增粗、增高、生长,使之尽快达到嫁接要求。苗床基肥以及后续的追肥管理过程上,避免大量施用P肥,以免引起实生苗大面积叶片退绿黄化。暴雨期间还应注意排水排涝,短期淹水会使小苗根系死亡,不能恢复,造成无可挽回的损失。为害实生苗的病害多数是真菌引起的,但新建的苗圃发病情况较少,为害较重的虫害主要是蓟马和毛虫,要注意观察,及时发现与防治。

(7)嫁接

①嫁接前苗床管理。实生苗在苗床生长8～12个月后,即可达到嫁接标准粗度。实生苗生长健壮,25 cm高度处茎粗0.8～1.2 cm时最适宜做砧木。嫁接前一个月苗圃应全面施一次水肥,并做好除草修枝和苗床修复整理工作,嫁接前10 d喷药一次,进行病虫防治清理工作。嫁接前3 d淋足水。

②嫁接季节。嫁接繁殖的最佳季节是在秋末、初冬和春季。在云南产区,澳洲坚果嫁接宜选在1月上、中旬进行,此间气候凉爽,采穗母株与砧木生长进度一致,均处于萌动抽枝前期。雨季期间也可进行嫁接,但需对采穗母株与砧木苗的生长状态进行选择,必须是两者均处于下一个萌芽周期前才能嫁接成功,否则难以成活。雨季期间澳洲坚果枝梢生长萌发不断,枝梢生长周期重叠现象普遍,筛选合适的植株比较困难,因此,不宜进行大规模的苗木嫁接,只能开展零星的补接或高接。

③接穗准备和选择。采用老熟充实的接穗,配以熟练的技术和适当的管理,成活率较高,若接穗经过药物配方处理后嫁接,大面积一次接活率可达90%以上。选择生长健壮,已结果的植株上的无病、向阳、充分成熟、节间疏密匀称的一年生枝条做接穗。最好的枝条成熟度是灰白色已木栓化的部分,淡棕红色部分效果不好,淡灰绿色枝则不宜做接穗。接穗采下后,从叶柄处剪去叶片,但不宜用手剥离,以免伤及叶腋的芽。枝条剪成20～30 cm长,分小捆包扎挂好标签。然后用1 000倍70%甲基托布津药液处理10 min稍阴晾干,用经药剂处理过的湿润干净毛巾包裹保湿即可长途运输,若要保存7～10 d后使用,在贮藏过程中有条件的最好放在60 ℃低温下效果更好。处理过的枝条可以直接使用,为了获得更高成活率,还可再作激素配方处理后再嫁接。嫁接时使用2个节做接穗效果最好。

为使采穗母株与砧木苗生长进度更趋一致,可在嫁接前1个月左右对它们重剪和施以肥水刺激。采穗母株在11月上旬时先对大枝进行环剥,宽度为1.0～1.5 cm,然后剪去大枝上过细枝条,直至粗度(直径大于0.6 cm)适宜用作接穗枝条部位为止。环状剥皮可增加待采接穗淀粉含量,改善其营养条件,提高嫁接成活率;而重剪枝组,则可刺激采穗枝条形成层活动,促进接穗上芽的萌动,有利于与砧木的亲和和愈伤组织形成。同时,对砧木苗也进行重剪回缩,剪砧部位选在嫁接口上方约20 cm处。枝梢处理完后,对母枝与砧木重施一次肥水,促进植株生长萌动,待2月上、中旬时,可见采穗母枝与砧木苗上幼芽开始膨大,此时,即可采穗并进行嫁接。

④嫁接方法。澳洲坚果嫁接方法在不同国家与地区有不同的选择。在澳大利亚昆士

兰州与新南威尔士州的澳洲坚果主产地,主要的嫁接方法为舌接、芽片接和幼苗嫁接等;美国夏威夷则主要选择腹接法,而在加利福尼亚州,人们倾向于选择舌接法。我国目前采用的方法主要有切接、劈接和舌接等,相对而言,切接法是南方常绿果树育苗中普遍采用的方法,比较容易掌握与操作,目前在攀西地区被普遍采用。无论何种嫁接方法,最关键的是做到砧、穗切削面必须特别平滑,这在 1 年生以上、木质特别脆硬的澳洲坚果树上不容易做到,也是很多果农嫁接不成功的重要原因。坚果嫁接最好在遮阳棚内进行,若无遮阳条件,则需在嫁接后立即用纸袋(也可用果袋)套住接穗与嫁接口,否则,早春强烈的阳光会使接穗失水或烫伤,导致嫁接失败。本书仅介绍最普及的劈接和改良切接嫁接法,其他方法可参照模块二相关内容进行。

a.劈接法:砧木在高 25 cm 处剪断,并剪去靠近剪口的一轮叶片,以便嫁接操作。选择与砧木粗度相当的芽条,截取 2 个节、5 ~ 6 cm 长的接穗。接穗下半部削成楔形,两边的削口平滑,削口长 2.5 ~ 3 cm;在砧木的截面中心下刀纵破长 2.5 ~ 3 cm 的嫁接口,把楔形接穗插入,两边皮部对正吻合,砧穗大小不一时,最少一边的砧、穗皮部对准;接口自下往上用 1.5 ~ 1.8 cm 宽、30 cm 长、韧性较好的聚乙烯薄膜带绑扎;接穗部分用生物封口膜"Parafilm"密封。当嫁接成活后,接穗新长的芽能冲破这种密封接穗的材料而自然生长。

b.改良切接:砧木在高 25 cm 处靠近节眼地方剪断,并剪去靠近剪口的一轮叶片。用刀在砧木切口处节眼叶柄的地方下刀往上削一斜面 1.2 ~ 1.5 cm 长;截取 2 个节、5 ~ 6 cm 长的接穗,接穗一边靠近节眼下刀,但不伤及芽,削成 2.5 ~ 3 cm 长的斜面,另一面基部削一约 0.5 cm 长的小斜面,削面要求平滑;在砧木斜面的下部,按接穗削面宽度垂直平滑下切长 2.5 ~ 3 cm 的嫁接口。插入接穗,接穗长削面与砧木的切面吻合。

(8)嫁接后的管理与起苗

嫁接后注意防止碰伤,同时及时撒施防治蚂蚁药,注意随时淋水保湿,及时去除砧木上的萌蘖,接穗上只留 1 ~ 2 个健壮的芽,其余的疏除,30 d 后即可判断成活与否。大部分苗开始抽芽后即施水、肥。防虫、防病过程中,可加入叶面肥喷施,促进苗木快速生长。嫁接苗第二批新梢稳定后,当接穗抽生的新梢长 50 cm 以上时,地栽苗即可挖苗装袋。起苗时,对根系可作适当修整,同时剪去多余的枝条。浆根后,装入 18 cm×25 cm 规格的营养袋,搭50% ~ 70% 的遮光度的遮阴网。上袋初期 7 ~ 10 d,注意叶面喷水保湿;1 个月后植株稳定生长,出新根后即可出圃定植。

2)扦插繁殖

(1)扦插床

扦插床可用砖砌成宽 1 m、高 20 ~ 30 cm、长 10 ~ 12 m 的插床,床四周留下足够排水口,床内 25 cm 深的土层经松土及敲碎平整,其上加最少 15 cm 厚的干净中粗偏细河沙。扦插床上搭建遮阴篷,用 50% ~ 60% 遮光度的黑色遮阴网覆盖。遮阴篷四周用其他材料做防风屏障。遮阴篷内扦插床顶部安装微型弥雾喷灌系统。有条件的,在扦插床底部安装可调控加热系统,再在插条叶面装上湿度感应器,以自动调控扦插床的温度和空气湿度,提高扦插成活率。

（2）插条的选择、剪切、处理和扦插

①插前 18～22 d 环剥，增加养分积累，提高成活率。插条尽量选择灰白色已木栓化的老熟充实 1～2 年生枝条，以粗度 0.5～1.0 cm 为最佳。

②插条的剪切。从母树采下插条后，在遮阴篷下干净处集中进行剪切，每插条剪 4～5 轮叶，长 20～25 cm，这时的插条比实际使用长些，以免基部失水。然后剪去下面几轮叶，只留顶端一轮的三张叶。在插条基部靠节眼处下刀，双面切成一长一短斜面的楔形。长切口以 1.5 cm 为宜，剪切好的插条长度以 15～20 cm 为宜。然后集中放置在装有水的盘内，盘装的水以浸过枝条基部切口 3～5 cm 即可，防止基部失水。

③插条的处理。插穗基部用 IBA 生根粉 1 000 mg/kg 溶液浸泡 12～16 h。

④扦插处理好的插条按株行距 5 cm×10 cm 规格，直插入苗床上，扦插深度 7～8 cm。

（3）扦插时期

沙床插条基部保持在 24～26.5 ℃，气温在 18～22 ℃时，扦插最适宜。在广东湛江扦插最适期为 12 月初，在云南景洪和广西可提前在 11 月中旬进行。

（4）扦插管理

扦插初期要注意沙床的保湿，抽查插条，发现缺水时，及时淋水。遇高温季节，插后 20～25 d 后，可能大量抽芽，要及时抹除，以免过度消耗插条体内营养，影响成活。基部大量长出愈伤组织后，要注意水分控制，积水时，极易使基部腐烂，水分不足愈伤组织也会干枯、萎缩。苗长出新根后，即可追施水、肥。待苗抽生新梢 20～25 cm 长并稳定后，即可移栽至营养袋管理。待苗高 50 cm 以上，至少抽出两次新梢且稳定后，方可出圃定植大田。

3）起苗运输

在生产上常常会见到异地引入苗木，因此，苗木起掘质量、包装好坏和运输措施是否得当，对减少苗木损失有至关重要的作用。

起苗包装在保持树冠原有姿态的前提下，对引进的大树，先剪掉约 1/3 的枝叶，以减少水分过度蒸发。如果起苗后土团有破损，对树枝还应作强度修剪。起掘时应将树冠捆绑，避免损伤树冠。土球大小以地径的 8～10 倍为宜，土球厚度约为其直径的 2/3 左右。起后用麻绳包扎，拉紧压实土球，并在土团外套上塑料包，包扎严实，以防松散、失水过多。小苗多为容器苗，起苗时要保证不伤根或少伤根。

装车运输装运应轻抬（拿）、轻装、轻放，以免泥团破坏、散落、树冠折裂和树皮擦伤。装苗时，先装重苗、大苗，苗间空隙放小苗，大泥团苗上叠放小泥团苗，做到大、小搭配，装足装实。高大苗木推向后方倾斜，对超过车厢外的树冠用绳索捆绑收拢，并在树身与车厢接触处垫衬稻草等软物，防止擦伤。长途运输时，还应配备专人随苗押运，以便及时地给苗木喷水，防止苗木萎蔫。

15.2.2　栽培技术

1）果园的选址与规划

澳洲坚果能适应不同的土壤条件，但为创造经济效益，确保经济果园的早产、高产和稳产,园地的土壤条件,如质地、通透性、pH 值、有机质含量等有着直接的影响。酸性重(pH5.5 以下)的土壤改良措施:在整地时掺入生石灰进行调整,施用量 0.42 kg/m²。对通透性不好的板结土用泥沙、煤渣、草甸土改善结构,用量每亩 1 500～2 000 kg。中性(pH7.0 以上)盐碱土的改良措施:用 500 倍的硫酸亚铁溶液浇灌植株根部,使 Fe 离子将土壤胶体上吸附的 Na 离子置换下来,经雨水淋洗排除土体;或用硫黄粉 1.75 kg/m²,也可用硫酸铝(白矾)0.5 kg/m² 实现土壤的局部改良。

澳洲坚果虽然能适应各种不同的土壤条件,但在瘠薄干旱、黏重板结、通透性能差、重酸性土或盐碱土上种植,将严重限制树体的营养生长,延迟开花结果和生殖生长的时间。因此,集约化、产业化的果园种植,必须要求土层深厚、土质疏松、排水性良好和有机质含量丰富的土壤,应选择温暖南坡及避风的小环境。澳洲坚果喜温暖,维系正常生长需要较高的年积温和充沛的降雨。澳洲坚果为浅根型乔木树种,枝叶繁茂、树冠大,应注意避风,否则树体容易风倒或偏长,花柄、果柄因质脆而极易折断,造成小花、幼果的脱落,影响坐果率和果实的发育,从而降低产量和效益。

建立产业化果园,还应作好园内道路、排灌等设施的规划与建设。在园地的迎风面设立防风林带,可营造静风频率高的小环境,防止夏季炎热灼伤新梢;在种植穴周围覆草搭地膜、树干基部冬季刷白,可防止树干灼伤、冷害和冻害、提高穴周围的地温,从而促进生长。

2)品种选择与苗木质量

(1)品种选择

应选择适应种植区气候环境的丰产优质高效品种,宜选择使用农业部或省(区)级主管部门推荐的品种。各种植区可选用的部分澳洲坚果品种如下。

①广东:H2、O. C、344、788、南亚 1 号(SSCRI-1)、南亚 2 号(SSCRI-2)。

②广西:H2、O. C、344、788、南亚 1 号(SSCRI-1)、南亚 2 号(SSCRI-2)、桂热 1 号。

③云南:H2、O. C、900、344、788、660、南亚 1 号(SSCRI-1)、南亚 2 号(SSCRI-2)。

④四川:H2、O. C、344、788。

(2)苗木质量

果园种植的苗木应符合农业部发布的农业行业标准 NY/T 454-2001《澳洲坚果种苗》质量要求。

可选择生长健壮、品种纯正的嫁接苗或扦插苗;嫁接苗根系良好,嫁接口高 20～30 cm,砧木和接穗亲和性好,嫁接口平滑,至少有 2 次老熟梢,接穗上抽生的第一次新梢枝条粗度直径≥0.6 cm,整株高≥85 cm,无严重病虫害,苗木营养袋完整;扦插苗根系良好,至少有 2 次老熟梢,插枝上抽生的第一次新梢枝条粗度直径≥0.6 cm,整株高≥85 cm,无严重病虫害,苗木营养袋完整。

3)开垦与整地

平地或坡度 5°以下,以"十字"或"三角定标"法定标,株行标各呈直线相互垂直,行向最好南北行向,以利于光照。坡地以等高梯地规划开垦,先根据株行距进行定标,按等高线开挖梯地,梯地带面宽 2～2.5 m,成外高内低状,但以不积水为度。在农闲季节可以先除去园地内的树桩杂木和表土中的大石块,然后按照密度定点放线。

4）种植密度

种植密度应以种植品种、本地区的气候环境和间套种作物为根据,选用适宜的株行距,一般株距 4～5 m,行距 5～6 m,亩植 22～33 株。直立型品种宜密,开张型品种宜疏;应采用多个品种间混种,不宜采用单一品种种植,品种搭配宜按 1∶1 或 2∶2 的方式安排;避免亲缘关系相近的品种种植在一起。

5）品种的搭配

不同品种搭配在一起种植可以提高坐果率,起到高产的目的。具体搭配见表 15.1。

表 15.1　澳洲坚果授粉树配置表

品种	最适搭配品种	最不宜搭配品种
246	A_{16}、816、Daddow	842、800、790
660	A_{16}、842	344、741
344	Daddow	660、A_4、A_{16}、842
741	814、Own Venture	660、344
A_16	246、660、814、781、Daddow	A_4、344、816、842
A_4	246、660、849、Daddow	A_{16}、344、814、842 Own Venture
781	A_{16}、A_4、Daddow	842
814	741、A_{16}	A_4、842
816	246、A_4、842、849、Daddow	A_{16}
842	660、Daddow	246、344、814 A_4、A_{16}、781
849	A_4、816、842、814、Daddow	
Daddow	842、A_{16}、246	
Own Venture	741	A_4

6）植穴准备

在开挖好的梯地带面上根据选定的株距要求在中心定点开挖定植穴,其规格为:80 cm×80 cm×80 cm。定植穴开挖需在定植前一年的冬季进行。种植前 1～2 个月,将种植穴底部锄松,每穴用石灰粉 0.25 kg 撒于穴壁四周和底部,再用腐熟的有机肥 25 kg 和饼肥 1 kg 与表土拌匀。将定植穴四周的草料回填,回填一层草料加一层表土,踩实,再回填一层草料和表土。

填满穴后,定植穴的土至少要高出地面 20 cm 左右,形成底直径 80 cm、高 20 cm、盘面直径 70 cm 的定植盘,待植穴回填土下沉稳定后再种植。

7）定植时间

根据当地的气候条件确定定植时间,宜于雨季进行,如云南以每年的 5—8 月雨季到来

时的阴天或小雨天定植为宜,晴天应在傍晚定植为宜,切忌不要在大雨天或烈日下定植。有灌溉条件的果园,秋、冬季也可种植。

8)定植方法

定植时应根据高产的定植规划,安排好每定植行的种植品种,同行或同带坚持定植同一品种。定植时,要认真检查定植品种无误,再在穴中心挖一个小坑,坑的深度以把苗放入穴中,袋装苗的营养土顶部与穴面水平或略高为宜,然后撕去塑料袋。定植时基肥与表土应拌匀,避免基肥集中造成"烧根"死亡;动作要轻,苗要挺直,填土时要用手把土压实,让土壤与根系接触良好,不能用脚踩踏,以免压断根。定植后,浇足定根水,根圈用草覆盖,以保湿。

9)定植后的护理

定植后应及时修复定植盘,平整梯田,用草料或塑料地膜覆盖定植盘,利于保水和防止植盘杂草的滋生,覆盖物应离主干 10 cm。在风害地区,可给幼树附加抗风支架,提高抗风力,防止倒伏。

定植后视天气情况及时补复淋水抗旱或注意排涝,确保植株成活。定植后约 1 个月,应及时对死苗缺株补植同一品种,当年保苗率应达 100%;定植成活后及时解除嫁接苗接口处的薄膜,抹除砧木萌生芽,将因各种原因造成歪倒的苗木扶正。定植成活的苗,定植后约 1 个月,可施 1 次水肥,每株施尿素 25 g、钾肥 25 g,兑水 10 kg 浇施。

15.2.3 土、肥、水管理

1)中耕除草

定植后,要保持果园内无杂草,每年应定期铲除坚果树周围的杂草。隔离带上的杂草要定期砍除,并覆盖到定植坚果树的平台上,按 15～20 cm 厚度,在离坚果树 15 cm 外进行植株全部地面覆盖,以保水、增温,利于坚果树的生长。每年确保树冠滴水线内无杂草。

2)间套种

间作套种以不影响坚果树生长为前提,可间作咖啡或套种玉米、花生、豆科等作物,不仅能从短养长,还可以增加果园的收入和抑制杂草的生长。其秸秆还可以还地,以增加土壤有机质,提高土壤肥力。果园的间套种可以延续到坚果树封行为止。

3)施肥和灌溉

一般肥在定植当年按 N∶P∶K=13∶2∶13 的比例施复合肥。每株总量 0.5 kg 复合肥再加尿素 50 g,分 5 次施完。pH 低于 5.0 时,可施石灰 0.25 kg。施肥应距坚果树茎基部至少 10～20 cm,以防烧根。树冠滴水线外 30 cm 处可雨后施,若土壤太干,灌水后施或兑水泼施。以后按上述施肥量每年增加并按其总量一分为二,在 5 月和 10 月各施一次。到第六年每株树的尿素增加到 320 g 并保持到第十年。复合肥每年按 0.5 kg 递增不变。定植 4 年后,每年每株坚施用 15～25 kg 腐熟农家肥。坚果树对水十分敏感,从开花到坚果成熟期都应防止缺水,特别是在 5—8 月坚果充实期,若缺水会严重降低坚果质量。因此,要注意观察,若出现嫩叶萎蔫、成熟叶片失去光泽,都意味着缺水,要及时灌溉。

15.2.4 树体管理

澳洲坚果的萌芽和顶端优势较强,容易形成高而茂密的树冠,加之根系浅,易受强风危害,所以在幼树定干的基础上要进行整形修剪。定植后,当树生长高度达 1 m 时,在 80 cm 处截顶定主干,让其长出 3 条侧生骨干枝和向上生长的中央主干。骨干枝的间距 40 ~ 50 cm,每 30 ~ 45 cm 处留一轮侧生骨干枝 3 条,侧生骨干枝每隔 25 ~ 35 cm 截顶,留一轮分枝。今后依此法进行选留,让其从幼树就形成具有 1 条向上生长的中央主干和 3 条侧生骨干枝的强壮树体骨架,最终形成理想的圆锥形高产树形。此外,要及时剪除掉砧木抽枝或树基抽枝,去掉离地太近、50 cm 以下的下垂枝条,去除坚果树的寄生植物,去除与中央主干竞争的任一侧枝,去除分枝夹角小于 15° 的侧枝及枯死枝,去除过密、徒长、蔓化、交叉、重叠、细弱下垂及病虫害枝条,去除当年不结果的花柄及结果后的无果梗。要保护和培养内膛未超过 30 cm 的小枝条,它们是下一年的结果枝。修枝时间通常是每年的 5 月和 9 月,或是收果后立即进行。每次修除的枝条不能超过树冠的 30%,所以切口面都应倾斜或垂直。

15.2.5 花果管理

澳洲坚果的花量很大,一株 15 龄正常生长的坚果树,每年花期均产生 1 万个花序,每个花序均为 300 朵小花,然而只有 6% ~ 35% 的花坐果,最终只有 0.3% ~ 0.4% 的花能发育成成熟的果实。所以,果实发育期间大量未成熟的果掉落是澳洲坚果的习性。

通常在花后 3 ~ 8 周,80% 以上初期坐的果都将脱落。大多数澳洲坚果品种都具有自交不育性且自花授粉的花穗坐果率极低,再加上每朵花又为雄蕊先熟花,即花药先于柱头老熟,但并非要异花传粉,所以多品种种植要比单一品种种植产果量高出 31% ~ 190%。不过只有在果园中引入大量蜜蜂传粉,才能提高坐果率,实现杂交高产。

在花后头 2 周授精而子房没有膨大的花和 3 ~ 8 周初始坐果的未成熟小果迅速掉落后,10 周后大量未成熟的果也逐渐掉落,直至 28 ~ 30 周果成熟。花后 10 周的落果可能是果实干重增加与油积累对同化物竞争的结果,因为澳洲坚果果实发育期会成为大量同化物集聚地,同化物从邻近的枝条转移到果实中,支持果实生长。当同化物的转移还不足供应果实发育时,幼果就会因养分的供应不足而掉落。

温度上升太快时幼果也会掉落,如果日温从 25 ℃ 上升到 30 ℃ 时则落果更多。当日温 15 ℃ 时大多数果实会保留下来,但果实重量会低于 15 ~ 25 ℃ 的果实。

初始坐果 5 ~ 6 周树体缺水也会激发大量落果。在果实成熟前 3 个月,适当的温度对增大果实和产量是很重要的。

开花、坐果和果实发育要保持充足的碳水化合物,也需要合理地施 N 肥,低 N 还会造成有结果潜力的枝条数量减少。N 肥应采取少量多次施用的方法,使树体能更有效地吸收利用 N 肥。花期施硼可增加坐果、提高产量。

在实施花期园内养蜂时,要注意尽量避免用药。在谢花期后 5 ~ 10 d 和谢花后第 3 周

的幼果期,各喷施 1 次叶面肥,可选择 1 份 WGD-2 保花保果叶面肥兑水 8 000 倍,或选择其他保花、保果叶面肥喷施(如磷酸二氢钾或防落素和云大 120)。可提高坐果率,减少落果。

15.2.6　病虫草害防治技术

1)病害

(1)疫病

疫病又称"茎干溃疡病",是一种真菌病害,以病菌通过伤口侵染成龄树的树干及主枝,为害后,树干环枯以致死亡。感病部位皮层变硬,随后凹陷,皮层和木质部明显变色,并渗出黑色胶黏物,树皮开裂,植株变小,叶色退绿,甚至部分叶脱落及落果。本病在高温、高湿的情况下最易发生。防治方法:刮除坏死皮层和木质部,用 80% 敌菌丹 250 mg/L 喷雾防治。

(2)花疫病

花疫病主要为害花序、幼果、顶梢嫩枝及嫩叶,受害后花序上出现细小的坏死斑,迅速扩展至整个花穗,最后枯死。受害果实为黑色,引起大量落果,长时间的高温、阴雨可使该病流行发生。防治方法:加强树体管理,保持园内树体通风透光,并用 70% 代森锌 800 倍液加高脂喷雾防治。

(3)灰霉病

灰霉病为害花序,开始时小花及花序轴上出现棕色小坏死斑,迅速扩展至整个花序变为黑褐色,最后整个花序枯萎,轻碰则易脱落,在高温、湿度大的条件下该病易发生。可用苯莱特或敌菌丹防治。

2)虫害

荔枝小卷蛾,又称"坚果蛀虫""蛀虫蛾"。果实灌浆至成熟期均可为害,幼虫主要为害果皮内层或穿过未硬化的果壳蛀食果仁,一旦果壳硬化,幼虫主要取食果皮,为害后主要引起熟前落果和降低果仁质量。防治方法:花期及坐果期用黑光灯诱杀;果实膨大期可用 10% 除虫菊精乳油 1 000 倍液、20% 灭菌酯乳油 1 500 ~ 3 000 倍液,或 80% 美曲膦酯可溶性粉剂 80 倍液喷雾防治。

3)鼠害

澳洲坚果在幼果或果实成熟期鼠害严重,其危害损失可达 30% 以上,危害严重的可达70%,造成丰产不丰收。防治方法:注意根除鼠穴,铲平高地,可利用灭鼠器或养猫防治;也可利用抗凝血灭鼠剂,如 0.2% 敌鼠钠盐或 0.38% 杀鼠迷毒谷饱和投饵全园地防治。

15.2.7　采收与包装

1)拾果

澳洲坚果花期长达 3 个多月,成熟期不一致,给采收造成了一定的难度。一般以内果皮变为深褐色作为成熟标准,每年8月上旬前必须清除果园杂草、枯枝落叶,把挂果树树冠下的地面清扫干净,使部分开始成熟果掉落后方便捡拾干净,一般每3~7 d捡拾一次。进入9月,果实已大部分成熟,就要选择晴天按果实成熟情况集中采收。为确保果仁品质,应尽量缩短收获期,如降水较多时,高温、高湿和鼠害会造成品质降低,故应及时采收。

2）脱皮

每次捡拾的果要在一天内脱去外果皮,数量少时可用人工脱皮,数量多时可用机械脱皮。到集中收果期,要把采收的鲜果在1~2 d内脱去外果皮,严禁大量堆积在一起,以防治高温、高湿而引起霉变。

3）筛选干燥

坚果去外果皮后的壳果必须尽快筛选,并及时清除杂质、外果皮碎片、病虫害果、发芽果、裂果、霉变果等。另外,为保证果仁质量、提高出仁率,还必须筛选出果型小、不饱满、未成熟的果,单独干燥存放加工。去掉外果皮并筛选的好壳果,必须尽快进行干燥。简单的干燥方法是在遮阴、通风良好的屋内将壳果均匀铺于钢丝架上,厚度为10~25 cm,坚持每周翻动一次,约需6周才能完成干燥。再经过低温干燥,使果仁含水量降至1.5%时就可以加工或贮藏。

4）分级加工

把壳果干燥至果仁含水量为1.5%时,就可以用人工或机械的方法把果壳和果仁分离并对果仁进行分级。分级方法一般采用1 kg清水进行水洗,漂浮在水面上的为一级果仁,含油量≥72%,果仁丰满、基部光滑、烤制后呈亮棕黄色、果仁完整、质地松脆、有柔和的坚果鲜香味道,被选为一级果仁,需立即干燥、储藏,以保持坚果的风味和质量。将沉在水中的果仁再放入密度为1.025 kg/L的盐水中,浮起来的为二级果仁,含油量为66%~72%;余下的为三级果仁。果仁分级、烘烤、加工、灭菌包装封存后就可以在市场上销售。

坚果的加工实践证明,果实收获后立即干燥,加工烘烤后经过6个月的贮藏,风味也没有变化;加工烘烤后经过12个月的贮藏,其风味就变得淡些;生果仁经6个月贮藏后加工品味则稍差。若要贮藏果仁,就应贮藏未经烘烤的生果仁,烘烤后的果仁再贮藏,果仁品质会随着贮藏时间的延长而下降。要想成为世界一流的澳洲坚果优质果仁的生产者,贮藏的时间越短,市场越具有竞争力。另外,因一时难于出售的壳果要干燥处理,首先用38 ℃温度预烘,再进一步用51 ℃恒温烘干至果仁含水量为1.5%以下。如需贮存,则用60 ℃烘干至果仁含水量为1.2%以下,这样壳果的贮存时间可大大延长,而且可确保一年内风味不变。

5）包装

果仁的包装一般采用真空包装,其风味品质与真空度直接相关。真空度越大,货架寿命越长,反之则越短。另外,在包装袋内放入小袋包装的抗氧化剂,同时起干燥作用,有助于延长货架寿命。

项目小结)))

澳洲坚果风味独特、营养丰富,是当今世界上最名贵的特色林果产品,有"坚果皇后"

之美称。通过本项目的学习,熟练掌握澳洲坚果生产管理技术和相关操作流程。

复习思考题)))

　　1.我国自选自育的澳洲坚果品种有哪些? 各具什么特性?

　　2.简述澳洲坚果的落花、落果的原因。

　　3.简述澳洲坚果保花、保果的技术。

项目16 其他果树生产

项目描述 我国南方地区气候适宜,果树种类丰富。本项目将一些特色南方果树的生产技术作为重点内容进行训练学习。

学习目标 学习特色南方果树园水、肥管理,树体、花果管理,病虫害防治技术,果实采收技术及采后处理措施。

能力目标 熟练掌握特色南方果树园水、肥管理,树体、花果管理,病虫草害防治技术,果实采收技术及采后处理措施。

素质目标 培养细心耐心认真学习的习惯、吃苦耐劳的精神及严谨的生产实际操作理念,学会团队协作。

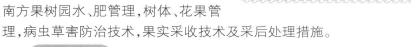

项目任务设计

项目名称	项目16 其他果树生产
工作任务	任务16.1 杨　梅 任务16.2 杨　桃 任务16.3 枇　杷 任务16.4 番石榴 任务16.5 毛叶枣 任务16.6 柿 任务16.7 桃 任务16.8 番木瓜 任务16.9 板　栗 任务16.10 橄　榄
项目任务要求	熟练掌握特色南方果树生产技术的相关知识及技能

任务16.1 杨 梅

活动情景 选择交通便利、土层深厚、有机质丰富、灌排条件良好的杨梅园,将其作为学习地点。本任务要求学习杨梅的生产概况和生产技术。

工作任务单设计

工作任务名称	任务16.1 杨 梅		建议教学时数		
任务要求	1.熟悉杨梅生产概况 2.熟练掌握杨梅生产技术				
工作内容	1.了解杨梅生产概况 2.学习杨梅生产技术				
工作方法	以老师课堂讲授和学生自学相结合的方式完成相关理论知识学习;以田间项目教学法和任务驱动法,使学生掌握杨梅相关生产技术				
工作条件	多媒体设备、资料室、互联网、试验地、相关劳动工具等				
工作步骤	资讯:教师由活动情景引入任务内容,进行相关知识点的讲解,并下达工作任务 计划:学生在熟悉相关知识点的基础上,查阅资料、收集信息,进行工作任务构思,师生针对工作任务有关问题及解决方法进行答疑、交流,明确思路 决策:学生在教师讲解和收集信息的基础上,划分工作小组,制订任务实施计划,并准备完成任务所需的工具与材料 实施:学生在教师指导下,按照计划分步实施,进行知识和技能训练 检查:为保证工作任务保质保量地完成,在任务的实施过程中要进行学生自查、学生互查、教师检查 评估:学生自评、互评,教师点评				
工作成果	完成工作任务、作业、报告				
考核要素	课堂表现				
	学习态度				
	知识	1.杨梅生产概况 2.杨梅生产技术			
	能力	熟练掌握杨梅生产技术			
	综合素质	独立思考,团结协作,创新吃苦,严谨操作			
工作评价环节	自我评价	本人签名:	年	月	日
	小组评价	组长签名:	年	月	日
	教师评价	教师签名:	年	月	日

任务相关知识点

杨梅隶属于杨梅科（Myricaceae）、杨梅属（*Myrica* L.），是我国特产水果之一。杨梅主要分布在我国长江流域以南各省、自治区，北纬 20°—31° 的地区。主产区有浙江、江苏、福建、广西、广东和湖南等省（区）。其中浙江栽培面积最大，质量和产量均为全国前列。杨梅果实具有丰富的营养，也可做绿化树种，有净化空气的作用。

16.1.1　种类与品种

1）种类

全世界有杨梅科（Myricaceae）植物 3 个属。其中，杨梅属（*Myrica* L.）常做果树，约有 50 个种，在我国有 6 个种。（表 16.1）

表 16.1　我国杨梅属植物分类

种名	拉丁文名	植株形态特性	树高 /m	树　皮	叶片形状	花　性	果实形状
杨梅	*Myrica rubra* Sieb. & Zucc	乔木	5 ~ 12	幼时光滑，黄灰绿色；老时暗灰褐色	倒卵形	雌雄异株，偶有同株	圆球形
毛杨梅	*Myrica esculenta* Buch. Ham.	乔木	4 ~ 11	淡灰色	长椭圆状卵形或楔状卵形	雌雄异株	卵形
青杨梅	*Myrica adenophora* Hance.	灌木或者小乔木	1 ~ 6	灰色	倒卵形	雌雄同株	椭圆形
云南杨梅	*Myrica nana* Cheval.	灌木	约 1		倒卵形	雌雄同株	球形，稍扁
大杨梅	*Myrica arborescens* S. R. Li et X. L. Hu，SP. nor	乔木	约 15	灰褐色，有不规则白色晕斑	长披针形	雌雄异株	圆球形
全缘叶杨梅	*Myrica intergrifolia* Roxb	灌木或者乔木	8 ~ 10	深灰褐色	披针形	雌雄同株	椭圆形

2）品种

我国杨梅栽培品种均为杨梅种。据调查，我国杨梅有 305 个品种和 105 个品系。其中，浙江省就有 80 多个品种。主要品种列举如下。

（1）荸荠种

该品种树势较弱，树冠半圆形或者圆头形，叶片倒卵形或者椭圆形，果实近圆形，因果实成熟时呈紫黑色而形似荸荠得名。品质佳，为浙江省四大杨梅优良品种之一。

（2）晚稻杨梅

该品种树势强健，树冠圆筒形或圆头形，叶片披针形，果实圆球形，黑紫色，因成熟时为晚稻播种时节而得名。品质好，为浙江省四大杨梅优良品种之一。

（3）丁岙梅

该品种树势强健，树冠圆头形或半圆形，叶片长倒卵形或尖长椭圆形，果实圆形，黑紫色，与其他品种不同的是成熟时采收可带果柄采摘。品质佳，为浙江省四大杨梅优良品种之一。

（4）东魁杨梅

该品种树势强健，树冠圆头形，叶片倒披针形，果实高圆球形，紫红色，品质佳，为浙江省优良品种。因母树原产于浙江黄岩江口镇东岙村，果形较大，吴耕民教授取"东方之魁"或"东岙之魁"之意，将其命名为东魁杨梅，为浙江省四大杨梅优良品种之一。

（5）早荸蜜梅

该品种树势中庸，树冠圆头形，叶片两端尖、中间宽，果实扁圆形，深紫红色，品质佳，成熟期比荸荠杨梅早10多天，为荸荠杨梅的早熟实生变种。

（6）早大梅

该品种树势强健，树冠圆头形，果实较大，紫红色，品质中等，产量高，采前落果少。

（7）晚荸蜜梅

该品种树势强健，树冠圆头形，果实扁圆形，紫黑色，品质佳，成熟期比荸荠杨梅晚，为荸荠杨梅的晚熟实生变异。

（8）东方明珠

该品种树势强健，果实近圆形，紫红色，品质佳，耐贮运，是目前单重种最大的杨梅品种，比普通东魁重15%。它是浙江森禾种业股份有限公司通过 AFLP、ISSR 和 RAPD 分子标记从优良的东魁杨梅中选育出的新品种，并于2001年通过了浙江省林木良种审定。

（9）水梅

该品种树势强健，树冠圆头形，叶片倒卵形或倒卵状披针形，果实圆形或高圆球形，深红色，品质优良，为浙江省主栽品种。

（10）大炭梅

该品种树势中等，叶片长椭圆形或广倒卵披针形，果实圆形，因果实成熟后呈乌紫色而形似炭，故称为大炭梅，品质优良。

（11）迟色

该品种树势较强健，树冠为不整齐圆头形或半圆形，叶片倒披针形或倒尖卵形，果实球形或高扁圆形，深红色，品质优良。

（12）大叶细蒂

该品种树势强健，树冠开张，叶片宽披针形，果实略扁的圆形，紫红色，品质优良。

（13）乌梅

该品种树势强健，叶片倒披针形，果实圆球形，品质优良。

（14）二色杨梅

该品种叶片倒卵形并成匙形，果实略扁，呈圆形，因果实表面2/3以上为紫黑色，其下呈红色而得名,品质优良。

（15）水晶杨梅

该品种果实圆形,果实呈白色或略带粉红色,品质中上,为白杨梅中的优良品种。

16.1.2　生物学特性

杨梅树冠高大,通常为雌雄异株,偶有同株。雄株高大,但只开花不结果;雌株较矮小,开花结果。实生的本砧嫁接树生长势强,压条繁殖的较弱。从砧木播种、嫁接至幼树结果要5~7年,盛果期需要15年,寿命百年以上。实生苗结果较晚,约需10年,压条繁殖的依树体大小而异。

1）根

杨梅根系较浅,主根不明显,侧根和须根比主根发达。约80%的根系集中垂直分布在5~40 cm的浅土层中,水平分布约为树冠直径的1~2倍。通常,实生树的根系深、粗,骨干根多,须根少,细跟分布均匀。压条繁殖的树根系浅,骨干根少,而嫁接树的根系介于二者之间。

杨梅的根部常与放线菌共生,形成菌根,呈瘤状突起。根系提供碳水化合物给放线菌,使得放线菌形成根瘤。根瘤则可以固定空气中的氮素,形成有机氮化物提供给根系。根瘤固氮高峰与根系生长发育高峰相吻合。

2）枝

杨梅的枝包括梢、叶和芽3个部分。

杨梅通常一年内抽梢2~3次,分为春梢、夏梢和秋梢,在气候温暖的冬季也会抽生冬梢,幼树抽梢可能为3~4次。春梢抽生于去年的春梢或夏梢上,最重要也最长;夏梢抽生自当年的春梢和采果后的结果枝,梢量为总新梢量的60%~70%,是来年的结果母枝,长度上比春梢短;秋梢抽生自当年的春梢和夏梢,发生时间较迟,利用价值较小,长度最短。当年的春梢、夏梢发育充实,其腋芽可以分化为花芽,成为结果枝。秋梢和冬梢的发生时间较短,难以花芽分化,不能成为结果枝。杨梅雄树的枝分为徒长枝（大于30 cm）、普通生长枝（小于30 cm）和只开花的雄花枝。雌树的枝条分为徒长枝、普通生长枝、开花且结果的结果枝。结果枝依长度又分为徒长性结果枝、长果枝、中果枝和短果枝。徒长性结果枝长度大于30 cm,在枝先端的腋芽能形成5~6个花芽,因发育不良,有落花、落果现象,只有少数能正常结果;长果枝的长度为20~30 cm,在枝先端能形成5~6个花芽,因枝条发育不充实,也有落花、落果现象,但不如徒长性结果枝严重;中果枝的长度为10~20 cm,除了顶芽不能形成花芽外,其余均为花芽,结果率最高,是最好的结果枝;短果枝的长度在10 cm以下,能形成2~3个花芽,在生长健壮的条件下也能良好结果。

杨梅叶片多簇生于枝梢的顶端,互生,春梢的叶片最大,夏梢次之,秋冬梢最小。杨梅雄树叶片较小,雌树叶片较大,叶龄长1~2年,春梢抽发后会自然脱落。

杨梅的芽一般为单芽,分叶芽和花芽2种。叶芽为顶芽,花芽为腋芽;叶芽瘦小,花芽较大。除了顶芽及其附近的4~5个腋芽萌发外,其余芽多是隐芽,受刺激后才会萌发。同一植株叶芽比花芽迟萌动20 d,萌芽后15 d左右展叶。

3)花

杨梅雌雄异株,为单性花。雄花和雌花的特征见表16.2。

表16.2 杨梅雌花和雄花的特征

特 征	雌 花	雄花(枝)
花序类型	雌花为柔荑花序	复柔荑花序
着生位置		叶腋,着生的节无叶芽
开花时间	较晚	较早
开花顺序	同一花序中自上向下开放	自花序上部渐次向下开放
花期	约30 d	40~50 d
花序数	一般有2~25个,多数为6~9个	2~60个,多数为15~20个
花序形状	呈"Y"状张开	圆筒形或长圆锥形
花序颜色	鲜红色,雌花序外表密布黄色颗粒	初期暗红色,后转为黄红色、鲜红色或紫红色
花序中的花朵数	7~26朵花,平均14朵	每个雄花序由15~36个小花序组成,每个小花序有雄花4~6朵 小花序中小花排列次序为伞状花序,无花梗和花托,花丝长短不一
花的特征		每朵雄花均为绿白色小苞片所包被
其他特征		每花具雄蕊2枚
	子房1室,柱头2裂,也有3~4裂的	花药肾状形,鲜红色,基部联合,内面纵裂,能够产生黄色花粉
		每个花药有花粉7 000粒以上,花粉极小,每个雄花序约有花粉20万~25万粒
	偶有发育不良的混合花序,上部开雌花,下部开雄花,当先端雌花有2~3朵开放时,下部的雄花即行开放	雄花序上则从未见有雌花着生,但是极少数雄株有结果

4)果

杨梅的花虽然多,但坐果率较低,仅为2%~4%。开花后2周内有60%~70%的花脱落,再过2周,又出现大量落花,随后,也不断落果。但不同品种坐果率也不尽相同,荸荠的坐果率可达7%~8%,而水梅的坐果率仅为5%。不同花序着生部位的坐果率也不同。顶端的花序坐果率高,第一节的坐果率为总果量的20%~45%。新梢抽生状态以及花期天气也会影响坐果率。

杨梅的果树具有种子,可以划分为核果,但可食部位而言则属于浆果。通常在雌花序的顶端结1~2个果,其余的花退化脱落,花轴成为顶端果实的果梗。可食部分为肉柱,是由外果皮外层细胞发育而来的囊状突起。肉柱钝圆形的风味较佳;肉柱尖形的则风味较差,较耐贮运。

16.1.3　对环境条件的要求

1)温度

杨梅性喜温暖,又较耐寒。最适宜的气温条件为 15 ~ 20 ℃,绝对最低温大于等于 −9 ℃,年平均温度大于 16 ℃,大于 10 ℃的积温为 5 000 ℃。

2)降雨量

杨梅喜湿耐阴,一般要求年降雨量在 1 000 mm 以上。各个物候期对水分要求不同。花期晴朗微风时利于授粉。萌芽期至展叶期,根系需要较多水分,降水量要求大于 260 mm;果实增大及转色期,需要天气晴朗促进着色,同时需要大量水分促进果实增大。

3)土壤

杨梅的根系最宜在土层深厚、土质松软、排水良好、有机质丰富、通气性好的沙质红壤和黄壤生长。土壤 pH 值以 5.5 ~ 6.0 为宜。具有杜鹃、松、杉、毛竹等酸性指示植物的山地均适于杨梅栽培,但前作为龙柏、柑橘、桃等栽种的土地都不宜,否则杨梅苗木生长矮小、枝干细弱。适宜的前作有水稻、蔬菜及各种豆科作物。杨梅具有菌根,在土壤贫瘠但排水良好的坡地也能生长良好,在平坦肥沃土地上则容易发徒长枝,落花、落果严重。苗圃地要选择没有种过杨梅或其他树木的地方。

4)光照

杨梅对光照要求不高,在荫蔽的地方也能生长。在我国,向南坡地阳光强烈,果实品质差,果实较硬;向北坡地则果实柔软多汁。

5)其他

一般杨梅均栽种在 5° ~ 30°的山坡地上。海拔增加会使杨梅的开花期和果实成熟期推迟。杨梅的花为风媒花,微风时利于授粉。但杨梅怕风,因其枝条质地较脆,大风时容易折断。

16.1.4　生产技术

1)育苗

杨梅的繁殖方法有实生繁殖、嫁接繁殖以及压条繁殖 3 种。

(1)实生繁殖

实生树的种子较小容易萌发,因此应选择健壮生长的实生树果实进行采收。采收后,对果实进行检查,选择核仁饱满的树进行采种。采种的果实应为充分成熟的果实。采后,将果实堆在阳光不易直射的地方阴干,堆积厚度小于 20 cm,防止温度过高引起种胚死亡。果实腐烂后,洗净并选择饱满的种子晾干,再直接播种或者沙藏备用。

杨梅的种子休眠期较长,在采种后立即播种为宜,此时播种出苗率高,翌年春天即可发芽。沙藏种子也可放至冬季播种。播种地应为排水良好、土质疏松的沙质红壤或黄壤土,播前深翻整地、施肥,整畦 1 m 左右,撒播种子,每平方米约 3 kg,播后将种子压入土壤内,覆盖 2 cm 的细土,淋湿并盖草或塑料膜。种子萌动后,及时除膜,此时如阳光强烈,还应遮阴。

当苗长出 2 片真叶时即可炼苗,长出 3~4 片真叶时即可移栽。移栽前将拆除遮阴措施,进行蹲苗锻炼,促进根系生长,并用多菌灵以及托布津喷施,提高无病苗率。移苗应在无风的阴天进行,防止小苗被风折断。带土移植最好,小苗种植的株行距为 8~12 cm×20~30 cm。移苗后立即浇透水,但不宜施肥,因小苗对肥料敏感,应避免伤苗。小苗长至 30 cm 时可浇湿稀肥。小苗长至 40 cm 时摘心,促进生长加粗。

(2)嫁接繁殖

杨梅砧木以实生本砧为主,也有用野生苗进行嫁接的。嫁接的时间一般为萌芽展叶后,嫁接材料以枝条为主,也有采用根接的。砧木要求 1~2 年生,直径 0.5 m~1 cm。接穗以随接随采为宜,一般选用健壮生长的杨梅树当年生或 2 年生枝条,以先端有分枝为最佳。嫁接方法有皮下接、切接等。嫁接后及时除萌蘖,接穗萌发后只留 2~3 芽生长,其余除去。嫁接繁殖的树体强壮,利于生长。

(3)压条繁殖

压条繁殖应选择生长健壮、结果良好的植株,时间一般在萌芽前进行。将要压的枝条下方环剥 2~3 cm 或者刻伤,再将枝条压入土中,覆土 10~15 cm,翌年在压条的枝条基部刻伤,防止养分输送至树干,能促进生根。待生根后,在生根的下方切断,移苗培养。压条繁殖的树干较为矮小、分枝较多、结果早,但根系浅,生长较弱。

2)建园和定植

杨梅忌连作,因此不应在原杨梅园或柑橘园旧址继续种植。有条件的话,可以先种植松树等遮阴植物,在遮阴植物之间种植杨梅小树,待杨梅树长大后伐去遮阴植物,既提高土地利用率,又能为杨梅生长提供良好的环境。杨梅树春天种植为宜,气候温暖的地区也可秋天种植。种植应选择在无风阴天时进行,杨梅怕风,恐折断树枝。种植前对土地深翻,穴内施堆肥或草木灰,穴的大小宜为 1 m×1 m。回土后,在根部表面附近盖草保湿。嫁接苗种植的深度应与地面保持水平。株行距约 4 m×4 m。定植后应浇透水。由于杨梅为雌雄同株,还应配置 1%~2% 授粉雄株。

3)土、水、肥管理

杨梅的土壤管理较为简单。我国杨梅种植地多为山地红黄壤,土地贫瘠,有些甚至偏酸性,影响杨梅的生长。在偏酸性土壤中增施生石灰,改善土壤 pH 值。通常进行生草栽培,减少杂草等对杨梅生长的影响。在秋冬季或春季可进行一次培土,减少水土流失对根系的不利影响。培土用周围的山地表土、草皮泥即可。

杨梅有菌根,具有固氮作用,因此杨梅施肥以钾肥、磷肥为主。钾肥有利于杨梅糖分增加,提高耐贮运性。磷肥能促进杨梅新根发生,促进果实发育,改善果实品质。杨梅对硼较为敏感。另外,施肥与品种、时期、地形等也有很大关系。通常杨梅的施肥原则:幼树以促进营养生长、扩大树冠为主,氮:磷:钾的比例约为 1:0.8:0.8;成年树以促进结果为主,氮:磷:钾的比例约为 1:0.3:4。一般来说全年要施肥 2~3 次。第一次在新梢抽发前的 2—3 月间,施速效肥,促进本年发梢、开花以及结果。第二次在采果后,此次施肥弥补开花、结果消耗的养分,促进花芽分化、恢复树势。第三次施肥为基肥,保证来年树体正常生长。

杨梅有 3 个时期对水分的要求较高:开花期、果实膨大期及花芽分化期。这 3 个时期的水分如能充足供应,则能保证杨梅全年的正常发育。其余时期则可适当控水。

4)整形修剪

杨梅幼树的管理工作主要是整形,培养良好树形,使枝干分布均匀,促进结果。目前,多采用自然开心形:定植后第一年主要是培养主枝,第一个主枝为距地约 20 cm 的枝条,每隔 15~20 cm 留第二、第三个主枝,主枝开张角度以 40°~50°为宜。每个主枝再保留 2 个夏梢,以抽发秋梢,结合摘心,促进主枝生长。第一年主要是培养副主枝,短截主枝的延长枝和侧枝,抽发枝条后,选择主枝侧面距离主干 60~70 cm 的强壮枝条作为第一副主枝,其余副主枝的方向与第一副主枝的方向相同。第三年主要是培养第二副主枝,第四年主要是培养第三副主枝。直到每个主枝上具有 2~3 个副主枝,副主枝与主枝的夹角为 60°~70°。最终的树形应是树干中心开张,通风透光,管理方便。

目前对杨梅树的修剪措施不多,生长期修剪主要是除去萌蘖、徒长枝及部分超过主枝的枝条。同时,对春梢在木质化前摘心,促进结果和形成结果母枝。另外,为了改善光照,要拉枝或撑枝调节主干和主枝开张角度。休眠树的修剪主要是剪去枯枝、病枝等,短截徒长枝和交叉枝。

5)花果管理

杨梅是中短果枝结果,且花芽较多,容易出现结果量多,造成大、小年现象比较严重。因此,要进行疏花、疏果。在采收前和采收后的花芽分化期,喷施 GA-3 50~150 mg/L,有抑制杨梅花芽分化的作用。在果实膨大前,进行人工疏果,疏果比例为每 6 个结果枝去掉 3 个,留下的结果枝只留 2 个果。在盛花期喷施多效唑能减少成花量。

6)病虫害防治

杨梅苗主要病虫害有褐斑病、干枯病、根腐病、癌肿病、果蝇、油桐尺蠖、卷叶蛾类、介壳虫类(杨梅苗柏牡蛎蚧等)、金龟子、灰象甲等。主要病虫防治方法见表 16.3。

表 16.3 杨梅主要病虫害防治

病虫害名称	为害部位	防治方法
杨梅癌肿病	为害枝干,病部形成大小不一粗糙木栓化的肿癌,其上小枝枯死,严重者全株死亡	1.3—4 月刮除病斑并涂 50 倍"402"抗菌剂或 20%叶青双可湿性粉剂 50 倍~100 倍液或硫酸铜 100 倍液 2.抽梢前剪除病枝、烧毁 3.加强管理,增施钾肥和有机肥
杨梅褐斑病	为害叶片,引起大量落叶;叶片病斑上有灰黑色、黑色小点	1.未结果树在 5 月下旬以及 7 月上旬各喷一次 80%大生可湿性粉剂 800 倍液或 75%百菌清可湿性粉剂 800~1 000 倍液 2.5 月上旬和采果后各喷一次 1∶2∶200 波尔多液和 70%甲基托布津 1 000 倍液

续表

病虫害名称	为害部位	防治方法
杨梅干枯病	为害枝干,枝干病部呈现带状凹陷病斑,布满黑色小点,病斑深入木质部,上部枝干枯死	1.早期刮除病斑涂抗菌剂"402"50倍液 2.清除病死枝
杨梅根腐病	为害根系,造成烂根,导致枝叶枯萎、全株死亡	每株施多菌灵和托布津0.25~0.5 kg,拌匀后撒施在根颈至树冠滴水线下、15~30 cm深土中
油桐尺蠖	一年发生2~3代,为害叶片,严重时叶片被食光	未结果树在5月下旬1代幼虫出现时喷50%辛硫磷1 000倍液,7月中、下旬至8月中旬2代虫喷20%氰戊菊酯2 000~2 500倍液1~2次
杨梅卷叶蛾类(小黄卷叶蛾等)	一年发生4~5代,幼虫为害嫩叶,卷缩成虫苞,严重时新梢一片焦枯	4月上旬喷50%杀螟松乳油1 000倍液,未结果树在5月中、下旬2代虫喷50%辛硫磷1 000倍液,7月中、下旬后,3、4代虫再喷上述药剂
介壳虫类(杨梅柏牡蛎蚧等)	一年发生2代,群集在3年生以下枝条和叶片主脉周围及叶柄上为害,叶枯死早落,严重时一片枯黄	未结果树在5月中下旬1代若虫出壳高峰期喷40%杀扑磷2 500~3 000倍液,7月下旬和8月中旬连续喷上述药剂或40%速扑杀乳油1 500~2 000倍液2次,防2代若虫

7)采收贮运

杨梅成熟期和采收期较短,民间有"夏至杨梅满山红,小暑杨梅要出虫"之说。为此,采收更应该严格操作,减少损失。杨梅采收期因品种而异。乌杨梅的最佳采收期标准为果实由红转紫红或紫黑色;红杨梅的最佳采收期标准为果实肉柱充实、光亮,色泽深红或泛紫红;白杨梅的最佳采收期标准为肉柱上的青绿色完全消失,肉柱充实,呈白色水晶状发亮。果实含酸量也可以作为果实成熟的指标。荸荠的最佳采收期的含酸量为1.0%~1.2%。采收时用3个手指握住果柄,果实悬在手心里,要轻采轻放。以清晨或傍晚时采收为宜,此时的温度较低,损失少;下雨或雨后初晴不宜采收。

杨梅果实不耐贮运,在20 ℃左右只能保存3 d,10 ℃左右可保存5~7 d,在0 ℃能保存9~12 d。杨梅贮藏应避免损伤,否则果实极易腐烂。贮藏方法有低温贮藏(0 ℃)、二氧化碳贮藏等。

任务16.2 杨 桃

活动情景 选择交通便利、土层深厚、有机质丰富、灌排条件良好的杨桃园作为学习地点。本任务要求学习杨桃的生产概况和生产技术。

 工作任务单设计

工作任务名称	任务 16.2 杨 桃		建议教学时数	
任务要求	1. 熟悉杨桃生产概况 2. 熟练掌握杨桃生产技术			
工作内容	1. 了解杨桃生产概况 2. 学习杨桃生产技术			
工作方法	以老师课堂讲授和学生自学相结合的方式完成相关理论知识学习;以田间项目教学法和任务驱动法,使学生掌握杨桃相关生产技术			
工作条件	多媒体设备、资料室、互联网、试验地、相关劳动工具等			
工作步骤	资讯:教师由活动情景引入任务内容,进行相关知识点的讲解,并下达工作任务 计划:学生在熟悉相关知识点的基础上,查阅资料、收集信息,进行工作任务构思,师生针对工作任务有关问题及解决方法进行答疑、交流,明确思路 决策:学生在教师讲解和收集信息的基础上,划分工作小组,制订任务实施计划,并准备完成任务所需的工具与材料 实施:学生在教师指导下,按照计划分步实施,进行知识和技能训练 检查:为保证工作任务保质保量地完成,在任务的实施过程中要进行学生自查、学生互查、教师检查 评估:学生自评、互评,教师点评			
工作成果	完成工作任务、作业、报告			
考核要素	课堂表现			
	学习态度			
	知识	1. 杨桃生产概况 2. 杨桃生产技术		
	能力	熟练掌握杨桃生产技术		
	综合素质	独立思考,团结协作,创新吃苦,严谨操作		
工作评价环节	自我评价	本人签名:	年 月	日
	小组评价	组长签名:	年 月	日
	教师评价	教师签名:	年 月	日

 任务相关知识点

杨桃(*Averrhoa carambola* L.)又称"阳桃""洋桃""五敛子""五棱子""三稔子"等,属于酢浆草科(Oxalidaceae)、洋桃属(*Averrhoa* Linn.)植物。杨桃原产于亚洲东南部,在我国已有 2000 多年的栽培历史,主要分布于广东、广西、福建、海南、台湾、云南等地。其果实大小直径为 6~8 cm,果实除做鲜食外,还可加工成罐头、果汁、果酒等。其根、花、叶均可入药。

16.2.1 生产概况

1)种类和品种

杨桃属有两个种,即杨桃(普通杨桃)和多叶杨桃(毛叶杨桃)。生产上的品种均为杨桃种。杨桃分为甜杨桃和酸杨桃两大类。表16.4为甜杨桃和酸杨桃的特征。甜杨桃又可分为普通甜杨桃和大果甜杨桃。

表16.4 甜杨桃和酸杨桃的特征

特　征	酸杨桃	甜杨桃
植株形态特征	高大	矮
生长势	旺盛	较弱
复叶的小叶数目	多	少
叶片颜色	浓绿	绿
果实大小	大	小
果棱厚度	薄	厚
果实风味	酸	清甜
种子大小	大	
用途	加工,鲜食,砧木	鲜食,加工
其他		根据果形大小分为普通甜杨桃和大果甜杨桃

主要品种列举如下。

(1)香蜜杨桃

原产马来西亚,当地称"沙登仔肥杨桃""新街甜杨桃"。我国引进后在海南有较大的栽培面积,为海南杨桃的主要栽培品种,因果实、香气、品质优越被命名为"香蜜杨桃"。该品种叶互生,无托叶,复叶长 10.0 ~ 18.5 cm,有小叶 9 ~ 11 片,椭圆形,以复叶顶部小叶为最大,先端急尖,基部偏斜,下面无毛;复总状花序,单花较小,钟形,紫红色;花瓣 5 片,柱头 1 枚,雌蕊 5 枚。单果重 200 ~ 300 g,椭圆形,有 5 棱,果顶纯圆,成熟时果皮黄色,果棱较厚,果肉淡黄色、汁多清甜,果心小,种子少或无,品质优,耐贮运。

(2)水晶蜜杨桃

原产马来西亚,也称"红杨桃",在广东湛江栽培较多。该品种复叶长约 25 cm,有小叶 4 ~ 5 对,阔卵形,长 5.4 ~ 9.6 cm,宽 3.2 ~ 5.0 cm,浓绿色。花梗深红色,单花较大,淡紫红色。单果重 200 ~ 400 g,果实成熟时金黄色,化渣、汁多,香甜可口,因未熟果皮有明显的水晶状果点、果实有蜜香气而得名。果心小,种子无或少,品质极优。

(3)蜜丝甜杨桃

由台湾实生品种选育而得,其果形端正、较纯,果实饱满,单果重 168 g。果肉白黄色,肉质细嫩,纤维少,汁多味甜,风味较佳,适应性好。

（4）东莞甜杨桃

产于广东东莞市，为从马来西亚引进杨桃的实生后代。该品种有小叶 7～9 片，卵形，淡绿色。花序着生于当年生枝的叶腋。单果重 250～350 g，果厚、肉色橙黄色，汁多味甜，化渣、果心小、品质好。

（5）二林种

又称"蜜丝软枝"，为由台湾彰化县二林镇选育出的实生变异种。该品种为奇数羽状复叶，互生，有小叶 11 片，偶有 9 片，无托叶。花为聚伞状圆锥花序。果实成熟时果皮橙黄色，长纺锤形，肉质较细，风味中等。

（6）台农 1 号

为台湾凤山热带园艺试验分析所从二林种实生后代中选育而来。该品种叶片比二林种大 13.7 cm。花器短柱形。果实为长纺锤形，果皮、肉均金黄色，光滑美观，果大肉细、纤维少，品质优良，风味清香。但其皮薄，不耐贮藏。

（7）七根松杨桃

为 100 多年前自新加坡引入。该品种树势较强，有小叶 7～9 片，卵形，深绿色。花序多抽生于当年生枝的叶腋，花小，淡紫红色。单果重 90～120 g，果肉橙黄色，肉厚，汁多味甜，果心小，化渣，品质上等。

（8）新加坡杨桃

是当前杨桃栽培中最为优良的品种之一。单果重 120～150 g，最大果重可达 400 g，果形大，纺锤形。果实成熟时，果皮、果肉均为金黄色，色泽鲜艳，果形美观，种子少，有香蜜味，品质极佳，丰产稳产，品质优，耐贮藏，适应性比其他品种强。

（9）夏威夷杨桃

该品种的叶为奇数羽状复叶，互生，有小叶 7～9 片，卵形或椭圆形。花序为圆锥花序，单花小，近钟形，花瓣 5 个，长倒卵形，淡紫色。果实长圆形，单果重约 126.2 g，果肉橙黄色，肉厚，味清甜，汁多渣少，酸涩味少。

（10）泰国杨桃

原产我国南部。该品种的叶片为奇数羽状复叶，有小叶 5～9 片，浅绿色。花较小，为淡紫色，完全两性花。果实淡黄，色泽透亮，果肉清甜，化渣，果心小，品质佳。

2）**生物学特性**

杨桃树多为奇数羽状复叶，互生，小叶 7～9 片，卵形，自然更新脱落。聚伞状圆锥花序，每花序有数十朵花，花瓣淡紫红色，花小，近钟形，两性完全花，雄蕊 10 枚分生，外轮 5 枚无花药。肉质浆果，椭圆形，通常 5 棱，横切面呈 5 角星状，青绿色至蜡黄色，单果重 50～250 g，最大 350 g，种子 5 枚以上。

（1）根系

杨桃的根系包括主根、侧根和须根 3 种。主根发达，长 1 m 以上。侧根多而粗，有 5～8 条或更多，以表土下 20～30 cm 分布最多。须根多，分布较浅，在表土 2～3 cm 即有分布。一年中可分为开始生长期、旺长期、缓长期和停止生长期。由于吸收根分布较浅，易受表土层土壤温度、湿度加剧变化的影响。

（2）枝梢

杨桃主干粗壮，枝条多横向生长，柔软下垂。杨桃萌枝力强，周年可抽生新梢。一般每年抽梢4～6次。在高温多雨季节，新梢生长没有明显间歇期，即本次新梢生长尚未停止，而顶部侧梢又继续萌发。杨桃成枝力也强，幼树树冠扩展快，定植后18个月可形成2 m以上的树冠，并开始开花结果，因此杨桃具有早结实特性。枝长30～50 cm时即可抽发新梢。杨桃春梢和2年生的下垂枝为主要结果枝，尤其是2～3年生的"马鞭枝"（几次枝梢延伸长而下垂的枝条）结果最好。阴枝、徒长枝修剪后留下的枝桩（1～2 cm）也能开花结果。杨桃主枝（3～6条）横向生长，枝条末端多下垂。杨桃主干和粗大枝条忌日晒。

（3）花果

杨桃为总状花序，每花序有数十朵花，小花为完全两性花，花瓣淡紫红色，花小，近钟形，两性完全花，雄蕊10枚分生，外轮5枚无花药。花序多在当年生和二、三年生枝条叶腋抽生，也有着生于多年生枝、主干上，枝桩也能抽生花序或带叶花枝，这一特点与很多果树不同。自花授粉为主，个别品种需适当配置授粉树。

杨桃有一年多次开花结果的特性，花果重叠，一年开花4次，结果4次，分别为头造果、正造果、二造果、雪敛果。头造果一般为青果，品质较差；正造果产量高、品质好；二造果产量较低，雪敛果品质差，产量低。杨桃果实发育成熟需要60～80 d，生长曲线呈"S"形。有2～3个明显落果高峰：一是谢花后到小果形成初期，由养分不足所致；二是小果形成5～10 d的转蒂期（果实顶端转往下垂），由养分不足及天气不良所致；三是小果形成后20 d至采前，主要由于干旱、风雨等不良天气影响，或因病虫危害。老枝上的果小、味淡，一年生枝上的果品质好，结的果较多。树冠顶部果小质差，树冠周围果大形正，尤其外围下垂枝上的果实，果味甜、品质好，近枝端的果最适宜留作红果。

3）对环境条件的要求

杨桃为热带果树，性喜高温，不耐冷冻。适宜的气候条件为年均温大于等于21 ℃，大于等于10 ℃的年活动积温大于等于7 000 ℃，极端最低温在2 ℃以上，冬季基本无霜。日平均气温15 ℃以上枝梢才开始生长，适宜生长温度为26～28 ℃。低于10 ℃枝梢生长不良，会造成落叶、落果；低于4 ℃嫩梢冷害；低于0 ℃时幼树易被冻死。授粉和坐果最适宜温度为27 ℃以上。

杨桃喜湿润，不耐旱，要求有充足的水分供应，以年降雨量1 700～2 000 mm为宜。久旱不雨，会造成落花、落果、落实，果实生长发育不良，果小质差；在花期遇干旱或干热风，会引起大量落。花、落果和果实发育不良。但杨桃根系不耐积水，若地下水位过高或土壤排水不良，也易引起烂根和树势衰弱，叶片现黄化，虽开花也不能坐果。

杨桃喜半阴环境（光照适中），较耐阴，忌烈日，主干和骨干枝尤怕日晒，花期和幼果期最怕烈日干风。光照过强，加上烈日，易造成枯枝，应适当密植。但过于荫蔽，树冠内部的果又会缺乏适度阳光，品质较差。

杨桃枝多而纤弱，怕风，容易受风害，从而造成落叶、折枝、落果。

杨桃对土壤的适应范围较广，在土层深厚1 m以上、疏松、富含有机质、排水良好（地下水位低于1 m）、pH值5.5～6.5的沙质土壤中生长结果良好。

16.2.2 生产技术

1）育苗

杨桃多采用嫁接育苗，砧木通常采用酸杨桃的种子培育而来的实生苗。酸杨桃种子大，萌发率高，与杨桃亲和力强。种子选自果实大、充分成熟的果实，除去表面胶质，用水浮选法去除不充实种子，阴干贮存或直接播种。选择秋天采果后或者春天播种均可。应精细整地，制作苗床，播种后盖细沙、覆草、淋水保湿，薄肥除草，8～10 cm 高时移于嫁接圃或营养袋中。选择苗高 80 cm、主干直径为 0.5～0.8 cm 时进行嫁接，常用切接，也有用劈接、补片芽接。

2）建园种植

杨桃为热带常绿果树，性喜高温多湿，较耐阴，忌冷，怕旱，怕风。应选在海拔 400 m 以下、生态环境良好、向阳、避风的地方建立果园。有条件的话还应建立防护林。

种植株行距可选用 5 m×6 m、4.5 m×6.5 m、4 m×5 m 等方式。也可种植稍密，待树体长大后间伐。在定植植前 1 个月挖定植穴，种植穴面宽 80～100 cm、底宽 60～70 cm、深 70～80 cm，施足腐熟有机肥做基肥。回土后的穴面应高于地面 20～30 cm。

由于杨桃树干怕晒，在定植时宜用稻草包扎树干，包至树干能被树冠荫蔽处为止。

若自花授粉率低的品种需要种植授粉树，授粉树比例为 8 株主栽品种中间配置 1 株授粉树。

3）土、肥、水管理

幼树可间作，以提高果园土地利用率。间作植物可选择豆科植物、蔬菜以及某些周期短的果树作物如菠萝、番木瓜等。杨桃喜湿，可进行全园盖草或者树盘覆盖保湿。相对来说，杨桃土壤管理较为简便，除草 1～2 次，旱季之前中耕保墒即可。定植后的 2～3 年后，应进行深翻扩穴，促进根系生长。

杨桃一年多次开花结果，对肥料的需求较大。幼龄树应勤施、少施；结果树每次结果时施肥，一般分几次进行，分别为采后肥、壮梢促花肥、壮果肥、壮果促花肥、促花促熟肥、越冬肥。施肥采用穴施或沟施，在树冠滴水处挖穴或挖沟，施肥后覆土。在其他急需营养时期可喷施叶面肥。

杨桃吸收根分布较浅，在干旱高温季节应及时灌溉，用杂草覆盖树盘，保持土壤经常湿润，以利根系的正常生长。同时，杨桃根系不耐水浸，雨季到来前应疏通排水沟，降低地下水位。杨桃需水量大，在春梢萌发前、开花期、果实膨大期应保证水分供应，直至水分保持在地下 30 cm 土层处。

4）整形修剪

（1）幼树整形

一般为自然圆头形树冠。幼树定植后，在离地面 40～60 cm 处剪顶，抽梢后留取 3～5 条分布均匀的主枝，主枝与主干的夹角以 45°～60° 为宜。待主枝 40～50 cm 长时，在每主

枝距离主干 30 ~ 40 cm 处摘心,留 2 ~ 3 个芽,依次培养副主枝。幼树定干后,应多留斜生枝、下垂枝,控制徒长枝和直立枝,培养通风透光的树冠,促进结果。

(2)结果期修剪

每年修剪 3 次,冬季修剪最为重要。一般在采果后进行冬季修剪,主要是剪除多余的大枝、病虫枝、枯枝、交叉枝等;保持树冠高度在 2.5 cm 以内;剪枝时应保留 1 ~ 2 cm 的枝桩,使得枝端结果;使直立枝、徒长枝斜生,促进结果。

5)花果管理

某些品种自花授粉坐果率低,需要配置一定的授粉树。一般在建园时设置授粉树,或者在定植后的第二年在每株需要授粉的树上嫁接授粉品种作为授粉枝。杨桃为总状花序,簇生穗状花穗,因此要适当疏花,一般疏去总花数量的1/2。必要时还要进行疏果。第一次疏果在坐果后 1 周内进行,主要是疏去小果,占总果数目的 1/3;第二次在坐果后 1 个月时进行,主要是疏去病果、畸形果、太密的果,1 个花序保留 1 ~ 3 个果。

套袋能提高杨桃果实质量。套袋宜在幼果纵径为 3 ~ 6 cm 时进行。可选用纸袋、无纺布袋或塑料薄膜袋,但夏季不宜用塑料薄膜袋。套袋前应全园喷一次杀虫杀菌剂,早上无露水后套袋,绑扎在果枝上。

6)病虫害防治

杨桃病虫害较少,主要病害有炭疽病、赤斑病,防治药剂多用0.5% ~ 1.0%的波尔多液喷施;主要虫害有鸟羽蛾、黑点褐卷叶蛾和果实蝇,防治药剂常用90%的美曲膦酯800 倍液喷杀。套袋也可以有效防治果实蝇。

7)采收与加工

杨桃一年结果 4 次。远地销售或加工蜜饯时,宜采收头造果的青果,此时果实未充分成熟,可在果色淡绿略透黄时采收。就地销售或加工果汁时,宜采收红果,此时果实充分成熟、果色转为红黄蜡色、风味最佳。采收时应轻采、轻放、轻运,避免机械损伤、暴晒。采收宜选晴天或阴天,不应在雨天或中午烈日时进行。采收后,应尽快在当天内进行果品的分级、保鲜、包装与贮运工作。采收完毕后及时清园,为来年生产作准备。

任务 16.3 枇 杷

活动情景 选择交通便利、土层深厚、有机质丰富、灌排条件良好的枇杷园作为学习地点。本任务要求学习枇杷的生产概况和生产技术。

工作任务单设计

工作任务名称	任务 16.3 枇 杷		建议教学时数			
任务要求	1.熟悉枇杷生产概况 2.熟练掌握枇杷生产技术					
工作内容	1.了解枇杷生产概况 2.学习枇杷生产技术					
工作方法	以老师课堂讲授和学生自学相结合的方式完成相关理论知识学习;以田间项目教学法和任务驱动法,使学生掌握枇杷相关生产技术					
工作条件	多媒体设备、资料室、互联网、试验地、相关劳动工具等					
工作步骤	资讯:教师由活动情景引入任务内容,进行相关知识点的讲解,并下达工作任务 计划:学生在熟悉相关知识点的基础上,查阅资料、收集信息,进行工作任务构思,师生针对工作任务有关问题及解决方法进行答疑、交流,明确思路 决策:学生在教师讲解和收集信息的基础上,划分工作小组,制订任务实施计划,并准备完成任务所需的工具与材料 实施:学生在教师指导下,按照计划分步实施,进行知识和技能训练 检查:为保证工作任务保质保量地完成,在任务的实施过程中要进行学生自查、学生互查、教师检查 评估:学生自评、互评,教师点评					
工作成果	完成工作任务、作业、报告					
考核要素	课堂表现					
	学习态度					
	知识	1.枇杷生产概况 2.枇杷生产技术				
	能力	熟练掌握枇杷生产技术				
	综合素质	独立思考,团结协作,创新吃苦,严谨操作				
工作评价环节	自我评价	本人签名:		年	月	日
	小组评价	组长签名:		年	月	日
	教师评价	教师签名:		年	月	日

 任务相关知识点

枇杷为蔷薇科(Rosaceae)、枇杷属(*Eriobotrya*)植物,原产我国,栽培历史 2 000 年以上。在我国,枇杷主要分布在长江以南地区,其中以浙江余杭的塘栖、台州,福建莆田、云霄,江苏吴县的洞庭山,安徽歙县最为集中。枇杷营养价值高,除了鲜食外,还具有药用价值。此外,因其枝繁叶茂、四季常青、秋冬开花、香浓蜜多,还可作为绿化和蜜源植物。

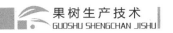

16.3.1 生产概况

1)种类与品种

枇杷是蔷薇科枇杷属植物。枇杷属植物约 20 种,中国原产 18 种,主要包括普通枇杷(*Eriobotrya japonica* Lindl.)、栎叶枇杷(*E. prinoides* Rehd & Wils)、台湾枇杷(*E. deflexa* Nakai)、大花枇杷(*E. cavaleriei* Rehd)、南亚枇杷(*E. bengalensis* Hook. f.)、西藏枇杷(*E. elliptica* Lindl)、香花枇杷(*E. fragrans* Champ)、窄叶枇杷(*E. henryi* Champ)、胡克尔枇杷(*E. hookeriana* Decne)、麻栗坡枇杷(*E. malipoensis* Kuan)、倒卵叶枇杷(*E. obovata* W. W. Smith)、怒江枇杷(*E. salwinensis* Hand-Mazz)、小叶枇杷(*E. seguinii* Card & Guillaumin)、齿叶枇杷(*E. serrate* Vidal)、腾越枇杷(*E. tengyuenesis* W. W. Smith)等。目前生产上的品种均来自普通枇杷。

我国枇杷品种约有 350 余个。根据果肉颜色,可将其分为两个品种群:白肉(白砂)品种群和黄肉(红肉、红砂)品种群。二者的主要区别在于白肉品种的果肉为白色至淡黄色,皮薄易剥,肉质细嫩,味甜而爽口,适于鲜食,不耐贮运;黄肉品种的果肉为黄色、橙黄色或橙红色、肉质较粗。

(1)白肉品种群

①软条白沙。主产浙江余杭,为我国著名的枇杷良种。该品种树势中庸,叶片长椭圆形或倒披针形,果实卵圆形、扁圆形或圆形,果皮淡橙黄色,多锈斑,果肉乳白色,肉质细嫩,易化渣,汁多,味甜,风味极佳。但花和幼果易受冻害,因抗性较差,产量也不稳定。

②白梨。又名"舜白",主产福建莆田。树势中等,叶片长椭圆形至披针形,果实圆形,果面淡黄色,果皮易剥,果肉乳白色,汁多,味清香且甜,种子 4.1 粒。本品种较丰产,品质极佳,抗性强,不耐贮运。

③照种。主产江苏吴县,是一个较为古老的品种。树势较强,叶片长椭圆形,果实圆形或椭圆形,果面淡橙黄色,果皮薄韧易剥,种子较小。丰产,抗寒。该品种在长期的无性繁殖过程中产生了 3 个变异品种:短柄照种、长柄照种和鹰爪照种。

(2)黄肉品种群

①浙江大红袍。为余杭主产品种,已经引种至全国各地。树势较弱,叶片长椭圆形或长卵形,果实圆形或扁圆形,果皮浓橙红色,果肉较粗,果皮厚韧易剥,种子 2.3 粒。丰产、稳产,鲜食和加工均宜,贮运性好。该品种有尖头大红袍和大叶大红袍品系,还有少核大红袍。

②田中。由日本田中芳男选育的大粒种实生变异,在台湾地区栽培较多。该品种是世界上引种最广泛的品种。树势旺盛,叶片椭圆形或卵圆形,果实倒卵形,果皮橙黄色,果肉橙色,厚实,肉质柔软,果皮易剥,种子 5 粒,丰产、稳产。

③早钟 6 号。为目前广泛推广的杂交品种,父本为早熟良种森尾早生,母本为解放钟。树势旺盛,果实倒卵形至洋梨形,果皮橙红色,易剥离,果肉橙红色,肉质细,化渣,味甜,以早熟、优质、大果、丰产著称。

④大五星。系实生变异。是目前国内果实最大的枇杷品种。因其脐部为五角星形,果实较大,故称为大五星枇杷。该品种树势平庸,果实圆形或卵圆形,果皮金黄色,果肉细嫩,果肉黄色,丰产性好,品质极佳。

⑤解放钟。主产福建莆田,为大钟实生变异,因果形似大钟,且母树于1949年初次结果得名。曾于1954年在国际农业博览会上获金奖,有"枇杷王"的美誉。该品种树势强,叶片长椭圆形,果实长卵形或梨形,果皮橙红色,易剥离、中等厚、耐贮运。

2)**生物学特性**

枇杷为浅根系果树,主根仅分布在1 m左右的土层内。80%的吸收根分布在10～50 cm的土层中。水平根的分布比树冠略大。因此根系生长与土壤温度密切相关。土温大于5 ℃时,根系才开始生长,超过20 ℃以上生长速度减慢,30 ℃即停止生长。根系与地上部交替生长,比地上部早半个月。

枇杷一年多次抽梢,为春梢、夏梢、秋梢和冬梢。春梢多为上一年的营养枝顶芽萌发而来。春梢生长充实,在抽发夏梢时可作为结果母枝,是枇杷主要的结果母枝,故称为"短结果母枝"或"中心枝"。夏梢为采果后的结果枝抽生而来,其抽生整齐、数量多,也可作为结果母枝,成为"长结果母枝"或"侧生枝",但枝条不如春梢粗,叶片也较春梢小。秋梢为夏梢抽生而来,可做结果枝即营养枝。在气候温暖的地区才会抽生冬梢,生长较弱。

枇杷的花芽分化在结果母枝的顶芽发生,形态分化是在芽内的生长点进行的,小花的分化是在花穗抽生和生长过程中进行的。枇杷的花为顶生圆锥状聚伞花序,长10～20 cm,主轴上有5～10个侧轴,有的侧轴上还有3级小分轴,由30～260朵小花组成。子房下位,5个心室,每个心室内有2个胚珠。最早是花穗总轴顶部的单花先开,其次是花穗中部支轴的花,最后才是花穗基部的花。

多数枇杷为自花结实,果实由子房下位花发育而来,为假果。花托形成果肉,花萼形成萼筒,子房壁形成种子外面的内膜,果皮则由单层细胞构成。部分胚珠败育,通常只有1～5个胚珠发育成种子。枇杷果实为呼吸跃变型果实,果实成熟时出现乙烯含量和呼吸高峰,果实由黄绿转为黄色,最后转变为橙黄、橙红或乳白色。

3)**对环境条件的要求**

枇杷为亚热带果树,喜温怕寒,一般在年均温15 ℃左右,1月份平均气温6 ℃以上,冬季最低气温大于-5 ℃、大于10 ℃的年积温5 000～6 000 ℃的地区生长。但土温超过30 ℃以上,会伤害根系。果实成熟期,如遇高温,常引起日灼病。判断能否种植枇杷的主要因素是冬季和早春的低温,因为冬季开花和早春结果时低温易受冻害。

枇杷生长需要水分较多,在年降水量1 200～1 500 mm的地区生长良好。虽然枇杷需要水分较多,但因根系较浅,不耐积水,故果实生长期遇雨容易裂果。

枇杷对光照的要求不严格,一天有3 h直射光即可。在果实生长后期有充足阳光着色则更好。光照太强,容易发生日灼。

枇杷根浅,树冠大,怕风。大风时容易折断树体,因此有条件时要配置防护林。

枇杷对土壤要求不严,一般选择在土层深厚、土质疏松、透气性良好、不易积水且地下

水位低于 1.0 m 以下、排水良好的壤土、沙壤土或砾质壤土为宜;土壤 pH 值在 5.5~6.5;有机质含量在 2% 以上。

16.3.2　生产技术

1) 育苗

枇杷可用实生、嫁接和压条等方法繁殖。实生繁殖简单,植株生长健壮,但不能保持母本的特性。因此,实生繁殖多是用来繁殖砧木,目前生产上多是采用嫁接繁殖。

枇杷嫁接繁殖的砧木多是采用本砧,也有用台湾枇杷、榲桲、石楠、苹果、梨等。砧木苗的种子应选择生长健壮、果大的母株结出的种子。果实充分成熟时的种子播种较好,出苗率高。播种地以沙质土壤为宜,播后将种子压入土壤中,并覆盖稻草。幼苗时应遮阴,苗高 50~60 cm,茎粗 1 cm 时即可嫁接。枇杷的嫁接方法有留叶切接法、小苗剪顶劈接法等多种方法。留叶切接在冬季进行,在砧木基部 1~3 叶片上方剪干切接,接穗具单芽或双芽,长 3~5 cm。接后用薄膜条包扎。小苗剪顶劈接法育苗速度快,宜在春季春梢萌动时进行,将尚未发育充实的春梢剪去 1/2~2/3,剪口粗度 1 cm 以上,用含有单芽或双芽的接穗进行劈接。一般接后 10 d 就可发芽。

2) 建园和定植

枇杷宜在坡度不超过 25° 的山地、丘陵地或者平地建园,同时应能避风、避免积水和冻害。园地的土层至少要 60 cm 深。株行距一般为 3.0~4.0 m×4.0~5.0 m,定植穴的大小约为 1 m×1 m×1 m。定植时间在春、秋季均可,春季在春梢萌发前进行,秋季在秋梢老熟后进行。定植的嫁接苗应为生长健壮、根系发达、接穗在 30 cm 以上的苗木。定植前应剪去伤根和伤叶,保留 2/3 左右的叶片。在穴内定植回土后要使根颈比地面高 2~3 cm。定植后应浇透水,并用草覆盖树盘。

3) 土、肥、水管理

枇杷根系较浅,应通过扩穴促进根系生长。定植当年对定植穴周围挖土,在夏季和冬季施重肥和绿肥。幼树在定植穴周围进行,结果树在树冠滴水线附近进行。每年中耕 1~2 次,在夏季和冬季扩穴时一起进行。在树体封行前,枇杷也可间作豆类植物,封行后将这些豆科植物翻入土壤,或割倒覆盖。

除了定植时要施基肥外,在枇杷树生长过程也可施肥 2~3 次。幼树在抽梢前或展叶后施有机肥,促进营养生长。结果树采果后、开花前、春梢前和幼果速长期应进行施肥,施肥量的分配为 50∶15∶25∶10,并提高磷肥和钾肥的比例。

枇杷在幼果发育期、花穗形成期对水分需要量较多,应在此时期及时灌溉。

4) 整形修剪

枇杷树冠生长较有规律,一般能形成整齐的圆锥形,结果后逐渐成为圆头形或半圆头形。但如不进行整形,往往结果部位局限在外围,花果易遭冻害和日灼。

幼树以整形为主,目前多是采用自然开心形和双层圆头形。自然开心形的树形无中心主干,干高 40~60 cm,主枝 3~4 个,每个主枝配 3~4 个副主枝;双层圆头形的树形为双层,每层间距 50~80 cm,主干高度为 40~60 cm,主枝 3~4 个,每个主枝配 3~4 个副主枝。

结果树主要是在春季萌芽前和夏季花芽分化后至已见少数花序抽出时进行整形。春季整形的目的主要是促梢,夏剪的主要目的是促花。整形修剪最终使得树冠通透、枝干不交叉,结果部位均匀。

5)花果管理

在花穗过多时,为了丰产和稳产,要进行疏花、疏果。疏花穗应在花穗支轴分离时进行,疏去 2/3 左右的花穗,每株留花穗 100~200 个,保持叶果比 20:1。疏花蕾应在花穗穗轴末端没有张开时进行,保留中部下垂的支轴 4~6 个,去掉基部和顶部的花穗支轴 1~2 个。发生冻害的地方不应疏花蕾,应在冻害后疏果,从而保证结果量。疏果在坐果稳定后进行,每个果穗保留 2~5 粒果实。在疏果完成后,对果实进行套袋,可以提高果实品质。

6)病虫害防治

枇杷的主要病虫害有叶斑病类、炭疽病、轮纹病和枇杷瘤蛾、梨小食心虫等。在新梢叶片长到一半时,喷施 70% 甲基硫菌灵(甲基托布津)可湿性粉剂 800~1 000 倍液或 75% 百菌清可湿性粉剂 500~800 倍液,0.5%~0.6% 等量式波尔多液防治叶斑病类;在果实着色前一个月喷施 0.5%~0.6% 等量式波尔多液,或 70% 甲基硫菌灵(甲基托布津)可湿性粉剂 800~1 000 倍液,或 50% 多菌灵可湿性粉剂 500~800 倍液防治炭疽病。在夏、秋梢展叶期喷施 20% 丙环唑(敌力脱)乳油 3 000 倍液,或 80% 代森锰锌可湿性粉剂 800 倍液防治轮纹病。防治枇杷瘤蛾应喷施 2.5% 鱼藤精 500 倍液或晶体美曲膦酯 1 000 倍液;防治梨小食心虫应喷施 90% 美曲膦酯 1 000~1 500 倍液、或 10% 氟虫脲(卡死克)乳油 1 000 倍液、或 1.8% 齐满素乳油 2 000 倍液。

同时应做好采果后清园工作、剪除病(虫)叶、病(虫)梢和病(虫)果,对果实套袋。

7)采收、贮藏

鲜食枇杷宜完熟采收,此时果肉组织软化,糖酸比最佳,但采收期较短。如外销、贮藏,果实八九成熟即可采收。枇杷果肉柔软多汁,易碰伤,采收应小心碰伤,果柄保留 15 mm 即可。套袋果实可连袋采下,方便包装和运输。

枇杷常温下可贮藏 10 d;在 4~5 ℃下,可放 4 周至两个月;低温(3 ℃)、气调(2%~3% 氧气)的冷库中可放 40 d。

任务 16.4　番石榴

活动情景　选择交通便利、土层深厚、有机质丰富、灌排条件良好的番石榴园作为学习地点。本任务要求学习番石榴的生产概况和生产技术。

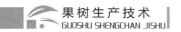
 工作任务单设计

工作任务名称	任务 16.4　番石榴		建议教学时数		
任务要求	1.熟悉番石榴生产概况 2.熟练掌握番石榴生产技术				
工作内容	1.了解番石榴生产概况 2.学习番石榴生产技术				
工作方法	以老师课堂讲授和学生自学相结合的方式完成相关理论知识学习;以田间项目教学法和任务驱动法,使学生掌握番石榴相关生产技术				
工作条件	多媒体设备、资料室、互联网、试验地、相关劳动工具等				
工作步骤	资讯:教师由活动情景引入任务内容,进行相关知识点的讲解,并下达工作任务 计划:学生在熟悉相关知识点的基础上,查阅资料、收集信息,进行工作任务构思,师生针对工作任务有关问题及解决方法进行答疑、交流,明确思路 决策:学生在教师讲解和收集信息的基础上,划分工作小组,制订任务实施计划,并准备完成任务所需的工具与材料 实施:学生在教师指导下,按照计划分步实施,进行知识和技能训练 检查:为保证工作任务保质保量地完成,在任务的实施过程中要进行学生自查、学生互查、教师检查 评估:学生自评、互评,教师点评				
工作成果	完成工作任务、作业、报告				
考核要素	课堂表现				
	学习态度				
	知识	1.番石榴生产概况 2.番石榴生产技术			
	能力	熟练掌握番石榴生产技术			
	综合素质	独立思考,团结协作,创新吃苦,严谨操作			
工作评价环节	自我评价	本人签名:	年	月	日
	小组评价	组长签名:	年	月	日
	教师评价	教师签名:	年	月	日

 任务相关知识点

　　番石榴为桃金娘科(Myrtaceae)、番石榴属(*Psidium*)热带果树,又称"翻桃子""番桃""鸡矢果"。番石榴原产南美洲的墨西哥、秘鲁、巴西等地,在我国福建、台湾、广东、广西、海南、云南、四川等地均有栽培。番石榴果实营养丰富,不仅可做鲜食,还可加工成果汁、果酱等产品。此外,番石榴树的材质结实、纹理细腻,可以用作雕刻材料。番石榴在一定的气候范围内,对土壤要求不严,栽培管理相对容易。

16.4.1　生产概况

1）种类和品种

番石榴属植物约有 150 多个品种,做果实食用的有 5 个种:普通番石榴(*Psidium guajava* L.)、草莓番石榴(*P. cattleianum* Sabine)、巴西番石榴(*P. araka* Swartz.)、哥斯达黎加番石榴(*P. friedrichalianum* [Berg] Niedz)和柔毛番石榴(*P. molle* Bertol.)。其中,普通番石榴分布最为广泛,栽培最多。目前,生产上栽培较多的有以下几个品种。

(1)大果番石榴

又称"泰国番石榴",其特点为早生、果大。叶片长椭圆形,单果重平均 300 g,最大的可达 1 000 g 左右。果实圆形或长椭圆形,果皮成熟时淡黄绿色,果肉厚,白色、质脆、味甜,耐贮运。

(2)珍珠番石榴

树形较为疏散。花为完全花,白色,花瓣 4~8 个,雌蕊 1 枚,雄蕊多枚,子房下位。果实卵圆形或椭圆形,果肉脆,种子少且软,风味佳,品质佳。

(3)水晶番石榴

为大果番石榴的无籽变异。树姿较为开张,叶片对生,长椭圆形或扁圆形,花为完全花、白色,花瓣 4~8 个,雌蕊 1 枚,雄蕊多枚,子房下位。果实圆形,成熟时黄绿色,果心小,无种子或少种子,果肉香味浓郁,脆甜爽口。

2）生物学特性

番石榴为常绿小乔木或灌木,树高 5~12 m,主干不明显。

番石榴的根系发达,根系密而多,但分布较浅,主要在 50 cm 以内的表土。组织坚韧,耐湿、耐旱、耐盐,吸肥、吸水力强。

番石榴一年四季都可抽生新梢,成枝力较强,芽具有早熟性。一般每年抽梢 3~4 次。叶片为单叶对生,叶背有绒毛。

番石榴的花单生或 2~3 朵聚生在叶腋,完全花,雄蕊多数,雌蕊 1 枚。每年开花至少 2 次,花多从结果枝基部 3~4 对叶腋间抽出。第一次为正造花,第二次为翻花。花期 15 d 左右。结果枝抽生 2 次,主要着生在 2~3 年生枝条上。结果有 2 次,自花授粉结果,一般正造果多,翻花果少。正造果的成熟期较短,为 80~110 d,翻花果的成熟期较长,为 120~140 d。

3）对环境条件的要求

番石榴原产热带,生长环境对温度的要求较高,忌寒。番石榴生长的最低月平均温度要求在 15 ℃ 以上。温度太低,热量不足会生长不良,甚至枯死。最适宜的生长温度为 23~28 ℃。

番石榴耐旱、耐湿。最适降雨量为 1 000~2 000 mm。在果实生长发育期对水分要求较多。

番石榴耐阴,即可密植;也可间作至其他作物行间。光照充足时果实品质优良、病虫

害少。

番石榴根系浅,怕风,地下水位宜在 80 cm 以下种植,才能使根深入,增强抗风力。

番石榴对土壤要求不严,以土层深厚、肥沃疏松、排水性良好的沙质土、黏性土、壤土为宜,土壤 pH 值在 5.5~6.5 为佳。

16.4.2　生产技术

1)育苗

番石榴的繁殖方法有实生、扦插(枝插)、空中压条(圈枝)、嫁接等。实生繁殖主要是繁殖砧木,故嫁接和压条法最为常用。

(1)实生法

种子应采优良母株的充分成熟果实,随采随播。因种子外壳坚硬,播前应浸种,待种胚外露时再播种,可促进发芽。番石榴播种较为简单,苗高 40 cm 时即可嫁接或移栽。

(2)圈枝

一般选取直径 1.2~1.5 cm 的 2~3 年生枝条,在距枝端约 40~60 cm 处,环剥宽约 2.0 cm 的树皮,然后用渗有禾秆、苔藓或椰糠的泥条包裹,经 50~60 d 新根外露,即可截离母株。之后可先假植或者直接定植在苗圃。圈枝的技术简单,但植株根系较浅。

(3)嫁接

嫁接的砧木多为共砧。砧木苗的直径为 1 cm 左右即可嫁接。嫁接方法有芽接、枝接或靠接。其中以芽接成活率较高。接穗以刚脱皮的枝条为宜,嫁接时间以春季为宜。

2)建园定植

番石榴只要在适宜的气候区域内种植即可,对土壤的要求不高,因此建园比较容易。定植时间全年均可,以春季和夏季为佳,此时温度高,雨水多,光照少,易成活。定植的株行距一般为 4 m×6 m 或 5 m×5 m。在定植前 3 个月内挖好定植穴,穴深 1 m,并施入有机肥做基肥。如有条件,可配置防风林。

3)土、肥、水管理

番石榴的土壤管理较为简便,目前多为自然生长状态。

由于番石榴具有结果期早、结果次数多、结果多的特点,因此,需要较多的氮、磷、钾肥,尤其是大果形品种需肥更多。一般每年施肥 2~3 次即可。生产初期主要是氮肥促进营养生长;结果期以复合肥,侧重磷肥和钾肥,促进结果,应结合叶面肥同时施用。可采用穴施、沟施或撒施的方式,少量多次为宜。

番石榴一四季结果,对水分要求多。特别是在旱季,充足水分是结果的保证。雨季则要防止积水,以免落花、落果。

4)整形与修剪

(1)整形

当苗高至 50~60 cm 剪顶,并保留 6~8 个主枝,角度以 45°左右或接近水平为宜。主枝 30～40 cm 时摘顶促发新梢,逐渐形成几级分枝。从第二级分枝开始可逐步培养结果枝。

（2）修剪

一般在夏天或冬天进行。夏季修剪徒长枝、交叉枝或过密枝,促进树冠扩大。冬季修剪枯枝、弱枝、病枝,提高树冠的通透性。

5）花果管理

番石榴一个枝条会有 2～3 个节抽生花蕾,每个节有花芽 1～2 个,每个花芽结果 1 个,因此必要时应疏花、疏果。疏花时一般保留单生花,双生花则去掉小花,三生花保留中间的花。每个枝条以 1～2 个果为宜。此外,在疏果后对果实进行套袋,能减轻病虫害,降低农药残留、提高果实品质。

6）病虫害防治技术

番石榴的主要病害有炭疽病、枝枯病和藻斑病。防治炭疽病,可喷施用 70% 甲基托布津 800～1 000 倍液,1∶1∶100 的波尔多液,或施保功 1 000 倍液。防治枝枯病,可喷施用多硫悬浮剂 600 倍液,或氧氯化铜悬浮剂加百菌清 1 000 倍液。防治藻斑病,可喷施用氧氯化铜悬浮剂 600 倍液。

番石榴的主要虫害为介壳虫、蚜虫、橘小实蝇和根结线虫。防治介壳虫,可喷施蚧杀特 2 000 倍液或用蚧杀特 2 000 倍液加吡虫啉 1 500 倍液。防治蚜虫,可喷施吡虫啉 2 000 倍液。防治橘小实蝇,可喷施 800～1 000 倍 95% 的美曲膦酯。防治根结线虫,可喷施辛硫磷 800 倍液和阿维菌素 2 000 倍液。

最重要是做好果园清洁工作,以预防为主,综合防治。

7）采收与贮藏

番石榴的果期较长。正造果品质好,产量较高,翻花果品质较差,产量也较少。鲜食应采收完全成熟的果实。成熟的果实表面为淡绿微黄,有光泽,肉质松脆。远销应在果实九成熟时采收。采收最好在早晨进行,此时温度较低,易于存放。

番石榴不耐贮藏。若为套袋果,可带袋采摘,以免损伤。一般来说,大果番石榴贮藏时间较长,可达 8～10 d。

任务 16.5　毛叶枣

活动情景　选择交通便利、土层深厚、有机质丰富、灌排条件良好的毛叶枣园作为学习地点。本任务要求学习毛叶枣的生产概况和生产技术。

 工作任务单设计

工作任务	任务 16.5　毛叶枣		建议教学时数	
任务要求	1. 熟悉毛叶枣生产概况 2. 熟练掌握毛叶枣生产技术			
工作内容	1. 了解毛叶枣生产概况 2. 学习毛叶枣生产技术			
工作方法	以老师课堂讲授和学生自学相结合的方式完成相关理论知识学习;以田间项目教学法和任务驱动法,使学生掌握毛叶枣相关生产技术			
工作条件	多媒体设备、资料室、互联网、试验地、相关劳动工具等			
工作步骤	资讯:教师由活动情景引入任务内容,进行相关知识点的讲解,并下达工作任务 计划:学生在熟悉相关知识点的基础上,查阅资料、收集信息,进行工作任务构思,师生针对工作任务有关问题及解决方法进行答疑、交流,明确思路 决策:学生在教师讲解和收集信息的基础上,划分工作小组,制订任务实施计划,并准备完成任务所需的工具与材料 实施:学生在教师指导下,按照计划分步实施,进行知识和技能训练 检查:为保证工作任务保质保量地完成,在任务的实施过程中要进行学生自查、学生互查、教师检查 评估:学生自评、互评,教师点评			
工作成果	完成工作任务、作业、报告			
考核要素	课堂表现			
	学习态度			
	知识	1. 毛叶枣生产概况 2. 毛叶枣生产技术		
	能力	熟练掌握毛叶枣生产技术		
	综合素质	独立思考,团结协作,创新吃苦,严谨操作		
工作评价环节	自我评价	本人签名:	年　　月　　日	
	小组评价	组长签名:	年　　月　　日	
	教师评价	教师签名:	年　　月　　日	

 任务相关知识点

　　毛叶枣(*Zizyphus mauritiana* Lam.)为鼠李科(Rhamnaceae)、枣属(*Zizyphus* Mill.)果树,因叶背有茸毛而得名。因其产于印度等热带地区,故又称为"印度枣";又因其果形似苹果且营养丰富,而有"热带小苹果"的美誉。我国台湾地区自印度引入毛叶枣以来,已经选育出一批优良品种,通常叫"台湾青枣"或"台湾甜枣"。毛叶枣果实营养丰富,清脆香甜,既能鲜食,又宜加工,可制成果脯、蜜饯、果酱、果冻等,受到消费者的喜爱。另外,毛叶枣当年种植、当年结果,成熟时间正值春季水果淡季,可调节市场供应。在我国,毛叶枣主要产区分布在云南、海南、台湾、福建、广东、广西等地;北方也有引种,进行设施栽培。

16.5.1　生产概况

1)种类和品种

毛叶枣按产地分为印度品种群、缅甸品种群和台湾地区品种群。印度品种群和缅甸品种群的果实较小,外形较差,市场反映不佳。目前生产上多为台湾地区品种群。主要品种列举如下。

(1)高朗1号

此品种为在台湾高朗乡选育的优质品种,最初接穗价格高达50元新台币,故又名"五十种"。该品种生长势旺盛,叶片长椭圆形;花序腋生,有20~30朵小花;果长椭圆形,大型,果皮光滑黄绿色,味清甜,多汁,无酸味。耐贮运,鲜食品质佳,抗白粉病,是目前最受欢迎的品种。

(2)脆蜜

选自高朗1号,又称"高朗特1号"。果实大,长卵圆形,风味好,为优良早熟品种。

毛叶枣极易产生芽变和自然杂交,且嫁接换冠容易,所以品种更新换代快。此外,还有黄冠、肉龙、特龙、阿莲圆等品种,也表现良好。

2)生物学特性

毛叶枣为多年生常绿灌木或落叶小乔木,具有热带亚热带旱生植物树种的典型特征,即枝具短勾刺。

毛叶枣的根系发达,侧根多,入土深,第一年根系可深达1 m。实生苗根系与其他果树不同,具有两个明显层次:第一层次的骨干根呈水平分布状,侧根围绕着骨干根向各个方向生长;第二层次的骨干根呈垂直分布状,斜向下生长,且垂直根比水平根强壮。

毛叶枣具有全年连续生长习性,无明显的休眠期。1~2年生幼树每年抽梢3~4次,成龄树每年抽梢2~3次,夏秋每次梢伸长量为25~55 cm,冬春每次梢伸长量为10~33 cm。温度适宜时,枝梢的顶芽即向前生长,并随之萌生侧枝,萌芽力强。枝具有斜生或钩状的短刺。

叶片为单叶互生,叶柄短,自叶基有3条叶脉,叶面浓绿色,叶背密生白色茸毛。

花芽在一年生或当年生枝条上,分化较快,能连续分化,且持续时间长,定植后70 d即能开花结果。一年能多次开花。花为聚伞花序,丛生于结果枝的叶腋间,两性花,虫媒花。

果实有球形、椭圆形或橄榄形,果实颜色呈绿色、淡绿色或金黄色,果肉黄绿色。果为核果,通常有1~3粒种子。春花的果较为盛产,结果多。果实发育期为110 d左右。

3)对环境条件的要求

毛叶枣性喜干热气候,既能耐高温,又能耐低温,但不耐霜冻。适宜种植的地区为海拔1 200 m以下,年平均温度≥18 ℃、极端最低温≥3 ℃、≥10 ℃的活动积温达6 500 ℃以上,基本无霜冻的热带亚热带地区。但以年均温≥19 ℃,基本无霜冻为最佳。最适生长温

度为 25 ~ 32 ℃。

毛叶枣极耐旱。年雨量≥500 mm，相对湿度≥50%，都能正常开花结果，但最适宜区降雨量应在 1 200 mm 以下。

毛叶枣喜光。光照充足时生长快、花量大、着果率高。理想的光照条件为日照时数 2 400 h 以上。

毛叶枣对土壤要求不高，可在微碱性至酸性壤土、沙土、黏土甚至砾质土上生长。以土层厚、肥沃疏松、pH 值为 6.0 ~ 6.5 的壤土为好。

16.5.2　生产技术

1）育苗

毛叶枣的苗木繁殖方法有嫁接、扦插、压条等，但生产上多以嫁接繁殖。砧木采用毛叶枣野生种，如越南毛叶枣。种子应采自充分成熟的果实。因种子具有短暂休眠的特性，故采集的种子应洗净、晾干后，先贮藏一段时间再播种。播种前应敲破种壳或者用赤霉素浸种，待长出 5 ~ 6 片真叶时移植。苗高 30 ~ 45 cm、茎粗 0.4 ~ 0.5 cm 即可嫁接。接穗选自无病虫害、生长充实的枝条，随采随接。嫁接时的温度以 20 ℃ 以上为宜。

2）建园定植

毛叶枣对土壤适应性广，因此建立果园相对容易。建园应首先选择光照充足、排灌方便、交通便利、避风向阳、土层厚度超过 100 cm、有机质含量 1% 以上的地方。

毛叶枣全年定植均可，但在雨季进行为佳。定植的株行距一般为 5 m×5 m 左右。初期可适当密植，封行时间再伐。因毛叶枣属于异花授粉植物，故授粉树的合理配置对结果影响很大。授粉树与主栽品种的比例一般为 1∶6 ~ 1∶8；又因毛叶枣的花为虫媒花，故两者之间距离不超过 50 m。另外，毛叶枣开花具有两种类型：上午开花型，雄花上午开，雌花下午开；下午开花型，雄花下午开，雌花上午开。这也是配置授粉树应该注意的地方。定植后浇透定根水，覆盖上稻草或薄膜保湿，直至成活。

3）土、水、肥管理

毛叶枣的土壤管理主要是间种和覆盖。毛叶枣结果早，一般不间种多年生作物。在重剪后至结果前，可间作矮生作物。间作最好采用豆科等作物，既能作为绿肥，又可以果园覆盖。

毛叶枣全年生长，对肥料的需求较多。重施基肥，一般在采果后，扩穴施有机肥做基肥。若植株树势较弱，可酌情增施氮肥。另外，在生长期、开花期和果实发育期等重要时期要追肥。生长期以氮肥为主，开花期和结果期以复合肥为主。

新定植的植株成活后，每隔 15 d 施一次 1% ~ 2% 的尿素液或腐熟稀薄人粪尿，连施 3 次。以后每隔 30 d 左右每株每次施 75 ~ 100 g 复合肥。幼果期每株每次可增加 20 ~ 25 g 尿素，果实膨大盛期每株增施 1 kg 腐熟花生饼或 25 kg 人粪尿，以提高产量和品质。

毛叶枣 2 年生以上的成龄树在 6—7 月份盛花期前施催花肥，株施复合肥 0.3 kg 加尿素 0.1 kg；9—10 月幼果期施保果肥，株施复合肥 0.7 kg，以利果肉细胞增殖；11—12 月份果实膨大期施壮果肥,此次以钾肥为主,促进果实膨大。

毛叶枣较为耐旱,但在萌芽及新梢生长期、幼果膨大期和果实第二次膨大期对水分要求较多。其他时期,特别是在开花前一个月及幼果期应保持土壤干燥。采收期忌大量灌水,在多雨及台风季节要做好果园排水防涝工作。

4)树体管理

在生产上,毛叶枣的树形以自然开心形较为广泛。一般干高 30~40 cm,有 3 大主枝。

毛叶枣有当年结果特性,在果实采收后应对主枝回缩修剪。结果树修剪应于采果后进行,以轻短剪为主,适当疏剪以利通风透光。幼树可少剪或不剪。

5)花果管理

毛叶枣花量大。一般 1 个花序能结 5 个果,会自然疏果 2~3 个。人工疏果一般分 2~3 次进行:第一次在生理落果停止后、果实纵径 1 cm 左右时进行,每个花序留 2 个果;第二次在果实纵径达到 3 cm 左右时进行,做到 1 个花序 1 个果或者 2 个叶片 1 个果。第二次疏果后应全园喷药、套袋,可保证果实品质。

6)病虫害防治

毛叶枣的主要病害是白粉病;主要虫害是红蜘蛛。

防治白粉病可喷施 70% 甲基托布津 1 000 倍稀释液,或 25% 多菌灵 500 倍稀释液,或 60% 代森锰锌 400~600 倍稀释液,或 40% 灭病威 500 倍稀释液。

防治红蜘蛛可喷施 20% 三氯杀螨砜可湿性粉剂 600~800 倍稀释液,或 20% 杀螨酯可湿性粉剂 600~800 倍稀释液等。另外,也可采用食螨瓢虫和捕食螨进行生物防治。

7)采收与贮藏

毛叶枣在果皮退绿、呈现黄绿色至金黄色时即可采收。采收宜在温度较低的晴天时进行,便于贮藏。采收时应保留果柄,能保证果实重量。

成熟果实采收后,可置于 5~10 ℃贮藏。

<h1 style="text-align:center">任务 16.6 柿 子</h1>

活动情景 选择交通便利、土层深厚、有机质丰富、灌排条件良好的柿子园作为学习地点。本任务要求学习柿子的生产概况和生产技术。

 工作任务单设计

工作任务名称	任务 16.6 柿 子	建议教学时数	
任务要求	1.熟悉柿子生产概况 2.熟练掌握柿子生产技术		

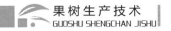

续表

工作任务名称	任务 16.6　柿　子		建议教学时数	
工作内容	1.了解柿子生产概况 2.学习柿子生产技术			
工作方法	以老师课堂讲授和学生自学相结合的方式完成相关理论知识学习;以田间项目教学法和任务驱动法,使学生掌握柿子相关生产技术			
工作条件	多媒体设备、资料室、互联网、试验地、相关劳动工具等			
工作步骤	资讯:教师由活动情景引入任务内容,进行相关知识点的讲解,并下达工作任务 计划:学生在熟悉相关知识点的基础上,查阅资料、收集信息,进行工作任务构思,师生针对工作任务有关问题及解决方法进行答疑、交流,明确思路 决策:学生在教师讲解和收集信息的基础上,划分工作小组,制订任务实施计划,并准备完成任务所需的工具与材料 实施:学生在教师指导下,按照计划分步实施,进行知识和技能训练 检查:为保证工作任务保质保量地完成,在任务的实施过程中要进行学生自查、学生互查、教师检查 评估:学生自评、互评,教师点评			
工作成果	完成工作任务、作业、报告			
考核要素	课堂表现			
	学习态度			
	知识	1.柿子生产概况 2.柿子生产技术		
	能力	熟练掌握柿子生产技术		
	综合素质	独立思考,团结协作,创新吃苦,严谨操作		
工作评价环节	自我评价	本人签名:	年　　月　　日	
	小组评价	组长签名:	年　　月　　日	
	教师评价	教师签名:	年　　月　　日	

 任务相关知识点

柿(*Disopyros kaki* Thunb.)属于柿树科(Ebenaceae)、柿属(*Disopyros* Linn.),原产东亚,我国是柿种资源最为丰富的国家。在我国,除东北、西北及高寒地区,均有柿树分布,其中,黄河流域为主产区。近年来,在我国长江以南地区,甜柿也有大量种植。柿的果实不仅营养丰富,还具有较高的药用价值。另外,柿的单宁含量丰富,有广泛的工业用途。柿树对环境适应能力较强,可作为行道树和绿化树。

16.6.1　生产概况

1)种类与品种

根据柿果在树上能否自然脱涩和种子的多少,可将柿分为4种类型:完全甜柿、不完全甜柿、不完全涩柿和完全涩柿。完全甜柿在果实成熟时,不论有无种子,能在树上自然脱涩,此时果实可溶性单宁含量在0.2%以下,能立即食用。不完全甜柿在果实成熟时需有一定数量的种子,才能在树上自然脱涩。完全涩柿在果实成熟时,不论有无种子,都不能自然脱涩,必须人工脱涩才能食用。不完全涩柿在果实成熟时,需有种子才能自然脱涩。中国大多数柿品种为完全涩柿。目前市场上的甜柿品种多为原产日本的完全甜柿。

主要品种列举如下。

(1)磨盘柿

完全涩柿。因果腰有圆形环状缢痕,形似磨盘而得名。树冠半开张,圆锥形。叶片阔椭圆形。果实大、扁圆形;果皮橙黄色;果肉淡黄色,无核,汁多味甜,品质佳,是我国著名的涩柿品种。

(2)安溪油柿

完全涩柿。树势强健,树冠开张;叶片宽椭圆形;果实扁圆形,果皮橙红色,果肉肉质柔软、汁多味甜;品质佳,是福建省著名品种。

(3)恭城月柿

完全涩柿。因成品柿饼形似中秋月亮而得名。植株较小,树冠圆头形;叶片长心脏形;果实大,呈扁圆形;果皮橙红色;无核,丰产。

(4)平核无

不完全涩柿。原产日本。树势强健,叶片椭圆形;萼片4枚,近肾形;果实扁方形,果皮呈淡黄色;果肉橙黄色;无核,肉质脆。

(5)罗田甜柿

完全甜柿。树势强健,树冠圆头形;叶片阔心脏形;果小,种子多,为中国著名的完全甜柿品种。

(6)次郎

完全甜柿。原产日本。树势强健,树姿开张;果实扁方形,果皮橙红色、细腻;果肉橙红色,肉质脆,纤维多,汁多味甜。

(7)富有

完全甜柿。原产日本。树势强健,树姿较为开张;果实扁圆形,橙红色,充分成熟后为浓红色;果肉致密,柔软,味甜,品质佳。

(8)阳丰

完全甜柿。原产日本。树势中庸,树姿较开张;果实扁圆形,果皮橙红色;果肉肉质脆硬,种子少,汁少味甜;丰产性好,品质极佳。

（9）太秋

完全甜柿。果形特大，比富有大 1.5 倍，扁圆形或四方形，果皮橙黄色；果肉密致，汁多，味甜；耐贮运，品质极佳，但外观较差。

（10）禅寺丸

不完全甜柿。原产日本。树姿开张；果实较大、圆球形，果肉粗硬，味甜，品质中等；雄花多且花粉量大，广泛用作授粉品种。

2）生物学特性

（1）根

柿为深根系植物，根系发达，但因砧木不同而有所差异。在我国南方地区多用野生柿做砧木，也有用本砧的。本砧主根发达，侧根较少，分布深而广。由于柿根系中含单宁较多，故初生根为白色，逐渐发育为褐色至黑色。此外，柿根系与菌根共生，增强了根系吸收能力。柿的地下部根系生长比地上部晚，与地上部相互消长，一年有 2~3 次生长高峰：新梢停止生长与开花之间；花期之后，此时总生长量最大、时间最长；果实发育成熟之后。

（2）枝、梢、芽

柿的枝梢以春季生长为主，一般一年一次生长，幼树可一年抽生 2~3 次梢。柿的枝梢根据其生长特点可分为结果母枝、结果枝、徒长枝和生长枝 4 种。结果母枝是指能抽生结果枝的两年生枝条，生长势中等，一般由当年健壮的生长枝、生长势弱的徒长枝、处于优势部位的结果枝及花果脱落后的结果枝转化而来。顶端着生 1~5 个混合花芽，还有叶芽，可抽生发育枝。结果枝在一年生枝条的先端，由结果母枝的顶芽及顶芽下面的 1~3 个侧芽萌发而来。生长枝由一年生枝的叶芽或多年生枝的潜伏芽、副芽萌发而来。徒长枝大多是潜伏芽或副芽萌发而来的直立向上生长的枝条，其节间长、叶片大，组织不充实。

柿的芽分为混合花芽、叶芽、潜伏芽、顶芽和副芽 4 种。柿的花芽为混合花芽，着生在结果母枝的上部，芽体饱满，萌发结果枝和生长枝。一般结果母枝上有 1~5 个花芽，但细弱的结果母枝仅有顶芽为花芽。叶芽着生在结果母枝的中部或结果枝的顶部，芽体瘦小，萌发生长枝。潜伏芽着生在枝条下部，芽体很小，受刺激后才萌发成生长枝或徒长枝，可作为花期芽接的材料。顶芽着生在枝条顶部，春季萌发生长到一定程度，顶部的生长点自行脱落，即顶芽自剪，因此，柿树的枝条无真顶芽，均为伪顶芽。副芽着生在枝条基部两侧，被鳞片覆盖，芽体较大，平时不萌发，受到刺激如芽体受伤或枝条重截后才能萌发，可用作更新树冠，其寿命和萌发力比潜伏芽更强。

（3）花、果

柿树的花有雌花、雄花和两性花 3 种。大多数品种仅有雌花，少数品种为雌雄同株异花，3 种花性均有的植株极为罕见。富平五花柿即具有 3 种花性。雌花通常只有 1 朵，着生在结果枝的叶腋，雄蕊退化。雄花由 1 朵中心花和 2 朵侧花组成伞状花序，中心花大、侧花小，着生在新梢的叶腋，花型小，为雌花的 1/3~1/5。两性花或近似雌花，或近似雄花。

根据花性，柿植株一般分为 3 个类型：雌株，其上仅生雌花，无需授粉即能结无子果实，为单性结实；雌雄异花同株，其上既有雌花又有雄花，营养条件好时仅生雌花；雌雄杂株，其上具有 3 种类型的花。近年来，在湖北省大别山区发现少数仅生雄花的雄性种质。

柿果实发育约 150 d,分为 3 个时期:开花后 2 个月内,为幼果迅速膨大期,此期果实定型,主要是细胞分裂阶段;果实缓慢膨大期;成熟前 1 个月内,果实生长稍加快,此期果实细胞膨大和养分转化,单宁含量减少。柿果实为真果,其可食部分由子房壁发育而来。柿果实的显著特点是萼片对果实发育影响较大。在果实发育过程中去掉萼片,会引起果实减小、落果现象。

3)对环境条件的要求

柿喜温暖气候,一般以年均温 11~20 ℃ 最为适宜。年均温高于 20 ℃,柿植株呼吸作用旺盛,果皮粗糙,果肉褐斑多,品质不佳。年均温低于 9 ℃,柿树生长不良。柿树在休眠期也能耐短期 -20~-18 ℃ 低温。

柿树喜光,要求 4—10 月份果实发育期间光照时数在 1 400 h 以上。

柿喜湿润,但又耐干旱,在年降水量 1 000 mm 的地区都可种植,以年降水量在 500~700 mm 生长最好。柿树在新梢生长和果实发育期对水分要求较多。但生长期雨量过多,易引起枝梢徒长,不利于花芽的形成。开花期遇雨,对授粉不利。

柿对土壤要求不严格,肥沃和贫瘠的土地均能生长。最理想的土质是土层深厚、透气性好、保水力强、pH 值为 5~8 的黏质或砂质壤土。

16.6.2 生产技术

1)育苗

柿树繁殖有实生繁殖、嫁接繁殖 2 种。

实生繁殖主要是繁殖砧木。在我国南方地区,砧木主要是用当地野生柿或者本砧。

繁殖柿苗都多用嫁接法。嫁接方法可采用枝接或芽接。枝接的接穗应在柿树萌芽前采集,母树应为生长健壮、无病虫害的优良植株。做接穗的枝条最好是当年健壮的生长枝或结果母枝,粗度为 1 cm。枝条分成 10 cm 的小段,每段上有 1~2 个饱满芽。芽接的芽为一年生枝条中下部的饱满芽,随采随用。枝接在砧木树液流动、接穗未萌动时进行,芽接全年均可进行,但以柿树开花期和新梢停止生长后为佳。枝接可采用劈接、皮下接和腹接;芽接可采用"T"字形芽接和"工"字形芽接。

2)建园和定植

柿树的根系深广,喜光,喜温,土壤适应性广。因此,新建柿园应选择海拔 700 m 以下、土层深厚、背风向阳、光照充足、透气性好的土地。

苗木应选择苗高为 1 m 左右,根径为 1 cm、根系发达、有 3~4 个较大主根、须根较多的健壮苗。柿树春植或秋植都可以。春植应在芽体膨大时进行,秋植应在柿树落叶后进行,成活率才高。我国南方地区以秋植为好。柿根内含单宁物质较多,伤根后愈合困难,种植时要少伤根系。大多数柿树的自花结实能力较强,部分品种如次郎、西村早生等需要配制授粉树,授粉树多选禅寺丸,授粉品种与主栽品种的比例约为 1∶9。

柿树种植密度因品种而异。涩柿品种一般树冠高大,株行距以 (4~5) m×(4~5) m 为宜;甜柿品种树冠较小,株行距可缩小到 (3~4) m×(3~4) m。

柿树种植穴大小一般为（80～100）cm×（80～100）cm×（80～100）cm。定植前应先施有机肥做基肥,植株放入穴内,根系能自然伸展为佳,然后覆土至高出根际3～5 cm为佳。嫁接苗的覆土高度不能超过嫁接口。定植后浇透定根水,及时定干,定干高度为60～100 cm。

3）土水肥管理

柿园土壤管理主要是间作、中耕除草及扩穴改土。间作一般在幼树时进行,间作的作物为中药材、豆科、花生等矮生作物或者苜蓿、紫云英等绿肥。中耕全年一般进行3～5次,中耕深度10～15 cm。种植2～3年后,应于采果后在行间深挖翻土,深度要求60～80 cm,施有机肥等,改良土壤、扩大根系。

柿的枝梢生育期极短,基肥需量应占全年总施肥量的60%～80%,应深施有机肥。一般在采果后进行,施肥越早越好。追肥是在柿树生长发育阶段进行。新梢停止生长后,对肥料的需求较大,应及时施速效氮肥,并加以适量的磷肥和钾肥。在果树发育期对钾肥的需求更多,此时追肥以钾肥为主。柿树的根系渗透压较低,施肥应少量多次为宜。施肥应在树冠垂直投影的外围进行沟施或者穴施。

柿树的灌溉应根据雨量的多少结合施肥进行。一般在冬季前灌一次封冻水,可提高树体抗寒能力;在春季萌芽前适当灌水,促进枝叶生长;开花前后灌水一次,防止落花、落果;果实膨大期适当灌水。灌水量以浇透20～60 cm的土层为宜,可采用沟灌或者穴灌的方式进行。柿树不耐涝,在南方多雨地区还应注意排水。

4）树体管理

目前柿树的整形主要是开心形和变则主干形。开心形的树形干高50 cm左右,无主干,3个主枝呈40°～50°生长,主枝上配有2～3个侧枝,最终形成的树冠呈开张形。变则主干形有明显的主干,干高60～100 cm;主枝4～5个,呈层性分布;主枝间距60～80 cm;每个主枝留1～2个侧枝。

柿树修剪以冬剪为主。幼树主要是除萌、抹芽培养主枝及摘心培养副主枝。结果树主要是培养结果母枝。此时,对部分结果母枝和已经结过果的枝条,可选粗壮者留基部2～3个芽短截,使其萌发形成结果母枝并在后年开花结果,缓和大小年结果现象。柿树喜光,当树冠内光照不良时,应除去顶端生长的中心干部分,并疏除或回缩部分主、侧枝,改善树冠内膛的光照。结果部位外移的,则应逐年回缩大枝,利用后部更新枝恢复长势。衰老树应在衰老大枝上进行较重的回缩修剪,促使隐芽大量萌发,重新培养树冠。此时,徒长枝可用来培养枝组,使其开花结果。

5）花果管理

保花、保果措施:配置授粉树或进行人工授粉;花前环割或花期环剥;盛花期喷施赤霉素或微肥;生理落果前喷施磷、钾等叶面肥。

柿树大小年结果现象较严重时,应对其施行适当的疏蕾、疏花与疏果。一般结果枝中段所结的果实品质较好。在疏蕾、疏花时,需全部疏除结果枝先端部,并列的花蕾除去1个,只留结果枝基部到中部的1～2个花蕾,其余疏去。疏果在生理落果结束时即可进行,疏除发育差、畸形果、病虫害果。每个结果枝应留大果1个,或中果2个、小果3个。叶果比保持在 15∶1,最佳为 20∶1。

6)病虫害防治

柿树的主要病虫害有柿角斑病、柿圆斑病、柿炭疽病及柿毛虫、柿蒂虫、日本龟蜡蚧等。

柿角斑病、圆斑病为害叶片和果蒂。防治这两种病害的措施:采后清洁果园;喷施65%代森锌可湿性粉剂 500 ~ 600 倍;检疫砧木和接穗。柿炭疽病为害枝条和果实,防治措施同上。

柿毛虫为害柿叶片。防治措施:黑光灯诱杀;喷施48%乐斯本乳油 1 500 倍液体。

柿蒂虫主要为害果实。防治措施:冬季清洁果园;及时摘除和拾毁虫果;在成虫发生盛期喷90%美曲膦酯药剂 1 000 倍液、20%速灭杀丁(杀灭菊酯)4 000 ~ 5 000 倍液或22%虫多杀乳油 1 200 ~ 1 500 倍液。

日本龟蜡蚧为害枝条和叶片。防治措施:冬季清园,去除虫枝,清除虫源;利用红点唇瓢虫进行生物防治。

7)采收、脱涩

柿的采收期依要求而异。供软柿鲜食的,在果皮由黄转红时采收;供脆柿鲜食的,在果皮转黄时采收;供制饼用的,则在果皮转红色而肉质未软化前采收;供贮藏用的,提前在果面绿色消退而肉质硬脆时采收。

涩柿需要人工脱涩才能食用。目前常用的人工脱涩的方法有 CO_2、乙醇、温水、冰冻等。生产上应用最广泛的是 CO_2 脱涩技术:将柿果实置于 CO_2 的密闭容器内,使其处于无氧条件下,即可脱涩。

任务16.7　桃

活动情景　选择交通便利、土层深厚、有机质丰富、灌排条件良好的桃园作为学习地点。本任务要求学习桃的生产概况和生产技术。

 工作任务单设计

工作任务名称	任务 16.7　桃	建议教学时数	
任务要求	1.熟悉桃生产概况 2.熟练掌握桃生产技术		
工作内容	1.了解桃生产概况 2.学习桃生产技术		
工作方法	以老师课堂讲授和学生自学相结合的方式完成相关理论知识学习;以田间项目教学法和任务驱动法,使学生掌握桃相关生产技术		
工作条件	多媒体设备、资料室、互联网、试验地、相关劳动工具等		

续表

工作任务名称		任务 16.7　桃	建议教学时数	
工作步骤		资讯:教师由活动情景引入任务内容,进行相关知识点的讲解,并下达工作任务 计划:学生在熟悉相关知识点的基础上,查阅资料、收集信息,进行工作任务构思,师生针对工作任务有关问题及解决方法进行答疑、交流,明确思路 决策:学生在教师讲解和收集信息的基础上,划分工作小组,制订任务实施计划,并准备完成任务所需的工具与材料 实施:学生在教师指导下,按照计划分步实施,进行知识和技能训练 检查:为保证工作任务保质保量地完成,在任务的实施过程中要进行学生自查、学生互查、教师检查 评估:学生自评、互评,教师点评		
工作成果		完成工作任务、作业、报告		
考核要素	课堂表现			
	学习态度			
	知识	1. 桃生产概况 2. 桃生产技术		
	能力	熟练掌握桃生产技术		
	综合素质	独立思考,团结协作,创新吃苦,严谨操作		
工作评价环节	自我评价	本人签名:	年　　月　　日	
	小组评价	组长签名:	年　　月　　日	
	教师评价	教师签名:	年　　月　　日	

 任务相关知识点

桃属于蔷薇科(Rosaceae)、桃属(*Amygdalus* L.)植物。桃原产我国,在我国已有3 000多年的栽培历史,栽培范围广泛。桃果实因风味好、营养价值高而深受人们喜爱。除了鲜食外,桃果还可以加工成罐头、果汁等。桃的树形优美,极具观赏价值。

16.7.1　生产概况

1)种类和品种

蔷薇科李亚科桃属有以下几种:桃(*Prunus persica*[L.]Batsch.)、扁桃(巴旦杏,*Prunus amygdalus* Stokes)、山桃(山毛桃)(*Prunus davidiana*[Carr.]Franch)、光核桃(*Prunus mira* Koeh.)、四川扁桃(*Prunus dehiscens* Koeh.)、甘肃桃(*Prunus kansuensis* Rehd.)和新疆桃(*Prunus persica* subsp.*ferganensis* Kost. Et Rjab)7 种。其中,桃还有油桃、蟠桃及寿星桃3 个变种。栽培桃均属于桃种。

桃的品种很多,分类形式多样。通常根据其生态型分为南方品种群和北方品种群。南方品种群主要分布在我国长江以南地区;北方品种群集中在我国华北、西北地区。在本书中,主要介绍南方品种群。南方品种群适应南方温暖湿润的气候,不抗旱、抗寒。根据品种起源和果实特点,又可分为 3 系:硬肉桃系、水蜜桃系和蟠桃系。常见品种列举如下。

（1）雨花露

江苏省农科院用白花和早上海杂交育成。树势强健,复花芽较多。果实较大,长圆形,底色乳黄,果顶有深红色细斑点。果肉乳白色,软溶质,汁多,味香甜,是目前优良的早熟品种之一。

（2）砂子早生

从日本引入,特点是早熟,丰产,系实生变异。树势较强,果实广卵圆形,果顶稍尖,果皮乳白,顶部稍有红晕。果肉乳白色,肉质稍紧,味甜,半离核。

（3）白凤

自日本引入,为白桃与橘早生杂交育成。树势旺盛,果小,果实圆形,果肉白色,多汁,味甜,鲜食品质优良。加工性能良好,加工后果肉白不易变色可制罐头。目前已从中选出不少优良变异品种,如大白凤、早白凤等。

（4）大久保

原产日本,为白桃实生变异。树势中等,果实大,圆形,果肉白色,汁多,味甜,品质好。因花粉多,着果率高,宜做授粉品种。

（5）上海水蜜

原产上海,为世界水蜜桃的起源。果实较大,果形不对称,果皮薄而易剥,底色黄绿色,顶部及缝合线两侧红色,果肉白色,肉质细,纤维细少,甜味浓而微酸,并有芳香,品质极佳。但自花不结实。

2）生物学特性

（1）根

桃的根系与其他落叶果树相比较浅,一般垂直分布在 1 m 内的土层,水平分布与树冠相同。根上具有横条状显著突起的皮目,能用于气体交换。桃的根系呼吸旺盛,需氧量高,要求土壤空气含量在 10% 以上。桃不耐涝,如排水不良,根系易腐烂。与其他落叶果树不同,桃根的休眠期不明显,能周年生长。桃根系生长的最佳土壤温度为 15 ~ 20 ℃

（2）枝

桃枝条生长期和休眠期间隔明显。桃枝条有徒长枝、普通生长枝、单芽枝、徒长性结果枝、长果枝、中果枝、短果枝及花束状果枝。徒长枝在幼树上较多,直径较粗,但节间长,不充实,其上着生多次枝,并在二次枝能开花结果,可作为树冠的骨干枝,成年树可培养为结果枝组,衰老树则能用来树冠更新。徒长性结果枝的枝条生长旺盛,花芽较多,能培养为枝组或结果枝、更新枝。长果枝是桃的主要结果枝,一般没有二次枝,先端和基部多为单芽,中部花芽多为复芽,故既可结果又能抽枝。中果枝较细,生长中庸,其上多为单花芽,结果后只能从顶芽抽生短果枝,所以寿命较短。短果枝及花束状果枝多着生在基枝的中、下部,生长弱,除了顶芽外,其余为单花芽,能结大果,结果后只能抽生短果枝,所以寿命较短。南方品种群以长、中果枝结果为主。单芽枝为枝条基部的芽萌发而来,由于枝条基部营养

不足,萌芽不久即停止生长,仅一个顶芽,可用作中短果枝或更新枝。

幼树徒长枝和徒长性结果枝较多;进入结果期,全树大部分为结果枝;衰老时全树短果枝和单芽枝增多。

(3)芽

桃的芽有单芽和复芽2种。单芽为叶芽或花芽,顶芽都是叶芽,为核果类果树的典型特征。复芽实际上是一极短缩的二次枝,内含2~4个叶芽或花芽。南方品种通常以复芽为主,多是2个花芽和1个叶芽。

(4)花

桃花期较梅、杏、李迟、而较梨早。通常认为桃开花期需要平均气温达10℃以上,最适宜为12~14℃,花期一般7d。大部分品种的桃的花为完全花,多数品种能自花结实。部分品种有雄蕊退化的现象,不能产生花粉或花粉很少,需要配置授粉树。雌蕊在授粉后10~14d完成受精,初期子房内有两个胚珠,一个约在盛花后2周退化消失,另一个受精后吸收胚乳继续发育成种子。

(5)果

桃的果实为真果,由子房发育而成。果实由3层果皮构成,中果皮的细胞发育成可食部分,内果皮细胞木质化为果核,外果皮表皮细胞发育成果皮。

桃果实形态发育大致可以分为以下3个时期:快速生长期、缓慢生长期和快速生长期。快速生长期从落花开始至核层大小定形为止,在此期间,子房壁细胞迅速分裂,幼果迅速增大,核面刻纹已显示出品种特性,核层开始硬化结束,一般需要45d左右。缓慢生长期为核层硬化期,在此期间,果实发育较慢,是种胚的重要发育期。桃成熟期的早晚主要取决于缓慢生长期的长短。快速生长自核层硬化完成至果实成熟为止,在此期间,细胞迅速增大,细胞间隙的发育、果实的重量与体积迅速增加,在成熟前10~20d变化特别明显。

桃果实的肉质分为脆肉、溶质和不溶质3种。脆肉桃又称“硬肉桃”,果实初熟时肉质硬且脆,完熟时果肉粉质,变软发绵。溶质在南方地区多是指水蜜桃,果肉柔软多汁,充分成熟时容易剥皮。不溶质桃在果实成熟时果肉有弹性。

3)对环境条件的要求

(1)温度

桃喜温,南方品种群以年平均温度为12~17℃、绝对最低温度≥-23℃为宜。同时,桃在冬季需要一定的低温通过休眠阶段。南方品种群需要7.2℃以下的低温时数400h以下,称之为“短低温品种”。但在高于7.2℃而低于10℃时也能完成休眠,只是需要较长时间。如果在冬季3个月不能满足品种对低温的要求,则不能正常解除休眠,会影响来年春季萌芽和开花。

桃耐寒力较弱,但处于休眠期的树体抗寒能力强。桃在生长期抗寒性较弱,晚春萌发后遇倒春寒会受冻。在我国南方地区,桃的早春花期冻害是建园时要考虑的要素之一。

(2)光照

桃喜光,要求年日照时数≥1 200 h。桃的耐阴性较弱,在密植时树冠下部枝条迅速死亡,结果部位上移。在日照不良的地方不宜栽培,但直射光过强又常引起桃枝干日灼。

（3）降雨

桃原产于干燥的北方地区，枝叶对空气湿度要求较低。经过长期驯化，南方品种群已较耐湿，但花期遇雨仍会影响授粉受精。如生长期雨水多，则徒长枝多、病害多、果实味淡，易落果，不耐贮。在胚仁形成、果核形成初期和枝条迅速生长期却对水分敏感，缺水则容易引起落果。

（4）土壤

桃对土壤要求不严，最喜微酸性、中性壤土和砂壤土。最佳的土壤条件的 pH 值为 5 ～ 6、盐分含量≤1 g/kg，有机质含量最好≥10 g/kg，地下水位在 1.0 m 以下。桃在砂壤土栽培时，其生长结果较易控制，结果期早，且品质较好。桃耐旱性强，最适宜土壤含水量为 20%～40%，含水量 10% 以下时枝叶停止生长，7% 以下时枝叶开始凋萎。

（5）其他

桃的根系浅，怕风，最好在果园建防风林。

16.7.2　生产技术

1）育苗

桃多采用嫁接繁殖育苗，也有少数桃采用实生繁殖育苗。

实生繁殖主要是用于砧木繁殖。砧木种子以果实成熟时采集最佳，春播或秋播均可。春播前要进行层积处理，促进种子萌发。秋播则可省去层积处理。

嫁接繁殖为桃的主要育苗方法。砧木有毛桃、山毛桃，或者梅、李、杏、寿星桃、毛樱桃。我国长江以南地区主要是采用毛桃类做砧木，其适应南方温暖湿润的气候，嫁接亲和力强，成活率高，接后生长发育好，根系发达，耐干旱和瘠薄，结果较其他砧木好。但在土壤肥沃地区则结果差，容易发生流胶病。

春、秋嫁接均可。在我国南方地区秋季晴天多，春季雨水多，秋季嫁接较好。接穗应选充实的长果枝，中间部分作为接穗。一般采用芽接，芽接时在距地 3 cm 左右选光滑一面开刀。嫁接绑扎材料用塑料薄膜带为好。苗木成活后要及时剪桩除萌，并在生长期加强管理。这样到秋季可成壮苗。

2）建园与定植

在我国，桃经济栽培的适宜地带以冬季绝对低温不低于-25 ℃ 的地带为北界，以冬季平均温度低于 7.2 ℃ 的天数在 1 个月以上的地带为南界。在此范围内，应选择海拔高度在 2 200 m 以下、通风透光、排水良好的山地、坡地建园为佳。桃园忌连作，无花粉或少花粉的桃品种应配置授粉品种。主栽品种与授粉品种的比例一般在 5∶1～8∶1；当主栽品种的花粉不稔时，主栽品种与授粉品种的比例应为 2∶1～4∶1。

桃在落叶后至萌芽前、根系活动缓慢时均可栽植，秋植较理想。易受冻地区，春植较理想。一般栽植桃的株行距为(2～4) m×(4～6) m。定植穴大小约 1 m×1 m×1 m，穴内施入有机肥做基肥。

3）土、肥、水管理

桃的土壤管理主要体现在秋季深翻扩穴、中耕除草、覆盖或生草上。秋季深翻在果实采收后进行，深翻 30～40 cm，并在扩穴的同时施入基肥，回土后浇透水。桃园在雨季或浇水后，及时中耕除草，中耕深度 5～10 cm。果园覆盖材料可选择麦秸、干草等，全园覆盖或树盘覆盖，厚度 10～15 cm。目前多提倡在桃园生草，以豆科植物和禾本科植物为宜，生草结束后深翻入土或覆盖果园树盘。

桃园施肥主要分 3 次进行，即施基肥、壮果肥和采前后肥。基肥在秋季至休眠期施，施肥以农家肥、有机肥为主，沟施在树冠投影范围内。壮果肥在定果期施，以氮肥和钾肥为主，促进果实发育。在采果前后施肥，以氮肥为主，以恢复树势。此外，配合根部施肥，还可根据具体需要进行叶面喷施。

桃果实的主要成分为水分，占 90% 左右。因此，对水分要求较高。我国南方地区桃果实发育时多为梅雨季，应适当灌溉，以免果园积水。因桃不耐积水，故注意果园排水。

4）树体管理

我国南方地区的桃植株主要采用自然开心形。一般主干高度以 40～50 cm 为宜，留 2～3 个主枝，主枝方向不宜正南，以免日灼。主枝角度以 50°～70° 为宜，每个主枝配置 2～3 个侧枝，侧枝方向一致，侧枝开张角度 70° 左右。意大利等国家采用了篱架形，以方便桃密植和机械化栽培。

桃树幼树期和结果初期的修剪以整形为主，主要是扩大树冠，培养各类结果枝。结果期的树主要是保持树势，培养结果枝组，防止结果部位外移。衰老树要及时培养骨干枝，更新树冠。

5）花果管理

桃的生理落果有 3 个时期相对严重。一般第一期在开花后 10～15 d 开始，主要是因为雌蕊发育不良；第二期在开花后 25～30 d 发生，主要是花粉发育不完全或授粉受精不良；第三期在核层硬化期落果，与胚的发育停止有关。可能导致胚发育停止的原因：氮素及水分供应不足；碳水化合物供应不足；病虫害及涝害等。在第一期应增强树势，增加营养累积；在第二期应高接授粉树或进行人工授粉；在第三期应及时调节树势，防止病虫害，增施速效肥。

对部分缺乏花粉的品种：一方面应配置授粉树；另一方面还应在天气不良时人工授粉。桃花粉有直感作用，即父本品质优劣对果实有一定影响，因此授粉品种应是品质优良和花粉量多的品种。授粉应在开花量达到一半时进行。如授粉后 3 d 内遇雨，还应重新授粉。

桃结果过多时易导致大小年现象，还应疏花、疏果。疏花在大蕾期进行，疏果在落花后两周至硬核期前进行，疏果顺序为先里后外、先上后下。留果部位以果枝两侧、向下生长的果为佳，长果枝留 3～4 个果，中果枝留 2～3 个果，短果枝留 1 个或不留。定果后及时套袋，可减少病虫危害，并改善果实品质。套袋前应喷施一次杀虫杀菌药剂，套袋顺序为先早熟后晚熟，坐果率低的品种晚套袋。果实成熟前 1 个月内除袋，提早除袋能补充光照，易于着色。

6）病虫害防治

（1）桃树流胶病

桃树流胶病是桃园中常见的病害。因发病原因复杂，至今尚无解决的根本办法。多雨湿度大的季节最易暴发流行，而树势衰弱的老桃园又最易发病。生长季节修剪过重以及天牛等害虫为害造成的伤口处，均易发生流胶病。

最基本的防治措施是加强栽培管理，如避免连作，及时排水，改善黏土质地，合理整形修剪等。病症较轻的枝条可剪除，及时销毁病枝。病症较重时用 0.1 氯化汞或 5 度石硫合剂进行伤口消毒，然后涂上保护剂，能加速伤口的愈合。保护剂用 0.5 kg 硫磺、1 kg 生石灰（化开）、0.05 kg 食盐，清水 5 kg，加热制成稀糊状，冷却后使用。

（2）桃炭疽病

该病在桃树整个生育期均能发生，高湿是该病的主要诱因。全年以幼果阶段受害最重。

防治措施：花前喷 1 次药，落花后每隔 10 d 左右喷 1 次药，共喷 3~4 次，药剂可用 70% 甲基托布津可湿性粉剂 1 000 倍液。

（3）细菌性穿孔病

该病夏季发生时为害最重，雨水多时对桃树影响最大。

防治措施：在病害发生初期喷施 65% 代森锌可湿性粉剂 500 倍液 2~3 次。

（4）疮痂病

本病又名"黑星病""黑点病"，为害果实，在果实生长发育中、后期表现症状，一般早熟品种受害轻，中、晚熟品种受害重。病情轻的，影响外观和销售；病情重、病部木栓化并龟裂的，病果完全丧失经济价值。

防治措施：落花后半个月开始至 6 月份，每隔半个月左右喷 1 次下列任何一种药剂：30% 绿得保胶悬剂 400~500 倍液，40% 福星乳油 10 000 倍液，65% 代森锌可湿性粉剂 500 倍液，50% 托布津可湿性粉剂 500 倍液，或 1∶2∶200 倍式硫酸锌石灰液等。

（5）梨小食心虫

在南方桃树上发生最普遍、为害最严重，主要为害新梢和果实，造成断梢或豆沙馅果实。

防治措施：从初果期开始检查果上布卵情况，当卵果率达到 1% 时，即喷洒杀虫剂：50% 杀螟松乳剂 1 000 倍液；50% 马拉松乳剂 500 倍液，或 80% 美曲膦酯 1 000 倍液，或 Bt 乳剂 800 倍液等。

（6）天牛

本害虫周年危害桃树，隐蔽性强，主要是以幼虫蛀害主干皮层或木质部，造成树干中空，严重时导致桃树枯死。

防治措施。

①涂白涂剂：成虫产卵前，在树主干基部涂白涂剂（用生石灰 10 份，硫磺 1 份，食盐 0.2 份，水 40 份调制而成），防止成虫产卵。

②用药棉球塞孔：用棉球蘸 40% 乐果乳剂 5~10 倍液，塞入虫孔，再用黏泥封堵。

7）采收

桃果易碰伤,故采摘时应十分小心。在接近成熟前一个星期观察树冠上部(徒长性结果枝)的果实,如大小、色泽已显现成熟特征,则可连袋采下。采时勿用手重压果面或强拉果实,以防果实受伤。其他逐步采摘。

鲜食桃应在充分成熟时采收。一般采收成熟期分为硬熟期和完熟期。硬熟期主要是采收硬桃和远销的果实,此时果实绿色减退,渐转淡绿色,果面呈丰满状态,果皮不易剥。完熟期主要是采收鲜食果实,此时果实由淡绿转绿白、乳白或淡黄色,阳面呈红霞或红斑,果实充分肥大,果皮可剥离。

任务 16.8　番木瓜

活动情景　选择交通便利、土层深厚、有机质丰富、灌排条件良好的番木瓜园作为学习地点。本任务要求学习番木瓜的生产概况和生产技术。

 工作任务单设计

工作任务名称	任务 16.8　番木瓜	建议教学时数	
任务要求	1. 熟悉番木瓜生产概况 2. 熟练掌握番木瓜生产技术		
工作内容	1. 了解番木瓜生产概况 2. 学习番木瓜生产技术		
工作方法	以老师课堂讲授和学生自学相结合的方式完成相关理论知识学习;以田间项目教学法和任务驱动法,使学生掌握番木瓜相关生产技术		
工作条件	多媒体设备、资料室、互联网、试验地、相关劳动工具等		
工作步骤	资讯:教师由活动情景引入任务内容,进行相关知识点的讲解,并下达工作任务 计划:学生在熟悉相关知识点的基础上,查阅资料、收集信息,进行工作任务构思,师生针对工作任务有关问题及解决方法进行答疑、交流,明确思路 决策:学生在教师讲解和收集信息的基础上,划分工作小组,制订任务实施计划,并准备完成任务所需的工具与材料 实施:学生在教师指导下,按照计划分步实施,进行知识和技能训练 检查:为保证工作任务保质保量地完成,在任务的实施过程中要进行学生自查、学生互查、教师检查 评估:学生自评、互评,教师点评		
工作成果	完成工作任务、作业、报告		

续表

工作任务名称		任务 16.8　番木瓜	建议教学时数		
考核要素	课堂表现				
	学习态度				
	知识	1. 番木瓜生产概况 2. 番木瓜生产技术			
	能力	熟练掌握番木瓜生产技术			
	综合素质	独立思考,团结协作,创新吃苦,严谨操作			
工作评价 环节	自我评价	本人签名:	年	月	日
	小组评价	组长签名:	年	月	日
	教师评价	教师签名:	年	月	日

 任务相关知识点

番木瓜又称"木瓜""万寿果""乳瓜",是番木瓜科(Caricaceae)、番木瓜属(*Carica* L.)植物。果实长于树上,外形与原产于中国的木瓜类似,因又是从中国之外传入,故名"番木瓜"。番木瓜原产于墨西哥南部以及邻近的美洲中部地区。我国主要分布在广东、海南、广西、云南、福建、台湾等省、自治区。番木瓜的果实既营养丰富,又具有较高的药用价值。青果含有丰富的番木瓜蛋白酶,在医药、食品等领域用途广泛,是木瓜酶工业的主要原料。

16.8.1　生产概况

1)种类和品种

番木瓜属有 40 多个种。较重要的有番木瓜(*Caricaca papaya* L.)、蓝花番木瓜(*C. cauliflora* Jacq.)、秘鲁番木瓜(*C. monoica* Desf.)、山番木瓜(*C. candamarcensis* Hook. f.)、五棱番木瓜(*C. pentagona* Heilb.)、槲叶番木瓜(*C. quercifolia* Benth. et Hood.)。其中,番木瓜经济价值较高,作为果树广泛栽培。目前,番木瓜的品种主要是夏威夷番木瓜和墨西哥番木瓜。主要品种列举如下。

(1)穗中红 48

广州市农业科学研究所培育的杂交品种。第一代杂交的父本为结果能力较强的中山种,母本为岭南 6 号,育出品种——穗中。第二代杂交的父本为泰国红玉,母本为穗中,杂交育出穗中红。之后,又从中选出穗中红 48。该品种植株较高,茎秆较粗,叶片绿,叶柄较短。花期早,坐果早。两性株果实长圆形,雌性株果实椭圆形,高产稳产,肉质软绵。

(2)美中红

广州市果树研究所培育的杂交品种。该品种生长势旺盛,植株较矮,茎秆粗壮,花性较稳定,两性花果实纺锤形或倒卵形,雌性果圆形,果肉红色。该品种适应性强,耐花叶病,品

质优良。

（3）夏威夷木瓜

美国选育。该品种种植后一年内可开花结果，四季开花结果，果形光滑，果肉红色，气味芳香，结果早、产量高。

（4）改良日升

该品种植株较矮，茎秆淡灰绿色。花序中等大小、乳白色，每节花朵数 10 朵以上，花变性较少。两性果梨形，雌性果圆形，果实成熟时黄色，光滑，果肉橙红色，若授粉良好，则种子较多。该品种具有抗涝、抗虫、抗风等特性，特别是高抗环斑花叶病。

（5）马来西亚 10 号

福建省农业科学院果树研究所于 2001 年从马来西亚引进的杂交品种，杂交父母本来源为（Subang 6×Sunrise Solo）×Sunrise Solo。该品种生长势旺，植株较矮，茎秆灰绿色，叶互生，为七出掌状缺刻。大多数为聚伞花序，花瓣上部分为乳黄色，下部分为紫色。雌性果梨形或长卵圆形，两性果长椭圆形，成熟果皮橙黄色，果肉红橙色，肉厚，肉质细嫩，汁多，味清甜，品质优。

2）生物学特性

番木瓜的根系为肉质根，主根粗大，侧根强壮，须根多。番木瓜的根系较浅，垂直分布深达 10～30 cm，若地下水位高，则分布更浅，既不耐涝又不耐旱。

番木瓜的茎秆直立高大，最高可达 5 m 以上，分枝较少。成年茎只有表皮木质化，中间空心，怕风。番木瓜具有明显的顶端优势，侧芽一般不萌发。叶片为 5～7 掌状深裂，自树干顶端生长点抽出，互生，叶柄中空。一般认为每个果实的生长发育需要 2 个以上的叶片。

番木瓜的花从叶腋抽出，每个叶腋都能抽生花朵，有雌花、雄花和两性花 3 种。雌花单生或呈聚伞花序，花形最大，花瓣 5 裂，相互分离，子房由 5 心皮组成，柱头分枝多且开展，雄蕊完全退化。雌花的果实多似梨形、心脏形或倒卵形，果腔较大，果肉薄。种子较多，在授粉不足时也可能无种子或少种子。雄花花形最小，花瓣上部 5 裂至 1/3 处，具有雄蕊 10枚，子房退化至只有痕迹，无柱头，不能结果。雄花可着生在雄株上，为长梗穗状；雄花也可着生在两性株上，为短梗。两性花有 3 种类型：长圆形两性花、雌性两性花和雄性两性花。长圆形两性花是主要的结果花，花瓣 5 裂至 2/3 处，雄蕊 5～10 枚，花、子房和果实均为长圆形，果肉厚、果腔较小，坐果率较高，单果重最大。雌性两性花花形大，外形似雌花，但不对称，花瓣 5 裂，雄蕊 1～5 枚，子房有棱或畸形，果实近梨形，坐果率低。雄性两性花花较小，似短梗雄花，花瓣 5 裂至 1/2 处，子房圆柱形或退化，雄蕊 10 枚，果实呈牛角状，果腔小，种子少，坐果率最低。

除了花性外，番木瓜的株性也比较复杂，有雌株、雄株和两性株 3 种。雌株为主要结果株，只开雌花，花性稳定，结果能力强，若授两性花的花粉，结果能力会更强。雌株的果实较薄，果实轻，过小，无充实的种子。雄株开花早，只开雄花，花性也较稳定，但不能结果。两性株的开花顺序一般是：雌花先开，1～4 个雄蕊的两性花，5 个雄蕊的两性花，6～9 个雄蕊的两性花，10 个雄蕊的两性花，最后才是雄花。

番木瓜的果实根据花性有多种类型。果实发育期与开花时的温度有一定的关系，温度低,开花的果实发育期短,为150 d,果实含糖量高,品质好;温度高,开花的果实发育期长达230 d,果实质地硬,品质差。授粉受精不良、高温干旱天气等会造成落果。

3)对环境条件的要求

番木瓜原产热带地区,要求最适年均温度22~25 ℃,在25~36 ℃时生长旺盛,不足10 ℃左右生长停止,零下时则植株受冻。

番木瓜生长对水分要求较高,要求年降雨量1 500~2 000 mm。

番木瓜对土壤适应性较强,以土质肥沃疏松、富含有机质、地下水位50 m以下、pH值6.0~6.5为宜。

16.8.2 生产技术

1)育苗

番木瓜主要以种子繁殖,播种季节以秋播为宜。种子选自健壮、矮生型、结果多而大的雌株或两性株,选取果实中部的种子,再洗净、晾干。播种前用70%甲基托布津500倍液浸种消毒20 min,清洗后用碳酸氢钠100倍液浸种6 h,然后用清水洗净,置于35 ℃恒温箱中内催芽。播种的育苗土应为无病的营养土。

当幼苗长出2~3片真叶时,适当减少水分供应,防止幼苗徒长和感染病害。在幼苗抽出4~5片真叶时开始施有机液肥,并炼苗,淘汰弱苗、次苗。苗高25 cm左右时,可出圃定植。

2)建园与定植

在满足环境要求的条件下,番木瓜果园应选在避风向阳、通风透气的平地和丘陵山坡地。因为斑花叶病毒病的影响,番木瓜果园不应连作,并且新果园要远离旧果园。

番木瓜一般采用宽行窄株的栽植密度,株行距为1.5 m×2.5 m或者1.8 m×2.5 m。番木瓜不耐涝,定植后回土应高出地面20~30 cm,再浇透水。在我国,一般于3—4月定植,最好选择在阴天及阳光不强烈时进行。

3)土、水、肥管理

土壤管理主要是在定植后2~3个月内进行一次中耕除草,每隔一段时间,要适当培土,以消除露根现象。但除草不能使用除草剂,因为番木瓜为草本果树,使用除草剂会伤果木。除草时应防止伤根,在刚定植的两周内不要除草。在番木瓜幼树时,可用稻草、植物秸秆覆盖,或者间作花生、黄豆等豆科作物,抑制杂草生长、增加土壤温度、减少土壤水分蒸发。

番木瓜在营养生长期氮、磷、钾肥的适宜比例是5∶6∶5,生殖生长期是4∶8∶8。施肥位置应在树冠滴水线处。主要施3次肥,分别为促生肥、催花肥和壮果肥。定植后10~15 d开始慢慢少量地施促生肥,以速效肥料为主。现蕾前后要及时施重肥,仍以氮肥为主,增施磷、钾肥,供花芽形成。盛花坐果期增施重肥,要求氮、磷、钾肥水平较高,以提高果实品质。

番木瓜对水分的要求较多,可采用地膜覆盖或生草,起到保水、恒温的作用。但番木瓜的根系浅,不耐旱也不耐涝,浇透水即可,还应注意排水。

4)树体管理

树体管理在幼树时主要是抹芽,抹去叶腋间的腋芽,节约水分和养分。番木瓜茎秆中空,在大风时应加固植株,防止折断,或者在幼树时对树体进行斜拉处理,使主干与地面成45°角,增强抗风能力。

结果树应注意及早摘除畸形果、病虫果。通常每个叶腋能结果 1~7 个,只留 1~2 个果,雌性株只留 1 个果即可。一般每株留果 15~25 个。

番木瓜自然授粉的坐果率低,果实较小。人工授粉应在晴天上午精心进行,花粉随采随授,选择健壮植株的两性花。

5)病虫害防治

（1）环斑花叶病毒病

此病为番木瓜最严重的病害。发病初期,番木瓜的茎、叶脉及嫩叶的支脉间出现水渍斑,随后在嫩叶上出现黄绿相间或深绿与浅绿相间的花叶病症状,在感病果实表皮出现水渍状的圆形斑。目前尚无特效药剂,生产上主要是选择抗病品种,同时加强栽培管理,及时挖除病株,定期喷药灭蚜,消灭传毒介体。

（2）疫病

疫病主要危害番木瓜果实,特别是空气潮湿时,果实很快腐烂。防治措施:可喷施64%杀毒矾可湿性粉剂 500 倍液,或72.2%普力克水剂 400~600 倍液;同时,注意清园,及时清除田间的病果及病苗。

（3）炭疽病

炭疽病番木瓜发生普遍、为害严重。主要为害果实,果实染病后最先出现暗褐色水渍状圆形小斑,随后病斑扩大,梢凹陷,具同心轮纹,导致果实腐烂。防治措施:幼果期喷施40%灭病威悬浮剂 500 倍液、70%甲基托布津可湿性粉剂 800~1 000 倍液、50%多菌灵可湿性粉剂或75%百菌清可湿性粉剂 600~800 倍液;加强栽培管理,种植时要施足基肥,使植株生长健壮,减少病害发生;注意清园,随时摘除病果、病叶并烧毁。

（4）红蜘蛛

红蜘蛛为番木瓜主要虫害。防治措施:发现红蜘蛛危害可喷水 3~4 次,减少虫口;喷施胶体硫悬浮剂 250 倍液、杀螨剂如73%克螨特乳油 1 500~2 000 倍液或50%托尔克可湿性粉剂 2 000~2 500 倍液。

（5）蚜虫

蚜虫是番木瓜环斑花叶病的主要昆虫媒介之一。防治措施:育苗应远离桃蚜寄主植物,清除田间杂草,砍除蚜虫传病的病株;喷施50%抗蚜威可湿性粉剂 2 000~3 000 倍液、50%马拉硫磷乳油 1 500~2 000 倍液等杀虫剂交替使用。

6)采收

番木瓜成熟时间长短不等。因果实不耐贮,适时采收十分必要。鲜食时果皮出现黄色斑点或条纹时即可采收,远销时则在出现黄色斑点时就要采收。果实采收时应注意防止机械损伤。

目前番木瓜多是用来提取番木瓜蛋白酶。因此,与其他果树的果实采收不同的是对其乳汁的采集更为重要。生产上主要是采集未成熟果实的乳汁,而在果实大小定形且未转色时的乳汁产量为最高。一般是在花后70 d开始采集。气温高、树势旺盛、果实大,乳汁产量就高。采集时最好用不锈钢刀,刀刻深度以1 cm左右为宜。采集的乳汁应尽快冷藏。

任务16.9　板　栗

活动情景　选择交通便利、土层深厚、有机质丰富、灌排条件良好的板栗园作为学习地点。本任务要求学习板栗的生产概况和生产技术。

 工作任务单设计

工作任务名称	任务16.9　板　栗		建议教学时数	
任务要求	1. 熟悉板栗生产概况 2. 熟练掌握板栗生产技术			
工作内容	1. 了解板栗生产概况 2. 学习板栗生产技术			
工作方法	以老师课堂讲授和学生自学相结合的方式完成相关理论知识学习;以田间项目教学法和任务驱动法,使学生掌握板栗相关生产技术			
工作条件	多媒体设备、资料室、互联网、试验地、相关劳动工具等			
工作步骤	资讯:教师由活动情景引入任务内容,进行相关知识点的讲解,并下达工作任务 计划:学生在熟悉相关知识点的基础上,查阅资料、收集信息,进行工作任务构思,师生针对工作任务有关问题及解决方法进行答疑、交流,明确思路 决策:学生在教师讲解和收集信息的基础上,划分工作小组,制订任务实施计划,并准备完成任务所需的工具与材料 实施:学生在教师指导下,按照计划分步实施,进行知识和技能训练 检查:为保证工作任务保质保量地完成,在任务的实施过程中要进行学生自查、学生互查、教师检查 评估:学生自评、互评,教师点评			
工作成果	完成工作任务、作业、报告			
考核要素	课堂表现			
	学习态度			
	知识	1. 板栗生产概况 2. 板栗生产技术		
	能力	熟练掌握板栗生产技术		
	综合素质	独立思考,团结协作,创新吃苦,严谨操作		

续表

工作任务名称		任务 16.9　板　栗	建议教学时数		
工作评价 环节	自我评价	本人签名：	年	月	日
	小组评价	组长签名：	年	月	日
	教师评价	教师签名：	年	月	日

 任务相关知识点

　　板栗，又名"大栗""魁栗"，是壳斗科（Fagaceae）、栗属（*Castanea* Mill.）植物，原产中国。我国南方板栗分布在湖北、湖南、安徽、贵州、广西、江西、浙江、福建、江苏、四川、重庆、云南、广东、海南等地。板栗为坚果，营养丰富，既可生食，又可炒食和煮食，其加工品如糖果、糕点等风味更佳。板栗木材坚硬、致密、耐水耐湿，可作为工业用材。板栗的枝叶、树皮、总苞含单宁较多，可作为工业原料。此外，板栗还能做绿化造林树种。

16.9.1　生产概况

1）种类和品种

　　栗属植物约有 10 种，原产我国的有板栗（*Castanea mollissima* Bl.）、锥栗（*C. henryi* Rehd. et Wils.）和茅栗（*C. seguinii* Dode.）。其中，板栗为我国主要的栽培种。我国板栗品种很多，根据生态类型，可分为北方品种群和南方品种群。南方品种群原产长江以南地区，果形较大，栗仁含糖量较低，淀粉含量较高。南方品种群主要品种列举如下。

　　（1）铁粒头

　　该品种树势中庸，树冠矮小，树姿稍开张，树形圆头形。树干、老枝深褐色，新枝绿褐色，阳面浅褐色。枝组的节间较短。叶片椭圆形或卵状椭圆形，绿色或淡绿色，叶背茸毛稀疏，叶缘波状，短锯齿。总苞椭圆形，黄绿色，成熟时黄褐色。针刺直立，稍软。坚果圆形，果顶凸，果皮红褐色有油光，表面茸毛稀疏，果顶茸毛集中。坚果较大，因果皮和果肉坚硬而得名。该品种适应性强，抗病虫，耐旱，耐瘠薄，果实品质细腻、性糯、味甜，耐贮性强。

　　（2）九家种

　　该品种树势强，树姿直立，树冠较小，不开张，树形高圆头形。树干、老枝黑褐色，新枝绿褐色。枝组的节间粗短直立。叶片椭圆形或长椭圆形，叶色浓绿，叶表面蜡质层厚，叶背茸毛密，叶缘缺刻较深，长锯齿。总苞椭圆或扁椭圆形，针刺极稀，可透过针刺见到苞肉。针刺硬，斜展。坚果椭圆形，果顶平或微凸，果皮褐色。该品种较耐旱，不耐瘠，果实品质极佳，丰产，耐贮藏。

　　（3）它栗

　　该品种树体较矮，树势中等，树姿中等，树冠半圆头形，较开张。叶片长椭圆形，叶缘短锯齿，缺刻较深。球苞椭圆，黄棕色，针刺密、硬。坚果椭圆形，果顶平，果皮红褐色，品质佳。

（4）粘底板

该品种树体结构紧密，丛果性强，树势中等，树冠呈扁圆头形或圆头。坚果椭圆形，单粒重13.7 g，果皮红褐色，富光泽，茸毛较少。因球果充分成熟后，坚果仍粘在球苞内不脱落而得名。该品种高产稳产，抗病性强，果实品质较佳，较耐储藏。

2）生物学特性

（1）根

板栗根系入土深，主根可达2 m，垂直分布集中在25～60 cm深的土层内。板栗的根系水平分布较广，侧根和须根可达树冠直径的1～2倍，其中，85%分布在树冠投影范围内。

板栗根系单宁含量高，根系受伤后，单宁易氧化，对伤口愈合不利，也不易萌发新根。

板栗也为菌根植物，根系和真菌共生，形成外生菌根，从土壤中获取营养。

（2）枝、梢、芽

板栗枝条可分为生长枝、结果枝、结果母枝、雄花枝。

生长枝上均为叶芽或休眠芽，没有花芽，又分为普通生长枝、纤弱枝和徒长枝。普通生长枝长度10～30 cm，生长充实，芽发育饱满，是最为重要的生长枝。幼树时可做骨干枝，成年树可做结果母枝。纤弱枝长度在10 cm以下，生长纤弱，容易枯死。一般是除去或者更新树冠。徒长枝长度100 cm以上，生长不充实，成年树可培养为结果母枝，衰老树则可用来更新树冠。

结果母枝为枝上着生雌花芽、抽生结果枝的枝条，多是由去年的结果枝或良好生长枝发育而来。好的结果母枝长度20～30 cm，着生雌花芽3～5个。

结果枝为结果母枝先端花芽萌发而来，其上着生混合花序，又分为长果枝、中果枝和短果枝。长果枝20 cm以上，长势强，生长粗壮；中果枝15～20 cm；短果枝15 cm以下。

雄花枝上为雄花芽萌发而来，枝上除了叶片，只有雄花序，一般比较纤弱，应及早除去以节约养分。

板栗的芽有花芽、叶芽和休眠芽之分。花芽最大，呈扁圆或三角形，着生在结果母枝的顶端和中上部。萌发后抽生结果枝的为雄花芽，又称"完全混合芽"；萌发后抽生雄花枝的为雄花芽，又称"不完全混合芽"。叶芽较小，呈三角形和圆锥形，着生在生长枝的叶腋间或结果母枝的中下部，萌发后抽生营养枝。休眠芽最小，呈扁圆形着生在枝梢基部，一般不萌发。

（3）花、果

板栗为雌雄异花同株植物，结果枝上具有雌花序和雄花序。雌花序为球形，每个花序上有2～5朵雌花，以3朵居多。雄花序为荑黄花序，每个枝上有10个左右雄花序，每个花序上由3～5朵花组成一簇，十几簇呈螺旋状排列在花轴上组成1个花序，共有小花约100朵。

板栗为异化授粉植物，自花授粉结实率低，因此需要配置一定的授粉树。此外，板栗的花粉直感现象很明显，具有父本当代显性的特点。

3）对环境条件的要求

板栗对温度要求不高。南方品种群一般要求年均温 15～18 ℃，生长发育期平均气温 22～24 ℃，无霜期 200 d 以上，开花期适温为 17～27 ℃，低于 15 ℃或高于 27 ℃均将影响授粉受精和坐果。

板栗喜光，要求年日照时数 1 600 h 以上。日照不足 6 h 会影响产量和品质。

板栗在年降雨量在 500～2 000 mm 的地区都可种植，但在年降水量 500～1 200 mm 的地区最为适宜。开花期遇雨会授粉受精不良。在板栗灌浆期则对水分要求较多。

板栗对土壤的要求不严格，但在土层厚度 50 cm 以上、地下水位 1 m 以下、排水良好的砂质、砂壤质土生长良好，土壤 pH 值为 5.5～7.5，有机质含量 1% 以上。

16.9.2　生产技术

1）育苗

板栗育苗主要有实生繁殖和嫁接繁殖两种。

实生繁殖主要是为了繁殖砧木。实生繁殖的种子应选择粒大、充分成熟、栗实饱满、无病虫的种子。播种以春播为宜。秋季播种因需要越冬，种子可能会在土壤中发霉。种子在播种前必须经过层积处理，打破休眠。播种时种子应该平放，尖端朝向一侧，播种深度为 4～5 cm。

近年来，板栗多采用嫁接繁殖。

嫁接所用砧木为本砧。在我国南方某些地区，用茅栗做砧木，进入结果期早，但嫁接成活率低。接穗选择粒大、高产、稳产的优良板栗母树上的无病虫，芽眼充实饱满的枝条做接穗，用 75% 甲基托布津溶液 600～800 倍浸洗 2 次，晾干备用。接穗一般随采随接，在嫁接前，将接穗剪成嫁接时所需的长度，一般为 10～15 cm，含两个以上饱满芽。用工业石蜡将接穗两端封好，可提高嫁接成活率。嫁接时间可在春、秋两季进行。春季嫁接成活率高，以砧木开始萌芽时嫁接为最好。嫁接方法有劈接、切接、腹接等。嫁接后及时除萌，根系长度达到 28 cm、地径为 0.8 cm 时即可出圃定植。

2）建园与定植

板栗要求充足的光、热、水等条件，应选择背风、光照良好的丘陵地或河滩地。在山地建园，应选择向阳坡，坡度以 25°～45°为宜。温带地区海拔一般应在 500 m 以下，亚热带地区可达 800～1 000 m。

板栗定植的株行距以（3～5）m×（3～5）m 为宜。一般选择在嫁接苗休眠后定植。定植后回土高度应高于地面 2～5 cm。定植后应立即浇透水。

由于板栗自花授粉结实率低，还应配置授粉树，授粉树的距离不超过 50 m，主栽品种与授粉品种的比例为 4∶1～6∶1。

3）土、肥、水管理

板栗园的土壤管理有套种、清耕和覆盖等。在板栗园，种植浅根性矮秆作物或豆科作物有利于养地肥地,还可与茶叶、杨梅、香榧等常绿经济树种套种,以提高经济效益。因板栗根系不易愈合,故耕作制度以不伤根系为宜,因此应多进行清耕。在成年板栗园,果园生草有利于果园保湿,但应间隔2～3年将草深翻入土,防止果园表层土板结。

幼树在定植成活后,一年四季追肥4次,以氮肥为主。结果树一般每年施肥3次。春梢抽生以氮肥为主;在果实生长发育时以磷肥和钾肥复合肥为主,同时因板栗对锰的需要量较多,应适当添加锰;采果前后施氮肥,以利来年生长。施肥位置在树冠滴水处,沟施或穴施。

板栗对水分要求较少,一般在干旱时应适时灌水,平时做好果园保湿工作。

4)树体管理

板栗的树形有自然圆头形、主干疏层形和自然开心形等。一般采用自然开心形,主干高50～100 cm,无中心干,留3～4个主枝,主枝与主干夹角为45°～50°,分布均匀。每个主枝配置2～3个副主枝,副主枝的方向一致,在副主枝上配置侧枝和结果枝组。

幼树修剪以形成树冠为主,主要是培养主枝和副主枝。结果树修剪主要是培养结果枝组。初果树应扩大疏除,将树高控制在3～5 m,保证树冠垂直投影面积的每平方米内有结果母枝10～15个。盛果树应疏去过密枝、细弱枝、交叉枝,保证树冠垂直投影面积的每平方米内有结果母枝8～12个。衰老树主要是更新复壮,将侧枝和副主枝回缩到生长枝的地方。修剪时间以休眠期为宜。

5)花果管理

板栗需要配置授粉树才能提高结实率,必要时还要进行人工授粉,可用喷粉器或喷雾器进行2～3次人工喷粉。花量多时,应将未开放的雄花序从基部去掉,保留树冠顶部或边远部位5%～10%的雄花序,混合花序全部保留。另外,在呼吸时喷硼砂、赤霉素,可提高坐果率。

6)病虫害防治

①板栗的主要虫害有栗瘿蜂、栗绛蚧、栗皮夜蛾、栗透翅蛾、栗大芽等。

栗瘿蜂的防治措施:喷50%杀螟硫磷乳油1 000倍液或1.8%阿维菌素3 000～5 000倍液;冬季结合修剪清除虫瘿、虫枝;利用寄生蜂等天敌进行防治。

栗绛蚧的防治措施:喷10%吡虫啉可湿性粉剂1 000倍液;春季发芽前剪除虫枝;利用黑缘红瓢虫等天敌。

栗皮夜蛾的防治措施:喷50%杀螟硫磷乳油1 000倍液。

栗透翅蛾的防治措施:喷50%杀螟硫磷乳油1 000倍液;树干涂白。

栗大芽的防治措施:喷施1.8%阿维菌素3 000～5 000倍液;冬季落叶后成虫集结期和卵期抹除虫卵;利用用西方育爪螨、草蛉等天敌防治。

②板栗的主要病害有栗炭疽病、栗白粉病和栗干枯病。

栗炭疽病的防治措施:喷50%多菌灵可湿性粉剂600～800倍液;保持栗树通风透光;冬季清除病枝和病叶,并集中烧毁。

栗白粉病的防治措施:喷50%福·福甲肿·福锌可湿性粉剂1 000倍液;冬季清除病

枝、枯叶并集中烧毁。

栗干枯病的防治措施:在病疤处涂抹40%福美·砷可湿性粉剂50倍液;加强管理,增强树势;清除病枝,刮除病斑。

7)采收和贮藏

板栗的适宜采收期以总苞变为黄褐色、30%～40%总苞顶端呈十字开裂时为宜。采收应在晴天进行。

板栗较易贮藏。常用的方法有沙藏法。按细沙、板栗比例为1∶2进行,板栗晒1～2 d,每天翻动3、4次,使水分含量控制在85%～95%,总苞会自行开裂。在容器具底部和四周铺一层薄稻草,放一层板栗,再放一层细沙,如此进行,直至装满容器。压实,用塑料膜封好即可。

任务 16.10　橄　榄

活动情景　选择交通条件便利、土层深厚、有机质丰富、灌排条件条件良好的橄榄园作为学习地点。本任务要求学习橄榄的生产概况和生产技术。

 工作任务单设计

工作任务名称	任务 16.10　橄　榄	建议教学时数	
任务要求	1.熟悉橄榄生产概况 2.熟练掌握橄榄生产技术		
工作内容	1.了解橄榄生产概况 2.学习橄榄生产技术		
工作方法	以老师课堂讲授和学生自学相结合的方式完成相关理论知识学习;以田间项目教学法和任务驱动法,使学生掌握橄榄相关生产技术		
工作条件	多媒体设备、资料室、互联网、试验地、相关劳动工具等		
工作步骤	资讯:教师由活动情景引入任务内容,进行相关知识点的讲解,并下达工作任务 计划:学生在熟悉相关知识点的基础上,查阅资料、收集信息,进行工作任务构思,师生针对工作任务有关问题及解决方法进行答疑、交流,明确思路 决策:学生在教师讲解和收集信息的基础上,划分工作小组,制订任务实施计划,并准备完成任务所需的工具与材料 实施:学生在教师指导下,按照计划分步实施,进行知识和技能训练 检查:为保证工作任务保质保量地完成,在任务的实施过程中要进行学生自查、学生互查、教师检查 评估:学生自评、互评,教师点评		
工作成果	完成工作任务、作业、报告		

续表

工作任务名称		任务 16.10　橄　榄	建议教学时数			
考核要素	课堂表现					
	学习态度					
	知识	1. 橄榄生产概况 2. 橄榄生产技术				
	能力	熟练掌握橄榄生产技术				
	综合素质	独立思考,团结协作,创新吃苦,严谨操作				
工作评价 环节	自我评价	本人签名:		年	月	日
	小组评价	组长签名:		年	月	日
	教师评价	教师签名:		年	月	日

 任务相关知识点

橄榄（*Canarium album*（Lour.） Reausch.）是橄榄科（Burseraceae）、橄榄属（*Canarium* Linu）常绿乔木果树。橄榄营养丰富,鲜食橄榄有益健康。橄榄还可加工成橄榄汁、果酱、果酒等产品。橄榄原产亚洲、非洲的热带亚热带地区及太平洋北部地区,我国是最重要的原产国之一。其中,广东、福建种植最多,广西、台湾、云南、四川、贵州、浙江等省、自治区也有种植。

16.10.1　生产概况

1）种类和品种

全世界橄榄属植物有 100 多种,用作果树栽培的有 30 多种。（表 16.5）我国分布的橄榄属植物有 7 种:橄榄（*C. album*［Lour.］Reausch.）、乌榄（*C. pimela* Koenig）、越南橄榄（*C. tonkinense* Engl.）、小叶榄（*C. parvum* Leenh.）、毛叶榄（*C. subulatum* Guil.）、方榄（*C. bengalense* Roxb.）、滇榄（*C. strictum* Roxb.）。其中,橄榄和乌榄是我国最主要的栽培种。橄榄又名"青果""白榄""山榄""黄榄",叶、花、果较小,小叶片少,为 11 ~ 15 片;叶脉不明显,叶背网状较突起,有窝点;叶片揉碎时有较淡的味道;花序与叶等长或略短,花期较迟;果实成熟时为青绿色或淡黄色;果核短而小。乌榄的叶、花、果较大,小叶片较多,为 15 ~ 21 片;叶脉较明显,叶背网状较平滑,没有小窝点;叶片揉碎时有较浓的味道;花序比叶片长,花期较早;果实成熟时为紫黑色;果核长而大,果核核面光滑。

表 16.5　我国橄榄主要品种（品系）分布与分类

产地	分　类		主要品种（品系）
福建	闽江流域品种系统	檀香品种群	檀香、安仁溪檀香、檀头

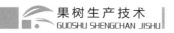

续表

产地	分类		主要品种（品系）
福建	闽江流域品种系统	长营品种群	长营、大长营、黄皮长营、青皮长营、黄肉长营、长棱、麦穗、羊矢
		慧圆品种群	惠圆、自来圆、小自来圆、黄大
	莆田仙游品种系统	无性繁殖	下溪本、刘族本、一月本、公本、黄接本、白大、橄榄干、黄柑味、尖尾钻
		有性繁殖	糯米橄榄、黑肉鸡、秋兰花、六分体
广东	鲜食		茶窑榄、猪腰榄、三棱榄、潮州青皮榄、冬节圆橄榄、丁香榄、鹰爪指、凤湖榄、尖青
	加工		大头黄、黄仔、红心仔、汕头白榄、大红心、赤种、三方、四季榄
广西			福州橄榄、青皮榄
台湾	台湾本地榄泰国榄		红心本地种、青心本地种、实生野生种

①檀香的主要特征是果实在成熟时具有褐色放射状条纹，俗称"莲花座"。采用嫁接繁殖，为优质鲜食品种。檀头系檀香实生后代，与檀香相比，褐色放射状条纹不明显，实生繁殖，品质不及檀香。安仁溪檀香是从檀香中选育的优良单株，主要特征是果实有放射状五裂纹。

②长营又名"长行"，适合加工蜜饯。长营品种群的其他品种多用于加工。

③慧圆品种群鲜食、加工均宜。

④三棱榄为广东地区著名品种。主要特征是成熟的果实可留树3~4个月而不脱落。

⑤福州橄榄鲜食、加工均宜。

⑥青皮榄主要用于鲜食，也可加工。

⑦台湾本地榄产于台湾，适于加工蜜饯。

⑧泰国榄原为泰国品种。品质中等，鲜食、加工均可。

2）生物学特性

橄榄为多年生果树，主根发达，根系深广，须根较少。主干直立，树冠高大开展，可达15 m，树干外皮为灰色。叶片为奇数羽状复叶，互生，长15~30 cm，多生长在枝梢顶部。橄榄花为顶生或腋生总状花序，具有3种类型：两性花、雌花和雄花，还有少量畸形花。同一株树具有同种花，如雌花树、雄花树和两性花树。同一株树具有不同种花，雄花和两性花在同一株树上。橄榄的果实属于核果类，形状多样，有卵圆形、椭圆形等，大小因品种不同而异，单果重从4~20 g不等。

橄榄寿命长，经济寿命为50年以上。一年抽梢2~4次，有春梢、夏梢、秋梢。营养枝主要是夏梢和冬梢，春梢也可作为营养枝。秋梢是主要的结果母枝，春梢也可作为结果枝。

3）对环境条件的要求

（1）土壤

橄榄对土壤要求不严格,在干旱和盐碱地依然能够生长,最适宜的土壤为沙质、砾质壤土或土层深厚的红壤土,黏土最不适宜。

（2）温度

橄榄喜暖,在我国栽培北缘地区如浙江瑞安等地,因年均温为19 ℃,冬天易发生冻害。

（3）水分

橄榄抗旱能力强,但在湿润地区生长良好,不耐涝,长期积水会造成烂根枯死。

（4）光照

橄榄喜光,但耐阴性强,不能暴晒。

16.10.2　生产技术

1）育苗

传统上采用播种育苗,但小苗成活保存率极低,结果迟,性状变异较大。目前主要是采用嫁接苗。

嫁接时间在春梢抽发前、气温在13～25 ℃最为适宜,若嫁接后温度升高,则提高嫁接成活率。

接穗选择丰产稳产的母本树枝条,最好选用健壮、节间短、生长充实、芽体饱满的一年生外围向阳枝。因橄榄树体富含单宁成分,易于褐化形成隔离层,故采集接穗后应立即嫁接。

幼龄树做砧木嫁接成活率高,一般采用径粗在0.5～2 cm的幼树,砧木品种可采用羊矢、秋兰花等。

嫁接方法因树体而异。通常采用的方法有腹接、切接和芽接,以切接为宜。为了防止单宁影响伤口愈合,可在嫁接时将脱脂棉包裹在嫁接处,吸收单宁伤流液,提高嫁接成活率。

2）建园

橄榄为高大木本果树,投产较慢,可在幼树期套种其他作物,提高果园经济效益。果园多采用矮化密植。为避免发生冻害,冬季有霜冻的地区应选择南向或者东南向,沿海台风地区宜选择西南向。株行距一般为4 m×5 m,依据地势条件不同,定植选择在秋梢停止后进行为宜。定植穴深约为1 m,直径1 m,施足基肥。

3）土、肥、水管理

橄榄在微酸性土壤中生长良好。我国橄榄种植区多为红壤土,土壤为酸性,可合理施用石灰调整土壤pH值。一般一年施肥3次,春梢抽生前施肥促进营养生长,果实迅速膨大前施肥促进果实发育,采果后施肥使树体积累养分。每年中耕除草3～4次。干旱季节覆盖树盘,遇雨后及时排水,并培土以增加土层厚度。

4）树体管理

幼年树树体管理主要是整形,确定主干、主枝、侧枝。主枝位置一般在主干距地 1～2 m处,选择 3～5 条生长势强、分布均匀的枝条作为主枝。树形有主枝开心圆头形、自然开心形和主干形 3 种。

成年树树体管理主要是促进开花结果。修剪在果实采收后进行,剪除徒长枝、病虫枝以及重叠枝,主要是培养结果母枝。

5）花果管理

优质的结果母枝是橄榄结果的保障。将发育健壮完全、节间短、叶多的枝条培养成结果母枝,有利于开花结果。衰弱树可在根外追肥促进枝条生长,健壮树则可在抽秋梢前喷施生长调节剂,防止枝条徒长积累营养。

另外,在花蕾期、谢花期和幼果期喷施保果剂,能促进坐果。

6）病虫害防治技术

（1）虫害

橄榄星室木虱（*Pseudophacopteron canarium* Yang et Li）是橄榄的重要害虫之一,一年发生 7～9 代。若虫在嫩梢、叶芽上吸食,能抑制新梢生长,幼叶为害处形成伪虫瘿,使叶面皱缩甚至脱落。同时,若虫能分泌液体黏湿枝叶,引起煤烟病。成虫主要是吸食叶背或新梢上的汁液。防治办法:做好冬季果园清理工作,降低害虫越冬可能性;调节抽梢,适时放梢,减少害虫食物来源;合理使用农药,灭多威为防治橄榄星室木虱的特效药。

（2）病害

橄榄病害主要有炭疽病、煤烟病、叶斑病。

炭疽病为害叶片和果实,高温高湿条件下发病严重。防治办法:减少果园积水;喷施甲基托布津可湿性粉剂或多菌灵可湿性粉剂。

叶斑病为害春梢叶片,高温高湿条件下发病严重。防治办法同炭疽病。

煤烟病为害叶片、小枝,影响植物光合作用。防治办法:改善果园通风透光条件;喷施甲基托布津可湿性粉剂或多菌灵可湿性粉剂;减少果园湿度。

7）采收与贮藏

果实成熟即是花穗分化的开始。为了减少养分消耗,应适时采收。应选择合理的方式采收,如人工采收,但不宜用竹竿敲打,以防果实和树体受伤。鲜食果实应在完全成熟时采收,用于加工的果实可适当早收。

橄榄不易贮藏,室温时容易腐烂。有研究表明,6 ℃时橄榄就会发生冻害,影响果实品质。在低温(2±1)℃贮藏前,用 38 ℃热空气处理 30 min,可以提高橄榄果实抗冷性,减少低温冻害。

项目小结 》》》

熟练掌握杨梅、杨桃、枇杷、番石榴、毛叶枣、柿子、桃、番木瓜、板栗、番木瓜、橄榄等果品的相关生产知识与技能,为其优质高产打下坚实基础。

复习思考题)))

    1. 简述杨梅的生产技术要点。

    2. 简述杨桃的生产技术要点。

    3. 简述枇杷的生产技术要点。

    4. 简述番石榴的生产技术要点。

    5. 简述毛叶枣的生产技术要点。

    6. 简述柿的生产技术要点。

    7. 简述桃的生产技术要点。

    8. 简述番木瓜的生产技术要点。

    9. 简述板栗的生产技术要点。

    10. 简述橄榄的生产技术要点。

模块 4　参考资料

 模块项目设计

专业领域	园艺技术	学习领域	果树生产
模块名称	参考资料		
项目名称	资料1　果树园艺工国家职业标准		
模块要求	了解相关资料,能够查找其他相关资料		

果树园艺工国家职业标准

（中华人民共和国劳动和社会保障部　中华人民共和国农业部　制定）

1.职业概况

1.1　职业名称

果树园艺工。

1.2　职业定义

从事果树繁种育苗、建园设计和建设、土壤改良、栽培管理、果品收获及采后处理等活动的人员。

1.3　职业等级

本职业共设五个等级,分别为:初级(国家职业资格五级)、中级(国家职业资格四级)、高级(国家职业资格三级)、技师(国家职业资格二级)、高级技师(国家职业资格一级)。

1.4　职业环境

室外、常温。

1.5　职业能力特征

具有一定的学习能力、表达能力、计算能力、颜色辨别能力、空间感和实际操作能力、动作协调,色觉、嗅觉、味觉正常。

1.6　基本文化程度

初中毕业。

1.7　培训要求

1.7.1　培训期限

全日制职业学校教育,根据其培养目标和教学计划确定。晋级培训期限:初级不少于150标准学时;中级不少于120标准学时;高级不少于100标准学时;技师不少于80标准学时;高级技师不少于80标准学时。

1.7.2　培训教师

培训初、中级的教师应具有本职业技师及以上职业资格证书或本专业中级及以上专业技术职务任职资格;培训高级、技师的教师应具有本职业高级技师职业资格证书或本专业高级及以上专业技术职务任职资格;培训高级技师的教师应具有本职业高级技师职业资格证书3年以上或本专业高级及以上专业技术职务任职资格。

1.7.3　培训场地与设备

满足教学需求的标准教师、实验室和教学基地,具有相关的仪器设备及教学用具。

1.8　鉴定要求

1.8.1　适用对象

从事或准备从事本职业的人员。

1.8.2　申报条件

——高级(具备以下条件之一者)

(1)取得本职业中级职业资格证书后,连续从事本职业工作3年以上,经本职业高级正规培训达规定标准学时数,并取得结业证书。

(2)取得本职业中级职业资格证书后,连续从事本职业工作5年以上。

(3)取得高级技工学校或劳动保障行政部门审核认定的、以高级技能为培养目标的高等职业学校本职业(专业)毕业证书。

(4)取得本职业中级职业资格证书的大专及以上本专业或相关专业毕业生,连续从事本职业工作2年以上。

——技师(具备以下条件之一者)

(1)取得本职业高级职业资格证书后,连续从事本职业工作4年以上,经本职业技师正规培训达规定标准学时数,并取得结业证书。

(2)取得本职业高级职业资格证书后,连续从事本职业工作6年以上。

(3)大专以上本专业或相关专业毕业生,取得本职业高级职业资格证书后,连续从事本职业工作2年以上。

(4)大专以上本专业毕业生,连续从事本职业工作5年以上。

——高级技师(具备以下条件之一者)

(1)取得本职业技师职业资格证书后,连续从事本职业工作3年以上,经本职业高级技师正规培训达规定标准学时数,并取得结业证书。

(2)取得本职业技师资格证书后,连续从事本职业工作5年以上。

(3)取得中级(含中级)以上专业技术职务任职资格,连续从事本职业工作3年以上。

1.8.3　鉴定方式

分为理论知识考试和技能操作考核,理论知识考试采用闭卷笔试方式,技能操作考核采用现场实际操作方式。理论知识考试和技能操作考核均采用百分制,成绩皆达60分及以上者为合格。技师、高级技师还须进行综合评审。

1.8.4　考评人员与考生配比

理论知识考试考评人员与考生配比为1∶15,每个标准教室不少于2名考评人员;技能操作考核考评员与考生配比为1∶5,且不少于3名考评员;综合评审委员不少于5人。

1.8.5　鉴定时间

理论知识考试时间不少于90分钟,技能操作考核时间不少于50分钟。综合评审时间不少于30分钟。

1.8.6　鉴定场所及设备

理论知识考试在标准教室进行,技能操作考核在田间现场及具有必要仪器、设备的实验室及进行。

2.基本要求

2.1　职业道德

2.1.1　职业道德基本知识

2.1.2　职业守则

(1)敬业爱岗,忠于职守

(2)认真负责,实事求是

(3)勤奋好学,精益求精

(4)遵纪守法,诚信为本

(5)规范操作,注意安全

2.2　基础知识

2.2.1　专业知识

(1)土壤和肥料基础知识

(2)农业气象常识

(3)果树栽培知识

(4)果园病虫草害防治基础知识

(5)果品采后处理基础知识

(6)果园常用的农机使用常识

(7)农药基础知识

(8)果园田间试验设计与统计分析常识

2.2.2　安全知识

(1)安全使用农药知识

(2)安全用电知识

(3)安全使用农机具知识

(4)安全使用肥料知识

2.2.3　相关法律、法规知识

(1)农业法的相关知识

(2)农业技术推广法的相关知识

(3)劳动法的相关知识

(4)合同法的相关知识

(5)种子法的相关知识

(6)农药管理条例的相关知识

(7)国家和行业果树产地环境、产品质量标准,以及生产技术规程

3.工作要求

本标准对初级、中级、高级、技师和高级技师的技能要求依次递进,高级别涵盖低级别

的要求。

3.1　初级工

职业功能	工作内容	技能要求	相关知识
一、果树分类和识别	果树和果实的识别	1. 能识别常见果实10种 2. 能识别本地区常见果树10种	1. 常见果实外观特征 2. 常见果树的特征
二、育苗	(一)种子采集与处理	1. 能按指定的技术指标采集、调制和贮藏种子 2. 能按指定的技术指标进行种子的沙藏处理	1. 种子采集、调制和贮藏知识 2. 种子休眠知识 3. 层积处理知识
	(二)播种	1. 能按指定的标准进行施肥、整地和做畦 2. 能正确识别主要果树砧木种子 3. 能按指定的密度、深度和方法播种	1. 种子识别知识 2. 整地做畦知识 3. 播种方式和方法
	(三)实生苗管理	1. 能按指定的技术标准进行出苗期管理 2. 能按技术要求进行浇水、追肥和中耕除草 3. 能够按指定的标准进行间苗和移栽 4. 能用指定的药剂防治苗期病虫害	1. 出苗期管理知识 2. 浇水、施肥知识 3. 幼苗移栽知识 4. 安全使用农药知识
	(四)扦插育苗	1. 能按指定的标准整地、做畦和覆膜 2. 能按指定的技术标准进行插条处理 3. 能按照指定的技术标准进行扦插 4. 能按技术要求进行扦插苗的土、肥、水管理	1. 促进扦插生根知识 2. 扦插方法 3. 扦插苗管理知识
	(五)压条育苗	1. 能按指定的标准进行水平压条 2. 能按指定的技术标准进行直立压条育苗 3. 能按指定的技术标准进行曲枝压条 4. 能按指定的技术标准进行空中压条 5. 能按要求进行苗期管理	1. 压条方法 2. 压条苗管理知识
	(六)分株育苗	1. 能按指定的技术标准进行根蘖分株育苗 2. 能按指定的技术要求进行匍匐茎和新茎分株育苗	1. 相关果树的生物学特性 2. 分株方法 3. 分株育苗管理知识
	(七)嫁接育苗	1. 能按指定的标准在生产季节采集接穗和保存接穗 2. 能进行果树T形芽接和嵌芽接的操作,嫁接速度达到60个芽/小时,或枝接20个接穗/小时,操作过程符合技术规范 3. 能按指定的标准,检查成活、解绑和剪砧	1. 采集和保存接穗知识 2. 果树芽接知识
	(八)起苗、苗木分级、包装和假植	1. 能按指定的方法起苗 2. 能用指定的药剂和剂量进行苗木消毒处理 3. 能按指定的技术标准包装和假植果树苗木	1. 苗木出圃知识 2. 安全使用农药知识 3. 苗木贮藏方法

续表

职业功能	工作内容	技能要求	相关知识
三、果园建立	果树栽植	1.能根据指定的技术指标挖好定植穴（沟） 2.能按指定的标准正确进行果树栽植各个环节的操作	1.土壤结构知识 2.挖定植穴（沟）方法 3.栽植方法
四、果园管理	（一）土肥水管理	1.能按指定的标准和要求给果树进行土壤施肥和灌溉 2.能按指定的肥料种类和浓度进行叶面肥喷肥 3.能按指定的技术标准进行果园地面覆盖、果树行间种草 4.能正确识别常见的化肥种类 5.能正确使用和保养果园常用的农机具	1.土壤和肥料知识 2.果树根系分布特点 3.施肥和灌溉方法 4.果园地面覆盖、果园生草知识 5.常用农机具使用和保养常识
	（二）花果管理	1.能按技术要求进行果园熏烟防霜 2.能按指定的标准进行果树人工辅助授粉 3.能按指定的标准进行疏花疏果、果实套袋和去袋 4.能按指定的技术标准,进行摘叶、转果、铺反光膜 5.能按指定的技术要求采收果实	1.预防晚霜的方法 2.花果管理的内容和方法 3.果实成熟度确定和采收方法 4.花粉干制的方法
	（三）果树修剪	1.生长季修剪:能按技术标准进行新梢摘心、剪梢、梳枝、环剥、扭梢、拉枝、拿枝、撑枝、绑梢、绑蔓等生长季修剪方法的单项操作 2.休眠期修剪:能按照技术要求疏除大枝,能把骨干枝基本排布均匀,分清骨干枝和抚养枝,理清主从关系 3.能正确使用、保养和维修常用的修剪工具	1.树体结构知识 2.主要修剪方法及作用
	（四）休眠期管理	1.能按要求进行休眠期果园的清理 2.能按技术要求进行刮树皮和涂白等工作 3.能按技术要求浇果园封冻水 4.能按技术标准进行一些果树的埋土防寒	1.休眠期病虫草害综合防治知识 2.果树防寒知识 3.果树越冬肥水管理知识
	（五）设施果树管理	1.能根据技术指标使用相关的设施设备调节设施的温度、湿度和光照 2.能按技术要求防治土壤盐渍化 3.能通风换气,防治有害气体中毒	1.设施环境特点 2.设施环境调控知识 3.棚室内有害气体预防和控制知识
	（六）病虫草害防治	1.能安全使用农药和喷药设备 2.能安全保管农药和保养喷药设备 3.能识别当地主要果树病害和害虫各5种 4.能用指定的药剂防治病虫害和杂草	1.果树常见病虫、杂草识别方法 2.安全使用农药知识 3.药剂保管及农药器械保养知识

职业功能	工作内容	技能要求	相关知识
五、采收处理	果实分级、打蜡和包装	1.能根据分级标准进行果实分级 2.能根据技术指标清洗果品和打蜡 3.能根据技术指标包装果实	1.果实分级标准 2.果品清洗、打蜡和包装知识

3.2　中级工

职业功能	工作内容	技能要求	相关知识
一、果树分类和识别	品种识别	1.能够识别当地主要果树品种的植株10种 2.能够识别当地主要果树品种的果实10种	1.果树品种的植株特征 2.果树品种的果实特征
二、育苗	(一)种子处理	1.能合理采集种子,并调制、分级和贮藏 2.能进行种子生活力鉴定 3.能正确进行层积处理	1.砧木种子采集、调制、分级和贮藏的知识 2.种子休眠机制及调控方法 3.种子生活力鉴定方法
	(二)播种	1.能正确进行施肥整地 2.能计算播种量 3.能合理确定播种期 4.能根据种子的种类以适宜的密度和深度播种	1.整地知识 2.实生苗特点及应用 3.播种量的计算方法 4.播种方法
	(三)实生苗管理	1.能合理进行出苗期管理 2.能合理进行浇水、追肥 3.能够正确进行间苗和移栽 4.能根据病虫害种类,确定药剂种类和使用方法	1.出苗期管理知识 2.幼苗移栽知识 3.苗期浇水和施肥知识 4.苗期主要病虫害防治知识
	(四)扦插	1.能进行整地和做畦,操作符合技术要求 2.能进行插条处理,各个环节符合技术要求 3.能进行扦插,操作符合技术要求 4.能制作或安装荫棚沙床和全光照弥雾沙床	1.整地知识 2.插条生根原理和促进生根方法 3.扦插技术 4.扦插苗管理技术 5.荫棚和沙床知识
	(五)压条育苗	1.能进行水平压条育苗,操作符合技术要求 2.能进行直立压条育苗,操作符合技术要求 3.能进行曲枝压条育苗,操作符合技术要求 4.能进行空中压条育苗,操作符合技术要求	1.生根原理和促进生根的方法 2.压条技术 3.压条苗管理技术

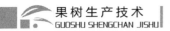

果树生产技术 / GUOSHU SHENGCHAN JISHU

续表

职业功能	工作内容	技能要求	相关知识
	（六）分株育苗	1. 能进行根蘖分株育苗，操作符合技术要求 2. 能进行匍匐茎和新茎分株育苗，操作符合技术要求	1. 分株苗繁殖原理 2. 相关果树的生物学特性 3. 分株方法 4. 分株苗管理技术
	（七）嫁接育苗	1. 能合理进行接穗采集和贮藏 2. 能够熟练地进行果树的芽接，芽接速度达到80芽以上/小时，操作过程符合技术规范 3. 能够进行果树的枝接操作，枝接速度达到25个接穗/小时，操作过程符合技术规范 4. 能检查成活，正确解绑和剪砧	1. 接穗采集和贮藏知识 2. 果树嫁接成活机制及促进成活的方法 3. 嫁接方法 4. 嫁接后管理知识
	（八）起苗、苗木分级、包装和假植	1. 能进行苗木质量检验 2. 能确定药剂的种类和进行消毒处理 3. 能合理起苗 4. 能合理进行苗木包装和假植	1. 苗木质量分级标准 2. 苗木消毒相关知识 3. 起苗知识 4. 苗木贮藏技术
三、果园建立	果树栽植	1. 能根据当地气候，确定适宜栽植时期 2. 能正确进行苗木栽前处理 3. 能正确进行果树栽植各个环节的操作 4. 能正确进行栽后管理	1. 当地气候常识 2. 果实栽植知识
四、果园管理	（一）土肥水管理	1. 能根据果树生长情况合理确定施肥时期、施肥种类、施肥方法及施肥量 2. 能以适宜的肥料种类和浓度进行叶面喷肥 3. 能根据当地情况合理确定果园耕作制度 4. 能合理进行果园土壤改良	1. 果树根系分布特点及生长规律 2. 果实肥水需求特性 3. 常用肥料特性及施用技术 4. 灌水方法、节水栽培技术 5. 果园土壤管理知识 6. 各种类型土壤特性、土壤改良技术
	（二）花果管理	1. 能正确实施果园晚霜的预防 2. 能根据果树结果习性合理进行疏花疏果、果实套袋 3. 能正确进行花粉采集、调制和保存 4. 能进行人工授粉 5. 能进行摘叶、转果、铺反光膜	1. 预防晚霜的知识 2. 坐果的机理及提高坐果率的技术 3. 果实品质的含义 4. 影响果实品质的因素及提高果实品质的技术
	（三）生长调节剂使用技术	1. 能正确判断树体生长势 2. 能针对果树生长势正确选择和使用生长调节剂 3. 能正确配置生长调节剂溶液	1. 果树生长势判断知识 2. 生长调节剂相关知识 3. 生长调节剂配制方法

续表

职业功能	工作内容	技能要求	相关知识
四、果园管理	（四）果树整形修剪	1.能完成本地常见果树的休眠期整形修剪,树体结构较合理,修剪方法的运用基本正确 2.能较合理地进行果树生长期修剪	1.果树枝芽类型、特性及应用 2.果树生长结果平衡调控技术
	（五）果实采收	1.能把握好果实的成熟度和适宜采收期 2.能正确采收果实	1.果实成熟度知识 2.果实采收技术
	（六）病虫防治	1.能识别当地主栽果树的常见病害和虫害各10种 2.能针对当地常见的病虫害发生情况,采取积极的预防措施 3.能针对果园的病虫害,确定农药的种类,并能正确使用	1.果树常见病虫识别和预防知识 2.农药知识
	（七）设施果树管理	1.能确定设施果树的扣棚和升温时间 2.能根据果树的生长发育阶段,正确调控设施内的温度、湿度和光照 3.能确定土壤盐渍化综合防治措施 4.能确定有害气体的种类,出现的时间和防治方法 5.能根据设施内的空间和果树生长结果习性,较合理地进行设施果树的修剪	1.果树休眠知识 2.果树生长发育与环境知识 3.土壤盐渍化知识 4.设施环境调控知识 5.设施栽培果树修剪知识
五、采收处理	质量检测和商品化处理	1.能根据果品外观质量标准判断产品质量 2.能准备清洗和打蜡设备 3.能选定包装材料和设备 4.能正确使用简单的仪器测定果实的可溶性固形物含量、果实硬度	1.外观质量标准知识 2.清洗打蜡设备知识 3.包装材料和设备知识 4.糖度仪、硬度计使用常识

3.3　高级工

职业功能	工作内容	技能要求	相关知识
一、育苗	（一）苗情诊断	1.能正确判断苗木的长势,并调整肥水管理等措施 2.能识别当地主要树种苗期常见生理性病害,并制定防治措施	1.果树生长势判断知识 2.果树苗期营养诊断知识
	（二）病虫害防治	1.能识别当地主要树种和品种苗期常见病虫害 2.能制定各种病虫害的综合防治措施	1.苗期主要病虫害识别 2.常见病虫害综合防治技术 3.无病毒果苗繁育常识
	（三）嫁接	1.能合理选用砧木 2.能熟练运用多种嫁接方法,操作过程符合技术规范 3.能正确进行大树多头高接操作	1.嫁接亲和力知识 2.常用砧木特性 3.大树高接换优相关知识

续表

职业功能	工作内容	技能要求	相关知识
一、育苗	(四)容器育苗	1. 能合理选用容器 2. 能合理配制营养土 3. 能进行容器苗管理	1. 容器特性 2. 基质和肥料特性 3. 容器苗的肥水管理知识
二、果园建立	建园设计与方案实施	1. 能根据树种、品种、砧木特性合理确定栽植密度 2. 会使用简单的测量工具 3. 能进行小型果园的建园方案设计 4. 能组织实施中小型果园的建园方案	1. 果树种类、品种的生长结果特性 2. 简单的测量学知识 3. 园地规划相关知识 4. 树种配置相关知识
三、果园管理	(一)肥水管理和植株调控	1. 能识别本地主要果树常见的缺素症和营养过剩症 2. 能根据植株长势,合理制定肥水管理措施 3. 能根据果树长势,合理制定果树生长势调控措施	1. 果树生长发育知识 2. 果树生长势判断知识 3. 果树常见缺素症和营养过剩知识 4. 树种生长势调控技术
	(二)果树整形修剪	1. 能够发现修剪中存在的问题,并能制定相应的解决方案 2. 能熟练完成本地主要果树的整形修剪,树体结构合理,注意枝组的更新复壮和轮流结果,修剪手法运用恰当 3. 能恰当地运用各种修剪方法,调整树形、改善树冠内光照、调控树体生长发育和节省营养	1. 果树整形修剪知识 2. 果树生长结果平衡知识、枝组配置和枝组修剪方法
	(三)设施果树管理	1. 能根据植株生长情况,调控生长环境 2. 能合理进行设施果树的整形修剪 3. 能合理进行设施果树的土肥水管理	1. 主要设施类型特点 2. 设施果树生长发育与肥水需求特点 3. 设施环境控制技术 4. 设施果树修剪知识
	(四)病虫害防治	1. 能识别本地常见果树的病害和害虫各15种 2. 能制定当地主栽树种常见病虫草害综合防治方案	1. 主栽果树常见病虫害的发生规律 2. 果树病虫害识别和综合防治技术
四、技术管理	生产计划实施和技术操作规程制定	1. 能组织实施年度生产计划 2. 能制定当地主栽果树的周年工作历	1. 果园周年管理知识 2. 果园生产技术知识
五、技术指导	技术示范和指导	1. 能对初、中级人员进行技术操作示范 2. 能对初级人员进行技术指导	1. 果园栽培知识 2. 技术指导方法

3.4 技师

职业功能	工作内容	技能要求	相关知识
一、育苗	（一）苗期诊断	1. 能识别常见果树苗期各种生理病害 2. 能制订生理性病害的防治措施	1. 果树苗期生理病害识别 2. 常见生理性病害防治知识
	（二）病虫害防治	1. 能识别常见果树苗期的病虫 2. 能制订病虫害综合防治措施	1. 果树苗期病虫识别 2. 苗期病虫害综合防治知识
二、果园建立	果园规划与设计	1. 会使用测量工具 2. 能进行大中型果园的规划设计 3. 能组织实施大中型果园设计方案	1. 测量学知识 2. 果树建园知识 3. 果树种和品种知识
三、果园管理	（一）肥水管理	1. 能识别本地常见果树的缺素症和营养过剩症 2. 能制订各缺素症防治措施 3. 能根据土壤测试和叶片分析的结果，制订施肥方案	1. 主要果树营养诊断知识 2. 平衡施肥知识
	（二）病虫害防治	1. 能识别本地常见果树的病害和害虫各25种 2. 能制订当地常见果树病虫害综合防治方案	1. 果实病虫害识别 2. 果树病虫害综合防治知识
	（三）果树整形修剪	能处理好本地主栽果树的各种疑难树形的整形修剪	1. 果树整形修剪知识 2. 果树生长结果平衡理论知识、修剪方法的灵活运用
四、采收处理	质量检测和分级	1. 能检测果实中的农药残留量和亚硝酸盐、重金属盐含量 2. 能制订果实分级标准	1. 农药残留和亚硝酸盐、重金属盐检测方法 2. 果品分级标准知识
五、技术管理	（一）编制果园周年生产技术	1. 能够调研果品生产量、供应期和价格 2. 能制定当地常见果树的周年生产计划 3. 能制订农资采购计划 4. 能制订主要果树生产计划规程	1. 果树周年管理知识 2. 果品市场调研知识
	（二）技术评估	1. 能评估技术措施应用效果 2. 能对存在问题提出改进方案	技术评估相关知识
	（三）种子和苗木的鉴定	1. 能测定砧木种子的纯度 2. 能鉴定苗木质量和品种的纯度	1. 砧木种子和果树苗木质量鉴定知识 2. 果树品种知识
	（四）技术开发	1. 能对生产技术开展实验研究 2. 能有技术地引进、试验、示范推广新品种、新材料、新技术 3. 能撰写生产技术总结和调查总结	1. 田间试验与统计知识 2. 果树栽培管理知识 3. 新品种、新材料、新技术知识

续表

职业功能	工作内容	技能要求	相关知识
六、培训指导	技术培训与指导	1.能制订初、中、高级人员培训计划，编写初、中级培训教材 2.能准备初、中、高级人员培训资料、实习用材和场地 3.能给初、中、高级人员授课、技能操作示范 4.能对初、中、高级工人员在各个生产环节进行指导	1.果树栽培知识 2.培训材料的编写方法 3.技术指导方法

3.5 高级技师

职业技能	工作内容	技能要求	相关知识
一、果园管理	(一)病虫害防治	1.能识别当地果树各种生理病害，并制定防治措施 2.能识别当地果树病害和害虫各30种，并制定综合防治措施	1.果树营养诊断知识 2.果树病虫害综合防治知识
	(二)肥水管理	能制定切实可行的施肥和节水灌溉方案	节水灌溉和果树营养知识
	(三)果树整形修剪	能处理好本地常见果树疑难树形的整形修剪	果树生长发育与整形修剪
二、采后管理	分级与包装	1.能制定企业产品分级标准 2.能根据产品特性提出包装设计要求	1.果品分级知识 2.果树产品特性 3.包装材料相关知识
三、技术管理	(一)技术研究和开发	1.能针对生产上的关键技术问题提出攻关课题，开展实验研究和技术攻关 2.能针对相应的试验研究写出总结、报告和论文	1.果树生产技术知识 2.田间试验与统计知识和科研能力 3.科技写作知识
	(二)生产形势预测	1.能预测果树生产发展趋势，提出当地果树生产的发展方向 2.能对当地的果树生产存在的问题提出调整方案	1.果品产销动态知识 2.果品市场预测知识
四、培训指导	技术培训和指导	1.能制订高级人员和技师培训计划，编写培训教材 2.能准备高级人员和技师培训资料、实习用材和场地 3.能给高级人员和技师授课、技能操作示范 4.能指导高级人员和技师进行果树生产	1.教育心理学的相关知识 2.语言表达技巧

4.比重表

4.1　理论知识

项　目		初级/%	中级/%	高级/%	技师/%	高级技师/%
基本要求	职业道德	5	5	5	5	5
	基础知识	20	20	15	5	5
相关知识	育苗	15	15	10	5	—
	果树定植	10	10	5	—	—
	建园设计和实施	—	—	10	15	—
	果园管理	40	40	35	20	20
	采收处理	10	10	10	10	10
	技术管理	—	—	10	25	25
	培训指导	—	—	—	15	25
合　计		100	100	100	100	100

4.2　技能操作

项　目		初级/%	中级/%	高级/%	技师/%	高级技师/%
技能要求	果树识别	5	5	5	—	—
	育苗	30	30	20	—	—
	定植	15	10	—	—	—
	果园管理	40	45	50	35	25
	采收处理	10	10	10	10	10
	技术管理	—	—	10	35	45
	培训指导	—	—	5	20	20
合　计		100	100	100	100	100

参考文献

[1] 陈杰忠.果树栽培学各论(南方本)[M].3版北京:中国农业出版社,2003.

[2] 冯社章,赵善陶.果树生产技术(北方本)[M].北京:化学工业出版社,2007.

[3] 福建省革命老根据地建设办公室,福建省老科学技术工作者协会.福建老区农村百项实用技术[M].福州:海峡出版发行集团,福建科学技术出版社,2012.

[4] 傅秀红.果树生产技术(南方本)[M].北京:中国农业出版社,2006.

[5] 广东省农业科学院果树研究所.菠萝及其栽培[M].北京:轻工业出版社,1987.

[6] 郭正兵.果树生产技术[M].北京:中国农业出版社,2010.

[7] 韩礼星.猕猴桃园艺工培训教材[M].北京:金盾出版社,2008.

[8] 华南农业大学主编.果树栽培学各论(南方本)[M].北京:农业出版社,1991.

[9] 黄辉白.热带亚热带果树栽培学[M].北京:高等教育出版社,2003.

[10] 贾敬贤,等.观赏果树及实用栽培技术.北京:金盾出版社,2003.

[11] 姜淑芩,贾敬贤.果树盆栽使用技术[M].北京:金盾出版社,2011.

[12] 蒋锦标,夏国京、无公害水果生产技术[M].北京:中国计量出版社,2002.

[13] 李里特.果类食品安全标准化生产[M].中国农业大学出版社,2006.

[14] 李绍华,罗正荣,刘国杰,等.果树栽培概论[M].北京:高等教育出版社,1999.

[15] 李宪利,高东升.果树优质高产高效栽培[M].北京:中国农业出版社,2000.

[16] 刘德兵.南方果树育苗及高接换种技术[M].北京:中国农业科学技术出版社,2006.

[17] 刘荣光,刘安阜,彭宏祥,等.菠萝高产栽培技术[M].南宁,广西科学技术出版社,1997.

[18] 陆超忠,等.澳洲坚果优质高效栽培技术[M].北京:中国农业出版社,2000.

[19] 马宝焜,等.果园低产的预防和改造(落叶果树)[M].北京:高等教育出版社,1997.

[20] 苗平生,华敏.现代果业技术与原理[M].北京:中国林业出版社,1999.

[21] 莫炳泉.荔枝高产栽培技术——南方名特优果树栽培丛书[M].南宁:广西科学技术出版社,2003.

[22] 农业部发展南亚热带作物办公室.中国热带南亚热带果树[M].北京:中国农业出版社,1998.

[23] 农业部农垦局,农业部发展南亚热带作物办公室."十二五"期间第一批热带南亚热带作物主导品种和主推技术[M].北京:中国农业出版社,2012.

[24] 王润珍,等.果树病虫害防治[M].北京:化学工业出版社,2010.

[25] 王亚林.果园改造增值关键技术(彩插版)[M].北京:中国三峡出版社,2006.

[26] 王玉柱.主要果树新品种(新品系)及新技术[M].北京:中国农业大学出版社,2011.

［27］吴健君.果树栽培学［M］.兰州:甘肃民族出版社,2008.

［28］吴晓芙,柏方敏.经济林产业化与可持续发展研究　首届中国林业学术大会经济林分会学术研讨会论文集［M］.北京:中国林业出版社.2007.

［29］吴中军,袁亚芳.果树生产技术［M］.北京:化学工业出版社,2009.

［30］詹儒林.芒果主要病虫害与防治原色图谱［M］.北京:中国农业出版社,2011.

［31］张建光,王泽槐,李英丽.果树生产技术［M］.北京:中国农业出版社,2008.

［32］张义勇.果树栽培技术［M］.北京:北京大学出版社,2007.

［33］张宇和,梁维坚,张育明.中国果树志(板栗榛子卷)［M］.北京:中国林业出版社,2005.

［34］中国柑橘学会.中国柑橘产业［M］.北京:中国农业出版社,2008.

［35］周开隆,叶荫民.中国果树志·柑橘卷［M］.北京:中国林业出版社,2010.

［36］朱建华,彭宏祥,李杨岩.广西龙眼先进栽培技术［M］.南宁:广西科学技术出版社,2006.